精通区块链开发技术
（第2版）

[美] 伊姆兰·巴希尔 著

王烈征 译

清華大學出版社

北 京

内 容 简 介

本书详细阐述了与区块链开发技术相关的基本解决方案，主要包括区块链入门、去中心化、对称密码学、公钥密码学、比特币详解、比特币网络和支付、比特币客户端和 API、山寨币、智能合约、以太坊、开发工具和框架、Web3 详解、超级账本、替代区块链、区块链——代币之外的应用、可伸缩性和其他挑战、当前发展和未来展望等内容。此外，本书还提供了相应的示例、代码，以帮助读者进一步理解相关方案的实现过程。

本书适合作为高等院校计算机及相关专业的教材和教学参考书，也可作为相关开发人员的自学用书和参考手册。

北京市版权局著作权合同登记号 图字：01-2019-1830

图书在版编目（CIP）数据

精通区块链开发技术 /（美）伊姆兰·巴希尔著；王烈征译. —2 版. —北京：清华大学出版社，2022. 12

书名原文：Mastering Block chain,Second Edition

ISBN 978-7-302-61481-4

Ⅰ. ①精… Ⅱ. ①伊… ②王… Ⅲ. ①区块链技术 Ⅳ. ①TP311. 135. 9

中国版本图书馆 CIP 数据核字（2022）第 135840 号

责任编辑： 贾小红
封面设计： 刘 超
版式设计： 文森时代
责任校对： 马军令
责任印制： 沈 露

出版发行： 清华大学出版社
网 址： http://www.tup.com.cn，http://www.wqbook.com
地 址： 北京清华大学学研大厦 A 座 **邮 编：** 100084
社 总 机： 010-83470000 **邮 购：** 010-62786544
投稿与读者服务： 010-62776969，c-service@tup.tsinghua.edu.cn
质量反馈： 010-62772015，zhiliang@tup.tsinghua.edu.cn
印 装 者： 保定市中画美凯印刷有限公司
经 销： 全国新华书店
开 本： 185mm×230mm **印 张：** 36.75 **字 数：** 736 千字
版 次： 2022 年 12 月第 2 版 **印 次：** 2022 年 12 月第 1 次印刷
定 价： 149.00 元

产品编号：083263-01

译 者 序

话说有一位书画家，有一天去逛文玩市场，他走进一家小店，看见店主正在挥毫泼墨。他仔细观察了一会儿，发现店主的水平实在有限，正欲转身离开，却瞥见店主使用的毛笔，那是真正的古玩精品，于是他停了下来，不动声色地和店主商量要买店主的字画。店主要价很高，他毫不犹豫地答应了，双方爽快成交。临出门时，书画家装作毫不在意地询问道："我都买你这么贵重的字画了，这支笔就送给我吧？"不承想，店主慢悠悠地说了一句："那不行，我都靠它卖出去好多幅字画了。"

这虽然是一个编造的故事，不过它可以用来比拟区块链技术和比特币的关系。对于大多数非专业人士来说，人们眼里看到的只有字画（比特币），却不知那支笔（区块链技术）才是更珍贵的东西。当然，对于设局者来说，事情就反过来了，他们以笔做饵（打着区块链技术创新的名义），售卖他们的字画（市场上各种层出不穷的代币）。

比特币是使用区块链这支"笔"描绘出来的第一幅"字画"，由于受到市场的追捧而曾经被爆炒。但是，比特币有两大缺陷：一是它的货币是通过挖矿产生的，这挑战了各国的货币发行权，而货币发行权是非常重要的国家主权，所以很多国家特别是我国明确宣布比特币不是真正意义上的货币，而只是像游戏道具一样的虚拟商品；二是它的网络是去中心化的，没有可信的中心机构，因此是不受监管的，这一特性容易使它成为犯罪的温床。例如，曾经肆虐网络的比特币勒索病毒就是利用了比特币支付渠道隐匿，形迹不易被追查的特点。

虽然比特币和比特币网络有其缺陷，但是区块链技术本身是一项真正值得探索的科技创新。区块链的背后有众多的理论积累，例如，其中的加密算法可以为我国正在加紧研究的数字货币提供借鉴；无信任的共识机制拥有颠覆众多行业生态的潜力，例如，将区块链技术应用于网络用来处理交通事故，可以极大地提高事故处理效率；去中心化特性在许多领域都可以发挥无与伦比的优势，例如，应用区块链技术可以有效地解决数字媒体行业的版权保护问题。此外，区块链技术还能与物联网等融合发展，催生出环保发电、智慧农业和智慧物流等多种新型业态。

本书是非常理想的区块链知识读物，详细阐释了与区块链技术相关的概念，包括分布式计算、去中心化和共识机制等，并介绍了对称密码学和非对称密码学的理论基础，阐释了 RSA 和 ECC 算法、公钥和私钥、数字签名和哈希函数等。本书从实用性的角度出发，介绍了比特币、以太坊、Hyperledger 和各种山寨币项目，并详细介绍了智能合约及其开发工具和框架，讨论了区块链在代币之外的应用，以及区块链技术面临的可伸缩性、隐私保护和安全性等挑战。总之，本书可以帮助读者真正认识到区块链这支“笔”的价值，而不会被良莠不齐的“字画”所迷惑。

在翻译本书的过程中，为了更好地帮助读者理解和学习本书内容，本书以中英文对照的形式保留了大量的术语，这样不但方便读者理解书中的代码，而且有助于读者通过网络查找和利用相关资源。

本书主要由王烈征翻译，陈凯、唐盛、马宏华、黄刚、郝艳杰、黄永强、黄进青、熊爱华等参与了部分翻译工作，在此一并表示感谢。由于译者水平有限，疏漏之处在所难免，在此诚挚欢迎读者提出意见和建议。

前　　言

本书的目标是介绍区块链技术的理论和实践两方面的内容。自本书第 1 版出版以来，区块链技术又出现了很多改变和进步，因此也就有了更新本书的需要。

实施区块链技术可以带来诸多好处，这已引起学术界和行业研究人员的浓厚兴趣，他们正在持续不懈地研究该技术，并且涌现了许多相关的联盟、工作组、项目和专业机构，它们参与了该技术的开发和进一步发展的工作。

本书第 2 版将对去中心化、智能合约以及以太坊、比特币和 Hyperledger Fabric 等各种区块链平台进行深入介绍。阅读完本书之后，读者将能够对区块链技术的内部运作有深入的了解，并能够开发区块链应用程序。

本书涵盖与区块链技术相关的所有主题，包括密码学、加密货币、比特币、以太坊以及用于区块链开发的各种其他平台和工具。如果读者对计算机科学有基本的了解，并具有基本的编程经验，那么将从本书中充分受益。

如果读者没有任何编程经验，也不妨碍轻松阅读本书，因为本书在必要时会提供相关的背景资料。

本书读者

本书适用于希望深入了解区块链的任何人，区块链应用程序的开发人员可以将其用作参考书。本书既可以用作与区块链技术和加密货币相关课程的教科书，也可以用作与加密货币和区块链技术相关的各种考试和认证的学习资料。

内容介绍

本书共包含 19 章，具体内容如下。

第 1 章“区块链入门”。详细阐释了区块链技术所基于的分布式计算的基本概念，讨论了区块链的历史、定义、相关术语、通用元素和类型等，并介绍了作为区块链技术核心的各种共识机制。

第 2 章“去中心化”。阐述了去中心化的概念及其与区块链技术的关系，介绍了可用于去中心化过程或系统去中心化的各种方法或平台。

第 3 章“对称密码学”。介绍了对称密码学的理论基础，这对于理解如何提供各种安全服务（如机密性和完整性）是必不可少的。

第 4 章“公钥密码学”。通过实际示例介绍了诸如 RSA 算法和 ECC 算法、公钥和私钥、数字签名和哈希函数之类的概念，介绍了金融市场和交易基础知识，因为在金融领域存在许多有趣的区块链技术用例。

第 5 章“比特币详解”。从定义、交易执行、区块链结构和挖矿等多方面介绍了比特币，这是第一个区块链，也是目前市值最大和交易最活跃的区块链。此外，还详细介绍了与比特币加密货币有关的技术概念。

第 6 章“比特币网络和支付”。详细介绍了比特币网络、相关协议和各种比特币钱包。此外，还介绍了比特币改进提案、比特币交易和支付等。

第 7 章“比特币客户端和 API”。介绍了可用于构建比特币应用程序的各种比特币客户端和编程 API。

第 8 章“山寨币”。详细解释了山寨币的由来、工作量证明方案的替代方法、各种权益类型和难度目标重新调整算法等，并介绍了山寨币的开发和不同山寨币的示例。

第 9 章“智能合约”。对智能合约进行了深入的讨论，介绍了诸如智能合约的历史、智能合约的定义、李嘉图合约、Oracle，以及在区块链上部署智能合约等主题。

第 10 章“以太坊入门”。详细介绍了以太坊区块链的设计和架构，讨论了与以太坊区块链相关的各种技术概念，深入解释了该平台的基本原理、功能和组件。

第 11 章“深入了解以太坊”。阐述了更多与以太坊相关的内容，包括编程语言和操作码、区块和区块链、节点和矿工、钱包和客户端软件、API 和工具、支持协议等。

第 12 章“以太坊开发环境”。讨论了与以太坊智能合约开发和编程有关的主题，包括建立一个私有网络和启动网络等。

第 13 章“开发工具和框架”。详细介绍了 Solidity 编程语言以及用于以太坊开发的各种相关工具和框架。

第 14 章“Web3 详解”。介绍了使用以太坊区块链开发去中心化应用程序和智能合约，并对 Web3 API 进行了详细介绍，同时列举了多个实际示例。

第 15 章“超级账本”。讨论了来自 Linux 基金会的 Hyperledger 项目，包括 Fabric、Sawtooth Lake 和 Corda 等。

第 16 章“替代区块链”。介绍了各种替代区块链的解决方案和平台，提供了替代区块链和相关平台的技术细节和功能。

第 17 章“区块链——代币之外的应用”。对区块链技术在除加密货币以外的领域（包括物联网、政府治理、媒体和金融等）的应用进行了实用而详细的介绍。

第 18 章“可伸缩性和其他挑战”。讨论了区块链技术面临的挑战（主要包括可伸缩性、隐私保护和安全性），以及如何应对这些挑战。

第 19 章“当前发展和未来展望”。介绍了区块链技术的新兴趋势和挑战、区块链研究和项目、区块链开发工具等。此外，还介绍了对区块链技术未来发展的一些预测。

充分利用本书

- 本书中的所有示例均在 Ubuntu 16.04.1 LTS（Xenial）和 macOS 10.13.2 版本上开发。因此，建议使用 Ubuntu 或任何其他类似 UNIX 的系统。当然，也可以使用任何其他操作系统（如 Windows 或 Linux），只不过书中的示例（尤其是与安装相关的示例）就可能需要进行相应的更改。
- 本书使用 OpenSSL 1.0.2g 命令行工具开发了与加密相关的示例。
- 以太坊 Solidity 示例是使用 Remix IDE 开发的，其下载地址如下：

  https://remix.ethereum.org

- 本书以太坊示例是使用以太坊拜占庭版本开发的，其下载地址如下：

  https://www.ethereum.org/

- Vilros 使用 Raspberry Pi 套件开发了与物联网相关的示例，但它也可以使用任何其他模型或工具套件。具体来说，Raspberry Pi 3 Model B 1.2 版本可用于构建物联网的硬件示例。Node.js 8.9.3 版本和 npm 5.5.1 版本已用于下载相关软件包并运行物联网示例的 Node.js 服务器。
- Truffle 框架已用于智能合约部署的一些示例中，其下载地址如下：

  http://truffleframework.com/

  通过 npm 提供的任何最新版本都应该是合适的。

下载示例代码文件

读者可以从 www.packtpub.com 下载本书的示例代码文件。具体步骤如下：

（1）登录或注册 www.packtpub.com。

（2）在 Search（搜索）框中输入本书名称 Mastering Blockchain 的一部分（不区分大小写，并且不必输入完全），即可看到本书出现在推荐下拉菜单中，如图 P-1 所示。

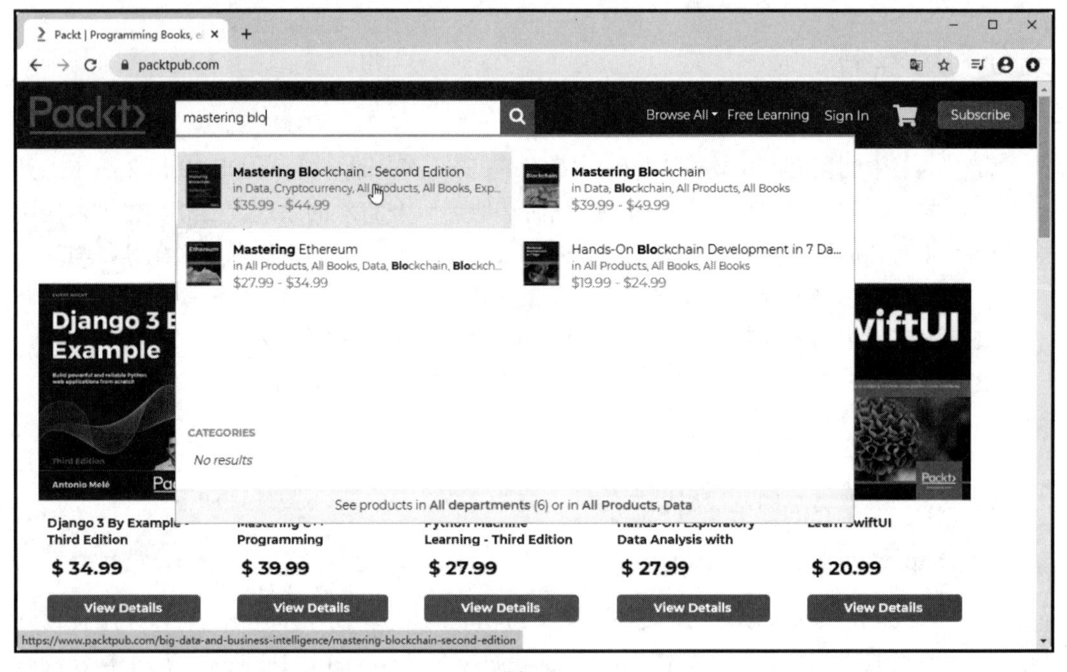

图 P-1

（3）单击选择 Mastering Blockchain-Second Edition（本书英译名称），在其详细信息页面中单击 Download code files（下载代码文件）按钮，如图 P-2 所示。需要说明的是，读者需要登录此网站才能看到该下载按钮（注册账号是免费的）。

下载文件后，请确保使用下列软件的最新版本解压或析取文件夹中的内容：

- WinRAR/7-Zip（Windows 系统）。
- Zipeg/iZip/UnRarX（Mac 系统）。

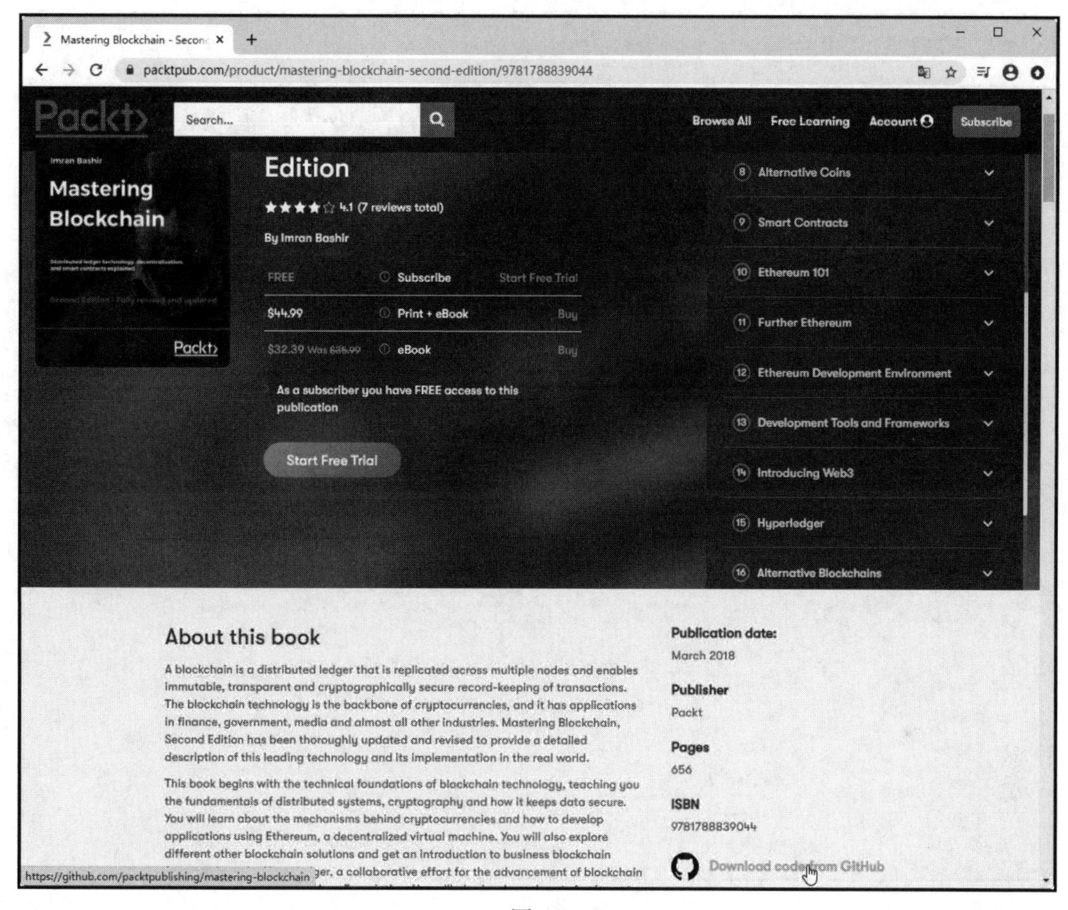

图 P-2

- 7-Zip/PeaZip（Linux 系统）。

本书的代码包也已经在 GitHub 上托管，对应网址如下：

https://github.com/PacktPublishing/Mastering-Blockchain-Second-Edition

在该页面上，单击 Code（代码）按钮，然后选择 Download ZIP 即可下载本书代码包，如图 P-3 所示。

如果代码有更新，则会在现有 GitHub 存储库上更新。

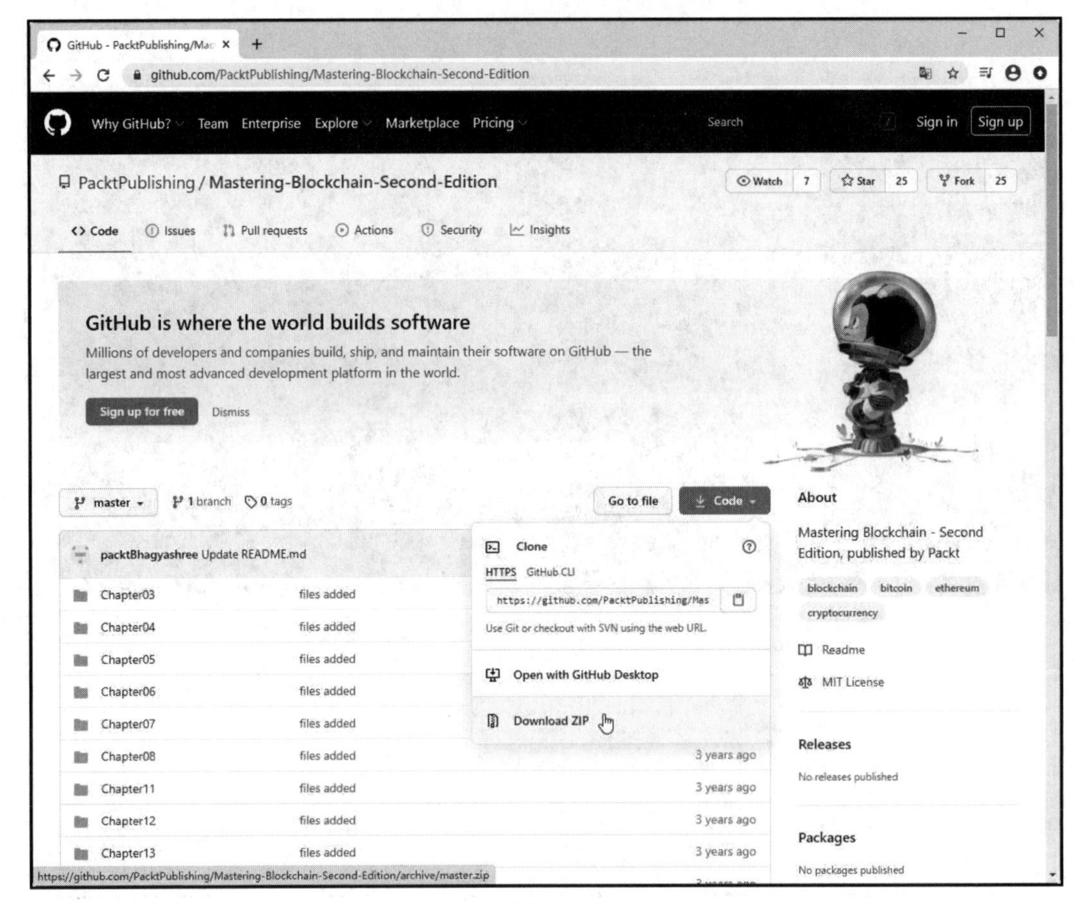

图 P-3

下载彩色图像

我们还提供了一个 PDF 文件，其中包含本书中使用的屏幕截图/图表的彩色图像，可以通过以下地址下载：

http://www.packtpub.com/sites/default/files/downloads/MasteringBlockchainSecondEdition_ColorImages.pdf

本书约定

本书中使用了许多文本约定。

（1）CodeInText：表示文本中的代码字、数据库表名、文件夹名、文件名、文件扩展名、路径名、虚拟 URL 和用户输入等。以下段落就是一个示例。

POST 是 HTTP 支持的请求方法。有关 POST 的更多信息，请访问以下网址。

https://en.wikipedia.org/wiki/POST_(HTTP)

（2）有关代码块的设置如下所示：

```
pragma solidity ^0.4.0;
contract TestStruct {
  struct Trade
  {
    uint tradeid;
    uint quantity;
    uint price;
    string trader;
  }

  // 该结构可以按以下方式初始化和使用

  Trade tStruct=Trade({tradeid:123,quantity:1,price:1,trader:"equinox"});

}
```

（3）当要强调代码块的特定部分时，相关行或项目以粗体显示：

```
pragma solidity ^0.4.0;
contract TestStruct {
  struct Trade
```

```
 {
   uint tradeid;
   uint quantity;
   uint price;
   string trader;
 }

 // 该结构可以按以下方式初始化和使用

 Trade tStruct=Trade({tradeid:123,quantity:1,price:1,trader:"equinox"});

}
```

（4）任何命令行输入或输出都采用如下所示的粗体代码形式：

```
$ sudo apt-get install solc
```

（5）术语或重要单词采用中英文对照形式，在括号内保留其英文原文。示例如下：

> 该文件包含各种元素，最重要的是应用程序二进制接口（Application Binary Interface，ABI），可以使用 geth 来查询它。通过 Solidity 编译器可生成该文件，也可以直接从 Remix IDE 合约详细信息中复制它。

（6）对于界面词汇则保留其英文原文，在后面使用括号添加其中文翻译。示例如下：

> 请注意，在上面的屏幕截图中，有许多字段，例如 From（付款人的地址）、To（收款人的地址）、BTC（比特币）、GBP（英镑）和 Fee（费用）。这些字段的意思不言而喻，但值得一提的是，Fee 是根据交易规模的大小来计算的，而 Fee Rate（费率）则是一个取决于网络中交易的数量的值。

（7）本书还使用了以下两个图标。

表示警告或重要的注意事项。

表示提示或小技巧。

关于作者

伊姆兰·巴希尔（Imran Bashir）拥有伦敦大学皇家霍洛威学院信息安全专业的科学硕士学位，并具有软件开发、解决方案架构、基础设施管理和IT服务管理的背景，他还是电气与电子工程师协会（IEEE）和英国计算机协会（BCS）的成员。

Imran在公共和金融领域拥有16年的工作经验。在进入金融服务行业之前，他曾在公共部门负责大型 IT 项目。在进入金融服务行业之后，他在欧洲金融之都——伦敦的不同金融公司担任过各种技术职务。他目前在伦敦的一家投资银行工作，担任技术部副总裁的职务。

“衷心感谢Packt的优秀出版团队，特别是Ben Renow-Clarke、Suzanne Coutinho、Alex Sorrentino、Gary Schwartz和Bhagyashree Rai，他们对整个项目提供了非常有益的指导，并提出了宝贵意见。同时，也非常感谢审稿人Pranav Burnwal，他提供了不少建设性的反馈，这些反馈极大地帮助了我改进本书内容。”

“感谢我的妻子和孩子们对本书写作的支持。”

“最重要的是，感谢我的父母，他们的祝福使我充满了力量。”

关于审稿人

Pranav Burnwal 具有研究和开发背景，并且在过去的几年中一直致力于对尖端技术的研究。他研究的技术包括区块链、大数据、分析（日志和数据）、云、消息队列、NoSQL、Web 服务器等，他曾在 BFSI、HLS、FMCG 和汽车等多个领域工作过。

Pranav 是多个社区中的活跃社区成员。他是区块链教育网络（BEN）的区域负责人，BEN 是一家注册的非政府组织，连接组成全球区块链人员网络。

Pranav 还是一位资深的区块链领域的培训师，其受众范围从初级开发人员到高级副总裁，这使得他对于人们理解新兴复杂技术的方式有比较深刻的了解，这也有助于他从读者最感兴趣的角度来审阅本书。

目　录

第 1 章　区块链入门

对于有兴趣阅读本书的读者朋友来说，大家多多少少可能都对区块链有所耳闻，并且对它的巨大潜力有一些基本的了解。如果你此前从未听说过区块链，那么我们想用一句话来告诉你有关区块链的意义：这项技术将颠覆性地改变几乎所有行业的现有范式（Paradigm），包括但不限于 IT、金融、政府、媒体、医疗和法律等。

本章将详细介绍和区块链相关的基本知识，包括其技术基础、理论基础以及构建区块链的各种具体技术。

本章将首先描述分布式系统的理论基础，然后介绍比特币的发展历史（因为大多数人正是通过比特币才认识了区块链技术），最后介绍区块链技术。这种方法是快速理解区块链技术的最符合逻辑的方法，因为区块链的根源在于分布式系统。

值得一提的是，本章所涵盖的内容会非常丰富，而且，后续章节将会对这些知识展开更详细的讨论。

本章将讨论以下主题：

- 区块链技术的发展。
- 分布式系统。
- 区块链和比特币的历史。
- 区块链定义和相关术语。
- 区块链的通用元素。
- 区块链的类型。
- 共识。
- CAP 定理和区块链。

1.1　区块链技术的发展

随着 2008 年比特币（Bitcoin）的发明，一个被称为区块链（Blockchain）的新概念进入了人们的视野，这项新技术据信有可能彻底改变整个社会。

区块链有望对每个行业产生颠覆性的影响，包括但不限于 IT、金融、政府、媒体、医疗、法律和艺术等。一个流派将区块链描述为一场革命，而另一个流派则认为，区块链将变得更具进化性，并且要花费很多年才能使区块链的任何实际收益变现。这种想法在某种程度上是正确的，但在我看来，区块链的革命已经开始。

目前，世界各地许多著名组织都已经在使用区块链技术编写概念证明，因为其颠覆性的潜力现已被充分认识。但是，也有一些组织仍处于初步探索阶段。随着技术的成熟，它们有望获得更快的发展。从这个角度来说，区块链是一种对当前技术有影响的技术，并且具有从根本上颠覆现有技术的能力。

如果回顾过去几年区块链技术的发展会发现，从 2013 年开始，出现了一些声音，建议在除加密货币之外的其他领域也使用区块链技术（当时区块链的主要用途就是加密货币，在那段时间出现了许多新的采用区块链技术的代币）。

图 1-1 显示了区块链技术逐年发展和采用趋势的大致轮廓。X 轴显示的年份表示区块链技术在特定阶段进入的时间范围。每个阶段都有一个代表实际行动的名称，并在 X 轴显示，从最初的 IDEAS&THOUGHTS（想法和思路）到最终的 MATURITY & FURTHER STANDARDIZATION（成熟和进一步的标准化），我们可以看到清晰的区块链技术应用发展脉络。Y 轴显示了区块链技术的活动、参与和采用程度。通过图 1-1 可以看到，预计在 2025 年左右，区块链技术有望发展成熟，并拥有大量用户。

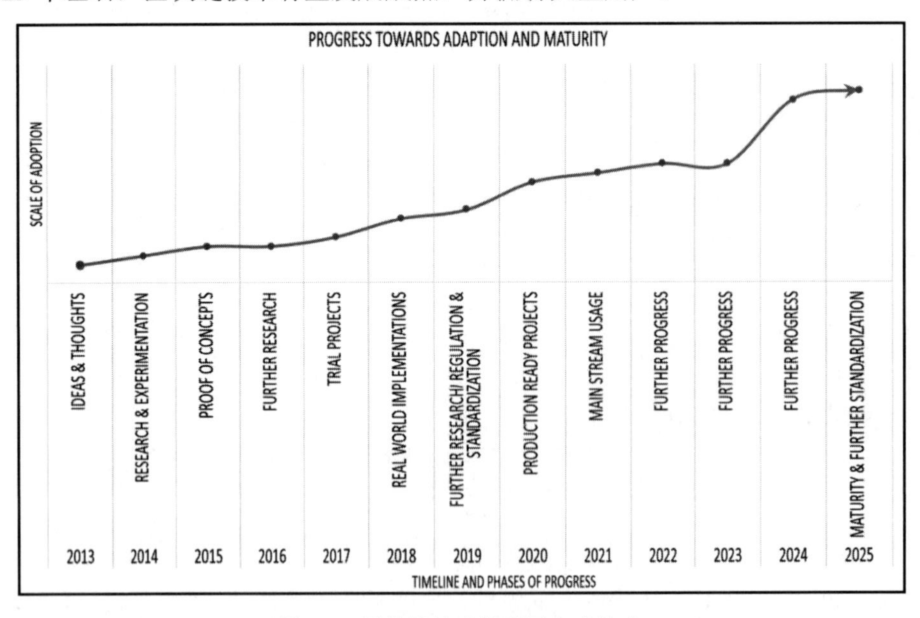

图 1-1　区块链技术的采用和成熟度

原　　文	译　　文
PROGRESS TOWARDS ADAPTION AND MATURITY	采用和成熟度方面的进展
SCALE OF ADOPTION	采用规模

续表

原　　文	译　　文
TIMELINE AND PHASES OF PROGRESS	时间表和进展阶段
IDEAS & THOUGHTS	想法和思路
RESEARCH & EXPERIMENTATION	研究与实验
PROOF OF CONCEPTS	概念证明
FURTHER RESEARCH	进一步的研究
TRIAL PROJECTS	试验项目
REAL WORLD IMPLEMENTATIONS	现实世界的实现
FURTHER RESEARCH REGULATION & STANARDIZATION	进一步的研究规范和标准化
PRODUCTION READY PROJECTS	可进入生产阶段的项目
MAIN STREAM USAGE	主流应用
FURTHER PROGRESS	更多进展
MATURITY & FURTHER STANDARDIZATION	成熟和进一步的标准化

图 1-1 显示，2013 年左右出现了想法和思路，这个想法和思路是要在加密货币之外，找到区块链技术的其他用途。2014 年，开始进行了一些研究和实验，并进而在 2015—2017 年提出了概念证明、进一步的研究以及试验项目。2018 年，我们已经看到现实世界的实现，已经有许多项目在进行中，并准备替换现有系统，例如，澳大利亚证券交易所（Australian Securities Exchange，ASX）很快将成为第一个使用区块链技术替换旧式清算和结算系统的组织。

注意：

有关该主题的更多信息，请访问：

https://www.asx.com.au/services/chess-replacement.htm

2019 年进行了更多研究，并推进了对区块链技术的规范监管和标准化。在此之后，利用区块链技术的可进入生产阶段的项目和现成产品在 2020 年开始提供。

区块链技术的进步几乎就像是 20 世纪 90 年代后期的互联网繁荣的翻版。随着区块链技术的适应性逐渐提高和进一步成熟，预计将继续推进更深入的研究并获得更多进展。预计到 2025 年，该技术将变得足够成熟，可以进入日常应用阶段。

请注意，图 1-1 提供的时间表并不严格，并且可能会与实际发展状况有所不同，因为目前很难预测区块链技术的确切成熟时间。图 1-1 只是基于近年来区块链技术的发展以及当前人们对该技术的研究兴趣和热情判断，预计到 2025 年区块链技术有望完全成熟。

在过去的几年中，人们对区块链技术的兴趣大大增加。从加密货币的角度来看，区块链一度被视为怪胎（因为比特币的涨跌幅度太大了，犹如过山车一般让人心惊胆战），或者被认为不值得追求，但如今，全球最大的公司和组织都在研究区块链。为了试验和采用这项技术，人们不惜投入巨资。从欧盟采取的行动中也可以明显看出这一点，他们曾宣布计划在 2020 年将对区块链研究的资金增加到近 3.4 亿欧元。

注意：

对该主题感兴趣的读者可访问以下网址：

https://www.irishtimes.com/business/technology/boost-for-blockchain-research-as-eu-increases-funding-four-fold-1.3383340。

注意：

有关详细信息，可访问以下网址：

https://bitcoinmagazine.com/articles/report-suggests-global-spending-blockchain-tech-could-reach-92-billion-2021/

围绕区块链已经建立了各种联盟，如企业以太坊联盟（Enterprise Ethereum Alliance，EEA）、Hyperledger 和 R3，以研究和开发区块链技术。而且，许多初创企业已经在提供基于区块链的解决方案。

在 Google 搜索引擎上进行简单的趋势搜索，即可显示出最近几年在区块链技术领域的兴趣增长，特别是自 2017 年年初以来，搜索关键字 Blockchain（区块链）的增长趋势非常明显，如图 1-2 所示。

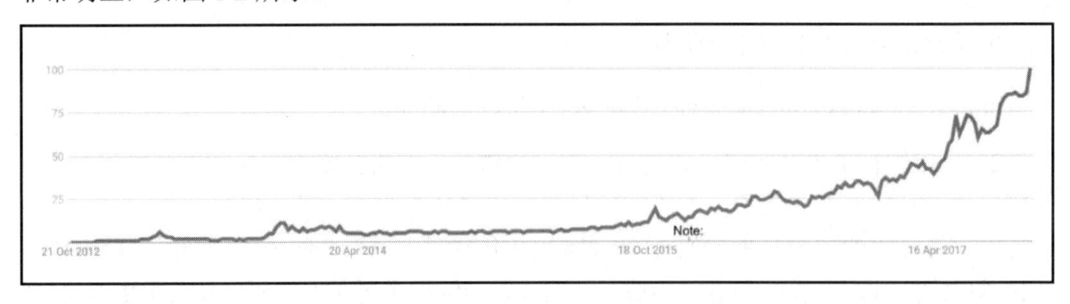

图 1-2　Google 搜索 Blockchain 关键字的增长趋势图

区块链技术可以带来各种好处，如去中心化的信任、节省成本、透明度和效率。当然，它也会带来很多挑战，如可伸缩性和隐私性。

本书将详细介绍区块链技术如何帮助实现上面提到的好处。你将了解到什么是区块链技术，以及如何通过区块链技术带来的诸多好处（如效率、节省成本、透明度和安全性）来重塑企业，给各个行业乃至日常生活带来颠覆性的改变。

本书还将解释什么是分布式账本技术、去中心化和智能合约，以及如何使用主流的区块链平台（如以太坊和 Hyperledger）开发和实现技术解决方案。

最后，本书还将探讨在区块链成为主流技术之前需要解决哪些挑战。例如，本书第 18 章“可伸缩性和其他挑战”将讨论区块链技术的局限性和挑战。

1.2　分布式系统

了解分布式系统（Distributed Systems）对于理解区块链技术至关重要，因为区块链的核心正是分布式系统。

区块链是一个分布式账本，这个账本可以是中心化的，也可以是去中心化的，只不过区块链最初就是用作去中心化平台（Decentralized Platform），因此它通常被视为一个兼具去中心化和分布式特性的系统。简而言之，它是一个去中心化的分布式系统（Decentralized- Distributed System）。

分布式系统是一种计算范式，在该范式中，两个或多个节点以协调的方式相互协作以实现共同的结果。对于最终用户来说，可以将其视为单个逻辑平台。分布式系统正是以这种方式建模的，例如，Google 的搜索引擎就是基于大型分布式系统的，但对用户而言，它看起来就像是一个单一的、一致的平台。

节点（Node）可以被定义为分布式系统中的单个玩家。所有节点都能够相互发送和接收消息。节点可以是诚实的，也可以是有问题的，甚至可以是恶意的。每个节点都具有内存和处理器。在研究人员提出拜占庭将军问题（Byzantine Generals Problem）之后，表现出非理性行为的节点称为拜占庭节点（Byzantine Node）。

注意：拜占庭将军问题（Byzantine Generals Problem）

1982 年，Lamport 等人在他们的研究论文 *The Byzantine Generals Problem*（《拜占庭将军问题》）中提出了一项思维实验，该论文的网址如下：

https://www.microsoft.com/en-us/research/publication/byzantine-generals-problem/

在该论文中，假设有一群将军正在带领拜占庭军队的各分支，计划进攻一座城市，或从该城市撤离。他们之间进行通信的唯一方法是通过信使，而他们需要在同一时间采取一致行动才能获胜。问题是，其中有一位或多位将军可能是叛国者，可能会发送误导性信息。因此，需要有一种可行的机制，即使在有叛国者存在的情况下，也能保证将军们可以达成一致行动的协议。

分布式系统与此类似，将军们可被视为节点，叛国者可被视为拜占庭（恶意）节点，信使则可被视为将军们之间的沟通渠道。

这个问题在 1999 年被 Castro 和 Liskov 解决，他们提出了实用拜占庭容错（Practical Byzantine Fault Tolerance，PBFT）算法，该算法在收到一定数量的包含相同签名内容的消息后可达成共识。

拜占庭节点的不一致的行为可能是故意的或恶意的，这对网络的运行是有害的。网络上节点出现任何意外行为，无论其是否为恶意，都可以归类为拜占庭节点。

图 1-3 显示了分布式系统的一个小型示例。该分布式系统有 6 个节点，其中一个（N4）是可能导致数据不一致的拜占庭节点。L2 是一个断开的或速度很慢的链路，这可能导致网络中的分区。

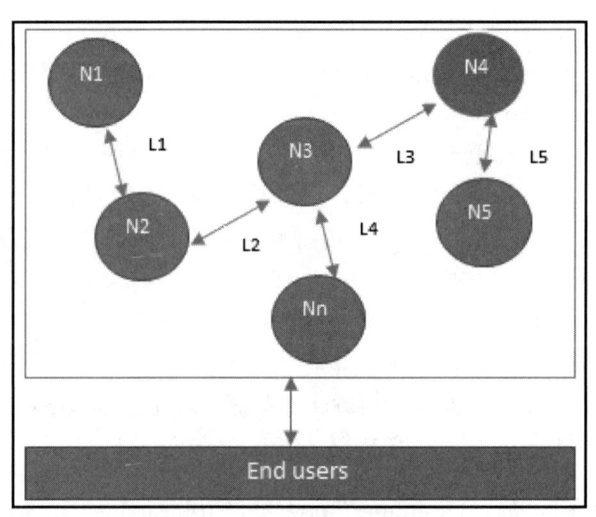

图 1-3　分布式系统的设计

原　　文	译　　文
End users	最终用户

分布式系统设计中的主要挑战是节点之间的协调和容错能力。即使某些节点出现故障或网络链路中断，分布式系统也应能够承受并继续努力达到所需的结果。多年来，这个问题一直位于分布式系统设计研究的一个活跃领域，并且研究人员已经提出了若干种算法和机制来克服这些问题。

分布式系统的设计极具挑战性，以至于人们证明了一个被称为 CAP 定理（CAP Theorem）的假设。该假设指出，分布式系统不能同时具有 3 个特性，即一致性（Consistency）、可用性（Availability）和分区容限性（Partition Tolerance）。在第 1.8 节“CAP 定理和区块链”中将更详细地介绍 CAP 定理。

1.3　区块链和比特币的历史

区块链于 2008 年随比特币的发明而被引入，其真正实现则是在 2009 年。本章将仅对比特币做简要介绍，因为在本书第 5 章“比特币详解”中还将对它进行更深入的探讨。当然，本节必须提及比特币，因为没有比特币，区块链的历史就不完整。

1.3.1　电子现金

电子现金（Electronic Cash，E-Cash）或数字货币（Digital Currency）的概念并不新鲜。自 20 世纪 80 年代以来，就存在基于 David Chaum 提出的模型的电子现金协议。

要理解区块链技术，必须先理解分布式系统的概念。同样，要理解比特币或更广泛意义上的加密货币，也有必要先了解电子现金的思路。

电子现金系统需要解决两个基本问题：可追责性（Accountability）和匿名性（Anonymity）。

- 可追责性。为了确保电子现金只能支付一次（防止双重支付问题），并且只能由其合法所有者支付，必须保证可追责性。当同一笔钱可以花费两次时，就会出现双重支付问题。由于复制数字数据非常容易，因此在数字货币中这成为一个很大的问题，因为持有者可以轻松地复制相同数字现金的许多副本。
- 匿名性。需要匿名以保护用户的隐私。在使用实物现金时，几乎不可能通过支出追溯到实际付款的个人。电子现金也应如此。

David Chaum 在 20 世纪 80 年代的工作中通过使用两种加密操作，即盲签名（Blind Signatures）和秘密共享（Secret Sharing）解决了这两个问题。这些术语和相关概念将在本书第 3 章“对称密码学”和第 4 章“公钥密码学”中详细讨论。目前你只需要了解，盲签名允许在未实际看到文档的情况下对文档进行签名，而秘密共享则是一个概念，可以检测到双重支付，即两次使用相同的电子现金代币。

2009 年，出现了第一个实际应用的名为比特币的电子现金系统。术语加密货币（Cryptocurrency）是在后来才出现的。比特币首先解决了无信任网络中的分布式共识问题，它使用包含工作量证明（Proof of Work，PoW）机制的公钥加密（Public Key Cryptography）技术来提供安全、可控且去中心化的铸造数字货币的方法。

比特币关键的创新思想是创建一个由交易组成的，由 PoW 机制加密保护的有序区块列表。本书第 5 章“比特币详解”将对此展开更详细的讨论。

比特币还使用了其他一些技术，如默克尔树（Merkle Tree）、哈希函数（Hash Function）和哈希链（Hash Chain）。这些技术在比特币发明之前就存在，相关概念将在第 4 章“公钥密码学”中进行适当深度的解释。

在了解了上述所有技术及其相关历史之后，不难发现，其实就是将电子现金方案和分布式系统的实现概念结合起来，创建了比特币和区块链。图 1-4 通过图示的方式展示了这一概念。

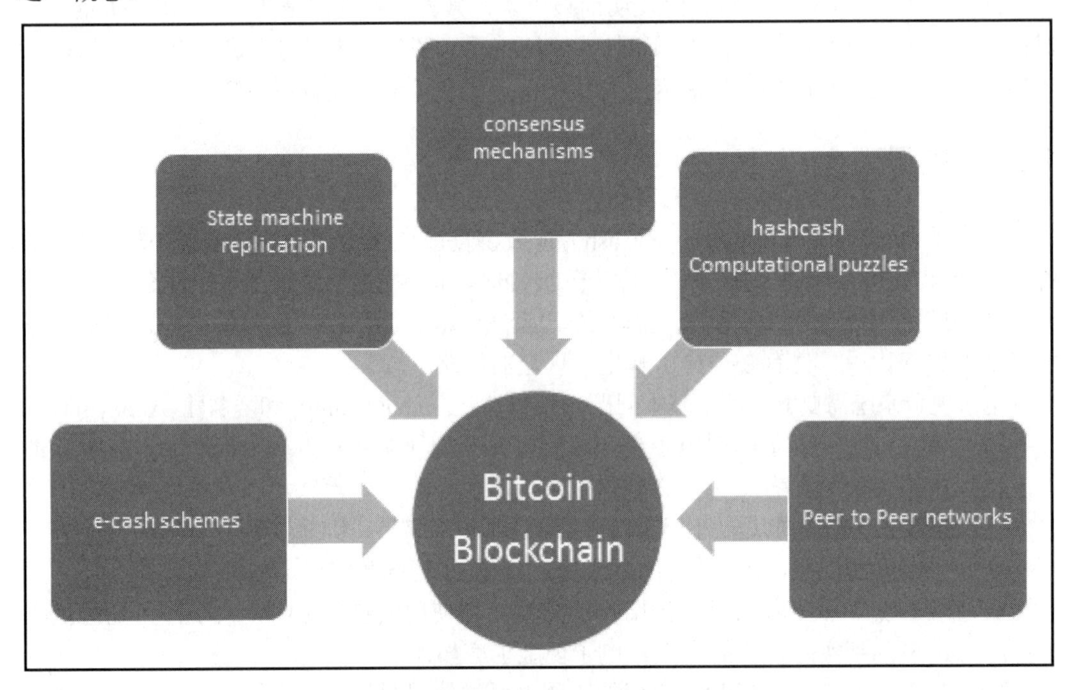

图 1-4　支持比特币和区块链发明的各种思路

原　　文	译　　文
consensus mechanisms	共识机制
State machine replication	状态机复制
hashcash Computational puzzles	HashCash 计算难题
e-cash schemes	电子现金计划
Bitcoin Blockchain	比特币区块链
Peer to Peer networks	对等网络

1.3.2 区块链

2008 年，有人以中本聪（Satoshi Nakamoto）的名义撰写了一篇名为 *Bitcoin: A Peer-to-Peer Electronic Cash System*（《比特币：一种点对点电子现金系统》）的开创性论文，其主题是点对点电子现金。它首次引入了术语：区块之链（Chain of Blocks）。

比较诡异的是，没有人知道中本聪的真实身份。在 2009 年推出比特币后，他一直活跃在比特币开发者社区中，直到 2011 年。后来，他将比特币的开发移交给核心开发者，然后就消失了。从那以后，他再也没有与其他人进行任何交流。中本聪的存在和身份一直笼罩在神秘之中。经过多年的发展，术语区块之链逐渐演变为区块链（Blockchain）。

如前文所述，区块链技术结合了可以在各个经济部门中实现的众多应用，特别是在金融部门，金融交易和结算的性能改善被认为可以显著减少所需的时间和成本。在本书第 17 章“区块链——代币之外的应用”中，将进一步探讨区块链在这些方面的意义，其中将详细讨论各个行业的区块链实际用例。就目前而言，可以说几乎所有的经济部门都已经意识到了区块链的潜力和前景，并且开始利用区块链技术。

1.4 区块链定义和相关术语

区块链的定义可以按接受对象划分为一般定义（Layman's Definition）和技术定义（Technical Definition）。

注意：

- 一般定义。区块链是一个不断发展的、安全的、共享的记录保持系统。在该系统中，数据的每个用户都拥有记录的副本，只有在涉及交易的所有各方都同意更新时，才可以更新记录。
- 技术定义。区块链是一种点对点的分布式账本，它是加密安全的、仅可追加的、不可变的（极其难以更改），并且只能通过对等方之间的共识或协议进行更新。

接下来，让我们更详细地解释上述定义。我们将逐一讨论定义中的所有关键字。

1.4.1 点对点

技术定义中的第一个关键字是点对点（Peer-to-Peer）。点对点网络也称为对等网络，这意味着网络中没有中央控制器，所有参与者都直接相互交谈。这些参与者称为节点或对等者（或对等方 Peer）。对等网络的属性允许在没有第三方（如银行）参与的情况下直接在对等方之间进行现金交易。

1.4.2　分布式账本

在区块链的技术定义中，还明确了区块链是一个分布式账本（Distributed Ledger），这意味着区块链的账本分布在整个网络中，并且每个对等方都拥有完整账本的副本。

1.4.3　加密安全

区块链的分布式账本是加密安全（Cryptographically-Secure）的，这意味着它已经使用加密技术提供安全服务，从而保证账本的安全，使其免遭篡改和滥用。这些服务包括不可否认性、数据完整性和数据源身份验证。在本书第 3 章“对称密码学”中，你将看到如何实现这些特性，该章介绍了令人着迷的密码学世界。

1.4.4　仅可追加

区块链还有一个属性是仅可追加（Append-Only），即数据只能按时间顺序添加到区块链中。这意味着一旦将数据添加到区块链，就几乎不可能更改数据，并且可以认为它几乎是不可变的。

当然，在极其罕见的情况下，区块链的数据也是可以更改的，这个罕见情形就是区块链网络的合谋者成功获得超过 51% 的权力。这种情况很好理解，仍以前面介绍的拜占庭将军问题为例，假设总共有 100 位将军（所有将军都是对等方，他们的权力和武力值是一样的），其中 51 位将军是叛国者，那么显然无论如何都是无法达成共识并获胜的。所以，在理论上 51%攻击是无解的。但是，发动 51%攻击需要巨大的算力成本，基本上不会有人去做这种损人不利己的事情。

因此，要更改已经添加到区块链中的数据，必须有一些合法的理由。常见的合法理由是被遗忘权（Right To Be Forgotten）或删除权（Right To Erasure），该权利在欧盟通用数据保护（General Data Protection，GDPR）条例第 17 条中有明确的定义，其核心思想是：数据主体有要求数据控制者删除关于其个人数据的权利，控制者有责任在特定情况下及时删除个人数据。简而言之，就是如果一个人想被世界遗忘，则相关主体应该删除有关此人在网络上的个人信息。有关 GDPR 条例的详细信息，可访问以下网址：

https://gdpr-info.eu/art-17-gdpr/

当然，上面说的这些都是极个别的情况，需要单独处理，并且需要优雅的技术解决方案。在实际操作中，我们可以认为区块链确实是不可变的，且无法更改。

1.4.5　可通过共识更新

最后，区块链的最关键属性是它只能通过共识来更新（Updateable Only via Consensus），这就是去中心化所带来的力量。在这种情况下，没有中心机构可以控制更新账本。取而代之的是，只有在网络上所有参与的对等方/节点之间达成共识之后，才会根据区块链协议定义的严格标准验证对区块链所做的任何更新，并将其添加到区块链中。为了达成共识，有多种共识促进算法可确保各方就区块链网络上数据的最终状态达成一致，并坚决同意它是真实的。下文将对共识算法展开更详细的讨论。

可以将区块链视为运行在互联网（Internet）上面的分布式对等网络的一层，如图 1-5 所示。它类似于在 TCP/IP 之上运行的 SMTP、HTTP 或 FTP。

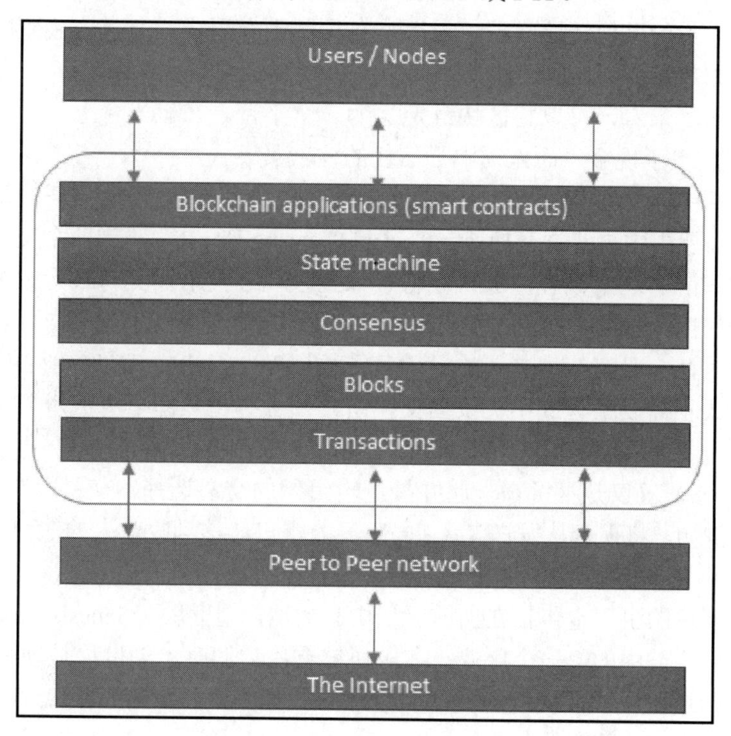

图 1-5　区块链的网络视图

原　　文	译　　文
Users/Nodes	用户/节点

续表

原　　文	译　　文
Blockchain applications (smart contracts)	区块链应用（智能合约）
State machine	状态机
Consensus	共识
Blocks	区块
Transactions	交易
Peer to Peer network	点对点网络（对等网络）
The Internet	互联网

在图 1-5 中，最底层是互联网，它为任何网络提供基本的通信层。在这种情况下，点对点网络（对等网络）在互联网上运行，该网络托管区块链的另一层，该层包含交易、区块、共识机制、状态机和区块链智能合约。这些组件在该框中显示为单个逻辑实体，代表对等网络上方的区块链这一层。最后，在顶部则有用户或节点连接到区块链并执行各种操作，例如共识、交易验证和处理。下文将详细讨论这些概念。

从业务的角度来看，可以将区块链定义为一个平台。在该平台上，对等方可以通过交易来交换价值/电子现金，而无须中心信任的仲裁员。

在日常生活中，如果交易双方要进行现金转移，则银行充当受信任的第三方。在金融交易中，则需要由中央票据交换所（Central Clearing House）充当两个交易方之间的仲裁员。如果你理解了这个概念，那么你将意识到区块链技术在交易时无须中心信任的仲裁员这一机制的巨大潜力。这种去中介化（Disintermediation）设计使得区块链实现了去中心化共识机制，它没有一个单一的机构负责数据库。很快你就会看到去中心化的明显好处，因为如果不需要银行或中央票据交换所，那么它将立即节省成本、加快交易速度并增强信任。

区块（Block）仅仅是捆绑在一起并按逻辑组织的交易选择。交易（Transaction）是事件的记录，例如，将现金从发送者（Sender）的账户转移到收款人的账户的事件。区块由交易组成，其大小取决于使用中的区块链的类型和设计。

对前一个区块的引用也包括在当前区块中。当然，创世块（Genesis Block）除外。所谓创世块就是区块链中的第一个区块，在区块链首次启动时，创世块是硬编码的。

区块的结构还取决于区块链的类型和设计。一般来说，只有少数几个属性对于区块的功能是必不可少的。这主要包括：

- 区块标头（Block Header）。它由指向前一个区块的指针、时间戳、随机数和默克尔根（Merkle Root）组成。
- 区块主体（Block Body）。它包含交易列表。

区块中还具有其他属性。一般来说，上述组件始终存在于区块中。

随机数（Nonce）是一个仅生成和使用一次的数字。随机数广泛用于许多加密操作中，以提供重放保护、身份验证和加密。在区块链中，它用于工作量证明共识算法中，并用于交易重放保护。

Merkle 根是 Merkle 树的所有节点的哈希。Merkle 树被广泛用于安全有效地验证大型数据结构。在区块链世界中，Merkle 树通常用于允许高效验证交易。区块链的区块标头部分存在区块链中的 Merkle 根，这是区块中所有交易的哈希。这意味着，只需要验证 Merkle 根即可验证 Merkle 树中存在的所有交易，而不是一个个地验证所有交易。在本书第 4 章“公钥密码学”中将进一步阐述这些概念。

区块的通用结构如图 1-6 所示。

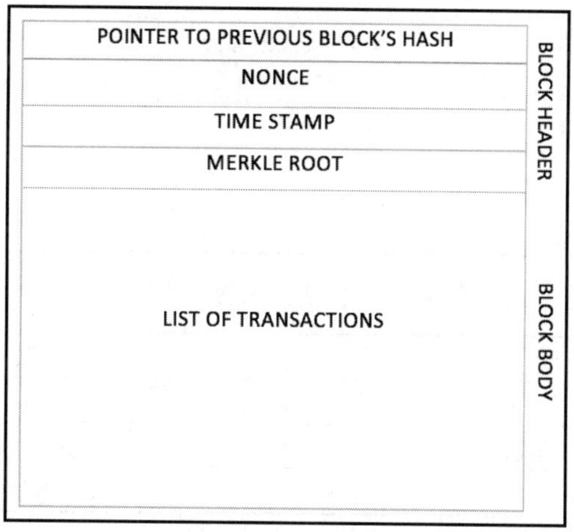

图 1-6　区块的通用结构

原　　文	译　　文
BLOCK HEADER	区块标头
POINTER TO PREVIOUS BLOCK'S HASH	指向前一个区块哈希的指针
NONCE	随机数
TIME STAMP	时间戳
MERKLE ROOT	默克尔根
BLOCK BODY	区块主体
LIST OF TRANSACTIONS	交易列表

图 1-6 是一个简单的区块通用结构示意图。除了这个通用结构，还有一些特殊的区块结构，以后将会展开更深入的讨论。

1.5　区块链的通用元素

现在让我们来了解一下区块链的通用元素。需要说明的是，本节仅介绍有关区块链不同部分的信息，你可以将它作为一个简易参考。如果要了解具体区块链（如以太坊区块链）的详细组成，则可以阅读后续相关章节。

图 1-7 显示了区块链的通用结构。

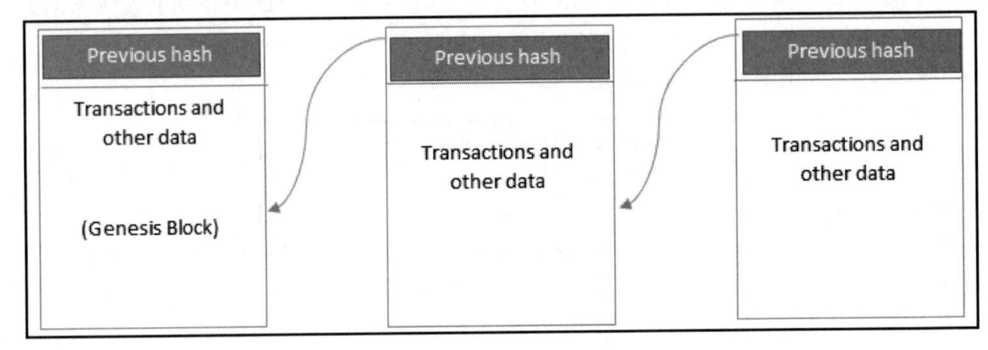

图 1-7　区块链的通用结构

原　　文	译　　文
Previous hash	前一个区块的哈希
Transactions and other data	交易和其他数据
(Genesis Block)	（创世块）

以下是与区块链相关的元素。

- 地址（Address）。地址是区块链交易中用来表示发件人和收件人的唯一标识符。地址通常是一个公共密钥或从公共密钥派生的。尽管同一用户可以重复使用地址，但地址本身是唯一的。当然，单个用户可能并不会再次使用相同的地址，而是为每个交易生成一个新的地址，这个新创建的地址将是唯一的。实际上，比特币是一个假名系统（Pseudonymous System），最终用户通常无法直接识别（但是对消除比特币用户匿名性的一些研究表明，最终用户仍然是可以被成功识别出的）。一个良好的习惯是用户为每个交易生成一个新地址，以避免将交易链接到公共所有者，从而防止身份识别。
- 交易（Transaction）。交易是区块链的基本单位。交易代表将价值从一个地址转移到另一个地址。

- 区块（Block）。一个区块由多个交易和其他元素组成，例如前一个区块的哈希（哈希指针）、时间戳和随机数。
- 点对点网络也称为对等网络（Peer-to-Peer Network）。对等网络，顾名思义，就是一种网络拓扑形态，其中所有对等方都可以彼此通信并发送和接收消息。
- 脚本（Script）或编程语言。脚本或程序可对交易执行各种操作，以促进各种功能。例如，在比特币中，交易脚本以脚本的语言进行预定义，该脚本由一系列命令集组成，这些命令集允许节点将代币（Tokens）从一个地址传输到另一个地址。但是，脚本是一种受限的语言。从某种意义上说，它只允许执行交易所需的必要操作，而不允许任意程序开发。可以将其视为仅支持标准预编程算术运算的计算器。因此，不能将比特币脚本语言称为图灵完备（Turing Complete）。简单来说，图灵完备语言意味着它可以执行任何计算。它以英国计算机科学之父艾伦·图灵（Alan Turing）的名字命名，他提出了可以运行任何算法但比较复杂的图灵机的思想。图灵完备语言需要循环和分支功能才能执行复杂的计算。因此，比特币的脚本语言不是图灵完备的。需要指出的是，以太坊的 Solidity 语言却是图灵完备的。

  为了促进区块链上任意程序的开发，需要使用图灵完备的编程语言，这已经成为区块链迫切需要的功能，就像计算机允许开发人员使用编程语言开发任何程序一样。然而，语言的安全性仍是一个关键问题，这也是一个正在研究中的问题。本书第 5 章“比特币详解”、第 9 章“智能合约”和第 13 章“开发工具和框架”将对此展开更详细的讨论。
- 虚拟机（Virtual Machine）。这是前面介绍的交易脚本的扩展。虚拟机允许图灵完备代码在区块链上运行（作为智能合约）；而交易脚本的操作则受到限制。但是，虚拟机并非在所有区块链上都可用。各种区块链使用虚拟机来运行程序，如以太坊虚拟机（Ethereum Virtual Machine，EVM）和链式虚拟机（Chain Virtual Machine，CVM）。EVM 用于以太坊区块链，而 CVM 则是为名为 Chain Core 的企业级区块链开发和使用的虚拟机。
- 状态机（State Machine）。区块链可以被视为一种状态转换机制，因为其中的某个状态可以被区块链网络上的节点从其初始形式修改为下一个形式，修改的过程包括交易执行、验证和最终确定。
- 节点（Node）。区块链网络中的节点将根据其扮演的角色执行各种功能。节点可以提议和验证交易，执行挖矿等以促进共识并保护区块链，通过遵循共识协议（最常见的就是工作量证明）可以实现此目标。

节点可以执行其他功能。例如简单的支付验证（轻量级节点）、验证以及许多其他功能，具体取决于所使用的区块链的类型和分配给该节点的角色。

节点还可以执行交易签名功能。交易首先由节点创建，然后再由节点使用私钥进行数字签名，以证明他们是希望转让给区块链网络上其他人的资产的合法所有者。该资产通常是代币或虚拟货币（如比特币），也可以是使用代币在区块链上表示的任何现实资产。

- 智能合约（Smart Contract）。这些程序在区块链的最上层运行（参考图 1-5 区块链的网络视图），并封装在满足某些条件时要执行的业务逻辑。这些程序是可强制执行的，并且可以自动执行。智能合约的功能并非在所有区块链平台上都可用，但由于它为区块链应用程序提供了灵活性和强大功能，因此现在已经成为非常受欢迎的功能。智能合约有许多用例，包括但不限于身份管理、资本市场、贸易融资、记录管理、保险和电子政务等。在本书第 9 章“智能合约”中将对此展开详细讨论。

1.5.1　区块链的工作原理

前面已经详细阐释了区块链的定义和通用元素，现在来看看区块链实际上是如何工作的。区块链的节点可以是创建新区块和挖掘加密货币（代币）的矿工（Miner），也可以是验证交易并对其进行数字签名的区块签名者（Block Signer）。每个区块链网络都必须做出的关键决定是，弄清楚哪个节点会将下一个区块追加到区块链上，该决定是使用共识机制（Consensus Mechanism）做出的。下文将详细介绍共识机制。

接下来，我们还需要了解区块链如何验证交易以及创建和添加区块以增长区块链。

1.5.2　区块链累积区块的方式

现在来看看创建区块的通用方案。注意，这里介绍的是通用方案，只是为了使你大致了解如何生成区块以及交易和区块之间的关系。

（1）节点通过创建交易，使用其私钥进行数字签名来启动交易。交易可以代表区块链中的各种动作。通常，交易是一种数据结构，表示区块链网络上用户之间的价值转移。交易数据结构通常由一些价值转移逻辑、相关规则、源和目的地址，以及其他验证信息组成。本书稍后有关比特币和以太坊的章节中将对交易展开更详细的介绍。

（2）通过使用 Gossip 协议的泛洪协议（Flooding Protocol）将交易传播（泛洪）到根据预设条件验证交易的对等方。一般来说，需要多个节点来验证交易。

（3）交易通过验证后，将被包含在一个区块中，然后被传播到网络上。此时，交易被视为已确认。

（4）新创建的区块将成为账本的一部分，下一个区块将自身通过加密方式链接回到该区块。该链接是一个哈希指针。在此阶段，交易获得第二次确认，而区块则获得第一次确认。

（5）每次创建新区块时，交易都会被重新确认。一般来说，在比特币网络中需要进行 6 次确认才会被视为交易最终确定。

值得注意的是，步骤（4）和步骤（5）被认为是非强制性的，因为交易本身在步骤（3）中已经完成。当然，如果需要的话，仍可在步骤（4）和步骤（5）中执行区块确认和进一步的交易重新确认。

至此，我们已经完成了对区块链基本工作原理的介绍。在下一节中，我们将阐述该技术的优点和局限性。

1.5.3　区块链技术的优点和局限性

区块链技术拥有多项优点，这在许多行业中都有所体现，并由参与区块链领域的世界各地的思想领袖提出。区块链技术的显著优点如下：

- 去中心化。这是区块链的核心概念和优势，无须受信任的第三方或中介机构来验证交易。取而代之的是使用共识机制来达成交易有效性的共识。
- 透明度和信任度。因为区块链是共享的，并且每个对等方（节点）都可以看到区块链上的内容，所以该系统是透明的。透明的结果就是建立了信任，这对于诸如资金支付的场景尤为关键。
- 不变性（Immutability）。一旦将数据写入区块链，就很难将其改回。虽然区块链并不是真正不变的，但是更改数据极其困难，几乎是不可能的，因此区块链被视为维持交易的不可变账本，并且它也是区块链的一大优点。
- 高可用性（High Availability）。由于区块链系统对等网络中的数千个节点，并且在每个节点上都复制和更新了数据，因此系统变得高度可用。即使某些节点离开网络或变得不可访问，整个网络仍将继续工作，从而使其具有很高的可用性，这种冗余导致区块链网络的高可用性。
- 高度安全。区块链上的所有交易均受到密码保护，因此可提供网络完整性。
- 当前范式的简化。在许多行业中（如金融和医疗卫生等行业），其当前区块链模型都有些杂乱无章。在这些模型中，有多个实体维护自己的数据库，由于系统具有不同的性质，数据共享可能变得非常困难。由于区块链可以充当许多相关方之间的单个共享账本，因此可以通过降低管理每个实体维护的单独系统的复杂性来简化模型。

- 更快的交易。在金融行业，尤其是在交易后的结算功能中，区块链可以通过实现交易的快速结算而发挥至关重要的作用。区块链不需要冗长的验证、对账和清算流程，因为在金融组织之间的共享账本中已经可以使用协议一致数据的单个版本。
- 节省成本。由于在区块链模型中不需要可信赖的第三方或中央票据交换所，因此也不需要给第三方支付费用，这极大地消除了间接费用。

与任何技术一样，为了使系统更健壮可靠、实用和可访问，往往需要解决一些问题，区块链技术也不例外。实际上，学术界和工业界都在努力克服区块链技术所带来的挑战。区块链技术的局限性如下：

- 可伸缩性。
- 适应性。
- 监管法规。
- 相对不成熟的技术。
- 隐私。

这些问题和可能的解决方案都将在本书第 18 章“可伸缩性和其他挑战”中进行详细的讨论。

1.5.4　区块链技术的层次

本节将介绍区块链技术的层次（Tier）划分。一般认为，由于区块链技术的飞速发展和进步，许多应用都将会不断进化。这些进化中有一些已经实现了，而根据当前区块链技术的进步速度，预计在不久的将来新的进化层次也会实现。

Melanie Swan 在 2015 年出版的 *Blockchain: Blueprint for a New Economy*（《区块链：新经济蓝图》）一书中对区块链按应用类别进行了分类，并描述了以下将要讨论的区块链技术的 3 个层次，这实际上就是区块链的进化方式，这些版本划分显示了区块链技术的不同层次的进化和用法。实际上，除少数例外，所有区块链平台都支持这些功能和应用。

请注意，以下版本划分只是各种区块链类别在逻辑上的划分，划分的依据是各种区块链当前正在使用的方式、进化的方式或预计将要进化的方式。

还要注意的是，这里只是出于完整性和历史的原因介绍版本划分，因为这些版本的定义现在其实已经有点模糊了。除了比特币 1.0（Blockchain 1.0），所有支持智能合约开发的较新的区块链平台都可以进行编程，提供所有区块链层次中提到的功能和应用。这些层次包括 1.0、2.0、3.0 及更高版本。

除了 Melanie Swan 在书中介绍的 Tier 1、Tier 2 和 Tier 3，将来还可能出现 Tier X，并且随着该技术的发展，我们认为区块链会产生如下进化：

- 区块链 1.0。这一层是在比特币发明时引入的，主要用于加密货币。此外，由于比特币是加密货币的第一个实现，因此将第一代区块链技术归类为仅包含加密货币，所有其他加密货币以及比特币都属于这一类。它包括核心应用，如支付和应用程序。

  这一代始于 2009 年比特币发布时，并于 2010 年年初结束。

- 区块链 2.0。金融服务和智能合约使用第二代区块链。该层级包括各种金融资产，如衍生工具、期权、掉期和债券。超出货币、金融和市场范围的应用都集成在这一层。以太坊（Ethereum）、Hyperledger 和其他较新的区块链平台被视为区块链 2.0 的一部分。

  从 2010 年开始，出现了将区块链用于其他目的的想法，这也可以视为区块链 2.0 代开始的年份。

- 区块链 3.0。第三代区块链用于实现金融服务行业以外的应用程序，并用于政府、医疗卫生、媒体、艺术和司法等领域。就像在区块链 2.0 中一样，以太坊、Hyperledger 和其他能够编写智能合约的新区块链被视为该区块链技术层的一部分。

  这一代区块链出现在 2012 年左右，此时人们已经在研究区块链技术在不同行业中的多种应用。

- 区块链 X.0。这一代代表了对区块链技术发展的愿景，即有一天将有公共区块链服务可用，任何人都可以像使用 Google 搜索引擎一样使用它。区块链将为社会的各个领域提供服务。这将是一个公开且开放的分布式账本，其中通用理性代理（General-Purpose Rational Agent）——机器经济人（Machina Economicus）在区块链上运行，做出决策并代表人员与其他智能自主代理进行交互，并由代码而非法律或书面合同进行监管。这并不意味着法律和合同将消失，而是指可以在代码中实现法律和合约。

机器经济人是一个来自人工智能（Artificial Intelligence，AI）和计算经济学（Computational Economics）领域的概念，可以将其定义为能够做出符合逻辑的完美决策的机器。当然，在实现这个梦想之前，仍需要解决各种技术挑战。

注意：

有关机器经济人的讨论超出了本书的范围，感兴趣的读者可以访问以下网址以获取更多信息。

https://www.infosys.com/insights/purposeful-ai/Documents/machina-economicus.pdf

在本书第 19 章“当前发展和未来展望”中将详细介绍区块链与 AI 融合的概念。

1.5.5　区块链的特性

区块链可执行各种功能，这些功能受不同特性的支持。这些功能包括但不限于价值转移、资产管理和协议管理。

上一节中描述的所有区块链的层次均可以在区块链提供的特性的帮助下执行这些功能，但也有一些例外。例如，并非所有区块链平台都支持智能合约（比特币就不支持智能合约）。再如，并非所有区块链平台都生产加密货币或代币（Hyperledger Fabric 和 MultiChain 都不生产代币）。

区块链的特性包括：

- 分布式共识（Distributed Consensus）。分布式共识是区块链的主要基础。该机制允许区块链呈现事实（Truth）的单个版本（即“事实只有一个”，这是区块链中很重要的一个概念），所有各方都一致同意，而无须中心授权机构。
- 交易验证（Transaction Verification）。基于预定规则验证从区块链的节点发布的任何交易。只有有效的交易才会包含在区块中。
- 智能合约（Smart Contract）平台。区块链是一个平台，程序可以在该平台上运行以代表用户执行业务逻辑。虽然并非所有的区块链都有执行智能合约的机制（如前文所述，比特币就不支持智能合约），但是这仍是一个非常理想的特性，并且可以在以太坊和 MultiChain 等较新的区块链平台上使用。

注意：智能合约

区块链技术提供了运行智能合约的平台。所谓智能合约，就是驻留在区块链网络上的自动化、自治程序，并封装所需的业务逻辑和代码，可在满足某些条件时执行所需功能。

例如，在保险合同中，如果取消航班，则需要向旅客支付赔偿。在现实世界中，该过程通常需要花费大量时间来完成，包括由旅客提出索赔、保险公司验证索赔条款并将保险金额支付给索赔人（旅客）。

如果整个过程通过加密强制的信任、透明度和执行过程实现了自动化，则智能合约一旦收到航班已被取消的信息，就会自动触发赔付机制，向索赔人支付保险金额；如果航班准时，则智能合约将自动收取票款。

这确实是区块链的一项革命性功能，它为现实世界的应用场景提供了灵活性、速度、安全性和自动化，从而催生完全可信赖的系统并显著降低成本。开发人员可以对智能合约进行编程，以根据特定的业务需求执行区块链用户需要的任何操作。。

- 在对等方之间转移价值。区块链可以通过代币在用户之间转移价值。代币可以被认为是价值的载体。
- 加密货币的生成。根据使用的区块链类型，此特性是可选的。区块链可以创建加密货币，以激励矿工验证交易并花费资源来保护区块链。在第 5 章“比特币详解”中将详细讨论加密货币。
- 智能财产（Smart Property）。现在可以按安全和精确的方式将数字资产或有形资产链接到区块链，使得任何人都无法索取它。你对自己的资产有完全控制权，资产不能双重支付或双重拥有。

  例如，将其与数字音乐文件进行比较，在没有任何控制权的情况下，你可以多次复制数字音乐文件。虽然目前确实有许多数字版权管理（Digital Rights Management，DRM）方案和版权法，但是它们都无法像区块链一样基于 DRM 强制执行。相形之下，区块链则可以按完全控制的方式提供 DRM 想要的功能。有一些著名的 DRM 方案在理论上看似不错，但后来都被破解。有关这些方案的详细信息，可以访问以下网址：

  http://www.wired.co.uk/article/oculus-rift-drm-hacked

  另一个例子是 PS3 受到的黑客攻击，很多受版权保护的数字音乐、电影和电子书都可以在互联网上共享，没有任何限制。版权保护法已经推出多年，但是数字盗版破坏了全面执行该法律的努力。而在区块链上，如果你拥有一项资产，除非你决定转让它，否则没有人可以索取它。此功能具有深远的意义，特别是在 DRM 和电子现金系统中，双重支付检测是至关重要的要求。在比特币平台中，双重支付问题已经获得了解决，并且不需要可信赖的第三方。
- 安全提供者。区块链基于可靠的加密技术，可确保数据的完整性和可用性。一般来说，由于透明度的要求，不会提供保密性。这是金融机构和其他需要交易的隐私性和机密性的行业的主要障碍。因此，对区块链上交易的隐私性和机密性正在积极研究中，并且已经取得了进展。

  有人也许会说，在许多情况下，保密性的需求并不是那么迫切，而首选的应该是透明度。例如，对于比特币来说，保密性并不是绝对要求。

  但是，在某些情况下，它却是最迫切的。最近的例子是 Zcash，它提供了进行匿名交易的平台。该方案将在第 8 章“山寨币”中详细讨论。

区块链还提供了其他安全服务，如不可否认性和身份验证，因为所有操作都将使用私钥和数字签名来保护。

- 不可变性（Immutable）。这是区块链的另一个关键特性。一旦将记录添加到区块链，它们便是不可变的，回滚更改的可能性很小。但是要不惜一切代价避免这样做，因为会消耗大量的计算资源。

  例如，对于比特币来说，如果恶意用户想要更改以前的区块，则将需要再次为所有已添加到区块链的区块计算工作量证明。实际上，这种困难使得区块链上的记录基本不可变。
- 唯一性（Uniqueness）。此区块链特性可确保每笔交易都是唯一的，并且尚未支付（避免双重支付问题）。此特性对于加密货币来说尤为重要。

1.6 区块链的类型

根据近几年来区块链的进化方式，可以将其划分为多个类别，它们具有独特的甚至部分重叠的属性。要注意的是，本章前面介绍的层可以根据区块链的进化和使用情况对区块链进行逻辑分类。

本节将从技术和业务使用角度研究不同类型的区块链。这些区块链类型可以出现在任何区块链层上，因为这些层与区块链的类型没有直接关系。

本节将介绍以下区块链类型：

- 分布式账本。
- 分布式账本技术（Distributed Ledger Technology，DLT）。
- 公共区块链。
- 私有区块链。
- 半私有区块链。
- 侧链。
- 许可型账本。
- 共享账本。
- 完全私有和专有区块链。
- 代币化区块链。
- 无代币区块链。

1.6.1　分布式账本

首先，需要澄清一个歧义。应该注意的是，分布式账本（Distributed Ledger）是描述共享数据库的广义术语。从技术上讲，所有区块链都属于共享数据库或分布式账本的范围。虽然所有区块链从根本上来说都是分布式账本，但是所有分布式账本并不一定都是区块链。

分布式账本和区块链之间的关键区别在于：分布式账本不一定包含交易区块以保持账本增长；而区块链是一种特殊类型的共享数据库，由交易的区块组成。

R3 的 Corda 是不使用交易区块的分布式账本的一个示例。Corda 是一种分布式账本，旨在记录和管理协议，并且特别专注于金融服务行业。比特币和以太坊等更广为人知的区块链则利用了区块来更新共享数据库。

分布式账本，顾名思义，就是分布在参与者之间，并分布在多个站点或组织中。这种账本可以是私有的，也可以是公共的。

分布式账本的基本思想是，记录是连续存储的，而不是被分类为区块（这是它和其他区块链不同的地方）。瑞波币（Ripple）就使用了这一概念。Ripple 是基于全球支付网络的区块链和加密货币，也是 Ripple 网络的基础货币。

1.6.2　分布式账本技术

应当指出的是，在过去的几年中，分布式账本或分布式账本技术已经成为金融领域描述区块链的术语。有时，区块链和分布式账本技术甚至可以互换使用。尽管这并不完全准确，但这是最近这个术语的演变方式，尤其是在金融领域。

实际上，DLT 现在属于非常活跃且蓬勃发展的金融研究领域。从金融部门的角度来看，DLT 是在已知参与者之间共享和使用的许可区块链。DLT 常用作共享数据库，并且所有参与者都已知并经过验证，他们没有加密货币或不需要挖矿以保护账本。

1.6.3　公共区块链

公共区块链（Public Blockchain），顾名思义，就是不归任何人所有。它们向公众开放，任何人都可以作为节点参与决策过程。用户可能会也可能不会因他们的参与而获得奖励。这些无须许可的账本的所有用户在其本地节点上维护账本的副本，并使用分布式共识机制来确定账本的最终状态。比特币和以太坊都被视为公共区块链。

1.6.4　私有区块链

私有区块链（Private Blockchain），顾名思义，这些区块链是私有的。也就是说，它们仅对决定在彼此之间共享账本的联盟或个人和组织的团体开放。此类别中现在有各种可用的区块链，如 HydraChain 和 Quorum。如果需要，这两个区块链也可以有选择性地在公共模式下运行，但是它们的主要目的还是提供私有区块链。

1.6.5　半私有区块链

半私有区块链（Semi-Private Blockchain），就是部分区块链是私有的，部分区块链是公共的。请注意，到目前为止，这仍然只是一个概念，尚未开发出现实世界的 POC。半私有区块链的基本思想是，私有部分由一组个体控制，而公共部分则开放给任何人参与。

此混合模型适用的应用场景是：区块链的私有部分仍保留在内部并在已知参与者之间共享，而区块链的公共部分则供任何人使用，可以有选择性地允许挖矿以保护区块链。这样，可以使用工作量证明来保护整个区块链，从而为私有和公共部分提供一致性和有效性。这种类型的区块链可以称为半去中心化（Semi-Decentralized）模型，该模型由单个实体控制，但仍允许多个用户通过遵循适当的程序加入网络。

1.6.6　侧链

侧链（Sidechain），更精确的称呼为锚定侧链（Pegged Sidechain），这是一个概念。通过侧链，代币可以从一个区块链移动到另一个区块链，然后再次移回。典型用途是创建新的山寨币（Altcoin）。

所谓山寨币，就是指比特币以外的加密货币。Altcoin 是 Alt 和 coin 的组合，它指的就是替代加密货币（Alternative Cryptocurrency），有些山寨币通过燃烧掉另一种代币（如比特币）来证明它有足够的权益。在这种情况下，燃烧代币意味着将代币发送到无法使用的地址，并且此过程使燃烧（摧毁）的代币无法恢复。该机制用于推出新货币或引入稀缺性，从而导致代币的价值增加。

该机制也被称为燃烧证明（Proof of Burn，PoB），用作工作量证明和权益证明（Proof of Stake，PoS）的分布式共识的替代方法。第一种类型是单向锚定侧链（One-Way Pegged Sidechain），也称为单向挂钩侧链，如上面提到的用于燃烧代币的示例。第二种类型是双向锚定侧链（Two-Way Pegged Sidechain），也称为双向挂钩侧链，它允许代币从主链移动到侧链，在需要时再返回主链。

此过程可为比特币网络建立智能合约。根链（Rootstock）就是侧链的示例之一，它可以根据这种范式为比特币进行智能合约的开发。它的工作原理是通过允许比特币区块链的双向锚定侧链，从而产生更快的吞吐量。

1.6.7　许可型账本

许可型账本（Permissioned Ledger）也是一个区块链网络，其中的参与者是已知的并且是可信的。许可型账本不使用分布式共识机制，而是使用一致性协议维护有关区块链上记录状态的事实（Truth）的共享版本。在这种情况下，为了验证区块链上的交易，所有验证者已由中心授权机构预先选择，并且通常不需要挖矿机制。

按照许可型账本的定义，许可型区块链不需要被设为私有，因为它可以是公共区块链，但具有受控的访问控制。例如，在比特币的上面引入访问控制层来验证用户的身份，验证通过后才允许访问区块链，则比特币就可以成为许可型账本。

1.6.8　共享账本

共享账本是一个通用术语，用于描述公共或联盟共享的任何应用程序或数据库。一般来说，所有区块链都属于共享账本。

1.6.9　完全私有和专有区块链

完全私有和专有区块链没有主流应用，因为它们偏离了区块链技术去中心化的核心概念。但是，在组织内的特定私有设置中，可能需要共享数据并提供某种程度的数据真实性保证，这种情况下就可以考虑使用该类型的区块链。

这种区块链的一个示例是政府各个部门之间的协作和共享数据。在这种情况下，除了简单的状态机复制和与已知中心验证器的一致性协议外，不需要复杂的共识机制。即使在私有区块链中，代币也并不是真正需要的，但它们可以用作转移价值或代表某些现实世界资产的手段。

1.6.10　代币化区块链

代币化区块链是通过挖矿或初始分配的方式生成加密货币的标准区块链，该过程是达成共识的结果。比特币和以太坊是这类区块链的主要示例。

1.6.11　无代币区块链

无代币区块链的设计方式是使其没有价值转移的基本单位。它们虽然不需要在节点之间转移价值，并且仅在各个可信对等方之间共享数据，但是该类型的区块链仍然很有价值。这类似于完全私有区块链，唯一的区别是无代币区块链不需要使用代币，也可以将无代币区块链视为用于存储数据的共享分布式账本。当涉及不可变性、安全性和共识驱动的更新时，无代币区块链确实具有优势，只是不适用于价值转移或加密货币的普通区块链应用。

至此，我们结束了对各种区块链类型的研究。接下来将讨论共识的概念。

1.7　共　识

共识（Consensus）是区块链架构的最重要支撑，没有共识机制，区块链就无从谈起。区块链通过称为挖矿（Mining）的可选过程提供控制权的去中心化。

共识算法（Consensus Algorithm）的选择取决于所使用的区块链的类型，也就是说，并非所有共识机制都适用于所有类型的区块链。例如，在公共的无须许可的区块链（如比特币）中，使用工作量证明代替可能基于授权证明的简单协议机制是有意义的。因此，必须为特定的区块链项目选择适当的共识算法。

共识是无信任的节点之间就数据的最终状态达成协议的过程。为了达成共识，可以使用不同的算法。在两个节点之间（例如，在客户端-服务器系统中）很容易达成协议，但是当多个节点参与分布式系统并且它们需要就单个值达成共识时，这就成为一项很大的挑战。区块链的特点是，尽管某些节点会离线或发生故障，甚至存在恶意拜占庭节点，但仍可以在多个节点之间获得协议一致的共有状态或值，这一过程称为分布式共识。

1.7.1　共识机制

共识机制（Consensus Mechanism）是区块链中大多数或所有节点采取的一组步骤，以就提议的状态或价值达成共识。在过去的 30 多年中，工业界和学术界的计算机科学家一直在研究这一概念。随着区块链和比特币的出现，共识机制备受关注。

在共识机制中提供期望的结果必须满足以下要求。

- 协议（Agreement）。所有诚实节点决定相同的值，全体同意并协议一致。

- 终止（Termination）。所有诚实节点均终止共识过程的执行并最终做出决定。
- 有效性（Validity）。所有诚实节点都同意的值必须与至少一个诚实节点建议的初始值相同。
- 容错（Fault Tolerant）。共识算法应该能够在存在故障或恶意节点（拜占庭节点）的情况下运行。
- 完整性（Integrity）。这要求任何节点都不能在单个共识周期中做出多次决策。

1.7.2　共识机制的类型

所有共识机制的开发都是为了处理分布式系统中的故障，并使分布式系统达成最终的协议状态。目前，有两种通用类别的共识机制，这两种类别可处理所有类型的故障（失败停止故障或任意类型的故障）。共识机制的常见类型如下所示。

- 传统的基于拜占庭容错（Byzantine Fault Tolerance，BFT）的共识机制。由于没有诸如部分哈希反转的计算密集型操作（例如在比特币工作量证明中），该方法依赖于由发布者签署的消息的简单节点方案。最终，当接收到一定数量的消息时，就达成了一致性协议。
- 基于领导者选举的共识机制。这种方案要求节点参与领导者选举，而获胜的节点将提出最终值。例如，比特币中使用的工作量证明即属于此类。

目前，研究人员已经提出了共识协议的许多实际实现。Paxos 是这些协议中最著名的，它是 Leslie Lamport 于 1989 年提出的。在 Paxos 中，节点被分配了各种角色，如提议者（Proposer）、接受者（Acceptor）和学习者（Learner）。节点或过程被称为副本（Replicas），即使存在故障节点，也可以通过多数节点之间的协议来达成共识。

Paxos 的替代方法是 RAFT，它可以通过给节点分配 3 个状态中的任何一个来工作。这 3 个状态是跟随者（Follower）、候选者（Candidate）和领导者（Leader）。在候选节点获得足够的票数之后，将当选领导者，然后所有更改都必须经过领导者节点。一旦更改在大多数跟随者节点上完成复制，则领导者将提交建议的更改。

从分布式系统的角度来看，关于共识机制理论的更多细节超出了本章的讨论范围。但是，本章后面仍将专门开辟一节介绍共识协议。另外，本书稍后还将在专门针对比特币和其他区块链的章节中讨论特定的共识算法。

1.7.3　区块链中的共识

共识是一种分布式计算概念，它已在区块链中使用，以提供一种方法，让区块链网络上的所有对等方同意单一的事实版本。在第 1.2 节“分布式系统”中，已经对该概念进行了一些讨论。本节将阐释的是区块链技术语境下的共识。这里介绍的一些概念仍然与分布式系统的理论有关，但它们是从区块链的角度进行解释的。

共识机制大致有以下两个主要类别。

- 基于证明的和基于领导者选举的共识，也称为中本聪共识（Nakamoto Consensus）。这是通过选举（使用算法）随机选举领导者并提出最终值的方法。此类别也称为完全去中心化（Fully Decentralized）或无须许可（Permissionless）的共识机制。这种类型采用的是工作量证明机制的形式，能很好地用于比特币和以太坊区块链。
- 基于拜占庭容错的共识。这是一种基于投票轮数的更传统的方法。此类共识也称为联盟（Consortium）或许可（Permissioned）类型的共识机制。

当节点数量有限时，基于 BFT 的共识机制会很好地执行，但伸缩性不好；而基于领导者选举类型的共识机制可很好地伸缩，但执行速度非常慢。研究者在这一领域进行了大量研究，因此出现了新型的共识机制，例如在 Ripple 网络中使用的半去中心化共识机制。在本书第 16 章“替代区块链”中将详细讨论 Ripple 网络。

还有其他一些建议的共识机制，它们试图在可伸缩性和性能之间找到适当的平衡，一些著名的项目包括 PBFT、Hybrid BFT、BlockDAG、Tezos、Stellar 和 GHOST。

下面将介绍目前可用的共识算法，或者正在区块链环境中进行研究的共识算法。该列表虽不完全，但已包括所有著名算法。

- 工作量证明（Proof of Work，PoW）。这种类型的共识机制依靠的是，证明在提出网络可以接受的值之前，已经花费了足够的计算资源。比特币、莱特币和其他一些加密货币区块链使用的都是该方案。当前，它是唯一被证明能够成功应对区块链网络上的任何合谋攻击（如 Sybil 攻击）的算法。在本书第 5 章“比特币详解”中将对 Sybil 攻击展开更详细的讨论。
- 权益证明（Proof of Stake，PoS）。此算法的工作原理是，节点或用户在系统中具有适当的权益，也就是说，用户已经在系统上投入了足够的资金，因此该用户进行的任何恶意尝试都将超过对网络进行攻击的好处。这个想法最初是由 Peercoin 引入的，并将在以太坊区块链版本 Serenity 中使用。PoS 中的另一个重要概念是币龄（Coin Age），这是从时间和未用硬币数量推导出的标准。在此模型中，提议和签署下一个区块的机会随着币龄的增加而增加。
- 委托权益证明（Delegated Proof of Stake，DPoS）。这是对标准 PoS 的一项创新，借以使在系统中拥有权益的每个节点都可以通过投票将交易的验证委托给其他节点。BitShares 区块链使用的就是该方案。

- 流逝时间证明（Proof of Elapsed Time，PoET）。流逝时间证明由 Intel 于 2016 年推出，它使用可信执行环境（Trusted Execution Environment，TEE），通过有保证的等待时间在领导者选举过程中提供随机性和安全性。它要求 Intel 软件保护扩展（Software Guard Extensions，SGX）处理器为其提供安全性，以保证它是安全的。在第 15 章“超级账本”中，在 Intel 的 Sawtooth Lake（锯齿湖）区块链项目的背景下将对该概念进行更详细的讨论。
- 存款证明（Proof of Deposit，PoD）。在这种情况下，希望参与网络的节点必须先进行安全存款，然后才能挖矿和提议区块。在 Tendermint 区块链中使用了该机制。
- 重要性证明（Proof of Importance，PoI）。在该方案中，重要性的概念与 PoS 不同。PoI 不仅依赖于用户在系统中所拥有的权益，而且还监视用户对代币的使用和移动，以建立信任和重要性的级别。它用于 NEM 代币区块链中。有关此代币的更多信息，可访问 NEM 网站：

  https://nem.io

- 联邦共识（Federated Consensus）或联邦拜占庭共识（Federated Byzantine Consensus）。此机制用于恒星共识协议（Stellar Consensus Protocol，SCP）。该协议中的节点将保留一组公共可信的对等方，并且仅传播已由大多数可信任节点验证过的交易。
- 基于声誉的机制（Reputation-based Mechanism）。此机制是领导者根据其在网络上建立的声誉来选举的。它基于其他成员的投票。
- 实用拜占庭容错（Practical Byzantine Fault Tolerance，PBFT）。此机制可实现状态机复制，从而抵制拜占庭节点。包括 PBFT、Paxos、RAFT 和联邦拜占庭协议（Federated Byzantine Agreement，FBA）在内的各种其他协议也正在使用或已提议用于分布式系统和区块链的许多不同实现中。
- 活动证明（Proof of Activity，PoA）。此方案是 PoS 和 PoW 的组合，可确保以伪随机但统一的方式选择利益相关者。与 PoW 相比，这是一种相对更节能的机制。它采用了“跟随中本聪（Follow the Satoshi）”的新概念。在该方案中，将 PoW 和 PoS 结合在一起以达成共识和达到良好的安全性。由于 PoW 仅在该机制的第一阶段使用，因此该方案更加节能。在第一阶段之后，它被切换到 PoS 阶段（PoS 消耗的能量微不足道）。在本书第 8 章“山寨币”中将进一步讨论这些思路。

- 容量证明（Proof of Capacity，PoC）。该方案使用硬盘空间作为挖掘区块的资源，这与使用 CPU 资源的 PoW 不同。在 PoC 中，硬盘空间用于挖矿，因此也称为硬盘驱动挖掘（Hard Drive Mining）。这个概念最早是在 Burstcoin 加密货币中引入的。
- 存储证明（Proof of Storage，PoS）。该方案允许存储容量的外置（Outsourcing）。该方案基于特定数据可能由节点存储，该节点可用作参与共识机制的手段等概念。研究人员已经提出了该方案的若干种变体，如复制证明（Proof of Replication）、数据占有证明（Proof of Data Possession）、空间证明（Proof of Space）和时空证明（Proof of Space-Time）等。

1.8　CAP 定理和区块链

CAP 定理（也称为 Brewer 定理）是 Eric Brewer 在 1998 年提出的猜想。2002 年，Seth Gilbert 和 Nancy Lynch 证明了该定理成立。该定理指出，任何分布式系统都不能同时具有一致性、可用性和分区容限。

- 一致性（Consistency）是一种属性，可确保分布式系统中的所有节点都具有单个、最新且相同的数据副本。
- 可用性（Availability）意味着系统中的节点已启动，可以使用，并且可接受传入的请求，通过数据进行响应，在需要时不会出现任何故障。换句话说，数据在每个节点上都可用，并且节点正在响应请求。
- 如果一组节点由于网络故障而无法与其他节点通信，则分区容限（Partition Tolerance）可确保分布式系统将继续正常运行。

已经证明，分布式系统不能同时具有一致性、可用性和分区容限。下面的示例对此进行了解释。假设有一个只包含两个节点的分布式系统，现在让我们在这个最小的分布式系统中应用这 3 个定理属性。

- 一致性。如果两个节点都具有相同的共享状态，则可以实现一致性。也就是说，它们具有相同的数据副本。
- 可用性。如果两个节点都已启动且正在运行，并使用最新的数据副本进行响应，则称实现了可用性。
- 分区容限。如果两个节点之间的通信不中断（中断指的是网络问题、拜占庭式故障等），并且它们能够相互通信，则可以实现分区容限。

现在考虑发生分区且节点无法再相互通信的情况。如果没有新的更新数据输入，则只能在一个节点上进行更新。在这种情况下，如果节点接受更新，则网络中只有该节点被更新，因此失去一致性；如果节点拒绝更新，则将失去可用性。在这种情况下，由于分区容限，将导致可用性和一致性都无法实现。

你可能会感到有些奇怪，因为区块链在某种程度上已经实现了这些特性。这个问题可以解释如下：

为了实现容错，我们使用了副本，这是实现容错的一种标准且广泛使用的方法。使用共识算法可以实现一致性，以确保所有节点都具有相同的数据副本，这称为状态机复制（State Machine Replication）。区块链是实现状态机复制的一种手段。一般来说，节点可能会遇到两种类型的故障，这两种故障都属于分布式系统中可能发生的故障类型：

- 失败停止故障（Fail-Stop Fault）。仅当节点崩溃时，会发生此类故障。失败停止故障是两种故障类型中较容易处理的故障。本章前面介绍的 Paxos 协议通常用于处理此类故障。
- 拜占庭式故障（Byzantine Fault）。该类型的故障是故障节点任意表现出恶意或不一致的行为。这种类型很难处理，因为拜占庭节点的误导性信息会引起混淆。这可能是由于对手的攻击、软件错误或数据损坏引起的。研究人员开发出了诸如 PBFT 的状态机复制协议来解决此类故障。

接续前面的话题，你可能会感到奇怪，区块链似乎违反了 CAP 定理，尤其是对于其最成功的实现——比特币来说。然而，事实并非如此。在区块链中，为了保持可用性和分区容限，实际上牺牲了一致性。在这种情况下，区块链上的一致性（Consistency，C）不能与分区容限（Partition Tolerance，P）和可用性（Availability，A）同时实现，是随着时间的推移而实现，这称为最终一致性（Eventual Consistency）。也就是说，随着时间的推移，由于多个节点进行了验证，因此实现了一致性。为此，比特币引入了挖矿的概念。挖矿就是一个使用工作量证明共识算法达成共识的过程。在更高层次上，挖矿可以被定义为向区块链中添加更多区块的过程。在本书第 5 章“比特币详解”中将对此进行更多介绍。

1.9　小　　结

本章从宏观上介绍了区块链技术，旨在使读者对区块链技术的发展和工作原理有一个全面的认识。

首先，诠释了分布式系统的一些基本概念，并回顾了区块链的发展历史，讨论了诸如电子现金之类的概念。此外，从不同角度介绍了区块链的各种定义，以及区块链技术的一些应用。

其次，探索了不同类型的区块链。

最后，研究了这项新技术的优点和局限性。本章仅简要介绍了区块链可伸缩性和适应性之类的主题，在后面的章节中还将深入讨论这些主题。

第 2 章将介绍去中心化的概念，这是区块链及其大量应用背后的核心思想。

第2章　去 中 心 化

去中心化（Decentralization）并不是一个新概念，它已在战略、管理和政府中使用了很长时间。去中心化的基本思想是将控制权和权限分配给组织的外围，而不是由一个中心机构完全控制组织。这种配置为组织带来了许多好处，例如提高了效率、加速了决策制定、提高了积极性，并减轻了高层管理人员的负担。

本章将详细讨论区块链环境下的去中心化概念。区块链的根本是没有一个中心机构可以控制它。

本章将提供各种去中心化的方法和实现这一目标的途径的示例。此外，本章还将详细讨论区块链生态系统的去中心化、去中心化的应用程序以及实现去中心化的平台。

最后，将介绍去中心化区块链技术中涌现的众多令人兴奋的应用程序和想法。

本章将讨论以下主题：

- 去中心化的意义。
- 去中心化的方法。
- 去中心化的途径。
- 生态系统的去中心化。
- 智能合约。
- 去中心化组织。
- 去中心化应用程序。
- 去中心化的平台。

2.1　去中心化的意义

去中心化是区块链技术的一项核心优势。经过设计之后，区块链不需要任何中介即可通过共识机制选择不同领导者发挥其功能，它是提供这一平台的理想工具。这种模式使得任何节点（对等方）都可以竞争成为决策者。竞争由共识机制控制，最常用的方法称为工作量证明。

从半去中心化模型到完全去中心化模型，去中心化的应用程度可以是不同的，具体取决于需求和环境。可以从区块链的角度将去中心化视为一种机制，该机制提供了一种方法来重塑现有的应用程序和范式，或者构建新的应用程序，以给予用户完全的控制权。

信息和通信技术（Information and Communication Technology，ICT）通常基于中心化范式，其中的数据库或应用程序服务器均在中心权限（如系统管理员）的控制下。随着比特币和区块链技术的出现，这种模式已经改变，现在的技术已经使任何人都可以启动一个去中心化的系统，并在没有单一可信权限中心的情况下运行它。它完全可以自主运行，也没有单点故障的问题，因为区块链网络上的节点众多，并且是通过共识机制发挥作用，单个节点出现故障完全不影响它的正常运行。当然，区块链网络也可以通过人工干预来运行，这取决于在区块链上运行的去中心化应用程序中使用的治理类型和模型。

图 2-1 显示了当前存在的不同类型的系统：集中式系统、去中心化系统和分布式系统。这个概念最早由 Paul Baran 在 *On Distributed Communications: I. Introduction to Distributed Communications Networks*（《分布式通信》的“分布式通信网络简介”，兰德公司，1964 年）中提出。

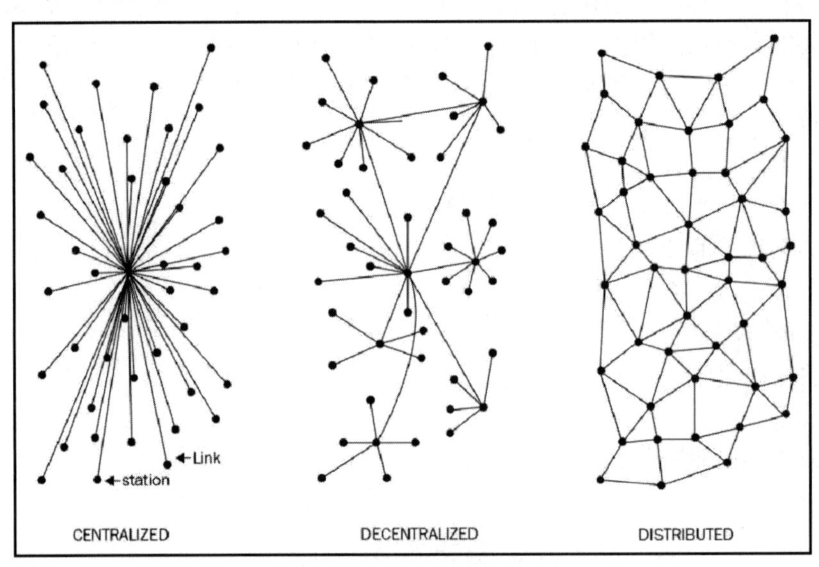

图 2-1　网络/系统的不同类型

原　文	译　文	原　文	译　文
Link	链接	DECENTRALIZED	去中心化
station	工作站	DISTRIBUTED	分布式
CENTRALIZED	集中式		

- 集中式系统（Centralized System）是传统的（客户端-服务器）IT 系统，其中只有一个权限来控制系统，而该权限的拥有者将负责系统上的所有操作。集中式

系统的所有用户都依赖于一个服务源，包括 Google、Amazon、eBay、Apple 的 App Store 在内的大多数在线服务提供商都使用这种传统模型来提供服务。

- 分布式系统（Distributed System）则可以将数据和计算分布在网络中的多个节点上。有时，该术语容易与并行计算（Parallel Computing）相混淆。尽管二者的定义有些重叠，但是这两个系统的主要区别在于：在并行计算系统中，所有节点都同时执行计算以获得结果，例如，并行计算平台用于天气研究和预报、模拟和财务建模；而在分布式系统中，计算可能不会并行发生，并且数据将跨多个节点复制，用户将这些节点视为单个一致的系统。

  通常使用这两种模型的变体来实现容错和速度。值得一提的是，在并行系统模型中，仍然有一个中心机构来控制所有节点，从而控制处理过程，这意味着该系统在本质上仍然是集中式的。

  去中心化系统与分布式系统的关键区别在于：在分布式系统中，仍然存在一个中心权限来管理整个系统；而在去中心化系统中，则不存在这样的中心权限。

- 去中心化系统（Decentralized System）是一种网络类型，其中的节点不依赖于单个主节点，其控制权限分布在许多节点之间。这类似于一个去中心化模型，在该模型中，组织中的每个部门都负责自己的数据库服务器，从而从中心服务器处夺走了权力，并将其分配给管理自己的数据库的子部门。

  去中心化共识是去中心化范式中的一项重大创新，它开创了应用程序去中心化的新时代。这种机制在比特币中发挥了作用，它使用户可以通过共识算法达成共识，而无须中心、可信任的第三方、中介或服务提供商。

2.2　去中心化的方法

可以使用两种方法来实现去中心化：去中介和竞争（竞争驱动的去中心化）。下面详细讨论这两种方法。

2.2.1　去中介

去中介（Disintermediation）的概念可以借助一个例子来解释。想象一下，你想汇款给在另一个国家的朋友。你去了一家银行，该银行需要向你收取费用，然后将你的钱转到目标国家的银行。在这种情况下，银行将维护一个已更新的中心数据库，以确认你已汇款。

如果你使用的是区块链技术，则无须银行即可将这笔钱直接发送给你的朋友。你所需要的只是该朋友在区块链上的地址，这样就不需要中介（也就是银行）了。

去中心化就是通过去中介实现的。当然，由于严格的监管和合规要求，在金融部门中通过去中介的方式实现去中心化是有争议的。尽管如此，该模型不仅可以用于金融领域，而且可以用于其他不同的行业。

2.2.2　竞争驱动的去中心化

在涉及竞争（Competition）的方法中，不同的服务提供商彼此竞争，以便被系统选择用于提供服务。这种范式无法实现完全的去中心化。但是，在一定程度上，它可以确保中介或服务提供者不会垄断服务。

在区块链技术的背景下，可以设想有这样一个系统，在该系统中，智能合约可以根据信誉、先前评分、评论和服务质量从大量提供商中选择外部数据提供商。

这种方法不会导致完全的去中心化，但它允许智能合约根据上述条件自由选择。这样，服务提供商之间便形成了竞争环境，它们相互竞争以成为首选的数据提供商。

在图 2-2 中，显示了不同级别的去中心化。在左侧显示的是常规集中式方法，其中的控制权属于中心系统；在右侧，由于完全去除了中介，因此实现了完全的去中心化；竞争中介或服务提供商显示在中间。在该级别上，将根据信誉或投票选择中介或服务提供商，从而实现部分去中心化。

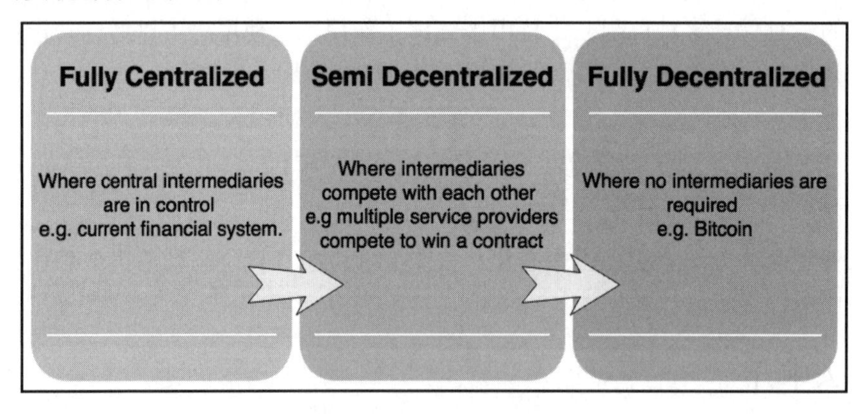

图 2-2　去中心化的比例

原　　文	译　　文
Fully Centralized	完全集中式
Where central intermediaries are in control e.g. current financial system.	中介取得控制权 例如当前金融系统

续表

原　　文	译　　文
Semi Decentralized	半去中心化
Where intermediaries compete with each other e.g. multiple service providers compete to win a contract	中介相互竞争 例如多个服务提供商竞争以赢得合约
Fully Decentralized	完全的去中心化
Where no intermediaries are required e.g. Bitcoin	不需要中介 例如比特币

尽管去中心化有很多好处，包括透明、效率、节省成本、可以发展出可信赖的生态系统，在某些情况下还可以保护隐私并具有匿名性，但它仍需要彻底解决一些挑战，如安全性要求、软件错误和人为错误等。

例如，在通常由私钥提供安全性的去中心化系统（如比特币或以太坊）中，如何确保在私钥丢失或智能合约代码出现错误的情况下，与这些私钥相关联的智能财产不致失效？如果不能解决该问题，则去中心化的应用程序将变得非常脆弱而易受到攻击。

在开始使用区块链和去中心化应用程序之前，你有必要了解，并非所有的东西都可以或需要去中心化。

这种观点提出了一些基本问题：真的需要区块链吗？何时需要区块链？在什么情况下，区块链优于传统数据库？要回答这些问题，请首先检查以下问题的答案。

（1）是否需要高数据吞吐量？如果该问题的答案为“是”，则使用传统数据库。

（2）更新是否受到集中控制？如果该问题的答案为“是”，则应使用常规数据库。

（3）用户彼此信任吗？如果该问题的答案为“是”，则可以使用传统数据库。

（4）用户匿名吗？如果该问题的答案为“是”，则使用公共区块链；如果该问题的答案为“不是”，则可以使用私有区块链。

（5）如果需要在联盟内部达成共识，则使用私有区块链，否则使用公共区块链。

回答这些问题可以使你了解是否需要区块链。除了此模型中提出的问题外，还有许多其他问题需要考虑，例如延迟、共识机制的选择、是否需要达成共识以及将在何处达成共识等。如果一个联盟在内部达成共识，则应使用私有区块链；如果需要在多个实体之间公开达成共识，则应考虑使用公共区块链解决方案。

在决定是使用区块链还是传统数据库时，还应考虑其他方面，如不可变性。如果要求严格的数据不可变性，则应使用公共区块链，否则可以选择使用中心数据库。

随着区块链技术的成熟，在上述模型中还会提出更多的问题。当然，就目前而言，这组问题足以决定是否需要采用区块链的解决方案。

2.3　去中心化的途径

目前，有些系统已经存在区块链和比特币（如 BitTorrent 和 Gnutella 文件共享系统），它们在某种程度上都可以归类为去中心化系统，但是，随着区块链技术的发展，已经有更多的倡议利用这种新技术来实现去中心化。

比特币区块链通常是许多人的首选，因为它已被证明是最具弹性和安全性的区块链。截至 2020 年 10 月，比特币的市值约为 2121 亿美元。另外，其他区块链（如以太坊）也可以作为开发人员构建去中心化应用程序的合适工具。事实上，与比特币相比，以太坊是一个比较好的选择，因为它允许使用智能合约对任何业务逻辑进行编程，这充分显示了它的灵活性。截至 2020 年 10 月，以太坊的市值约为 424 亿美元。

2.3.1　去中心化的思路

Arvind Narayanan 等人在其著作 *Bitcoin and Cryptocurrency Technologies*（《比特币和加密货币技术》，普林斯顿大学出版社）中提出了一个框架，该框架可用于评估区块链技术语境下去中心化要求的各种问题。该框架提出了 4 个问题，这些问题的答案清楚地说明了如何构建去中心化系统：

（1）什么东西需要去中心化？

（2）需要去中心化到哪个层次？

（3）使用什么区块链？

（4）使用什么安全机制？

第一个问题要求确定将要去中心化的系统。这可以是任何系统，如身份识别系统或交易系统。

第二个问题要求通过检查去中心化的规模来指定所需的去中心化层次。如前文所述，它可以是完全去中介，也可以是部分去中介。

第三个问题要求开发人员确定哪个区块链适合特定应用。它可以是比特币区块链、以太坊区块链或任何其他适合特定应用程序的区块链。

第四个问题是如何保证去中心化系统的安全性。例如，安全机制可以是原子性的，交易要么完全执行，要么根本不执行，这种确定性的方法可确保系统的完整性。其他机制可能包括信誉机制，它允许在系统中提供不同的信任度。

2.3.2 去中心化框架示例

现在让我们来评估一个汇款系统，作为要去中心化的应用程序的示例。可以使用前面讨论的4个问题评估此应用程序的去中心化的要求。这些问题的答案如下：

（1）汇款系统。

（2）去中介。

（3）比特币。

（4）原子性。

上述答案表明，我们希望通过去中介来对汇款系统进行去中心化，实现方式是采用比特币区块链，并且将通过原子性提供安全保证。原子性将确保交易完全成功执行或根本不执行。选择比特币区块链是因为它是历史最悠久的区块链，经受了时间的考验。

同样，此框架可用于需要在去中心化方面进行评估的任何其他系统。这4个简单问题的答案有助于阐明采取哪种方法构建去中心化系统。

2.4 生态系统的去中心化

为了实现完全的去中心化，有必要将区块链周围的环境也去中心化。区块链是在常规系统之上运行的分布式账本，常规系统的元素包括存储、通信和计算等。另外，还有一些因素（如身份和财富）在传统上也是集中范式的，有必要对这些方面进行去中心化以实现充分去中心化的生态系统。

2.4.1 存储

数据可以直接存储在区块链中，因此可以轻松实现去中心化。但是，这种方法有一个很明显的缺点，那就是区块链在设计之初就不适合存储大量数据。它可以存储简单的交易数据和一些任意的数据，但与传统的交易数据库系统一样，它并不适合存储图像或大块数据。

存储数据的更好方法是使用分布式哈希表（Distributed Hash Tables，DHT）。DHT最初用于点对点文件共享软件，如BitTorrent、Napster、Kazaa和Gnutella。DHT研究在CAN、Chord、Pastry和Tapestry项目中得到广泛应用。BitTorrent是最具扩展性和最快的网络，但它和其他类似网络存在的问题是，用户没有无限期保存文件的动力。在缺乏激励机制的情况下，用户通常不会永久保存文件。如果包含数据的节点离开了网络（例如下线或断开了连接），则仍然需要该数据的用户将无法检索到它，除非包含所需数据的节点重新加入网络，这样文件才再次可用。

由此可见，这里的两个主要需求是高可用性和链接稳定性，这意味着数据应在需要时可用，并且网络链接也应始终可访问。Juan Benet 的星际文件系统（InterPlanetary File System，IPFS）即同时具有这两个属性，其愿景是通过替换 HTTP 协议来提供去中心化的万维网。IPFS 使用 Kademlia DHT 和 Merkle 有向无环图（Directed Acyclic Graph，DAG）分别提供存储和搜索功能。本书第 4 章“公钥密码学”中将详细介绍有关 DHT 和 DAG 的概念。

用于存储数据的激励机制称为 Filecoin 协议，该协议向使用 Bitswap 机制存储数据的节点支付激励。Bitswap 机制使节点可以保持以一对一关系发送或接收字节的简单账本。另外，IPFS 中使用了 Git 的版本控制机制，以提供结构和对数据版本的控制。

数据存储还有其他选择，如 Ethereum Swarm、Storj 和 MaidSafe。以太坊拥有自己的去中心化和分布式生态系统，该生态系统使用 Swarm 进行存储，使用 Whisper 协议进行通信。MaidSafe 旨在提供去中心化的万维网。这些项目在本书后面都将详细讨论。

BigchainDB 也是一个存储层的去中心化项目，旨在提供与传统文件系统相反的可扩展、快速和线性可扩展的去中心化数据库。BigchainDB 是对去中心化处理平台和文件系统（如以太坊和 IPFS）的补充。

2.4.2　通信

互联网（区块链中的通信层）被认为是去中心化的，这种想法在某种程度上是正确的，因为互联网的最初愿景是开发一个去中心化通信系统。

诸如电子邮件和在线存储的服务则采用了集中式范式。对于这些服务来说，服务提供商拥有控制权限，并且用户信任此类服务提供商，按要求授予他们访问服务的权限。该模型基于对中心控制机构（服务提供商）的无条件信任。在该模型中，用户无法控制其数据，甚至用户密码也是存储在受信任的第三方系统上。

对于单个用户来说，他们需要的控制权限是，能够确保访问自己的数据，并且不依赖于单个第三方。但是，目前普遍采用的模式是，用户对 Internet（通信层）的访问基于 Internet 服务提供商（Internet Service Providers，ISP），它们将充当 Internet 用户的中心节点。如果由于某种原因 ISP 被关闭，则用户将无法进行通信。

有一种替代方法是使用网状网络（Mesh Networks）。尽管与 Internet 相比，Mesh Networks 在功能上受到限制，但是它仍然提供了一种去中心化的替代方案，其中的节点可以直接通信，而无须 ISP 之类的中心节点。

注意：

网状网络的示例之一是 FireChat，它允许 iPhone 用户在不连接互联网的情况下以对等方式直接相互通信。有关详细信息，可访问以下网址：

http://www.opengarden.com/firechat.html

想象一下，现在有一个允许用户控制其通信的网络，没有人可以出于任何原因将其关闭，这可能是在区块链生态系统中去中心化通信网络的下一步。必须指出的是，这种模式仅在政府对互联网进行审查和控制的辖区中至关重要。

如前文所述，互联网的最初愿景是建立去中心化网络。但是，多年来，随着 Google、Amazon 和 eBay 等大型服务提供商的出现，控制权正在向大型企业转移。

例如，电子邮件的核心其实是一个去中心化系统，也就是说，任何人都可以轻松运行电子邮件服务器，并且可以发送和接收电子邮件。但是，市场上已经有了更好的替代方案，如 Gmail、QQ 邮箱和新浪邮箱等，它们已经为最终用户提供了托管服务，因此用户自然倾向于选择大型集中式服务，因为它们更加方便，并且是免费的。这个例子生动地说明了互联网是如何走向集中化的。

但是，“免费的往往都是最贵的”，免费服务其实是以暴露有价值的个人数据为代价的，许多用户并不了解这一事实。区块链再次将去中心化的愿景带给了世界，现在人们正尽可能地采用该技术并充分利用其可以提供的好处。

2.4.3 计算能力和去中心化

通过以太坊等区块链技术可以实现计算或处理能力的去中心化，其中具有嵌入式业务逻辑的智能合约可以在区块链网络上运行。其他区块链技术也提供了类似的处理层平台，业务逻辑可以按去中心化的方式在网络上运行。

图 2-3 显示了去中心化的生态系统概述。在底层，互联网或网状网络提供了去中心化的通信层。在它们的上面，存储层使用 IPFS 和 BigChainDB 等技术实现了去中心化。

再上一层，可以看到区块链充当了去中心化处理（计算）层。区块链也可以按有限的方式提供存储层，但是这将严重阻碍系统的速度和容量。因此，最好使用其他解决方案（如 IPFS 和 BigChainDB）以去中心化的方式存储大量数据。

最上层的是身份识别和财富。互联网上的身份识别是一个受到广泛关注的话题，诸如 BitAuth 和 OpenID 等系统都可以提供身份验证和标识服务，并且具有不同程度的去中心化性和安全性假设。

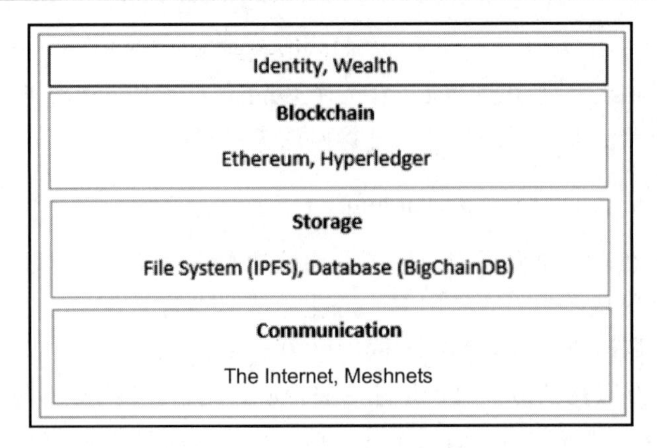

图 2-3　去中心化的生态系统

原　　文	译　　文
Identity,Wealth	身份，财富
Blockchain Ethereum, Hyperledger	区块链 以太坊，超级账本
Storage File System (IPFS), Database (BigChainDB)	存储 文件系统（IPFS），数据库（BigChainDB）
Communication The Internet, Meshnets	通信 互联网，网状网络

区块链能够为与去中心化有关的各种问题提供解决方案。与身份识别相关的概念称为 Zooko 三角（Zooko’s Triangle），要求网络协议中的命名系统保证安全、去中心化，并能够向用户提供有意义的和令人难忘的名字。不难想象，一个系统只能同时具有这些属性中的两个。然而，随着 Namecoin 形式的区块链的出现，这个问题也得以解决。现在可以使用 Namecoin 区块链实现名称的安全性、去中心化性，并且对人类而言很有意义。当然，这也不是万灵丹，它也有很多问题，例如它需要用户安全地存储和维护私钥。这也向我们提出了一个问题，那就是去中心化是否适合特定问题。

去中心化并不适用于所有应用场景。具有良好信誉的集中式系统在许多情况下都可以更好地工作。例如，与由互联网上的用户托管单个电子邮件服务器的方案相比，来自知名公司（如 Google、QQ 或新浪）的电子邮件平台将提供更好的服务。

有许多正在进行中的项目也已经在开发更全面的分布式区块链系统的解决方案。例如，Swarm 和 Whisper 就是为以太坊区块链开发的，旨在提供去中心化存储和通信。在本书第 11 章“深入了解以太坊”中将更详细地讨论 Swarm 和以太坊。

随着去中心化范式的兴起，媒体和学术文献中也出现了不同的术语和流行语。而随着区块链技术的出现，现在有可能以去中心化组织或其他类似的构造形式构建传统物理组织的软件版本，稍后将对此展开更详细的讨论。

在去中心化的背景下，以下概念值得深入探讨。

2.5 智能合约

简而言之，智能合约（Smart Contract）是一种去中心化程序。智能合约不一定需要区块链才能运行，但是，由于区块链技术提供的安全优势，区块链已经成为智能合约的标准去中心化执行平台。

智能合约通常包含一些业务逻辑和数量有限的数据。如果满足特定条件，则执行业务逻辑。区块链中的参与者将使用智能合约，或者代表网络参与者自主运行。

在本书第 9 章“智能合约”中将提供有关智能合约的更多信息。

2.6 去中心化组织

去中心化组织（Decentralized Organization，DO）是在区块链上运行的软件程序，其基本思想是：像有人员和协议的实际组织一样运行。

在现实生活中，企业或组织中的领导常常会斥责员工不听话，而员工又往往会抱怨领导独断专行。去中心化组织是一种新型的组织思想，它将以更扁平化的管理结构改变这种状态。去中心化组织允许每个人参与讨论，鼓励团队合作。因此，去中心化组织是一种业务结构，其控制权分散在整个团队成员中，而不是以一个权威人物为中心。大多数加密货币都是由去中心化组织创建的。

一旦将 DO 以智能合约或一组智能合约的形式添加到区块链中，它便会去中心化，并且各方将基于 DO 软件中定义的代码进行交互。

2.6.1 去中心化自治组织

就像 DO 一样，去中心化自治组织（Decentralized Autonomous Organization，DAO）也是一种计算机程序，它在区块链上运行，并嵌入了治理和业务逻辑规则。

DAO 和 DO 基本上是一回事。它们的主要区别在于：DAO 是自治的，这意味着它们是完全自动化的，并且包含人工设计的智能逻辑；而 DO 则缺少此功能，只能依靠人工输入来执行业务逻辑。

以太坊区块链率先引入了 DAO。在 DAO 中，代码被视为管理实体，而不是人员合同或书面合同。但是，DAO 也有专人负责维护代码并充当社区的提案评估者（Proposal Evaluator）。此外，如果从代币持有者（参与者）那里得到了足够的投入，DAO 还可以雇用外部承包商。

DAO 最著名的项目是 The DAO，其众筹阶段筹集了 1.68 亿美元。该项目被设计为一个风险投资基金，旨在提供一种没有单一实体作为所有者的去中心化业务模型。遗憾的是，该项目由于 DAO 代码中的错误而被黑客入侵，并且从该项目中窃取了价值数百万美元的以太币（Ether currency，ETH），并注入了由黑客创建的子 DAO 中。这使得以太坊区块链不得不使用一个硬分叉，以扭转黑客的影响并追回所有的以太币。此事件引发了关于智能合约代码安全性的争论，它促使人们思考对智能合约中的代码进行全面测试以确保其完整性并进行适当控制。

还有其他一些 DAO 项目也正在进行，尤其是在学术界，这些项目正在寻求正规化智能合约编码和测试。

当前，DAO 即使具有一些可强制执行某些协议和条件的智能代码，也没有任何法律地位。当然，这些规则目前在现实世界的法律体系中也没有任何价值。将来有一天，也许会有一个自治代理（Autonomous Agent，AA）——由执法机构或监管机构委托的一段无须人工干预即可运行的代码——将包含可嵌入 DAO 中的规则和条例，这样才可以从法律和合规角度确保其完整性。

由于 DAO 是纯粹的去中心化的实体，这使它们可以在任何司法管辖区运行，因此也产生了一个很大的问题，即如何将当前的法律体系应用于各种不同的管辖区和地域。

2.6.2　去中心化自治公司

去中心化自治公司（Decentralized Autonomous Corporations，DAC）的概念类似于 DAO。从逻辑上讲，公司也属于组织，所以去中心化自治公司被认为是去中心化自治组织的一个子集。DAC 和 DAO 的定义有时可能会重叠，但一般认为它们的区别是：DAO 通常被认为是非营利性的。

DAC 可以通过向参与者提供股票来获利，并可以向参与者支付股息；DAC 可以根据编程的逻辑自动进行业务，而无须人工干预。

2.6.3　去中心化自治社团

去中心化自治社团（Decentralized Autonomous Societies，DAS）是一个概念，指的是整个社会可以借助多个复杂的智能合约、自动运行的去中心化自治组织和去中心化应用程序（Decentralized Application，DApp）的组合在区块链上运行。

这种模式不一定需要转化为全民开放的方法，也不一定基于完全的自由主义意识形态。相反，它指的是政府提供的许多服务都可以通过区块链来提供，如身份证系统和护照、房产登记、婚姻和出生证明等。

另一个理论是，如果政府腐败并且中心系统无法提供社会所需的令人满意的信任水平，那么社会可以在去中心化的共识和透明度驱动的区块链上启动自己的虚拟信任。这个概念可能看起来像是自由主义者或密码朋克（CypherPunk）的梦想，但在区块链上完全有可能实现。

2.6.4 去中心化应用程序

到目前为止，本节提到的所有想法其实都不能摆脱去中心化应用程序的窠臼。

从广义上来说，DAO、DAC和DO都是在对等网络中的区块链上运行的去中心化应用程序。它们代表了去中心化技术的最新进展。换言之，DApp是可以在各自的区块链上运行，使用现有区块链或仅使用现有区块链协议的软件程序。

2.7 去中心化应用程序

要让去中心化应用程序达成共识，可以使用共识算法（如PoW或PoS）。到目前为止，只有PoW被发现对51%攻击具有难以置信的抵抗力，这从比特币中可以明显看出。此外，DApp还可以通过采矿、筹款和开发来分发代币。

2.7.1 去中心化应用程序的要求

去中心化应用程序是由Johnston等人在 *The General Theory of Decentralized Applications, Dapps*（《去中心化应用程序的一般理论》）白皮书中提出的，它必须满足以下条件：

- DApp应该是完全开源且自治的，并且没有任何一个实体可以控制其大多数代币。对应用程序的所有更改都必须基于社区提供的反馈以共识驱动。
- 应用程序的数据和操作记录必须经过加密保护，并存储在公共的去中心化区块链中，以避免出现任何中心点故障。
- 应用程序必须使用加密代币来向为应用程序贡献价值的人（如比特币中的矿工）提供访问权限和奖励。

- 代币必须由 DApp 根据标准加密算法生成。代币的生成是对贡献者（如矿工）价值的证明。

2.7.2 去中心化应用程序和移动 App 的区别

DApp 被认为开启了区块链 3.0 时代，它是在底层区块链平台衍生的各种分布式应用，是区块链世界中的服务提供形式。DApp 对于区块链的意义，有些类似 App 对于 iOS 和 Android 平台。

从技术角度来看，DApp 与 App 有两个区别：① App 在 Android 或 iOS 系统上安装并运行，而 DApp 在区块链上开发并运行智能合约；② App 信息存储在数据服务平台上，运营方可以直接修改，而 DApp 数据将在加密后存储在区块链上，基本上不可篡改。

DApp 通过网络节点进行去中心化操作，可以运行在用户的个人设备之上，如手机、PC 机。DApp 永远属于用户，也可以自由转移给任何人。

下面将介绍一些去中心化应用程序的示例，包括 KYC 链、OpenBazaar 和 Lazooz。

2.7.3 KYC 链

KYC 的全称是 Know Your Customer，意思是“了解你的客户”。KYC 是金融机构、银行、交易所等企业必须进行的一项操作规则。

在现实生活中，当我们到银行去开户时，需要填写一大堆详尽的个人信息（如真实姓名、电话、证件号码等），这就是银行在执行了解你的客户的规则。KYC 对于企业管理、保护自身和用户的财产安全，以及满足政府部门的监管要求都十分必要。

加密货币具有去中心化的特性，同时也具有一定的匿名特性，这在某种程度上与 KYC 规则是相悖的。另外，早期的加密货币不受政府监管与法律约束，所以交易所对 KYC 规则的要求并不严格。但是，由于过去几年加密货币的交易中频频出现诈骗、被盗事故，也有不法分子利用加密货币进行洗钱、勒索、贩毒等非法行为，所以在各国政府与金融监管部门的推动下，KYC 逐渐成为加密货币交易所必须执行的规则。

KYC 已经是国际社会中所有金融活动中必不可少的环节，主要用于预防洗钱、身份盗窃和金融诈骗等犯罪。

KYC 链应用程序提供了基于智能合约安全、便捷地管理 KYC 数据的功能。

2.7.4 OpenBazaar

Bazaar 的本义是“巴扎”，这是维吾尔语，意为“集市或农贸市场”。OpenBazaar

的意思是开放集市，它实际上是一个去中心化的点对点网络，可直接在买卖双方之间进行商业活动，而无须依赖诸如 eBay 和 Amazon 的中心团体。应该注意的是，该系统不是建立在区块链之上，而是在对等网络中使用 DHT，以实现对等方之间的直接通信和数据共享。它使用比特币和其他加密货币作为付款方式。

2.7.5 Lazooz

Lazooz 有点像 Uber 拼车，只不过它是一个去中心化的拼车平台。它允许点对点乘车共享，并通过移动证明（Proof of Movement）来激励用户，他们可以赚得 Zooz 代币。

注意：

还有许多 DApp 已在以太坊区块链上构建，其演示网址如下：

http://dapps.ethercasts.com

2.8 去中心化的平台

如今，有许多可供去中心化使用的平台。实际上，区块链网络的基本特征就是提供去中心化平台。因此，可以使用任何区块链网络（如比特币、以太坊、Hyperledger Fabric 或 Quorum）来提供去中心化服务。全球许多组织都已经引入了去中心化平台，使分布式应用程序开发变得更加容易、方便访问且足够安全。

接下来，我们将介绍其中的一些平台。

2.8.1 以太坊

在去中心化平台中，由于比特币不支持智能合约，因此以太坊（Ethereum）是第一个引入图灵完备语言和虚拟机概念的区块链。这与比特币和许多其他加密货币中有限的脚本语言形成了鲜明的对比。

在以太坊平台上，可以使用 Solidity 的图灵完备语言，它为去中心化应用程序的开发打开了无限的可能性。该区块链由 Vitalik Buterin 于 2013 年首次提出，它提供了一个公共区块链来开发智能合约和去中心化应用程序。

以太坊上的货币代币称为以太币（Ethers，ETH）。

2.8.2 MaidSafe

MaidSafe 提供了一个面向所有人的安全访问（Secure Access For Everyone，SAFE）网络，该网络由未使用的计算资源组成，例如存储、处理能力及其用户的数据连接。

MaidSafe 网络上的文件被分成小块数据，这些数据被加密并随机分布在整个网络中，只能由其各自的所有者检索。

MaidSafe 的一项关键创新是网络上会自动拒绝重复文件，这有助于减少管理负载所需的其他计算资源。它使用 Safecoin 作为代币来激励其贡献者。

2.8.3 Lisk

Lisk 是一个区块链应用程序开发和加密货币平台，它允许开发人员使用 JavaScript 来构建去中心化的应用程序并将其托管在各自的侧链中。

Lisk 使用委托权益证明（Delegate Proof of Stake，DPoS）机制达成共识，从而可以选择 101 个节点来保护网络并提议区块。它使用 Node.js 和 JavaScript 后端，而前端允许使用标准技术，如 CSS3、HTML5 和 JavaScript。

Lisk 使用 LSK 代币作为区块链上的货币。Lisk 的另一个衍生产品是 Rise，它是一个基于 Lisk 的去中心化应用程序和数字货币平台，它更加关注系统的安全性。

在本书后续章节中，将详细介绍这些平台。

2.9 小　　结

本章详细阐释了去中心化的概念，这是区块链技术提供的核心服务。尽管去中心化的概念并不是什么新事物，但是它在区块链领域焕发了新的生机。因此，各种去中心化架构的应用频频出现。

本章首先介绍了去中心化的概念，然后从区块链的角度讨论了去中心化。此外，我们从区块链的角度介绍了与区块链生态系统中不同层次的去中心化有关的思想，以及与区块链技术和去中心化架构一起出现的几个新概念和术语，包括 DAO、DAC、DAS 和 DApp。最后，我们还详细讨论了去中心化应用程序。

在第 3 章中将介绍理解区块链生态系统所必需的基本概念，加密技术为区块链技术奠定了至关重要的基础。

第 3 章 对称密码学

本章将介绍对称密码学（symmetric cryptography）的概念、理论和实践。由于本书主要讨论区块链，因此我们将更多关注对称密码学与区块链技术相关的特定元素。在理解后面章节中的内容时，将应用到本章所学习的知识。

本章还将介绍密码算法的应用，以便你在密码功能的实现方面获得实战经验。为此，我们将使用 OpenSSL 命令行工具。

在开始基础理论知识的学习之前，有必要先介绍一下 OpenSSL 的安装，以便在阅读概念性材料时可以做一些实际工作。

本章将讨论以下主题：

- 使用 OpenSSL 命令行。
- 密码学简介。
- 密码学的数学基础。
- 密码学模型。
- 现代信息安全的基本要求。
- 密码学原语。
- 对称密码学介绍。
- 分组密码的加密模式。
- 密钥流生成模式。
- 数据加密标准。

3.1 使用 OpenSSL 命令行

在 Ubuntu Linux Distribution（发行版）中，OpenSSL 通常可用。当然，如果不可用的话，也可以使用以下命令安装 OpenSSL：

```
$ sudo apt-get install openssl
```

本章中的示例是使用 OpenSSL 1.0.2g 版本开发的。

注意：

其下载地址如下：

https://packages.ubuntu.com/xenial/openssl

我们建议你使用此特定版本，因为本章中的所有示例均已使用该版本进行开发和测试，可以使用以下命令检查 OpenSSL 版本：

```
$ openssl version
```

其输出将如下所示：

```
OpenSSL 1.0.2g  1 Mar 2016
```

现在，我们已经做好了运行本章所提供示例的准备。如果你运行的 OpenSSL 版本不是 1.0.2g，则示例可能仍然有效，但不能保证，因为较早的版本缺少示例中使用的功能，而较新的版本可能与 1.0.2g 版本不兼容。

在以下各节中，我们将首先讨论密码学的理论基础，然后介绍一系列相关的实验。

3.2　密码学简介

密码学（Cryptography）是在面对敌手时确保信息安全的科学。这里有一个前提设想是，敌手（或者说对手）可以使用无限的资源。密码（Ciphers）是用于加密或解密数据的算法，如果对手拦截到该数据，但是无法解密（Decryption），那么该数据就是无意义的，而解密需要密钥。

密码学主要用于提供保密服务，它本身不能被认为是一个完整的解决方案，而是在更广泛的安全系统中解决安全问题的关键组成部分。例如，保护区块链生态系统需要许多不同的密码学原语，如哈希函数、对称密钥密码学、数字签名和公共密钥密码学等。

除保密服务外，加密技术还提供其他安全服务，如完整性（Integrity）、不可否认性（Non-Repudiation）和身份验证（Authentication）——包括实体身份验证和数据源身份验证。另外，它还提供可追责性（Accountability），这是许多安全系统的要求。可追责性可以解决电子现金双重支付的问题。

在进一步讨论密码学之前，需要解释一些数学术语和概念，以便为充分理解本章稍后介绍的知识奠定基础。

下一节将对这些概念进行基本介绍。要对这些术语提供有力的证明和相关的背景知识，需要某些数学运算，这超出了本书的讨论范围。关于这些主题的更多细节可以在任何标准数论、代数或密码学专著中找到。例如，Neal Koblitz 的 *A Course in Number Theory and Cryptography*（《数论与密码学教程》，2008 年世界图书出版公司出版）就很好地介绍了相关的数学概念。

3.3　密码学的数学基础

由于密码学的主题是基于数学的，因此本节将介绍一些数学基本概念，这些概念将帮助你理解本章稍后介绍的知识。

3.3.1　集合

集合（Set，记为 S）就是将不同的对象放在一起，例如 $S = \{1, 2, 3, 4, 5\}$。

3.3.2　群

群（Group，记为 G）是定义了一个二元运算的交换集合，该运算组合了集合的两个元素。群运算是封闭的，并且对于已定义的标识元素来说是可结合的。另外，集合中的每个元素都有一个逆（Inverse）。

具体来说，G 中的每一个序偶(a, b)通过运算生成 G 中的元素$(a.b)$，并满足以下公理。

- 封闭性。封闭（Closure）意味着如果元素 a 和 b 在集合中，则对元素执行运算后得到的元素也将在集合中，即如果 a 和 b 都属于 G，则 $a.b$ 也属于 G。
- 结合律。结合（Associative）意味着元素的分组不会影响运算的结果。例如，对于 G 中的任意元素 a，b，c，都有：

$$(a.b).c = a.(b.c)$$

- 单位元。G 中存在一个元素 e，对于任意元素 $a \in G$，都有：

$$a.e = e.a = a$$

- 逆元。对于 G 中的任意元素 a，都存在一个元素 $a' \in G$，使得下式成立：

$$a.a' = a'.a = e$$

3.3.3　域

域（Field，记为 F）是一个包含加法和乘法群的集合。更确切地说，集合中的所有元素都构成一个加法和乘法群。它满足加法运算和乘法运算的特定公理（即上面介绍的封闭性、结合律、单位元和逆元）。

对于所有群运算，也适用分配律（Distributive Law）。分配律是指，即使对任何加法项目或乘法因子进行重新排序，也将产生相同的总和或乘积。

3.3.4　有限域

有限域（Finite Field）也称为 Galois 域，是一个包含有限元素集的域，记为 *GF*。埃瓦里斯特 • 伽罗瓦（Évariste Galois）是第一位研究有限域的法国数学家。

无限域在密码学中没有特别的意义，有限域却在密码学中尤其重要，因为它们可用于产生准确无误的算术运算结果。例如，在椭圆曲线密码学（Elliptic Curve Cryptography，ECC）中就使用了质数有限域来构造离散对数问题。

3.3.5　阶

阶（Order）是域中元素的数量，也称为域的基数（Cardinality）。有限域的阶必须是一个质数（Prime）的幂 p^n，n 为正整数。阶为 p^n 的有限域一般记为 $GF(p^n)$。

3.3.6　阿贝尔群

当集合中元素的运算可交换时，即形成阿贝尔群（Abelian Group），也称为交换群。交换律（Commutative Law）意味着更改元素的顺序不会影响运算结果，例如，对于 G 中任意的元素 a，b，都有：

$$a.b = b.a$$

3.3.7　质数域

质数域（Prime Field）是具有质数个元素的有限域。它具有用于加法和乘法的特定规则，并且域中的每个非零元素都有一个逆。加法和乘法运算以 p 为模，p 即质数。

3.3.8　环

如果可以在一个阿贝尔群上定义多个运算，则该群将成为一个环（Ring，记为 R）。环必须具有一些特定的属性，如封闭性，以及适用结合律和分配律。

3.3.9　循环群

可以在群中定义求幂运算为重复运用群中元素的运算，例如，$a^3 = a.a.a$。如果群 G

中的每一个元素都是一个固定元素 a（a 属于 G）的幂 a^k（k 为整数），则称群 G 是循环群（Cyclic Group），而生成该群的单个元素 a 就称为群 G 的生成元（Group Generator）。

3.3.10　模运算

模运算（Modular Arithmetic）也称为时钟算术（Clock Arithmetic），模运算中的数字在达到某个固定数字时会绕回。该固定数字是一个正整数，称为模数（Modulus），并且所有运算都围绕这个模数执行。模运算类似于时钟，数字从 1 到 12，当时钟到达 12 时，又从数字 1 重新开始走动。换句话说，这种类型的算术是求取除法运算后的余数。例如，50 mod 11 的结果是 6，因为 50 除以 11 后会剩下 6。

以上是对密码学中涉及的一些数学概念的基本介绍。下一节将介绍有关密码学的概念。

3.4　密码学模型

图 3-1 显示了通用密码学模型。

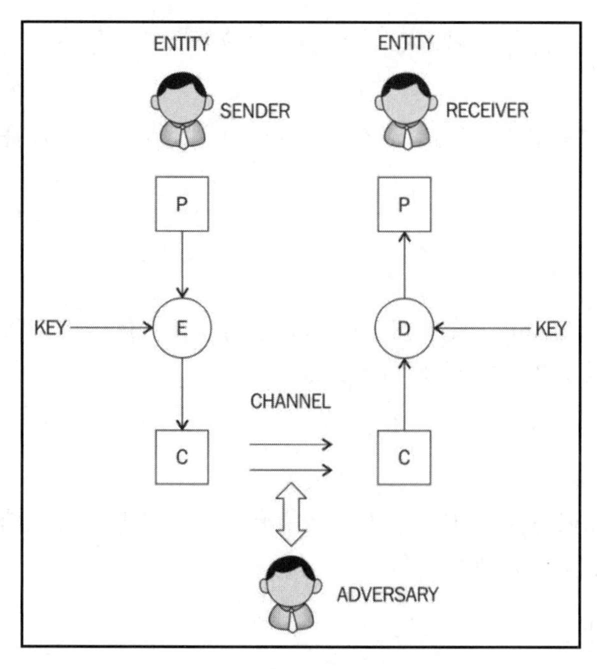

图 3-1　通用加密和解密模型

原　文	译　文	原　文	译　文
ENTITY	实体	KEY	密钥
SENDER	发送者	CHANNEL	信道
RECEIVER	接收者	ADVERSARY	对手

在图 3-1 中，P 表示纯文本（Plaintext），E 表示加密（Encryption），C 表示密文（Ciphertext），D 表示解密（Decryption）。基于该模型，对实体、发送者、接收者、对手、密钥和信道等概念的解释如下。

- 实体：发送、接收数据或执行运算的个人或系统。
- 发送者：发出数据的实体。
- 接收者：接收数据的实体。
- 对手：试图绕开或破解安全服务的实体。
- 密钥：用于加密或解密其他数据的数据。
- 信道：为实体之间的沟通提供一种媒介。

接下来，我们将详细介绍现代信息安全的基本要求。

3.5　现代信息安全的基本要求

现代信息安全的基本要求包括 5 项，即保密性、完整性、可认证性、不可否认性和可追责性。

3.5.1　保密性

保密性（Confidentiality）是指应确保信息仅对授权实体可用，防止将信息泄露给未经授权的人，这涉及加密和解密技术的应用。

3.5.2　完整性

完整性（Integrity）是指应确保仅授权实体能够修改信息，防止信息出现未经授权的篡改，这涉及消息认证码和数字签名等技术的应用。

3.5.3　可认证性

认证（Authentication）可确保有关实体的身份或消息的有效性，保证信息来自正确的发送者，这涉及消息认证码和数字签名等技术的应用。

认证机制有两种类型，即实体认证和数据源认证，下面将展开详细介绍。

1. 实体认证

实体认证（Entity Authentication）可验证当前参与通信会话的实体的有效性，并确保该实体在通信会话中处于活动状态。

传统上，实体认证需要用户提供用户名和密码，该用户名和密码可用于获得对其使用的各种平台的访问权限。这种做法称为单因素身份验证（Single-Factor Authentication），因为它仅涉及一个因素，也就是你知道某些东西（Something You Know），显然，这里的“东西”指的就是用户名和密码。

由于各种原因（如密码泄露），单因素身份验证不是很安全。因此，现在通常使用更多因素来提供更好的安全性。使用其他技术进行用户标识被称为多因素身份验证（Multi-Factor Authentication）。如果仅使用两种方法，则称为双因素身份验证（Two-Factor Authentication）。

以下是其他认证因素的说明。

- 第一个因素是你拥有的某些东西（Something You Have），如硬件令牌或智能卡。在这种情况下，用户除了登录凭证外还可以使用硬件令牌来访问系统。该机制可通过两个认证因素来保护用户。只有获得硬件令牌并知道登录凭据的用户才能访问系统。这两个因素都可用于获得对系统的访问权限，从而使此方法成为双因素身份验证机制。万一硬件令牌丢失了，它也没有任何用处，除非你还知道登录密码，因为硬件令牌需要与登录密码一起使用才有效。
- 第二个因素是你本人（Something You Are），它使用生物特征识别用户。通过这种方法，用户的指纹、视网膜、虹膜或手的几何形状均可用于提供身份验证的其他因素。这样可以确保在身份验证过程中确实存在用户，因为生物特征对于每个人都是唯一的。但是，由于一些研究表明用户可以在特定条件下规避生物识别系统，因此该因素需要仔细实施以确保高度的安全性。

2. 数据源认证

数据源认证（Data Origin Authentication）也称为消息认证（Message Authentication），用于保证信息源是经过验证的。数据源认证可确保数据的完整性，因为如果确证了数据源，那么数据就一定不会是被篡改过的。

最常用的数据源认证方法有消息认证码（Message Authentication Codes，MAC）和数字签名（Digital Signatures）。这些术语在本章后面都会有详细说明。

3.5.4　不可否认性

不可否认性（Non-Repudiation）也称为不可抵赖性，是通过提供无可辩驳的证据来确保实体不能否认先前的承诺或行为的保证。它是一项安全服务，可提供确定的特定活动已发生的证明。此属性在实体拒绝所执行操作的有争议的情况下至关重要，例如，实体可能拒绝承认电子商务系统上的订单。该服务可在电子交易中产生加密证据，以便在发生争议时用作对行为的确认。

多年来，对不可否认性一直处于积极的研究中。电子交易中的争议是一个常见问题，有必要解决这些争议，以提高消费者对此类服务的信心。

不可否认协议通常在通信网络中运行，并且用于提供证据，以证明网络上的实体（发起者或接收者）已执行某些行为。在这种情况下，可以使用两种通信模型将消息从始发者 A 传输到接收者 B：

- 消息直接从始发者 A 发送到接收者 B。
- 消息从始发者 A 发送到传递代理，然后代理再将消息传递到接收者 B。

不可否认协议的主要需求是公平性、有效性和及时性。在许多情况下，交易涉及多个参与者，而不是只有两个参与方。例如，在电子交易系统中，可以有很多实体（如清算代理、经纪人和交易员），他们可能共同涉及某一项交易。在这种情况下，两方不可否认协议就不适用了。为了解决此类问题，已经开发出了多方不可否认（Multi-Party Non-Repudiation，MPNR）协议。

3.5.5　可追责性

可追责性（Accountability）是可以将影响安全性的措施追溯到责任方的保证。在由于业务性质而需要详细审核的系统中（例如在电子交易系统中），可追责性通常由日志记录和审核机制提供。

详细的日志对于跟踪实体的行为至关重要。例如，将交易放入包含日期和时间戳的审计记录中，同时，生成实体的身份并将其保存在日志文件中。

可以选择对日志文件进行加密，也可以将它作为数据库的一部分，或者作为系统上的独立 ASCII 文本日志文件的一部分。

接下来，我们将介绍不同的密码学原语。

3.6　密码学原语

密码学原语（Cryptographic Primitives）是安全协议或系统的基本构建块。在后续章节中，将介绍对于构建安全协议和系统必不可少的加密算法。

所谓安全协议（Security Protocol）就是指要采取的一组步骤，它通过利用适当的安全机制来实现所需的安全目标。目前正在使用的安全协议有多种类型，如认证协议、不可否认协议和密钥管理协议等。

密码学原语的分类如图 3-2 所示。

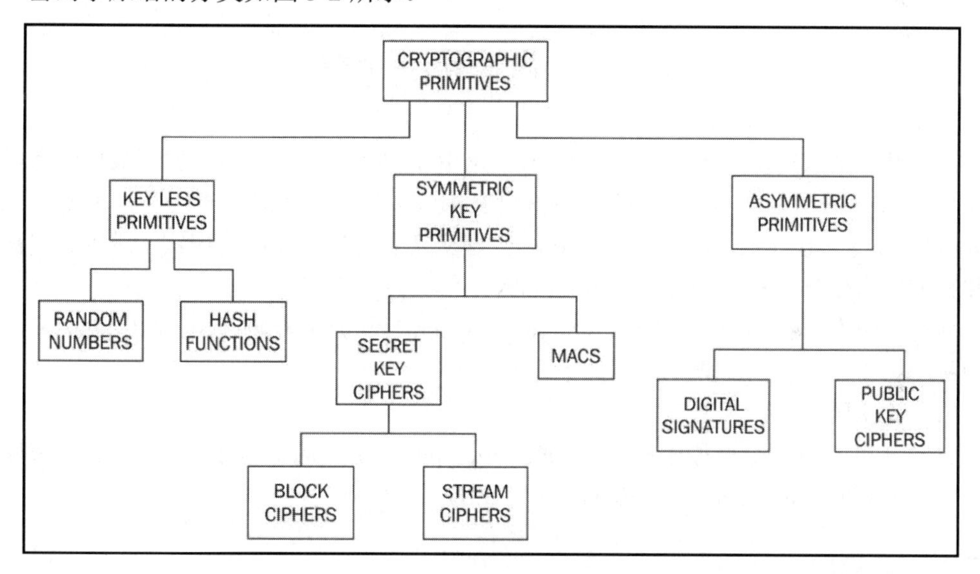

图 3-2　密码学原语的分类

原　文	译　文
CRYPTOGRAPHIC PRIMITIVES	密码学原语
KEY LESS PRIMITIVES	无密钥原语
RANDOM NUMBERS	随机数
HASH FUNCTIONS	哈希函数
SYMMETRIC KEY PRIMITIVES	对称密钥原语
SECRET KEY CIPHERS	秘密密钥密码
MACS	消息认证码（MAC）
BLOCK CIPHERS	分组密码

续表

原　　文	译　　文
STREAM CIPHERS	流密码
ASYMMETRIC PRIMITIVES	不对称原语
DIGITAL SIGNATURES	数字签名
PUBLIC KEY CIPHERS	公共密钥密码

由图 3-2 可知，密码学主要分为两类：对称密码学和非对称密码学。

接下来，我们将详细讨论对称密码学。至于非对称密码学，将在第 4.1 节“非对称密码学”中展开讨论。

3.7　对称密码学介绍

对称密码学（Symmetric Cryptography）是指在加密算法中，用于加密数据的密钥与用于解密数据的密钥相同。因此，对称密码学也被称为共享密钥密码学（Shared Key Cryptography）。由于必须在通信双方进行数据交换之前建立或商定密钥，所以它也被称为秘密密钥密码学（Secret Key Cryptography）。

对称密码有两种类型：流密码（Stream Ciphers）和分组密码（Block Ciphers），后者也称为块密码。它们的典型示例如下。

- 流密码。RC4 和 A5。
- 分组密码。数据加密标准（Data Encryption Standard，DES）和高级加密标准（Advanced Encryption Standard，AES）。

3.7.1　流密码

流密码是一种加密算法，它使用密钥流（Key Stream）将加密算法逐位（一次 1 位）应用于明文。流密码有两种类型：同步流密码和异步流密码。

- 同步流密码（Synchronous Stream Ciphers）。密钥流仅取决于密钥。
- 异步流密码（Asynchronous Stream Ciphers）。密钥流不仅取决于密钥，也取决于加密数据。

在流密码中，加密和解密具有相同的函数，它们是简单的 modulo-2 加法或 XOR（异或）运算。流密码的基本要求是密钥流的安全性和随机性。

为了生成随机数，目前已经开发出了各种技术，从伪随机数生成器（Pseudo-Random

Number Generator，PRNG）到硬件中实现的真正随机数生成器，各有应用。重要的是，所有密钥生成器从加密方式来看都是安全的。流密码的加密过程如图 3-3 所示。

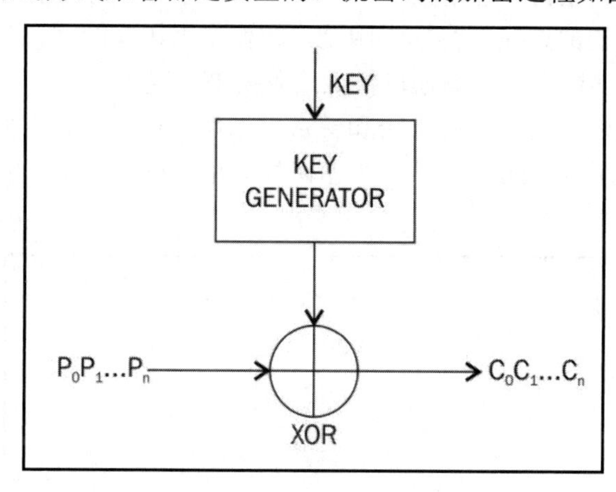

图 3-3　流密码的加密过程

原　　文	译　　文	原　　文	译　　文
KEY	密钥	C	密文
KEY GENERATOR	密钥生成器	XOR	异或运算
P	明文		

3.7.2　分组密码

分组密码是一种加密算法，可将要加密的文本（纯文本）分解为固定长度的块，然后逐块应用加密。分组密码通常使用称为费斯妥密码（Feistel Ciphers）的设计策略来构建。最近的分组密码，如 AES（Rijndael），则是使用称为代换-置换网络（Substitution-Permutation Network，SPN）的代换和置换的组合构建的。

费斯妥密码基于费斯妥网络（Feistel Network），该网络是由德裔物理学家和密码学家 Horst Feistel 开发的结构。此结构基于将多轮重复运算组合在一起以实现所需的加密特性(混淆和扩散)的想法。费斯妥网络是一种迭代密码,其中的内部函数称为轮函数(Round Function）。费斯妥网络将数据分为两个块（左和右），并在迭代中通过加密的轮函数处理这些块，以提供足够的伪随机排列来进行运算。

混淆（Confusion）属性使加密文本和纯文本之间的关系变得复杂，这是通过代换实现的。实际上，纯文本中的 *A* 被加密文本中的 *X* 代替。在现代密码算法中，使用 S 盒（S-box）的查找表执行这种代换。

扩散（Diffusion）属性将明文以统计学方式分布在加密数据上。这确保即使输入文本中的单个位被更改，它也将导致密文中至少有一半（平均）的位发生变化。

混淆使得加密密钥的查找变得非常困难，即使使用相同的密钥创建了许多加密和解密数据对也是如此。实际上，这是通过换位或置换来实现的。

使用费斯妥密码的主要优势是加密和解密操作几乎相同，只需要逆转加密过程即可实现解密。如图 3-4 所示，DES 是费斯妥密码的典型示例（提示，字母 P 表示明文，字母 C 表示密文）。

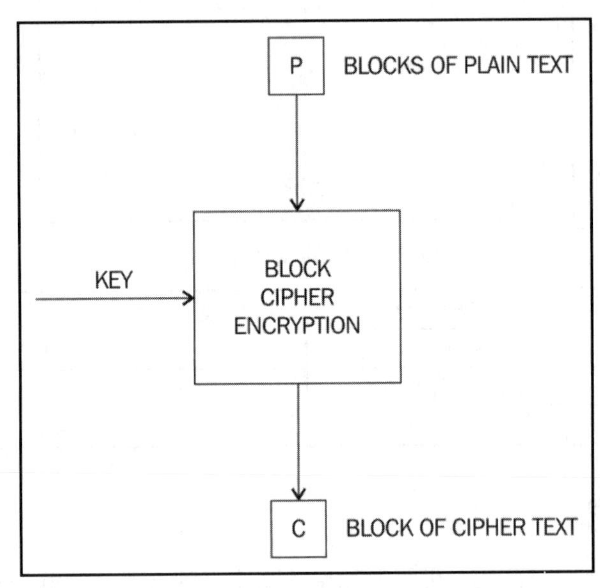

图 3-4　分组密码的简化操作

原　　文	译　　文	原　　文	译　　文
BLOCKS OF PLAIN TEXT	明文块	BLOCK CIPHER ENCRYPTION	分组密码加密
KEY	密钥	BLOCK OF CIPHER TEXT	密文块

分组密码包括如下所示各种操作模式：

- 电子密码本（Electronic Code Book，ECB）模式。
- 密码块链接（Cipher Block Chaining，CBC）模式。
- 填充密码块链接（Propagating Cipher Block Chaining，PCBC）模式。
- 密码反馈（Cipher Feedback，CFB）模式。
- 输出反馈（Output Feedback，OFB）模式。
- 计数器（Counter，CTR）模式。

这些模式可指定将加密函数应用于明文的方式。接下来就具体了解一些分组密码的加密模式。

3.8　分组密码的加密模式

分组密码的加密工作模式允许使用同一个分组密码密钥对多于一块的数据进行加密，并保证其安全性。

在分组加密模式下，根据使用的密码类型，将明文分为固定长度的块。然后，将加密函数应用于每个块。

现在简要讨论一些最常见的分组加密模式。

3.8.1　电子密码本

电子密码本（Electronic Code Book，ECB）是一种基本的操作模式。在该模式中，通过将加密算法一对一地应用于每个明文块来生成加密数据。这是最直接的加密模式，但是由于它不太安全并且可以泄露信息，因此在实践中已不建议使用。

分组密码的电子密码本模式如图 3-5 所示。

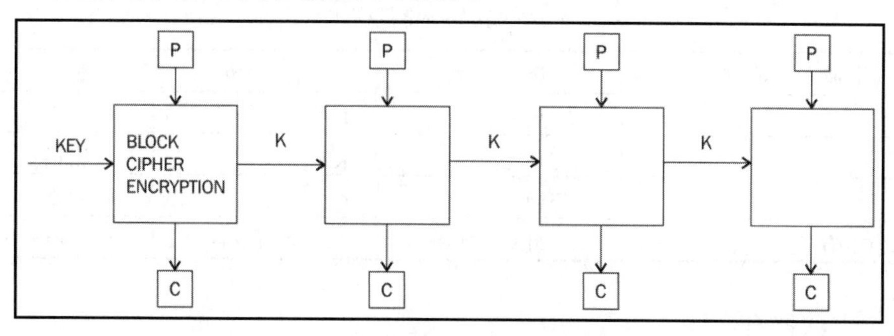

图 3-5　分组密码的电子密码本模式

原　　文	译　　文	原　　文	译　　文
KEY	密钥	K	密钥
BLOCK CIPHER ENCRYPTION	分组密码加密	C	密文
P	明文		

在图 3-5 中可以看到，我们提供了明文 P 作为分组密码加密函数的输入，再加上密钥 KEY，共同产生密文 C 作为输出。

3.8.2　密码块链接

在密码块链接（Cipher Block Chaining，CBC）模式下，每个明文块都与先前加密的块进行 XOR 运算。CBC 模式使用初始化向量（Initialization Vector，IV）加密第一个块。建议随机选择 IV，如图 3-6 所示。

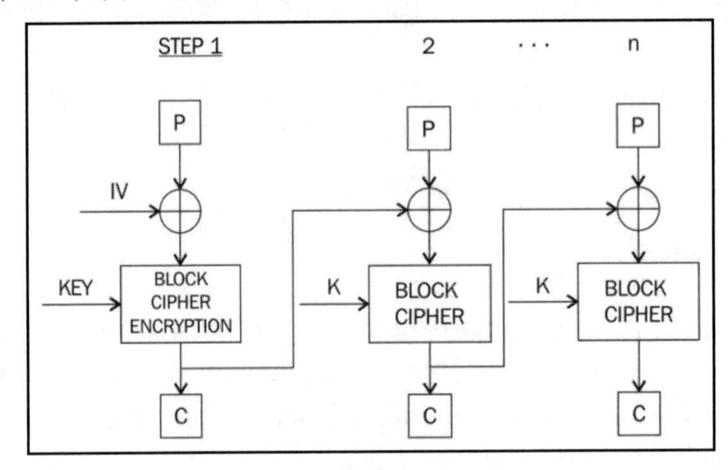

图 3-6　密码块链接模式

原　文	译　文	原　文	译　文
STEP 1	步骤 1	P	明文
IV	初始化向量	K	密钥
KEY	密钥	C	密文
BLOCK CIPHER ENCRYPTION	分组密码加密	BLOCK CIPHER	分组密码

3.8.3　计数器模式

计数器（Counter，CTR）模式有效地使用了分组密码作为流密码。在这种情况下，将提供一个唯一的随机数，该随机数与计数器值连接以生成密钥流，如图 3-7 所示。

还有其他模式，例如密码反馈（Cipher Feedback，CFB）模式、伽罗瓦计数器（Galois Counter，GCM）模式和输出反馈（Output Feedback，OFB）模式，它们也用在各种方案中。

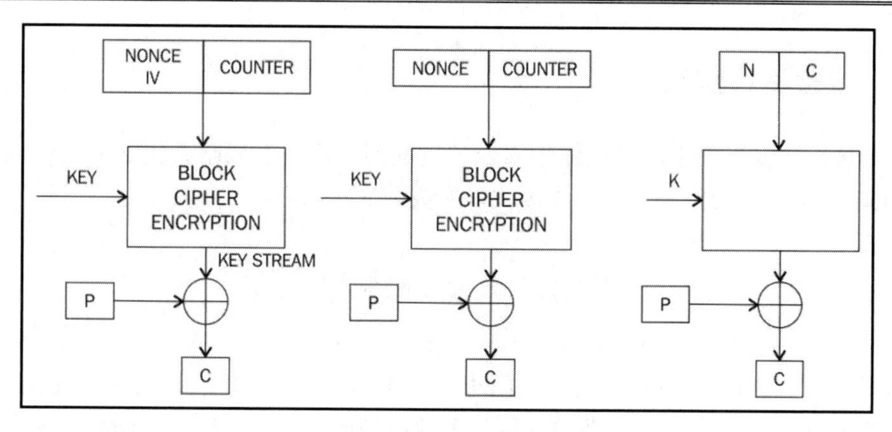

图 3-7　计数器模式

原　文	译　文	原　文	译　文
NONCE IV	随机数初始化向量	NONCE	随机数
COUNTER	计数器	P	明文
KEY	密钥	K	密钥
BLOCK CIPHER ENCRYPTION	分组密码加密	N	随机数
KEY STREAM	密钥流	C	密文

3.9　密钥流生成模式

在密钥流生成模式（Keystream Generation Mode）下，加密函数可生成一个密钥流，然后将其与纯文本流进行 XOR 运算以实现加密。

3.9.1　消息认证模式

在消息认证模式（Message Authentication Mode）下，消息认证代码（Message Authentication Code，MAC）来自加密函数。MAC 是提供完整性服务的加密校验和。使用分组密码生成 MAC 的最常见方法是 CBC-MAC。在 CBC-MAC 中，链的最后一块的一部分用作 MAC。例如，MAC 可用于确认消息是否由未授权实体修改，这可以通过 MAC 函数使用密钥对消息进行加密来实现。具体方法是：接收者在接收到消息后，使用密钥再次对接收到的消息进行加密，并将其与从发送者接收到的 MAC 进行比较，如果它们都匹配，则可知消息未被未经授权的用户修改，这就是 MAC 能提供完整性服务的原理；如果它们都不匹配，则表示消息在传输过程中被未授权实体修改过。

3.9.2 加密哈希模式

哈希函数主要用于将消息压缩为固定长度的摘要。在密码哈希模式（Cryptographic Hash Mode）下，分组密码用作压缩函数以生成纯文本哈希。

3.10 数据加密标准

当前市场主导的分组密码是高级加密标准（AES），我们将介绍 AES 的设计和机制。但是，在讨论 AES 之前，有必要先介绍一下数据加密标准（Data Encryption Standard，DES）的历史，因为正是 DES 促进了新 AES 标准的开发。

数据加密标准由美国国家标准技术研究院（National Institute of Standards and Technology，NIST）引入，作为加密的标准算法，在 20 世纪 80 年代和 90 年代被广泛使用。但是，由于技术和密码学研究的进步，它并不能被证明对暴力破解攻击（Brute Force Attack）具有很强的抵抗力。例如，1998 年 7 月，电子前沿基金会（Electronic Frontier Foundation，EFF）就使用 EFF DES Cracker（或 Deep Crack）的专用机器破坏了 DES。

DES 仅使用 56 位密钥，这引起了人们的一些担忧。该问题通过引入三重 DES（Triple DES，3DES）获得了解决，3DES 提出了使用 168 位密钥，方法是将 DES 算法执行 3 次以获得 3 个 56 位密钥，这样暴力破解攻击就几乎不可能成功。但是，3DES 轮的数量众多而计算速度慢，分组长度为 64 位而效率低下，从而难以用软件有效实现。

3.10.1 高级加密标准

2001 年，在经历一场公开比赛之后，由密码学家 Joan Daemen 和 Vincent Rijmen 发明的 Rijndael 加密算法被标准化为高级加密标准（Advanced Encryption Standard，AES），而 NIST 对其进行了少量修改。

到目前为止，对 AES 的破解尚未发现有比暴力破解攻击更有效的方法。但是，由于 AES 密钥长度（位）更长，所以暴力破解攻击（即穷举攻击）需要花费非常长的时间。例如，对于 128 位的 AES 密钥来说，按每纳秒执行 1 万次解密计算，暴力破解需要的时间为 5.3×10^{17} 年，而对于 256 位的 AES 密钥来说，按每纳秒执行 1 万次解密计算，暴力破解需要的时间则为 1.8×10^{56} 年，所以目前还未有实质性的对 AES 的破解威胁。

Rijndael 的原始版本允许使用 128 位、192 位和 256 位的不同密钥和块大小。但是，在 AES 标准中，仅允许使用 128 位的块大小。当然，128 位、192 位和 256 位的密钥大小也都获得了许可。

3.10.2 AES 工作原理

在 AES 算法处理期间，使用多轮修改状态（State）的 4×4 字节数组。完全加密需要10～14 轮（Rounds），具体取决于密钥的大小。表 3-1 显示了密钥大小和所需的轮数。

表 3-1 密钥大小和所需轮数的对应关系

密钥大小（位）	所需轮数（轮）
128	10
192	12
256	14

使用密码的输入初始化状态后，将分 4 个阶段执行 4 个操作以对输入进行加密。这 4 个阶段分别是 AddRoundKey、SubBytes、ShiftRows 和 MixColumns。

（1）在 AddRoundKey 步骤中，将状态数组与一个子密钥（Subkey）进行异或（XOR）运算。该子密钥是从主密钥派生的。

（2）SubBytes 是代换（Substitution）步骤，在该步骤中使用查找表（S-box）替换状态数组的所有字节。

（3）ShiftRows 步骤将执行的是行移位操作，第一行保持不变，第二行循环左移 1 个字节，第三行循环左移 2 个字节，第四行循环左移 3 个字节，如此循环和递增。

（4）所有字节在 MixColumns 步骤中以列方式线性混淆。

上述步骤描述了一轮 AES。

在最后一轮（根据密钥大小，分别为 10、12 或 14 轮），将第 4 阶段替换为 AddRoundKey，以确保不能简单地颠倒前三个步骤，如图 3-8 所示。

各种加密货币钱包都使用 AES 加密来加密本地存储的数据，特别是在比特币钱包中，使用了 CBC 模式下的 AES-256。

以下是有关如何使用 AES 进行加密和解密的 OpenSSL 示例：

```
$ openssl enc -aes-256-cbc -in message.txt -out message.bin
enter aes-256-cbc encryption password:
Verifying - enter aes-256-cbc encryption password:
$ ls -ltr
-rw-rw-r-- 1 drequinox drequinox 14 Sep 21 05:54 message.txt
-rw-rw-r-- 1 drequinox drequinox 32 Sep 21 05:57 message.bin
$ cat message.bin
```

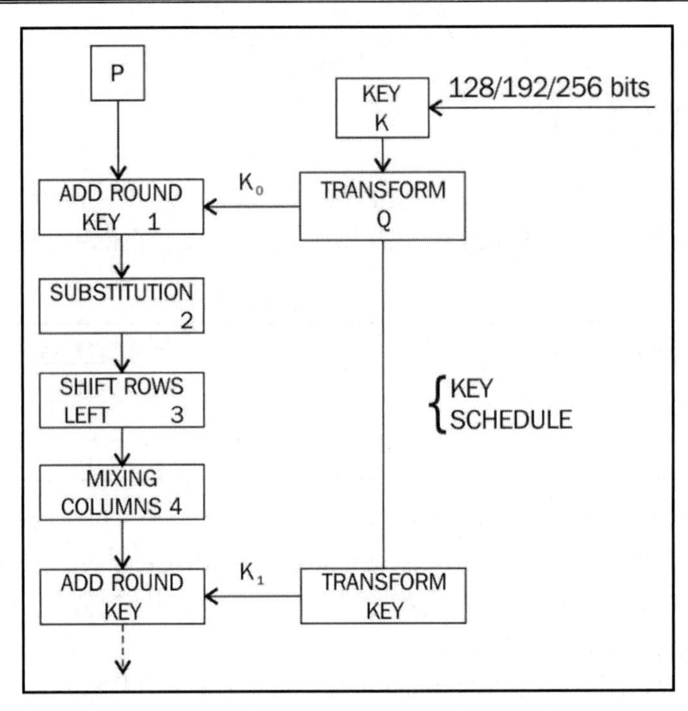

图 3-8　AES 框图，这里显示了第一轮 AES 加密。在最后一轮中，不执行混淆步骤

原　　文	译　　文	原　　文	译　　文
P	明文	TRANSFORM Q	变换 Q
ADD ROUND KEY	添加轮密钥	TRANSFORM KEY	变换密钥
SUBSTITUTION	字节代换	128/192/256 bits	128/192/256 位
SHIFT ROWS LEFT	行向左移位	KEY SCHEDULE	密钥生成算法
MIXING COLUMNS	列混淆	K	密钥
KEY	密钥		

message.bin 文件的内容如下所示：

```
Salted__w    s_ÿ   h~?              :~/Crypt$
:~/Crypt$
```

注意，message.bin 是一个二进制文件。有时，出于兼容性/互操作性的原因，可能会希望以文本格式对该二进制文件进行编码。可以使用以下命令来做到这一点：

```
$ openssl enc -base64 -in message.bin -out message.b64
$ ls -ltr
-rw-rw-r-- 1 drequinox drequinox 14 Sep 21 05:54 message.txt
```

```
-rw-rw-r-- 1 drequinox drequinox 32 Sep 21 05:57 message.bin
-rw-rw-r-- 1 drequinox drequinox 45 Sep 21 06:00 message.b64
$ cat message.b64
U2FsdGVkX193uByIcwZf0Z7J1at+4L+Fj8/uzeDAtJE=
```

为了解密 AES 加密文件，可以使用以下命令。仍以 message.bin 文件为例：

```
$ openssl enc -d -aes-256-cbc -in message.bin -out message.dec
enter aes-256-cbc decryption password:
$ ls -ltr
-rw-rw-r-- 1 drequinox drequinox 14 Sep 21 05:54 message.txt
-rw-rw-r-- 1 drequinox drequinox 32 Sep 21 05:57 message.bin
-rw-rw-r-- 1 drequinox drequinox 45 Sep 21 06:00 message.b64
-rw-rw-r-- 1 drequinox drequinox 14 Sep 21 06:06 message.dec
$ cat message.dec
Datatoencrypt
```

细心的读者可能会注意到，这里并没有提供初始化向量（IV），即使在除 ECB 以外的所有分组加密操作模式中都需要提供 IV 时也是如此，原因是 OpenSSL 会自动从给定的密码派生 IV。用户可以使用以下开关指定 IV：

```
-K/-iv      ,(初始化向量)          应以十六进制形式提供
```

要从 base64 解码，可使用以下命令。以上面的 message.b64 文件为例：

```
$ openssl enc -d -base64 -in message.b64 -out message.ptx
$ ls -ltr
-rw-rw-r-- 1 drequinox drequinox 14 Sep 21 05:54 message.txt
-rw-rw-r-- 1 drequinox drequinox 32 Sep 21 05:57 message.bin
-rw-rw-r-- 1 drequinox drequinox 45 Sep 21 06:00 message.b64
-rw-rw-r-- 1 drequinox drequinox 14 Sep 21 06:06 message.dec
-rw-rw-r-- 1 drequinox drequinox 32 Sep 21 06:16 message.ptx
$ cat message.ptx
```

以下是 message.ptx 文件的内容。

```
:~/Crypt$ cat message.ptx
Salted__w    s_ÿ  h~?                :~/Crypt$
```

OpenSSL 支持多种密码类型，你可以根据前面的示例探索这些选项。图 3-9 显示了受支持的密码类型列表。

OpenSSL 工具可用于试验图 3-9 中显示的所有密码。

```
Cipher Types
-aes-128-cbc                -aes-128-ccm                -aes-128-cfb
-aes-128-cfb1               -aes-128-cfb8               -aes-128-ctr
-aes-128-ecb                -aes-128-ofb                -aes-192-cbc
-aes-192-ccm                -aes-192-cfb                -aes-192-cfb1
-aes-192-cfb8               -aes-192-ctr                -aes-192-ecb
-aes-192-ofb                -aes-256-cbc                -aes-256-ccm
-aes-256-cfb                -aes-256-cfb1               -aes-256-cfb8
-aes-256-ctr                -aes-256-ecb                -aes-256-ofb
-aes128                     -aes192                     -aes256
-bf                         -bf-cbc                     -bf-cfb
-bf-ecb                     -bf-ofb                     -blowfish
-camellia-128-cbc           -camellia-128-cfb           -camellia-128-cfb1
-camellia-128-cfb8          -camellia-128-ecb           -camellia-128-ofb
-camellia-192-cbc           -camellia-192-cfb           -camellia-192-cfb1
-camellia-192-cfb8          -camellia-192-ecb           -camellia-192-ofb
-camellia-256-cbc           -camellia-256-cfb           -camellia-256-cfb1
-camellia-256-cfb8          -camellia-256-ecb           -camellia-256-ofb
-camellia128                -camellia192                -camellia256
-cast                       -cast-cbc                   -cast5-cbc
-cast5-cfb                  -cast5-ecb                  -cast5-ofb
-des                        -des-cbc                    -des-cfb
-des-cfb1                   -des-cfb8                   -des-ecb
-des-ede                    -des-ede-cbc                -des-ede-cfb
-des-ede-ofb                -des-ede3                   -des-ede3-cbc
-des-ede3-cfb               -des-ede3-cfb1              -des-ede3-cfb8
-des-ede3-ofb               -des-ofb                    -des3
-desx                       -desx-cbc                   -id-aes128-CCM
-id-aes128-wrap             -id-aes192-CCM              -id-aes192-wrap
-id-aes256-CCM              -id-aes256-wrap             -id-smime-alg-CMS3DESwrap
-idea                       -idea-cbc                   -idea-cfb
-idea-ecb                   -idea-ofb                   -rc2
-rc2-40-cbc                 -rc2-64-cbc                 -rc2-cbc
-rc2-cfb                    -rc2-ecb                    -rc2-ofb
-rc4                        -rc4-40                     -seed
-seed-cbc                   -seed-cfb                   -seed-ecb
-seed-ofb
```

图 3-9　OpenSSL 中可用的丰富库选项

3.11　小　　结

本章详细介绍了对称密码学。我们从基本的数学定义和密码学原语开始，之后分别介绍了流密码和分组密码的概念以及分组密码的工作模式。

在理论学习之外，本章还提供了使用 OpenSSL 的实际练习。

在第 4 章中将介绍公钥密码学，它广泛应用于区块链技术中，并且具有一些非常有趣的特性。

第 4 章　公钥密码学

本章将介绍公钥密码学（也称为非对称密码学或非对称密钥密码学）的概念和实践。我们将继续使用 OpenSSL 来试验密码算法的某些应用程序，以帮助你获得实际操作经验。

本章将从公钥密码学的理论基础入手，并通过相关的实践练习逐步建立这些概念。此外，本章还将讨论哈希函数，这是在区块链中广泛使用的一种加密原语。最后，本章将介绍一些新的和高级的密码学结构。

本节将讨论以下主题：

- 非对称密码学。
- 公钥和私钥。
- RSA 算法原理。
- 椭圆曲线密码学。
- ECC 中的离散对数问题。
- 在 OpenSSL 中使用 RSA 算法。
- 在 OpenSSL 中使用 ECC 算法。
- 哈希函数的属性。
- 消息摘要算法。
- 安全哈希算法。
- 安全哈希算法的设计。
- 哈希函数的 OpenSSL 示例。
- 消息认证码。
- 默克尔树。
- 帕特里夏树。
- 分布式哈希表。
- 数字签名。
- 同态加密。
- 签密。
- 零知识证明。
- 盲签名。
- 编码方案。

- ❑ 金融市场和交易基础知识。

4.1 非对称密码学

非对称密码学（Asymmetric Cryptography）中的“非对称”指的是用于加密数据的密钥和用于解密数据的密钥是不一样的（如果一样，那就是对称密码学，这在第 3 章中已经介绍过）。对称密码学也称为共享密钥密码学。类似地，非对称密码学也有一个别称，即公钥密码学（Public Key Cryptography）。这是因为它使用一对公钥和私钥分别加密和解密数据。目前使用的非对称密码方案包括 RSA、DSA 和 ElGammal。

图 4-1 显示了公钥密码学加密/解密的大致过程。

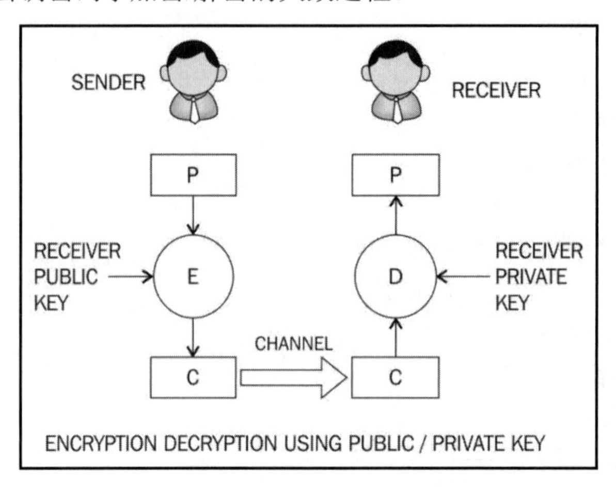

图 4-1　使用公钥/私钥进行加密/解密

原　　文	译　　文	原　　文	译　　文
SENDER	发送者	ENCRYPTION DECRYPTION USING PUBLIC / PRIVATE KEY	使用公钥/私钥加密解密
RECEIVER	接收者	P	明文
RECEIVER PUBLIC KEY	接收者公钥	E	加密
RECEIVER PRIVATE KEY	接收者私钥	D	解密
CHANNEL	信道	C	密文

图 4-1 显示的公钥密码学加密/解密过程大致如下：发送者使用接收者的公钥对明文数据 P 进行加密（E），生成密文数据 C，然后通过网络将它发送给接收者。密文数据 C 到达接收方之后，接收者使用私钥将已加密的密文数据 C 馈送到解密函数 D 中进行解密，

解密函数 D 将输出明文数据 P。

这样，私钥保留在接收方，无须像对称密码学那样共享密钥即可执行加密和解密。

图 4-2 显示了接收者使用公钥加密来验证接收到的消息的完整性。在此模型中，发送方使用私钥对数据进行签名，然后将消息发送给接收者。接收者收到消息后，将通过发送者的公钥验证其完整性。

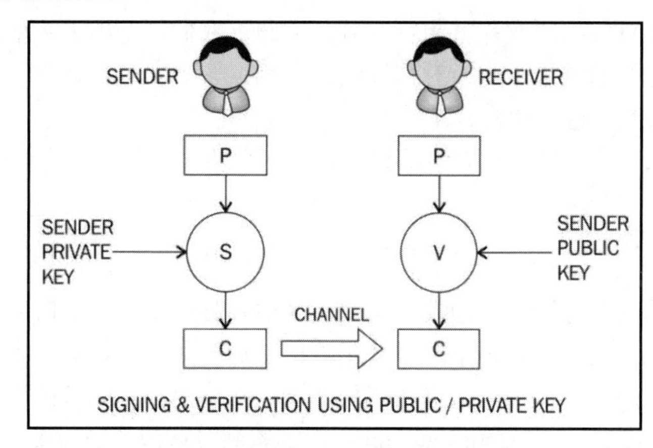

图 4-2　公钥密码学签名方案的模型

原　　文	译　　文	原　　文	译　　文
SENDER	发送者	SIGNING & VERIFICATION USING PUBLIC / PRIVATE KEY	使用公钥/私钥签名和验证
RECEIVER	接收者	P	明文
SENDER PRIVATE KEY	发送者私钥	S	签名
SENDER PUBLIC KEY	发送者公钥	V	验证
CHANNEL	信道	C	密文

值得注意的是，此模型中没有执行加密和解密的过程。图 4-2 可以帮助你更全面地了解本章后面的消息认证和验证部分。

在图 4-2 中可以看到，发送者使用私钥对明文数据 P 进行数字签名（签名函数 S），生成密文数据 C，该数据被发送到接收者，接收者使用发送者公钥和验证函数 V 验证密文数据 C，以确保消息确实来自发送者。

公钥密码系统提供的安全机制包括密钥建立、数字签名、标识、加密和解密。

密钥建立机制（Key Establishment Mechanism）与协议的设计有关，协议将允许在不安全的信道上建立密钥。

可以使用数字签名（Digital Signatures）来提供不可否认服务，这在许多情况下都是非常理想的方式。

有时我们不仅要对用户进行身份验证，还要识别交易中涉及的实体，这可以通过数字签名和挑战应答协议（Challenge-Response Protocol）的组合来实现。

最后，也可以使用公共密钥密码系统（如 RSA、ECC 和 ElGammal）来获得提供机密性的加密机制。

公钥算法在计算方面比对称密钥算法慢，因此，它们不适用于大型文件的加密或实际数据的加密。它们通常用于交换对称算法的密钥。一旦安全地建立了密钥，就可以使用对称密钥算法对数据进行加密。

公钥加密算法基于各种基础数学函数。以下将介绍 3 种主要的非对称算法。

4.1.1　整数分解

公钥密码学的安全源于基本的数学原理。公钥和私钥是有数学联系的，不然解密和签名操作就不可能实现，但是也不能由公钥算出私钥，如果可以算出来，那么加密的安全性就无从谈起。因此，公钥加密算法都是基于一些目前仍然无解的数学问题，也称为单向陷门函数（One-way Trapdoor Function），如整数分解或离散对数。

整数分解方案（Integer Factorization Scheme）就是基于大整数很难分解的事实，RSA 是此类算法的典型示例。

大整数分解究竟有多难呢？我们可以使用两个质数的乘积来创建所谓的半质数。半质数是最难分解的，在使用传统计算机的情况下，要将它分解为两个质数的乘积可能要花费超过四千万亿年的时间，这甚至比宇宙的寿命还要长得多。所以，基于整数分解的加密算法目前还是比较安全的。

4.1.2　离散对数

离散对数方案（Discrete Logarithm Scheme）基于模运算中的问题。计算模函数的结果很容易，但是找到生成器（Generator）的指数在计算上是不切实际的。换句话说，很难从结果中找到输入。离散对数正是目前仍然无解的数学问题之一，它也是一个单向陷门函数。

例如，考虑以下等式：

$$3^2 \bmod 10 = 9$$

现在，在给定数字 9 的情况下，很难确定前面的方程中发现的结果为 2（2 正是生成器 3 的指数）。在 Diffie-Hellman 密钥交换和数字签名算法中通常使用此难题。

Diffie-Hellman 密钥交换过程是非对称密钥交换的典型形式，以 Whitfield Diffie 和 Martin Hellman 的名字命名。

4.1.3　椭圆曲线

椭圆曲线算法（Elliptic Curve Algorithm）基于前面讨论的离散对数问题，但是，它是有限域上的椭圆曲线的代数。椭圆曲线是域上的代数三次曲线，可以通过以下公式定义。该曲线是非奇异的，这意味着它没有尖点或自相交。它具有两个变量 a 和 b，以及一个无穷大点。

$$y^2 = x^3 + ax + b$$

在这里，a 和 b 是整数，其值是定义椭圆曲线的域的元素。可以在实数、有理数、复数或有限域上定义椭圆曲线。出于加密目的，可使用质数有限域上的椭圆曲线代替实数。此外，质数应大于 3。

通过改变 a 或 b 的值可以生成不同的曲线。

基于椭圆曲线最常用的密码系统是椭圆曲线数字签名算法（Elliptic Curve Digital Signature Algorithm，ECDSA）和椭圆曲线密钥交换算法（Elliptic Curve Diffie-Hellman，ECDH）。

要了解公共密钥密码学，需要先理解公钥和私钥的概念。

4.2　公钥和私钥

私钥（Private Key），顾名思义，是随机生成的数字，该数字是保密的，并由用户私下保存。私钥需要受到保护，不得对该私钥进行未经授权的访问；否则，整个公钥加密方案都会受到威胁，因为私钥是用于解密消息的密钥。私钥的长度可以不同，具体取决于所使用算法的类型和类别。例如，在 RSA 中，通常使用 1024 位或 2048 位的密钥。1024 位的密钥大小不再被认为是安全的，因此建议至少使用 2048 位的密钥。

公钥（Public Key）可免费获得，并由私钥所有者发布。任何想要向公钥发布者发送加密消息的人都可以使用已发布的公钥对消息进行加密，然后将其发送给私钥的持有者。例如，A 有一对公钥和私钥，他可以将公钥发布出去，把私钥自己保存好。B 想要将消息发送给 A，他就可以使用 A 发布的公钥加密消息，然后将加密后的消息发送给 A，其他任何人都无法解密该消息，因为相应的私钥已由预期的接收者（A）安全地持有。接收到公钥加密的消息后，A 就可以使用私钥对消息进行解密。当然，这里也有一些关于公钥的问题，例如公钥发布者的真实性和标识等。

接下来将介绍两个非对称密钥加密的示例：RSA 和 ECC。RSA 是公钥加密的第一个实现，而 ECC 则在区块链技术中被广泛使用。

4.3　RSA 算法原理

RSA 由 Ron Rivest、Adi Shamir 和 Leonard Adelman 于 1977 年发明，因此被命名为 Rivest-Shamir-Adleman（RSA）。该类型的公钥密码学基于整数分解问题。如前文所述，两个大质数也称为素数（Prime）的乘法很容易，但是很难将大质数乘积的结果分解为两个原始大质数。

4.3.1　RSA 算法步骤

RSA 算法所涉及的工作的关键是在密钥生成过程中。RSA 密钥对（Key Pair）通过执行以下步骤生成。

（1）模数生成。

- 找到两个大质数 p 和 q。p 和 q 越大越安全。
- 将 p 和 q 相乘，$n = p.q$ 以生成模数 n。

（2）产生互质数（Co-Prime）。

- 假设存在一个名为 e 的数字。
- e 应满足一定的条件：它应该大于 1 且小于$(p-1)(q-1)$。换句话说，e 必须是一个数字，使得除 1 以外的任何数字都不能除以 e 和$(p-1)(q-1)$，这称为互质数，即 e 是$(p-1)(q-1)$的互质数。

（3）生成公钥。

在步骤（1）中生成的模数 n 和在步骤（2）中生成的互质数 e 是一对，是公钥。这部分是可以与任何人共享的公共部分，但是 p 和 q 需要保密。

（4）生成私钥。

私钥 d，是根据 p、q 和 e 计算得出的。私钥基本上是 e modulo $(p-1)(q-1)$的倒数。写成方程式的形式如下所示：

$$ed = 1 \bmod (p-1)(q-1)$$

一般来说，可以使用扩展的欧几里得算法来计算 d。该算法取 p、q 和 e 并计算 d。该方案的关键思想是：知道 p 和 q 的任何人都可以通过应用扩展的欧几里得算法轻松地

计算出私钥 d。但是，不知道 p 和 q 值的人却无法生成 d，这意味着 p 和 q 应该足够大，以使模数 n 很难分解（即在计算上不切实际），这也就是前面说“p 和 q 越大越安全”的原因。

4.3.2　使用 RSA 进行加密和解密

RSA 使用以下公式生成密文：

$$C = P^e \bmod n$$

这意味着，明文 P 将作为底数，计算 e 次幂，然后以 n 为模数求余，从而获得密文 C。下式提供了 RSA 中的解密：

$$P = C^d \bmod n$$

这意味着具有公钥对(n, e)的接收者可以计算密文 C 的 d 次幂（d 是私钥），然后以 n 为模数求余，从而获得明文 P。

4.4　椭圆曲线密码学

如前文所述，椭圆曲线密码学（Elliptic Curve Cryptography，ECC）同样基于离散对数问题，只不过该问题是基于有限域（Galois 域）上的椭圆曲线而建立的。

与其他类型的公钥算法相比，ECC 的主要优点在于它需要的密钥大小（位）较小，却能提供与 RSA 相同的安全级别。源自 ECC 的两个著名方案是用于密钥交换的 ECDH 和用于数字签名的 ECDSA。

ECC 可以用于加密，但实际上它通常并不被用于此目的，相反，它常被用于密钥交换和数字签名。由于 ECC 需要较少的操作空间，因此在嵌入式平台和存储资源有限的系统中，它变得非常流行。相形之下，ECC 仅使用 256 位操作数就可以实现与 RSA 算法中的 3072 位操作数相同的安全级别。

4.4.1　ECC 背后的数学

要理解 ECC，必须先了解其背后的基础数学知识。

椭圆曲线基本上是一种被称为魏尔斯特拉斯方程（Weierstrass Equation）的多项式方程，它可以在有限域上生成曲线。最常用的域是所有算术运算都执行 $a \bmod p$ 的形式（p 为质数）。椭圆曲线群由有限域上曲线上的点组成。

椭圆曲线定义如下：

$$y^2 = x^3 + Ax + B \bmod P$$

在这里，A 和 B 属于一个有限域 Zp 或 Fp（质数有限域），以及一个无穷大点（Point of Infinity）的特殊值。无穷大点（∞）用于为曲线上的点提供标识操作。

此外，椭圆曲线还需要满足一个条件，以确保前面提到的方程式没有重复的根。这意味着椭圆曲线是非奇异（Non-Singular）的。

以下方程式描述了该条件，这是需要满足的标准要求。更准确地说，这确保了椭圆曲线是非奇异的：

$$4a^3 + 27b^2 \neq 0 \bmod p$$

基于椭圆曲线构造离散对数问题，需要足够大的循环群（Cyclic Group）。首先，将群元素标识为满足先前方程式的一组点；其次，需要在这些点上定义群操作。

椭圆曲线上的群操作是点加法（Point Addition）和点加倍（Point Doubling）。点加法是将两个不同的点相加的过程，而点加倍则意味着将同一个点添加到自身。

4.4.2　点加法

图 4-3 显示了点加法，这是椭圆曲线上点加法的几何表示。在点加法中，穿过曲线绘制一条直线，该直线在两个点 P 和 Q 处与曲线相交，如图 4-3 所示，这在曲线和直线之间产生了第三个点，这个点的镜像为 $P+Q$，表示加法的结果为 R。

在图 4-3 中显示为 $P+Q$。

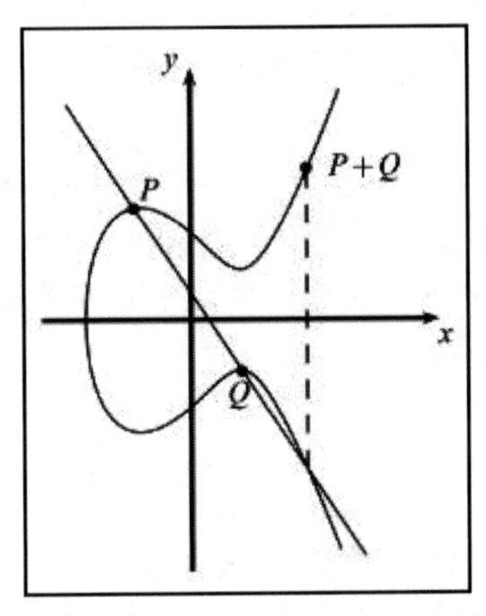

图 4-3　R 上的点加法

用加号（+）表示的群运算产生以下方程式：

$$P + Q = R$$

在这种情况下，可以将两个点加在一起以计算曲线上第三个点的坐标：

$$P + Q = R$$

更准确地说，这意味着要执行坐标的加法，如以下等式所示：

$$(x_1, y_1) + (x_2, y_2) = (x_3, y_3)$$

点加法的方程式如下所示：

$$x_3 = s^2 - x_1 - x_2 \bmod p$$

$$y_3 = s\,(x_1 - x_3) - y_1 \bmod p$$

以下是上述方程的结果：

$$\boxed{S = \frac{(y_2 - y_1)}{(x_2 - x_1)} \bmod p}$$

上式中的 S 描述了穿过 P 和 Q 的曲线。

图 4-4 显示了一个点加法示例。它是使用 Certicom 的在线计算器制作的。此示例显示了有限域 F_{23} 上方程的加法和解。这与之前显示的示例相反，之前的示例是绘制在实数上的，并且仅显示曲线，而未提供方程的解。

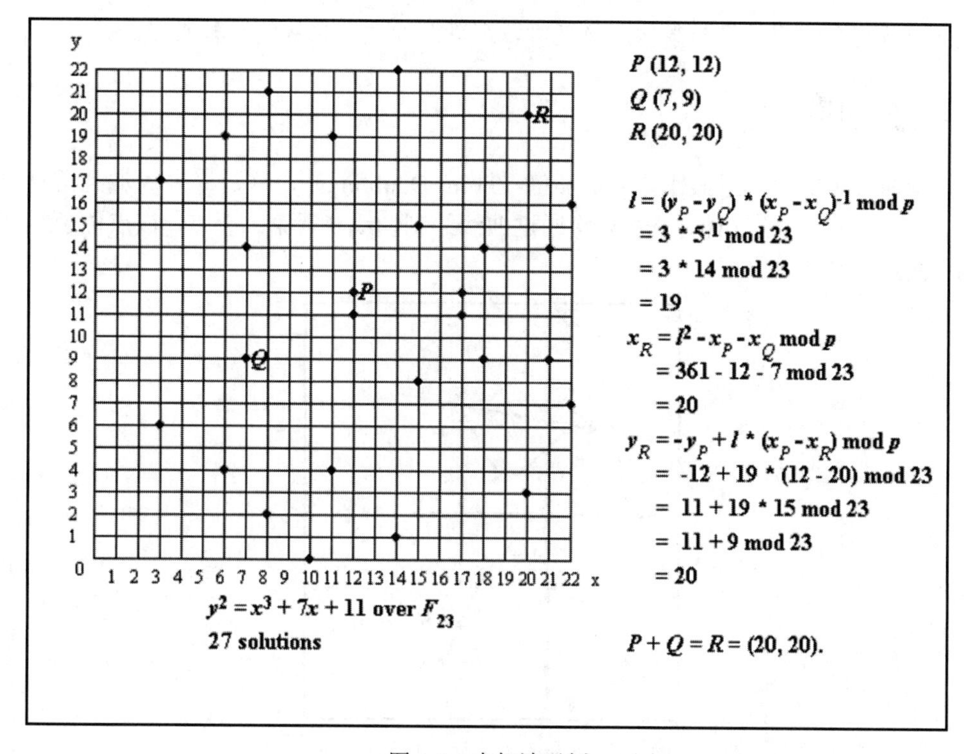

图 4-4　点加法示例

原　文	译　文
$y^2 = x^3 + 7x + 11$ over F_{23} 27 solutions	在 F_{23} 域上，$y^2 = x^3 + 7x + 11$ 方程式 27 个解

在图 4-4 中，左侧图形显示了满足以下方程式的点：

$$y^2 = x^3 + 7x + 11$$

可以看到，在有限域 F_{23} 上显示的方程式有 27 个解。选择 P 和 Q 进行相加以生成点 R。计算显示在右侧，它计算了第三个点 R。请注意，此处的 l 用于描述穿过 P 和 Q 的曲线。

例如，为了显示图形中所显示的点如何满足该方程式，我们可以在 27 个解中随便选择一个点(x, y)，其中 $x = 3$，$y = 6$。

将这些值进行代入验算，表明该方程式确实是满足的：

$$y^2 \bmod 23 = x^3 + 7x + 11 \bmod 23$$

$$6^2 \bmod 23 = 3^3 + 7(3) + 11 \bmod 23$$

$$36 \bmod 23 = 59 \bmod 23$$

$$13 = 13$$

下一节将介绍点加倍的概念，这是可以在椭圆曲线上执行的一种操作。

4.4.3　点加倍

椭圆曲线上的另一组操作称为点加倍（Point Doubling），这是将 P 添加到自身的过程。如图 4-5 所示，在这种方法中，将通过曲线绘制切线获得第二个点，该点位于绘制的切线和曲线的交点处。

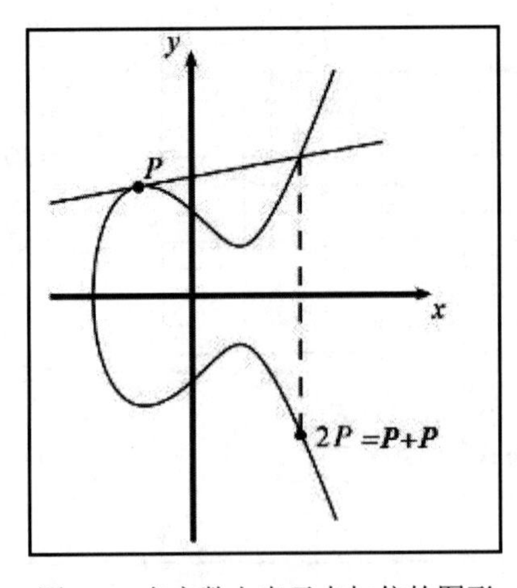

图 4-5　在实数上表示点加倍的图形

然后，将此点镜像以产生结果，结果点显示为 $2P = P + P$。

在点加倍的情况下，方程式变为：

$$x_3 = s^2 \quad x_1 - x_2 \bmod p$$

$$y_3 = s(x_1 - x_3) - y_1 \bmod p$$

$$S = \frac{3x_1^2 + a}{2y_1}$$

在这里，S 是穿过 P 的切线的斜率（Slope）。在上面的示例中，曲线绘制在实数上，并且未显示该方程的解。

以下示例显示了在有限域 F_{23} 上椭圆曲线的解和点加倍的方法。图 4-6 左侧的图形显示了满足以下方程式的点：

$$y^2 = x^3 + 7x + 11$$

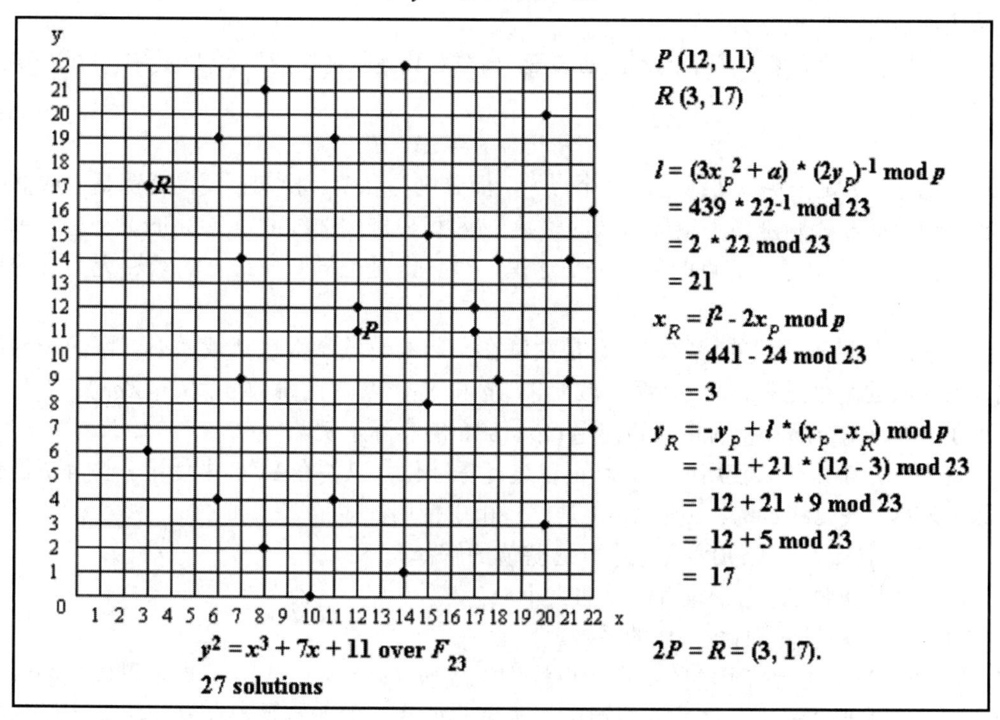

图 4-6　点加倍的示例

原　文	译　文
$y^2 = x^3 + 7x + 11$ over F_{23} 27 solutions	在 F_{23} 域上，$y^2 = x^3 + 7x + 11$ 方程式 27 个解

如图 4-6 的右侧所示，计算将在 P 加到自身后找到 R（点加倍）。此处没有 Q，仅使用相同的点 P 用于加倍。请注意，在此计算中，l 用于描述穿过 P 的切线。

在下一节中将介绍离散对数问题。

4.5 ECC 中的离散对数问题

椭圆曲线密码学（ECC）中的离散对数问题基于的思想是：在某些条件下，椭圆曲线上的所有点都形成一个循环群。

在椭圆曲线上，公钥是生成器点的随机倍数，而私钥则是用于生成倍数的随机选择的整数。换句话说，私钥是随机选择的整数，而公钥则是曲线上的一个点。

离散对数问题用于查找私钥（整数），该整数落在椭圆曲线的所有点内。以下等式更精确地显示了此概念。

考虑具有两个元素 P 和 T 的椭圆曲线 E。离散对数问题是找到整数 d，其中，$1 \leqslant d \leqslant \#E$，使得：

$$P + P + \cdots + P = dP = T$$

在这里，T 是公钥（曲线上的某个点），而 d 则是私钥。换句话说，公钥是生成器的随机倍数，而私钥则是用于生成倍数的整数。$\#E$ 代表椭圆曲线的阶（Order），它表示椭圆曲线的循环群中存在的点的数量。在这里，循环群是由椭圆曲线上的点和无穷大的点组合而成的。

密钥对与椭圆曲线的特定域参数是关联在一起的。域参数包括域大小、域的表示形式、来自域的两个元素 a 和 b、两个域元素 Xg 和 Yg、点 G 的阶数 n［$G = (Xg, Yg)$］和辅助因子 $h = \#E(Fq)/n$。稍后将介绍使用 OpenSSL 的实际示例。

这些参数都是建议使用的，并且可以进行标准化，以便在 ECC 中使用。图 4-7 显示了 secp256k1 规范的示例。secp256k1 是比特币中使用的规范。

在 $T = (p, a, b, G, n, h)$六元组中，这些值的解释如下：

- P 是质数 p，它指定有限域的大小。
- a 和 b 是椭圆曲线方程的系数。
- G 是生成所需子群的基点，也称为生成器（Generator）。基点可以以压缩或未压缩形式表示。在实际应用中，无须将曲线上的所有点都存储起来。压缩的生成器之所以起作用，是因为可以仅使用 x 坐标和 y 坐标的最低有效位来识别曲线上的点。
- n 是子群的阶数。
- h 是子群的辅助因子。

The elliptic curve domain parameters over $\mathbb{F}_p$ associated with a Koblitz curve secp256k1 are specified by the sextuple $T = (p, a, b, G, n, h)$ where the finite field $\mathbb{F}_p$ is defined by:

p = FFFFFFFF FFFFFFFF FFFFFFFF FFFFFFFF FFFFFFFF FFFFFFFF FFFFFFFE FFFFFC2F

$= 2^{256} - 2^{32} - 2^9 - 2^8 - 2^7 - 2^6 - 2^4 - 1$

The curve $E: y^2 = x^3 + ax + b$ over $\mathbb{F}_p$ is defined by:

a = 00000000 00000000 00000000 00000000 00000000 00000000 00000000 00000000

b = 00000000 00000000 00000000 00000000 00000000 00000000 00000000 00000007

The base point G in compressed form is:

G = 02 79BE667E F9DCBBAC 55A06295 CE870B07 029BFCDB 2DCE28D9 59F2815B 16F81798

and in uncompressed form is:

G = 04 79BE667E F9DCBBAC 55A06295 CE870B07 029BFCDB 2DCE28D9 59F2815B 16F81798 483ADA77 26A3C465 5DA4FBFC 0E1108A8 FD17B448 A6855419 9C47D08F FB10D4B8

Finally the order n of G and the cofactor are:

n = FFFFFFFF FFFFFFFF FFFFFFFF FFFFFFFE BAAEDCE6 AF48A03B BFD25E8C D0364141

h = 01

图 4-7　secp256k1 规范

资料来源：http://www.secg.org/sec2-v2.pdf。

原　文	译　文
The elliptic curve domain parameters over F_p associated with a Koblitz curve secp256k1 are specified by the sextuple $T = (p, a, b, G, n, h)$ where the finite field F_p is defined by:	与 Koblitz 曲线（注：Koblitz 曲线指椭圆曲线，椭圆曲线在密码学中的使用是 1985 年由 Neal Koblitz 和 Victor Miller 分别独立提出的）secp256k1 规范相关的在 F_p 上的椭圆曲线域参数由六元组 $T = (p, a, b, G, n, h)$指定，其中有限域 F_p 被定义为：
The curve E: $y^2 = x^3 + ax + b$ over F_p is defined by:	F_p 上的曲线 E：$y^2 = x^3 + ax + b$ 被定义为：
The base point G in compressed form is:	基点 G 的压缩形式为：
and in uncompressed form is:	未压缩形式为：
Finally the order n of G and the cofactor are:	最后，G 的阶数 n 和辅助因子 h 为：

接下来，我们将介绍两个使用 OpenSSL 的示例，以帮助你理解 RSA 和 ECC 密码学的实际应用方式。

4.6　在 OpenSSL 中使用 RSA 算法

现在通过示例来说明如何使用 OpenSSL 命令行生成 RSA 公钥和私钥对。

4.6.1　RSA 公钥和私钥对

先来看一下如何使用 OpenSSL 生成 RSA 私钥。

1. 私钥

执行以下命令生成私钥：

```
$ openssl genpkey -algorithm RSA -out privatekey.pem -pkeyopt \
 rsa_keygen_bits:1024
..............................++++++
...................++++++
```

注意：

命令中使用的反斜杠（\）表示连续不断行。

执行该命令后，将生成一个名为 privatekey.pem 的文件，其中包含已生成的私钥，具体示例如下：

```
$ cat privatekey.pem
-----BEGIN PRIVATE KEY-----
MIICdgIBADANBgkqhkiG9w0BAQEFAASCAmAwggJcAgEAAoGBAKJOFBzPy2vOd6em
Bk/UGrzDy7TvgDYnYxBfiEJId/r+EyMt/F14k2fDTOVwxXaXTxiQgD+BKuiey/69
9itnrqW/xy/pocDMvobj8QCngEntOdNoVSaN+t0f9nRM3iVM94mz3/C/v4vXvoac
PyPkr/0jhIV0woCurXGTghgqIbHRAgMBAAECgYEAlB3s/N4lJh0l1TkOSYunWtzT
6isnNkR7g1WrY9H+rG9xx4kP5b1DyE3SvxBLJA6xgBle8JVQMzm3sKJrJPFZzzT5
NNNnugCxairxcF1mPzJAP3aqpcSjxKpTv4qgqYevwgW1A0R3xKQZzBKU+bTO2hXV
D1oHxu75mDY3xCwqSAECQQDUYV04wNSEjEy9tYJ0zaryDAcvd/VG2/U/6qiQGajB
eSpSqoEESigbusKku+wVtRYgWWEomL/X58t+K01eMMZZAkEAw6PUR9YLebsm/Sji
iOShV4AKuFdi7t7DYWE5Ulb1uqP/i28zN/ytt4BXKIs/KcFykQGeAC6LDHZyycyc
ntDIOQJAVqrE1/wYvV5jkqcXbYLgV5YA+KYDOb9Y/ZRM5UETVKCVXNanf5CjfW1h
MMhfNxyGwvy2YVK0Nu8oY3xYPi+5QQJAUGcmORe4w6Cs12JUJ5p+zG0s+rG/URhw
B7djTXm7p6b6wR1EWYAZDM9MArenj8uXAA1AGCcIsmiDqHfU7lgz0QJAe9mOdNGW
```

```
7qRppgmOE5nuEbxkDSQI7OqHYbOLuwfCjHzJBrSgqyi6pj9/9CbXJrZPgNDwdLEb
GgpDKtZs9gLv3A==
-----END PRIVATE KEY-----
```

2. 公钥

由于公钥和私钥在数学上是有联系的，因此可以从私钥生成或导出公钥。使用前面的私钥示例，可以生成公钥，如下所示：

```
$ openssl rsa -pubout -in privatekey.pem -out publickey.pem

writing RSA key
```

可以使用文件阅读器或其他任何文本查看器查看公钥：

```
$ cat publickey.pem
-----BEGIN PUBLIC KEY-----
MIGfMA0GCSqGSIb3DQEBAQUAA4GNADCBiQKBgQCiThQcz8trznenpgZP1Bq8w8u0
74A2J2MQX4hCSHf6/hMjLfxdeJNnw0zlcMV2l08YkIA/gSronsv+vfYrZ66lv8cv
6aHAzL6G4/EAp4BJ7TnTaFUmjfrdH/Z0TN4lTPeJs9/wv7+L176GnD8j5K/9I4SF
dMKArqlxk4IYKiGx0QIDAQAB
-----END PUBLIC KEY-----
```

要查看各个组件的更多信息，如模数（Modulus）、加密过程中使用的质数（Prime）或生成的私钥的指数（Exponent）和系数（Coefficient），可以使用以下命令（此处仅显示部分输出，而实际输出很长）：

```
$ openssl rsa -text -in privatekey.pem
Private-Key: (1024 bit)
modulus:
    00:a2:4e:14:1c:cf:cb:6b:ce:77:a7:a6:06:4f:d4:
    1a:bc:c3:cb:b4:ef:80:36:27:63:10:5f:88:42:48:
    77:fa:fe:13:23:2d:fc:5d:78:93:67:c3:4c:e5:70:
    c5:76:97:4f:18:90:80:3f:81:2a:e8:9e:cb:fe:bd:
    f6:2b:67:ae:a5:bf:c7:2f:e9:a1:c0:cc:be:86:e3:
    f1:00:a7:80:49:ed:39:d3:68:55:26:8d:fa:dd:1f:
    f6:74:4c:de:25:4c:f7:89:b3:df:f0:bf:bf:8b:d7:
    be:86:9c:3f:23:e4:af:fd:23:84:85:74:c2:80:ae:
    ad:71:93:82:18:2a:21:b1:d1
publicExponent: 65537 (0x10001)
privateExponent:
    00:94:1d:ec:fc:de:25:26:1d:25:d5:39:0e:49:8b:
    a7:5a:dc:d3:ea:2b:27:36:44:7b:83:55:ab:63:d1:
```

```
    fe:ac:6f:71:c7:89:0f:e5:bd:43:c8:4d:d2:bf:10:
    4b:24:0e:b1:80:19:5e:f0:95:50:33:39:b7:b0:a2:
    6b:24:f1:59:cf:34:f9:34:d3:67:ba:00:b1:6a:2a:
    f1:70:5d:66:3f:32:40:3f:76:aa:a5:c4:a3:c4:aa:
    53:bf:8a:a0:a9:87:af:c2:05:b5:03:44:77:c4:a4:
    19:cc:12:94:f9:b4:ce:da:15:d5:0f:5a:07:c6:ee:
    f9:98:36:37:c4:2c:2a:48:01
prime1:
    00:d4:61:5d:38:c0:d4:84:8c:4c:bd:b5:82:74:cd:
    aa:f2:0c:07:2f:77:f5:46:db:f5:3f:ea:a8:90:19:
    a8:c1:79:2a:52:aa:81:04:4a:28:1b:ba:c2:a4:bb:
    ec:15:b5:16:20:59:61:28:98:bf:d7:e7:cb:7e:2b:
    4d:5e:30:c6:59
prime2:
    00:c3:a3:d4:47:d6:0b:79:bb:26:fd:28:e2:88:e4:
    a1:57:80:0a:b8:57:62:ee:de:c3:61:61:39:52:56:
    f5:ba:a3:ff:8b:6f:33:37:fc:ad:b7:80:57:28:8b:
    3f:29:c1:72:91:01:9e:00:2e:8b:0c:76:72:c9:cc:
    9c:9e:d0:c8:39
```

3. 探索公钥

还可以使用以下命令来探索公钥。公钥和私钥是 base64 编码的。

```
$ openssl pkey -in publickey.pem -pubin -text
-----BEGIN PUBLIC KEY-----
MIGfMA0GCSqGSIb3DQEBAQUAA4GNADCBiQKBgQCiThQcz8trznenpgZP1Bq8w8u0
74A2J2MQX4hCSHf6/hMjLfxdeJNnw0zlcMV2l08YkIA/gSronsv+vfYrZ66lv8cv
6aHAzL6G4/EAp4BJ7TnTaFUmjfrdH/Z0TN4lTPeJs9/wv7+L176GnD8j5K/9I4SF
dMKArq1xk4IYKiGx0QIDAQAB
-----END PUBLIC KEY-----
Public-Key: (1024 bit)
Modulus:
    00:a2:4e:14:1c:cf:cb:6b:ce:77:a7:a6:06:4f:d4:
    1a:bc:c3:cb:b4:ef:80:36:27:63:10:5f:88:42:48:
    77:fa:fe:13:23:2d:fc:5d:78:93:67:c3:4c:e5:70:
    c5:76:97:4f:18:90:80:3f:81:2a:e8:9e:cb:fe:bd:
    f6:2b:67:ae:a5:bf:c7:2f:e9:a1:c0:cc:be:86:e3:
    f1:00:a7:80:49:ed:39:d3:68:55:26:8d:fa:dd:1f:
    f6:74:4c:de:25:4c:f7:89:b3:df:f0:bf:bf:8b:d7:
    be:86:9c:3f:23:e4:af:fd:23:84:85:74:c2:80:ae:
    ad:71:93:82:18:2a:21:b1:d1
Exponent: 65537 (0x10001)
```

现在可以共享公钥，任何想要向你发送消息的人都可以使用该公钥对消息进行加密，然后将加密后的密文发送给你。你接收到密文之后，可以使用相应的私钥来解密文件。

4.6.2　加密与解密

本节将提供一个具体示例，演示如何使用 OpenSSL 和 RSA 来执行加密和解密操作。

1. 加密

使用前面示例中生成的私钥，可以按以下方式加密文本文件 message.txt：

```
$ echo datatoencrypt > message.txt
$ openssl rsautl -encrypt -inkey publickey.pem -pubin -in message.txt \
  -out message.rsa
```

这将产生一个名为 message.rsa 的文件，该文件为二进制格式。如果你在 Nano 编辑器或任何其他文本编辑器中打开 message.rsa，那么它将显示一些乱码，如图 4-8 所示。

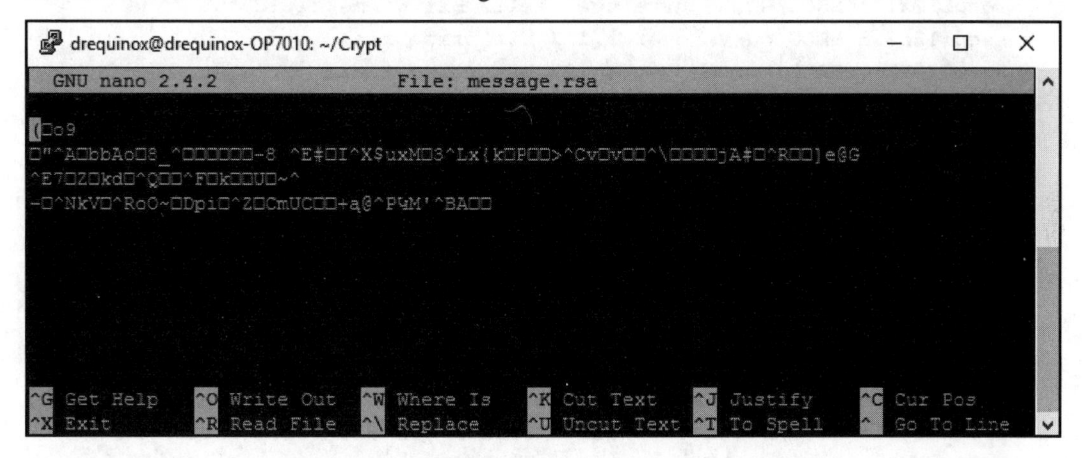

图 4-8　message.rsa 将显示乱码（加密）数据

2. 解密

为了解密使用 RSA 加密过的文件，可以使用以下命令：

```
$ openssl rsautl -decrypt -inkey privatekey.pem -in message.rsa \
  -out message.dec
```

现在，如果使用 cat 命令读取文件，则可以看到解密后的纯文本内容，如下所示：

```
$ cat message.dec
datatoencrypt
```

4.7 在 OpenSSL 中使用 ECC 算法

OpenSSL 提供了非常丰富的函数库来执行 ECC。本节将演示在 OpenSSL 中使用 ECC 函数的方法。

4.7.1 查看 ECC 标准

ECC 是基于域参数的，而域参数又有不同的定义标准。可以使用以下命令查看 OpenSSL 中定义的所有可用标准和建议使用曲线的列表。同样地，以下只显示了部分输出，中间部分已被截断：

```
$ openssl ecparam -list_curves
secp112r1 : SECG/WTLS curve over a 112 bit prime field
secp112r2 : SECG curve over a 112 bit prime field
secp128r1 : SECG curve over a 128 bit prime field
secp128r2 : SECG curve over a 128 bit prime field
secp160k1 : SECG curve over a 160 bit prime field
secp160r1 : SECG curve over a 160 bit prime field
secp160r2 : SECG/WTLS curve over a 160 bit prime field
secp192k1 : SECG curve over a 192 bit prime field
secp224k1 : SECG curve over a 224 bit prime field
secp224r1 : NIST/SECG curve over a 224 bit prime field
secp256k1 : SECG curve over a 256 bit prime field
secp384r1 : NIST/SECG curve over a 384 bit prime field
secp521r1 : NIST/SECG curve over a 521 bit prime field
prime192v1: NIST/X9.62/SECG curve over a 192 bit prime field
.
.
.
.
brainpoolP384r1: RFC 5639 curve over a 384 bit prime field
brainpoolP384t1: RFC 5639 curve over a 384 bit prime field
brainpoolP512r1: RFC 5639 curve over a 512 bit prime field
brainpoolP512t1: RFC 5639 curve over a 512 bit prime field
```

在后面示例中，将采用 secp256k1 演示 ECC 的用法。

4.7.2 生成私钥

要生成私钥，可以执行以下命令：

```
$ openssl ecparam -name secp256k1 -genkey -noout -out ec-privatekey.pem
$ cat ec-privatekey.pem
-----BEGIN EC PRIVATE KEY-----
MHQCAQEEIJHUIm9NZAgfpUrSxUk/iINq1ghM/ewn/RLNreuR52h/oAcGBSuBBAAK
oUQDQgAE0G33mCZ4PKbg5EtwQjk6ucv9Qc9DTr8JdcGXYGxHdzr0Jt1NInaYE0GG
ChFMT5pK+wfvSLkYl5ul0oczwWKjng==
-----END EC PRIVATE KEY-----
```

现在，名为 ec-privatekey.pem 的文件包含基于 secp256k1 曲线生成的椭圆曲线私钥。要从私钥生成公钥，可使用以下命令：

```
$ openssl ec -in ec-privatekey.pem -pubout -out ec-pubkey.pem
read EC key
writing EC key
```

读取 ec-pubkey.pem 文件将产生以下输出，显示生成的公钥：

```
$ cat ec-pubkey.pem
-----BEGIN PUBLIC KEY-----
MFYwEAYHKoZIzj0CAQYFK4EEAAoDQgAE0G33mCZ4PKbg5EtwQjk6ucv9Qc9DTr8J
dcGXYGxHdzr0Jt1NInaYE0GGChFMT5pK+wfvSLkYl5ul0oczwWKjng==
-----END PUBLIC KEY-----
```

现在，ec-pubkey.pem 文件包含从 ec-privatekey.pem 文件派生的公钥。可以使用以下命令进一步探索私钥：

```
$ openssl ec -in ec-privatekey.pem -text -noout
read EC key
Private-Key: (256 bit)
priv:
    00:91:d4:22:6f:4d:64:08:1f:a5:4a:d2:c5:49:3f:
    88:83:6a:d6:08:4c:fd:ec:27:fd:12:cd:ad:eb:91:
    e7:68:7f
pub:
    04:d0:6d:f7:98:26:78:3c:a6:e0:e4:4b:70:42:39:
    3a:b9:cb:fd:41:cf:43:4e:bf:09:75:c1:97:60:6c:
    47:77:3a:f4:26:dd:4d:22:76:98:13:41:86:0a:11:
    4c:4f:9a:4a:fb:07:ef:48:b9:18:97:9b:a5:d2:87:
    33:c1:62:a3:9e
ASN1 OID: secp256k1
```

可以使用以下命令进一步探索公钥：

```
$ openssl ec -in ec-pubkey.pem -pubin -text -noout
read EC key
Private-Key: (256 bit)
pub:
    04:d0:6d:f7:98:26:78:3c:a6:e0:e4:4b:70:42:39:
    3a:b9:cb:fd:41:cf:43:4e:bf:09:75:c1:97:60:6c:
    47:77:3a:f4:26:dd:4d:22:76:98:13:41:86:0a:11:
    4c:4f:9a:4a:fb:07:ef:48:b9:18:97:9b:a5:d2:87:
    33:c1:62:a3:9e
ASN1 OID: secp256k1
```

也可以使用所需参数（在本示例中为 secp256k1）生成文件，然后进一步探索该文件以了解其底层参数：

```
$ openssl ecparam -name secp256k1 -out secp256k1.pem
$ cat secp256k1.pem
-----BEGIN EC PARAMETERS-----
BgUrgQQACg==
-----END EC PARAMETERS-----
```

现在，该文件包含所有 secp256k1 参数，可以使用以下命令对其进行分析：

```
$ openssl ecparam -in secp256k1.pem -text -param_enc explicit -noout
```

此命令将产生类似于以下内容的输出：

```
Field Type: prime-field
Prime:
    00:ff:ff:ff:ff:ff:ff:ff:ff:ff:ff:ff:ff:ff:ff:
    ff:ff:ff:ff:ff:ff:ff:ff:ff:ff:ff:ff:fe:ff:
    ff:fc:2f
A:  0
B:  7 (0x7)
Generator (uncompressed):
    04:79:be:66:7e:f9:dc:bb:ac:55:a0:62:95:ce:87:
    0b:07:02:9b:fc:db:2d:ce:28:d9:59:f2:81:5b:16:
    f8:17:98:48:3a:da:77:26:a3:c4:65:5d:a4:fb:fc:
    0e:11:08:a8:fd:17:b4:48:a6:85:54:19:9c:47:d0:
    8f:fb:10:d4:b8
Order:
    00:ff:ff:ff:ff:ff:ff:ff:ff:ff:ff:ff:ff:ff:ff:
    ff:fe:ba:ae:dc:e6:af:48:a0:3b:bf:d2:5e:8c:d0:
    36:41:41
Cofactor:  1 (0x1)
```

上面的示例显示了使用的质数以及 A 和 B 的值，以及 secp256k1 曲线域参数的生成器、阶数和辅助因子。

在上面的示例中，我们从加密和解密的角度对公钥密码学的介绍已经完成。其他相关结构（如数字签名）将在本章后面讨论。

在下一节中，我们将研究另一类密码学原语，即哈希函数。哈希函数一般不用于加密数据，而是多用于生成输入数据的固定长度的摘要。

4.8　哈希函数的属性

哈希函数（Hash Function）用于创建任意长度输入字符串的固定长度摘要。哈希函数是无密钥的，它们提供数据完整性服务，常使用迭代的和专用的哈希函数结构技术来构建。

目前有各种哈希函数系列可用，如 MD、SHA-1、SHA-2、SHA-3、RIPEMD 和 Whirlpool。哈希函数常用于数字签名和消息认证代码（Message Authentication Code，MAC），如 HMAC。它们具有 3 个安全属性，即原像抗性（Preimage Resistance）、次原像抗性（Second Preimage Resistance）和抗碰撞性（Collision Resistance）。稍后将详细说明这些属性。

哈希函数通常用于提供数据完整性服务。它们既可以用作单向函数，也可以构造其他加密原语，如 MAC 和数字签名。某些应用程序使用哈希函数作为生成伪随机数生成器（Pseudo-Random Numbers Generator，PRNG）的方式。根据所需的完整性级别，必须满足哈希函数的 2 个实用属性和 3 个安全属性。接下来将详细讨论这些属性。

4.8.1　将任意消息压缩为固定长度的摘要

将任意消息压缩为固定长度的摘要是哈希函数的一个实用属性。此属性与这个事实有关：哈希函数必须能够获取任意长度的输入文本并输出固定长度的压缩消息。

哈希函数可产生各种位大小的压缩输出，通常在 128 位和 512 位之间。

4.8.2　易于计算

易于计算是哈希函数的另一个实用属性。

哈希函数是高效且快速的单向函数。无论消息大小如何，都要求哈希函数的计算速度非常快。如果消息太大，效率可能会降低，但是该函数仍应足够快以适合实际使用。

接下来，将讨论哈希函数的 3 个安全属性。

4.8.3　原像抗性

原像抗性可以使用以下公式来解释：

$$h(x) = y$$

其中，h 是哈希函数；x 是输入；y 是哈希。这个安全属性要求 y 不能被反向计算为 x。在这里，x 被视为 y 的原像，因此该安全属性被称为原像抗性（Preimage Resistance），也就是所谓的单向属性。

4.8.4　次原像抗性

次原像抗性属性要求给定 x 和 $h(x)$，几乎不可能找到任何其他消息 m，其中，m != x 且 $h(m) = h(x)$，该属性也称为弱抗碰撞性（Weak Collision Resistance）。

4.8.5　抗碰撞性

抗碰撞属性要求两个不同的输入消息不应哈希到同一输出。换句话说，$h(x)$!= $h(z)$。此属性也称为强抗碰撞性（Strong Collision Resistance）。

图 4-9 显示了所有这些属性。

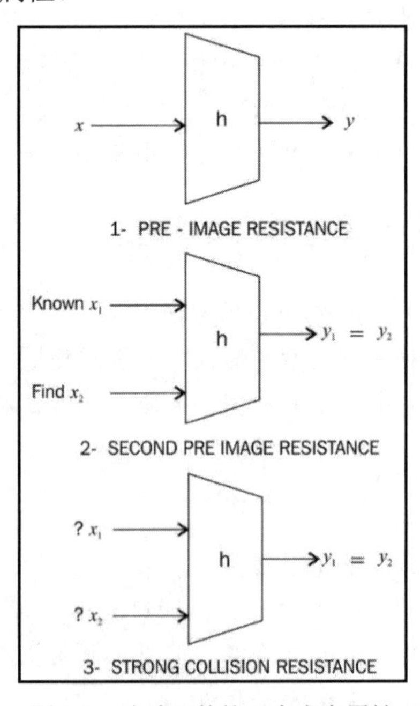

图 4-9　哈希函数的 3 个安全属性

原　　文	译　　文
1- PRE - IMAGE RESISTANCE	1-原像抗性
Known x_1	已知 x_1
Find x_2	找到 x_2
2- SECOND PRE IMAGE RESISTANCE	2-次原像抗性
3- STRONG COLLISION RESISTANCE	3-强抗碰撞性

哈希函数由于其内在特性而将始终存在一些碰撞。所谓碰撞，就是指两个不同的消息哈希到相同的输出。当然，它们在计算上几乎是不可能被发现的。在所有哈希函数中都应具有一个被称为雪崩效应（Avalanche Effect）的概念。雪崩效应表明，输入文本中的微小更改甚至单个字符更改，都将导致完全不同的哈希输出。

仍以原像抗性中提出的公式 $h(x) = y$ 为例，y 的每一比特都与 x 的每一比特有关，并有高度敏感性，即改变 x 的每一比特，都将对 y 产生明显影响。

哈希函数通常按照迭代哈希函数的方法来设计。使用这种方法，输入消息将在逐块（Block-By-Block）的基础上进行多轮压缩，以产生压缩的输出。

一种流行的迭代哈希函数类型是 Merkle-Damgard 结构。该结构基于的思想是：将输入数据分为相等的块大小，然后以迭代方式将其馈送入压缩函数。压缩函数的抗碰撞性将确保哈希输出也具有抗碰撞性。

可以使用分组密码来构建压缩函数。除了 Merkle-Damgard，研究人员还提出了其他多种压缩函数结构，如 Miyaguchi-Preneel 和 Davies-Meyer。

接下来就来介绍一些哈希函数。

4.9　消息摘要算法

消息摘要（Message Digest，MD）函数在 20 世纪 90 年代初期很普遍。MD4 和 MD5 均属于此类。后来发现两个 MD 函数都不安全，故不再建议使用。MD5 是一种 128 位哈希函数，通常用于文件完整性检查。

4.10　安全哈希算法

下面描述了最常见的安全哈希算法（Secure Hash Algorithm，SHA）。

- SHA-0。这是美国国家标准与技术研究院（NIST）在 1993 年引入的一个 160 位的函数。

- SHA-1。SHA-1 是 NIST 在 1995 年推出的，用以替代 SHA-0，这也是一个 160 位的哈希函数。SHA-1 通常在 SSL 和 TLS 实现中使用。应当指出的是，SHA-1 现在被认为是不安全的，并且被证书颁发机构弃用。不鼓励在任何新的实现中使用它。
- SHA-2。此类别包括由哈希的位数定义的 4 个函数：SHA-224、SHA-256、SHA-384 和 SHA-512。
- SHA-3。这是 SHA 函数的最新系列。该系列的成员包括 SHA-3-224、SHA-3-256、SHA-3-384 和 SHA-3-512。SHA-3 是 Keccak 的 NIST 标准化版本。Keccak 使用一种称为海绵和挤压结构（Sponge and Squeeze Construction）的新方法来代替常用的 Merkle-Damgard 变换。
- RIPEMD。RIPEMD 是 RACE 完整性原语评估消息摘要（RACE Integrity Primitives Evaluation Message Digest）的首字母缩写。它基于构建 MD4 的设计思想。RIPEMD 有多种版本，包括 128 位、160 位、256 位和 320 位。
- Whirlpool。这是基于 Rijndael 密码的修改版本，也称为 W。它使用 Miyaguchi-Preneel 压缩函数，该函数是一种单向函数，用于将两个固定长度的输入压缩为一个固定长度的输出。它是一个单块长度压缩函数。

哈希函数有许多实际应用，包括从简单的文件完整性检查、密码存储到加密协议和算法中的应用。它们可用于哈希表、分布式哈希表、布隆过滤器（Bloom Filter）、病毒指纹识别、点对点文件共享以及许多其他应用。

哈希函数在区块链中起着至关重要的作用。例如，工作量证明函数就两次使用 SHA-256，以验证矿工的计算工作量，而 RIPEMD 160 则可用于产生比特币地址。在后面的章节中将对此展开进一步的讨论。

接下来，将介绍安全哈希算法的设计。

4.11 安全哈希算法的设计

本节将介绍 SHA-256 和 SHA-3 的设计。这两个算法分别在比特币和以太坊中使用。以太坊没有使用 NIST 标准的 SHA-3，而是使用 Keccak，这是提供给 NIST 的原始算法。NIST 经过一些修改（例如增加了轮数和更简单的消息填充）后，将 Keccak 标准化为 SHA-3。

4.11.1　SHA-256 的设计

SHA-256 输入消息的大小要小于 2^{64} 位。块大小为 512 位，字大小为 32 位。输出为 256 位摘要。

压缩函数处理 512 位消息块和 256 位中间哈希值。该函数有两个主要组成部分：压缩函数和消息调度。

该算法按以下 8 个步骤工作。

1．预处理

（1）如果消息小于所需的 512 位块大小，则使用消息填充将其长度调整为 512 位。

（2）将消息解析为消息块，以确保将消息及其填充划分为相等的 512 位块。

（3）设置初始哈希值，该值由 8 个 32 位字组成，这些字是通过获取前 8 个质数的平方根的小数部分的前 32 位获得的。随机选择这些初始值以初始化过程，并且它们提供了一定程度的可信度。

2．哈希计算

（1）按顺序处理每个消息块，并且需要 64 轮才能计算完整的哈希输出。每轮使用略有不同的常量，以确保不会有相同的两轮。

（2）准备消息调度。

（3）初始化 8 个工作变量。

（4）计算中间哈希值。

（5）处理消息并生成输出哈希。

SHA-256 压缩函数的一轮过程，如图 4-10 所示。

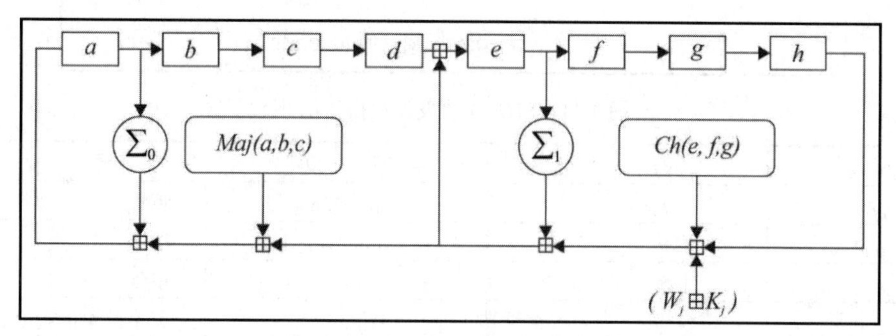

图 4-10　SHA-256 压缩函数的一轮

在图 4-10 中，*a*、*b*、*c*、*d*、*e*、*f*、*g* 和 *h* 是寄存器。*Maj* 和 *Ch* 按位应用。$\sum_0$ 和 $\sum_1$

执行按位旋转。轮常量是 W_j 和 K_j，相加后的值是 mod 2^{32}。

4.11.2　SHA-3（Keccak）的设计

SHA-3 的结构与 SHA-1 和 SHA-2 的结构有很大不同。SHA-3 的关键思想是无密钥置换，这与使用密钥置换的其他典型哈希函数的结构刚好相反。

Keccak（SHA-3 的原始版本）也没有使用通常用于处理哈希函数中任意长度输入消息的 Merkle-Damgard 变换，它使用的是一种称为海绵和挤压结构的较新方法，这是一种随机置换模型。

SHA-3 的不同变体已经标准化，如 SHA-3-224、SHA-3-256、SHA-3-384、SHA-3-512、SHAKE-128 和 SHAKE-256。SHAKE-128 和 SHAKE-256 是可扩展输出函数（eXtendable Output Function，XOF），也由 NIST 标准化。XOF 允许将输出扩展到任何所需的长度。

图 4-11 显示了海绵和挤压模型，这是 SHA-3 或 Keccak 的基础。该结构和海绵相似，在应用填充后，数据首先被吸收到海绵中，然后使用 XOR（异或）运算将其更改为置换状态的子集，再将输出从表示变换后状态的海绵函数中挤压出来。比率（Rate）域是海绵函数的输入块大小，而容量（Capacity）则决定了总体安全级别。

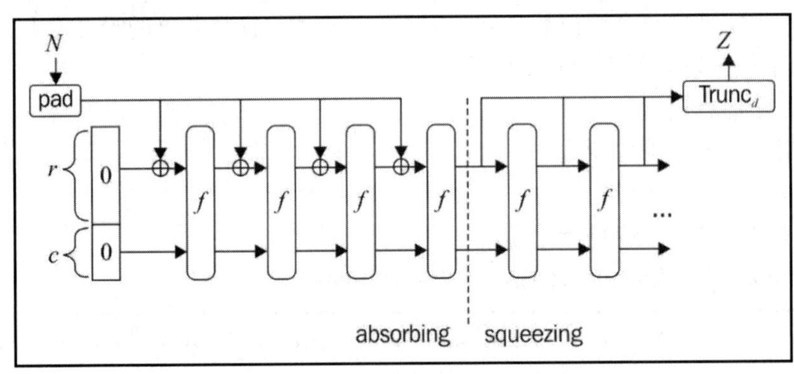

图 4-11　SHA-3 的吸收和挤压函数

原　文	译　文	原　文	译　文
N	位大小	absorbing	吸收
pad	填充	squeezing	挤压
r	比率	*Z*	挤压
c	容量	$Trunc_d$	取字符串的前 d 比特
f	固定输出长度		

4.12　哈希函数的 OpenSSL 示例

以下命令将使用 SHA-256 算法生成一个“Hello”消息的 256 位哈希：

```
$ echo -n 'Hello' | openssl dgst -sha256
(stdin)=185f8db32271fe25f561a6fc938b2e264306ec304eda518007d1764826381969
```

请注意，即使是文本中的很小变化（例如更改字母 H 的大小写），也会导致输出的哈希值发生较大变化。如前文所述，这称为雪崩效应：

```
$ echo -n 'hello' | openssl dgst -sha256
(stdin)=2cf24dba5fb0a30e26e83b2ac5b9e29e1b161e5c1fa7425e73043362938b9824
```

可以看到，这两个输出完全不同：

```
Hello 的输出：
18:5f:8d:b3:22:71:fe:25:f5:61:a6:fc:93:8b:2e:26:43:06:ec:30:4e:da:51:
80:07:d1:76:48:26:38:19:69
hello 的输出：
2c:f2:4d:ba:5f:b0:a3:0e:26:e8:3b:2a:c5:b9:e2:9e:1b:16:1e:5c:1f:a7:42:
5e:73:04:33:62:93:8b:98:24
```

一般来说，哈希函数不使用密钥。但是，如果将它们与密钥一起使用，则可以将它们用于创建另一个称为消息认证码（MAC）的加密结构。

4.13　消息认证码

消息认证码（MAC）也称为带密钥的哈希函数（Keyed Hash Function），可用于提供消息完整性和身份验证机制。更具体地说，它们常用于提供数据源的身份验证。这些是对称密码学原语，可以在发送者和接收者之间使用共享密钥。

MAC 可以使用分组密码或哈希函数构造。

4.13.1　使用分组密码的 MAC

在密码块链接（Cipher Block Chaining，CBC）模式下，可以使用分组密码以生成 MAC。

任何分组密码（如 CBC 模式下的 AES）都可以使用此方法。消息的 MAC 实际上是 CBC 操作最后一轮的输出。MAC 输出的长度与用于生成 MAC 的分组密码的块长度相同。

通过计算消息的 MAC 并将其与接收到的 MAC 进行比较，即可轻松验证 MAC。如果它们相同，则可以确认消息的完整性，否则该消息被视为已更改。

值得一提的是，MAC 的工作原理与数字签名类似，但是由于它们的对称性，因此不能提供不可否认的服务。

4.13.2　基于哈希的 MAC

与哈希函数类似，基于哈希的 MAC（Hash-based MAC，HMAC）将产生固定长度的输出，并可以采用任意长度的消息作为输入。在此方案中，发送者使用 MAC 对消息进行签名，接收者使用共享密钥对其进行验证。

密钥与消息一起哈希有两种方法可选：一种是秘密前缀（Secret Prefix）；另一种是秘密后缀（Secret Suffix）。使用秘密前缀方法，密钥将与消息连接在一起，也就是说，密钥先出现，消息后出现，如以下等式所示：

秘密前缀：$M = \mathrm{MAC}k(x) = h(k \mid\mid x)$

而使用秘密后缀方法，则密钥出现在消息之后，如以下等式所示：

秘密后缀：$M = \mathrm{MAC}k(x) = h(x \mid\mid k)$

这两种方法各有优缺点。两种方案都曾经发生了一些攻击。HMAC 结构方案使用了密码学研究人员提出的各种技术，如内部填充（Inner Padding，IPad）和外部填充（Outer Padding，OPad）。在某些假设下，图 4-12 被认为是安全的。

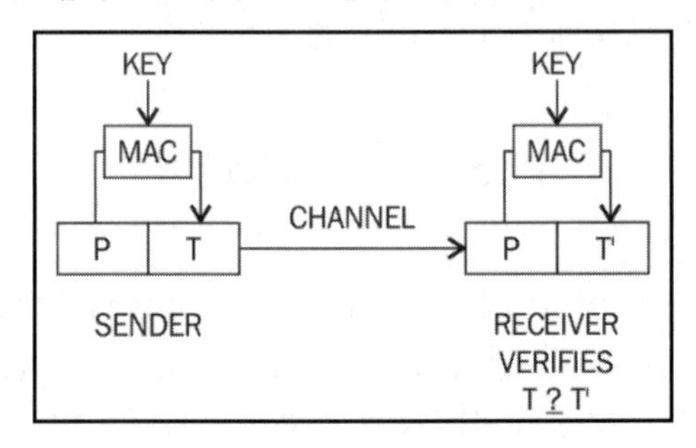

图 4-12　MAC 函数的操作

原　文	译　文	原　文	译　文
KEY	密钥	CHANNEL	信道
SENDER	发送者	T'	逆变换
P	明文	RECEIVER VERIFIES	接收者验证
T	变换		

对等网络和区块链技术中使用了哈希函数的各种强大应用。下面将讨论一些比较有名的示例，如默克尔树（Merkle Tree）、帕特里夏树（Patricia Tree）和分布式哈希表（Distributed Hash Table，DHT）。

4.14　默克尔树

默克尔树的概念由 Ralph Merkle 引入。如图 4-13 所示为默克尔树。默克尔树可对大型数据集进行安全有效的验证。

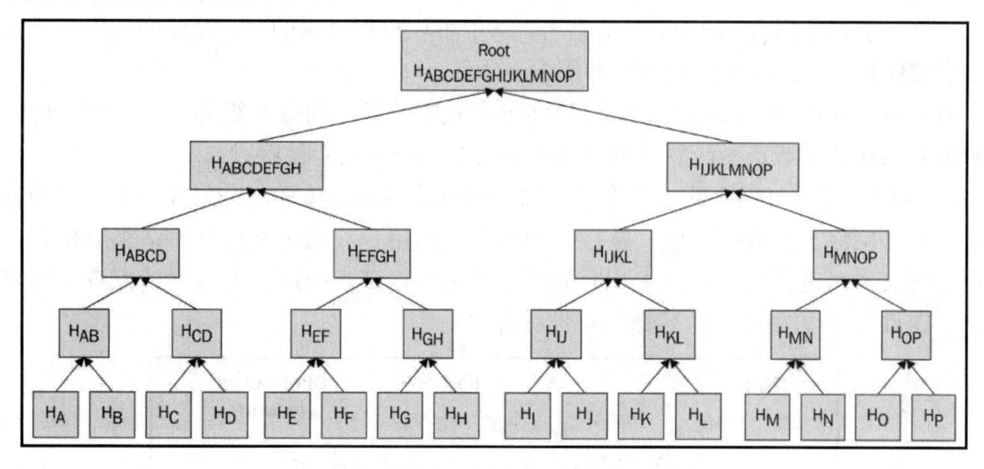

图 4-13　默克尔树

默克尔树是一种二叉树。在该树中，首先将输入放置在叶子节点（没有子节点的节点）上，然后将子节点对的值哈希在一起以产生父节点（内部节点）的值，直到获得默克尔根（Merkle Root）的单个哈希值。

4.15　帕特里夏树

要了解帕特里夏树，需要先了解字典树（Trie Tree，也称为前缀树）的概念。字典树是用于存储数据集的有序树数据结构。

检索以字母数字编码的信息的实用算法（Practical Algorithm to Retrieve Information Coded in Alphanumeric，Patricia）也称为基数树（Radix Tree），它是字典树的紧凑表示。在 Patricia 树中，作为父代唯一子节点的节点将与其父节点合并。

基于 Merkle 和 Patricia 定义的默克尔-帕特里夏树（Merkle-Patricia Tree，MPT）是具有根节点的树，该根节点包含整个数据结构的哈希值。

默克尔-帕特里夏树是一种状态树，可作为以太坊的一种自校验防篡改的数据结构，用来存储键值对关系，例如存储每个账户的状态。

4.16　分布式哈希表

哈希表是一种数据结构，用于将键（Key）映射到值（Value）。在内部，哈希函数用于计算一组存储桶（Bucket）中的索引，从中可以找到所需的值。存储桶使用哈希键将记录存储在桶中，并按特定顺序进行组织。

有了前面提供的定义，人们就可以将分布式哈希表（DHT）视为一种数据结构，其中数据分布在各个节点上，并且节点等效于对等网络中的存储桶。

图 4-14 显示了 DHT 的工作方式。数据通过哈希函数传递，并生成一个简明的键，该键与对等网络上的数据（值）链接。当网络上的用户（通过文件名）请求数据时，可以再次对文件名进行哈希以产生相同的键，然后可以请求网络上的任何节点查找相应的数据。DHT 提供去中心化、容错和可伸缩性。

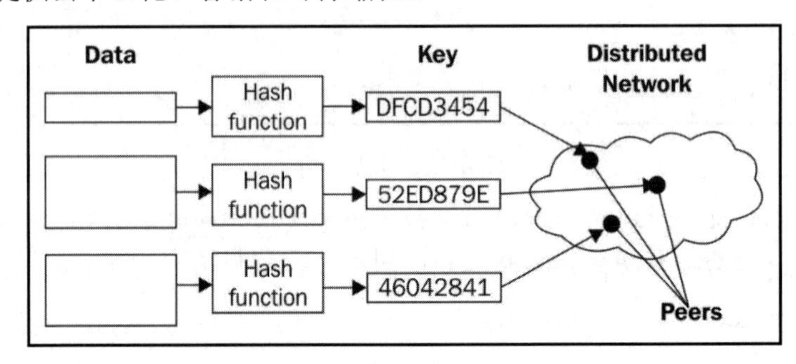

图 4-14　分布式哈希表

原　　文	译　　文	原　　文	译　　文
Data	数据	Distributed Network	分布式网络
Hash function	哈希函数	Peers	对等方
Key	键		

哈希函数可以应用在数字签名中，可以与非对称密码学结合使用。以下详细讨论一下此概念。

4.17 数 字 签 名

数字签名（Digital Signature）提供了一种将消息与消息来源实体相关联的方法。数字签名用于提供数据源身份验证和不可否认性。

数字签名可以用于区块链。在区块链中，发送者使用私钥对交易进行数字签名，然后再将交易广播到网络。这种数字签名证明他们是资产（如比特币）的合法所有者。网络上的其他节点再次验证了这些交易，以确保该资产确实属于声称是所有者的节点（用户）。在本书有关比特币和以太坊的章节中将更详细地讨论这些概念。

数字签名分两步计算。接下来，我们将以 RSA 为例介绍数字签名方案的操作步骤。

4.17.1 RSA 数字签名算法

以下是 RSA 数字签名算法。

（1）计算数据包的哈希值。这将提供数据完整性保证，可以在接收者端再次计算哈希并与原始哈希匹配，以检查数据是否在传输中被修改。从技术上讲，可以在不先对数据进行哈希处理的情况下进行消息签名，但是这并不安全。

（2）使用签名者的私钥对哈希值签名。由于只有签名者具有私钥，因此可以确保签名和签名数据的真实性。

数字签名具有一些重要属性，如真实性、不可伪造性和不可重用性。

- 真实性（Authenticity）。真实性是指数字签名可由接收方验证。
- 不可伪造性（Unforgeability）。不可伪造性可确保仅消息发送者可以使用私钥并执行签名功能。换句话说，没有其他人可以产生由合法发送者产生的签名消息。
- 不可重用性（Nonreusability）。不可重用性意味着数字签名不能与一条消息分离，并且不能再次用于另一条消息。

图 4-15 显示了通用数字签名功能的操作。

如果发送者希望将经过身份验证的消息发送给接收者，则可以使用以下两种方法之一：

- 先签名后加密。
- 先加密后签名。

下面将详细介绍这两种将数字签名与加密一起使用的方法。

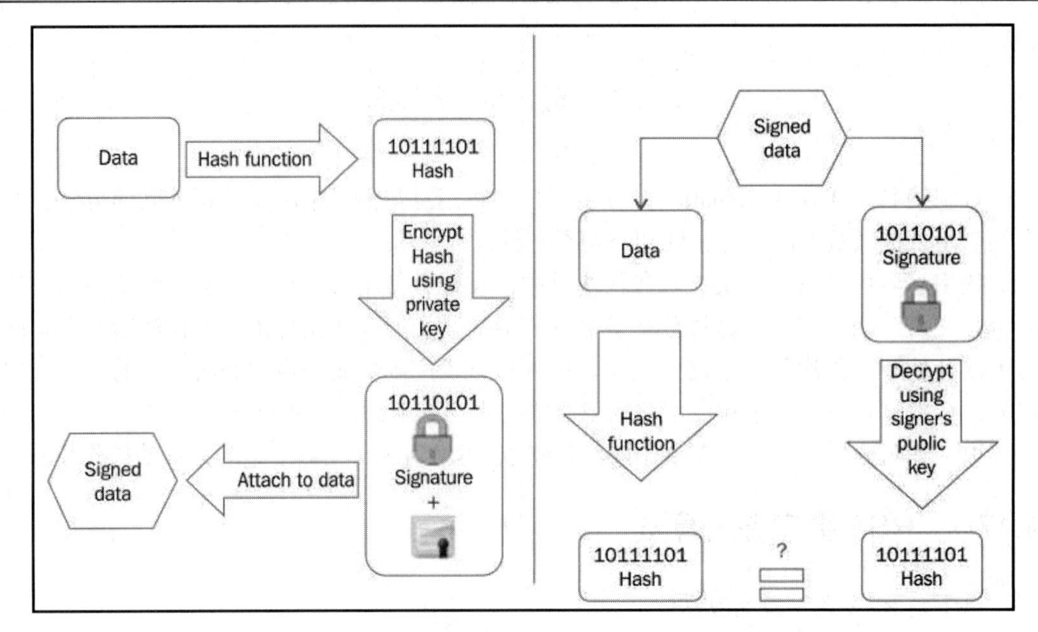

图 4-15　数字签名（左）和验证过程（右）（RSA 数字签名示例）

原　　文	译　　文
Data	数据
Hash function	哈希函数
Hash	哈希
Encrypt Hash using private key	使用私钥加密哈希
Signature	签名
Attach to data	附加到数据
Signed data	已签名的数据
Decrypt using signer's public key	使用签名者的公钥解密

4.17.2　先签名后加密

先签名后加密是指，发送方可以先使用私钥对数据进行数字签名，将签名附加到数据，然后使用接收者的公钥对数据和数字签名进行加密。与后面将要介绍的先加密后签名方法相比，这被认为是一种更安全的方法。

4.17.3　先加密后签名

先加密后签名是指，发送方先使用接收者的公钥对数据加密，然后再对加密的数据进行数字签名。

注意：

实际上，包含数字签名的数字证书就是由证书颁发机构（Certificate Authority，CA）颁发的，CA 可以将公钥与用户身份关联在一起。

在实践中使用了各种方案，如 RSA、数字签名算法（Digital Signature Algorithm，DSA）和基于 ECDSA 的数字签名方案。RSA 是最常用的，但是，随着 ECC 的普及，基于 ECDSA 的方案也变得非常流行。这在区块链中是有益的，因为 ECC 可提供与 RSA 相同的安全级别，但是占用的空间更少。与 RSA 相比，ECC 中的密钥生成要快得多，因此有助于系统的整体性能。表 4-1 显示了 ECC 和 RSA 系统的加密强度对比。可以看到，在加密强度相同的情况下，ECC 的密钥大小（位）更小。

表 4-1　可提供相同级别安全性的 RSA 和 ECC 密钥大小对比

RSA 密钥大小（位）	椭圆曲线密钥大小（位）
1024	160
2048	224
3072	256
7680	384
15360	521

接下来，将详细介绍 ECDSA 方案。

4.17.4　椭圆曲线数字签名算法

为了使用椭圆曲线数字签名算法（Elliptic Curve Digital Signature Algorithm，ECDSA）方案进行签名和验证，需要生成第一个密钥对。

（1）定义一个椭圆曲线 E。

- 模数为 P。
- 系数为 a 和 b。
- 生成器点 A，它将生成循环群，该群的质数阶为 q。

（2）随机选择一个整数 d，使得 $0 < d < q$。

（3）计算公钥 B，使得 $B = dA$。

公钥是以下形式的六元组：

$$Kpb = (p, a, b, q, A, B)$$

在步骤（2）中随机选择私钥 d：

$$Kpr = d$$

现在可以使用私钥和公钥生成签名。

（4）选择一个临时密钥 K_e，其中，$0 < K_e < q$。应该确保 K_e 是真正随机的，并且没有两个签名具有相同的密钥；否则，私钥将可以被计算出来。

（5）使用 $R = K_e A$ 公式计算 R 值。也就是说，通过将 A（生成器点）与临时随机密钥相乘以计算 R 值。

（6）使用点 R 的 x 坐标值初始化变量 r，使得 $r = xR$。

（7）按以下方式计算签名（Signature）：

$$\boxed{\mathrm{S} = (\mathrm{h}(\mathrm{m}) + \mathrm{dr})K_{e^{-1}} \bmod \mathrm{q}}$$

在这里，m 是需要计算签名的消息（Message），而 $h(m)$则是消息 m 的哈希。

签名的验证将通过以下步骤执行。

（1）辅助值 w 计算为：$w = s\text{-}1 \bmod q$。

（2）辅助值 $u1$ 计算为：$u1 = w.h(m) \bmod q$。

（3）辅助值 $u2$ 计算为：$u2 = w.r \bmod q$。

（4）点 P 计算为：$P = u1A + u2B$。

（5）按以下方式进行验证：

如果在步骤（4）中计算的点 P 的 x 坐标具有与签名参数 $r \bmod q$ 相同的值，则 r，s 被视为有效签名。即：

$$Xp = r \bmod q \text{（表示有效签名）}$$

$$Xp \mathrel{!}= r \bmod q \text{（表示无效签名）}$$

接下来，将通过实例演示如何使用 OpenSSL 生成、使用和验证 RSA 数字签名。

4.17.5 使用 OpenSSL 生成数字签名

第一步是生成消息文件的哈希：

```
$ openssl dgst -sha256 message.txt
SHA256(message.txt)=
eb96d1f89812bf4967d9fb4ead128c3b787272b7be21dd2529278db1128d559c
```

哈希生成和签名都可以在单个步骤中完成，如下所示。

请注意，privatekey.pem 文件是在前面提供的步骤中生成的：

```
$ openssl dgst -sha256 -sign privatekey.pem -out signature.bin message.txt
```

现在可以显示包含相关文件的目录：

```
$ ls -ltr
total 36
-rw-rw-r-- 1 drequinox drequinox 14 Sep 21 05:54 message.txt
-rw-rw-r-- 1 drequinox drequinox 32 Sep 21 05:57 message.bin
-rw-rw-r-- 1 drequinox drequinox 45 Sep 21 06:00 message.b64
-rw-rw-r-- 1 drequinox drequinox 32 Sep 21 06:16 message.ptx
-rw-rw-r-- 1 drequinox drequinox 916 Sep 21 06:28 privatekey.pem
-rw-rw-r-- 1 drequinox drequinox 272 Sep 21 06:30 publickey.pem
-rw-rw-r-- 1 drequinox drequinox 128 Sep 21 06:43 message.rsa
-rw-rw-r-- 1 drequinox drequinox 14 Sep 21 06:49 message.dec
-rw-rw-r-- 1 drequinox drequinox   128 Sep 21 07:05 signature.bin
```

执行以下命令来查看 signature.bin 文件的内容：

```
$ cat signature.bin
```

可以看到其输出就是如图 4-16 所示的一堆乱码。

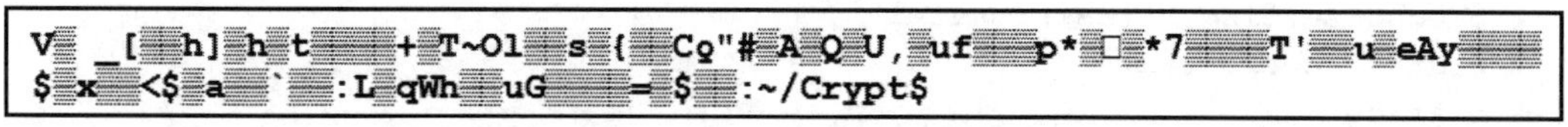

```
V _[ h] h t + T~Ol s{ Cҩ"# A Q U, uf p* □ *7 T' u eAy
$ x <$ a ` :L qWh uG = $ :~/Crypt$
```

图 4-16　以乱码形式显示的签名

要验证签名，可以执行以下操作：

```
$ openssl dgst -sha256 -verify publickey.pem -signature \
  signature.bin message.txt
Verified OK
```

如果使用了其他无效的签名文件，则验证将失败，如下所示：

```
$ openssl dgst -sha256 -verify publickey.pem -signature
someothersignature.bin message.txt
Verification Failure
```

接下来，将通过实例演示如何将 OpenSSL 用于执行与 ECDSA 相关的操作。

4.17.6　使用 OpenSSL 的 ECDSA

首先，使用以下命令生成私钥：

```
$ openssl ecparam -genkey -name secp256k1 -noout -out eccprivatekey.pem
$ cat eccprivatekey.pem
-----BEGIN EC PRIVATE KEY-----
```

```
MHQCAQEEIMVmyrnEDOs7SYxS/AbXoIwqZqJ+gND9Z2/nQyzcpaPBoAcGBSuBBAAK
oUQDQgAEEKKS4E4+TATIeBX8o2J6PxKkjcoWrXPwNRo/k4Y/CZA4pXvlyTgH5LYm
QbU0qUtPM7dAEzOsaoXmetqB+6cM+Q==
-----END EC PRIVATE KEY-----
```

然后，从私钥生成公钥：

```
$ openssl ec -in eccprivatekey.pem -pubout -out eccpublickey.pem
read EC key
writing EC key
$ cat eccpublickey.pem
-----BEGIN PUBLIC KEY-----
MFYwEAYHKoZIzj0CAQYFK4EEAAoDQgAEEKKS4E4+TATIeBX8o2J6PxKkjcoWrXPw
NRo/k4Y/CZA4pXvlyTgH5LYmQbU0qUtPM7dAEzOsaoXmetqB+6cM+Q==
-----END PUBLIC KEY-----
```

现在，假设需要对一个名为 testsign.txt 的文件进行签名和验证。其实现方式如下。

（1）创建一个测试文件。

```
$ echo testing > testsign.txt
$ cat testsign.txt
testing
```

（2）运行以下命令，使用私钥为 testsign.txt 文件生成签名。

```
$ openssl dgst -ecdsa-with-SHA1 -sign eccprivatekey.pem \
 testsign.txt> ecsign.bin
```

（3）按以下方式运行命令以进行验证。

```
$ openssl dgst -ecdsa-with-SHA1 -verify eccpublickey.pem \
 -signature ecsign.bin testsign.txt
Verified OK
```

也可以执行以下命令使用先前生成的私钥来生成证书。

```
$ openssl req -new -key eccprivatekey.pem -x509 -nodes -days 365 \
 -out ecccertificate.pem
```

上述命令产生的输出和以下内容类似。输入适当的参数即可生成证书。

```
You are about to be asked to enter information that will be incorporated
into your certificate request.
What you are about to enter is what is called a Distinguished Name or a DN.
There are quite a few fields but you can leave some blank
For some fields there will be a default value,
If you enter '.', the field will be left blank.
```

```
-----
Country Name (2 letter code) [AU]:GB
State or Province Name (full name) [Some-State]:Cambridge
Locality Name (eg, city) []:Cambridge
Organization Name (eg, company) [Internet Widgits Pty Ltd]:Dr.Equinox!
Organizational Unit Name (eg, section) []:NA
Common Name (e.g. server FQDN or YOUR name) []:drequinox
Email Address []:drequinox@drequinox.com
```

可以使用以下命令浏览证书。

```
$ openssl x509 -in ecccertificate.pem -text -noout
```

该证书的输出如图 4-17 所示。

```
drequinox@drequinox-OP7010: ~/Crypt
drequinox@drequinox-OP7010:~/Crypt$ openssl x509 -in ecccertificate.pem -text -noout
Certificate:
    Data:
        Version: 3 (0x2)
        Serial Number: 13205206053355364006 (0xb74250f0fc159ea6)
    Signature Algorithm: ecdsa-with-SHA256
        Issuer: C=GB, ST=Cambridge, L=Cambridge, O=Dr.Equinox!, OU=NA, CN=drequinox/emailAddress=drequinox@drequinox.com
        Validity
            Not Before: Sep 27 00:09:43 2016 GMT
            Not After : Sep 27 00:09:43 2017 GMT
        Subject: C=GB, ST=Cambridge, L=Cambridge, O=Dr.Equinox!, OU=NA, CN=drequinox/emailAddress=drequinox@drequinox.com
        Subject Public Key Info:
            Public Key Algorithm: id-ecPublicKey
                Public-Key: (256 bit)
                pub:
                    04:10:a2:92:e0:4e:3e:4c:04:c8:78:15:fc:a3:62:
                    7a:3f:12:a4:8d:ca:16:ad:73:f0:35:1a:3f:93:86:
                    3f:09:90:38:a5:7b:e5:c9:38:07:e4:b6:26:41:b5:
                    34:a9:4b:4f:33:b7:40:13:33:ac:6a:85:e6:7a:da:
                    81:fb:a7:0c:f9
                ASN1 OID: secp256k1
        X509v3 extensions:
            X509v3 Subject Key Identifier:
                E1:68:E7:87:EE:E1:44:F0:70:71:76:4D:73:C6:15:14:F1:14:BE:F4
            X509v3 Authority Key Identifier:
                keyid:E1:68:E7:87:EE:E1:44:F0:70:71:76:4D:73:C6:15:14:F1:14:BE:F4

            X509v3 Basic Constraints:
                CA:TRUE
    Signature Algorithm: ecdsa-with-SHA256
         30:44:02:20:5e:ab:c9:85:f1:4f:e5:b1:05:e3:0f:ef:da:84:
         d7:d5:5f:c5:e9:20:be:c3:3c:34:b6:74:f4:a6:5e:11:3c:e0:
         02:20:65:b2:78:78:c7:80:ea:cf:e8:42:c4:ac:de:fb:c8:76:
         a0:15:62:0d:d0:89:f7:41:2a:03:9f:be:92:a7:2d:21
drequinox@drequinox-OP7010:~/Crypt$
```

图 4-17　使用 ECDSA 算法和 SHA-256 的 X509 证书

接下来，我们将继续介绍与加密学相关的主题，这些主题均与区块链有关，或者它们在未来区块链生态系统中具有潜在用途。

4.18　同态加密

一般来说，公钥密码系统（如 RSA）是乘法同态或加法同态（如 Paillier 密码系统），它们被称为部分同态加密（Partially Homomorphic Encryption，PHE）系统。加法 PHE 适用于电子投票和银行业务应用。

直到目前，还没有支持这两种操作的系统，但是在 2009 年，Craig Gentry 发现了全同态加密（Fully Homomorphic Encryption，FHE）系统。由于这些方案无须解密即可实现加密数据的处理，因此它们具有许多不同的潜在应用，特别是在需要保护隐私的同时，数据又必须由潜在的不受信任方进行处理的情况下，例如云计算和在线搜索引擎。

同态加密的发展非常有前途，研究人员正在积极研究以使其更加高效和实用。它对区块链技术特别有用，因为它可以解决区块链中的机密性和隐私性问题。

4.19 签　　密

签密（Signcryption）是一种公钥加密学原语，它提供了数字签名和加密的所有功能。郑玉良教授发明了签密，它现在是一个 ISO 标准，即 ISO/IEC 29150:2011。

传统上，使用先签名后加密或先加密后签名方案来提供不可伪造性、身份验证和不可否认性，但是，在使用签密方案之后，所有数字签名和加密服务的提供成本都低于先签名后加密方案的成本。

简而言之，签密在单个逻辑步骤中实现了成本降低：

$$\text{Cost}(\text{签名和加密}) \ll \text{Cost}(\text{签名}) + \text{Cost}(\text{加密})$$

4.20 零知识证明

零知识证明（Zero-Knowledge Proof，ZKP）于 1985 年由 Goldwasser、Micali 和 Rackoff 提出。该证明可用于证明断言（Assertion）的有效性，而不会透露有关断言的任何信息。ZKP 有 3 个必需的属性：完整性、健全性和零知识属性。

- 完整性（Completeness）。可确保如果某个断言为真，那么证明者（Prover）将使验证者（Verifier）确信此声明。
- 健全性（Soundness）。可确保如果断言为假，则任何不诚实的证明者都不能说服验证者。
- 零知识属性（Zero-Knowledge Property）。它是 ZKP 的关键属性，可以确保除了证明断言是真还是假以外，绝对不透露有关断言的任何信息。

ZKP 由于其保护隐私的属性而引起了区块链领域研究人员的特别兴趣。事实上，隐私属性在金融和许多其他领域（包括法律和医学等）都非常重要。Zcash 加密货币是成功实现 ZKP 机制的最新示例。在 Zcash 中，实现了一种特定类型的 ZKP，称为零知识简洁非交互式知识证明（Zero-Knowledge Succinct Non-interactive ARgument of Knowledge，ZK-SNARK）。在本书第 8 章“山寨币”中将对此展开更详细的讨论。

4.21　盲　签　名

盲签名（Blind Signature）由 David Chaum 于 1982 年提出。盲签名是基于 RSA 等公钥数字签名方案。

盲签名的关键思想是让签名人对消息进行签名，而无须实际透露消息内容。这是通过在签名之前掩盖或隐藏消息来实现的，就好比在让签名人签名时却将他的眼睛捂住，因此该方法被命名为盲签名。然后，它可以像原始数字签名一样针对原始消息验证此盲签名。盲签名机制为数字现金的开发铺平了道路。

4.22　编 码 方 案

除密码学原语外，从二进制到文本（Binary-to-Text）的编码方案（Encoding Scheme）也经常被用到。最常见的是将二进制数据转换为文本，以便可以通过不支持二进制数据处理的协议对其进行处理、保存或传输。例如，有时候图像会以 base64 编码的形式存储在数据库中，这使得文本字段能够存储图片。

常用的编码方案是 base64。还有一种编码方案名为 base58，它因在比特币中的使用而得到普及。

密码学是一个非常广阔的学习和研究领域，以上仅从总体上（尤其是从区块链和加密货币的角度）介绍了理解密码学必不可少的基本概念。

在下一节中，将介绍金融市场的基本概念。

4.23　金融市场和交易基础知识

本节将介绍与金融市场和交易有关的一般术语。在后面的章节中将提供更详细的信息，其中将讨论特定的用例。

4.23.1　金融市场

金融市场可以交易债券、股票、衍生品和货币等金融证券。金融市场大致分为 3 种：货币市场、信贷市场和资本市场。

- 货币市场（Money Markets）。该类市场是将钱借给公司或银行进行银行间同业拆借的短期市场。外汇市场（Foreign eXchange，FX）简称汇市，是进行货币交易的另一类货币市场。
- 信贷市场（Credit Markets）。该类市场主要由零售银行组成，它们从中央银行借钱，然后以抵押或贷款的形式贷款给公司或家庭。
- 资本市场（Capital Markets）。该类市场促进了金融工具（主要是股票和债券）的买卖。资本市场可以分为两种类型：一级市场（Primary Markets）和二级市场（Secondary Markets）。公司直接向一级市场的投资者发行股票，而在二级市场中，投资者则通过证券交易所将其证券转售给其他投资者。如今，证券交易所使用各种电子交易系统来促进金融工具的交易。

4.23.2　交易

市场是各方进行交易的场所，它可以是物理位置，也可以是电子位置或虚拟位置。在这些市场上可以交易各种金融工具。所谓金融工具（Financial Instrument）是指形成一方的金融资产并形成其他方的金融负债或权益工具的合同，包括股票、债券、外汇、商品和各种类型的衍生工具。最近，有许多金融机构已经引入了软件平台来交易来自不同资产类别的各种类型的金融工具。

交易（Trading）可以定义为交易者买卖各种金融工具以产生利润和对冲风险的活动。投资者、借款人、套期保值者、资产交易者和短线投机者都是交易者。交易者欠债时会拥有空头头寸（Short Position）。换句话说，如果他们卖出了合约，那么他们将拥有空头头寸，而在购买合约时则拥有多头头寸（Long Position）。

交易有多种方式，例如通过经纪人交易或直接在交易所进行交易。当然，也可以进行场外交易（Over-The-Counter，OTC）。场外交易是买卖双方直接进行交易而不通过交易所。

经纪人（Broker）是为客户安排交易的代理商。经纪人代表客户行事，以给定价格或可能的最佳价格进行交易。

4.23.3　交易所

交易所（Exchange）通常被认为是非常安全、规范且可靠的交易场所。在过去的 10 年中，与传统的场地交易相比，电子交易越来越受欢迎。

现在，交易者将订单发送到中央电子订单簿（Order Book），订单簿中的订单、价格和相关属性将通过通信网络发布到所有关联的系统，从而在本质上创建了一个虚拟市场。

在交易所中，交易只能由交易所成员执行。为了不受这些限制而进行交易，交易对手可以直接参与场外交易（OTC）。

4.23.4　订单和订单属性

订单（Orders）是交易指令，它们是交易系统的主要组成部分。它们具有以下一般属性。

- ❑ 工具名称。这里的工具是指上面介绍的金融工具。
- ❑ 交易数量。
- ❑ 方向（买或卖）。
- ❑ 代表各种条件的订单类型。例如，限价单（Limit Orders）和止损单（Stop Orders）是一旦达到订单中指定的价格即进行买卖的订单。限价单允许以特定价格或高于订单中的指定价格买卖股票。

  例如，假设你拥有 10000 股招商银行 A 股股票，当日开盘价为 40.91 元，你以 40.91 元的价格挂单卖出 1000 股，则该订单称为市价单（Market Order）。市价单比较容易成交。如果你看淡当日行情，可以按跌停价格（37.07 元）挂限价买单（Buy Limit Order）；如果看涨，则可以按涨停价格（45.31 元）挂限价卖单（Sell Limit Order）。如果当日该股票跌停，则你挂的限价买单自动转成市价单而成交；如果当日该股票涨停，则你挂的限价卖单自动转成市价单而成交。

订单按买价和卖价进行交易。交易者通过在订单中附加买入价和卖出价来表明他们打算进行买卖。交易者希望买入的价格称为出价（Bid Price），交易者愿意卖出的价格称为要价（Ask Price）。

4.23.5　订单管理和路由系统

订单路由系统（Order Routing Systems）可以根据业务逻辑将订单路由并交付到各个目的地。客户使用它们将订单发送给经纪人，然后由经纪人将这些订单发送给经销商、清算所和交易所。

如前文所述，订单有不同的类型，最常见的两类就是市价单（Market Order）和限价单（Limit Orders）。

市价单是一种指令，要求以市场上当前可用的最佳价格进行交易。这些订单将立即以现货价格成交。限价单是指以不低于交易者设定的限价的最佳价格进行交易的指令。根据订单的方向，该价格也可以更高。

假设你以 42.19 元的价格挂出招商银行 5000 股的限价卖单，由于当前市价为 40.91 元，你的限价卖单不会成交。但是，市场突然传出该股票的利多消息，有主力资金出手暴拉涨停，此时你的 42.19 元的限价卖单就将以 45.31 元的最佳价格成交，而不是按原来的限价成交。

类似地，假设你以 39.16 元的价格挂出招商银行 5000 股的限价买单，由于当前市价为 40.91 元，你的限价买单不会成交。但是，市场突然传出该股票的利空消息，有主力资金抛大单砸盘至跌停价，那么此时你的 39.16 元的限价买单就将以 37.07 元的最佳价格成交。

这些订单都在订单簿中进行管理，订单簿是通过交易所维护的订单列表，并且记录交易者的买卖意向。

头寸（Position）是对以给定价格出售或购买金融工具（包括证券、货币或商品）的承诺。交易者买卖的合约、证券、商品和货币通常称为交易工具（Trading Instruments），它们都属于广义的资产类别（Asset Class）。最常见的资产类别是不动产、金融资产、衍生品合同和保险合同。

4.23.6　交易票证

交易票证（Trade Ticket）是与交易相关的所有详细信息的组合。根据交易工具的类型和资产类别，交易票证也会有一些变化。

4.23.7　基础工具

基础工具（Underlying Instrument）是交易的基础，它可以是货币、债券、利率、商品或股票。

4.23.8　金融工具的一般属性

金融工具的一般属性包括常规标识信息和与每笔交易相关的基本特征。典型的属性包括唯一的 ID、工具名称、类型、状态、交易日期和时间。

4.23.9　经济特征

经济特征是与交易价值相关的特征，例如买入或卖出价值、报价、汇兑、价格和数量。

4.23.10　销售

销售（Sale）是指与销售特性相关的详细信息，例如销售人员的姓名。它只是一个信息字段，通常对交易生命周期没有任何影响。

4.23.11　交易对手

交易对手（Counterparty）是交易的重要组成部分，它显示了交易的另一方（参与交易的另一方），这也是成功交易并进行结算所必需的一方。常规属性包括交易对手方名称、地址、付款类型、参考 ID、结算日期和交货类型等。

4.23.12　交易生命周期

一般的交易生命周期（Trade Life Cycle）包括从下订单到执行和结算的各个阶段。此生命周期分步描述如下。

- 预执行（Pre-Execution）。在此阶段下订单。
- 执行和预订（Execution and Booking）。当订单撮合成功并执行后，将转换为交易。在此阶段，交易对手之间的合同已经成熟（应付款）。
- 确认（Confirmation）。这是交易双方都同意交易细节的阶段。
- 预订后（Post Booking）。此阶段涉及确定交易正确性所需的各种审查和验证过程。
- 结算（Settlement）。这是交易生命周期中最重要的部分。到了这个阶段，交易才算是最终完成。
- 隔夜（日末处理）。日末处理（End-of-Day Processing）包括报告生成、损益计算以及各种风险计算。

图 4-18 显示了交易生命周期。

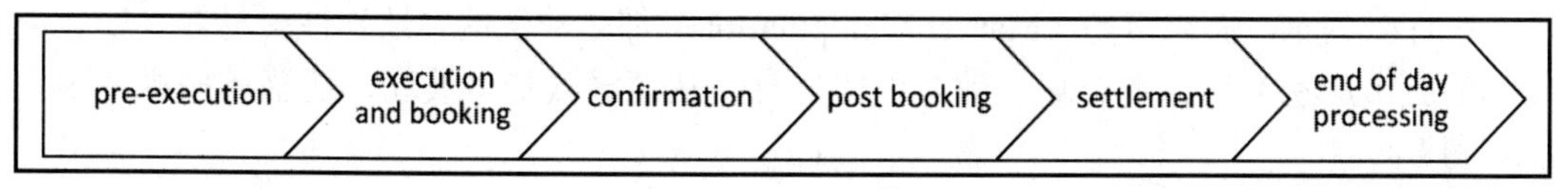

图 4-18　交易生命周期

原　　文	译　　文	原　　文	译　　文
pre-execution	预执行	post booking	预订后
execution and booking	执行和预订	settlement	结算
confirmation	确认	end of day processing	日末处理

在上述所有过程中，涉及许多人员和业务职能。最常见的是将这些职能分为前台、中台和后台等。

接下来，我们将向你介绍交易者时有耳闻的两个概念：庄家和操纵市场。在了解这两个概念之后，你应该会理解为什么有必要制定严格的金融行业管理规则和条例。这里仅做简单介绍，在后面的章节中遇到时还会再展开讨论。

4.23.13　庄家

庄家（Order Anticipator）是试图在其他交易者能够执行交易之前获利者。庄家通常是大户投资者，拥有较为雄厚的资金并持有个股的大量流通股，从而能够在较大程度上影响个股的走势。

老鼠仓（Frontrunner）、轧空（Short Squeeze）和对敲（Sentiment-Oriented Technical Trade）等都是常见的庄家恶意操纵股价的手法。

- 老鼠仓。庄家（通常为基金经理或操盘手等）使用亲属或关系户的账户先悄悄买入某只股票，在低位建仓，然后动用基金的资金将该只股票拉升至高位，其亲属或关系户账户的个人仓位借此率先获利卖出。
- 轧空。庄家做出当天股票将会大跌的预期，于是散户纷纷融券卖出股票做空头，然而当天股价并没有大幅度下跌，空头无法低价买进股票。股市结束前，做空头的只好竞相买进股票，从而出现收盘价大幅度上升、空头被轧的局面。
- 对敲。庄家在多家营业部同时开户，以拉锯方式在各营业部之间报价交易，利用多个账号同时买进或卖出，制造无中生有的成交量来迷惑投资者，人为地将股价抬高或压低，以便从中获益。

4.23.14　操纵市场

在许多国家，操纵市场（Market Manipulation）都是非法的。欺诈性交易者（如上面提到的股市庄家）可以在市场上散布虚假信息，从而导致价格波动，而幕后操纵者则非法获利。

一般来说，操纵市场的行为是基于交易，并且包括广义的操纵和特定时间的操纵。

此类行为可能导致人为的股票炒作和虚假活动的印象，而庄家或幕后操纵者则可以通过操纵价格而获得犯罪收益。

这里讨论的两个术语都与金融犯罪有关。由于区块链的透明性和安全性，未来也有可能开发出一种可以阻止市场欺诈的系统。

4.24　小　　结

本章从介绍非对称密码学开始，讨论了各种算法结构，如 RSA 和 ECC。本章还使用 OpenSSL 创建了一些实例，以帮助你更好地了解加密算法的实际应用。之后，本章还详细讨论了哈希函数及其属性和用法。此外，本章还介绍了诸如默克尔树的概念，这些概念在区块链中得到了广泛使用，并且是其核心所在。

本章还介绍了其他一些概念，如帕特里夏树、分布式哈希表、数字签名、同态加密、签密、零知识证明、盲签名和编码方案。

最后，本章还介绍了金融市场和交易的一般术语，为后续章节内容的学习打下基础。

第 5 章将介绍比特币，这是 2009 年随着比特币的引入而发明的第一个区块链。

第 5 章　比特币详解

比特币是区块链技术的第一个应用。本章将详细介绍比特币技术。

比特币引入了第一个完全去中心化的数字货币，从而掀起了一场革命。

从网络和协议的角度来看，比特币被证明是极其安全和稳定的。

从货币角度看，比特币虽然很有价值，但非常不稳定且波动很大。本章稍后将解释这一现象。当然，这也引起了学术界和工业界的极大兴趣，并产生了许多新的研究领域。

本章将讨论以下主题：

- 比特币的由来。
- 数字密钥和地址。
- 比特币交易。
- 区块链的结构。
- 挖矿。

5.1　比特币的由来

自 2008 年中本聪引入比特币以来，比特币已经在全球范围内掀起了广泛讨论。无论褒贬如何，它是目前世界上最成功的数字货币，针对它的投资已有数十亿美元。截至 2020 年 10 月，比特币的市值约为 2121 亿美元。

注意：

2013 年 12 月 5 日，中国人民银行等五部委发布《关于防范比特币风险的通知》（以下简称《通知》），明确了比特币的性质，认为比特币不是由货币当局发行，不具有法偿性与强制性等货币属性，并不是真正意义的货币。从性质上看，比特币是一种特定的虚拟商品，不具有与货币等同的法律地位，不能且不应作为货币在市场上流通使用。《通知》明确禁止金融机构提供比特币交易服务。

2017 年 9 月 4 日，中国人民银行等七部门发布《关于防范代币发行融资风险的公告》（以下简称《公告》）。《公告》指出，近期，国内通过发行代币的形式包括首次代币发行（Initial Coin Offering，ICO）进行融资的活动大量涌现，投机炒作盛行，涉嫌从事非法金融活动，严重扰乱了经济金融秩序。《公告》紧急叫停了 ICO 活动。

2018 年 4 月 23 日，所有 ICO 和比特币交易平台退出中国市场。

综上所述，中国政府虽然没有明确禁止比特币以虚拟商品的身份从事的活动，但是法律也没有明确保护比特币交易的相应条款。比特币就好像网络游戏中的装备一样，官方并不限制玩家之间的装备交易。如果玩家众多，那么装备就容易被炒作卖出高价；如果游戏关服，那么装备将一文不值。目前，“比特币”这款游戏的中国区就形同关服状态。在这种状态下，中国公民交易比特币，就好像是在私服买卖网络游戏装备，如果发生欺诈交易或其他重大利益受损事件，是无法维权的，因此在中国交易比特币存在较大的风险。

比特币的用户和投资者数量众多，比特币交易活跃（中国等部分国家除外），与比特币相关的每日新闻增多，这些都证明了其流行程度。有很多初创公司都提供比特币的在线交易，现在它已在芝加哥商业交易所（Chicago Mercantile Exchange，CME）以比特币期货的形式交易。

注意：

有兴趣的读者可以访问以下网址阅读有关比特币期货的更多信息。

http://www.cmegroup.com/trading/bitcoin-futures.html

5.1.1　比特币背后的理论基础

比特币的发明者中本聪的名字被认为是化名，因为他的真实身份尚不清楚。比特币建立在密码学、数字现金和分布式计算领域数十年研究的基础之上。下文将简要介绍比特币的历史，以帮助你了解比特币发明背后所需要累积的理论基础。

数十年来，数字货币一直属于活跃的研究领域。创建数字现金的早期建议可以追溯到 20 世纪 80 年代初。1982 年，计算机科学家兼密码学家 David Chaum 提出了一种使用盲签名构建无法追踪的数字货币的方案。这项研究发表在研究论文 *Blind Signatures for Untraceable Payments*（《不可追溯的支付的盲签名》）上。

注意：

有兴趣的读者可以阅读原始的研究论文，David Chaum 在下面的文章中描述了他发明的盲签名密码学原语：

http://www.hit.bme.hu/~buttyan/courses/BMEVIHIM219/2009/Chaum.BlindSigForPayment.1982.PDF

在这种方案中，银行将通过签署由用户提供给它的盲目和随机序列号来发行数字货币，用户可以使用由银行签名的数字代币作为货币。该方案的局限性在于银行必须跟踪所有使用过的序列号。根据设计，这是一个中央系统，需要用户的信任。

1988 年，David Chaum 和其他人提出了一种改进的版本，名为 E-cash，它不仅使用盲签名，而且还使用一些私人标识数据来制作消息，然后将其发送到银行。

注意：

要阅读原始研究论文，可访问以下链接：

http://citeseerx.ist.psu.edu/viewdoc/summary?doi=10.1.1.26.5759

该方案可以检测到双重支付，但是不能阻止双重支付。如果在两个不同的位置使用了相同的代币，则将显示双重支付者的身份。电子现金只能表示固定金额。

密码学家 Adam Back 现在是 Blockstream 的首席执行官，从事区块链开发，并于 1997 年推出了 HashCash。HashCash 算法最初是为了阻止垃圾邮件而提出的。HashCash 背后的思想是解决一个易于验证但相对难以计算的难题。即，对于单个用户和一封电子邮件而言，额外的计算工作可以忽略不计；但是对于发送大量垃圾邮件的人来说，这算是一种“刁难”，因为运行垃圾邮件所需的时间和资源将大大增加。

1998 年，曾为 Microsoft 工作的计算机工程师 Wei Dai 提出了 B-money 的概念，并提出了使用工作量证明创造金钱的想法。“工作量证明（Proof of Work，PoW）”一词是在后来的比特币中流行开来的，而在 Wei Dai 的 B-money 相关论文中，准确的说法是通过为先前未解决的计算问题求解，引入创造金钱的方案。在该论文中，将工作量证明称为先前未解决的计算问题的解（Solution To A Previously Unsolved Computational Problem）。这个概念非常类似于 PoW，在 PoW 中，创造金钱的方式就是广播先前未解决的计算问题的解。

注意：

要阅读原始研究论文，可访问以下链接：

http://www.weidai.com/bmoney.txt

该系统的主要弱点是，具有较高计算能力的对手可能会在不使网络调整到适当难度级别的情况下产生未经请求的金钱。该系统缺少有关节点之间的共识机制的详细信息，也未解决一些安全问题，如 Sybil 攻击。

在同一时期，计算机科学家 Nick Szabo 引入了 BitGold 的概念，该概念也是基于 PoW 共识机制，但除了网络难度级别是可调整的以外，还有与 B-money 相同的问题。

伯克利国际计算机科学研究所（International Computer Science Institute，ICSI）的 Tomas Sander 和 Amnon Ta-Shma 在 1999 年的一篇名为 *Auditable, Anonymous Electronic Cash*（《可审核的匿名电子现金》）的研究论文中介绍了一种电子现金方案。该方案首次使用了默克尔树来表示代币和零知识证明来证明拥有代币。

注意：

要阅读原始研究论文，可访问以下链接：

http://www.cs.tau.ac.il/~amnon/Papers/ST.crypto99.pdf

在此方案中，需要一个中央银行来记录所有已使用的序列号。该方案允许用户完全匿名。这只是一种理论设计，由于效率低下的证明机制而无法实现。

2004 年，Hal Finney 提出了可重复使用的工作量证明（Reusable Proof of Work，RPoW），他是一位计算机科学家和开发人员，也是第一位从中本聪那里接收比特币的人。可重复使用的工作量证明使用 Adam Back 的 HashCash 方案作为创建金钱所花费的计算资源的证明。这也是一个中央系统，保留一个中央数据库来跟踪所有已使用过的 PoW 代币。这是一个在线系统，使用受信任的平台模块（Trusted Platform Module，TPM）硬件可以实现的远程证明。

上面提到的所有方案都是经过智能设计的，但从另一个方面来看，它们都是脆弱的，说得具体一点，就是所有方案都依赖于要求用户信任的中央服务器。

5.1.2　比特币的出现和监管争议

2008 年，一篇名为 *Bitcoin: A Peer-to-Peer Electronic Cash System*（《比特币：点对点电子现金系统》）的论文悄然出现，它向世人介绍了比特币的概念。

注意：

要阅读原始论文，可访问以下链接：

https://bitcoin.org/bitcoin.pdf

该论文的署名作者为中本聪（Satoshi Nakamoto），据信这只是一个化名，因为比特币发明人的真实身份是未知的，并且引起了很多猜测。该论文介绍的第一个关键思想是纯粹的点对点（对等）电子现金，对等方之间转移付款不再需要中介银行。

比特币是建立在数十年的密码学研究之上的，例如对默克尔树、哈希函数、公钥密码学和数字签名的研究。此外，BitGold、B-money、HashCash 和加密时间戳记等想法也为比特币的发明提供了理论基础。这些技术在比特币中巧妙地结合在一起，这才创造了世界上第一种去中心化的货币。

比特币中已解决的关键问题是对拜占庭将军问题的优雅解决方案，以及双重支付问题的实用解决方案。这两个概念在本书第 1 章“区块链入门”中都有详细的解释。

图 5-1 所示是自 2011 年以来比特币的价格走势图，可以看到其前期走势相对平稳，但是自 2017 年之后则经历了巨大的波动。

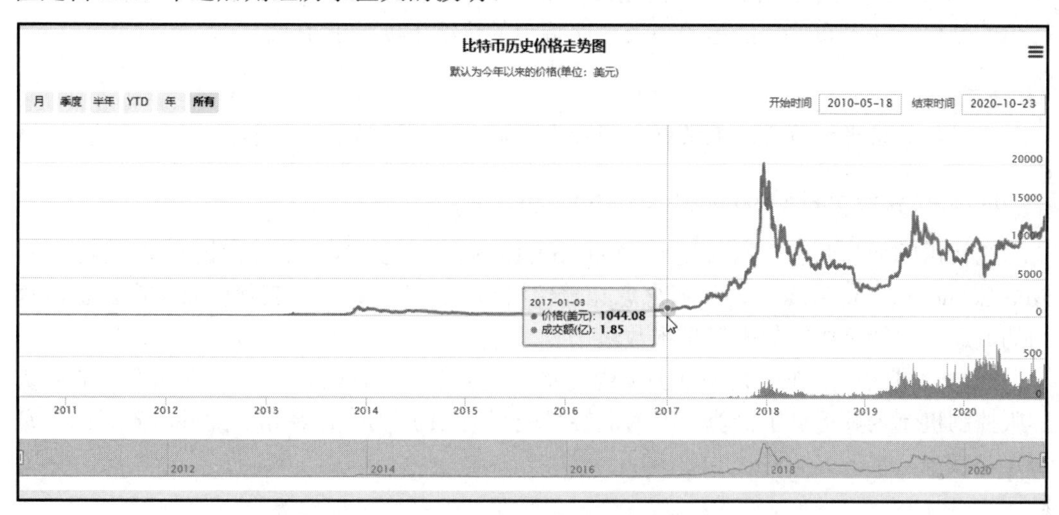

图 5-1　自 2017 年以来比特币价格经历了巨大的波动

比特币的监管是一个颇具争议的话题，尽管它是自由主义者的梦想，但世界各国的执法机构、政府和银行都提出了严格程度不一的各种监管比特币的法规。相形之下，中国政府对于比特币的监管是最为严格的。如前文所述，2018 年 4 月 23 日，所有 ICO 和比特币交易平台均已退出中国市场。此外，随着中国人民银行数字货币试点的推出，可以预见比特币在中国境内完全没有转为合法货币的可能性。

在美国，纽约州金融服务部门发行了 BitLicense，这是颁发给执行与虚拟货币活动相关企业的许可证。但是，由于与 BitLicense 有关的高成本和非常严格的法规要求，许多公司已选择从纽约撤回其服务。

对于具有自由主义思想的人来说，比特币是一个可以代替银行开展业务的平台，但他们同时也不得不承认，由于法规的限制，比特币可能成为另一个不受信任的机构。比特币背后的最初想法是开发一种电子现金系统，该系统不需要可信赖的第三方，并且用户可以是匿名的。如果法规要求比特币执行了解你的客户（Know Your Customer，KYC）检查以及获得有关业务交易的详细信息以满足法规监管要求，那么可能需要共享的信息太多，因此比特币可能不再对某些人有吸引力。

现在，各国都采取严厉程度不一的措施来监管比特币、加密货币和相关活动，例如首次代币发行。

美国证券交易委员会（Securities and Exchange Commission，SEC）已经宣布，数字货币、代币和相关活动（如 ICO）均属于证券类别，这意味着任何数字货币交易平台都需要在 SEC 进行注册，并具有所有适用于它们的相关证券法律和法规。这直接影响了比特币的价格，在宣布这一消息的当天，比特币的价格下跌了近 10%。

注意：

感兴趣的读者可访问以下链接以阅读更多有关比特币监管的信息：

https://www.coindesk.com/category/regulation/

比特币的增长归因于网络效应（Network Effect），也称为需求方规模经济（Demand-Side Economies of Scale），该概念意味着使用网络的用户越多，其价值就越高。随着时间的流逝，比特币网络的规模呈指数级增长。

用户数量的增加在很大程度上是由经济收益驱动的。比特币的稀缺性和内置的通货膨胀控制机制为其提供了价值，因为最终只能开采 2100 万个比特币。此外，矿工的奖励每 4 年减少一半。

5.1.3　比特币的定义

比特币可以按多种方式定义。它可以是一个协议，也可以是一种数字货币或一个平台。它是对等网络、协议和软件的组合，可以创建和使用比特币的数字货币。该对等网络中的节点使用比特币协议相互通信。

注意：

在英文中，首字母大写的 Bitcoin 通常指比特币协议，首字母小写的 bitcoin 通常指比特币货币。

比特币的发明使货币的去中心化首次成为现实。此外，比特币还以一种巧妙的方式解决了双重支付问题。例如，当用户将比特币同时发送给两个不同的用户，并且独立地将其验证为有效交易时，就会出现双重支付问题。双重支付问题在比特币中通过使用分布式账本（区块链）的方式得到解决，因为分布式账本中的每个交易都将被永久记录，并实施交易验证和确认机制，下文将详细介绍该过程。

5.1.4　从用户角度观察比特币

现在我们将从用户的角度来讨论比特币网络的运行，包括如何进行交易、如何将交易从用户传播到网络、如何验证交易以及最终如何累积区块。我们还将研究比特币网络的各种角色（Actor）和网络的组成部分，并讨论它们之间的交互。

比特币由以下元素组成：

- 数字密钥。
- 地址。
- 交易。
- 区块链。
- 矿工。
- 比特币网络。
- 钱包（客户端软件）。

接下来，我们将通过具体示例演示比特币网络的使用。在该示例中可以看到比特币交易涉及的角色和组成部分。由于比特币最常见的交易之一就是向他人汇款，因此在下面的示例中，将演示如何在比特币网络上将付款从一个用户发送到另一个用户。

5.1.5　向某人付款

此过程涉及若干个步骤。为演示起见，我们将通过移动设备使用区块链钱包。

具体步骤说明如下：

（1）收款人可通过电子邮件或其他方式（如短信、微信或任何适用的通信机制）将比特币地址发送给付款人来要求付款。付款人也可以发起转账，以向其他用户汇款。在这两种情况下，都必须提供收款人的地址。如图 5-2 所示就是收款人的区块链钱包，它将创建一个付款请求。

（2）发送者（付款人）可以输入接收者（收款人）的地址或扫描其二维码（QR Code），该二维码中已经编码有收款人的比特币地址、金额和可选说明。钱包应用程序将识别出此二维码并将其解码为类似“请发送<数量>BTC 到比特币地址<接收者的比特币地址>”的语句。BTC 是比特币的货币符号。

（3）以下是一个二维码解码语句示例：

```
Please send 0.00033324 BTC to the Bitcoin address
1JzouJCVmMQBmTcd8K4Y5BP36gEFNn1ZJ3.
```

（4）图 5-3 显示了该二维码和相应的解码语句。

图 5-2　比特币付款请求（使用区块链钱包）

图 5-3　比特币支付二维码

注意：

在图 5-3 中还可以看到，显示的二维码被解码为：

bitcoin://1JzouJCVmMQBmTcd8K4Y5BP36gEFNn1ZJ3?amount=0.00033324

它可以作为 URL 在比特币钱包中打开。

（5）在发送方的钱包应用程序中，此交易是遵循一些规则构建的，并广播到比特币网络。在广播之前，将使用发送者的私钥对该交易进行数字签名。下文将清楚说明如何创建交易并进行数字签名，以及如何广播、验证和添加到区块。从用户的角度来看，一旦二维码被解码，则交易将类似于图 5-4 所示。

请注意，在图 5-4 中有许多字段，如 From（付款人的地址）、To（收款人的地址）、BTC（比特币）、GBP（英镑）和 Fee（费用）。这些字段的意思不言而喻，但值得一提的是，Fee 是根据交易规模的大小来计算的，而费率（Fee Rate）则是一个取决于网络中交易的数量的值。费率以 Satoshi/byte 表示。Satoshi 是目前可以发送的比特币中的最小部分：0.00000001 BTC，即百万分之一比特币。比特币网络中的费用可确保矿工将你的交易包括在区块中。

最近，比特币交易的费用太高了，即使是很小的交易也要收取高额费用，这是由于矿工们可以自由选择他们愿意进行验证的交易并添加到区块中，而他们显然更愿意选择费用较高的交易。

大量用户创建的数千笔交易导致了高额费用的情况，因为交易要彼此竞争才能被优先选择，而矿工们会选择费用最高的交易。在发送交易之前，这笔费用通常由比特币钱包软件自动估算。交易费用越高，则越有机会优先处理你的交易并将其包含在区块中。该任务由矿工执行。下文将详细介绍挖矿和矿工的概念。

交易发送后，将显示在区块链钱包软件中，如图 5-5 所示。

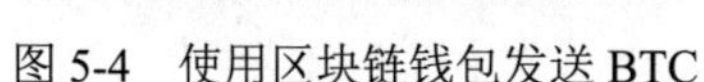
图 5-4　使用区块链钱包发送 BTC

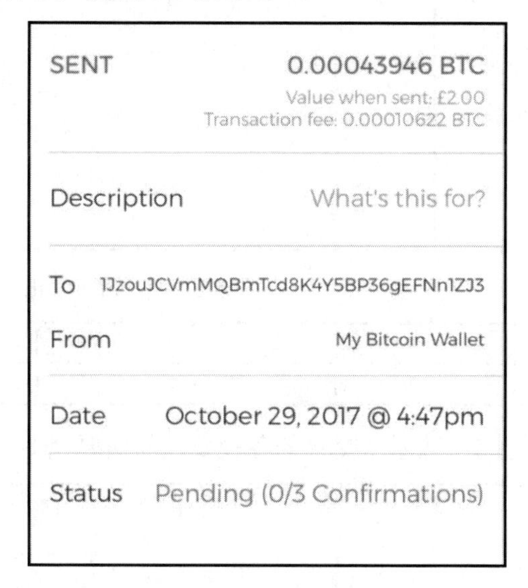

图 5-5　交易已发送

在此阶段，交易已构建、签名并发送到比特币网络。该交易将由矿工进行验证并包含在区块中。值得一提的是，在图 5-5 中，可以看到此交易的 Status（状态）为 Pending（挂起），也就是尚待确认（Confirmation）。一旦交易被验证，包含在区块中并被开采，这些确认就会开始出现。此外，将从要转让的原始价值中扣除适当的费用，以支付给将其包括在区块中并进行开采的矿工。

图 5-6 显示了该流程，可以看到从发送者的地址产生了 0.001267 BTC（约 11 美元）的比特币，并已付款给了接收者的地址（以 1JzouJ 开头）。扣除的交易费用为 0.00010622（约合 95 美分），它将作为挖矿费。

图 5-6 直观地显示了交易如何在网络上从源（发送者）流向右侧的接收者。

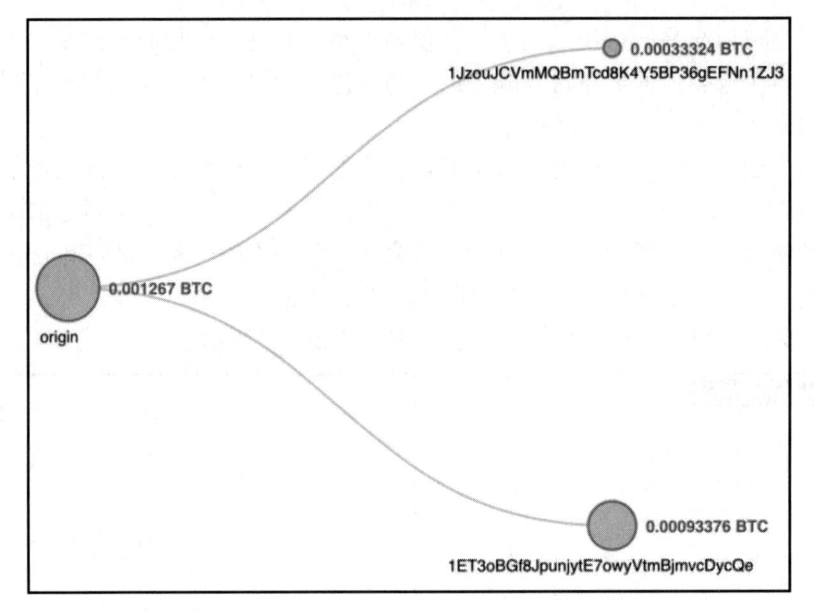

图 5-6　交易流可视化（Blockchain.info）

原　　文	译　　文
origin	源

图 5-7 显示了交易的各种属性的摘要视图。

1PL6gsm49xCFMvrXqgGcee5cdrG119GoWN (0.00137322 BTC - Output) ➡ 1JzouJCVmMQBmTcd8K4Y5BP36gEFNn1ZJ3 - (Unspent) 0.00033324 BTC
1ET3oBGf8JpunjytE7owyVtmBjmvcDycQe - (Unspent) 0.00093376 BTC
0.001267 BTC

Summary	
Size	226 (bytes)
Weight	904
Received Time	2017-10-29 16:47:58
Included In Blocks	492229 (2017-10-29 16:51:42 + 4 minutes)
Confirmations	731 Confirmations
Visualize	View Tree Chart

Inputs and Outputs	
Total Input	0.00137322 BTC
Total Output	0.001267 BTC
Fees	0.00010622 BTC
Fee per byte	47 sat/B
Fee per weight unit	11.75 sat/WU
Estimated BTC Transacted	0.00033324 BTC
Scripts	Hide scripts & coinbase

图 5-7　来自 Blockchain.info 的交易截图

图 5-7 中有许多字段包含各种值，下面列出了重要字段及其用途和说明。

- Size（大小）。这是交易的大小，以 bytes（字节）为单位。
- Weight（权重）。这是自推出隔离见证（Segregated Witness，SegWit）版本的

比特币以来针对区块和交易规模的新指标。

- Received Time（接收时间）。这是交易被接收的时间。
- Included In Blocks（包含在区块中）。这显示了包含交易的区块链上的区块号。
- Confirmations（确认数）。这是矿工对此交易的确认数。
- Total Input（总输入）。这是交易中的总投入数。
- Total Output（总输出）。这是交易中的总产出数。
- Fees（费用）。这是收取的总费用。
- Fee per byte（每字节费用）。该字段就是费率，计算方法是使用总费用除以交易中的字节数。例如，图 5-7 显示为 47 sat/B，表示每个字节包含 47 个 Satoshi。
- Fee per weight unit（每权重单位的费用）。对于旧式交易，它是使用字节总数乘以 4 计算的。对于 SegWit 交易，它是通过将 SegWit 标记、标志和见证字段组合为一个权重单位，将其他字段的每个字节作为 4 个权重单位来计算的。

比特币网络上此交易的交易 ID 为：

```
d28ca5a59b2239864eac1c96d3fd1c23b747f0ded8f5af0161bae8a616b56a1d
```

可以使用 https://blockchain.info/网址提供的服务通过以下链接进一步了解该交易：

https://blockchain.info/tx/d28ca5a59b2239864eac1c96d3fd1c23b747f0ded8f5af0161bae8a616b56a1d

交易发送到网络后，该交易 ID 在钱包软件中可用，可以使用在线提供的许多比特币区块链浏览器之一进行进一步的探索。这里以 https://blockchain.info/为例。

比特币交易被序列化后通过网络传输并以十六进制格式编码。以下显示了上述交易的十六进制格式编码示例。在第 5.3 节“比特币交易”中将详细介绍如何解码这个以十六进制编码的交易，以及交易究竟由哪些字段构成。

```
01000000017d3876b14a7ac16d8d550abc78345b6571134ff173918a096ef90ff0430
e12408b0000006b483045022100de6fd8120d9f142a82d5da9389e271caa3a757b017
57c8e4fa7afbf92e74257c02202a78d4fbd52ae9f3a0083760d76f84643cf8ab80f5e
f971e3f98ccba2c71758d012102c16942555f5e633645895c9affcb994ea7910097b7
734a6c2d25468622f25e12ffffffff022c82000000000000001976a914c568ffeb46c6a9
362e44a5a49deaa6eab05a619a88acc06c01000000000000001976a9149386c8c880488e80
a6ce8f186f788f3585f74aee88ac00000000
```

总结一下，比特币网络中的支付交易可以分为以下步骤：

（1）交易始于发送者使用私钥签署交易。

（2）交易已被序列化，可以通过网络传输。

（3）交易被广播到网络。

（4）监听交易的矿工选择该交易。

（5）交易由矿工验证有效性。

（6）交易被添加到候选/提议区块以待挖矿。

（7）挖矿后，结果将广播到比特币网络上的所有节点。

本章后续各节将详细诠释挖矿、交易和其他相关概念。现在不妨先来了解一下比特币的各种面额。

比特币数字货币具有各种面额，如图 5-8 所示。发送者或接收者可以请求任何金额，最小的比特币面额是 Satoshi。

DENOMINATION	ABBREVIATION	FAMILIAR NAME	VALUE IN BTC
Satoshi	SAT	Satoshi	0.00000001 BTC
Microbit	μBTC (uBTC)	Microbitcoin or Bit	0.000001 BTC
Millibit	mBTC	Millibitcoin	0.001 BTC
Centibit	cBTC	Centibitcoin	0.01 BTC
Decibit	dBTC	Decibitcoin	0.1 BTC
Bitcoin	BTC	Bitcoin	1 BTC
DecaBit	daBTC	Decabitcoin	10 BTC
Hectobit	hBTC	Hectobitcoin	100 BTC
Kilobit	kBTC	Kilobitcoin	1000 BTC
Megabit	MBTC	Megabitcoin	1000000 BTC

图 5-8　比特币面额

原　　文	译　　文	原　　文	译　　文
DENOMINATION	面额	Centibitcoin	比特分
ABBREVIATION	缩写	Decibitcoin	10 比特分
FAMILIAR NAME	全称	Bitcoin	1 比特币
VALUE IN BTC	以 BTC 为单位的值	Decabitcoin	10 比特币
Satoshi	聪	Hectobitcoin	100 比特币
Microbitcoin or Bit	微比特	Kilobitcoin	1000 比特币
Millibitcoin	毫比特	Megabitcoin	100 万比特币

接下来，我们将逐一介绍比特币的组成部分。首先介绍密钥和地址，因为在表示比特币网络上的所有权和价值转移时需要用到它们。

5.2　数字密钥和地址

在比特币网络上，拥有比特币和通过交易进行价值转移均依赖于私钥、公钥和地址。在本书第 4 章“公钥密码学”中已经介绍了这些概念。本节将讨论在比特币网络中私钥和公钥的使用方式。

椭圆曲线密码学可用于在比特币网络中生成公钥和私钥对。

5.2.1　比特币中的私钥

私钥必须安全保存，并且通常仅位于所有者一方。私钥用于对交易进行数字签名，以证明比特币的所有权。

私钥本质上是 256 位数字，它是在 secp256k1 ECDSA 曲线规范建议指定的范围内随机选择的。这个范围是 0x1～0xFFFF FFFF FFFF FFFF FFFF FFFF FFFF FFFE BAAE DCE6 AF48 A03B BFD2 5E8C D036 4140，在此范围内随机选择的 256 位数字都是有效的私钥。

私钥通常使用电子钱包导入格式（Wallet Import Format，WIF）进行编码，以使其易于复制和使用。这是一种以不同格式表示完整大小的私钥的方法。WIF 可以转换为私钥，反之亦然。

来看一个私钥的示例：

```
A3ED7EC8A03667180D01FB4251A546C2B9F2FE33507C68B7D9D4E1FA5714195201
```

当将其转换为 WIF 格式时，它看起来像这样：

```
L2iN7umV7kbr6LuCmgM27rBnptGbDVc8g4ZBm6EbgTPQXnj1RCZP
```

注意：

感兴趣的读者可以使用以下网址上的工具进行一些实验：

http://gobittest.appspot.com/PrivateKey

此外，有时会使用迷你私钥格式（Mini Private Key Format）来创建至多 30 个字符的私钥，以便可以在物理空间有限的情况下进行存储，例如，蚀刻在物理代币上或以抗损坏的二维码进行编码。由于可以将更多的点用于纠错而将更少的点用于编码私钥，因此这样的二维码将变得更具抗破坏性。

使用迷你私钥格式编码的私钥有时也称为迷你密钥（Minikey）。迷你私钥的第一个字符始终是英文大写字母 S。可以将迷你私钥转换为普通大小的私钥，但不能将现有的普通大小的私钥转换为迷你私钥。Casascius 物理比特币使用了这种格式，如图 5-9 所示。

图 5-9　具有迷你密钥和二维码的 Casascius 物理比特币安全全息纸

注意：

感兴趣的读者可以访问以下链接获取更多信息：

https://en.bitcoin.it/wiki/Casascius_physical_bitcoins

比特币核心客户端还允许加密包含私钥的钱包。

5.2.2　比特币中的公钥

公钥存在于区块链上，所有网络参与者都可以看到。公钥与私钥有特殊的数学联系，它是从私钥派生的。一旦使用私钥签名的交易在比特币网络上广播，则节点将使用公钥来验证该交易确实已使用相应的私钥签名。验证过程将证明比特币的所有权。

比特币使用基于 secp256k1 标准的椭圆曲线密码学。更具体地说，它利用 ECDSA 来确保资金安全，并且只能由合法所有者使用。如果你需要了解相关的密码学概念，则可以参考第 4 章“公钥密码学”，它详细解释了 ECC 后面的数学。

公钥的长度为 256 位。公用密钥可以是压缩格式，也可以使用未压缩格式表示。公钥基本上是椭圆曲线上的 x 和 y 坐标。在未压缩格式中，公钥以十六进制格式显示，其前缀为 0x04。x 和 y 坐标的长度均为 32 位。总体而言，压缩后的公钥的长度为 33 字节，而未压缩格式的公钥的长度为 65 字节。公钥的压缩版本仅包含 x 部分，因为 y 部分可以从中推导。

压缩后的公钥版本起作用的原因是，如果将 ECC 图形可视化则可以看到，y 坐标要么位于 x 轴下方，要么位于 x 轴上方，并且由于曲线是对称的，仅质数域中的位置必须存储。如果 y 为偶数，则它在 x 轴上方；如果 y 为奇数，则它在 x 轴下方。这意味着，不必将 x 和 y 都存储为公钥，只要存储 x 再加上 y 是偶数或者奇数的信息就可以了。

最初，比特币客户端使用的是未压缩的密钥，但是从比特币核心客户端 0.6 版本开始，压缩密钥被用作标准，这直接将区块链中用于公钥存储的空间减少了近 50%。

密钥有各种前缀标识，具体如下所述：

- 未压缩的公钥使用 0x04 作为前缀。
- 如果公钥中 y 的 32 位部分为奇数，则压缩的公钥以 0x03 开头。
- 如果公钥中 y 的 32 位部分为偶数，则压缩的公钥以 0x02 开头。

5.2.3　比特币中的地址

可以通过获取私钥的相应公钥并对其进行两次哈希处理来创建比特币地址，首先使用 SHA-256 算法，然后再使用 RIPEMD-160 算法。将获得的 160 位哈希值加上版本号作为前缀，并最终使用 Base58Check 编码方案进行编码。比特币地址的长度为 26～35 个字符，并以数字 1 或数字 3 开头。

典型的比特币地址如下所示：

```
1ANAguGG8bikEv2fYsTBnRUmx7QUcK58wt
```

也可以将其编码为二维码以便于分发，图 5-10 显示了上述比特币地址的二维码。

图 5-10　比特币地址（1ANAguGG8bikEv2fYsTBnRUmx7QUcK58wt）的二维码

当前，有两种类型的比特币地址，常用的是 P2PKH，另一种是 P2SH，分别以数字 1 和 3 开头。早期，比特币使用的是直接的 Pay to Pubkey，现已被 P2PKH 取代。但是，直接的 Pay to Pubkey 仍在比特币中用作币基地址。下文将详细解释这些类型。

地址不得重复使用，否则可能会涉及隐私和安全问题。避免地址重用可以在一定程度上规避匿名问题。比特币还存在其他一些安全问题，如交易延展性（Transaction Malleability）、Sybil 攻击、速度攻击和私自挖矿等，这些都需要采用不同的解决方法。

交易延展性问题已经通过所谓的比特币协议的隔离见证软分叉升级得到解决。下文将详细解释该概念。

图 5-11 取自 bitaddress.org，它显示了纸钱包（Paper Wallet）中的私钥和比特币地址。

图 5-11　纸钱包中的私钥和比特币地址

5.2.4　Base58Check 编码

比特币地址使用 Base58Check 进行编码，该编码用于限制各种字符之间的混淆，如 0OI1，因为它们在 Base-64 编码的不同字体中看起来是相同的。该编码基本上采用二进制字节数组，并将其转换为人类可读的字符串，该字符串由 58 个字母数字符号组成。在 base58.h 源文件中可以找到更多说明和逻辑，该文件的网址如下：

https://github.com/bitcoin/bitcoin/blob/master/src/base58.h

```
/**
 *    为什么使用 base-58 而不是标准的 base-64 编码？
 *    - 不希望让 0OIl 之类的字符在不同字体中看起来一样，从而出现混淆的情况，
 *    并且这样也可以创建在视觉上比较易识别的数据。
 *    - 包含非字母数字字符的字符串不容易被接受。
 *    - 如果没有标点符号断开，则 E-mail 地址通常不会换行。
 *    - 如果全部为字母数字，则双击将选中整个字符串作为一个单词。
 */
```

5.2.5　虚荣地址

图 5-12　二维码中的虚荣公共地址

由于比特币地址基于 base-58 编码，因此可以生成包含人类可读消息的地址。图 5-12 显示了一个虚荣地址（Vanity Address）的示例。

虚荣地址是一种以特定单词开头的比特币地址，Vanity 的英文含义为“虚荣”。你可能会觉得奇怪，比特币地址和虚荣之间有什么联系呢？其实这不难理解。在日常生活中，有人以 8888、9999 的车牌号或手机号为荣。比特币的虚荣地址也是一样的道理，因为它是以特定的单词开头，所以虚荣地址的拥有者将该地址展示给他人的时候，就会感到虚荣心得到很大的满足。

虚荣地址是使用纯蛮力方法生成的。图 5-13 显示了一个带有虚荣地址的纸钱包示例。

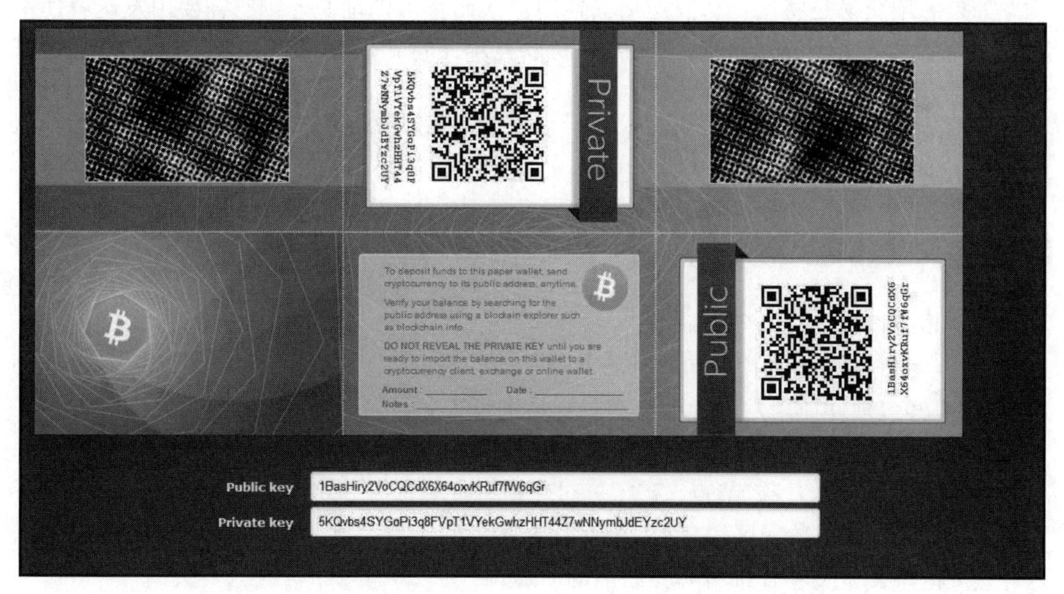

图 5-13　从 https://bitcoinvanitygen.com/生成的虚荣地址

在图 5-13 中，右侧显示了一个带有二维码的公共虚荣地址，可以将纸钱包物理存储，以替代私钥电子存储。

5.2.6 多签名地址

多签名地址，顾名思义就是需要多个私钥的地址。实际上，这意味着要释放代币，需要一定的签名集，这也称为 M-of-N MultiSig。在这里，M 表示阈值或 N 个密钥释放比特币所需的最小签名数。

5.3 比特币交易

交易是比特币生态系统的核心。交易可以像将一些比特币发送到比特币地址一样简单，也可以根据需求而变得非常复杂。每个交易至少由一个输入和输出组成。

输入可视为先前交易中已经创建的正在花费的比特币，而输出可视为正在创建的比特币。

如果交易正在铸造新币，则没有输入，因此不需要签名。

如果一项交易是将比特币发送给其他用户（比特币地址），则它需要由发送者使用私钥进行签名，并且需要引用先前的交易以显示比特币的来源。实际上，比特币是以 Satoshi 表示的未花费的交易输出。

交易未加密，并且在区块链中公开可见。区块由交易组成，可以使用任何在线区块链浏览器查看交易。

5.3.1 交易生命周期

以下步骤描述了交易生命周期：

（1）用户/发送者使用钱包软件或其他界面发送交易。

（2）钱包软件使用发送者的私钥对交易进行签名。

（3）使用泛洪算法（Flooding Algorithm）将交易广播到比特币网络。

（4）监听交易的挖矿节点（矿工）对交易进行验证，并将此交易包括在要开采的下一个区块中。交易被放入区块之前，它们将被放入称为交易池（Transaction Pool）的特殊内存缓冲区中。下文将详细解释交易池的用途。

（5）挖矿开始，这是确保区块链安全并生成新币的过程，以奖励花费适当计算资源的矿工。下文将详细解释此概念。

（6）矿工在解决了 PoW 问题后，会将新开采的区块广播到网络。下文将详细说明 PoW。

（7）节点验证区块并进一步传播该区块，并开始生成确认（Confirmation）。

（8）确认开始出现在收款人的钱包中，大约经过 3 次确认后，交易被视为最终完成并获得确认（图 5-5 显示的是确认为 0/3，在确认达到 3/3 之后，即可视为交易最终完成）。但是，3～6 只是建议的数字；即使在首次确认后，该交易也可被视为最终交易。等待 6 次确认的关键思想是，在 3 次确认后，就几乎消除了双重支付的可能性。

5.3.2　交易费

交易费（Transaction Fee）由矿工收取。收取的费用取决于交易的规模和权重。交易费用是通过将输入（Input）总额减去输出（Output）总额而得出的。

可以使用以下公式计算交易费：

$$fee = sum(inputs) - sum(outputs)$$

这些费用用于激励矿工，鼓励他们在矿工创建的区块中包含用户交易。所有交易最终都在内存池中，矿工根据优先级提取交易，将其包括在建议的区块中。下文将详细介绍优先级的计算。从交易费用的角度来看，矿工们将优先选择费用更高的交易。

对于各种类型的操作（例如发送交易、包含在区块中以及由节点中继等），有不同的费用计算规则。费用不是由比特币协议确定的，也不是强制性的；即使是无费用的交易也会在适当时候被处理，只是可能需要花费很长的时间。由于交易量大和比特币网络上竞争的投资者众多，免费基本上是不切实际的，因此建议始终提供一定的费用。

在某些情况下，确认交易的时间通常为 10 分钟到 12 小时以上。交易时间的长短取决于交易费用和网络状况。如果网络非常繁忙，那么交易自然会花费更长的时间；如果你支付更高的费用，那么由于额外的更高费用的诱因，你的交易更有可能被矿工优先选择。

5.3.3　交易池

交易池也称为内存池（Memory Pool），是由节点在本地内存（计算机 RAM）中创建的，以便维护尚未在区块中确认的临时交易列表。在通过验证后，交易将基于优先级包含在一个区块中。

5.3.4　交易数据结构

高级别的交易包含元数据、输入和输出。交易将被合并以创建一个区块。

交易数据结构如表 5-1 所示。

表 5-1　交易数据结构

字　段	大　小	说　明
Version number（版本号）	4 字节	指定矿工和节点用于交易处理的规则
Input counter（输入计数器）	1～9 字节	交易中包含的输入数（正整数）
List of inputs（输入列表）	变量	每个输入由若干个字段组成，包括 Previous Tx hash（前一个交易的哈希）、Previous Txout-index（前一个交易的输出索引）、Txin-script length（交易输入脚本长度）、Txin-script（交易输入脚本）和可选的 Sequence number（顺序号）。区块中的第一个交易称为币基交易（Coinbase Transaction），它将指定一个或多个交易输入
Output counter（输出计数器）	1～9 字节	代表输出数量的正整数
List of outputs（输出列表）	变量	交易中包含的输出
Lock time（锁定时间）	4 字节	此字段将定义交易生效的最早时间，它可以是 UNIX 时间戳，也可以是区块高度

交易示例如下，这是本章开头提供的第一个付款交易示例的解码。

```
{
    "lock_time":0,
    "size":226,
    "inputs":[
        {
            "prev_out":{
                "index":139,
"hash":"40120e43f00ff96e098a9173f14f1371655b3478bc0a558d6dc17a4ab176387d"
            },
"script":"483045022100de6fd8120d9f142a82d5da9389e271caa3a757b01757c8e4
fa7afbf92e74257c02202a78d4fbd52ae9f3a0083760d76f84643cf8ab80f5ef971e3f
98ccba2c71758d012102c16942555f5e633645895c9affcb994ea7910097b7734a6c2d
25468622f25e12"
        }
    ],
    "version":1,
    "vin_sz":1,
    "hash":
    "d28ca5a59b2239864eac1c96d3fd1c23b747f0ded8f5af0161bae8a616b56a1d",
    "vout_sz":2,
    "out":[
        {
            "script_string":"OP_DUP OP_HASH160
```

```
c568ffeb46c6a9362e44a5a49deaa6eab05a619a OP_EQUALVERIFY OP_CHECKSIG",
            "address":"1JzouJCVmMQBmTcd8K4Y5BP36gEFNn1ZJ3",
            "value":33324,
            "script":"76a914c568ffeb46c6a9362e44a5a49deaa6eab05a619a88ac"
        },
        {
            "script_string":"OP_DUP OP_HASH160
9386c8c880488e80a6ce8f186f788f3585f74aee OP_EQUALVERIFY OP_CHECKSIG",
            "address":"1ET3oBGf8JpunjytE7owyVtmBjmvcDycQe",
            "value":93376,
            "script":"76a9149386c8c880488e80a6ce8f186f788f3585f74aee88ac"
        }
    ]
}
```

如上面的代码所示，由许多结构构成了交易。接下来，将分别介绍这些元素。

1. 元数据

交易的元数据（Metadata）包含一些值，例如交易规模的大小、输入和输出的数量、交易的哈希值以及 lock_time 字段。每个交易都有一个指定版本号的前缀。这些字段在上面的示例中已有显示，如 lock_time、size 和 version。

2. 输入

一般来说，每个输入花费的都是前一次交易的输出。每个输出都被视为未花费的交易输出（Unspent Transaction Output，UTXO），直至输入使用它。UTXO 是未花费的交易输出，可以用作新交易的输入。

交易输入的数据结构如表 5-2 所示。

表 5-2 交易输入的数据结构

字　段	大　小	说　明
Transaction hash（交易哈希）	32 个字节	这是前一次使用 UTXO 进行交易的哈希值
Output index（输出索引）	4 个字节	这是前一次 UTXO 的输出索引
Script length（脚本长度）	1～9 个字节	这是解锁脚本的大小
Unlocking script（解锁脚本）	变量	输入脚本（ScriptSig），它将满足锁定脚本的要求
Sequence number（顺序号）	4 个字节	通常禁用或包含锁定时间。禁用'0xFFFFFFFF'表示

在上面的示例中，输入在"inputs" : [部分下定义。

3．输出

输出有 3 个字段，它们包含用于发送比特币的指令。第一个字段包含 Satoshi 的数量，第二个字段包含锁定脚本的大小，第三个字段包含锁定脚本，该脚本保存为了花费输出而需要满足的条件。下文将讨论有关使用锁定脚本和解锁脚本以及产生输出的更多信息。

交易输出的数据结构如表 5-3 所示。

表 5-3　交易输出的数据结构

字　　段	大　　小	说　　明
Value（值）	8 字节	要传输的 Satoshi 的正整数总数
Script size（脚本大小）	1～9 字节	锁定脚本的大小
Locking script（锁定脚本）	变量	输出脚本（ScriptPubKey）

在上面的示例中，"OUT": [部分下显示了两个输出。

4．验证

验证（Verification）是使用比特币的脚本语言执行。

5．脚本语言

比特币的脚本语言是使用一种称为脚本的简单的基于堆栈的语言来描述如何花费和转移比特币。比特币的脚本不是图灵完备的，并且没有循环语句，以避免长时间运行/挂起的脚本对比特币网络的任何不良影响。

该脚本语言基于 Forth 编程语言（如语法），并使用反向修饰符表示，其中每个操作数后面都带有运算符。它使用后进先出（Last In，First Out，LIFO）堆栈从左到右对操作值进行评估。

脚本使用各种操作码（Opcode）或指令来定义操作。操作码也称为字（Word）、命令或函数。在早期版本的 Bitcoin 节点中，有一些操作码由于在设计中存在错误而不再被使用。

脚本操作码包含各种类别，如常量（Constant）、流控制（Flow Control）、堆栈（Stack）、按位逻辑（Bitwise Logic）、拼接（Splice）、算术（Arithmetic）、密码学（Cryptography）和锁定时间（Lock Time）。

可以通过组合 ScriptSig 和 ScriptPubKey 来评估交易脚本。ScriptSig 是解锁脚本，而 ScriptPubKey 是锁定脚本。以下是要花费的交易的评估方式：

（1）首先，需要解锁才能花费。

（2）ScriptSig 由希望解锁交易的用户提供。

（3）ScriptPubkey 是交易输出的一部分，它指定为了花费该输出而需要满足的条件。

（4）输出被 ScriptPubKey 锁定。当 ScriptPubKey 包含的条件被满足时，输出被解锁，可以兑换比特币。

6. 常用操作码

所有操作码都在 Bitcoin 引用客户端源代码的 script.h 文件中被声明。

注意：

感兴趣的读者可以访问以下链接：

https://github.com/bitcoin/bitcoin/blob/master/src/script/script.h

然后查看以下部分的注释：

```
/** Script opcodes */
```

表 5-4 列出了最常用的操作码。该表摘自《比特币开发者指南》。

表 5-4　常用操作码

操　作　码	说　　明
OP_CHECKSIG	这需要一个公钥和签名，并验证交易哈希的签名。如果公钥和签名匹配，则将 TRUE 压入堆栈；否则，将 FALSE 压入堆栈
OP_EQUAL	如果输入完全相等，则返回 1；否则，返回 0
OP_DUP	这将复制堆栈顶部的项目
OP_HASH160	输入被哈希两次，首先使用 SHA-256，然后使用 RIPEMD-160
OP_VERIFY	如果堆栈顶部的值不为 TRUE，则将交易标记为无效
OP_EQUALVERIFY	与 OP_EQUAL 相同，但此后将运行 OP_VERIFY
OP_CHECKMULTISIG	这将获取第一个签名，并将其与每个公钥进行比较，直至找到匹配项为止；然后重复此过程，直至检查了所有签名。如果所有签名都有效，则结果返回 1；否则，返回 0

注意：

中文版《比特币开发者指南》网址如下：

https://www.8btc.com/book/281928

5.3.5　交易类型

比特币中有各种脚本可用于处理从源到目的地的价值转移。这些脚本有些非常简单，有些非常复杂，具体取决于交易的需求。

以下将讨论标准交易类型。可以使用 IsStandard()和 IsStandardTx()测试对标准交易进行评估，通常仅允许通过测试的标准交易在比特币网络上进行开采或广播。但是，非标准交易也是有效的，并且在网络上是被允许的。

以下是标准交易类型：

- Pay to Public Key Hash（P2PKH）。P2PKH 是最常用的交易类型，用于将交易发送到比特币地址。该交易的格式如下所示：

```
ScriptPubKey: OP_DUP OP_HASH160 <pubKeyHash> OP_EQUALVERIFY
OP_CHECKSIG
ScriptSig: <sig> <pubKey>
```

  ScriptPubKey 和 ScriptSig 参数连接在一起并执行。下文将提供一个示例，并对其进行详细说明。

- Pay to Script Hash（P2SH）。P2SH 用于将交易发送到脚本哈希（即以 3 开头的地址），并按 BIP16 进行标准化。除了传递脚本，还评估兑换（Redeem）脚本，该脚本必须有效。该交易类型的模板如下所示：

```
ScriptPubKey: OP_HASH160 <redeemScriptHash> OP_EQUAL
ScriptSig: [<sig> ... <sign>] <redeemScript>
```

- MultiSig（Pay to MultiSig）。M-of-N MultiSig 交易脚本是一种复杂的脚本，可以构造需要多个签名有效才能兑换交易的脚本。可以使用此脚本构建各种复杂的交易，如托管和存款。其模板如下所示：

```
ScriptPubKey: <m> <pubKey> [<pubKey> . . . ] <n> OP_CHECKMULTISIG
ScriptSig: 0 [<sig > . . . <sign>]
```

  原始的 multisig 已过时，并且 multisig 通常是 P2SH 兑换脚本的一部分。

- Pay to Pubkey。这是一个非常简单的脚本，通常在币基（Coinbase）交易中使用，现在已过时，仅在旧版本的比特币中使用。在该交易类型中，公钥存储在脚本中，并且需要解锁脚本才能使用私钥签署交易。

  其模板如下所示：

```
<PubKey> OP_CHECKSIG
```

- Null data/OP_RETURN。此脚本用于在区块链上收费存储任意数据。消息的限制是 40 个字节。此脚本的输出不可兑换，因为在任何情况下 OP_RETURN 都会使验证失败。在该类型中，不需要 ScriptSig。

该交易类型的模板非常简单，如下所示：

```
OP_RETURN <data>
```

图 5-14 显示了 P2PKH 脚本执行。

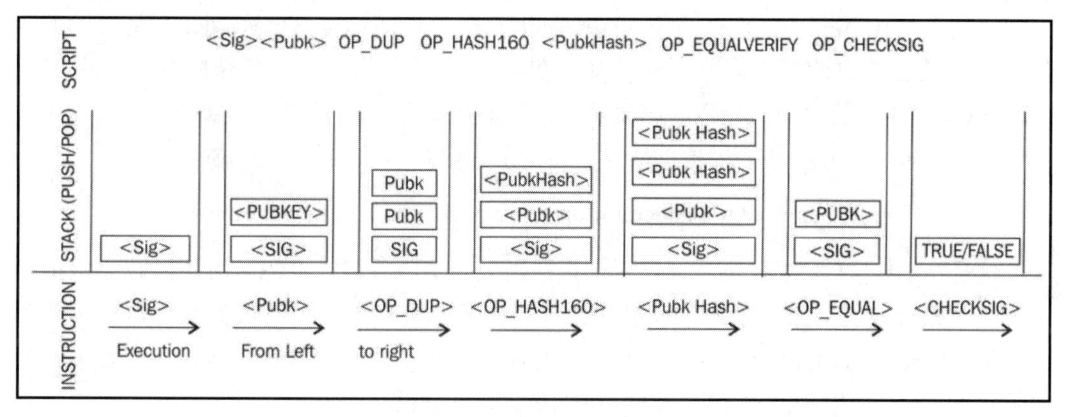

图 5-14　P2PKH 脚本执行

原　　文	译　　文	原　　文	译　　文
SCRIPT	脚本	Execution	执行
STACK (PUSH/POP)	堆栈（压入/弹出）	From Left	从左
INSTRUCTION	指令	to right	向右

在通过比特币网络传输之前，所有交易都被编码为十六进制格式。

以下通过十六进制格式显示了一个交易示例，该交易使用在主网上运行的比特币节点上的 bitcoin-cli 进行检索：

```
$ bitcoin-cli getrawtransaction
"d28ca5a59b2239864eac1c96d3fd1c23b747f0ded8f5af0161bae8a616b56a1d"
{
   "result":
"01000000017d3876b14a7ac16d8d550abc78345b6571134ff173918a096ef90ff0430
e12408b0000006b483045022100de6fd8120d9f142a82d5da9389e271caa3a757b0175
7c8e4fa7afbf92e74257c02202a78d4fbd52ae9f3a0083760d76f84643cf8ab80f5ef9
71e3f98ccba2c71758d012102c16942555f5e633645895c9affcb994ea7910097b7734
a6c2d25468622f25e12ffffffff022c820000000000001976a914c568ffeb46c6a9362
e44a5a49deaa6eab05a619a88acc06c0100000000001976a9149386c8c880488e80a6c
e8f186f788f3585f74aee88ac00000000",
   "error": null,
   "id": null
}
```

可以看到，这与本章第 5.1.5 节“向某人付款”介绍的交易相同。

5.3.6　币基交易

币基交易（Coinbase Transaction）或铸币交易（Generation Transaction）是由矿工创建，并且是区块中的第一笔交易。它用于创建新币。它包括一个特殊的字段，也称为 coinbase，用作币基交易的输入。此交易允许存储最多 100 字节的任意数据。在创世区块（Genesis Block）中，这项交易包括《泰晤士报》最著名的消息：

“The Times 03/Jan/2009 Chancellor on brink of second bailout for banks.”

这是 2009 年 1 月 3 日英国《泰晤士报》当天的头版标题，意思是英国财政大臣正处于需要对银行实施第二轮紧急援助的边缘。该消息本身对于今天的人们来说是没有什么意义的，但是它从侧面证明了绝对没有在 2009 年 1 月 3 日之前开采的区块。因为第一个比特币区块（创世区块）就是在 2009 年 1 月 3 日创建的。

币基交易输入的字段数与普通交易的输入相同，但是该结构包含的是币基数据大小和币基数据字段，而不是解锁脚本大小和解锁脚本字段。同时，它也没有指向前一个交易的引用指针。表 5-5 显示了币基交易的数据结构。

表 5-5　币基交易的数据结构

字　段	大　小	说　明
Transaction hash（交易哈希）	32 字节	因为不使用哈希引用，所以设置为全 0
Output index（输出索引）	4 字节	设置为 0xFFFFFFFF
Coinbase data length（币基数据长度）	1～9 字节	2～100 字节
Data（数据）	变量	任何数据
Sequence number（顺序号）	4 字节	设置为 0xFFFFFFFF

5.3.7　合约

根据《比特币核心开发者指南》的定义，合约（Contract）基本上是使用比特币系统执行财务协议的交易。这是一个很简单的定义，却具有深远的影响，因为它允许用户设计可在许多实际场景中使用的复杂合约。合约允许开发完全去中心化、独立和降低风险的平台。

可以使用比特币脚本语言建立各种合约，如托管、仲裁和小额支付渠道。由于比特币脚本不是图灵完备的，因此当前实现非常受限。但是，仍然可以开发各种类型的合约，例如仅当多方签署交易时才释放资金，或者仅在一定时间后才释放资金，这两种情况都可以使用多重签名和交易锁定时间选项来实现。

5.3.8　交易验证

交易验证过程由比特币节点执行。《比特币开发者指南》中描述的交易验证过程如下：

（1）检查语法，确保交易的语法和数据结构符合协议的规则。

（2）确认交易输入和输出不为空。

（3）检查以字节为单位的大小是否小于最大区块的大小。

（4）输出值必须在允许的币值范围内（0～2100 万 BTC）。

（5）所有输入必须具有指定的前一个输出。当然，币基交易除外。

（6）验证 nLockTime 不得超过 31 位。nLockTime 指定不将该交易包含在区块中之前的时间。

（7）为了使交易有效，它应不少于 100 个字节。

（8）在标准交易中，签名操作的数量应少于或不超过 2 个。

（9）拒绝非标准交易。例如，允许 ScriptSig 仅将数字压入堆栈。ScriptPubkey 将不会通过 isStandard()检查。isStandard()检查指定仅允许标准交易。

（10）如果交易池或主分支的某个区块中已经有匹配的交易，则拒绝交易。

（11）如果每个输入引用的输出存在于交易池中的任何其他交易中，则该交易将被拒绝。

（12）对于每个输入，必须存在一个引用的输出未花费交易。

（13）对于每个输入，如果引用的输出交易是币基交易，则必须至少具有 100 次确认；否则，交易将被拒绝。

（14）对于每个输入，如果引用的输出不存在或已经花费过，则该交易将被拒绝。

（15）使用引用的输出交易获取输入值，验证每个输入值以及总和是否处于 0～2100 万 BTC 的允许范围内。如果输入值的总和小于输出值的总和，则拒绝交易。

（16）如果交易费用太低而无法包含到空白区块中，则拒绝交易。

（17）每个输入解锁脚本必须具有相应的有效输出脚本。

5.3.9　交易延展性

由于比特币实现中存在的错误，所以引入了比特币中的交易延展性（Transaction

Malleability）概念。这项错误是，攻击者可以更改交易 ID（TxID），从而出现某个交易尚未执行的情况。在这种情况下，可能会出现重复存款或取款的问题。换句话说，此错误允许比特币交易在被确认之前更改唯一的交易 ID。如果在确认之前更改了交易 ID，则该交易似乎根本没有发生，这可能就会导致攻击。

交易延展性攻击的对象一般是交易所（有人工客服的情况）。交易延展性攻击无法篡改交易的实质内容，只要交易广播出去了且签名有效，最终还是会被确认的，所以黑客无法直接靠交易延展性攻击来获利。但是通过策划，可以有以下获利方式：

先了解某一交易所外联的节点，通过分布式拒绝服务（Distributed Denial of Service，DDoS）工具瘫痪掉这些节点，并伪造一些节点和交易所的节点进行通信，同时向交易所发起提币请求。当黑客的节点侦测到交易所转给自己的交易（此时已经获得了交易所的数字签名）时，先扣留这些交易（不对外广播），或利用交易延展性修改 TxID，然后向人工客服投诉，声称款项未到账。如果该交易所在技术实现上存在漏洞，仅根据 TxID 来检索对应交易，则可能会误以为发送失败（因为 TxID 被更改了，就好像该交易根本没有发生一样），于是可能通过人工方式又重新发送一遍（很可能使用了其他 UTXO）。黑客在接收到第二份交易数据后，将这两笔交易向全网广播，这样就可以收到两份钱。

要防范该类攻击，其实也很简单，那就是在重新发送时引用的 UTXO 一定要与原来保持一致，这样系统将确保最终只会确认其中的一个交易（因为规则不容许双重支付）。

5.4　区块链的结构

区块链是一个包含比特币网络上所有交易列表的公开账本，该账本带有时间戳，有序且不可篡改。每个区块由区块链中的哈希标识，并通过引用前一个区块的哈希值链接到前一个区块。

下面将介绍区块的结构，并提供区块链结构的详细视图。

5.4.1　区块的结构

表 5-6 介绍了区块的结构。

表 5-6　区块的结构

字　段	大　小	说　明
Block size（区块大小）	4 字节	区块的大小
Block header（区块标头）	80 字节	包括区块标头的字段

续表

字　段	大　小	说　明
Transaction counter（交易计数器）	变量	此字段包含区块中的交易总数以及币基交易。范围为 1～9 字节
Transactions（交易）	变量	该区块中的所有交易

5.4.2　区块标头的结构

表 5-7 描述了区块标头的结构。

表 5-7　区块标头的结构

字　段	大　小	说　明
VERSION（版本）	4 字节	这是要遵循的区块验证规则的区块版本号
PREVIOUS BLOCK HASH（前一个区块的标头哈希）	32 字节	这是前一个区块标头的双 SHA-256 哈希值
MERKLE ROOT（默克尔根哈希）	32 字节	这是该区块中包含的所有交易的默克尔树的双 SHA-256 哈希值
TIMESTAMP（时间戳）	4 字节	该字段包含 UNIX 纪元时间格式的区块的近似创建时间。更准确地说，这是矿工开始对区块标头进行哈希处理的时间（从矿工的角度来看的时间）
DIFFICULTY TARGET（难度目标）	4 字节	这是网络/区块的当前难度目标
NONCE（随机数）	4 字节	这是矿工重复更改以产生低于难度目标的哈希值的任意数字

如图 5-15 所示，区块链就是区块组成的链条，其中每个区块通过引用前一个区块标头的哈希值链接到其前一个区块。这样的链接方式可以确保不修改任何交易，因为修改一个区块意味着需要修改该区块后面的所有区块以及它前面的一个区块。

第一个区块前面未链接任何区块，称为创世区块。

图 5-15 显示了比特币区块链的高级概述，在左侧，从上到下显示了区块，每个区块都包含交易和区块标头；在右侧，则放大了这些组件。

首先，右侧顶部放大了区块标头，显示了区块标头中的各种元素。

其次，右侧继续放大了区块标头中的默克尔根元素，该元素显示如何计算默克尔根。如果需要复习该概念，可以参考本书第 3 章“对称密码学”的内容。

最后，右侧底部放大了交易，显示了交易的结构及其包含的元素。

图 5-15 显示了很多组件，本章将讨论这些组件。

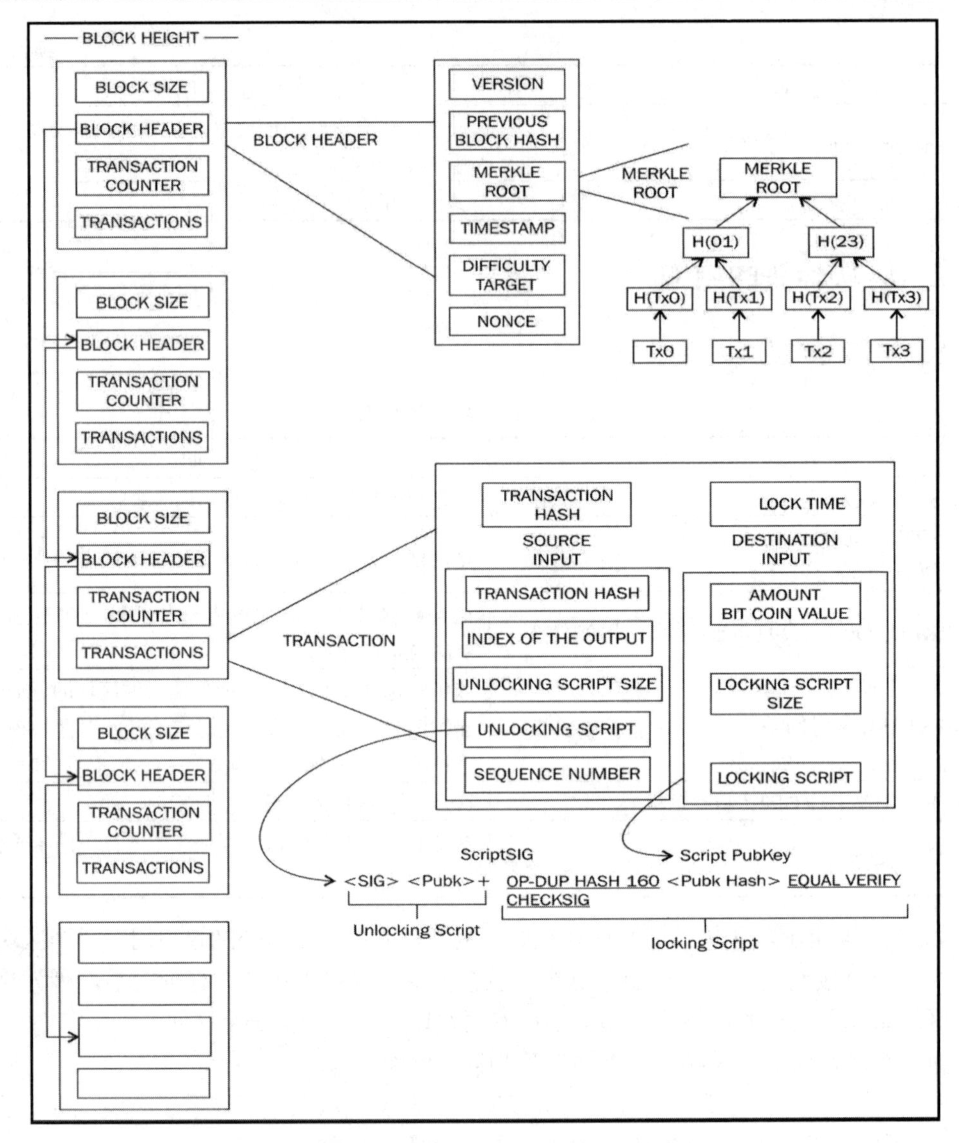

图 5-15　区块链、区块、区块标头、交易和脚本的可视化

原　　文	译　　文
BLOCK HEIGHT	区块高度
BLOCK SIZE	区块大小
BLOCK HEADER	区块标头
TRANSACTION COUNTER	交易计数器

续表

原　文	译　文
TRANSACTIONS	交易
VERSION	版本
PREVIOUS BLOCK HASH	前一个区块的哈希值
MERKLE ROOT	默克尔根
TIMESTAMP	时间戳
DIFFICULTY TARGET	难度目标
NONCE	随机数
TRANSACTION HASH	交易哈希
SOURCE INPUT	源输入
INDEX OF THE OUTPUT	输出的索引
UNLOCKING SCRIPT SIZE	解锁脚本大小
UNLOCKING SCRIPT	解锁脚本
SEQUENCE NUMBER	顺序号
LOCK TIME	锁定时间
DESTINATION INPUT	目标输入
AMOUNT BIT COIN VALUE	总比特币值
LOCKING SCRIPT SIZE	锁定脚本大小
LOCKING SCRIPT	锁定脚本
Unlocking Script	解锁脚本
locking Script	锁定脚本

5.4.3　创世区块

创世区块是比特币区块链中的第一个区块。创世区块在比特币核心软件中进行了硬编码，它位于 chainparams.cpp 文件中。可以通过以下链接获得该文件：

https://github.com/bitcoin/bitcoin/blob/master/src/chainparams.cpp

创世区块的硬编码如下所示：

```
static CBlock CreateGenesisBlock(uint32_t nTime, uint32_t nNonce, uint32_t
nBits, int32_t nVersion, const CAmount& genesisReward)
{
    const char* pszTimestamp = "The Times 03/Jan/2009 Chancellor on brink
of second bailout for banks";
    const CScript genesisOutputScript = CScript() <<
```

```
ParseHex("04678afdb0fe5548271967f1a67130b7105cd6a828e03909a67962e0ea1f61d
eb649f6bc3f4cef38c4f35504e51ec112de5c384df7ba0b8d578a4c702b6bf11d5f") <<
OP_CHECKSIG;
    return CreateGenesisBlock(pszTimestamp, genesisOutputScript, nTime,
nNonce,
    nBits, nVersion, genesisReward);
}
```

比特币通过执行严格的交易验证和挖矿规则来防止双重支付。只有在经过验证和 PoW 求解成功之后，交易和区块才被添加到区块链中。在第 5.3.8 节“交易验证”中已经详细解释了严格的验证和确认规则。区块高度是区块链中特定区块之前的区块数量。截至 2018 年 3 月 6 日，区块链的高度为 512328 个区块。

工作量证明用于保护区块链。每个区块包含一个或多个交易，在它们之外的第一个交易是币基交易。币基交易有一个特殊条件，即至少需要达到 100 个区块，否则区块中交易的 UTXO 不能被花费，这样可以避免以后声明该区块为陈旧的情况。

当某个区块已经被成功求解，而其他矿工仍在该区块上工作以寻找哈希难题的解时，就会产生陈旧区块（Stale Block）。由于不再需要处理该区块，因此将其视为陈旧区块。下文将详细解释挖矿和哈希难题。

孤立区块（Orphan Block）也称为分离区块（Detached Block），它在某个时间点被网络接受为有效区块，但在创建经过验证的更长区块链时它们是被拒绝的，不被包括在最初接受它们的区块中。它们不是主链的一部分，这种情况可能在两名矿工设法同时生产区块时发生。

最新的区块版本是 Version 4，它由 BIP 65 提出，自比特币核心客户端 0.11.2 版本开始使用，nVersion 字段中 BIP9 位的实现被用于指示软分叉（Soft Fork）更改。

由于比特币的分布式性质，网络分叉可以自然发生。在两个节点同时宣布一个有效区块的情况下，可能导致存在两个区块链，并且这两个区块链具有不同交易的情况。这是不理想的情况，但是只能由比特币网络解决，接受最长的区块链。在这种情况下，较小的区块链将被视为孤立区块链。如果孤立区块链一方设法获得对网络哈希率（计算能力）51%的控制权，那么他们就可以强加自己版本的交易历史记录，这样原来分叉处的主链就会变成孤立区块链。

区块链中的分叉也可能随着比特币协议的变化而出现。如果是软分叉，则选择不升级到支持更新协议的最新版本的客户端仍然可以正常工作。在这种情况下，以前的区块和新的区块都是可以接受的，因此软分叉可以向后兼容。

在软分叉的情况下，仅要求矿工升级到新的客户端软件即可使用新的协议规则。有计划的升级不一定会创建分叉，因为大部分用户都已经更新软件。

硬分叉（Hard Fork）会使先前有效的区块变成无效，并要求所有用户进行升级。有时会将新的交易类型作为软分叉添加，而诸如区块结构更改或主要协议更改的任何更改都会导致硬分叉。

截至 2017 年 10 月 29 日，比特币区块链的大小约为 139 GB。

图 5-16 显示了随着时间的推移，区块链大小的变化。

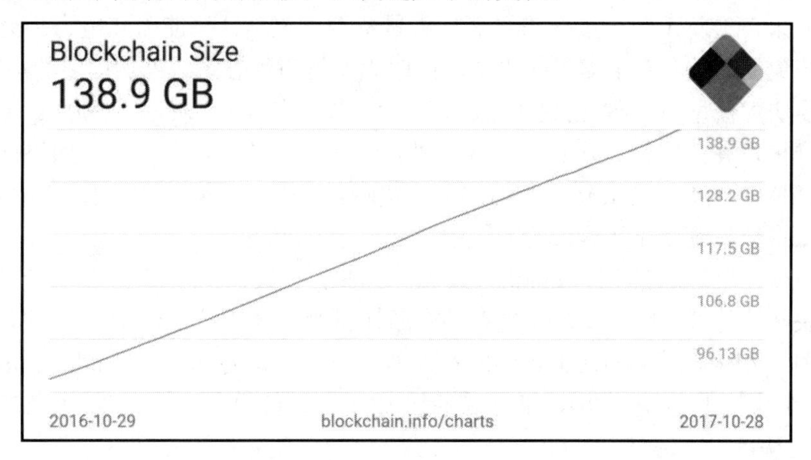

图 5-16　截至 2017 年 10 月 29 日区块链的大小

原　文	译　文
Blockchain Size	区块链的大小

大约每 10 分钟就会有一个新的区块添加到区块链中，并且每 2016 个区块将动态调整一次网络难度，以保持向网络中稳定添加新区块。

网络难度（Difficulty）的计算公式如下：

目标（Target）=先前的目标×时间÷2016×10 分钟

这里的难度和目标是可以互换的，它们代表相同的东西。“先前的目标”表示旧的目标值，“时间”是生成先前的 2016 个区块所花费的时间。网络难度意味着矿工找到新的区块的难度，即解开哈希难题的难度。

接下来，我们将详细讨论挖矿，并解释哈希难题求解的方式。

5.5　挖　　矿

挖矿（Mining）是一个将新的区块添加到区块链的过程。区块包含交易，交易通过挖矿过程来验证，而挖矿是由比特币网络上的挖矿节点（矿工）来完成的。

区块一旦经过挖矿和验证，便会添加到区块链中，以保持区块链的增长。由于工作量证明的要求，该过程是资源密集型的。在 PoW 中，矿工将需要竞争以找到一个数字，该数字小于网络难度目标。

之所以让矿工找到正确的值有难度（有时也称为数学难题），是为了确保矿工在接受新的提议区块之前已经花费了所需的资源。矿工通过解决 PoW 问题（也称为部分哈希反转问题）来铸造新币，该过程需要消耗大量资源，包括计算能力和电力。此过程还可以保护系统免受欺诈和双重支付的攻击，同时为比特币生态系统添加更多的虚拟货币。

新的区块大概每 10 分钟创建（挖矿）一个，以控制比特币的生成频率。该频率由比特币网络维护，并在比特币核心客户端中进行编码，以控制货币供应。如果矿工通过解决 PoW 发现新的区块，便会获得新的比特币奖励。此外，交易者还会向矿工支付交易费，以换取矿工将交易包括在其提议的区块中。

比特币以一个确定但不断衰减的速率被挖出来，大约每 10 分钟产生一个新区块，每一个新区块都伴随着一定数量从无到有的全新比特币；每开采 210000 个区块，其奖励减半，其周期为 4 年。挖矿的比特币奖励在比特币发明初始为 50 个比特币/区块，2012 年减半到 25 个比特币/区块，2016 年再减半到 12.5 个比特币/区块，2020 年又减半为 6.25 个比特币/区块。

按每 10 分钟产生一个新区块计算，每天大约产生 144 个区块，由于每个区块奖励的比特币越来越少，所以每天产出的比特币也会越来越少。例如，最初每天可以产出 144×50 = 7200 个比特币，在 2016 年之后每天就只能产出 144×12 = 1728 个比特币，在 2020 年之后每天就只能产出 144×6 = 864 个比特币。矿工每天挖到的比特币的数量可能有所不同，但是每天的区块数仍为 144。比特币的总发行量是有限的，预计到 2140 年，将最终创造出近 2100 万个比特币，此后将无法再创建新的比特币。当然，比特币矿工仍然可以通过收取交易费从生态系统中获利。

5.5.1　矿工的任务

节点连接到比特币网络后，比特币矿工将执行以下若干项任务：

（1）与网络同步。一个新节点加入比特币网络后，它将通过从其他节点请求历史区块来下载区块链。当然，并不是只有矿工才需要与网络同步。

（2）交易验证。网络上广播的交易需要由全节点也称为完整节点（Full Node）来验证。所谓全节点就是指拥有完整区块链账本的节点，全节点需要占用内存同步所有的区块链数据，这样才能独立校验区块链上的所有交易并实时更新数据。全节点主要负责区块链交易的广播和验证。交易验证的方式是验证签名和输出。

（3）区块验证。矿工和全节点可以启动验证他们接收到的区块，以根据某些规则评估区块，这包括对区块中每个交易的验证以及对随机数值的验证。

（4）创建一个新区块。矿工可在验证后合并网络上广播的交易，将它们打包到提议的新区块中。

（5）执行工作量证明。此任务是挖矿过程的核心。在该任务中，矿工可以通过求解计算难题来找到有效的区块。区块标头包含一个 32 位的随机数字段，并且要求矿工重复更改随机数，直到所得哈希值小于预定目标为止。

（6）获取奖励。节点解决了哈希难题后，立即广播结果，其他节点对其进行验证并接受该区块。新挖出的区块有极小的概率不被网络上的其他矿工所接受，这是由于该区块与几乎同时发现的另一个区块发生了冲突。但是一旦被接受，则该矿工将获得 12.5 比特币和任何相关交易费用的奖励。

5.5.2　挖矿奖励

如前文所述，当比特币于 2009 年被开采时，挖矿奖励是 50 个比特币。每 210000 个区块后，区块奖励减半。2012 年 11 月，挖矿奖励减半至 25 个比特币。2016 年 7 月，再减半至 12.5 BTC。2020 年 6 月，降至每区块 6.25 BTC。该机制在比特币中进行了硬编码，以调节和控制通货膨胀并限制比特币的供应。

5.5.3　工作量证明

工作量证明（PoW）用于证明已经花费了足够的计算资源来构建有效的区块。PoW 基于这样的思想，即每次都会选择一个随机节点来创建一个新的区块。在此模型中，节点相互竞争，以便根据计算能力进行选择。以下不等式总结了比特币的 PoW 要求：

$$H(N \,||\, \text{P\_hash} \,||\, \text{Tx} \,||\, \text{Tx} \,||\, ...\, \text{Tx}) < \text{Target}$$

其中，N 是随机数，P_hash 是前一个区块的哈希，Tx 表示区块中的交易，而 Target 则是目标网络难度值。这意味着前面提到的串联字段的哈希值应小于目标哈希值。

找到此随机数的唯一方法是蛮力方法。一旦某名矿工满足了某种模式一定数量的 0，该区块便立即被广播并被其他矿工接受。

5.5.4　挖矿算法

挖矿算法包括以下步骤：

（1）从比特币网络中检索前一个区块标头。

（2）将在网络上广播的一组交易打包到一个要提出的区块中。

（3）使用 SHA-256 算法结合使用随机数计算前一个区块标头和新提议区块的双重哈希值。

（4）检查生成的哈希值是否小于当前难度级别（目标）。如果结果哈希值小于当前难度级别（目标），则 PoW 问题求解成功。成功求解 PoW 问题的结果是，发现的区块将被广播到网络，并且矿工获得奖励。

（5）如果结果哈希值不小于当前难度级别（目标），则在增加随机数后重复该过程。

随着比特币网络哈希率的增加，32 位随机数的总数耗尽得太快。为了解决这个问题，实现额外的随机数解，其中币基交易被用作额外的随机数的来源，以提供更大范围的随机数供矿工搜索。

可以使用图 5-17 所示的流程图来可视化挖矿过程。

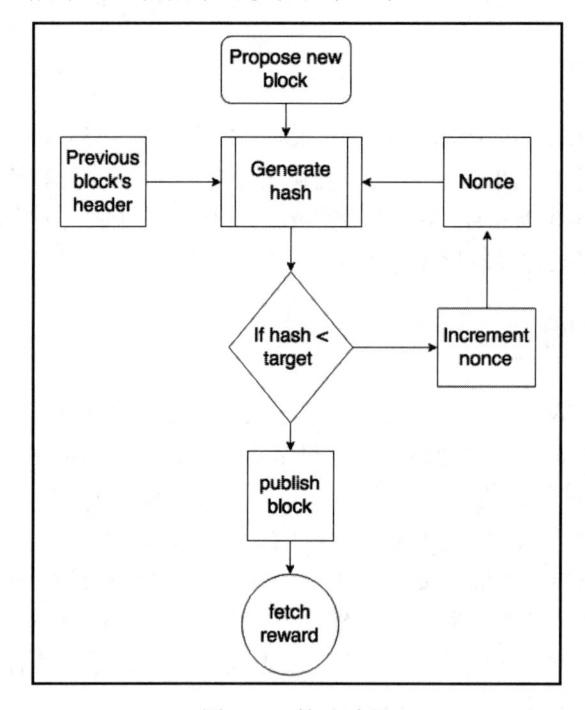

图 5-17　挖矿过程

原　　文	译　　文
Propose new block	提议新区块
Previous block's header	前一个区块的标头
Generate hash	生成哈希

续表

原　　文	译　　文
Nonce	随机数
if hash < target	如果哈希值小于目标值
Increment nonce	增加随机数
publish block	发布区块
fetch reward	获取奖励

挖矿难度随着时间的推移而增加，从前使用单 CPU 便携式计算机就可以开采的比特币现在需要专门的挖矿中心来解决哈希难题。要查询当前难度级别，可以使用 Bitcoin 命令行界面输入以下命令：

```
$ bitcoin-cli getdifficulty
1452839779145
```

该数字表示比特币网络的难度级别。如前文所述，矿工们需要相互竞争以寻找问题的解。实际上，该数字表明，找到小于网络难度目标的哈希值非常困难。成功开采的区块必须包含小于此目标数字的哈希。此数字每 2 周或每 2016 个区块更新一次，以确保平均维持 10 分钟的区块生成时间。

比特币网络的难度成倍增加，图 5-18 显示了这一难度级别在一年内的变化情况。

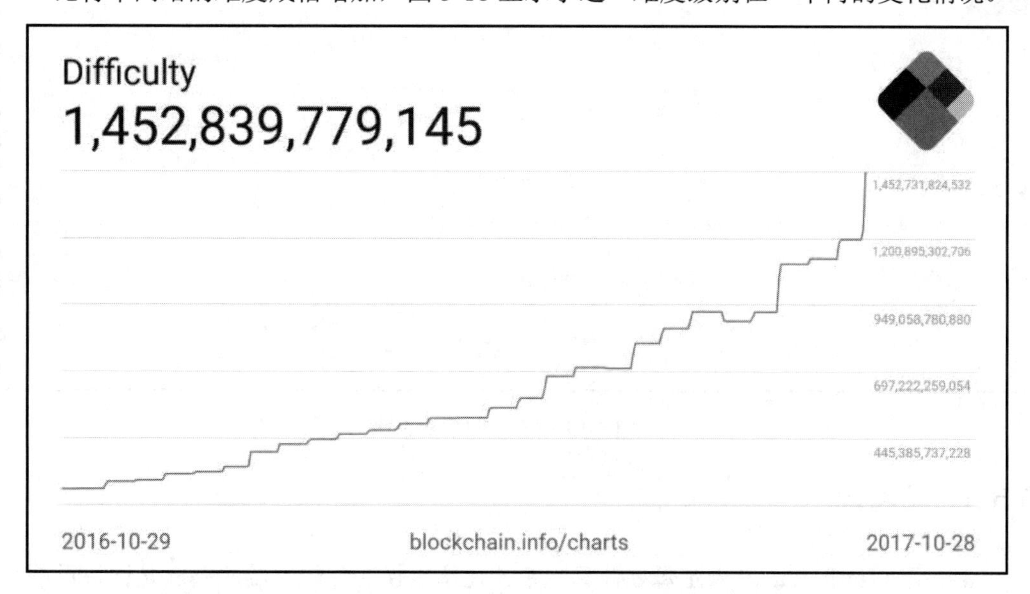

图 5-18　2016 年 10 月 29 日到 2017 年 10 月 28 日的挖矿难度变化

原　文	译　文
Difficulty	难度

图 5-18 显示了从 2016 年 10 月 29 日到 2017 年 10 月 28 日比特币网络挖矿的难度变化，可以看到挖矿难度已经大大增加。挖矿难度增加的原因是，在比特币中，每个区块生成的时间必须保持在 10 分钟左右。这意味着，如果有硬件极其迅速地开采到区块，那么挖矿难度就会增加，因为区块生成时间需要保持在每个区块大约 10 分钟。如果每隔 10 分钟没有矿工能开采出区块，则挖矿难度就会降低。挖矿难度按每 2016 个区块（两周内）进行计算，并进行相应调整。如果上一组 2016 个区块在不到两周的时间就被开采光了，那么挖矿难度将增加；如果上一组 2016 个区块的开采时间超过两周，那么挖矿难度将降低。按每 10 分钟开采一个区块计算，2016 个区块需要 2 周的时间才能开采完成。图 5-19 显示了 2020 年 9 月到 2020 年 10 月的挖矿难度增幅，从中可以看到有难度降低的情况。

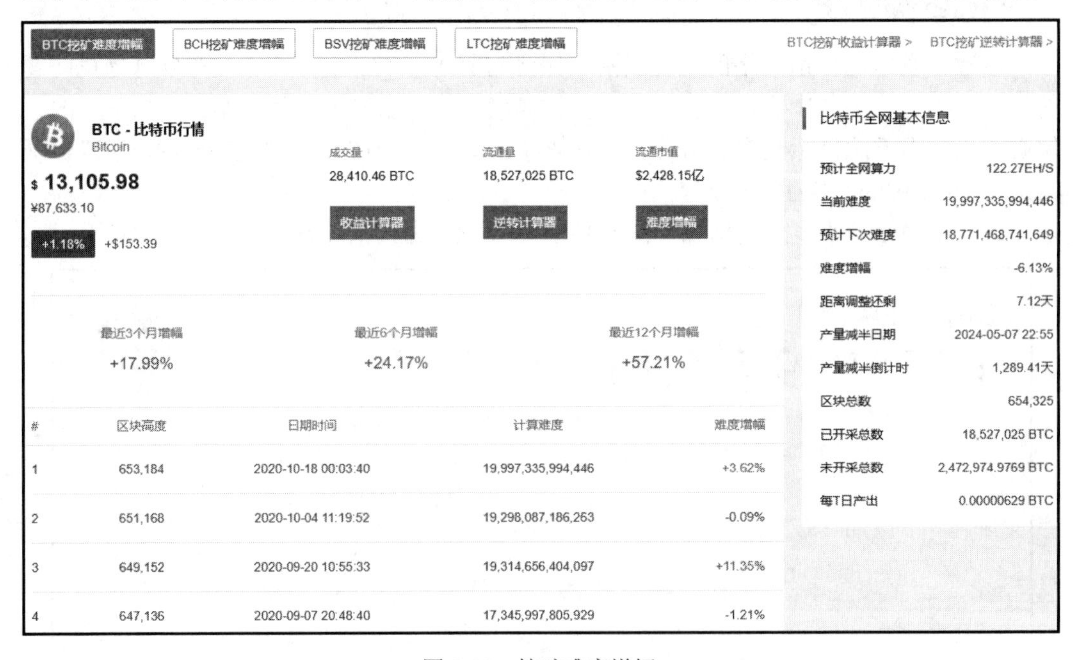

图 5-19　挖矿难度增幅

5.5.5　哈希率

哈希率（Hash Rate）表示每秒计算哈希的速率。换句话说，哈希率就是比特币网络中的矿工计算哈希值以寻找区块的速度。在比特币早期，它曾经很小，因为挖矿计算使用的是 CPU。但是，现在有了专用的矿池和 ASIC，这使得最近几年中的哈希率呈指数级增长，也导致比特币网络的难度急剧增加。

图 5-20 显示了哈希率随时间的推移而增加的情况，目前用 EH/s 哈希表示。24.37 EH/s 意味着在 1 秒内，比特币网络矿工每秒可以计算的哈希数超过 24000000000000000000。

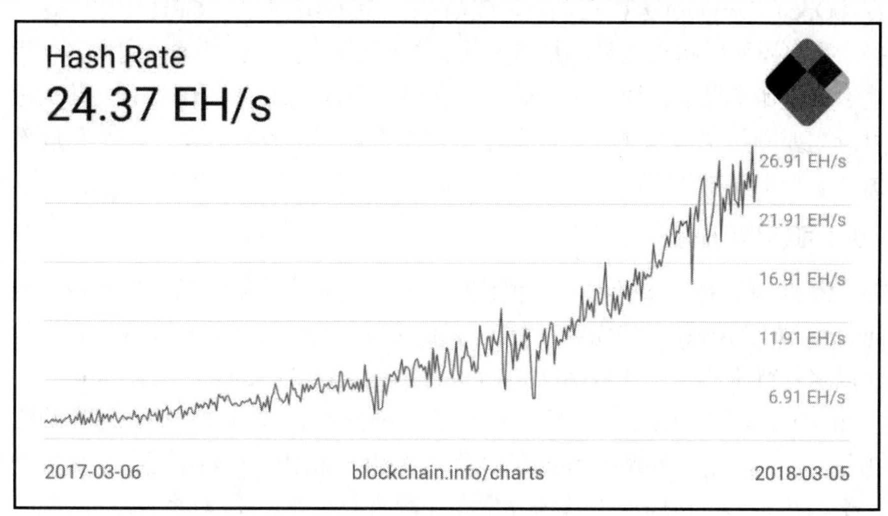

图 5-20　从 2017 年 3 月 6 日到 2018 年 3 月 5 日的挖矿哈希率变化

例如，图 5-19 右上角显示的预计全网算力为 122.27 EH/s，这表明 2020 年 10 月与 2018 年 3 月相比，全球在比特币挖矿算力上的投入有增无减。当然，算力增加也有很大一部分因素来自于硬件进步和软件算法的发展。

5.5.6　挖矿系统

随着时间的推移，比特币矿工已经使用各种方法来开采比特币。由于挖矿的核心原理是基于双 SHA-256 算法，因此人们开发出复杂的系统来更快地计算哈希。下面将简要介绍比特币中使用的不同类型的挖矿方法及其随着时间而发生的演变。

1. 中央处理器

中央处理器（CPU）挖矿是原始比特币客户端中可用的第一类挖矿，用户甚至可以使用便携式计算机或台式计算机来开采比特币。但是，很快 CPU 挖矿就无利可图，只能使用更高级的挖矿方法，如 ASIC 挖矿。自从比特币出现以来，CPU 挖矿仅持续了大约一年的时间，矿工们很快就探索并尝试了其他方法。

2. 显卡

由于比特币网络难度的增加以及寻找更快的挖矿方法的普遍趋势，矿工们开始使用 PC 上可用的显卡（GPU）进行挖矿。GPU 支持更快的并行计算，这些计算通常使用开放运算语言（Open Computing Language，OpenCL）进行编程。与 CPU 相比，这是一个更快的选择。用户还使用超频之类的技术来最大限度地利用 GPU 功能。同样，使用多个显卡的可能性也增加了显卡在比特币挖矿中的使用。但是，GPU 挖矿具有一些局限性，例如过热以及需要专用主板和额外的硬件来容纳多个显卡的限制。从另一个角度看，由于需求增加，显卡也变得非常昂贵，并且扩散影响到了游戏玩家和图形软件用户。

3. 现场可编程门阵列

GPU 挖矿也没有持续很长时间，很快矿工们就找到了使用现场可编程门阵列（Field Programmable Gate Array，FPGA）进行挖矿的方法。FPGA 是一种集成电路，可以对其进行编程以执行特定的操作。FPGA 通常以硬件描述语言（Hardware Description Language，HDL）（如 Verilog 和 VHDL）编程。双 SHA-256 很快就成为对 FPGA 程序员有吸引力的编程任务，并且若干个开源项目也开始了。与 GPU 相比，FPGA 提供了更好的性能。但是，由于存在诸如可访问性、编程难度以及需要专门知识才能进行编程和配置 FPGA 等问题，导致比特币挖矿的 FPGA 时代很短暂。

ASIC（专用硬件）的到来使得用于挖矿的 FPGA 系统被迅速淘汰。X6500 挖矿机、Ztex 和 Icarus 等挖矿硬件是在 FPGA 挖矿的时候开发的。Xilinx 和 Altera 等各种 FPGA 制造商都生产可用于编程挖矿算法的 FPGA 硬件和开发板。应当指出的是，GPU 挖矿在某种程度上对于某些其他加密货币（如 Zcoin）仍然有利可图，但对于比特币则不然，因为比特币的网络难度很高，以至于只有并行运行的 ASIC 才能产生一定的利润。

4. 专用集成电路

专用集成电路（Application Specific Integrated Circuit，ASIC）专门设计为执行 SHA-256 操作。这些特殊芯片由多家制造商出售，并且具有很高的哈希率。这种情况持续了一段时间，但是由于挖矿难度的迅速提高，导致单个单元的 ASIC 也不再盈利。

当前，通过挖矿来盈利对于个人来说是不现实的，因为要建立一个有利可图的挖矿平台需要花费大量的精力和金钱。现在，并行使用数千个 ASIC 单元的专业挖矿中心正在向用户提供挖矿合约，以代表他们进行挖矿。个人挖矿的成本可能会过高。

图 5-21 显示了 4 种用于挖矿的硬件类型。

中央处理器

显卡

现场可编程门阵列

专用集成电路

图 5-21　挖矿硬件

5.5.7　矿池

当一群矿工一起开采一个区块时，便形成一个矿池（Mining Pool）。如果成功开采了该区块，则矿池管理者将接收币基交易，然后负责将奖励分配给投入资源来开采该区块的矿工组。与单独挖矿相比，这种方式更加有利可图。

由于比特币全网的算力在不断上涨，单个设备或单名矿工想要凭一己之力求解部分哈希反转函数（哈希难题）太困难，自然无法获取到比特币网络提供的区块奖励。矿池就是一种可以将少量算力合并联合运作的方法。在此机制中，不论个人矿工所能使用的算力多寡，只要是通过加入矿池参与挖矿活动，无论是否有成功挖掘出有效区块，皆可经由对矿池的贡献来获得少量比特币奖励，这就是多人合作挖矿，获得的比特币奖励也由多人依照贡献度分享。

矿池管理者可以使用多种模型向矿工付款，例如，按每股付费（Pay Per Share，PPS）模型和比例模型。在 PPS 模型中，矿池管理者向参加该挖矿活动的所有矿工支付固定费用，而在比例模型中，份额是根据解决哈希难题所花费的计算资源量计算的。

目前存在许多商业池，并通过云和易于使用的 Web 界面提供挖矿服务合约。最常用的矿池是 AntPool（https://www.antpool.com）、BTC（https://btc.com）和 BTC TOP（http://www.btc.top）。

图 5-22 显示了主要矿池的哈希能力比较。

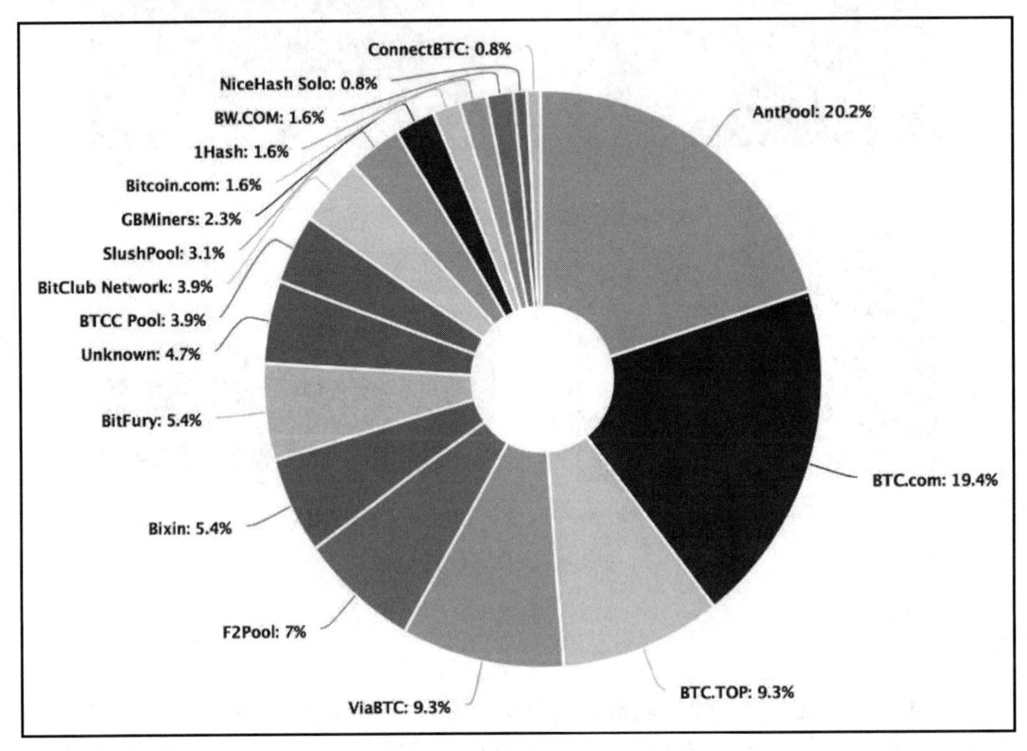

图 5-22　截至 2017 年 10 月 28 日的矿池及其哈希能力（哈希率）

资料来源：https://blockchain.info/pools。

如果矿池通过生成超过 51%的比特币网络哈希率来设法控制超过 51%的网络，则可能发生挖矿集中化的情况。

如前文所述，51%攻击可能导致成功的双重支付攻击，这将影响共识，并且实际上在比特币网络上强加另一版本的交易历史记录。

这种情况在比特币历史上曾经发生过一次，当时的大型矿池 GHash.IO 曾设法获得超过 51%的算力。对于该事件，学术界提出过取消大型矿池激励的理论解决方案，例如两阶段的 PoW。有关详细信息，可访问以下网址：

http://hackingdistributed.com/2014/06/18/how-to-disincentivize-large-bitcoin-mining-pools/

该方案的思路是引入第 2 个密码难题，导致矿池要么显示其私钥，要么提供其矿池的一部分哈希率，从而降低该矿池的总体哈希率。

用于挖矿的各种类型的硬件都是可以商购的。当前，效率最高的是 ASIC 挖矿，可以从许多供应商处获得专用硬件。

除非花费大量的金钱和精力来建立自己的挖矿设备甚至是数据中心，否则单人挖矿现在基本无利可图。根据当前的难度系数（2020 年 10 月难度为 19997335994446），如果用户设法产生 12 TH/s 的哈希率，他们有希望获得 0.00006742 BTC（大约每天$0.87），但是与购买可产生 12 TH/s 的设备所需的投资相比，这是非常低的；如果再加上电费等运行成本，这根本就是打水漂。

事实上，即使是购买专用矿机，现在也已经无利可图了。例如，以某品牌 ASIC 矿机为例，它产生的哈希率为 84 TH/s，按目前的计算难度 19997335994446 以及未来一年内可见的难度增幅为 0.92%计算，每天的产出约为 0.0004720 BTC，但是该矿机的成本约为$2086.62，矿机功率为 3150 W，经过一年的开采后，总产出大约为 0.1723 BTC。按当前比特币的价格，根本无法回本（见图 5-23）。

BTC(Bitcoin)比特币 挖矿收益计算器

矿机算力	84 TH/s	计算难度	19,997,335,994,446	当前币价	13,054.38 $
矿机功率	3150 W	难度增幅	0.92 %	电费	0.09478 $/KWH
矿机单价	2,086.25 $	增幅周期	14 天	开始日期	2020/10/26
矿池手续费	0 %	矿机数量	1 台	结束日期	2021/10/26

计算收益

比特币挖矿收益预估

总收益	总产出	总电费	挖矿天数	回本时间	净收益
$2,248.84	0.1723 BTC	$2,615.36	365天	无法回本	-$366.52
日收益	日产出	日电费	日电费占比	关机币价	日净收益
$6.161	0.0004720 BTC	$7.165	116.30%	$15,182.03	-$1.004

图 5-23　挖矿收益计算器

另外，还要考虑两个很大的风险；一是由于挖矿硬件都是满负荷运行，很可能在几个月内就报废了；二是比特币价格具有很大的不确定性，例如“矿难”发生。

5.6 小　　结

本章详细介绍了比特币。首先从用户的角度体验了比特币交易，然后从技术的角度介绍了交易的流程和其中的细节，并讨论了比特币中的公钥和私钥。

本章还介绍了地址及其不同的类型，讨论了交易类型和用法，解释了区块链的组成、区块的结构和挖矿机制等相关概念。

第 6 章将研究与比特币网络有关的概念、其元素和客户端软件工具等。

第 6 章　比特币网络和支付

本章将介绍比特币网络、相关的网络协议和比特币钱包，我们将讨论可用于比特币的不同类型的钱包。此外，本章还将探讨比特币协议的工作原理，以及在比特币网络上节点之间交换的消息类型。不同节点在进行网络操作时都需要交换消息。

本章还将讨论为解决原始比特币的局限性而开发的各种高级比特币协议。最后，本章还将介绍比特币交易和投资。

本章将讨论以下主题：

- 比特币网络。
- 比特币钱包。
- 比特币支付。
- 比特币的创新。

6.1　比特币网络

比特币网络是一个去中心化的点对点网络，节点之间可以直接进行交易。网络上有不同类型的节点。

6.1.1　比特币网络的节点

比特币网络的节点有两种主要类型：全节点也称为完整节点和简单支付验证（Simple Payment Verification，SPV）节点。

- 全节点可以执行比特币钱包、矿工、完整区块链存储和网络路由等全功能的比特币核心客户端的实现。但是，并不是所有节点都必须执行全部功能。
- 简单支付验证节点或轻量级客户端仅执行比特币钱包和网络路由功能。

比特币协议的最新版本是 70015，并由比特币核心客户端 0.13.2 版本引入。

有些节点更喜欢成为包含完整区块链的完整区块链节点，因为它们更安全并在区块传播中起着至关重要的作用，而另外一些节点则仅执行网络路由功能，而不执行挖矿或存储私钥（钱包）功能。还有一种类型是个体矿工节点，可以执行挖掘、存储完整的区块链并充当比特币网络路由节点。

一些非标准但使用率很高的节点，称为池协议服务器（Pool Protocol Server）。它们使用替代协议，如 Stratum 协议。仅计算哈希的节点是矿机，矿机将使用 Stratum 协议与矿池通信，并将其计算出来的解提交给矿池。由于矿机仅执行挖矿功能，所以被称为挖矿节点（Mining Node）。

也可以运行一个 SPV 客户端，该客户端仅运行比特币钱包和网络路由功能而不使用区块链。SPV 客户端仅在与网络同步时下载区块标头，并且在需要时也可以从完整节点请求交易。通过使用包含默克尔分支的区块标头中的默克尔根来证明交易存在于区块链的一个区块中，可以进行交易验证。

互联网上大多数都是基于行的协议，这意味着每行都由回车符（\r）和换行符（\n）分隔。Stratum 也是基于行的协议，它利用普通的 TCP 套接字和人类可读的 JSON-RPC 在节点之间进行操作和通信。Stratum 通常用于连接矿池。

6.1.2 比特币网络常用协议消息

比特币网络通过不同的魔数值（Magic Values）来识别，如表 6-1 所示。

表 6-1 比特币网络魔数值

网络	魔数值	十六进制
main	0xD9B4BEF9	F9 BE B4 D9
testnet3	0x0709110B	0B 11 09 07

魔数值用于指示消息源网络。

全节点执行 4 个功能：比特币钱包、矿工、区块链和网络路由节点。

在讨论比特币发现协议和区块同步的工作方式之前，我们需要知道，比特币协议使用的消息类型是不同的。

比特币网络总共有 27 种协议消息，但是随着协议的增长，它们可能会随着时间的推移而增加。下面列出了最常用的协议消息及其说明。

- ❑ version（版本）。这是节点向网络发送的第一条消息，通告其版本和区块计数。然后，远程节点以相同的信息答复，建立连接。
- ❑ verack（版本确认）。这是对 version 消息接收连接请求的响应。verack 其实是 version+acknowledge 的组合，acknowledge 表示确认接收到消息。
- ❑ inv（清单，Inventory）：节点通过此消息可以广告（Advertise）它所拥有的对象信息。该消息可以主动发送，也可以用于应答 getbloks 消息。
- ❑ getdata（获取数据）。这是对 inv 的响应，请求由其哈希标识的单个区块或交易。

- getblocks（获取区块）。这将返回一个 inv 数据包，其中包含最近的已知哈希值或 500 个区块之后的所有区块的列表。
- getheaders（获取区块标头）。用于请求指定范围内的区块标头。
- tx（交易）。用于发送交易作为对 getdata 协议消息的响应。注意，tx 表示 Transaction。
- block（区块）。发送区块以响应 getdata 协议消息。
- headers（区块标头）。此数据包最多返回 2000 个区块标头作为对 getheaders 请求的答复。
- getaddr（获取地址）。这是作为请求而发送的，请求获取有关已知对等方的信息。
- addr（地址）。提供有关网络节点的信息。它包含 IP 地址和端口号形式的地址数字和地址列表。

当比特币核心节点启动时，它将启动所有对等节点的发现。这是通过查询 DNS 种子实现的，这些种子被硬编码到比特币核心客户端，并由比特币社区成员维护。此查询将返回许多 DNS 记录。对于主网络，默认情况下，比特币协议在 TCP 端口 8333 上工作；对于 testnet，比特币协议在 TCP 端口 18333 上工作。

以下代码显示了 chainparams.cpp 中 DNS 种子的示例：

```
// Pieter Wuille, only supports x1, x5, x9, and xd
vSeeds.emplace_back("seed.bitcoin.sipa.be");
// Matt Corallo, only supports x9
vSeeds.emplace_back("dnsseed.bluematt.me");
// Luke Dashjr vSeeds.emplace_back("dnsseed.bitcoin.dashjr.org");
// Christian Decker, supports x1 - xf
vSeeds.emplace_back("seed.bitcoinstats.com");
// Jonas Schnelli, only supports x1, x5, x9, and xd
vSeeds.emplace_back("seed.bitcoin.jonasschnelli.ch");
// Peter Todd, only supports x1, x5, x9, and xd
vSeeds.emplace_back("seed.btc.petertodd.org");
```

首先，客户端发送协议消息 version，其中包含各个字段，如版本、服务、时间戳、网络地址、随机数和其他一些字段。远程节点以自己的 version 消息进行响应，然后在两个节点之间交换 verack 消息，以指示连接已建立。

其次，交换 getaddr 和 addr 消息以查找客户端不知道的对等方。同时，任何一个节点都可以发送 ping 消息以查看连接是否仍处于活动状态。getaddr 和 addr 消息是在比特币协议中定义的类型。图 6-1 显示了此过程。

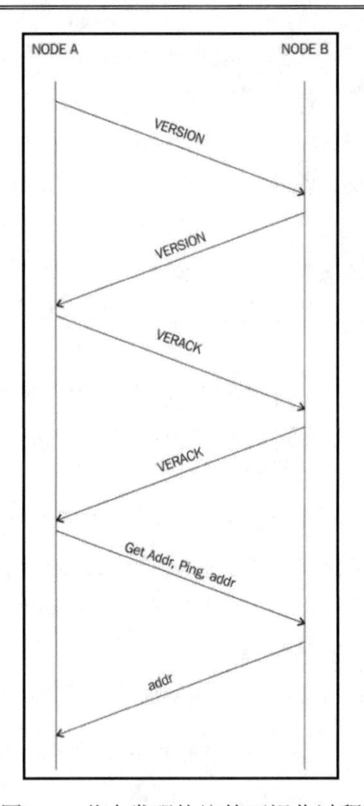

图 6-1　节点发现协议的可视化过程

原　　文	译　　文	原　　文	译　　文
NODE A	节点 A	NODE B	节点 B

图 6-1 中的网络协议顺序图显示了初始连接期间两个比特币节点之间的通信。节点 A 在左侧显示，节点 B 在右侧显示。

首先，节点 A 通过向远程对等节点 B 发送包含版本号和当前时间的 version 消息建立连接。

其次，节点 B 用包含版本号和当前时间的 version 消息进行响应。

最后，节点 A 和节点 B 交换一条 verack 消息，指示已成功建立连接。

连接成功后，对等方可以交换 getaddr 和 addr 消息以发现网络上的其他对等方。

现在可以开始区块下载了。如果该节点已经使所有区块完全同步，则它将使用 inv 协议消息侦听新区块；否则，它将首先检查是否对 inv 消息有响应并且已经有库存。如果有响应并且已经有库存，则使用 getdata 协议消息请求区块；如果没有库存，则使用 getblocks 消息请求库存。在版本 0.9.3 之前一直使用此方法。这是一个较慢的过程，称为区块优先方法（Blocks-First Approach），并在 0.10.0 版本中被标头优先方法（Headers-First Approach）所取代。

初始区块下载可以使用区块优先或标头优先的方法来同步区块，具体取决于比特币核心客户端的版本。请注意，区块优先方法非常慢，自 2015 年 2 月 16 日起随着 0.10.0 版本的发布而停止使用。

从 0.10.0 版本开始，引入了标头优先的初始区块下载方法，这导致了重大的性能改进，以前需要花费数天才能完成的区块链同步仅需要几个小时就可以开始。其核心思想是，新节点首先要求对等方提供区块标头并进行验证。一旦验证完成，就从所有可用的对等方并行请求区块，因为已经以区块标头链的形式下载了完整区块链的蓝图。

在该方法中，当客户端启动时，它将检查区块链是否已经完全同步（如果标头链已经同步）；如果不是这样（客户端第一次启动时就是这种情况），那么它将使用 getheaders 消息从其他对等方请求标头。如果区块链是完全同步的，则它会通过 inv 消息侦听新区块；如果它已经具有完全同步的标头链，则它将使用 getdata 协议消息请求区块。

节点还将检查标头链是否具有比区块更多的标头，然后通过发出 getdata 协议消息请求区块，如图 6-2 所示。

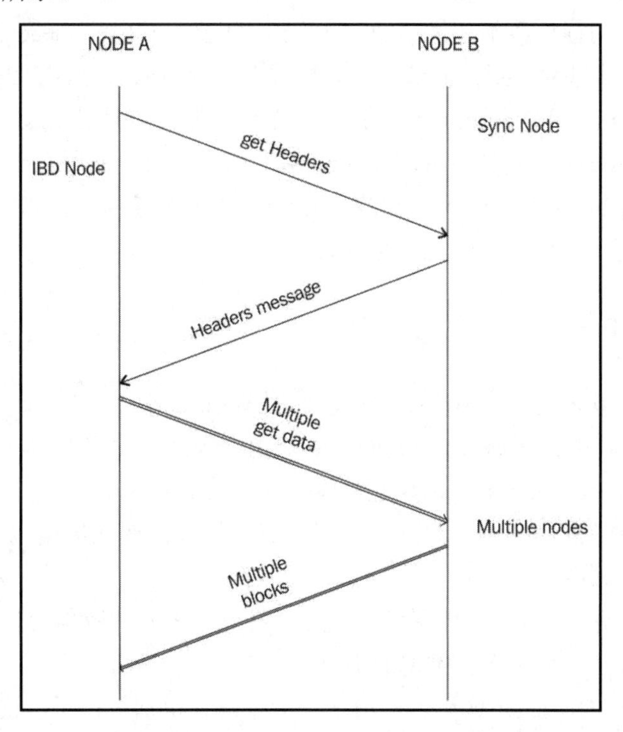

图 6-2　比特币核心客户端 0.10.0 及以上版本中的标头和区块同步

原　　文	译　　文	原　　文	译　　文
NODE A	节点 A	Sync Node	同步节点
NODE B	节点 B	Multiple nodes	多个节点
IBD Node	IBD 节点		

图 6-2 显示了比特币网络上两个节点之间的比特币区块同步的过程。左侧显示的节点 A 称为初始区块下载节点（Initial Block Download Node，IBD 节点），右侧显示的节点 B 称为同步节点（Sync Node）。

IBD 节点表示请求区块的节点，同步节点表示被请求区块的节点。

该过程由节点 A 开始。A 首先发送 getheaders 消息，该消息由同步节点的 headers 消息响应。getheaders 消息的有效负载是一个或多个标头哈希。如果是新节点，则只有第一个创世块的标头哈希。

同步节点通过向 IBD 节点发送最多 2000 个区块标头进行答复。此后，IBD 节点开始从同步节点下载更多的标头，并按并行方式从多个节点下载区块。换句话说，IBD 节点向多个节点发出请求，结果就是多个区块从同步节点和其他节点发送到 IBD 节点。

如果同步节点的标头数不超过 2000，则当 IBD 节点发出 getheaders 请求时，IBD 节点会将 getheaders 消息发送到其他节点。该过程以并行方式进行，直到区块链同步完成。

getblockchaininfo 和 getpeerinfo RPC 已更新功能，以适应此更改。远程过程调用（Remote Procedure Call，RPC）getchaintips 用于列出区块链的所有已知分支，这包括仅有区块的标头。getblockchaininfo RPC 用于提供有关区块链当前状态的信息，getpeerinfo RPC 用于列出对等方之间共有的区块数和标头。

6.1.3　Wireshark

要可视化对等方之间的消息交换，可以使用 Wireshark。

Wireshark 可以用作了解比特币协议的宝贵工具。下面将通过一个显示 version、verack、getaddr、ping、addr 和 inv 消息的基本示例来介绍它。

在消息的详细信息中，可以看到一些有价值的信息，例如数据包类型、命令名称和协议消息的结果，如图 6-3 所示。

图 6-3 显示的是一个协议，该图显示了两个对等方之间的数据流，通过该图可以了解到节点何时启动以及使用了哪种类型的消息。

Wireshark 中的 Dissector 解析器可用于分析流量并识别比特币协议命令。

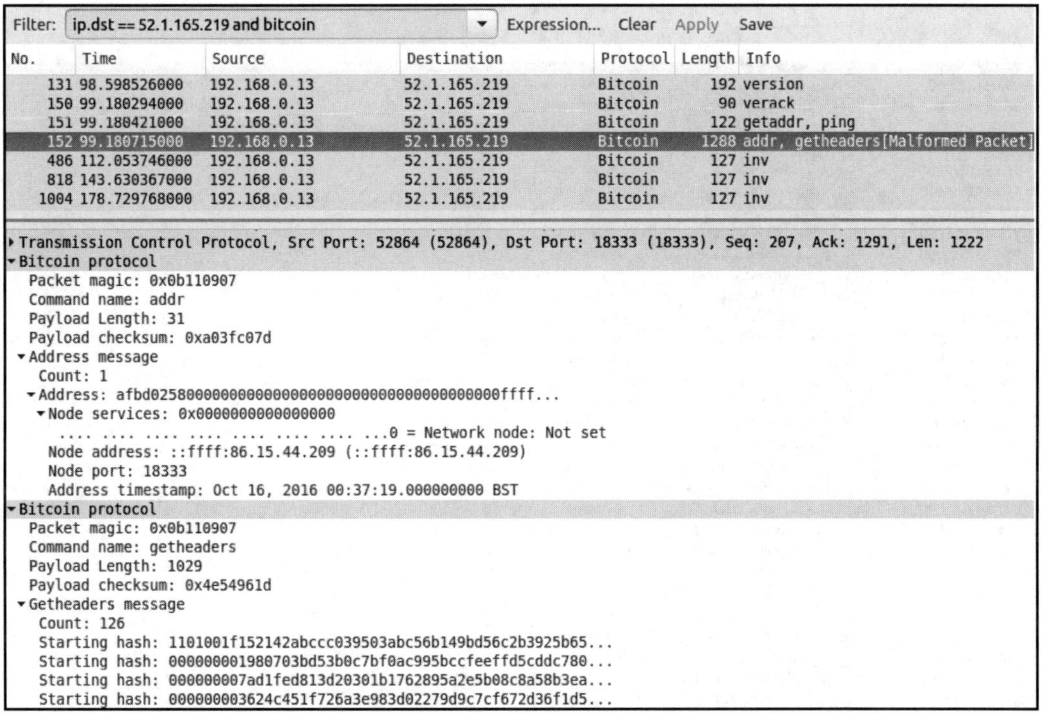

```
Filter: ip.dst == 52.1.165.219 and bitcoin    Expression... Clear Apply Save
No.   Time            Source         Destination    Protocol Length Info
  131 98.598526000    192.168.0.13   52.1.165.219   Bitcoin   192 version
  150 99.180294000    192.168.0.13   52.1.165.219   Bitcoin    90 verack
  151 99.180421000    192.168.0.13   52.1.165.219   Bitcoin   122 getaddr, ping
  152 99.180715000    192.168.0.13   52.1.165.219   Bitcoin  1288 addr, getheaders[Malformed Packet]
  486 112.053746000   192.168.0.13   52.1.165.219   Bitcoin   127 inv
  818 143.630367000   192.168.0.13   52.1.165.219   Bitcoin   127 inv
 1004 178.729768000   192.168.0.13   52.1.165.219   Bitcoin   127 inv

▸Transmission Control Protocol, Src Port: 52864 (52864), Dst Port: 18333 (18333), Seq: 207, Ack: 1291, Len: 1222
▾Bitcoin protocol
  Packet magic: 0x0b110907
  Command name: addr
  Payload Length: 31
  Payload checksum: 0xa03fc07d
 ▾Address message
   Count: 1
  ▾Address: afbd0258000000000000000000000000000000000000ffff...
   ▾Node services: 0x0000000000000000
     .... .... .... .... .... .... .... ...0 = Network node: Not set
    Node address: ::ffff:86.15.44.209 (::ffff:86.15.44.209)
    Node port: 18333
    Address timestamp: Oct 16, 2016 00:37:19.000000000 BST
▾Bitcoin protocol
  Packet magic: 0x0b110907
  Command name: getheaders
  Payload Length: 1029
  Payload checksum: 0x4e54961d
 ▾Getheaders message
   Count: 126
   Starting hash: 1101001f152142abccc039503abc56b149bd56c2b3925b65...
   Starting hash: 000000001980703bd53b0c7bf0ac995bccfeeffd5cddc780...
   Starting hash: 000000007ad1fed813d20301b1762895a2e5b08c8a58b3ea...
   Starting hash: 000000003624c451f726a3e983d02279d9c7cf672d36f1d5...
```

图 6-3　Wireshark 中的示例区块消息

在图 6-4 所示的示例中可以看到消息的交换，如 version、getaddr 和 getdata，以及一些描述消息名称的适当注释。

该练习对于了解比特币协议非常有用，建议在比特币测试网上进行实验，在该网络上可以发送各种消息和交易，然后由 Wireshark 进行分析。比特币测试网的网址如下：

https://en.bitcoin.it/wiki/Testnet

注意：

Wireshark 是一个网络分析工具，其下载地址如下：

https://www.wireshark.org

如图 6-4 所示，Wireshark 执行的分析显示了两个节点之间的消息交换。如果仔细观察，即可发现前 3 则消息显示了我们之前讨论的节点发现协议。

Time	192.168.0.13 → 136.243.139.96	Comment
97.734135000	(57868) version → (18333)	Bitcoin: version
98.025045000	(57868) verack → (18333)	Bitcoin: verack
98.025177000	(57868) getaddr, pin... → (18333)	Bitcoin: getaddr, ping, addr
98.025468000	(57868) getheaders, ... → (18333)	Bitcoin: getheaders, [unknown command], [unknown command], [unknown command], headers
98.160419000	(57868) [TCP Retran... → (18333)	Bitcoin: [TCP Retransmission] , getheaders, [unknown command], [unknown command], [unknown command]
98.598399000	(57868) getdata → (18333)	Bitcoin: getdata
144.343544000	(57868) inv → (18333)	Bitcoin: inv
176.152240000	(57868) getdata → (18333)	Bitcoin: getdata
179.493755000	(57868) getdata → (18333)	Bitcoin: getdata
218.101646000	(57868) ping → (18333)	Bitcoin: ping
218.192004000	(57868) [unknown co... → (18333)	Bitcoin: [unknown command]
218.444431000	(57868) [TCP Retran... → (18333)	Bitcoin: [TCP Retransmission] , [unknown command]
336.234936000	(57868) getdata → (18333)	Bitcoin: getdata
337.843423000	(57868) [unknown co... → (18333)	Bitcoin: [unknown command]
338.143885000	(57868) ping → (18333)	Bitcoin: ping
448.764093000	(57868) getdata → (18333)	Bitcoin: getdata
457.894823000	(57868) [unknown co... → (18333)	Bitcoin: [unknown command]
458.195265000	(57868) ping → (18333)	Bitcoin: ping
578.011774000	(57868) [unknown co... → (18333)	Bitcoin: [unknown command]
578.212044000	(57868) ping → (18333)	Bitcoin: ping
585.587671000	(57868) inv → (18333)	Bitcoin: inv
647.169633000	(57868) inv → (18333)	Bitcoin: inv
671.962545000	(57868) getdata → (18333)	Bitcoin: getdata
698.037067000	(57868) [unknown co... → (18333)	Bitcoin: [unknown command]
698.237350000	(57868) ping → (18333)	Bitcoin: ping
701.563581000	(57868) inv → (18333)	Bitcoin: inv
701.986269000	(57868) inv → (18333)	Bitcoin: inv
705.022173000	(57868) inv → (18333)	Bitcoin: inv
812.115878000	(57868) inv → (18333)	Bitcoin: inv
818.198570000	(57868) [unknown co... → (18333)	Bitcoin: [unknown command]
818.298733000	(57868) ping → (18333)	Bitcoin: ping

图 6-4　Wireshark 中的节点发现协议

6.1.4　BIP 37 和布隆过滤器

完整客户端是下载整个区块链的胖客户端或完整节点，这是客户端验证区块链的最安全方法。如前文所述，比特币网络节点可以按两种基本模式运行：全客户端或轻量级的 SPV 客户端。SPV 客户端用于验证支付，而无须下载完整的区块链。SPV 节点仅保留当前有效的最长区块链的区块标头的副本。

验证的执行需要查看将交易与接受交易的原始区块链接在一起的默克尔分支，其实没必要每次验证都查看那些不相干的交易，因此我们需要一种更实际的方法。在 BIP 37 中已经实现了该方法，它使用布隆过滤器（Bloom Filter）仅检索相关交易。有关 BIP 37 的详细信息，可访问以下网址：

https://github.com/bitcoin/bips/blob/master/bip-0037.mediawiki

布隆过滤器是一种数据结构（带有索引的位向量），用于以概率方式测试元素的成员资格，即检索一个元素是否在一个集合中。由于它提供的是概率查询，因此会有误报的情况，但只有假阳性误报而没有假阴性误报。这意味着在该过滤器的输出中，有可能出现某个元素不是被测试的集合的成员，却错误地被认为是该集合成员的情况（假阳性），但是它永远不会出现某个元素确实存在于集合中，而断言（Assert）却认为它不存在的情况（假阴性）。

将元素哈希若干次后，即可添加到布隆过滤器中，然后通过相应的索引将位向量中的相应位设置为 1。为了检查布隆过滤器中元素的存在，可应用相同的哈希函数，并将其与位向量中的其他位进行比较，以查看是否将相同的位设置为 1。

并非每个哈希函数都适用于布隆过滤器（如 SHA-1），因为有些函数需要快速、独立且均匀分布。布隆过滤器最常用的哈希函数是 FNV、Murmur 和 Jenkins。

布隆过滤器主要由 SPV 客户端用于请求交易和它们感兴趣的默克尔区块。默克尔区块是区块的轻量级版本，其中包括区块标头、一些哈希、1 位标志的列表和交易计数。这些信息可用于构建默克尔树。构建的方法是创建一个筛选器，该筛选器仅与 SPV 客户端请求的交易和区块匹配。一旦交换了 version 消息并在对等方之间建立连接，节点即可根据要求设置过滤器。

概率过滤器根据设置的精确度或宽松程度，提供不同程度的保密性或精确度。设置严格的布隆过滤器将仅过滤由节点请求的交易，但其代价则是可能会将用户地址透露给交易对手（对手可以将交易与其 IP 地址相关联），从而暴露了隐私。设置松散的布隆过滤器可能会检索出更多不相关的交易，但将提供更好的隐私保护。对于 SPV 客户端，布隆过滤器允许它们使用低带宽，而不必下载所有交易进行验证。

BIP 37 提出了布隆过滤器的比特币实现，并向比特币协议引入了以下 3 个新消息：

- filterload。用于在连接上设置布隆过滤器。
- filteradd。向当前过滤器添加新的数据元素。
- filterclear。删除当前已加载的过滤器。

注意：

有关 BIP 37 规范的详细信息，请访问以下网址：

https://github.com/bitcoin/bips/blob/master/bip-0037.mediawiki

6.2　比特币钱包

比特币钱包软件用于存储私钥或公钥以及比特币地址，它可以执行不同的功能，例如接收和发送比特币。如今，软件通常提供两种功能：比特币客户端和比特币钱包。在磁盘上，比特币核心客户端比特币钱包被存储为 Berkeley DB 文件。

```
$ file wallet.dat
wallet.dat: Berkeley DB (B-tree, version 9, native byte-order)
```

比特币钱包软件通过随机选择 256 位数字来生成私钥。生成规则是预定义的，这在本书第 4 章“公钥密码学”中已经讨论过了。比特币钱包使用私钥对外交易并进行签名。比特币钱包不存储任何硬币，也没有为用户存储余额或硬币的概念。实际上，在比特币网络中，并不存在硬币。取而代之的是，只有交易信息存储在区块链上（更确切地说是 UTXO，未使用的交易输出），然后将其用于计算比特币的数量。

在比特币中，可以使用不同类型的钱包来存储私钥。作为软件程序，它们还可以向用户提供一些额外功能，以在比特币网络上管理和执行交易。

6.2.1　非确定性钱包

这些钱包包含随机生成的私钥，因此也被戏称为一堆密钥钱包（Just a Bunch Of Key，JBOK）。比特币核心客户端在首次启动时会生成一些密钥，以及在需要时生成一些密钥。

对于非确定性钱包来说，管理大量密钥非常困难，并且容易出错，这也可能导致盗窃和丢失硬币。

此外，用户还需要创建密钥的常规备份并采取适当的方式保护它们，例如加密密钥以防止盗窃或丢失。

6.2.2　确定性钱包

在这类钱包中，密钥是通过哈希函数从种子值中派生出来的。该种子值是随机生成的，通常由人类可读的助记码（Mnemonic Code）单词表示。助记码单词在 BIP 39 中进行了定义，其中包含用于生成确定性密钥的助记码的比特币改进建议。有关该 BIP 的详细信息，可访问以下网址：

https://github.com/bitcoin/bips/blob/master/bip-0039.mediawiki

此助记码单词可用于恢复所有密钥，并使私钥管理相对容易一些。

6.2.3　分层确定性钱包

分层确定性（Hierarchical Deterministic，HD）钱包在 BIP 32 和 BIP 44 中定义，它可以将密钥存储在从种子派生的树结构中。

种子生成父密钥（主密钥），该父密钥用于生成子密钥，随后还可以生成孙密钥。

HD 钱包中的密钥生成并非直接生成密钥，它会生成一系列私钥的信息（私钥生成信息）。如果知道主私钥，则可以轻松恢复 HD 钱包中私钥的完整层次结构。正是由于这一特性，HD 钱包非常易于维护并且非常便携。

目前，有许多免费的和商业销售的 HD 钱包。例如：

- Trezor

  https://trezor.io

- Jaxx

  https://jaxx.io/

- Electrum

  https://electrum.org/

6.2.4 脑钱包

脑钱包（Brain Wallet）的名字有点古怪，但仔细一想，也不难理解，就是通过大脑能记住的钱包。钱包的私钥都是一组 256 位的 base58 格式哈希值，人类的大脑想要记住它们简直太困难。于是，有人就想到了一个办法，从人类记忆的密码的哈希中派生出主私钥。其关键思想是，通过人类大脑记住的密码短语（PassPhrase）派生私钥，如果将该思想用于分层确定性钱包，则可以从单个记忆的密码派生出完整的 HD 钱包，这就是脑钱包的由来。

脑钱包的优点是用户只需要记住密码短语而不需要记忆私钥本身，这对用户来说非常友好，但对黑客来说也非常“友好”。因为在使用脑钱包时，为了减少记忆量，用户往往倾向于使用一些有实际意义的信息作为输入，如出生日期、喜欢的东西、诗词或俗谚等，而这恰好为暴力破解提供了方便之门。据称一个名叫 Ryan 的安全研究员曾经通过程序暴力破解了超过 730 个比特币，由此可见，脑钱包存在巨大的安全漏洞。

如果一定要使用脑钱包，可以考虑使用密钥扩展之类的技术来减慢攻击者的进程。

6.2.5 纸钱包

纸钱包，顾名思义就是一个纸质钱包，上面印有所需的密钥资料。它需要在物理上以安全方式存储。

注意：

纸钱包可以通过不同的服务提供商在线生成，例如：

- https://bitcoinpaperwallet.com/
- https://www.bitaddress.org/

6.2.6　硬件钱包

除纸钱包外，在物理上保证钱包安全的另一种方法是使用防篡改设备存储密钥。这种防篡改设备可以定制制造，随着支持近场通信（Near Filed Communication，NFC）的手机的出现，它也可以是 NFC 手机中的安全元件（Secure Element，SE）。

Trezor 和 Ledger 钱包是最常用的比特币硬件钱包。图 6-5 展示的就是 Trezor 钱包的照片。

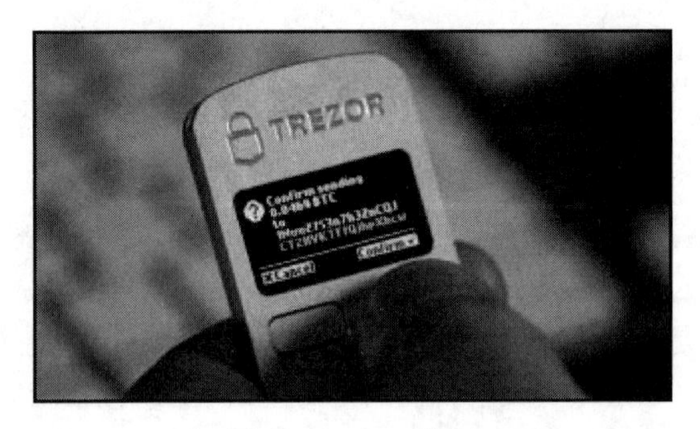

图 6-5　Trezor 钱包

6.2.7　在线钱包

在线钱包，顾名思义就是完全在线存储的钱包，通常通过云提供服务。它们向用户提供 Web 界面，以管理他们的钱包并执行各种功能，如付款和收款。

在线钱包使用方便，但这也意味着用户必须信任在线钱包服务提供商。在线钱包的一个示例是 GreenAddress，其网址如下：

https://greenaddress.it/en/

6.2.8　移动钱包

移动钱包（Mobile Wallet），顾名思义就是安装在移动设备上的钱包。它可以提供各种付款方式，最常用的是使用智能手机快速扫描二维码并进行支付。移动钱包可用于

Android 系统和 iOS 系统，如 Blockchain、breadwallet、Copay 和 Jaxx（见图 6-6）。

图 6-6　Jaxx 手机钱包

比特币钱包的选择取决于多个因素，如安全性、易用性和可用功能。在这些因素中，安全性是第一位的，并且在决定使用哪个钱包时，也是最重要的考量因素。与网络钱包相比，硬件钱包由于其防篡改设计而更加安全。Web 钱包本质上托管于网站，其安全性可能不及防篡改硬件设备。

一般来说，由于易用性、功能性和安全性的平衡组合，用于智能手机设备的移动钱包非常受欢迎。有许多公司在 iOS App Store 和 Android Play 上提供这些钱包。当然，在这里我们无法建议你应该使用哪种类型的钱包，这也取决于个人偏好和钱包中可用的功能。

重复一下，你在决定选择哪个钱包时应牢记：安全第一。

6.3　比特币支付

可以使用各种技术接受比特币作为支付手段。在许多司法管辖区中，比特币未取得合法货币的地位，但也有很多在线商人和电子商务网站将其视为一种付款方式。买家可以通过多种方式给接受比特币的业务付款。例如，在网上商店中，可以使用比特币商家的解决方案；而在传统的实体商店中，可以使用销售点终端和其他专用硬件。客户可以简单地扫描其中包含卖方付款统一资源标识符（Uniform Resource Identifier，URI）的二维码，然后使用移动设备付款。比特币 URI 允许用户只需单击链接或扫描二维码即可付款。URI 是代表交易信息的字符串。它在 BIP 21 中定义。二维码可以显示在销售终端附近。几乎所有的比特币钱包都支持此功能。

企业可以使用如图 6-7 所示的徽标来宣传它们接受比特币付款。

商业上可以买到各种比特币支付解决方案，例如 XBTerminal 和 34 字节的比特币销售点（Point Of Sale，POS）终端。

一般来说，这些解决方案的工作步骤如下：

（1）销售人员输入要收取的法定货币（如美元）的金额。

（2）在系统中输入数值后，终端会在上面打印带有二维码的收据以及其他相关信息，如金额。

（3）客户可以使用移动比特币钱包扫描此二维码，以将付款发送至嵌入二维码中的卖方的比特币地址。

（4）卖方在指定的比特币地址上收到付款后，会打印出收据作为销售的实物证据。

图 6-8 显示了 34 字节的比特币 POS 设备。

图 6-7　接受比特币支付的徽标

图 6-8　34 字节的比特币 POS 设备

许多在线服务提供商提供的比特币支付处理器可以与电子商务网站集成，因此可选择的范围较大。这些支付处理器可用于接受比特币作为支付，一些服务提供商还允许安全存储比特币。需要指出的是，在中国大陆，这些产品和服务都是不受支持或部分不受支持的。

为了引入和标准化比特币支付，目前已经提出并完成了各种比特币改进提案（Bitcoin Improvement Proposal，BIP）。最值得注意的是，BIP 70（支付协议）描述了商家与客户之间安全通信的协议。该协议使用 X.509 证书进行身份验证，并通过 HTTP 和 HTTPS 运行。该协议中包含 3 个消息：PaymentRequest、Payment 和 PaymentACK。该提案的主要特征是防御中间人攻击（Man-In-The-Middle Attack，MITM 攻击），保证支付证明的安全。中间人攻击可能导致攻击者居于商家和客户之间，使得客户以为自己正在与商家通信，而实际上却是中间人在与客户通信。因此，该攻击很可能导致商家的比特币地址被操纵，从而欺骗客户（买家）。

目前还实现了其他几种 BIP，如 BIP 71（支付协议 MIME 类型）和 BIP 72（支付协议的 URI 扩展），以标准化支付方案支持 BIP 70（支付协议）。

比特币闪电网络（Lighting Network）是可扩展的链下即时支付的解决方案。它于 2016 年年初推出，允许进行比特币的链下支付。这在一定程度上可以解决比特币支付存在的拥堵问题，从而提高比特币交易的速度和可扩展性。

注意：

有关比特币闪电网络的论文，可访问以下网址：

https://lightning.network

有兴趣的读者可阅读本文，以了解本发明背后的理论和原理。

6.4　比特币的创新

比特币经历了多次修改，并且仍在不断演变。通过解决系统中的各种弱点，它逐渐发展成为越来越可靠的系统。多年以来，比特币的性能一直是比特币专家和发烧友之间争论的焦点。因此，最近几年提出了各种建议来改善比特币性能，从而在协议级别提高交易速度，增强安全性、支付标准化和整体性能。

这些改进建议通常以 BIP 或比特币协议新版本的形式提出，从而形成一个新的网络。提案的某些更改可以通过软分叉实现，很少有需要硬分叉的情况。

接下来，我们将介绍 BIP 的类型，并讨论一些已经提出并实现的高级协议，它们都是为了解决比特币的不同弱点而提出的。

6.4.1　比特币改进提案

比特币改进提案（Bitcoin Improvement Proposal，BIP）是用来向比特币社区提出改进建议的文档，可以包含设计问题或有关比特币生态系统改进方面的信息。比特币改进提案有 3 种类型：

- 标准 BIP。用于描述对比特币系统有重大影响的主要更改，例如区块大小变化、网络协议修改或交易验证更改等。
- 流程 BIP。标准 BIP 与流程 BIP 之间的主要区别在于：标准 BIP 涵盖协议更改，而流程 BIP 通常只负责对核心比特币协议之外的流程提出更改建议。这些只有在比特币用户之间达成共识之后才能实施。
- 信息 BIP。通常用于建议或记录有关比特币生态系统的某些信息，如设计问题。

6.4.2　高级协议

在本节中，我们将看到为改进比特币协议而建议或实施的各种高级协议是什么。

交易吞吐量是需要解决的关键问题之一。从本质上讲，比特币网络每秒只能处理 3～7 笔交易，与其他金融网络（如 Visa）相比，这是一个很小的数目。Visa 每秒能处理大约 24000 笔交易，PayPal 每秒可以处理大约 200 笔交易，而以太坊平均每秒可以处理 20 笔交易。不过，和支付宝比起来，它们全都不值得一提，因为支付宝平均每秒可以处理的交易数量达到了惊人的 40 万笔。2020 年“双十一”消费日，天猫更是创下了每秒交易 58 万多笔的新纪录。

随着比特币网络在过去几年中呈指数级增长，比特币交易拥堵的问题开始进一步发展。图 6-9 显示了网络处理速度的差异（不含支付宝），显示了比特币与其他网络的交易速度之间的差异程度。

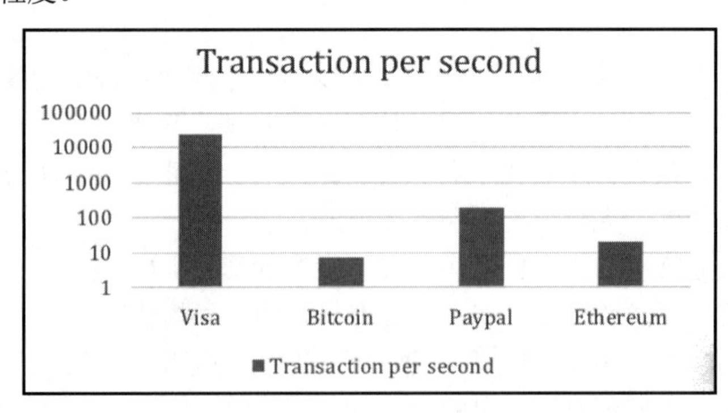

图 6-9　比特币与其他网络的交易速度对比（对数刻度）

原　　文	译　　文
Transaction per second	每秒交易数量

诸如交易延展性之类的安全问题是真正令人关注的问题，因为它们可能导致拒绝服务。目前，已经提出了各种建议来解决比特币的不同弱点的问题。

6.4.3　隔离见证

隔离见证（Segregated Witness，SegWit）是对比特币协议的软分叉的更新，可解决比特币协议中的一些弱点问题，如吞吐量和安全性弱点。

SegWit 提供了以下改进方法：

- 修复由于签名数据与交易数据分离而导致的交易延展性。在这种情况下，由于不再基于交易中存在的签名数据来计算交易 ID，因此不再可能修改交易 ID。
- 削减了交易大小，从而降低交易费用。
- 减少交易签名和验证的时间，从而加快交易速度。
- 脚本版本控制，允许使用版本号作为锁定脚本的前缀。此更改可以导致脚本语言的改进，但是无须硬分叉，只需增加脚本的版本号即可。
- 减少输入的验证时间。

SegWit 是在 BIP 141、BIP 143、BIP 144 和 BIP 145 中提出的，它已于 2017 年 8 月 24 日在比特币主网络上被激活。SegWit 背后的关键思想是将签名数据与交易数据分离，从而削减了交易的大小。这导致区块大小增加至最大 4 MB，但是，实际限制在 1.6～2 MB。SegWit 引入了新的区块权重限制的概念，而不是 1 MB 区块的硬大小限制。

要在比特币中花费未使用的交易输出，需要提供有效的签名。在 SegWit 之前的方案中，此签名是在锁定脚本中提供的；而在 SegWit 中，此签名不是交易的一部分，而是单独提供的。

现在可以使用 SegWit 钱包构建两种类型的交易。请注意，这些并不是新的交易类型，它们只是可以使用 UTXO 的新方式。这些类型是：

- 支付给见证公钥哈希（Pay to Witness Public Key Hash，P2WPKH）。
- 支付给见证脚本哈希（Pay to Witness Script Hash，P2WSH）。

6.4.4　Bitcoin Cash

比特币现金（Bitcoin Cash）是挖矿巨头比特币旗下的矿池 ViaBTC 提出的一套硬分叉体系，它基于比特币的原链推出。它将区块限制增加到 8 MB，与原始比特币协议中的 1 MB 限制相比，增加了可在一个区块中处理的交易数量。它使用 PoW 作为共识算法，而挖矿硬件仍基于 ASIC。区块间隔从 10 分钟更改为 10 秒，最长可达 2 小时。它还提供了重放保护和擦除保护。

Bitcoin Cash 的诞生缘于比特币核心开发者和矿工的对立，核心开发者在比特币的开发中占据优势，但矿工可以决定是否使用和维护客户端，这有点类似于游戏开发者和玩家大公会的争端，玩家大公会不满意游戏开发者的收费，于是自己开了一个“私服”（私服是指未经版权拥有者授权，非法获得服务器安装程序之后设立的网络服务器）；挖矿巨头不满意比特币既有的发展路线图，于是推出了山寨币。不同的是，游戏开私服涉嫌侵犯版权，是违法行为，而发行山寨币是否违法各国对此的认定不同。2017 年 9 月 4 日，中国人民银行等七部门发布《关于防范代币发行融资风险的公告》，认定首次代币发行活动等涉嫌从事非法金融活动，是违法行为。

6.4.5　Bitcoin Unlimited

在该建议中，增加了区块的大小，但未将其设置为硬限制。相反，矿工在一段时间内就区块规模上限达成了共识。其他概念，例如并行验证（Parallel Validation）和极瘦区块（Extreme Thin Blocks），已在 Bitcoin Unlimited 中提出。

注意：

其客户端下载地址如下：

https://www.bitcoinunlimited.info

极瘦区块使比特币节点之间的区块传播速度更快。在该方案中，节点请求区块将 getdata 请求以及布隆过滤器发送到另一个节点。此布隆过滤器的目的是筛选出请求节点的内存池（Memory Pool，Mempool）中已经存在的交易。然后，该节点发回仅包含筛选交易的极瘦区块。这解决了比特币的低效率问题，即二次接收交易，一次是在发送方广播时，一次是在已开采的区块（包含已确认的交易）广播时。

并行验证允许节点并行验证多个区块以及新传入的交易，这种机制与比特币相反。在比特币中，在接收新区块之后的验证期间，节点在接受或拒绝该区块之前无法中继新的交易或验证任何区块。

6.4.6　Bitcoin Gold

自原始比特币区块链的 491407 区块以后，该建议已被实现为硬分叉。作为硬分叉，它产生了一个新的区块链，名为 Bitcoin Gold（BTG）。该概念的核心思想是解决采矿集中化的问题，该问题已损害了比特币最初的去中心化数字现金的思想。

采矿集中化的问题缘于矿池的出现。矿池降低了比特币等虚拟数字货币开采的难度，降低了开采门槛，真正实现了人人皆可参与的比特币挖矿理念。但是，由于矿池掌握了极其庞大的算力资源，而在比特币世界中，算力代表着记账权，因此算力越高的矿池，就有越多的哈希能力向它集中，这导致矿池垄断了开采权、记账权和分配权。BTG 使用 Equihash 算法代替 PoW 作为挖掘算法。因此，BTG 具有 ASIC 抗性，并可使用 GPU 进行挖掘。

另外，如 Bitcoin Next Generation、Solidus、Spectre 和 SegWit2x 等，将在本书第 18 章“可伸缩性和其他挑战”中讨论。

6.4.7　比特币投资和买卖比特币

有许多在线交易所，用户可以在其中买卖比特币，这些交易所提供比特币交易、差价合约（Contract For Difference，CFD）、点差交易（Spread Betting）、保证金交易（Margin Trading）以及其他各种选择。

交易者可以通过开设多头头寸或空头头寸来购买比特币或进行卖出交易，以在比特币价格上涨或下跌时获利。其他一些功能（例如将比特币交换为其他虚拟货币）也是可能的，许多在线比特币交易所都提供此功能。

在线交易所还提供各种市场数据、交易策略、图表以及为交易者提供支持的相关数据。图 6-10 显示了 CEX.IO 的示例。其他交易所也提供类似的服务。

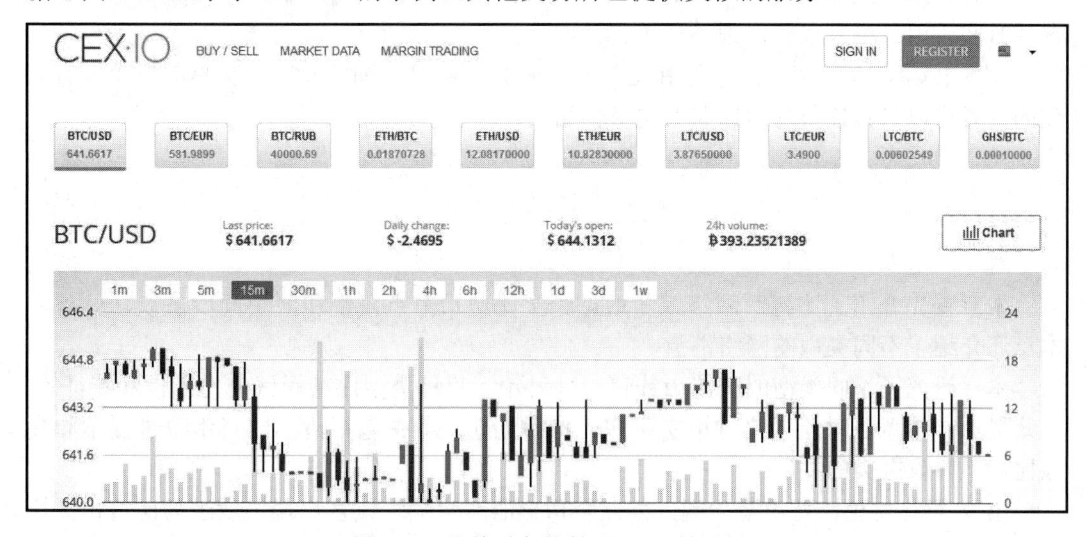

图 6-10　比特币交易所 CEX.IO 的示例

图 6-11 显示了交易所中列出的买卖挂单。

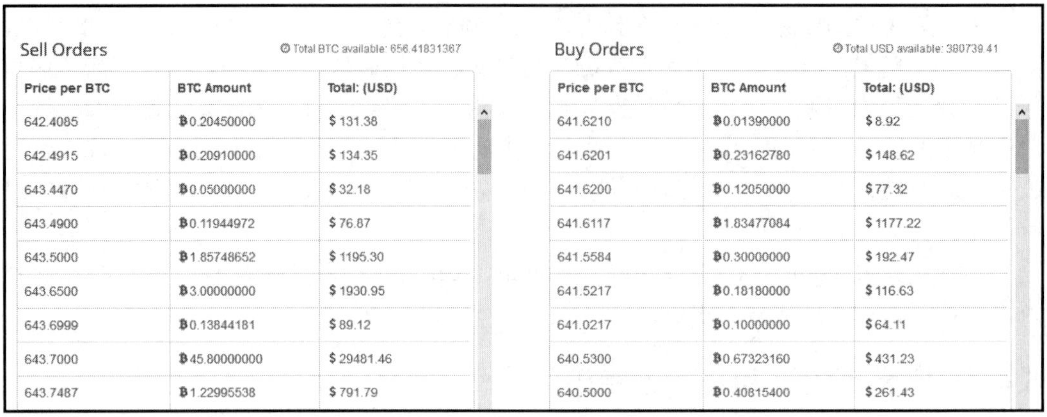

Sell Orders　　Total BTC available: 656.41831367

Price per BTC	BTC Amount	Total: (USD)
642.4085	฿0.20450000	$ 131.38
642.4915	฿0.20910000	$ 134.35
643.4470	฿0.05000000	$ 32.18
643.4900	฿0.11944972	$ 76.87
643.5000	฿1.85748652	$ 1195.30
643.6500	฿3.00000000	$ 1930.95
643.6999	฿0.13844181	$ 89.12
643.7000	฿45.80000000	$ 29481.46
643.7487	฿1.22995538	$ 791.79

Buy Orders　　Total USD available: 380739.41

Price per BTC	BTC Amount	Total: (USD)
641.6210	฿0.01390000	$ 8.92
641.6201	฿0.23162780	$ 148.62
641.6200	฿0.12050000	$ 77.32
641.6117	฿1.83477084	$ 1177.22
641.5584	฿0.30000000	$ 192.47
641.5217	฿0.18180000	$ 116.63
641.0217	฿0.10000000	$ 64.11
640.5300	฿0.67323160	$ 431.23
640.5000	฿0.40815400	$ 261.43

图 6-11　交易所 CEX.IO 上的比特币买卖挂单

在图 6-11 中显示的 Sell Orders（卖出单）也叫 Ask Orders（要价单），Buy Orders（买入单）也叫 Bid Orders（出价单）。这意味着要价是卖方愿意出售比特币的价格，而出价则是买方愿意支付的价格。

如果买入和卖出价格匹配，则可以进行交易。最常见的订单类型是市价单和限价单。市价单意味着一旦价格匹配，则订单将立即被执行。限价单允许以指定价格或更高价格买卖设定数量的比特币。

另外，用户还可以设置一个时间段，在该时间段内可以将订单保持开放状态，如果在该时间段内订单未成交，则该订单将被取消。

在本书第 4.23 节“金融市场和交易基础知识”中已详细地介绍了交易的概念，有兴趣的读者可以参考该节内容以获取更多信息。

6.5　小　　结

本章首先介绍了比特币网络，随后讨论了比特币节点发现和区块同步协议。此外，本章还介绍了不同类型的网络消息。

本章研究了不同类型的比特币钱包，并讨论了每种类型比特币钱包的属性和特征。

最后，本章还讨论了比特币支付和比特币创新，其中包括诸如比特币改进提案和高级比特币协议之类的主题。

第 7 章将讨论比特币客户端，如比特币核心客户端，该客户端可用于与比特币区块链进行交互，也可以充当比特币钱包。此外，还将探讨一些可用于对比特币应用进行编程的 API。

第 7 章　比特币客户端和 API

本章将介绍比特币客户端安装，并简要介绍可用于开发比特币应用程序的各种 API 和工具。我们将研究如何在实时和测试网络中设置比特币节点。此外，本章还将讨论用于在比特币系统中执行不同功能的各种命令和实用程序。

本章将讨论以下主题：

- 比特币客户端的安装。
- Bitcoin Core 客户端的类型。
- 设置比特币网络节点。
- 设置源代码。
- 设置 bitcoin.conf。
- 在测试网中启动节点。
- 以 regtest 模式启动节点。
- 使用 Bitcoin-cli 进行实验。
- 比特币编程和命令行接口。

7.1　比特币客户端的安装

Bitcoin Core 客户端的下载地址如下：

https://bitcoin.org/en/download

Bitcoin Core 客户端适用于从 x86 Windows 到 ARM Linux 的不同架构和平台，如图 7-1 所示。

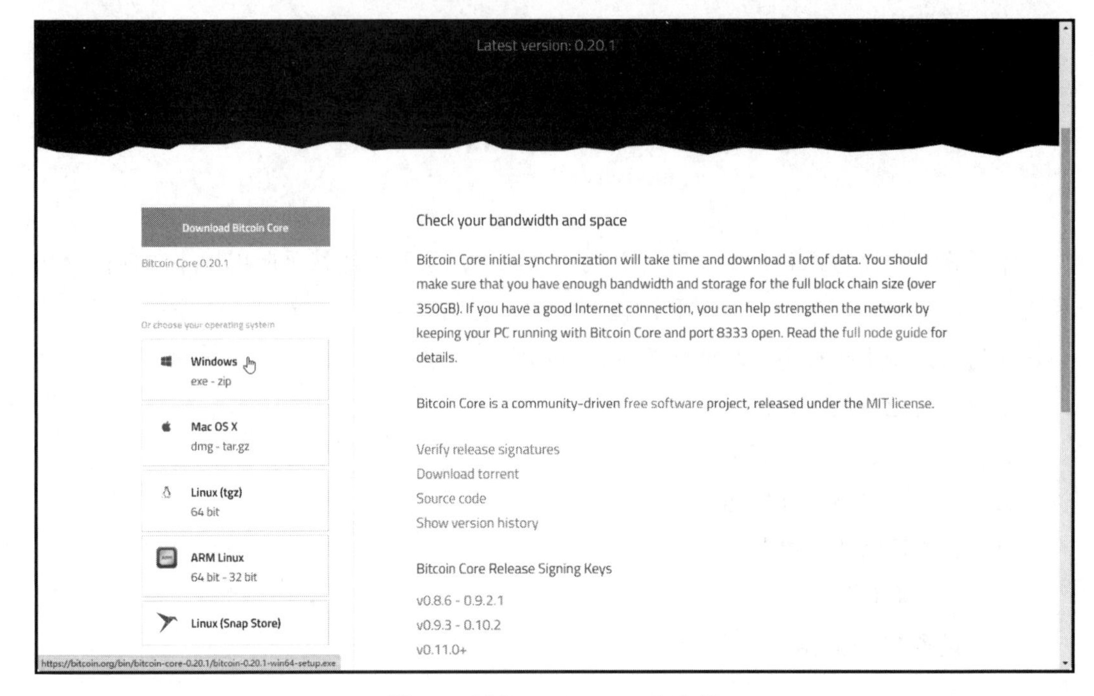

图 7-1　下载 Bitcoin Core 客户端

7.2　Bitcoin Core 客户端的类型

现在介绍一下 Bitcoin Core 客户端的类型。

7.2.1　Bitcoind

Bitcoind 末尾的字母 d 表示 daemon（守护程序）。所谓守护程序，就是指常驻内存能够连续运行的程序（就好像守护者一样），用于处理计算机系统希望接收到的阶段性的服务需求。daemon 程序段可以将请求提交给其他合适的程序（或者进程）。Bitcoind 作为守护程序运行的核心客户端软件，提供 JSON-RPC 接口，可以持续等待从网络客户端及其用户发送来的请求。

7.2.2　Bitcoin-cli

Bitcoin-cli 末尾的 cli 表示 command line（命令行），它是与 Bitcoind 交互的功能丰

富的命令行工具。Bitcoind 与区块链进行交互并执行各种功能。Bitcoin-cli 仅调用 JSON-RPC 功能，并且不会在区块链上自行执行任何操作。

7.2.3　Bitcoin-qt

Bitcoin-qt 末尾的 qt 表示一个 C++库，包括图形用户界面（Graphical User Interface，GUI），因此 Bitcoin-qt 是 Bitcoin Core 客户端的 GUI。当钱包软件首次启动时，它将验证磁盘上的区块，然后启动并显示如图 7-2 所示的 GUI。

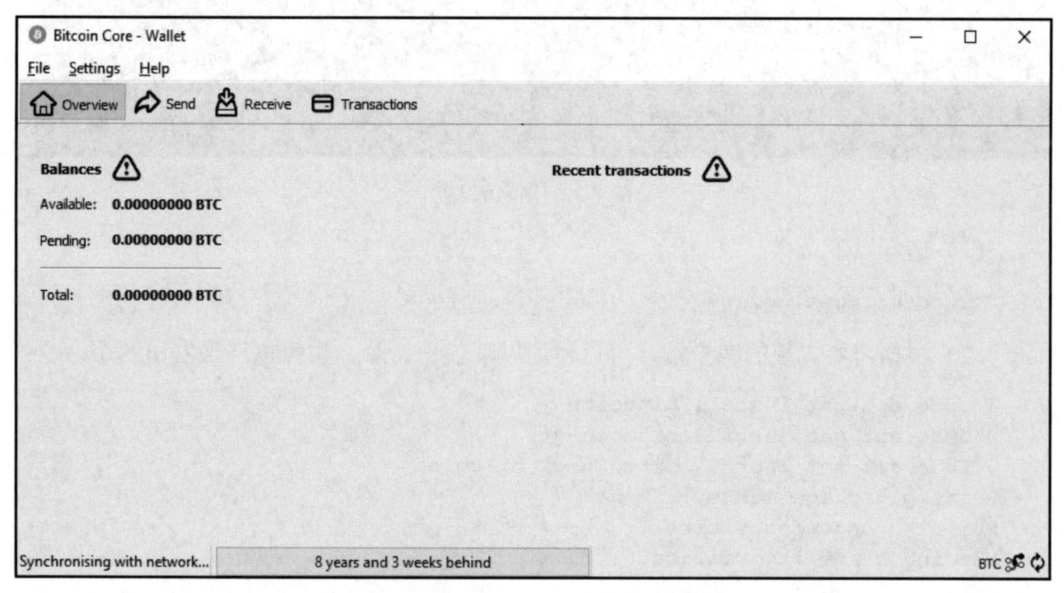

图 7-2　刚安装的 Bitcoin Core QT 客户端（此时区块链尚未同步）

验证过程并不特定于 Bitcoin-qt 客户端，它也是由 Bitcoind 客户端执行的。

7.3　设置比特币网络节点

图 7-3 显示了在 Ubuntu 上安装 Bitcoin Core 的运行示例。对于其他平台，你可以从以下网址获取详细信息：

https://bitcoin.org/en/

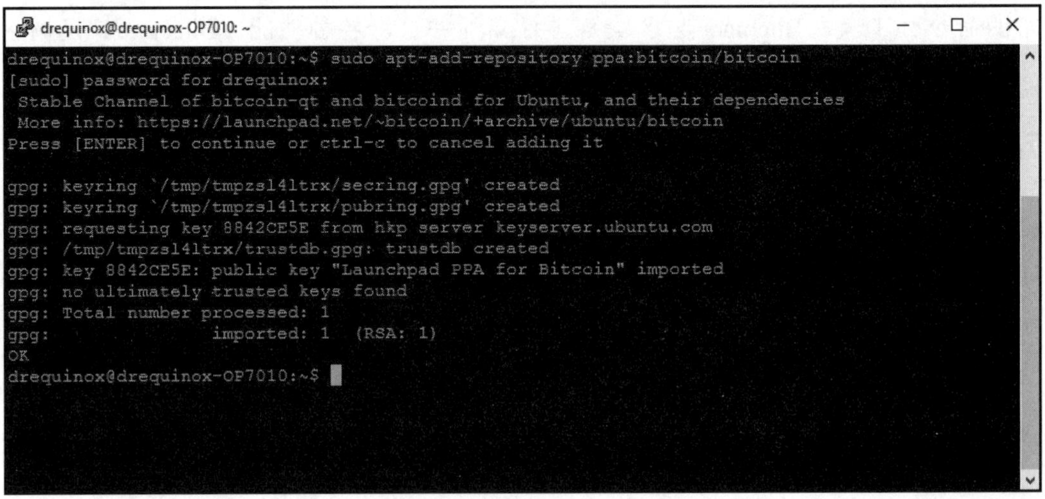

```
dequinox@drequinox-OP7010: ~
drequinox@drequinox-OP7010:~$ sudo apt-add-repository ppa:bitcoin/bitcoin
[sudo] password for drequinox:
 Stable Channel of bitcoin-qt and bitcoind for Ubuntu, and their dependencies
 More info: https://launchpad.net/~bitcoin/+archive/ubuntu/bitcoin
Press [ENTER] to continue or ctrl-c to cancel adding it

gpg: keyring `/tmp/tmpzsl4ltrx/secring.gpg' created
gpg: keyring `/tmp/tmpzsl4ltrx/pubring.gpg' created
gpg: requesting key 8842CE5E from hkp server keyserver.ubuntu.com
gpg: /tmp/tmpzsl4ltrx/trustdb.gpg: trustdb created
gpg: key 8842CE5E: public key "Launchpad PPA for Bitcoin" imported
gpg: no ultimately trusted keys found
gpg: Total number processed: 1
gpg:               imported: 1  (RSA: 1)
OK
drequinox@drequinox-OP7010:~$
```

图 7-3　比特币设置

（1）运行以下命令：

```
$ sudo apt-get update
```

（2）根据需要安装的客户端，可以使用以下任一命令，也可以一次发出两个命令：

```
$ sudo apt-get install bitcoind
$ sudo apt-get install bitcoin-qt
$ sudo apt-get install bitcoin-qt bitcoind
Reading package lists... Done
Building dependency tree
Reading state information... Done
......
```

7.4　设置源代码

如果用户希望参与比特币代码开发或用于学习目的，则可以下载和编译比特币源代码。以下 git 命令可用于下载比特币源代码：

```
$ sudo apt-get install git
$ mkdir bcsource
$ cd bcsource
$ git clone https://github.com/bitcoin/bitcoin.git
Cloning into 'bitcoin'...
remote: Counting objects: 78960, done.
```

```
remote: Compressing objects: 100% (3/3), done.
remote: Total 78960 (delta 0), reused 0 (delta 0), pack-reused 78957
Receiving objects: 100% (78960/78960), 72.53 MiB | 1.85 MiB/s, done.
Resolving deltas: 100% (57908/57908), done.
Checking connectivity... done.
```

将目录更改为 bitcoin：

```
$ cd bitcoin
```

完成上述步骤后，可以编译代码：

```
$ ./autogen.sh
$ ./configure.sh
$ make
$ sudo make install
```

7.5　设置 bitcoin.conf

bitcoin.conf 文件是配置文件，Bitcoin Core 客户端使用该文件保存配置信息，可以在配置文件中设置 Bitcoind 客户端的所有命令行选项（-conf 开关除外）。当启动 Bitcoin-qt 或 Bitcoind 时，它将从该文件中获取配置信息。

在 Linux 系统中，通常可以在$HOME /.bitcoin/中找到该配置文件，或者在命令行中使用-conf =<file>开关指定它。

7.6　在测试网中启动节点

如果要测试比特币网络并运行实验，则可以在 testnet 模式下启动比特币节点。与实时网络相比，这是一个更快的网络，并且对于采矿和交易具有宽松的规则。

比特币测试网络可以使用各种终端服务，例如比特币 testnet 沙箱，用户可以请求将比特币支付到 testnet 比特币地址。

注意：

测试网访问地址如下：

https://testnet.manu.backend.hamburg/

这对于在测试网上试验交易非常有用。启动 testnet 的命令行如下：

```
bitcoind --testnet -daemon
bitcoin-cli --testnet <command>
bitcoin-qt --testnet
```

7.7　以 regtest 模式启动节点

regtest 模式（回归测试模式）可创建用于测试目的的本地区块链。

可以使用以下命令以 regtest 模式启动节点：

```
$ bitcoind -regtest -daemon
Bitcoin server starting
```

可以使用以下命令生成区块：

```
$ bitcoin-cli -regtest generate 200
```

在 Linux 系统上，可以在.bitcoin/regtest 目录的 debug.log 中查看相关日志消息，如图 7-4 所示。

```
drequinox@drequinox-OP7010:~/.bitcoin/regtest$ tail -f debug.log
2016-10-16 15:43:55 AddToWallet d461e1fb162dd6958139a2ab5e4f9993ffbd51b1a4e3a80e5b77e472cd90dd6a  new
2016-10-16 15:43:55 CreateNewBlock(): total size 1000 txs: 0 fees: 0 sigops 400
2016-10-16 15:43:55 UpdateTip: new best=37c1f40299a3724dd2edf63d26925cb580b8c5f27405289ef9204e53fe4e1b87 height=299 version=0x30000003 log2_work=9.22881
87 tx=300 date='2016-10-16 15:44:27' progress=1.000000 cache=0.1MiB(299tx)
2016-10-16 15:43:55 AddToWallet b88863e122c4f3ae66b53e4026d8fa6c916c570df2b154febf51c676235d70bf  new
2016-10-16 15:43:55 CreateNewBlock(): total size 1000 txs: 0 fees: 0 sigops 400
2016-10-16 15:43:55 UpdateTip: new best=5c22d0b090b6f3fd978fbbb14803d1d84ecccfb697a199d502beb1d88da43ad2 height=300 version=0x30000003 log2_work=9.23361
97 tx=301 date='2016-10-16 15:44:28' progress=1.000000 cache=0.1MiB(300tx)
2016-10-16 15:43:55 AddToWallet e315c5b6863aed2d4477f6e6e5cdb7ace273f40549d249b90b8793de0de0b8e1  new
2016-10-16 15:43:55 CreateNewBlock(): total size 1000 txs: 0 fees: 0 sigops 400
2016-10-16 15:43:55 UpdateTip: new best=7f9eeb78cdb34f374d426c95eab32c85810715574c0a87ec93218ab77ae9f5ae height=301 version=0x30000003 log2_work=9.23840
47 tx=302 date='2016-10-16 15:44:28' progress=1.000000 cache=0.1MiB(301tx)
2016-10-16 15:43:55 AddToWallet 428058e9e73f6862f8e126999efa4062dad2e63b253630d2e2ec086e7f5ac029  new
```

图 7-4　比特币调试日志中的消息

生成区块后，可以按如下方式查看余额：

```
$ bitcoin-cli -regtest getbalance
8750.00000000
```

可以使用以下命令停止该节点：

```
$ bitcoin-cli -regtest stop
Bitcoin server stopping
```

7.8　使用 Bitcoin-cli 进行实验

Bitcoin-cli 是 Bitcoin Core 客户端提供的命令行界面，可通过 Bitcoin Core 客户端提供

的 RPC 接口执行各种功能，如图 7-5 所示。

```
drequinox@drequinox-OP7010:~$ bitcoin-cli getinfo
{
  "version": 130000,
  "protocolversion": 70014,
  "walletversion": 130000,
  "balance": 0.00000000,
  "blocks": 433948,
  "timeoffset": 0,
  "connections": 8,
  "proxy": "",
  "difficulty": 258522748404.5154,
  "testnet": false,
  "keypoololdest": 1475534258,
  "keypoolsize": 100,
  "paytxfee": 0.00000000,
  "relayfee": 0.00001000,
  "errors": ""
}
drequinox@drequinox-OP7010:~$
```

图 7-5　Bitcoin-cli getinfo 的示例运行；可以使用相同的格式来调用其他命令

可以通过如图 7-6 所示的命令显示所有命令的列表。

```
drequinox@drequinox-OP7010:~$ bitcoin-cli -testnet help | more
== Blockchain ==
getbestblockhash
getblock "hash" ( verbose )
getblockchaininfo
getblockcount
getblockhash index
getblockheader "hash" ( verbose )
getchaintips
getdifficulty
getmempoolancestors txid (verbose)
getmempooldescendants txid (verbose)
getmempoolentry txid
getmempoolinfo
getrawmempool ( verbose )
gettxout "txid" n ( includemempool )
gettxoutproof ["txid",...] ( blockhash )
gettxoutsetinfo
verifychain ( checklevel numblocks )
verifytxoutproof "proof"

== Control ==
getinfo
help ( "command" )
stop
```

图 7-6　在测试网上运行的 Bitcoin-cli 命令，这里仅显示了输出的前几行，实际输出中有很多命令

图 7-6 显示了 Bitcoin-cli（比特币命令行）界面中可用的各种命令行选项的列表，这些命令可用于查询区块链并控制本地节点。

7.9 比特币编程和命令行接口

比特币编程现在是一个非常丰富的领域。Bitcoin Core 客户端公开了各种 JSON-RPC 命令，这些命令可用于构造原始交易并通过自定义脚本或程序执行其他功能。

此外，还可以使用命令行工具 Bitcoin-cli，该工具利用 JSON-RPC 接口并提供丰富的工具集来处理比特币。

这些 API 可以通过在线服务提供商以比特币 API 的形式获得，它们提供一个简单的 HTTP REST 接口。常见的比特币 API 在线服务提供商如下。

- Blockchain.info

  https://blockchain.info/api

- BitPay

  https://bitpay.com/api

- Block.io

  https://www.block.io

这些在线服务提供商提供多种选择开发比特币的解决方案。

除此之外，还有各种库可用于比特币编程。常见的库列表如下。

- Libbitcoin。提供强大的命令行实用程序和客户端，其网址如下：

  https://libbitcoin.dyne.org

- Pycoin。支持 Python 的库，其网址如下：

  https://github.com/richardkiss/pycoin

- Bitcoinj。以 Java 实现的库，其网址如下：

  https://bitcoinj.github.io/

有许多在线比特币 API 可用。下面列出了最常用的 API。

- https://bitcore.io/

- https://bitcoinjs.org/
- https://blockchain.info/api

由于 API 都提供几乎类似的功能类型，因此用户在决定使用哪个 API 时会感到困惑。另外，由于 API 都具有丰富的功能，因此很难推荐最好的 API。但是，用户要牢记安全第一。每当评估使用 API 时，除了评估其提供的功能外，还要评估该 API 设计的安全性。

7.10　小　　结

本章从介绍比特币的安装开始，讨论了源代码设置和不同网络的比特币客户端设置。之后，讨论了比特币客户端中可用的各种命令行选项。

最后，本章还介绍了可用于比特币编程的 API，以及在评估 API 的使用时要牢记的要点。

第 8 章将探讨比特币之后出现的其他代币，以及与替代加密货币相关的各种属性和特征。

第8章 山 寨 币

自比特币取得成功以来，替代区块链和山寨币项目纷纷出现。比特币于2009年发布，第一个山寨币项目（Namecoin）于2011年推出。

在2013年和2014年，山寨币（Alternative Coins，Altcoin）市场呈爆发性增长，许多不同类型的替代区块链和山寨币项目纷纷出现。

一些替代区块链和山寨币项目取得了成功，但更多的山寨币项目则由于感兴趣者减少而变得不受欢迎，结果失败了。需要说明的是，山寨币名称本身是不含歧视意味的，之所以很多人对山寨币的印象变得很糟糕，是因为有一些山寨币项目完全就是“骗局”，它们先是浮出水面大肆炒作，然后拉高出货（Pump and Dump），最后很快就烟消云散了。

根据比特币开发的主要目的，比特币的替代方法大致可以分为两类：如果主要目标是构建去中心化的区块链平台，则它们被称为替代区块链（Alternative Blockchain）；如果替代项目的唯一目的是引入一种新的虚拟货币，则它们被称为山寨币（Altcoin）。

请注意，根据中国人民银行等五部委发布的《关于防范比特币风险的通知》（2013年）的权威解释，无论是比特币还是山寨币，都不是真正意义的货币。它们可能被称为硬币、代币或虚拟货币，但实际上和游戏道具类似，只是一种特定的虚拟商品。

本书第16章“替代区块链”中，将详细讨论替代区块链。

本章主要讨论山寨币。山寨币的主要目的就是推出一种新的虚拟货币，虽然它们可能会展示一些材料，声称要在比特币的基础上提供其他服务从而推出替代协议，但是这些多数时候不过是圈钱的噱头，也有一些诸如域名币之类的概念，其主要目的是提供去中心化的域名和身份服务而不是货币。

本章将讨论以下主题：

- ❑ 山寨币现状。
- ❑ 工作量证明方案的替代方法。
- ❑ 各种权益类型。
- ❑ 不可外包的难题。
- ❑ 难度目标重新调整算法。
- ❑ 比特币的局限性。
- ❑ 开发山寨币。
- ❑ 各种山寨币举例。

8.1 山寨币现状

目前市场上有数千种山寨币，可谓良莠不齐。当然，其中也有一些具有一定价值的优质山寨币，如域名币、Zcash、质数币等。如前文所述，域名币是第一个山寨币项目，而 Zcash 则是在 2016 年推出的更成功的山寨币。质数币并未获得太多普及，但仍在使用。本章后面将详细介绍这些山寨币。

8.1.1 山寨币的由来

山寨币的出现，一言以蔽之，就是缘于比特币的火热行情。山寨币项目中有许多是比特币源代码的直接分支，但是另外一些是从头开始编写的。一些山寨币着眼于解决比特币的局限性，如隐私；而另外一些山寨币则提供了不同的挖矿类型、区块产生时间的变化和不同的分配方案等。

根据定义，在使用硬分叉的情况下会生成山寨币。如果比特币有一个硬分叉，那么另一个较旧的链实际上会被认为是一种硬币。以太坊就发生了这种情况，其硬分叉导致在以太币（Ethereum，ETH）之外出现了新的经典以太坊（Ethereum Classic，ETC）货币。经典以太坊是旧链，而以太币则是硬分叉之后的新链，像这种有争议的硬分叉其实是不可取的。

首先，是一个叫以太坊基金会的核心实体一意孤行地要继续硬分叉，而并非所有人都同意这一主张，因为它与去中心化的真正精神是背道而驰的（本次硬分叉事件的背后，其实是缘于一次黑客攻击，有关详细信息，参见本书第 9.8 节“DAO 黑客入侵事件”）；其次，由于人们对硬分叉的分歧，也可能会造成用户社区的严重分裂。

从理论上讲，硬分叉会生成山寨币，但分叉出来的山寨币可以提供的功能同样会受到限制。即使修改产生了硬分叉，但一般来说围绕代币的基本参数并不会发生很大的变化，它们通常会保持不变。

如果出于创新的理由一定要硬分叉，则要么从头开始编写新代币，要么去分叉比特币（或其他代币的源代码），以使用你认为理想的参数和特性创建新的虚拟货币。

8.1.2 吸引用户的方法

山寨币必须能够吸引新的用户、交易和矿工，否则该山寨币将毫无价值。

某种山寨币如果想在虚拟货币市场上占有一席之地，则其网络效应和用户社区对该山寨币的接受程度是关键。如果该山寨币无法吸引足够多的用户，那么它将很快被遗忘。

有些开发者会通过各种方法（例如提供初始数量的山寨币）来吸引用户，但是，如果新币的表现不如预期，则也有投资失败的风险。

提供初始数量山寨币的方法如下：

- 创建一个新的区块链。山寨币可以创建一个新的区块链并给最初的矿工分配一定数量的虚拟货币，但是由于存在许多无良开发者设计骗局和拉高出货的情况，这种方法现在不受欢迎。在这种方法中，最初的矿工会通过发行新货币获利，然后就消失了。
- 燃烧证明（Proof of Burn，PoB）。燃烧证明是将初始资金分配给新的山寨币的一种方法，也称为单向锚定（One-Way Peg）或价格上限（Price Ceiling）。在这种方法中，用户永久性地“燃烧”（销毁）与要索取的山寨币数量成比例的一定数量的比特币。例如，如果销毁了 10 个比特币，那么就可以获得价值不大于被销毁的某些比特币的山寨币。这意味着比特币通过燃烧被转换为山寨币。
- 所有权证明（Proof of Ownership）。替代永久销毁比特币的方法是证明用户拥有一定数量的比特币。通过将山寨币区块绑定到比特币区块，该所有权证明可用于索取山寨币。例如，可以通过合并采矿来实现该证明。在这种合并采矿方式中，比特币矿工可以在不进行任何额外工作的情况下于开采比特币的同时开采山寨币。下文将解释合并采矿。
- 锚定侧链（Pegged Sidechain）。侧链是与比特币网络分开的区块链，但可以将比特币转让给它们，山寨币也可以转移回比特币网络，这称为双向锚定侧链（Two-Way Pegged Sidechain）。

8.1.3　山寨币的交易

山寨币的投资规模和交易市场虽然不如比特币的大，但也足以吸引新的投资者和交易者，并向市场提供流动性。合并的山寨币市值如图 8-1 所示。

注意：

图 8-1 生成自以下网站：

https://coinmarketcap.com/

截至 2020 年 10 月 28 日，加密货币的市值位居前 10 名的排行情况，如图 8-2 所示。

山寨币引入了多种因素和新概念，有些概念甚至在比特币出现之前就有了，例如拜占庭将军问题的解决方案，而比特币的贡献在于它巧妙地使用了诸如哈希现金和工作量证明之类的思想，因此一出现便备受关注。

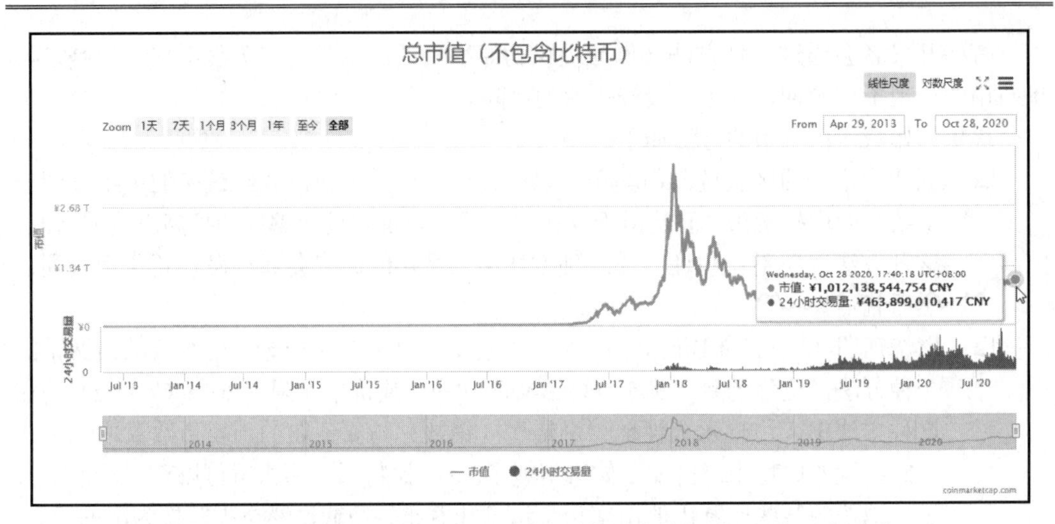

图 8-1　截至 2020 年 10 月 28 日，山寨币的总市值超过 1 万亿元人民币

#	名称	价格	24小时	7天	市值	交易量	流通供给量
1	Bitcoin BTC	¥91,458.04	▲3.6%	▲11.98%	¥1,694,564,914,475	¥254,518,068,328 2,782,894 BTC	18,528,331 BTC
2	Ethereum ETH	¥2,651.49	▲0.23%	▲4.32%	¥300,121,108,196	¥106,953,818,664 40,337,307 ETH	113,189,761 ETH
3	Tether USDT	¥6.71	▼0.03%	▼0.06%	¥110,402,500,693	¥369,874,683,076 55,083,145,572 USDT	16,441,560,603 USDT
4	XRP XRP	¥1.68	▲0.08%	▲1.17%	¥75,888,563,683	¥16,365,246,205 9,761,559,488 XRP	45,266,091,298 XRP
5	Bitcoin Cash BCH	¥1,752.19	▲0.26%	▲4.44%	¥32,514,723,174	¥18,762,946,955 10,708,254 BCH	18,556,569 BCH
6	Chainlink LINK	¥78.11	▲0.28%	▲12.01%	¥30,422,884,436	¥9,831,977,740 125,880,545 LINK	389,509,556 LINK
7	Binance Coin BNB	¥208.44	▼0.98%	▲5.38%	¥30,100,394,869	¥4,608,058,224 22,107,147 BNB	144,406,561 BNB
8	Polkadot DOT	¥30.70	▼2.98%	▲14.85%	¥26,173,788,732	¥4,341,828,126 141,441,112 DOT	852,647,705 DOT
9	Litecoin LTC	¥389.20	▲0.74%	▲18.81%	¥25,593,271,978	¥24,807,897,192 63,740,272 LTC	65,758,178 LTC
10	Bitcoin SV BSV	¥1,152.71	▼1.01%	▲7.34%	¥21,388,571,086	¥6,913,143,740 5,997,313 BSV	18,555,083 BSV

图 8-2　截至 2020 年 10 月 28 日加密货币市值位居前 10 名的排行情况

数据来源：https://coinmarketcap.com/。

从那时起，随着山寨币项目的引入，已经有各种新技术和新概念出现在区块链中。

要了解加密代币的发展情况，必须首先了解一些理论概念。下面将介绍与山寨币相关的各种理论概念，这些概念是在过去几年中通过引入不同的山寨币而发展起来的。

8.2 工作量证明方案的替代方法

加密货币环境下的工作量证明（PoW）方案首先是在比特币中使用的，并作为一种机制来确保矿工已经完成了找到区块所需的工作量；反之，此过程也为区块链提供了去中心化、安全性和稳定性。这是比特币提供去中心化分布式共识的主要工具。

PoW 方案必须具有非常值得期望的特性，称为进度自由度（Progress Freeness），这意味着消耗计算资源的奖励应该是随机的，并且与矿工的贡献成比例。在这种情况下，即使是计算能力相对较小的矿工，也有机会赢得区块奖励。

Progress Freeness 这一术语由 Arvind Narayanan 等人在 *Bitcoin and Cryptocurrency Technologies*（《比特币和加密货币技术》）一书中引入。用于挖矿的计算难题的其他要求还包括可调难度和快速验证。可调难度可以确保对增加的哈希能力和用户数量做出响应，对在区块链上进行挖矿的难度目标进行监管。对于比特币而言，就是确保每 10 分钟左右挖出一个区块，而有些山寨币则可以在短时间内挖出大量区块。

快速验证是一个特性要求，这意味着挖矿计算难题应易于验证。PoW 方案的一个问题是，随着 ASIC 的出现，在比特币中使用的方案（双 SHA-256）导致权力正在转向有能力经营大规模 ASIC 机群的矿工或矿池，这种权力转移挑战了比特币去中心化的核心理念。

目前已经提出了一些替代方案，例如抗 ASIC 的难题，其设计方式使得构建用于解决该难题的 ASIC 是不可行的，并且不会导致专用商业硬件获得较大的性能提升。用于此目的的常用技术是一类称为内存困难计算难题（Memory Hard Computational Puzzles）的挖矿计算难题，该技术的核心思想是，由于解开该类难题需要大量内存，因此无法在基于 ASIC 的系统上实现。

该技术最初用于莱特币（Litecoin），其中 Scrypt 哈希函数用作抗 ASIC 的 PoW 方案。尽管此方案最初被宣传为具有 ASIC 抵抗性，但最近针对 Scrypt 的 ASIC 矿机也已可用，这直接导致莱特币最初的主张破产。发生这种情况是因为 Scrypt 函数是一种内存密集型机制，并且最初人们认为，由于技术和成本的限制，很难构建具有大内存的 ASIC。但现在市场情况已今非昔比，因为内存越来越便宜，并且具有生产纳米级电路的能力，因此矿工有可能以合理成本构建可以运行 Scrypt 算法的 ASIC 矿机。

抵抗 ASIC 的方法是需要计算多个哈希函数以提供 PoW 方案，这称为链式哈希方案（Chained Hashing Scheme）。它表明在 ASIC 上设计多个哈希函数不是很可行。最常见的示例是在 Dash 中实现的 X11 Memory Hard 函数，X11 包含 11 个 SHA-3 竞争算法，其中一种算法将计算出的哈希值输出到下一种算法，直到序列中使用了全部 11 种算法为止。这些算法包括 BLAKE、BMW、Groestl、JH、Keccak、Skein、Luffa、CubeHash、SHAvite、SIMD 和 ECHO。

这种方法最初确实对 ASIC 矿机的开发造成了一定的阻力，但是现在 ASIC 矿工已经可以在市场上买到支持 X11 和类似方案的矿机。最近的一个例子是 ASIC Baikal Miner 矿机，它支持 X11、X13、X14 和 X15 挖矿。其他类似功能的矿机还有 iBeLink DM384M X11 Miner 和 PinIdea X11 ASIC Miner 等。

也许还有另一种方法，那就是设计自动转换的难题，即挖矿难题可以随时间智能地或随机地更改 PoW 方案或其要求。这种策略可能使得 ASIC 无法适应，因为它将需要为每个函数设计多个 ASIC，并且随机更改方案几乎不可能在 ASIC 中处理。当然，目前尚不清楚如何真正实现这一目标。

PoW 方案确实有不足，最大的缺陷就是能耗。据估计，目前比特币矿工的年度总电力消耗已经超过了委内瑞拉全国的电力消耗（2019 年），达到 75.72 兆瓦哈希（TeraWatt hash，TWh）。每笔交易的电力消耗约为 678.91 kWh，这是巨大的能源浪费。实际上，除了采矿，这些电力消耗没有任何实用目的。环保主义者对这种情况深感忧虑。

除电力消耗外，目前的碳足迹（Carbon Footprint）也很高，据估计每笔交易约产生 322.48 kg 二氧化碳，而年度碳足迹则为 35.97 Mt（百万吨），大致相当于新西兰全国的碳排放。此外，每笔交易产生的电子垃圾平均约为 105.50 kg，年度电子垃圾总量约 11.77 kt（千吨），大致相当于卢森堡全国的电子垃圾量。

图 8-3 显示了与其他国家相比，比特币能耗的规模。注意，图 8-3 为 2017 年的数据，2017 年时，比特币矿工的年度总电力消耗超过了孟加拉国全年的电力消耗，达到 54.69 兆瓦哈希（TWh），对比 2019 年 75.72 兆瓦哈希（超过委内瑞拉）的数据，可见这种电力消耗的增长幅度非常惊人。

图 8-3 的资料来自以下网址：

https://digiconomist.net/bitcoin-energy-consumption

已经有人提出，工作量证明难题应该满足两个目标，首先，它们的主要目的是用于共识机制；其次，还可以执行一些有用的科学计算。这样，PoW 方案不仅可以用于采矿，而且还可以帮助求解其他科学问题。

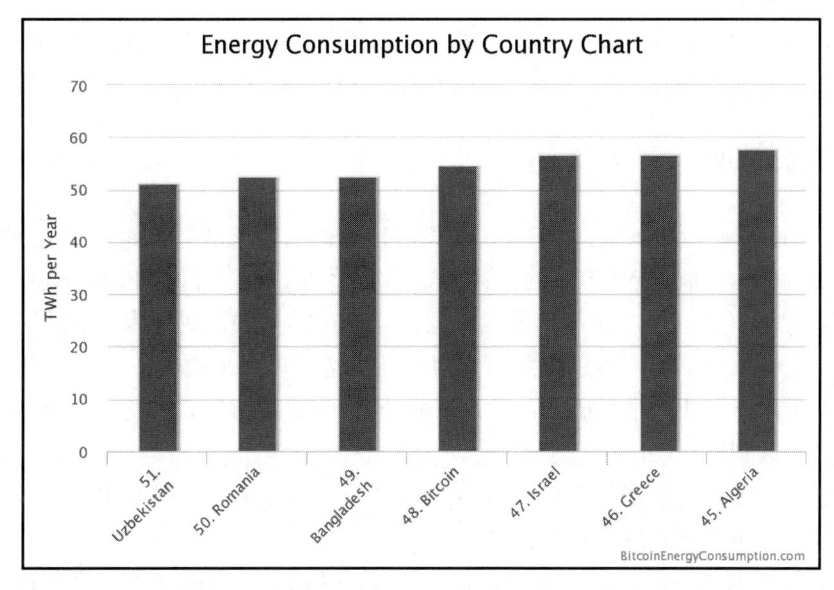

图 8-3 各国能源消耗与比特币矿工年度总电力消耗的对比（2017 年）

原 文	译 文
Energy Consumption by Country Chart	能耗国别对比图表
TWh per Year	TWh/年
51. Uzbekistan	51．乌兹别克斯坦
50. Romania	50．罗马尼亚
49. Bangladesh	49．孟加拉国
48. Bitcoin	48．比特币
47. Israel	47．以色列
46. Greece	46．希腊
45. Algeria	45．阿尔及利亚

质数币已将这种有用工作量的证明付诸实践，它要求找到被称为坎宁安链（Cunningham Chains）和双向双链（BI-Twin Chains）的特殊质数链，而不是毫无意义的 SHA-256 哈希值。由于质数分布的研究在物理等科学学科中具有特殊意义，因此质数币矿工可以通过挖矿获得区块奖励，以及帮助找到特殊质数。

8.2.1 存储证明

存储证明（Proof of Storage）也称为可检索性证明（Proof of Retrievability），是一种

有用的工作量证明，它需要存储大量数据。此方案由 Microsoft Research 引入，具有归档数据的分布式存储的优点，矿工需要存储大数据的伪随机选择子集以进行挖矿。

8.2.2　权益证明

权益证明（Proof of Stake，PoS）也称为虚拟挖矿（Virtual Mining），是一种挖矿难题，已被提议作为传统 PoW 方案的替代方案。它于 2012 年 8 月在 Peercoin 中首次被提出。此方案的基本理念是，让每个节点互相竞争挖矿是一种浪费行为，因此可转为通过选举的形式进行权益证明，其中任意节点将被随机选择以用来验证下一个区块。

在权益证明方案中，没有矿工，但是有验证者（Validator）。人们不需要挖矿，而是铸造（Mint）或制造（Forge）新区块。

验证者并不是完全随机选择的，要成为验证者，节点需要在网络中存入一定数量的货币作为权益，可以将它理解为保证金。

权益的份额大小决定了被选为验证者的概率，从而有机会创建下一个区块，它们是线性相关的。例如，A 节点在网络中存入 100 元，B 节点存入 1000 元，那么 B 节点被选为验证者的概率就是 A 节点的 10 倍。

如果某个节点被选出来验证下一个区块，那么它将检查该区块中所有的交易是否有效。如果一切都没有问题，则节点验证通过该区块，该区块将被加入区块链中。作为奖励，该节点可获得该区块中的交易费。

如果验证者通过了欺诈性交易，那么他们将失去一部分权益。只要失去的权益高于验证者所获得的交易费，那么我们就可以信任验证者能够很好地完成工作；否则，他们损失的钱比能获得的还多。

这种信任机制基于成本效益方面的动力，只要验证者受损的权益比所有交易费都高，那么这种机制就是可行的。

如果节点不再是验证者，那么他的权益以及获得的交易费将在一定时间后返还，而不是马上返还，因为若发现该节点所验证的区块存在欺诈，网络会对它进行惩罚。由此可见，权益证明和工作量证明有很明显的区别。

权益证明的优点是不需要对新区块进行挖矿，因此消耗的能量更少，而且更去中心化。

此外，构建基于权益证明的区块链节点，比构建工作量证明节点的成本更低。用户不需要购买昂贵的挖矿设备，因此权益证明能激励更多的人构建节点，验证者较难获取大量权益，从而让网络更加去中心化，网络也更加安全。

8.3　各种权益类型

在理解了权益证明的概念之后，现在来看一下不同类型的权益。

8.3.1　币龄证明

币龄（Coinage）是指自上次使用或持有硬币以来的时间。这与权益证明的常规形式不同，在 PoS 中，对山寨币拥有最高权益的用户更容易获得验证的机会（前面已经解释过了，权益的份额大小决定了被选为验证者的概率），而在基于币龄的方法中，每次开采区块时都会重置币龄。矿工在一段时间内持有而不消费硬币将获得奖励。该机制已在 Peercoin 中以创新的方式结合 PoW 实现。

挖矿难题的难度与币龄成反比，这意味着，如果矿工使用硬币-权益交易来消费币龄，则可以减轻 PoW 的需求。

8.3.2　存款证明

存款证明（Proof of Deposit，PoD）方案背后的核心思想是使矿工新开采的区块在一定时期内无法使用。更准确地说，在挖矿操作期间，硬币会被一定数量的区块锁定。该方案允许矿工以冻结一定数量的硬币一段时间为代价进行采矿。所以，这实际上也是 PoS 的一种类型。

8.3.3　燃烧证明

燃烧证明（Proof of Burn，PoB）销毁了一定数量的比特币以获得等效的山寨币，这实际上可视为计算能力的一种消耗形式。它通常在启动新硬币项目时使用，以提供公平的初始代币发行。

燃烧证明可以被视为一种替代的采矿方案，其中新硬币的价值来自以前一定数量的硬币已被销毁的事实。

8.3.4　活动证明

活动证明（Proof of Activity，PoA）方案是工作量证明和权益证明的混合体。在此方案中，最初使用 PoW 生成区块，但随后每个区块随机分配 3 个权益相关者（Stakeholder），需要由他们对其进行数字签名，后续区块的有效性取决于先前随机选择的区块的成功签名。

活动证明机制也有一个问题，那就是权益粉碎问题（Nothing at the Stake Problem）。如前文所述，权益证明有一个特点，那就是节点的权益越多，他成为验证者的概率越大，他在网络中的权力也越大。这样的设计自有其道理，因为在其中利益越多的人，就更愿意维护这个币的系统，只有这样，他们手中的币才更有价值。因此，他们并不愿意进行恶意攻击，因为那样实际上会导致他们手中的币的价值受损，这就是权益证明能够更有效地防御 51%攻击的原因。

同时，权益越少，则责任越小。假设你只有 1%的硬币，那么你成功的概率只有 1%，但是你尽可以去尝试分叉，因为这并不消耗任何资源。这也就是你在最长区块链上挖矿的同时，也去创造一个只在自己的区块上挖矿的分支。

在工作量证明机制中，创建这个分支完全得不偿失，因为你浪费了大量的算力却什么也得不到。但是在权益证明机制中，如果这个分支不被接受，那也无所谓，因为实际上你什么都没有损失，这就是权益粉碎攻击（Nothing at the Stake Attack）。

8.4　不可外包的难题

不可外包的难题（Nonoutsourceable Puzzles）背后的主要动机是发展对于矿池的抵抗力。如前文所述，矿池向所有参与者提供与他们消耗的计算能力成比例的奖励。但是，在此模型中，矿池运营商是中心机构，所有奖励都归于它，并且它可以执行特定规则。同样，在此模型中，所有矿工之所以相互信任，是因为他们正在一起努力实现共同目标，以期矿池管理者能够获得奖励。

显然，矿池违背了区块链去中心化思想的初衷，并且衍生了挖矿收益垄断之类的问题，因此是不被区块链网络鼓励的。

不可外包的难题是一种允许矿工为自己争取奖励的方案。其结果就是，由于匿名矿工之间固有的不信任，矿池的形成变得不太可能。

PoW 还有多种替代方案，其中一些已在第 1.7.3 节“区块链中的共识”中进行了描述，另外一些将在本书第 15 章“超级账本”和第 18 章“可伸缩性和其他挑战”中进行解释。这是一个新兴的研究领域，随着区块链技术的发展，新的替代方案将不断涌现。

8.5　难度目标重新调整算法

随着比特币和山寨币的出现，引入了难度目标（Difficulty Target）重新调整算法的概念。在比特币中，难度目标可通过以下公式进行简单计算：

新的难度目标 T = 旧的目标×(上一代 2016 个区块的实际挖矿时间/2016×10 分钟)

山寨币要么开发出了自己的算法，要么实现了比特币难度算法的修改版本。

比特币中难度调节背后的想法是，以 2016 个区块为一代，每一代大约需要 2 周的时间（每个区块的挖矿时间大约为 10 分钟）。如果开采 2016 个区块的时间超过 2 周，则难度会降低；如果开采 2016 个区块的时间少于 2 周，则难度会增加。

随着 ASIC 矿机的引入，采矿的速度会大大增加，从而使得算法难度呈指数级增长，一些算力较低的矿工靠单打独斗基本上无望获得采矿奖励只好加入矿池，而这又导致采矿权的集中化和垄断，这就是 PoW 算法不能抵抗 ASIC 的缺点之一。

这也带来了另一个问题。如果新的山寨币现在以与比特币使用的 PoW 相同的基于 SHA-256 哈希函数的算法开始，那么恶意用户很容易就可以使用 ASIC 矿机控制整个网络。如果人们对新的山寨币的兴趣减少，并且有人决定通过消耗足够多的计算资源来接管该网络，则这种攻击将是非常有可能发生的。当然，如果其他具有类似计算能力的矿工加入了该山寨币网络，则这种攻击的可能性又会相对降低，因为矿工之间将彼此竞争。

多池（Multipool）会构成更大的威胁，因为一群矿工可以自动切换进入有利可图的山寨币，这种现象称为跳池（Pool Hopping）。它可能对区块链产生不利的影响，进而影响山寨币的增长。

跳池会对网络产生不利影响，因为只有在难度较低且可以迅速获得奖励的情况下，跳池者才会加入网络；而当难度上升（或重新调整）时，他们会跳走（离开），然后在难度降低时又重新回来。

例如，如果有多池使用了其资源快速开采某个新的山寨币，则其难度将非常迅速地增加。当多池离开该山寨币网络时，由于现在的难度已经增加到一定水平，以致于对单独的矿工来说不再有利可图，并且无法再维持下去，网络变得几乎无法使用。解决此问题的唯一方法是启动硬分叉，而这通常是社区所不希望的。

已经有一些算法可以解决此问题，本章稍后将对其进行讨论。所有这些算法均基于重新调整各种参数以响应哈希率变化的思路，这些参数包括上一代区块的数量、上一代区块的难度、调整比例以及可以向下或向上重新调整难度的数字。

下面将详细介绍各种山寨币所使用和建议的难度算法。

8.5.1 Kimoto 重力井

Kimoto 重力井（Kimoto Gravity Well，KGW）算法在多种山寨币中均有使用，作用是调整难度。这种方法最早是在 Megacoin 中引入的，用于自适应地调整每个区块的网络难度。该算法的逻辑如下所示：

KGW = 1 + (0.7084×pow((double(PastBlocksMass)/double(144)), -1.228))

该算法在循环中运行，循环遍历一组预定的区块（PastBlockMass），并计算新的重新调整值。该算法的核心思想是开发一种自适应难度调节机制，该机制可以响应哈希率的快速飙升而重新调整难度。

Kimoto 重力井确保区块之间的时间保持大致相同。在比特币中，每 2016 个区块调整一次难度；而在 KGW 中，每个区块调整一次难度。

该算法容易受到时间扭曲攻击（Time Warp Attack）的影响，从而使攻击者在临时创建新区块方面的难度降低。这种攻击允许在一个时间窗口内降低难度，并且攻击者可以快速生成大量硬币。

注意：

有关详细信息，可访问以下链接：

https://cryptofrenzy.wordpress.com/2014/02/09/multipools-vs-gravity-well/

8.5.2　黑暗重力波

黑暗重力波（Dark Gravity Wave，DGW）是一种新算法，旨在解决某些缺陷，例如 KGW 算法中的时间扭曲攻击。

黑暗重力波的概念最早是在 Dash（以前称为 Darkcoin）中引入的，它利用多个指数移动平均值和简单移动平均值来实现更平滑的重新调整机制。其公式如下所示：

DGW=2222222/(((Difficulty+2600)/9)^2)

上述公式已经在 Dashcoin、Bitcoin SegWit2X 和其他各种山寨币中实现，并作为一种重新调整难度的机制。

DGW 3.0 版是 DGW 算法的最新实现。与 KGW 相比，DGW 改进了难度目标重新调整算法。

注意：

有关详细信息，可访问以下网址：

https://dashpay.atlassian.net/wiki/spaces/DOC/pages/1146926/Dark+Gravity+Wave

8.5.3　DigiShield

DigiShield 是最近在 Zcash 中使用的一种难度目标重新调整算法，该算法稍有变化并经过充分的实验。

DigiShield 算法可通过遍历固定数量的先前区块来计算生成它们所需的时间，然后通过实际时间跨度除以平均时间来将难度重新调整为先前区块的难度。在此方案中，难度目标重新调整的计算要快得多，并且如果哈希率出现了突然增加或降低的情况，那么难度目标的恢复也很快。此算法可防止出现多池（多池会导致哈希率快速提高）问题。

根据具体需要，该算法可以实现为按每个区块或每分钟重新调整网络难度。与 KGW 相比，该算法的主要创新是更快地重新调整时间。

Zcash 使用了 DigiShield v3.0，其难度调整公式如下：

(新难度) = (先前难度)×SQRT [(150 秒)/(最近一次的解题时间)]

注意：

有关详细信息，可访问以下网址：

https://github.com/zcash/zcash/issues/147#issuecomment-245140908

8.5.4 多间隔难度调整系统

多间隔难度调整系统（Multi-Interval Difficulty Adjustment System，MIDAS）是一种更复杂的算法，因为它使用的参数较多。该算法的优势是对哈希率的突然变化反应更快，而且还可以防止时间扭曲攻击。

注意：

有关该算法的原始介绍，可访问以下网址：

http://dillingers.com/blog/2015/04/21/altcoin-difficulty-adjustment-with-midas/

有关难度目标重新调整算法的介绍到此结束。

为了解决比特币的各种局限性，已经出现了许多替代的加密货币和协议。接下来我们将介绍与此相关的内容。

8.6 比特币的局限性

比特币的各种局限性也引起了人们对山寨币的兴趣，山寨币是专门为解决比特币的某种限制或局限性而开发的。最为突出和广泛讨论的局限性是比特币缺乏匿名性。下面就来讨论比特币的一些局限性。

8.6.1　隐私和匿名性

由于区块链是所有交易的公共账本并且是公开可用的，因此对其进行分析就是一件非常简单的事情。结合流量分析，可以将交易链接回其源 IP 地址，从而可能揭示交易的发起者。从隐私的角度来看，这是一个很大的问题。

在比特币中，建议的通常做法是为每个交易生成一个新地址，从而允许一定程度的不可链接性，但这还远远不够，因为目前已经有人开发出各种技术并能够成功地跟踪整个网络中的交易流，从而追溯到交易的发起者。这些技术通过使用交易图、地址图和实体图来分析区块链，这些图有助于将用户链接回交易，从而引发了隐私的问题。

通过使用有关交易的公开可用信息并将其链接到实际用户，可以进一步增强上述分析中提到的技术。

目前还可以找到一些开源的区块解析器，可用于从区块链数据库中提取交易信息、余额和脚本等。

注意：

以下网址就提供了一个使用 Rust 语言编写的解析器，并且可以提供高级的区块链分析功能：

https://github.com/mikispag/rusty-blockparser

人们已经提出了各种建议来解决比特币中的隐私问题。这些提议分为 3 类：混合协议、第三方混合协议和固有的匿名性。

下面分别简要讨论这些提议。

1．混合协议

混合协议（Mixing Protocol）用于为比特币交易提供匿名性（Anonymity）。在此模型中，使用了混合服务提供商（中介或共享钱包）。用户将硬币作为定金发送到共享钱包，然后，共享钱包可以将其他一些硬币（与其他用户存入的价值相同）发送到目的地，用户还可以接收其他人通过此中介发送的硬币。这样，输出和输入之间的链接就不再存在，并且交易图分析将无法揭示发送方和接收方之间的实际关系。

CoinJoin 就是混合协议的一个示例。在 CoinJoin 中，两个交易连接在一起以形成一个交易，同时保持输入和输出不变。CoinJoin 的核心思想是建立一个由所有参与者签名的共享交易，该技术为参与交易的所有参与者强化了隐私性，如图 8-4 所示。

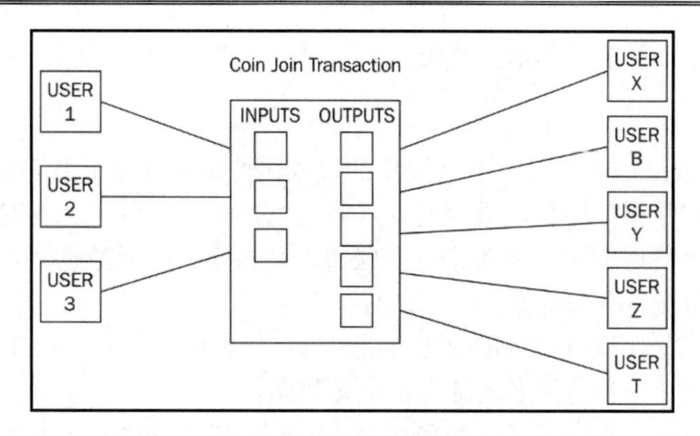

图 8-4　CoinJoin 交易，3 个用户将他们的交易加入一个较大的 CoinJoin 交易中

原　　文	译　　文	原　　文	译　　文
Coin Join Transaction	CoinJoin 交易	INPUTS	输入
USER	用户	OUTPUTS	输出

2．第三方混合协议

目前有各种第三方混合服务可供使用。如果该服务是集中式的，则由于混合服务知道所有输入和输出，这也构成了跟踪发送者和接收者之间映射的威胁。除此之外，完全集中的矿工甚至会带来服务管理员窃取金币的风险。

基于 CoinJoin（混合）交易的思想，可以使用各种不同程度的复杂性的服务，例如 CoinShuffle、Coinmux 和 Dash（硬币）中的 Darksend。CoinShuffle 是传统混合服务的去中心化替代方案，因为它不需要可信赖的第三方。

但是，基于 CoinJoin 的方案也存在一些弱点，最突出的就是，最初承诺签署交易但现在又不提供签名的用户发起拒绝服务（Denial of Service，DoS）攻击，从而完全延迟或停止 CoinJoin 的联合交易。

3．固有的匿名性

此类别包括固有的支持隐私的山寨币，并内置于其山寨币设计中。最受欢迎的是 Zcash，它使用零知识证明（Zero-Knowledge Proof，ZKP）来实现匿名。本章后面将详细讨论 Zcash 的有关内容。

其他示例包括 Monero，它利用环签名提供匿名服务。

接下来，我们将介绍可扩展比特币协议的各种增强功能。

8.6.2　比特币之上的扩展协议

以下协议都是在比特币之上提出并实现的，旨在增强和扩展比特币协议，并可用于各种其他目的，而不仅仅用作虚拟货币。

1. 染色币

染色币（Colored Coin）是已经开发出的代表比特币区块链上数字资产的一组方法。为比特币着色通常是指使用代表数字资产（智能财产）的一些元数据对其进行更新。代币仍然可以作为比特币使用，但还带有一些代表某些资产的元数据，这可以是与资产有关的某些信息、与交易有关的某些计算或任何数据。

这种机制允许发行和跟踪特定的比特币，可以使用比特币 OP_RETURN 操作码记录元数据，也可以选择在多重签名地址中记录元数据。

如果需要解决任何隐私问题，也可以对该元数据进行加密。一些实现还支持在公共可用的 Torrent 网络上存储元数据，这意味着几乎可以存储无限量的元数据。

一般来说，这些元数据是代表染色币的各种属性的 JSON 对象。此外，它还支持智能合约。此类实现的一个示例是 Colu，有关 Colu 的详细信息，可以访问以下网址：

http://colu.co/

染色币可用于代表多种资产，包括但不限于商品、证书、股票、债券和投票。应该注意的是，要使用染色币，需要一个能够解释染色币的钱包，普通的比特币钱包是无法使用的。普通的比特币钱包不能使用染色币，是因为它们无法区分染色币和非染色币。

注意：

可以使用以下网址提供的一项服务在线设置染色币钱包：

https://www.coinprism.com/

使用此服务可以通过染色币创建和发行任何数字资产。

染色币的想法非常吸引人，因为它不需要对现有的比特币协议进行任何修改，并且可以利用现有的安全比特币网络。除了数字资产的传统表示方式之外，还可以创建基于定义的参数和条件运行的智能资产，这些参数包括时间验证、可转让性限制和费用等。

这为创建智能合约提供了可能性。本书第 9 章“智能合约”中将详细介绍智能合约的相关内容。

染色币的一个重要用例是在区块链上发行金融工具，这将确保较低的交易费用和交易的有效性，并且可以提供从数学上来说非常安全的所有权证明，无须任何中间人的快速转账以及给予投资者的即时股息支付。

注意：

在以下网址可以找到染色币的一个功能丰富的 API：

http://coloredcoins.org/

2. Counterparty

Counterparty 的本义是“交易对手”，但在这里它指的是另一项服务，可用于创建充当加密货币的自定义代币，并可用于各种目的，例如在比特币区块链上发行数字资产。这是一个非常强大的平台，其核心运行在比特币区块链上，但是已经开发了其客户端和其他组件来支持发行数字资产。

Counterparty 的体系结构包括 Counterparty 服务器、Counter 区块、Counter 钱包和 armory_utxsvr。

Counterparty 的工作原理和染色币类似，都是将数据嵌入常规的比特币交易中，但是它提供了生产力更高的库和一组强大的工具来支持对数字资产的处理，这种嵌入也称为嵌入式共识（Embedded Consensus）。因为 Counterparty 的交易是嵌入在比特币交易中的，嵌入数据的方法是在比特币中使用 OP_RETURN 操作码。

Counterparty 生产和使用的货币称为 XCP，智能合约将其用作运行合约的费用。截至 2020 年 10 月，其价格为 1.15 美元。XCP 是使用 PoB 方法创建的。XCP 山寨币自 2014 年推出以来，几经剧烈的价格波动，在 2018 年一度达到 94.43 美元，但是如今已经跌到连零头都不剩，如图 8-5 所示。

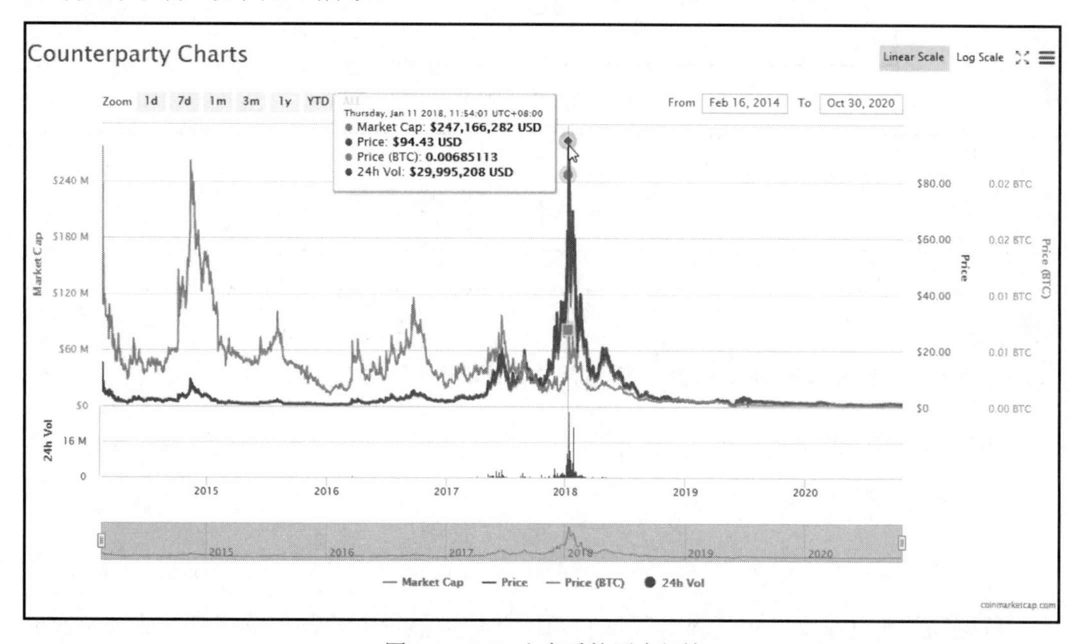

图 8-5 XCP 山寨币的历史行情

Counterparty 可以在使用 Solidity 语言的以太坊上开发智能合约，并可以与比特币区块链进行交互。

为了实现这一目标，BTC Relay（中继器）被用作提供以太坊和比特币之间互操作性（Interoperability）的一种手段。这是一个很聪明的概念，它使得以太坊合约可以通过 BTC Relay 与比特币区块链和交易进行对话。中继器（运行 BTC Relay 的节点）将获取比特币区块标头，并将其中继到以太坊网络上的一个智能合约，以验证 PoW。该过程可验证比特币网络上发生的交易。

注意：

有关 BTC Relay 的详细信息，可访问以下网址：

http://btcrelay.org/

从技术上讲，这是一个以太坊合约，能够存储和验证比特币区块标头，就像轻量级客户端使用布隆过滤器执行的比特币简单支付验证一样（详见本书第 6.1.4 节“BIP 37 和布隆过滤器”）。该思路可以形象化表示如图 8-6 所示。

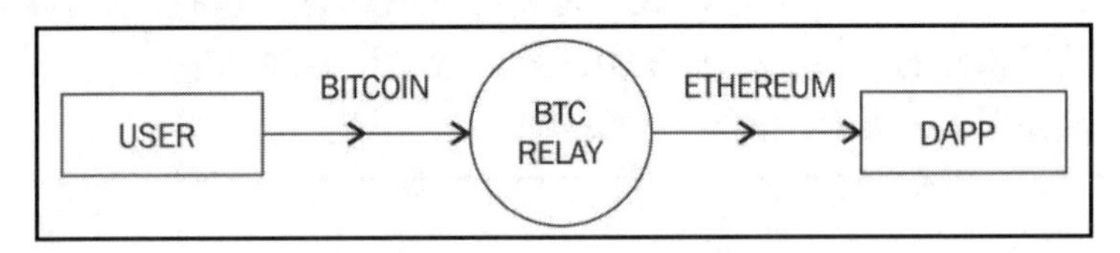

图 8-6　BTC 中继概念图示

原　　文	译　　文	原　　文	译　　文
USER	用户	ETHEREUM	以太坊
BITCOIN	比特币	DAPP	去中心化应用程序
BTC RELAY	中继器		

注意：

有关 Counterparty 的详细信息，可访问以下网址：

http://counterparty.io/

8.7　开发山寨币

从编码的角度来看，仅通过分叉比特币或其他虚拟货币的源代码就可以非常快速地启动山寨币项目，但这可能还不够。当启动新的山寨币项目时，通常还需要考虑若干事宜，以确保成功启动并尽量延长其寿命。

一般来说，代码库是用C++编写的（就像比特币一样），但是几乎任何语言都可以用来开发山寨币项目，如Golang或Rust。

对于开发山寨币来说，编写代码或分叉现有虚拟货币的代码是非常简单的事情，难度最大的问题是如何成功启动一种新的山寨币，以吸引足够多的投资者和用户的注意。换句话说，就是营销远重于技术。

通常而言，可采取若干个步骤来启动新的虚拟货币项目。

从技术角度来看，在分叉一个虚拟货币（如比特币）的代码的情况下，可以更改各种参数以有效地创建新的虚拟货币，这些参数需要进行调整才能创建新的虚拟货币。下面将分别介绍这些参数。

8.7.1 共识算法

目前有多种共识算法可供选择，例如，在比特币中使用的工作量证明（PoW）或在Peercoin中使用的权益证明（PoS）。还可以使用其他算法，如容量证明（Proof of Capacity，PoC）算法。当然，PoW和PoS仍是最常见的选择。

8.7.2 哈希算法

常用的哈希算法包括SHA-256、Scrypt、X11、X13和X15等，也可以是任何其他足以用作共识算法的哈希算法。

8.7.3 难度目标重新调整算法

此类别中提供了各种选项，以提供难度目标重新调整机制，最常见的是KGW、DGW、Nite’s Gravity Wave和DigiShield等。同样，所有这些算法都可以根据需求进行调整，以产生不同的结果。因此，许多变体都是可能的。

8.7.4 块间时间

块间时间（Inter-Block Time）是每个区块生成之间的时间。对于比特币来说，限制为约每10分钟生成一个区块；对于莱特币来说，则为2.5分钟。该参数可以使用任何值，但适当的值通常在几分钟范围。如果生成时间太快，则可能会破坏区块链的稳定性；如果生成时间太慢，则可能吸引不到多少用户。

8.7.5 区块奖励

矿工可以通过求解挖矿难题来获得区块奖励，也可以通过将交易打包在区块中而获得奖励。挖矿的区块奖励在比特币中最初是 50 个硬币，而现在许多山寨币都将此参数设置为一个很高的数字。例如，在 Dogecoin 中，目前为 10000 个硬币。

8.7.6 奖励减半率

奖励减半率（Reward Halving Rate）是重要因素。在比特币中，奖励减半率设置为每 4 年减半。这是一个可变数字，可以根据需要设置为任意时间段，也可以完全不设置。

8.7.7 区块大小和交易大小

区块大小和交易大小都是重要因素，它决定了网络交易处理速率的高或低。比特币的区块大小限制为 1 MB，但在山寨币中，区块大小可以根据要求而变化。

8.7.8 利率

利率仅适用于权益证明系统。在该系统中，山寨币所有者可以按照网络定义的利率赚取利息，以作为他们持有山寨币保护网络权益的回报。利率可使通货膨胀得到控制。如果利率太低，则可能导致恶性通货膨胀。这和在现实社会中，为了遏制通货膨胀，银行提高存款利率的做法是一样的。

8.7.9 币龄

币龄参数定义了硬币必须保持多长时间的未花费（Unspent）状态才有资格被视为权益财富。

8.7.10 硬币总供应

此数字可以设置生成的硬币的总限制。例如，在比特币中，上限为 2100 万个，而在狗狗币（Dogecoin）中，则为无限个。该限制由区块奖励和减半时间表确定。

接下来，我们将介绍一些具体的山寨币项目。本章内容不可能涵盖所有山寨币，因此仅选择讨论少数几种，选择的依据是山寨币的寿命、市值和创新。对每种山寨币都将从不同的角度进行讨论，如理论基础、交易或者挖矿。

8.8　域　名　币

域名币（Namecoin，NMC）是比特币源代码的第一个分支。域名币的关键思想不是生产山寨币，而是提供改进的去中心化、审查抗性、隐私、安全性和更快的去中心化命名。去中心化命名服务旨在应对固有限制，例如互联网上使用的传统域名系统（Domain Name System，DNS）协议中的速度限制和集中控制。

8.8.1　Zooko 三角形

域名币是推翻 Zooko 三角形假设的第一个解决方案。什么是 Zooko 三角形？本书第 1.8 节“CAP 定理和区块链”中介绍了 CAP 定理，该理论指出，任何分布式系统都不能同时具有一致性、可用性和分区容限。Zooko 三角形假设与此类似，它将网络协议的 3 个可取特征定义为：人性化（Human-meaningful）、去中心化和安全性。Zooko 三角形就是由 3 种属性构成的不可能三角形。就网络协议的名称系统而言，这 3 个属性的意义如下：

- 人性化。提供给用户有意义且容易记忆的名称。
- 安全性。恶意实体对系统造成的损害应尽可能低。
- 去中心化。在不使用中心化服务的情况下，名称正确地解析至各自实体。

Zooko Wilcox-O’Hearn 推测，没有一种名称系统可以拥有以上 3 种属性，但是域名币做到了。

域名币本质上是用于提供注册键/值对的服务。域名币的一个主要用例是，它可以提供一种去中心化的传输层安全性（Transport Layer Security，TLS）证书验证机制，该机制由区块链的分布式和去中心化共识驱动。所以，域名币兼具人性化、安全性和去中心化 3 个特征。

域名币基于比特币引入的相同技术，但它有自己的区块链和钱包软件。

注意：

域名币核心源代码可从以下地址获得：

https://github.com/namecoin/namecoin-core

域名币提供以下 3 种服务：

- 安全存储和名称传输（密钥）。

- 通过附加最多 520 个字节的数据，在名称上附加一些值。
- 产生数字货币（域名币）。

8.8.2　合并挖矿

域名币首次引入了合并挖矿（Merged Mining）的概念，这使矿工可以同时在多个区块链上进行采矿。这个想法很简单，但是非常有效：矿工可以创建一个域名币区块并产生该区块的哈希，然后将该哈希添加到比特币区块，矿工以等于或大于域名币区块难度的方式求解该区块，以证明为求解该域名币区块做出了足够的贡献。

币基（Coinbase）交易用于包含来自域名币（或与该山寨币合并开采的任何其他虚拟货币）交易的哈希。挖矿任务是求解比特币区块，该区块的币基 ScriptSig 包含指向域名币（或任何其他山寨币）区块的哈希指针，如图 8-7 所示。

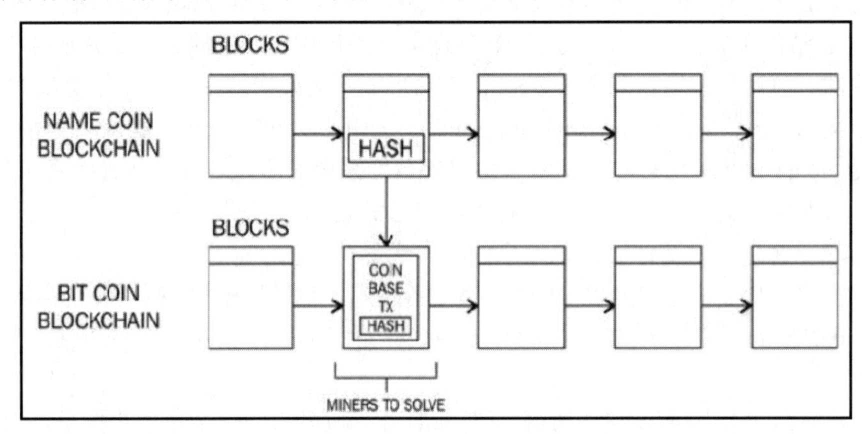

图 8-7　合并挖矿的可视化图解

原　　文	译　　文	原　　文	译　　文
BLOCKS	区块	BIT COIN BLOCKCHAIN	比特币区块
NAME COIN BLOCKCHAIN	域名币区块	COIN BASE TX HASH	币基交易哈希
HASH	哈希	MINERS TO SOLVE	由矿工求解

如果矿工设法在比特币区块链难度级别上求解出了哈希，则比特币区块将被建立并成为比特币网络的一部分。在这种情况下，比特币区块链会忽略域名币哈希。如果矿工在域名币区块链难度级别解决了一个区块，则会在域名币区块链中创建一个新区块。该方案的核心好处是，矿工花费的所有计算能力都有助于保护域名币和比特币。

8.8.3　域名币交易

根据 https://coinmarketcap.com/的数据，截至 2020 年 10 月 30 日，域名币的价格为 0.44 美元，总市值为 6600453 美元。和其他山寨币一样，域名币的价格也经历过 2014 年和 2018 年的二次剧烈震荡，如今的价格跌落到只有高峰时期的零头（2018 年高峰时曾经达到 5.42 美元），如图 8-8 所示。

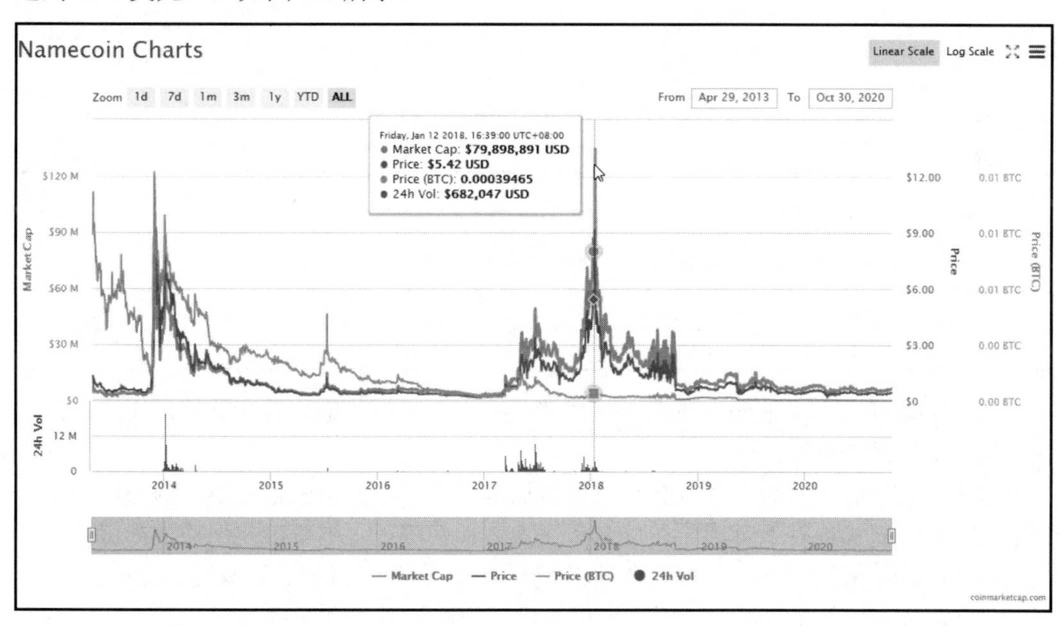

图 8-8　域名币行情

域名币可以在各交易所买卖，例如：

- https://cryptonit.net/
- https://bisq.network
- https://www.evonax.com
- https://bter.com

8.8.4　获取域名币

虽然域名币可以被独立开采，但更常见的是使用合并挖矿技术将其作为比特币的一部分进行开采，这样域名币就可以作为比特币的副产品进行开采。从图 8-9 所示的难度图中可以明显看出，单人采矿不再有利可图，建议使用合并挖矿或加入挖矿池的方式获得域名币。当然，在交易所买入域名币是最直接的域名币获取手段。再次强调一下，在中国大陆交易比特币和山寨币均有较大的风险。

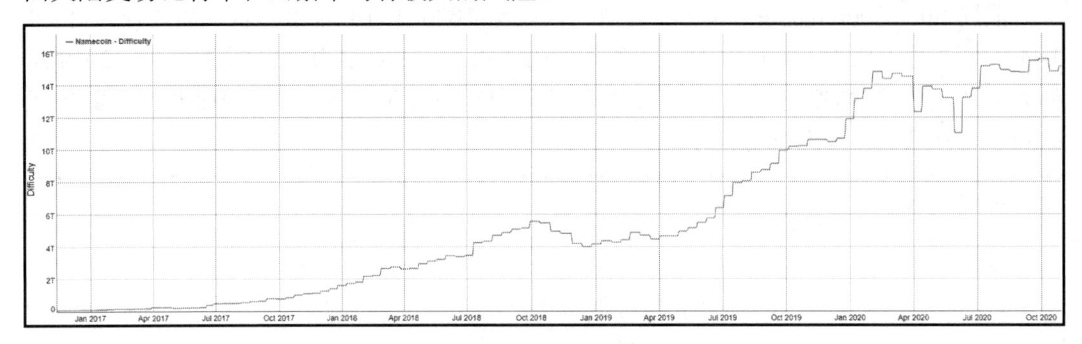

图 8-9　域名币难度

资料来源：https://bitinfocharts.com/comparison/difficulty-nmc.html（自 2016 年 12 月起）。

原　　文	译　　文	原　　文	译　　文
Namecoin - Difficulty	域名币-难度	Difficulty	难度

诸如 https://slushpool.com 的各种矿池也提供了合并挖矿的选项，这使矿工可以在开采比特币的同时赚取域名币。

快速获取域名币的另一种方法是将现有加密货币与域名币进行交换。例如，如果你已经有一些比特币或其他可用于与域名币交换的加密货币，则可以使用提供此服务的在线服务 https://shapeshift.io/。这项服务允许将一种加密货币转换为另一种加密货币。

例如，支付比特币（BTC）以接收域名币（NMC）的操作步骤如下。

（1）选择存入的硬币，在本示例中为比特币，然后选择要接收的硬币，在本示例中为域名币。在第一个编辑框中，输入要接收交换的域名币的地址。在第二个编辑框的底部输入比特币的退款地址，以防交易失败时将硬币退还至该地址。

（2）选择存入的货币和要交换的货币后，立即计算汇率和矿工费用。兑换比率依各自货币的实时市场价格而有所不同，矿工费用则是根据所选目标货币和目标网络的矿工收取的费用通过算法计算得出的，如图 8-10 所示。

（3）单击 Start Transaction（开始交易）按钮后，交易开始，并指示用户将比特币发送到特定的比特币地址。当用户发送所需的金额时，交换过程开始，如图 8-11 所示。整个过程大概需要几分钟。

图 8-11 显示，经过 Deposit Received（存入的比特币已被接收），即从开始交换直至 Exchange Complete（交换完成）到最后 All Done（全部完成），表明交换已成功。

图 8-10　从比特币到域名币的交换

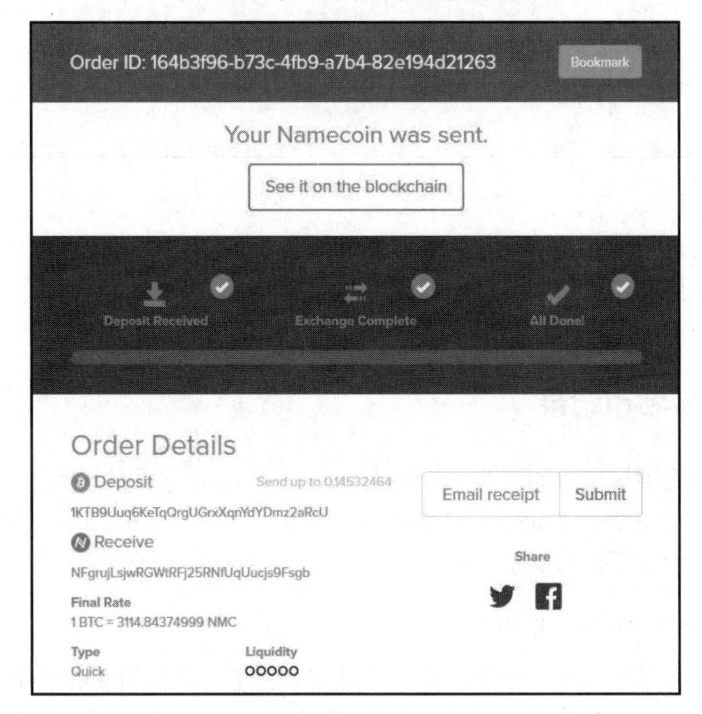

图 8-11　域名币交付的通知

页面上还会显示有关该订单的一些详细信息，例如，Deposit（存入）的货币以及交换后 Receive（接收）的货币。在本示例中，可以看到 Deposit 前面显示的是比特币的图标，Receive 前面显示的是域名币的图标，这表示是从比特币到域名币的交换。值得注意的是，每个硬币图标下方也显示了相应地址。此外，还有一些选项，如 E-mail receipt（电子邮件回执），使用它可以接收到交易的电子邮件回执。

整个流程完成后，可以在域名币钱包中查看交易，如图 8-12 所示。

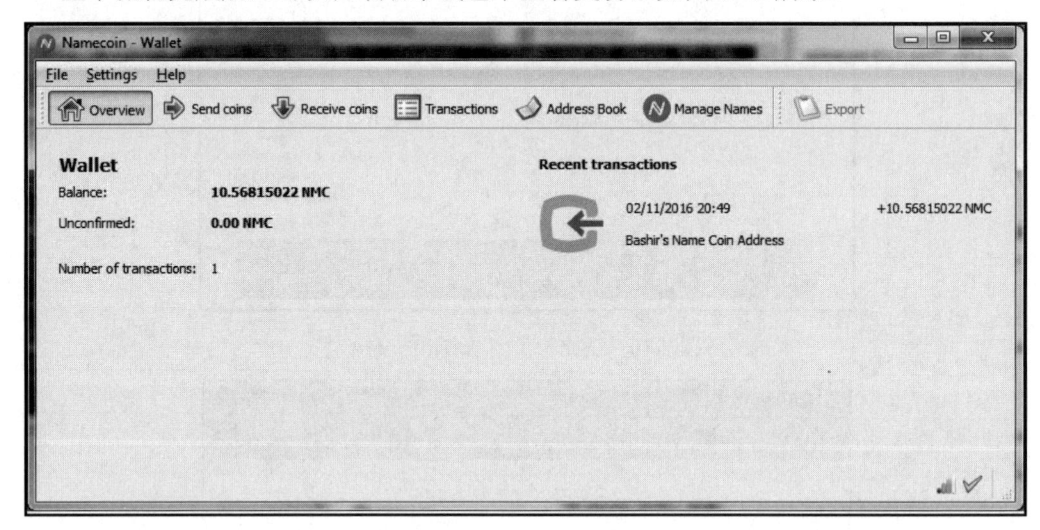

图 8-12　域名币钱包

确认交易可能需要一些时间（通常为 1 小时左右）。在此之前，该域名币是不能用的。一旦钱包中可以使用该域名币，则可以使用 Manage Names（管理名称）选项来生成该域名币的记录。

8.8.5　生成域名币记录

域名币记录采用键值对的形式。名称是 d/examplename 格式的小写字符串，而值则是区分大小写的 UTF-8 编码的 JSON 对象，最大 520 个字节。名称应符合 RFC1035 规范。有关该规范的详情，可访问以下网址：

https://tools.ietf.org/html/rfc1035

通用的域名币名称可以是一个任意的二进制字符串，最长为 255 个字节，带有 1024 位关联的标识信息。域名币链上的记录有效范围仅为 200 天左右或 36000 个区块，之后需要更新。

域名币还引入了.bit 顶级域名，可以使用域名币注册该域名，也可以使用启用了域名币的专门解析器进行浏览。

域名币钱包软件可用于注册.bit 域名。如图 8-13 所示，输入名称，单击 Submit（提交）按钮后，它将询问配置信息，如 DNS、IP 或 identity（身份）。

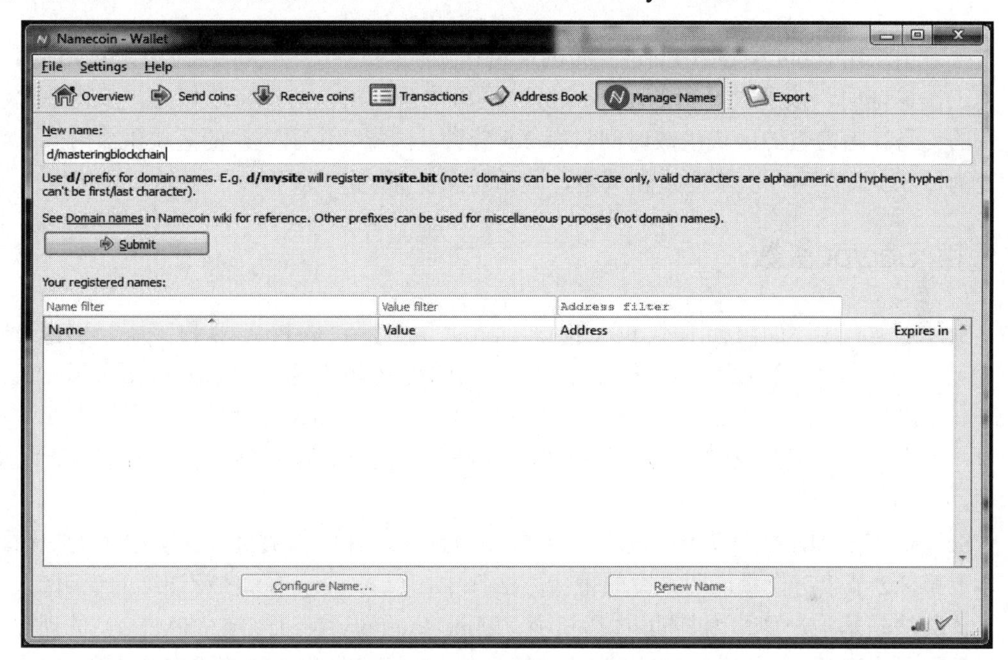

图 8-13　域名币钱包：域名配置

如图 8-14 所示，masteringblockchain 将在域名币区块链上注册为 masteringblockchain.bit。

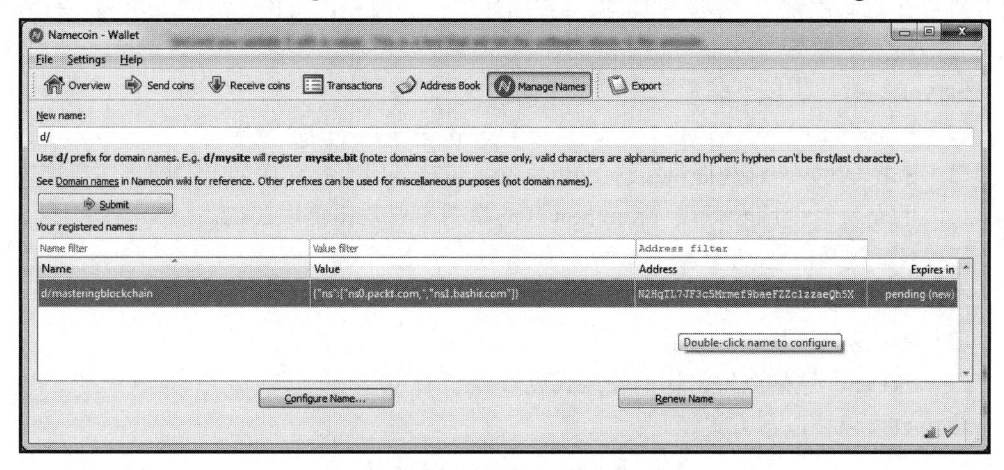

图 8-14　域名币钱包：显示注册名称

8.9　莱　特　币

莱特币（Litecoin）是 2011 年发布的比特币源代码的一个分叉，它使用 Scrypt 函数作为工作量证明，该函数最初是在 Tenebrix 硬币中引入的。与比特币相比，莱特币允许更快的交易，因为它的区块生成时间只有 2.5 分钟。同样，由于更快的区块生成时间，它设定为每 3.5 天实现一次难度重新调整，硬币总供应量为 8400 万枚。

8.9.1　Scrypt 函数

Scrypt 是有顺序的内存困难（Memory Hard）函数，它是 PoW 算法（基于 SHA-256 函数）的第一个替代方案。它最初是作为密码的密钥派生函数（Password-Based Key Derivation Function，PBKDF）被提出的，其关键思想是，如果该函数需要大量内存才能运行，那么诸如 ASIC 之类的自定义硬件将需要更大的 VLSI 区域，而这应该是无法构建的。

Scrypt 算法要求将一大堆伪随机位保留在内存中，并以伪随机方式从中派生密钥。在本书第 8.2 节“工作量证明方案的替代方法”中，已对 Scrypt 算法有详细的说明。

该算法是基于一种称为时间-内存权衡（Time-Memory Trade-Off，TMTO）的现象。如果放宽了内存要求，则会导致计算成本增加。换句话说，如果给程序更多的内存，TMTO 会缩短程序的运行时间，这种权衡机制使得攻击者无法获得更多的内存，因为它非常昂贵且难以在定制硬件上实现；如果攻击者选择不增加内存，则由于处理要求高，导致算法运行缓慢，这意味着很难为此算法构建 ASIC。

Scrypt 函数使用以下参数来生成派生密钥（*Kd*）：

- Passphrase（密码短语）。这是一个要哈希的字符的字符串。
- Salt（盐）。这是提供给 Scrypt 函数（通常是所有哈希函数）的随机字符串，目的是针对使用彩虹表（Rainbow）的暴力字典攻击提供防御。
- N。这是内存/CPU 成本参数，必须为大于 12 的幂。
- P。这是并行化参数。
- R。这是区块大小参数。
- dkLen。这是派生密钥的预期长度（以字节为单位）。

该函数可以按以下方式编写：

$$Kd = \mathrm{scrypt}(P, S, N, P, R, dk\mathrm{Len})$$

在应用核心 Scrypt 函数之前，该算法将 *P* 和 *S* 作为输入，并应用 PBKDF2 和基于 SHA-256 的 HMAC，然后将输出馈送到称为 ROMix 的算法。该算法在内部使用 Blockmix 算法，使用 Salsa20/8 核心流密码来填充内存，且需要大内存才能运行，从而增强了顺序性的内存困难（Memory Hard）属性。

该算法的输出再次馈送到 PBKDF2 函数，以生成派生密钥，如图 8-15 所示。

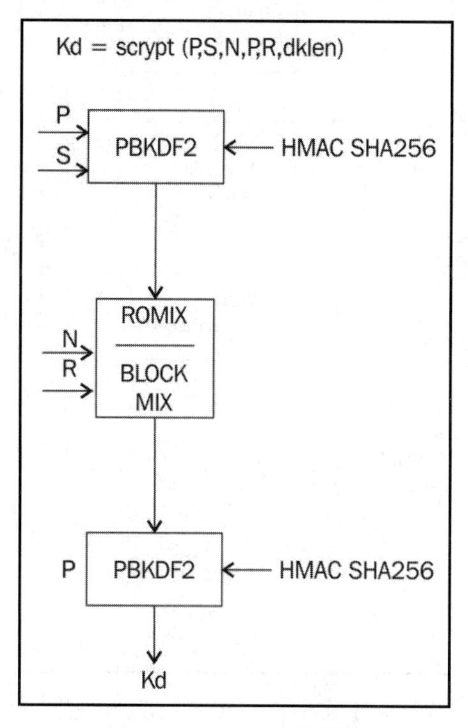

图 8-15 Scrypt 算法图解

Scrypt 函数用于莱特币挖矿，具有特定参数，其中 $N = 1024$，$R = 1$，$P = 1$，$S =$ 随机 80 字节，产生 256 位输出。

事实证明，开发用于莱特币挖矿的 Scrypt ASIC 矿机并不是很困难。在用于莱特币挖矿的 ASIC 中，可以开发出一个顺序逻辑，该顺序逻辑将数据和随机数作为输入，并通过 HMAC-SHA256 应用 PBKDF2 算法。然后，将所得的位流馈送到 SALSA20/8 函数中，该函数将生成一个哈希，该哈希又再次被馈送到 PBKDF2 和 HMAC-256 函数，以生成 256 位哈希输出。

与比特币使用工作量证明的情况一样，在 Scrypt 函数中，如果输出哈希小于目标哈希（已在开始时作为输入传递存储在内存中，并在每次迭代中检查），则函数终止；如果输出哈希大于目标哈希，则随机数增加，并再次重复该过程，直到发现哈希值低于难度目标为止。Scrypt ASIC 简化设计流程图，如图 8-16 所示。

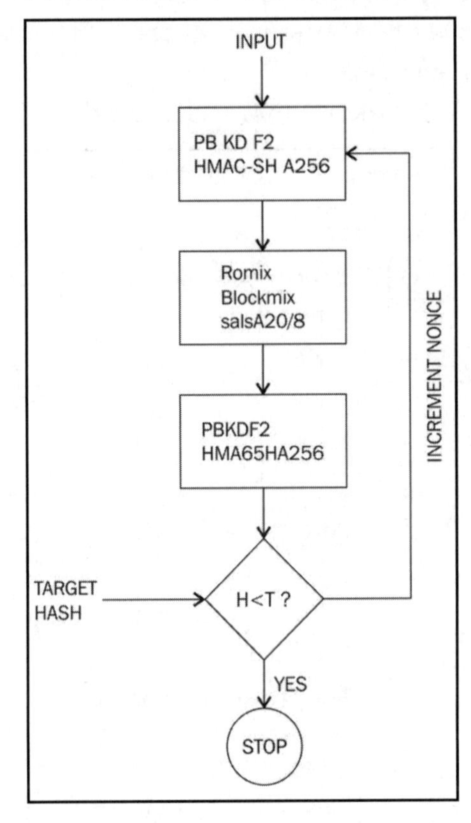

图 8-16　Scrypt ASIC 简化设计流程图

原　文	译　文	原　文	译　文
INPUT	输入	TARGET HASH	目标哈希
INCREMENT NONCE	增加随机数		

8.9.2　莱特币交易

与其他山寨币一样，莱特币很容易在各种在线交易所进行交易。截至 2020 年 10 月，莱特币的市值为 3781340270 美元，价格为 57.51 美元。和其他山寨币一样，莱特币也经历了剧烈的价格起伏，如图 8-17 所示。

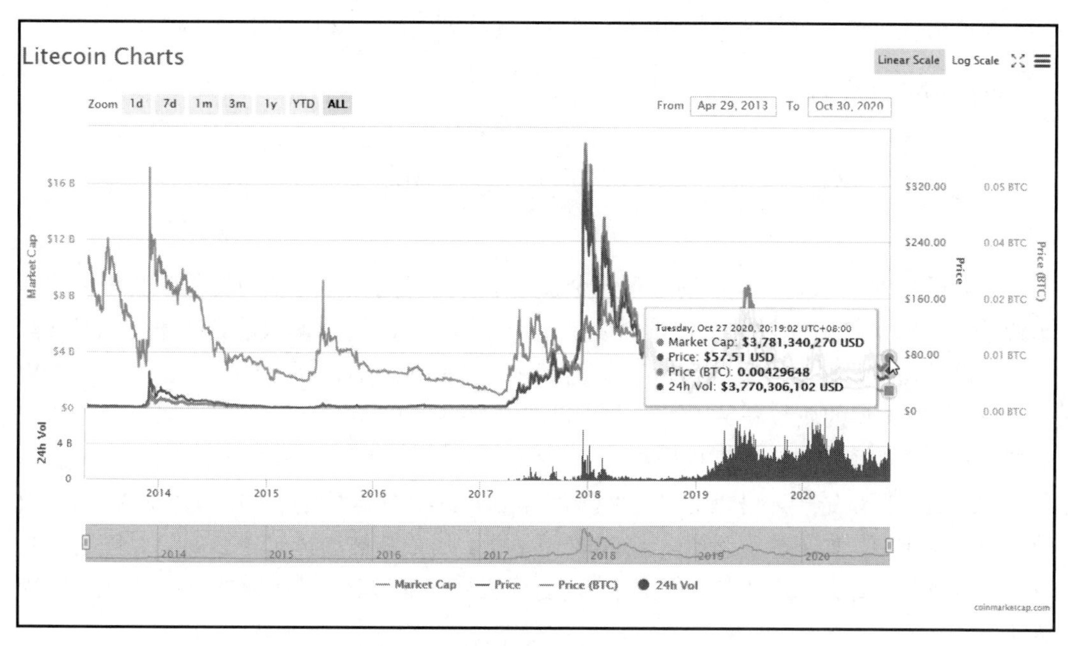

图 8-17　莱特币历史行情

8.9.3　莱特币挖矿

莱特币可以单独挖矿，也可以通过矿池挖矿。目前有用于 Scrypt 的 ASIC 矿机，这些 ASIC 可用于开采莱特币。

像许多其他数字货币一样，在 CPU 上进行莱特币挖矿已不再盈利。有可用的在线云挖矿提供商和 ASIC 矿工可用于开采莱特币。

莱特币挖矿从 CPU 开始，发展到 GPU 挖矿，到现在则是必须使用 ASIC 矿机才有希望挖到一些莱特币。即使是使用 ASIC，也最好是在矿池中进行挖矿，而不是单独挖矿。由于采矿池采用按比例分配的奖励计划，所以单人采矿的收益不如在矿池中进行挖矿的收益。

8.9.4　软件源代码和钱包

莱特币的源代码可从以下地址获得：

https://github.com/litecoin-project/litecoin

莱特币钱包可从以下地址下载，使用方法和比特币核心客户端软件一样。

https://litecoin.org/

8.10 质　数　币

质数币（Primecoin）是市场上第一个引入了有意义的工作量证明的数字货币，这和比特币基于 SHA-256 函数的工作量证明是不一样的（SHA-256 函数的计算毫无意义）。

质数币使用要搜索的质数作为工作量证明，并非所有类型的质数都满足选择为 PoW 的要求。3 种类型的质数满足用于加密货币的 PoW 算法的要求，它们是：第一类的坎宁安链、第二类的坎宁安链和双向双链。

在质数币区块链中，可以通过连续难度评估方案动态调整难度。质数的 PoW 的有效验证也非常重要，如果验证缓慢，则 PoW 不适用。质数链被选择作为 PoW，是随着质数链的长度增加，查找质数链变得很困难，而验证仍然足够快，足以保证被用作有效的 PoW 算法。

值得一提的是，一旦在某个区块上验证了 PoW，则一定不能在另一个区块上重用它。这在质数币中，是通过组合 PoW 证书，并将其与子区块中父区块的标头进行哈希处理而实现的。

PoW 证书是通过将质数链链接到区块标头哈希而产生的，它要求区块标头的源可以被区块标头的哈希整除。如果可以整除，则将整除后的商用作 PoW 证书。

PoW 算法可以按每个区块调整难度，而不像比特币按每 2016 个区块调整难度。这是一种更平滑的方法，在哈希功率突然增加的情况下，它可以更快速地重新调整难度。

此外，质数币生成的硬币总数是由社区驱动的，它对可以生成的硬币数量没有明确的限制。

8.10.1　质数币交易

质数币可以在主要的虚拟货币交易所进行交易。截至 2020 年 10 月，质数币的市值为 1189722 美元，价格几乎躺平，仅有约 0.035 美元（2018 年高峰时曾经达到 3.36 美元），如图 8-18 所示。但是，由于质数币基于一个新颖的想法并且其背后有一个专门的社区，因此它仍占有一定的市场份额。

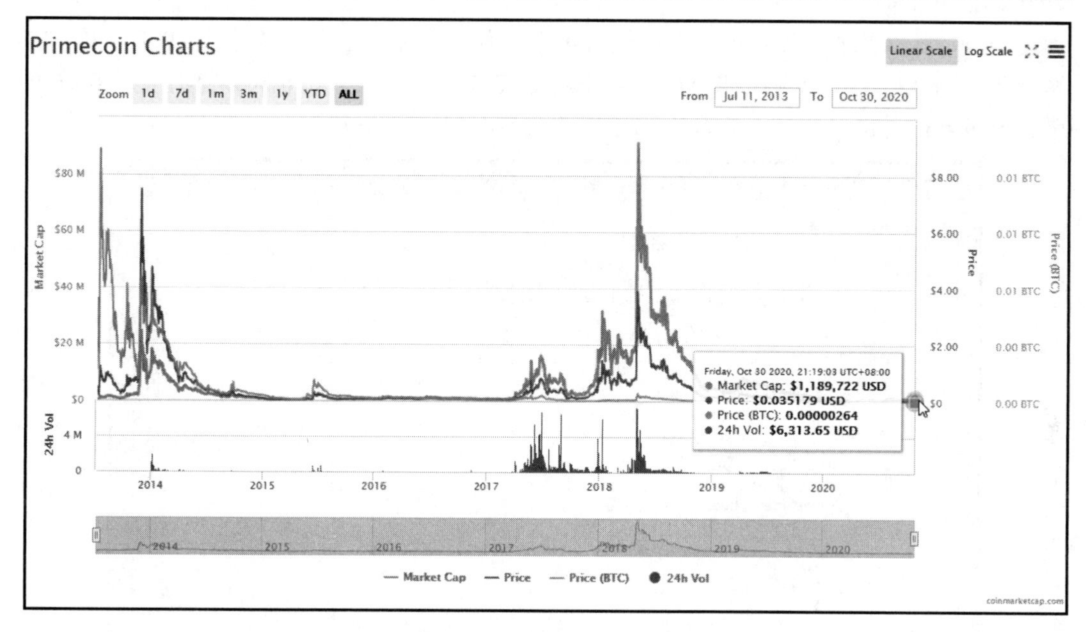

图 8-18 质数币历史行情

数据来源：https://coinmarketcap.com/currencies/primecoin/。

8.10.2 质数币挖矿指南

要开采质数币，第一步是下载一个质数币钱包。质数币支持质数币钱包内的本机挖矿，就像原始的比特币客户端一样，可以通过各种在线云服务提供商在云上进行挖矿。

要使用 Linux 客户端开采质数币，可从以下地址下载：

http://primecoin.io/downloads.php

下面是 Windows 平台上质数币挖矿的快速指南。

（1）从以下位置下载质数币钱包：

http://primecoin.io/index.php

（2）一旦安装了质数币钱包并将其与网络同步，即可通过执行本步骤开始挖矿。单击 Help（帮助）菜单并选择 Debug window（调试窗口）菜单项，在质数币钱包中打开调试窗口。可以在启用质数币挖矿功能的 Debug window（调试窗口）的 Console（控制台）窗口中输入 help 调用其他帮助，如图 8-19 所示。

（3）成功执行上述命令后，挖矿将以单人模式开始。如果你只有入门级 PC 且 CPU

速度较慢，那么挖矿速度可能不会很快且不会有什么收益。由于这是通过 CPU 开采的加密货币，因此矿工可以考虑使用具有高性能 CPU 的 PC。另外，也可以选择使用托管了强大服务器硬件的云服务。质数币钱包软件的界面如图 8-20 所示。

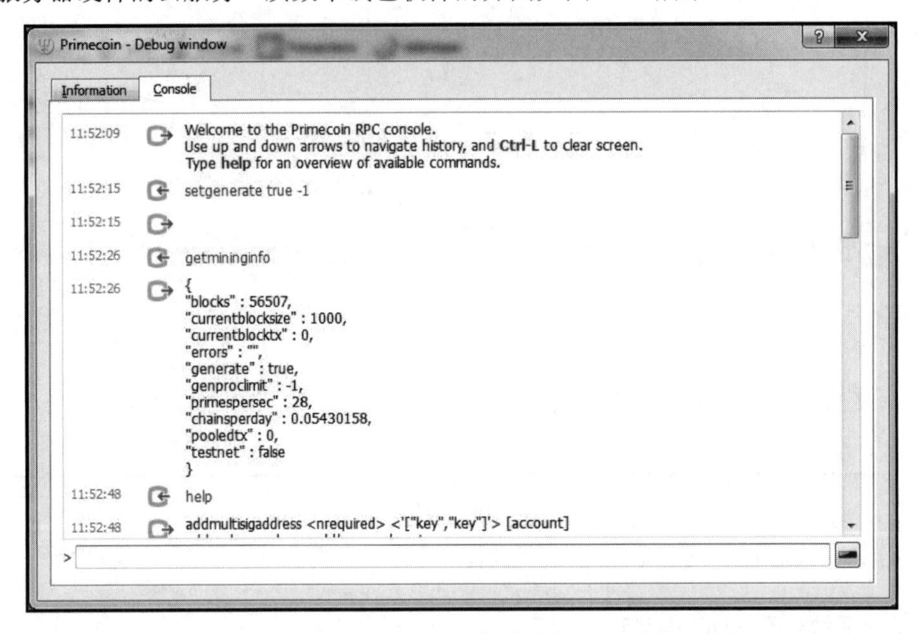

图 8-19　质数币采矿

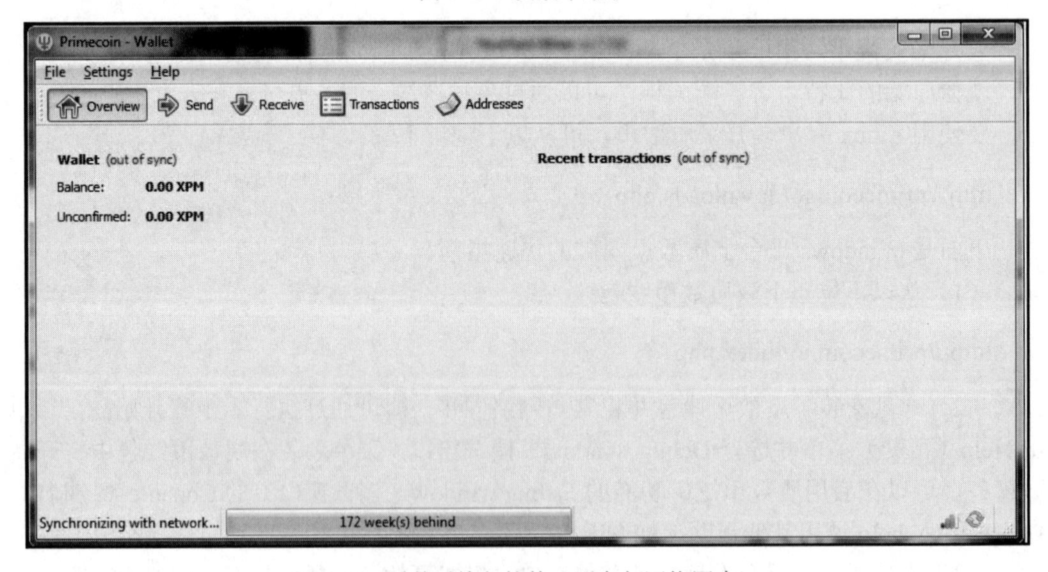

图 8-20　质数币钱包软件（正在与网络同步）

注意：

质数币源代码可从以下地址获得：

https://github.com/primecoin/primecoin

质数币是一个很新颖的概念，它引入的 PoW 具有重大的科学意义。目前它仍在使用，市值为 1189722 美元，但似乎并没有进行积极的努力来进一步开发质数币，这从其 GitHub 不活跃的状态可以明显看出。

注意：

感兴趣的读者可以通过阅读 Sunny King（别名）的质数币白皮书来进一步了解 Primecoin，其网址如下：

http://primecoin.io/bin/primecoin-paper.pdf

8.11 Zcash

Zcash 于 2016 年 10 月 28 日推出，它是第一种使用特定类型的零知识证明的货币。这个特定类型被称为零知识简洁非交互式知识证明（Zero-Knowledge Succinct Non-interactive Arguments of Knowledge，ZK-SNARK），可为用户提供完全的隐私保护。

这些证明很简洁，且容易验证。但是，设置初始公共参数则是一个复杂的过程。后者包括两个密钥：证明密钥和验证密钥。该过程需要采样一些随机数以构造公共参数。问题在于，这些随机数（也称为有毒废物）必须在参数生成后销毁，以防止伪造 Zcash。

为此，Zcash 团队提出了一种多方计算（Multi-Party Computation，MPC）协议，以从独立位置协同生成所需的公共参数，从而确保不会产生有毒废物。由于 Zcash 团队需要创建公共参数，因此参与仪式（Ceremony）的创建公共参数者必须是可信任的。这就是创建公共参数的仪式并未开放，而且必须通过多方计算机制进行的原因。

多方计算机制具有一种特性，在该特性下，仪式的每个成员（总共有六方）都产生了各自独特的随机密钥，这些密钥被组合成一个再次随机的密钥。仪式结束后，所有参与者都将物理销毁用于生成私钥的设备，这一做法消除了参与者设备上私钥的任何痕迹。

在 Zcash 的最新版本中，为 MPC 实现了一种新的方法——80 多名参与者一起生成了 ZK-SNARK 的随机私钥。在这种新方法中，只要一方保持忠诚，私钥就不会被复制。这意味着，仪式的所有参与方都必须背叛，才能颠覆这个系统。

ZK-SNARK 必须满足完整性、健全性、简洁性和非交互性等属性。

- 完整性（Completeness）。这意味着，证明者（Prover）有确定的策略可以使验证者（Verifier）确信断言是真的。

- 健全性（Soundness）。这意味着，没有任何证明者可以说服验证者，某个错误的陈述是真实的。
- 简洁性（Succinctness）。这意味着，在证明者和验证者之间传递的消息很少。
- 非交互性（Non-interactive）。这意味着，断言正确性的验证可以在没有任何交互或很少交互的情况下进行。

此外，既然是零知识证明，则零知识的属性也必须得到满足。在本书第 4.20 节“零知识证明”中已讨论过该属性，即它可以确保除了证明断言是真还是假以外，绝对不透露有关断言的任何信息。

Zcash 开发人员介绍了去中心化匿名支付方案（Decentralized Anonymous Payment scheme，DAP scheme）的概念，该方案可在 Zcash 网络中启用直接和私人支付，其交易不会显示有关付款来源、目的地和金额的信息。Zcash 中有两种可用的地址：Z 地址和 T 地址。Z 地址基于 ZKP 并提供隐私保护，而 T 地址则类似于比特币。在初始的缓慢启动之后，Zcash 的各种属性如表 8-1 所示（括号内为中文解释，非属性和值本身）。

表 8-1　Zcash 属性摘要

属　　性	值
Name（名称）	Zcash
Launch date（启动日期）	28/10/16
Main purpose（主要目的）	Currency（货币）
Currency Code（货币代码）	ZEC
Maximum coins（最大发行数）	21million（2100 万）
Block time（区块开采间隔）	10 minutes（10 分钟）
Consensus facilitation algorithm（共识算法）	Proof of Work（equihash）
Difficulty adjustment algorithm（难度调整算法）	DigiShield V3（modified）
Mining hardware（挖矿硬件）	CPU，GPU
Difficulty adjustment period（难度调整周期）	1 block（1 个区块）

Zcash 使用基于广义生日问题（Generalized Birthday Problem）的称为非对称 PoW 的有效 PoW 方案（Equihash），它允许非常有效的验证。

生日悖论是指，如果一个房间里有 23 个或 23 个以上的人，那么至少有 2 个人的生日相同的概率要大于 50%。一般人可能会认为，23 个人中有 2 个人生日相同的概率应该远远小于 50%。因此，生日悖论是与直觉相违背的，计算与此相关的概率问题称为生日问题。

Equihash 挖矿的一般过程是先构造输入条件，也就是区块标头以及各项参数，通过特定函数将输入条件转化成广义生日问题的一般形式，用优化算法解析该问题并对获得的解进行难度判断，同时满足算法条件和难度条件则判定挖矿成功，否则调整随机数并重新运算。

Equihash是一种面向内存的工作量证明，机器算力的大小主要取决于拥有多少内存，该算法比较公平，更适合于具有大量内存的通用计算机，而不是特殊的硬件芯片，因此称其是内存困难（Memory-Hard）函数和抗ASIC矿机函数。

Zcash引入了一个新颖的思路（最初开采很慢），这意味着区块奖励在一段时间内是逐渐增加的，直至达到第20000个区块为止。这允许早期矿工对网络进行初步扩展和试验，并在需要时由Zcash开发人员进行调整。由于ZEC推出的第一天价格接近25000美元，因此起初的开采缓慢确实对价格造成了影响。Zcash中已实现了DigiShield难度调整算法的略微修改版本。其公式如下所示：

(下一个难度) = (最近一次的难度)×SQRT [(150秒)/(最近一次的求解时间)]

8.11.1 Zcash交易

可以在主要的数字货币交易所（如https://cryptogo.com）购买Zcash，也可以在另一个交易所Crypto Robot 365（https://cryptorobot365.com）购买Zcash。

Zcash刚开始推出时，其价格非常高。如图8-21所示，其初始价格曾飙升至每Zcash约10比特币。一些交易所每个ZEC的执行订单价格甚至高达2500 BTC。当然，在2018年“矿难”之后，ZEC的价格也一路走低。截至2020年10月，Zcash的市值为593208790美元，价格约为57.24美元。

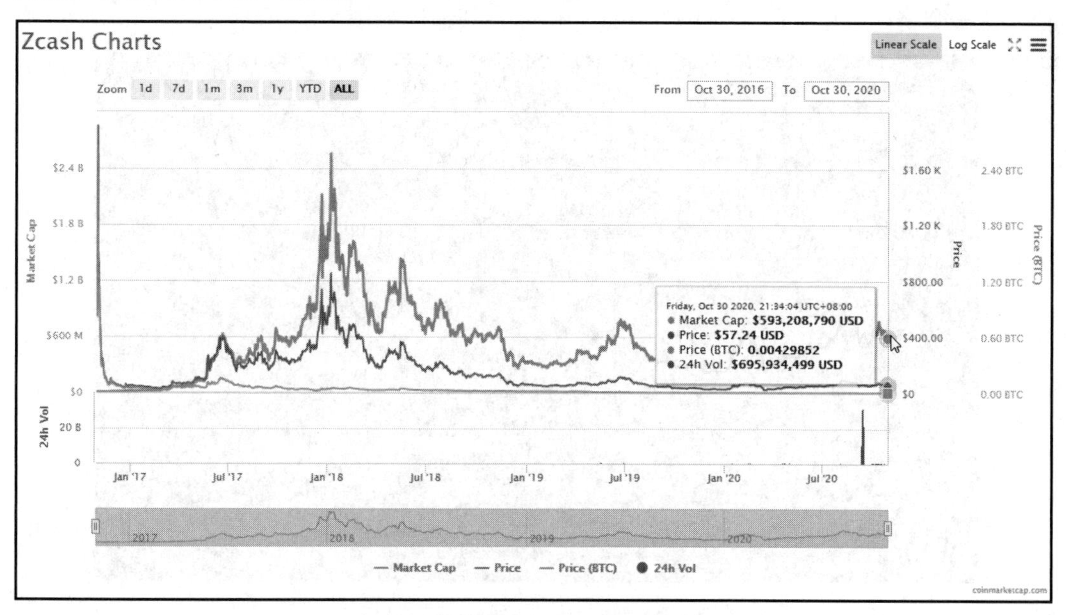

图8-21 Zcash的市值和价格

8.11.2　采矿指南

有多种方法可以开采 Zcash。就目前而言，CPU 和 GPU 挖矿是可能的。各种商业云采矿池还提供了开采 Zcash 的合同。要使用 CPU 执行单独挖矿，则可以在 Ubuntu Linux 上执行以下步骤：

（1）使用以下命令安装必备组件：

```
$ sudo apt-get install \
  build-essential pkg-config libc6-dev m4 g++-multilib \
  autoconf libtool ncurses-dev unzip git python \
  zlib1g-dev wget bsdmainutils automake
```

如果已经安装了上述必备组件，则会显示一条消息，指示组件已经是最新版本；如果尚未安装或软件包的版本不是最新的，则安装将继续下载所需的软件包并完成安装。

（2）运行以下命令从 GitHub 克隆 Zcash：

```
$ git clone https://github.com/zcash/zcash.git
```

请注意，如果你是第一次运行 git 命令，则必须接受一些配置更改，这些更改将自动完成，但是必须以交互的方式进行。

此命令将在本地克隆 Zcash GitHub 存储库。其输出如图 8-22 所示。

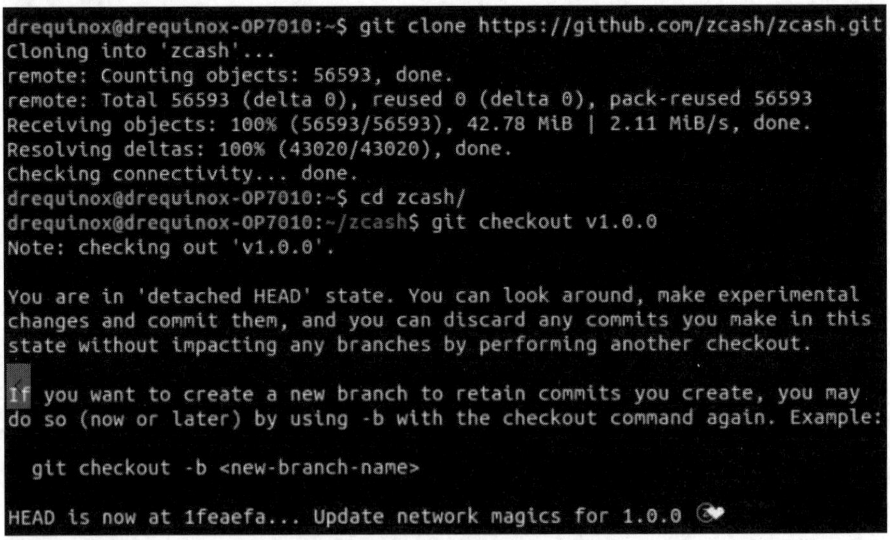

```
drequinox@drequinox-OP7010:~$ git clone https://github.com/zcash/zcash.git
Cloning into 'zcash'...
remote: Counting objects: 56593, done.
remote: Total 56593 (delta 0), reused 0 (delta 0), pack-reused 56593
Receiving objects: 100% (56593/56593), 42.78 MiB | 2.11 MiB/s, done.
Resolving deltas: 100% (43020/43020), done.
Checking connectivity... done.
drequinox@drequinox-OP7010:~$ cd zcash/
drequinox@drequinox-OP7010:~/zcash$ git checkout v1.0.0
Note: checking out 'v1.0.0'.

You are in 'detached HEAD' state. You can look around, make experimental
changes and commit them, and you can discard any commits you make in this
state without impacting any branches by performing another checkout.

If you want to create a new branch to retain commits you create, you may
do so (now or later) by using -b with the checkout command again. Example:

  git checkout -b <new-branch-name>

HEAD is now at 1feaefa... Update network magics for 1.0.0
```

图 8-22　克隆 Zcash GitHub 存储库

（3）使用以下命令下载证明和验证密钥：

```
$ ./zcutil/fetch-param.sh
```

此命令将产生如图 8-23 所示的输出。

```
drequinox@drequinox-OP7010:~/zcash$ ./zcutil/fetch-params.sh
Zcash - fetch-params.sh

This script will fetch the Zcash zkSNARK parameters and verify their
integrity with sha256sum.

The parameters are currently just under 911MB in size, so plan accordingly
for your bandwidth constraints. If the files are already present and
have the correct sha256sum, no networking is used.

Creating params directory. For details about this directory, see:
/home/drequinox/.zcash-params/README

Retrieving: https://z.cash/downloads/sprout-proving.key
--2016-10-28 21:46:21--  https://z.cash/downloads/sprout-proving.key
Resolving z.cash (z.cash)... 104.236.171.172
Connecting to z.cash (z.cash)|104.236.171.172|:443... connected.
HTTP request sent, awaiting response... 301 Moved Permanently
Location: https://s3.amazonaws.com/zcashfinalmpc/sprout-proving.key [following]
--2016-10-28 21:46:22--  https://s3.amazonaws.com/zcashfinalmpc/sprout-proving.key
Resolving s3.amazonaws.com (s3.amazonaws.com)... 54.231.40.114
Connecting to s3.amazonaws.com (s3.amazonaws.com)|54.231.40.114|:443... connected.
HTTP request sent, awaiting response... 200 OK
Length: 910173851 (868M) [application/octet-stream]
Saving to: '/home/drequinox/.zcash-params/sprout-proving.key.dl'

     0K ........ ........ ........ ........  3% 2.71M 5m8s
 32768K ........ ........ ........ ........  7% 3.58M 4m20s
 65536K ........ ........ ........ ........ 11% 2.53M 4m28s
 98304K ........ ........ ........ ........ 14% 1.75M 4m59s
131072K ........ ........ ........
```

图 8-23　Zcash 安装程序获取 ZK-SNARK 参数

（4）运行此命令后，它将约 911 MB 大小的密钥下载到~/.zcash-params/目录中，该目录包含用于证明和验证密钥的文件：

```
$ pwd
/home/drequinox/.zcash-params
$ ls -ltr
sprout-verifying.key
sprout-proving.key
```

（5）成功执行上述命令后，可以使用以下命令构建源代码：

```
$ ./zcutil/build.sh -j$(nproc)
```

这将产生一个非常长的输出，如果一切顺利，它将生成一个 Zcashd 二进制文件。请注意，该命令将 nproc 作为参数，基本上是一个找到系统中内核或处理器数量并显示该数量的命令。如果没有该命令，则将 nproc 替换为系统中的处理器数量。

（6）构建完成后就是配置 Zcash。这是通过在~/.zcash/目录中创建一个名为 zcash.conf 的配置文件来实现的。

示例配置文件如下：

```
addnode=mainnet.z.cash
rpcuser=drequinox
rpcpassword=xxxxxxoJNo4o5c+F6E+J4P2C1D5izlzIKPZJhTzdW5A=
gen=1
genproclimit=8
equihashsolver=tromp
```

上面的配置启用了各种功能。第一行添加了 mainnet（主网）节点并启用了 mainnet 连接。rpcuser 和 rpcpassword 分别是 RPC 接口的用户名和密码。gen = 1 用于启用挖矿。genproclimit 是可用于挖矿的处理器数量。最后一行启用了更快的挖矿求解器，如果要使用标准 CPU 挖矿，则不需要这样做。

（7）可以使用以下命令启动 Zcash：

```
$ ./zcashd --daemon
```

一旦 Zcash 守护程序启动，将允许通过 zcash-cli 命令行界面与 RPC 接口进行交互，这几乎与比特币的命令行界面是一样的。在 Zcash 守护程序启动并运行之后，就可以运行各种命令来查询 Zcash 的不同属性，可以使用 CLI 或通过区块链浏览器在本地查看交易。

注意：

Zcash 区块链浏览器的网址如下：

https://explorer.zcha.in/

8.11.3　地址生成

可以使用以下命令生成新的 Z 地址：

```
$ ./zcash-cli z_getnewaddress
zcPDBKuuwHJ4gqT5Q59zAMXDHhFoihyTC1aLE5Kz4GwgUXfCBWG6SDr45SFLUsZhpcdvHt
7nFmC3iQcn37rKBcVRa93DYrA
```

使用 getinfo 参数运行 zcash-cli 命令将产生如图 8-24 所示的输出，它显示了一些有价值的信息，如 blocks（区块）、difficulty（难度）和 balance（余额）等。

```
drequinox@drequinox-OP7010:~/zcash/src$ ./zcash-cli getinfo
{
    "version" : 1000050,
    "protocolversion" : 170002,
    "walletversion" : 60000,
    "balance" : 0.00000000,
    "blocks" : 601,
    "timeoffset" : 0,
    "connections" : 8,
    "proxy" : "",
    "difficulty" : 13748.56014152,
    "testnet" : false,
    "keypoololdest" : 1477688856,
    "keypoolsize" : 101,
    "paytxfee" : 0.00000000,
    "relayfee" : 0.00005000,
    "errors" : "WARNING: abnormally high number of blocks generated, 190 blocks received in the last 4 hours (96 expected)"
}
drequinox@drequinox-OP7010:~/zcash/src$
```

图 8-24　getinfo 的输出

可以使用以下命令生成新的 T 地址：

```
$ ./zcash-cli getnewaddress
t1XRCGMAw36yPVCcxDUrxv2csAAuGdS8Nny
```

8.11.4　GPU 挖矿

除 CPU 挖矿外，Zcash 还提供了 GPU 挖矿选项。就目前的行情而言，无论是 CPU 挖矿还是 GPU 挖矿，从经济效益上来说都是很不划算的。CPU 挖矿每天平均收益只有几分钱，GPU 挖矿则是几毛钱，连电费都不够，且对硬件造成巨大损害。

注意：

有关详细信息，可访问以下网址：

https://zcashminers.org/

还有一种挖矿是使用各种在线云挖矿提供商提供的云挖矿合同，云挖矿服务提供商代表客户执行挖矿。

除云采矿合同外，矿工还可以使用自己的设备加入矿池（使用 Stratum 或其他协议）进行挖矿。一个重要的示例是 NiceHash 的 Zcash pool，其网址如下：

https://www.nicehash.com

矿工可以加入矿池以出售其哈希算力。

接下来，我们将介绍如何在 Zcash 矿池上构建和使用 CPU 矿工。

8.11.5　下载并编译 nheqminer

要在 Ubuntu Linux Distribution（发行版）上下载和编译 nheqminer，可以执行以下命令：

```
$ sudo apt-get install cmake build-essential libboost-all-dev git clone
https://github.com/nicehash/nheqminer.git
$ cd nheqminer/nheqminer
$ mkdir build
$ cd build
$ cmake .. make
```

一旦所有步骤成功完成，就可以使用以下命令运行 nhequminer：

```
$ ./nhequminer -l eu -u <btc address> -t <number of threads>
```

注意：

以下网址提供了 nhequminer 的 Windows 和 Linux 版本：

https://github.com/nicehash/nheqminer/releases

nheqminer 采用了若干个参数，如位置（-l）、用户名（-u）和用于挖矿的线程数（-t）。

图 8-25 显示了在 Linux 系统上运行 nheqminer 进行 Zcash 挖矿的示例。在图 8-25 中，出售哈希算力的收益将支付给比特币地址。

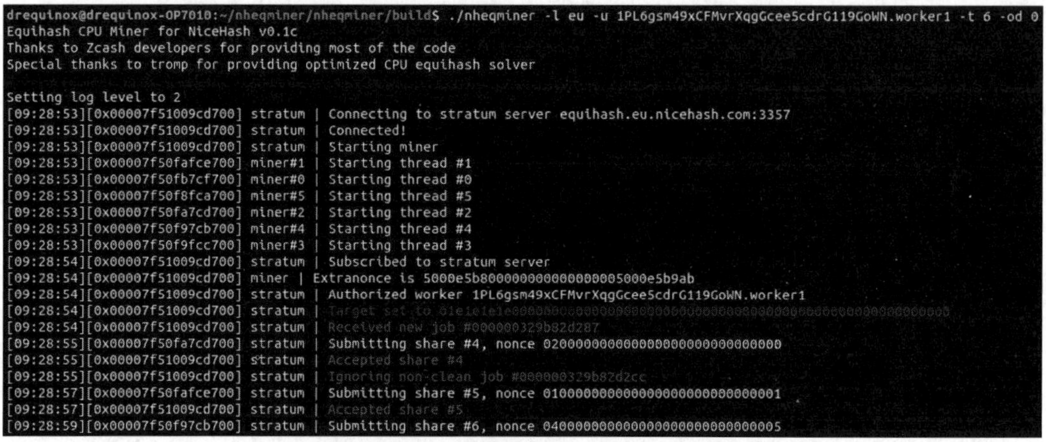

```
drequinox@drequinox-OP7010:~/nheqminer/nheqminer/build$ ./nheqminer -l eu -u 1PL6gsm49xCFMvrXqgGcee5cdrG119GoWN.worker1 -t 6 -od 0
Equihash CPU Miner for NiceHash v0.1c
Thanks to Zcash developers for providing most of the code
Special thanks to tromp for providing optimized CPU equihash solver

Setting log level to 2
[09:28:53][0x00007f51009cd700] stratum | Connecting to stratum server equihash.eu.nicehash.com:3357
[09:28:53][0x00007f51009cd700] stratum | Connected!
[09:28:53][0x00007f51009cd700] stratum | Starting miner
[09:28:53][0x00007f50fafce700] miner#1 | Starting thread #1
[09:28:53][0x00007f50fb7cf700] miner#0 | Starting thread #0
[09:28:53][0x00007f50f8fca700] miner#5 | Starting thread #5
[09:28:53][0x00007f50fa7cd700] miner#2 | Starting thread #2
[09:28:53][0x00007f50f97cb700] miner#4 | Starting thread #4
[09:28:53][0x00007f50f9fcc700] miner#3 | Starting thread #3
[09:28:54][0x00007f51009cd700] stratum | Subscribed to stratum server
[09:28:54][0x00007f51009cd700] miner | Extranonce is 5000e5b80000000000000000005000e5b9ab
[09:28:54][0x00007f51009cd700] stratum | Authorized worker 1PL6gsm49xCFMvrXqgGcee5cdrG119GoWN.worker1
[09:28:54][0x00007f51009cd700] stratum | Target set to 01e1e1e1e000000000000000000000000000000000000000000000000000000000
[09:28:54][0x00007f51009cd700] stratum | Received new job #000000329b82d287
[09:28:55][0x00007f50fa7cd700] stratum | Submitting share #4, nonce 02000000000000000000000000000000
[09:28:55][0x00007f51009cd700] stratum | Accepted share #4
[09:28:55][0x00007f51009cd700] stratum | Ignoring non-clean job #000000329b82d2cc
[09:28:57][0x00007f50fafce700] stratum | Submitting share #5, nonce 01000000000000000000000000000001
[09:28:57][0x00007f51009cd700] stratum | Accepted share #5
[09:28:59][0x00007f50f97cb700] stratum | Submitting share #6, nonce 04000000000000000000000000000005
```

图 8-25　使用 BTC 地址接收出售哈希算力的收益

图 8-26 显示了在 Windows 系统上运行 nheqminer 的示例，出售哈希算力的收益将支付给 Zcash T 地址。

```
C:\nheqminer_v0.3a>nheqminer_zcash.exe -l eu -u t1YiNeyxoLZcjDHnaMtq5WLEbKquTY11gK8.miner1 -t 6 -od 0

        ==================== www.nicehash.com ====================
              Equihash CPU&GPU Miner for NiceHash v0.3a
        Thanks to Zcash developers for providing base of the code.
            Special thanks to tromp and xenoncat for providing
                 optimized CPU and CUDA equihash solvers.
        ==================== www.nicehash.com ====================

Setting log level to 2
[2016-10-29 22:37:18.196024][0x00001404]: Using SSE2: YES
[2016-10-29 22:37:18.203024][0x00001404]: Using AVX: YES
[2016-10-29 22:37:18.207025][0x00001404]: Using AVX2: YES
[2016-10-29 22:37:18.222026][0x00001590]: stratum | Starting miner
[2016-10-29 22:37:18.228026][0x000015c4]: miner#0 | Starting thread #0 (CPU-XENONCAT-AVX2)
[2016-10-29 22:37:18.228026][0x00000524]: miner#1 | Starting thread #1 (CPU-XENONCAT-AVX2)
[2016-10-29 22:37:18.243027][0x00000b20]: miner#3 | Starting thread #3 (CPU-XENONCAT-AVX2)
[2016-10-29 22:37:18.243027][0x00001570]: miner#2 | Starting thread #2 (CPU-XENONCAT-AVX2)
[2016-10-29 22:37:20.354147][0x00001330]: miner#5 | Starting thread #5 (CPU-XENONCAT-AVX2)
[2016-10-29 22:37:20.354147][0x000015f8]: miner#4 | Starting thread #4 (CPU-XENONCAT-AVX2)
[2016-10-29 22:37:20.354147][0x00001590]: stratum | Connecting to stratum server stratum.eu.zcash.nicehash.com:3357
[2016-10-29 22:37:20.354147][0x00001108]: miner#6 | Starting thread #6 (OCL_XMP) TODO
<info> found 1 devices
Using device 0 as GPU 0
<info> compiling ...
<info> source: 41162 bytes
[2016-10-29 22:37:28.796630][0x00001590]: stratum | Connected!
[2016-10-29 22:37:28.892636][0x00001590]: stratum | Subscribed to stratum server
[2016-10-29 22:37:28.899636][0x00001590]: miner | Extranonce is 1ffff7da000000000000000001ffff7d9
[2016-10-29 22:37:28.999642][0x00001590]: stratum | ←[35mTarget set to 03c3c3c000000000000000000000000000000000000000000000000000000000←[0m
[2016-10-29 22:37:29.016643][0x00001590]: stratum | ←[36mReceived new job #6←[0m
[2016-10-29 22:37:29.290659][0x00001590]: stratum | Authorized worker t1YiNeyxoLZcjDHnaMtq5WLEbKquTY11gK8.miner1
[2016-10-29 22:37:33.311889][0x00001404]: ←[33mSpeed [300 sec]: 0.154357 I/s, 0.231535 Sols/s←[0m
[2016-10-29 22:37:40.476298][0x00000524]: stratum | Submitting share #4, nonce 01000000000000000000000000000004
[2016-10-29 22:37:40.605306][0x00001590]: stratum | ←[32mAccepted share #4←[0m
[2016-10-29 22:37:43.411466][0x00001404]: ←[33mSpeed [300 sec]: 0.824045 I/s, 1.43124 Sols/s←[0m
```

图 8-26 使用 Zcash T 地址接收出售哈希算力的收益

Zcash 以创新的方式使用零知识证明，它们为将来需要固有隐私权的应用铺平了道路，例如金融、医疗或法律领域的应用。

对 Zcash 的介绍至此结束。感兴趣的读者可以在以下网址浏览有关 Zcash 的更多信息。

https://z.cash

8.11.6 首次代币发行

首次代币发行是相对首次公开募股（Initial Public Offering，IPO）的称谓。在股票市场中，企业上市就是通过发行 IPO 来筹集资金，而发行 ICO 则是为启动项目筹集资金。它们之间的关键区别在于：IPO 受到严格监管并归入证券市场（公司股份）之内，而 ICO 则不受监管且不属于已建立的市场结构的任何严格类别。

在国外，屡屡出现的一些欺诈性 ICO 活动也引起了监管机构对投资者保护问题的担忧。美国证券交易委员会（SEC）对虚拟货币、ICO 数字资产的态度则是截然不同的。有些人认为应将它们归类到“证券”定义之下，这意味着适用于证券的法律也将适用于 ICO、比特币和其他数字货币；而有些人则反对对其实施严格的监管，认为这可能会对创新产生影响。多数国家对于 ICO 的态度仍处于监管模糊状态。

另外，还有人建议引入正式的了解你的客户（Know Your Customer，KYC）和反洗钱（Anti Money Laundering，AML）机制来解决与洗钱有关的问题。

专家建议使用豪威测试（Howey Test）作为判断一种加密货币是否应该被归为证券的标准。豪威测试主要从投资货币、共同企业和预期利润 3 个方面来判断。具体来说，就是对一个区块链项目进行评分，评分越高，说明该区块链项目发行的加密货币的性质越接近证券。而一旦被认定为证券，就意味着该项目需要接受与证券一样的严格监管，发行门槛要提高很多，而且一旦发行者不符合相关资质，还会面临严重的法律风险。

另一个区别是，按照设计，ICO 通常要求投资者使用加密货币进行投资，而支出也是使用加密货币进行支付。最常见的是通过 ICO 引入的新代币（即一种新的加密货币）进行支付。这可以是法定货币，但最常用的仍是加密货币。

例如，在以太坊众筹（Crowdfunding）活动中，引入了新的代币以太币（Ether，ETH），以及用于众筹的域名币（Namecoin，NMC），并且这两种代币可以互换使用。

ICO 也称为众售（Crowd Sales）。当启动新的区块链应用程序时，可以启动新代币并通过 ICO 销售，这种新代币可以作为访问和使用该应用程序的代币，也可以测试大众对该应用程序的兴趣。投资者在 ICO 上购买的新代币可以在公开市场上交易，这样可以获得在应用程序之外的市场价值。如果投资者相信该应用程序的价值，那么他们将相信新代币会有升值空间。当启动的应用程序或产品的使用量增加时，新代币的流动性也会增强，从而带来更高的溢价。

2017 年，ICO 已经成为新创公司筹集资金的主要工具。第一个成功的 ICO 是以太坊，它在 2014 年筹集了 1800 万美元。还有一个成功的例子是 Tezos，它在几周内赚了 2.32 亿美元，另一个例子是 Filecoin，它筹集了超过 2.5 亿美元的资金。

创建新代币的过程已经在以太坊区块链上进行了标准化，因此启动 ICO 并发行新代币是非常容易的，新代币还可以交换以太币、比特币或其他加密货币。该标准称为 ERC20，下一小节将会详细介绍它。

值得注意的是，ERC20 并不是必须使用的，开发者也可以在新的区块链上发明一种全新的加密货币来启动 ICO，但是 ERC20 已在各种 ICO 中使用，并提供了一种相对较容易的方式来构建 ICO 代币。

除以太坊外，以下平台也提供了 ICO 解决方案：

- NEM

  https://nem.io

- Stellar

  https://www.stellar.org

8.11.7　ERC20 代币接口

ERC20 代币接口可用于定义指示代币要求的各种功能，但是它并没有提供实现细节，细节将留给实现者自己决定。

ERC 大致上是以太坊意见征集（Ethereum Request for Comments）的缩写，其意义相当于比特币的 BIP（详见本书第 6.4.1 节“比特币改进提案”），只不过 ERC 提供的是以太坊区块链的改进建议。

注意：

有关详细信息，可访问以下网址：

https://github.com/ethereum/EIPs/blob/master/EIPS/eip-20-token-standard.md。

以太坊具有创建新代币的能力，已经成为 ICO 的首选平台，并且它具有 ERC20 标准，这使得它更加易用。

ERC20 代币标准定义了各种功能，这些功能描述了新代币的各种属性、规则和特性，例如新代币的总供应量、持有人的总余额和转账功能等。

注意：

ERC 还有其他标准，如 ERC223、ERC777 和 ERC827 的 ERC20 扩展。可以参考以下链接以了解更多信息：

- https://github.com/ethereum/EIPs/issues/827
- https://github.com/ethereum/EIPs/issues/223
- https://github.com/ethereum/EIPs/issues/777

8.12 小　　结

本章详细介绍了加密货币（山寨币）的整体发展状况。应该说，山寨币概念本身并无歧视意味（除比特币之外的所有其他区块链货币都可以称为山寨币），只不过山寨币确实良莠不齐。此外，还详细讨论了多种山寨币，尤其是 Zcash 和域名币。

对加密货币的研究是一个非常活跃的领域，尤其是在可伸缩性、隐私和安全性方面。人们还进行了一些研究，用于发明新的难度目标重新调整算法，以阻止加密货币集中化的威胁。

我们还讨论了隐私和匿名性等领域的研究。

现在你应该能够理解山寨币的概念以及其背后的各种动机。我们还讨论了一些实际操作方面的内容，例如挖矿和启动新的货币项目。

总的来说，山寨币并非区块链的负面发展，它其实是为去中心化的未来打开了许多可能性。

第 9 章将介绍智能合约，并讨论对于充分理解区块链技术必不可少的相关思想和概念。

第9章 智能合约

本章将详细阐释智能合约。这个概念并不是新鲜事物，但是随着区块链技术的出现，人们对这个概念重新燃起兴趣，现在它已成为区块链研究的活跃领域。由于智能合约可通过降低交易成本和简化复杂合约而为金融服务业带来节省成本的好处，因此各种商业和学术机构都在对其进行严格的研究，以实现智能合约的格式化并使之尽可能简单实用。

本章将讨论以下主题：

- 智能合约的历史。
- 智能合约的定义。
- 李嘉图合约。
- 智能合约模板。
- Oracle 及智能 Oracle。
- 在区块链上部署智能合约。
- DAO 黑客入侵事件。

9.1 智能合约的历史

智能合约最初是由 Nick Szabo 在 20 世纪 90 年代后期的一篇名为 *Formalizing and Securing Relationships on Public Networks*（《公共网络上关系的格式化和安全保护》）的文章中提出的，但是 20 年之后，比特币的发明和区块链技术的发展才让人真正意识到智能合约的潜力和利益。Szabo 对智能合约的描述如下：

“智能合约是一种执行合约条款的电子交易协议，总的目的是满足共同的合约条件（例如支付条款、留置权、机密性，甚至是强制执行），最大限度地减少恶意和意外，并最小化相关的经济指标，包括降低欺诈损失、仲裁和执行成本以及其他交易成本。”

注意：

Szabo 撰写的原始文章可在以下网址获得：

http://firstmonday.org/ojs/index.php/fm/article/view/548

智能合约在 2009 年以有限的方式在比特币中得以实现。在比特币中，使用有限的脚本语言进行比特币交易，这使得即便在彼此无信任的点对点网络上，用户之间也可以转移价值，而无须可信任的中介。

9.2　智能合约的定义

关于智能合约的标准定义目前尚无共识。智能合约的定义至关重要。以下是笔者尝试给出的智能合约的广义定义：

智能合约（Smart Contract）是一种安全且不可中断的计算机程序，它代表可以自动执行和强制执行的协议。

如果对该定义进一步的分析，则可以看出，智能合约实际上是一种以计算机或目标机器可以理解的语言编写的计算机程序。此外，它还包含业务逻辑形式的各方之间的协议。当满足某些条件时，将自动执行智能合约，它们是可强制执行的。这意味着，即使存在对手，所有合约条款也会按照定义和预期执行。

强制执行（Enforcement）是一个广义的术语，它涵盖了法律形式的传统强制执行，以及特定措施和控制措施的实现，这些措施无须任何调解即可执行合约条款。应当指出的是，真正的智能合约不应依赖传统的执行方法。相反，它们应该遵循“代码即法律”的原则。这意味着，不需要仲裁员或第三方来控制或影响智能合约的执行。

智能合约是自我执行的，而不是法律上可执行的。这个想法可能被认为是自由主义者的梦想，但它完全有可能实现并且符合智能合约的真正精神。

此外，智能合约是安全且不可中断的。这意味着，计算机程序的设计方式应使其具有容错性，并且可以在合理的时间内执行，即使外部因素不利，这些程序也应能够执行并保持健康的内部状态。

例如，一个典型的计算机程序以某种逻辑编码，并根据编码的指令执行操作。如果它所运行的环境或所依赖的外部因素偏离了正常或预期状态，则该程序可能会做出不确定性的反应，或仅仅是中止它。智能合约必须能够不受此类问题的影响。

安全性和不可中断的特性被认为是必要的或理想的特性。如果从一开始就将安全性和不可中断的特性包括在智能合约的定义中，那么长期来看它将提供更大的收益。这将使研究人员从一开始就专注于这些方面，并将有助于为进一步的研究奠定坚实的基础。

一些研究人员认为智能合约不必自动执行。相反，由于在某些情况下需要人工输入，因此只能称为“可自动化的”。例如，合格的医疗专业人员可能需要对病历进行手动验证，在这种情况下，全自动方法可能效果不佳。

虽然在某些情况下确实需要人工输入和控制，但这并不是必需的。笔者认为，要使合约真正智能，就必须完全实现自动化。某些需要人工提供的输入可以而且应该通过 Oracle 将其自动化。本章后面将详细讨论 Oracle。

智能合约常通过使用状态机模型管理内部状态，这允许开发用于编写智能合约程序的有效框架。在该框架中，将根据某些预定义的标准和条件进一步完善智能合约的状态。

关于智能合约的代码是否可以作为法院接受的合约的问题，也正在进行辩论。智能合约的表达方式与传统的法律条文有所不同，尽管它们确实代表并强制执行了所有合约条款，但法院可能并不理解该代码。

这一难题引发了关于智能合约如何具有法律约束力的若干问题：

能否以法院容易接受和理解的方式发展智能合约？如何在代码中实现争议解决，有这种可能性吗？

此外，法规和合规性要求是一个要解决的问题。只有解决了这些问题，才能像使用传统法律文件一样有效地使用智能合约。

虽然智能合约被命名为“智能”，但实际上它们并非真的智能，只能按编写好的代码执行。当然，这也没问题，因为这一特性可确保智能合约每次执行时都产生相同的输出。由于共识要求，在区块链平台中非常需要智能合约的这种确定性，即智能合约并不需要真正的智能，只要能够按其编程执行即可。

这自然也引发了一个问题，即如果现实世界和区块链世界之间出现了巨大差距，又该如何呢？在这种情况下，智能合约是无法理解自然语言的，而自然世界也无法理解代码。现在的问题是，如何在区块链上部署现实生活中的合约？如何建立现实世界与智能合约世界之间的桥梁。

上述问题实际上打开了各种可能性，例如使智能合约代码不仅可以被机器读取，也可以被人类阅读和理解。如果人和机器都能理解智能合约中编写的代码，那么在法律意义上可能更容易被接受，而不仅仅是除程序员以外的其他人都无法理解的一段代码。这已经成为智能合约一个比较热门的研究领域，并且在该领域已经进行了大量的研究工作，以回答有关语义、含义和智能合约解释的问题。

通过将智能合约代码和自然语言合同进行组合（将合同条款与机器可理解的元素链接在一起），目前已经完成了一些正式描述自然语言合同的工作，这是使用标记语言实现的。这种标记语言的一个示例称为法律知识交换格式（Legal Knowledge Interchange Format，LKIF），它是用于表示理论和证明的XML模式，该格式是在2008年的ESTRELLA项目中开发的。

注意：

有关该研究的论文可在以下网址获得：

https://doi.org/10.1007/978-3-642-15402-7_30

在本质上，智能合约必须具有确定性，此属性将使智能合约可以由网络上的任意节点运行并获得相同的结果。智能合约在节点之间的输出即便略有不同，也将无法达成共识，并且关于整个区块链的分布式共识范式可能会失败。

此外，智能合约语言本身也应该是确定性的，只有这样才能确保智能合约的完整性和稳定性。从某种意义而言，确定性是指该语言中没有使用不确定性函数（不确定性函数会在各个节点上产生不同的结果）。

例如，以不同编程语言中的不同函数计算出的各种浮点运算可以在不同的运行环境中产生不同的结果。再如，JavaScript 中的一些数学函数可以在不同的浏览器上为相同的输入产生不同的结果，从而导致各种错误。这些情况在智能合约中都是非常不希望看到的，如果节点之间的结果不一致，那么将永远无法达成共识。

确定性函数可确保智能合约始终为特定输入产生相同的输出。换句话说，程序在执行时会产生可靠且准确的业务逻辑，这完全符合高级代码中编程的要求。

智能合约应具有以下 4 个属性：

- 可自动执行。
- 强制执行。
- 在语义上是完整的。
- 安全且不可中止。

在上述 4 个属性中，前两个是最低需求。在某些情况下，后两个属性可能不是必需的或是不可实现的，所以可以放宽要求。例如，金融衍生品合约也许不需要在语义上是完整的和不可中止的，但至少应该是可以自动执行和强制执行的。

另外，房产地契必须在语义上是完整的，要使其作为智能合约，其语言必须被计算机和人类都能理解。Ian Grigg 发明了李嘉图合约，从而解决了有关解释的问题，下一节将对此进行详细介绍。

9.3 李嘉图合约

李嘉图合约（Ricardian Contract）这一术语最初出现在 Ian Grigg 于 20 世纪 90 年代末提出的 7 层金融密码学（Financial Cryptography in 7 Layers）中。这些合约最初用于名为 Ricardo 的债券交易和支付系统，其基本思想是编写一份法院和计算机软件都可以理解和接受的文档。李嘉图合约解决了通过互联网发行价值的挑战，它可以识别发行人（Issuer），并在文件中记录合约的所有条款，以使其具有法律约束力。

李嘉图合约是具有以下若干属性的文件：

- 发行人提供给持有人（Holder）的合约。发行人是卖方，持有人是买方。
- 由持有人所拥有的，由发行人管理的有价值的权利。
- 可由人类轻松阅读（和纸质合约一样）。

- ❑ 可由计算机程序读取（可解析，和数据库一样）。
- ❑ 采用数字形式签名。
- ❑ 包含密钥和服务器信息。
- ❑ 与唯一的和安全的标识符相关联。

注意：

以上信息基于 Ian Grigg 的原始定义，其网址如下：

http://iang.org/papers/ricardian_contract.html

实际上，李嘉图合约是通过产生一个文档来实现的，该文档包含法律文书形式的合约条款和一些必要的机器可读标签。首先，该文档由发行人使用私钥进行数字签名；其次，使用消息摘要函数（Message Digest Function，MDF）对该文档进行哈希处理，以生成可以识别该文档的哈希；最后，该哈希在合约执行期间由各方进一步使用并签名以链接每个交易，因此标识符哈希可作为意图的证明。图 9-1 描述了李嘉图合约的过程，它通常被称为领结模型（Bowtie Model）。

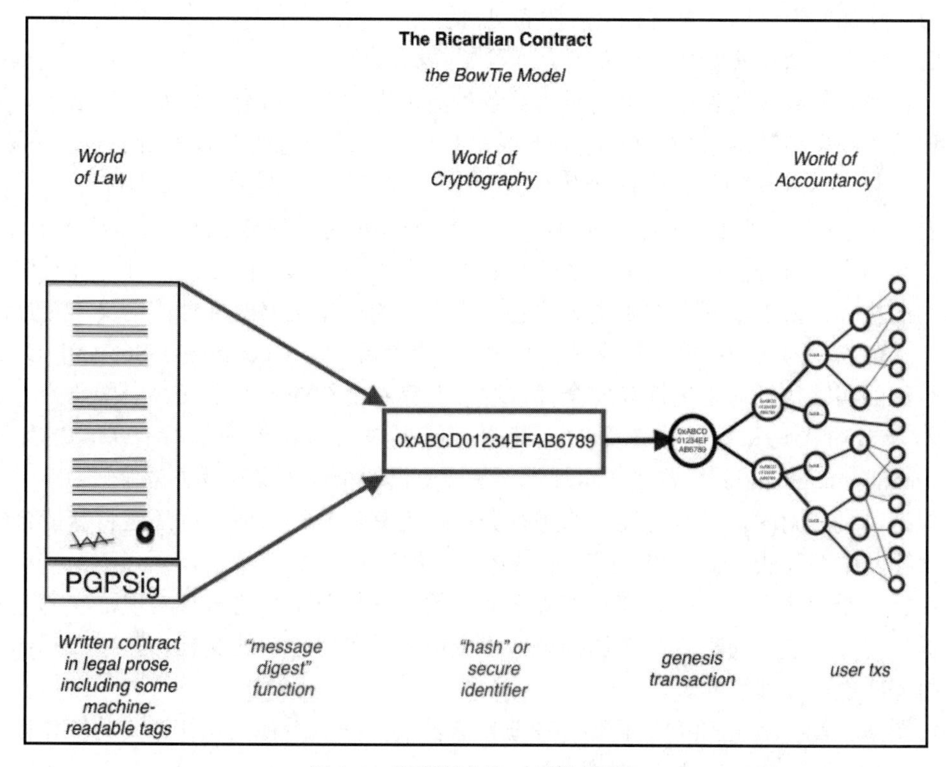

图 9-1　李嘉图合约（领结模型）

原　　文	译　　文
The Ricardian Contract	李嘉图合约
the Bow Tie Model	领结模型
World of Law	法律领域
World of Cryptography	密码学领域
World of Accountancy	会计领域
Written contract in legal prose, including some machine-readable tags	法律文书形式的合约条款和一些必要的机器可读标签
“message digest” function	消息摘要函数
“hash”or secure identifier	哈希或安全标识符
genesis transaction	创世交易（第一笔交易）
user txs	用户交易

图 9-1 显示了以下要素：

- 文档左侧是法律领域，这是文档的来源。本文档包含法律文书形式的合约条款和一些必要的机器可读标签。
- 在加密学领域，对文档进行哈希处理。
- 获得的消息摘要被用作右侧会计领域的标识符。

会计领域的要素代表业务中用于执行各种业务操作的任何会计、交易和信息系统。该流程的核心思想是，通过对文档进行哈希处理而生成的消息摘要首先用于创世交易（第一笔交易），然后在整个交易的合约执行过程中，在每笔交易中用作标识符。

通过这种方式，即可在原始书面合约和会计领域中的每笔交易之间创建一个安全链接。

李嘉图合约与智能合约的不同之处在于智能合约不包括任何合约文件，并且仅专注于合约的执行；而李嘉图合约则更关注包含产生合约法律文书的文档的语义丰富性。合约的语义可以分为两种：操作语义和指称语义。操作语义（Operational Semantics）类型定义合约的实际执行，正确性和安全性，它涉及完整合约的真实含义。一些研究人员区分了智能合约代码和智能法律合约，其中智能合约只与合约的执行有关。指称语义（Denotational Semantics）类型则同时包含法律协议的指称语义和操作语义。

根据语义之间的差异对智能合约进行分类也是有意义的，但最好还是将智能合约视为能够在其中编写法律文书和代码（业务逻辑）的独立实体。

在比特币网络中，可以观察到基本智能合约（条件逻辑）的直接实现，它完全面向合约的执行和性能，而李嘉图合约则更适于生成人类可以理解的文档，其中一些部分是计算机程序也可以理解的。

如图 9-2 所示，可以将智能合约与李嘉图合约之间的关系视为法律语义与操作性能的对比。简而言之，就是以语义对比性能。

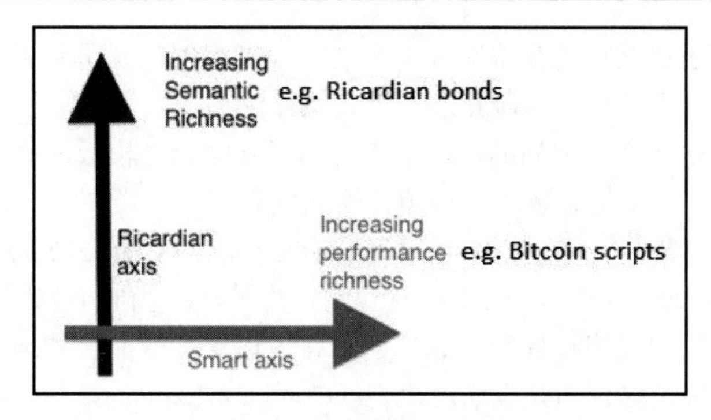

图 9-2 Ian Grigg 以正交问题解释性能与语义的关系
（本图稍有修改，显示了两个轴上不同类型合约的示例）

原 文	译 文
Increasing Semantic Richness	增加语义丰富度
e.g. Ricardian bonds	例如，李嘉图债券
Ricardian axis	李嘉图合约轴
Smart axis	智能合约轴
Increasing performance richness	增加性能丰富度
e.g. Bitcoin scripts	例如，比特币脚本

图 9-2 显示，李嘉图合约在语义上更加丰富，而智能合约则在性能上更加丰富。李嘉图合约的概念最初是由 Ian Grigg 在论文 *On the intersection of Ricardian and smart contracts*（《李嘉图和智能合约的交集》）中提出的。

智能合约就是通过将两个元素（性能和语义）嵌入在一起而组成的，它完善了智能合约的理想模型。

李嘉图合约可以表示为包含 3 个对象的元组，即 Prose（文书）、Parameters（参数）和 Code（代码）。文书代表自然语言中的法律合约；代码代表程序，是计算机可理解的法律文书的表示形式；参数则将法律合约的相应部分加入等效代码中。

李嘉图合约已在许多系统中实现，如 CommonAccord、OpenBazaar、OpenAssets 和 Askemos 等。

9.4 智能合约模板

智能合约可以在需要它的任何行业中实现，但是目前其大多数用例都与金融行业有关。这主要是由于区块链首先在金融业中发现了许多用例，并引起了人们对智能合约在金融业应用的极大研究兴趣，其研究远早于其他行业。

针对金融业的智能合约空间的最新工作提出了智能合约模板的想法，该想法是建立标准模板，以提供一个支持金融工具法律协议的框架。

这个想法是由Clack等人在2016年发表的论文*Smart Contract Templates: Foundations, design landscape and research directions*（《智能合约模板：基础、设计前景和研究方向》）中提出的。该论文还建议应构建特定领域的语言，以支持智能合约模板的设计和实现。目前已经提出了一种增强合约知识通用语言（Common Language for Augmented Contract Knowledge，CLACK），并且已经开始研究开发该语言。该语言旨在提供多种功能，从支持法律文书到能够在多个平台上执行，再到加密功能，都将包括在其中。

Clack等人已经开展了智能合约模板的开发工作，以实现可合法执行的智能合约。该建议已在他们的研究论文*Smart Contract Templates: essential requirements and design options*（《智能合约模板：基本要求和设计选项》）中进行了讨论。该论文的主要目的是研究如何使用标记语言将法律文书与代码联系起来，它还涵盖了如何创建、格式化、执行和序列化智能法律协议以进行存储和传输。这是一项正在进行的工作，是需要进一步研究和开发的开放领域。

金融业中的合约不是一个新概念，金融业已经使用了各种领域的特定语言（Domain Specific Language，DSL），以为特定领域提供特定的语言。例如，目前可用的DSL包括支持保险产品开发的DSL、能源衍生品的DSL、用于建立交易策略的DSL等。

注意：

可以在以下网址找到特定于金融领域语言的完整列表：

http://www.dslfin.org/resources.html

了解某一领域特定语言的概念也很重要，因为这种类型的语言也可以开发用来编写智能合约的程序，这些语言是针对特定应用或感兴趣领域的有限表达而开发的。领域特定语言（DSL）与通用编程语言（General-purpose Programming Language，GPL）是不一样的。DSL只有一个很小的功能集，这些功能集足以针对其预期使用的领域进行优化，并且与GPL不同的是，它们通常不用于构建通用的大型应用程序。

根据DSL的设计原理，可以专门开发这种语言来编写智能合约，目前已经取得了一些进展。例如，Solidity就是以太坊区块链推出的一种用于编写智能合约的语言，而Vyper则是最近为以太坊智能合约开发而推出的另一种语言。

用于智能合约编程的领域特定语言的思想可以进一步扩展到图形化领域特定语言

（Graphical Domain Specific Language），即智能合约建模平台。在该平台上，领域专家（注意，不是指程序员，而是指像前台交易商之类的人员）可以使用图形用户界面和画布（Canvas）来定义和绘制金融合约的语义和性能。一旦完成流程绘制，就可以对其进行模拟和测试，然后将其从相同的系统部署到目标平台，而这个平台可以是区块链。

这其实不是一个新概念，在 Tibco StreamBase 产品中就使用了类似的方法，该产品是基于 Java 的系统，用于构建事件驱动的高频交易系统。

目前已经有人在开发高级 DSL 的领域中对此进行研究。高级 DSL 可用于在用户友好的图形用户界面中对智能合约进行编程，从而允许非程序员专家（如律师）设计出符合其专业领域要求的智能合约。

9.5 Oracle

请注意，这里的 Oracle 不是数据库系统，也不是开发该数据库系统的甲骨文公司。Oracle 的本义是“神谕或传达神谕的牧师”，所以它还引申出一个譬喻义“能够提供有价值的信息的人”。智能合约生态系统中的 Oracle 就引用了这个譬喻义：Oracle 是一个接口，它可以提供有价值的信息，即可以将数据从外部源传递到智能合约。有些文档将 Oracle 翻译为“预言机”。

Oracle 是智能合约生态系统中的重要组成部分。智能合约的局限性在于它们无法访问外部数据，而这可能是控制业务逻辑执行所必需的，例如，合约发放股息所需要的证券产品的股票价格。Oracle 即可用于向智能合约提供外部数据。

对于智能合约来说，Oracle 就是每个智能合约的输入参数。所有智能合约都绕不开 Oracle 的输入数据，输入数据决定了智能合约的运行结果。通过向区块链中添加包含所需信息的交易，智能合约可以运行并始终获取相同的结果。

根据行业和需求，Oracle 可以提供不同类型的数据，从天气预报、真实新闻、公司行动到物联网（Internet of Things，IoT）设备的数据。Oracle 是使用安全通道将数据传输到智能合约的受信任实体。

Oracle 能够对数据进行数字签名，以证明数据源是真实的。智能合约可以订阅 Oracle，并且智能合约可以提取数据，或者 Oracle 可以将数据推送到智能合约。

Oracle 不能操纵由其提供的数据，而必须能够提供可靠的数据。即使 Oracle 是受信任的，在某些情况下由于操作仍可能导致数据不正确。因此，Oracle 必须无法更改数据，可以使用各种公证方案来提供此验证。

在该方法中，人们发现了一个可能在某些情况下并不理想的问题，那就是信任问题。

如何信任第三方提供的数据的质量和真实性，这在金融领域中至关重要，因为在金融领域中，市场数据必须准确可靠。智能合约的设计者可以接受由信誉良好的大型第三方提供的 Oracle 数据，但是集中化的问题仍然是存在的。

这些信誉良好的大型第三方提供的 Oracle 数据可以称为标准 Oracle 或简单 Oracle。例如，气象数据的 Oracle 源可以是信誉卓著的天气报告机构，航班延误数据的 Oracle 源可以是机场信息系统，等等。

可以用来确保由第三方来源为 Oracle 提供的数据的可信度的另一个概念是：数据来自多个来源，甚至具有某些数据知识的用户或公众也可以提供所需的数据，然后可以汇总此数据。如果从多个来源获得大量相同的信息，则该数据很可能是正确的并且可以被信任。

由于去中心化要求而出现了另一种 Oracle，称为去中心化 Oracle（Decentralized Oracle）。可以基于某种分布式机制构建这些类型的 Oracle。还可以设想，Oracle 可以从另一个由分布式共识驱动的区块链中找到自己的源数据，从而确保数据的真实性。例如，一个运行其私有区块链的机构可以通过 Oracle 发布其数据，然后供其他区块链使用。

研究人员还引入了另一种硬件 Oracle 概念，即需要来自物理设备的真实数据。例如，它可以用于遥测和物联网，但是此方法需要硬件设备防篡改的机制。这可以通过提供物联网设备数据的加密证据（不可否认性和完整性）以及物联网设备上的防篡改机制来实现。在进行篡改尝试时，设备将无法使用。

图 9-3 显示了 Oracle 和智能合约生态系统的通用模型。

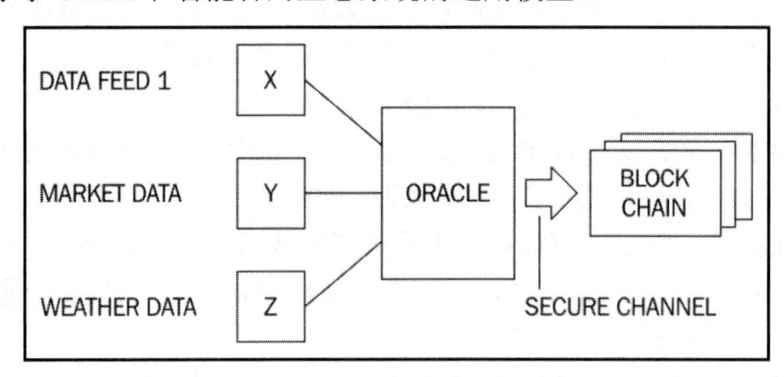

图 9-3　Oracle 和智能合约生态系统的通用模型

原　文	译　文	原　文	译　文
DATA FEED 1	数据馈送 1	ORACLE	Oracle
MARKET DATA	市场数据	SECURE CHANNEL	安全通道
WEATHER DATA	天气数据	BLOCK CHAIN	区块链

现在已经有可用的平台，使智能合约能够使用 Oracle 获取外部数据。Oracle 使用不同的方法将数据写入区块链，具体取决于所使用的区块链的类型。例如，在比特币区块链中，Oracle 可以将数据写入特定交易，而智能合约则可以在区块链中监控该交易并读取数据。

以下在线服务都可以提供 Oracle 服务：

http://www.oraclize.it/
https://www.realitykeys.com/

以下服务可以提供外部数据并可以使用智能合约进行支付：

https://smartcontract.com/

所有这些服务旨在使智能合约能够获取执行和决策所需的数据。为了证明 Oracle 从外部源检索到的数据的真实性，可以使用 TLSnotary 之类的机制来产生数据源与 Oracle 之间的通信证明，这样可以确保从源中检索馈送到智能合约的数据。

注意：

有关 TLSnotary 的详细信息，请访问以下网址：

https://tlsnotary.org/

9.6　智能 Oracle

Ripple Labs（Codius）还提出了智能 Oracle（Smart Oracle）的想法，其原始白皮书的网址如下：

https://github.com/codius/codius-wiki/wiki/White-Paper

智能 Oracle 是与 Oracle 一样的实体，但是具有合约代码执行的附加功能。Codius 提出的 Smart Oracles 可使用 Google Native Client 运行，这是一个沙箱环境，用于运行不受信任的 x86 本机代码。

9.7　在区块链上部署智能合约

智能合约可能会部署在区块链上，也可能不会部署在区块链上，但由于区块链提供的分布式和去中心化共识机制，将智能合约部署在区块链上是有意义的。

以太坊就是一个区块链平台示例，该平台原生支持智能合约的开发和部署。以太坊区块链上的智能合约通常是诸如去中心化自治组织（Decentralized Autonomous Organization，DAO）之类更广泛应用的一部分。

相比之下，在比特币区块链中，比特币交易中的交易时间锁——例如 nLocktime 字段和 CHECKLOCKTIMEVERIFY（CLTV）、CHECKSEQUENCEVERIFY 脚本操作符——可以被视为智能合约简单版本的启动器。这些时间锁定使交易可以被锁定到指定时间或直到满足一定数量的区块，从而强制执行基本合约，即只有在满足某些条件（流逝的时间或达到的区块数）的情况下才能解锁特定交易。例如，可以实现“3 个月后支付给 X 方 N 个比特币”的条件。当然，这样的操作是非常有限的，所以应仅将其视为基本智能合约的示例。

除上述示例外，比特币脚本语言虽然受到限制，但仍可以用于构建基本的智能合约。一个基本的智能合约示例是给一个比特币地址提供赞助，任何演示了“哈希碰撞攻击”的人都可以花费该地址的比特币。

这是在 Bitcointalk 论坛上宣布的一项竞赛，其中设置了比特币，以奖励设法为哈希函数找到哈希碰撞的人（有关哈希碰撞概念的讨论，详见第 4.8.5 节“抗碰撞性”）。仅在演示成功攻击后才能有条件地解锁该地址的比特币，该项赛事中的有条件解锁其实就是智能合约的基本类型。

注意：

该想法已在 Bitcointalk 论坛上提出，有关详细信息请访问以下网址：

https://bitcointalk.org/index.php?topic=293382.0

这也可以被视为智能合约的基本形式。

还有很多区块链平台也都支持智能合约，如 Monax、Lisk、Counterparty、Stellar、Hyperledger fabric、corda 和 Axoni core。

可以用多种语言开发智能合约，但是关键的需求是确定性，这非常重要，因为无论智能合约代码在何处执行，它必须每次都能在任何地方产生相同的结果。另外，智能合约的确定性要求也意味着智能合约代码绝对没有错误。

智能合约的验证和确认是一个活跃的研究领域，有关此主题的详细讨论将在本书第 18 章“可伸缩性和其他挑战”中展开。

目前已经开发了多种语言来构建智能合约，例如在以太坊虚拟机（Ethereum Virtual Machine，EVM）上运行的 Solidity。值得注意的是，已经有一些平台支持使用主流的语言进行智能合约的开发，例如 Lisk 支持使用 JavaScript。还有一个示例是 Hyperledger fabric，该架构支持使用 Golang、Java 和 JavaScript 进行智能合约开发。

9.8 DAO 黑客入侵事件

DAO 是筹集资金最多的项目之一，始于 2016 年 4 月。这是一组智能合约，旨在为投资提供平台。由于代码中的错误，该漏洞于 2016 年 6 月被黑客入侵，导致价值约 5000 万美元的以太币从 DAO 账户中流失。

虽然上面使用了“黑客入侵”一词，但它其实并不是真正被黑客入侵，而是智能合约按照要求执行了操作，这是 DAO 的程序员没有预料到的行为。

该事件导致以太坊进行了硬分叉，以从攻击中恢复。应当指出的是，无论是“代码即法律”，还是“不可中止的智能合约”，这些概念在这次事件中都遇到了某种怀疑的目光，因为这些概念的实现还不够成熟，无法赢得充分的、毫无疑问的信任。

从这个事件中也可以明显看出，以太坊基金会能够通过引入硬分叉来停止和更改 DAO 的执行。尽管引入这个硬分叉听起来“师出有名”，但它与去中心化的真正精神仍是背道而驰的，这也直接违反了“代码即法律”的信条。

另外，由于对硬分叉的抵制和一些决定继续在原始链上进行开采的矿工的坚持，导致了经典以太坊（Ethereum Classic）的诞生。该链是原始的非分叉的以太坊区块链，它让人们又看到了“代码即法律”的希望。

该攻击事件暴露了对智能合约不进行正式和彻底测试的危险，它凸显了开发用于构建和验证智能合约的正式语言的绝对必要性。

该攻击事件还显示了进行彻底测试以避免重蹈覆辙的重要性。以太坊最近围绕智能合约开发语言发现了各种漏洞。因此，开发并解决所有这些问题的标准框架至关重要。一些相关工作已经开始，例如，以下网址的在线服务提供了验证智能合约的工具：

https://securify.ch

该领域已经日臻成熟，可以进行更多研究来解决智能合约语言的局限性问题。

9.9 小　　结

本章首先介绍了智能合约的历史，然后详细讨论了智能合约的定义。

本章还介绍了李嘉图合约，并解释了李嘉图合约和智能合约之间的区别，我们突出了一个事实，即李嘉图合约与合约的定义有关，而智能合约则是针对合约的实际执行。

我们讨论了智能合约模板的概念，目前学术界和工业界正在对此进行高质量的积极研究。

本章还介绍了 Oracle 的概念，然后简要讨论了 DAO 和智能合约中的安全性问题。

第 10 章将介绍以太坊，这是目前最流行的原生支持智能合约的区块链平台之一。

第 10 章　以太坊入门

本章将介绍以太坊区块链的基础知识。首先阐释以太坊的基础知识和高级理论概念，然后将详细讨论与以太坊区块链相关的各种组件、协议和算法，以便读者了解该区块链范式的理论。

本章将讨论以下主题：

- 以太坊简介。
- 从用户角度观察以太坊。
- 以太坊网络。
- 以太坊生态系统的组成部分。
- 交易和消息。
- 以太坊区块链中的状态存储。
- 以太币。
- 以太坊虚拟机。
- 智能合约。
- 本地合约。

10.1　以太坊简介

Vitalik Buterin（资料来源：https://vitalik.ca）在 2013 年 11 月提出了以太坊的概念，其关键思想是：开发一种图灵完备（Turing-Complete）的语言，以允许开发用于区块链和去中心化应用的任意程序（智能合约）。该概念与比特币相反，因为后者的脚本语言本质上是受限制的，并且仅允许进行必要的操作。

表 10-1 显示了以太坊从第一个版本到计划的最终版本在内的所有版本。

表 10-1　以太坊版本

版　　本	发 布 日 期
Olympic（奥林匹克）	2015 年 5 月
Frontier（前沿）	2015 年 7 月
Homestead（家园）	2016 年 3 月

续表

版　本	发布日期
Metropolis（大都会） Byzantine（拜占庭，大都会的第一阶段）	2017 年 10 月
Constantinople （君士坦丁堡，大都会的第二阶段）	2019 年 3 月
Serenity（宁静，以太坊最终版）	即将发布

以太坊的第一个版本称为 Olympic（奥林匹克），于 2015 年 5 月发布。

大约两个月后，即 2015 年 7 月，以太坊的一个名为 Frontier（前沿）的版本发布。

2016 年 3 月，发布了具有改进功能的名为 Homestead（家园）的版本。

2017 年 10 月，Byzantium（拜占庭）版本发布，这是 Metropolis（大都会）版本的第一阶段。此版本于 2017 年 10 月在区块高度为 4370000 的区块上实施了计划中的硬分叉。

2019 年 3 月，以太坊网络在区块高度为 7080000 的区块上实施了 Constantinople（君士坦丁堡）硬分叉，这也是 Metropolis 版本的第二阶段。

以太坊的最终计划发行版称为 Serenity（宁静），它将计划引入基于 PoS 的最终版本而不是 PoW。

本章介绍的是 Byzantium 版本。

在以太坊黄皮书中已经描述了以太坊的正式规范，该规范可用于开发以太坊实现。现在我们就来认识一下这个黄皮书。

10.1.1　黄皮书

以太坊黄皮书由 Ethereum & Parity 公司创始人 Gavin Wood 博士（http://gavwood.com）撰写，并作为以太坊协议的正式定义。任何人都可以通过遵循该黄皮书定义的协议规范来实现以太坊客户端。其网址如下：

https://ethereum.github.io/yellowpaper/paper.pdf

尽管普通人阅读该黄皮书可能有些挑战，尤其是对于没有代数或数学背景并且不熟悉数学符号的读者来说，想要全面理解可能需要多做功课，但它包含了以太坊的完整、正式规范，该规范可用于实现完全兼容的以太坊客户端。

下面将提供该黄皮书中所有符号及其含义的列表，以帮助你更轻松地阅读以太坊黄皮书。在理解了这些符号的含义之后，就能轻松理解该黄皮书所描述的概念和规范。

10.1.2　有用的数学符号

表 10-2 显示了以太坊黄皮书中使用的数学符号及其含义。

表 10-2　数学符号及其含义

符　号	含　义	符　号	含　义
≡	恒等于	∑	求和
=	等于	{	用于 if（当）和 otherwise（否则）两种情况的描述
≠	不等于	⩽	小于或等于
‖...‖	长度	σ	希腊字母 Sigma，世界状态
∈	属于	μ	希腊字母 Mu，机器状态
∉	不属于	γ	希腊字母 Upsilon，以太坊状态转换函数
∀	全称量词	Π	区块链等级状况转换函数
∪	集合的并运算	.	顺序连接
∧	逻辑 AND	∃	存在量词
:	比例	∧	合约创建函数
{}	集合	Δ	递增
()	元祖函数	⌊···⌋	下取整，最低元素
[]	数组索引	⌈···⌉	上取整，最高元素
∨	逻辑 OR	$\lvert\cdots\rvert$	字节数
>	大于	⊕	异或运算
+	加	(a, b)	⩾a 且<b 的实数
-	减	Ø	空集

接下来，我们将介绍以太坊区块链及其核心元素。

10.1.3　以太坊区块链

就像其他任何区块链一样，以太坊区块链可以可视化为基于交易的状态机。Gavin Wood 博士在以太坊黄皮书中提到了这个定义。其核心思想是：在以太坊区块链中，通过逐步执行交易，将初始状态转换为最终状态，然后将最终转换后的状态作为绝对无可争议的版本。

在图 10-1 中，显示了以太坊状态转换函数，其中交易的执行已导致状态转换。

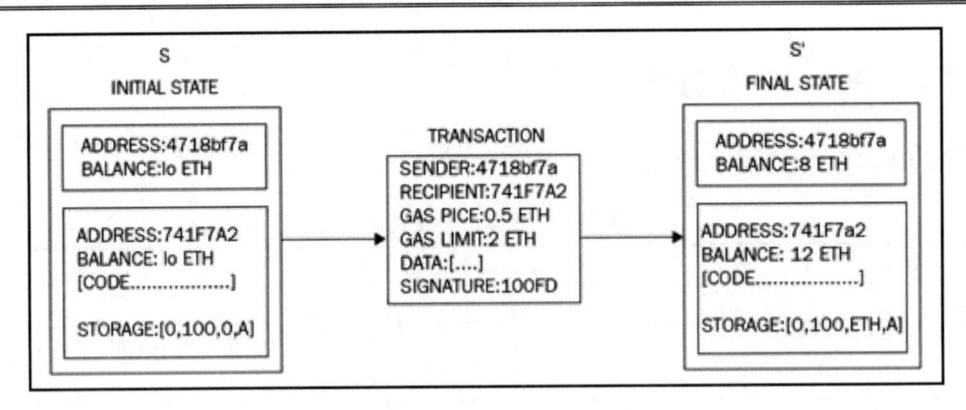

图 10-1　以太坊状态转换函数

原　文	译　文	原　文	译　文
INITIAL STATE	初始状态	FINAL STATE	最终状态
TRANSACTION	交易		

在图 10-1 所示的示例中，启动了两个以太坊从地址 4718bf7a 到地址 741f7a2 的转移。初始状态表示交易执行之前的状态，而最终状态则表示交易执行之后的状态。挖矿在状态转换中起着核心作用，下文将详细阐述挖矿过程。

状态将作为世界状态（World State）存储在以太坊网络上，这也称为以太坊区块链的全球状态（Global State）。

在第 11 章“深入了解以太坊”中将介绍更多有关状态存储的内容。

10.2　从用户角度观察以太坊

本节将从用户的角度了解以太坊的工作方式。为此，我们将介绍最常见的转账示例。

在本示例中，将从一个用户（刘玄德）转账到另一个用户（张翼德）。我们将使用两个以太坊客户端，一个用于汇款，另一个用于接收汇款。此过程涉及以下步骤：

（1）转账双方都可以发起操作。收款人可以通过将请求发送给付款人来要求转账，付款人也可以直接决定将钱款发送给收款人。

收款人发起请求时，可以将收款人的以太坊地址发送给付款人。例如，有两个用户（刘玄德和张翼德），如果张翼德粮草不足，要求刘玄德付款，则可以使用二维码将请求发送给刘玄德。刘玄德收到此请求后，将扫描二维码或手动输入张翼德的以太坊地址，然后将以太币发送到张翼德的以太坊地址。该请求被编码为如图 10-2 所示的二维码，可以通过电子邮件、文本或任何其他通信方式共享。Jaxx 钱包的下载地址如下：

https://jaxx.io

图 10-2　区块链钱包应用程序中显示的二维码

原　　文	译　　文
Tap to copy this address. Share it with the sender via email or text.	点击以复制此地址。可通过电子邮件或短信与发送者（付款人）共享

（2）一旦刘玄德收到此请求，他将扫描此二维码或在以太坊钱包软件中复制以太坊地址并启动交易，如图 10-3 所示，其中，iOS 上的 Jaxx Ethereum 钱包软件用于向张翼德汇款。该图还显示，刘玄德已输入了用于发送以太币的金额和目标地址。在发送以太币之前，最后一步是确认（Confirm）交易。

注意：

在本示例中，使用的是 Jaxx 钱包，但是也可以使用任何其他钱包软件来实现相同的功能。iOS App Store 和 Android Play Store 中均提供了多种钱包软件。

（3）一旦在钱包软件中构造了汇款请求（交易），它将被广播到以太坊网络。交易由发送方（刘玄德）进行数字签名，以证明他是该以太币的所有者。

（4）该交易由以太坊网络上称为矿工的节点进行拾取，以进行验证并将其包含在区块中。在此阶段，交易仍未确认。

（5）一旦被验证并包含在区块中，PoW 过程就会开始。我们将在第 11 章“深入了解以太坊”中更详细地解释这个过程。

（6）一旦矿工找到了 PoW 问题的答案（通过使用新的随机数重复对区块进行哈希处理），则该区块将立即被广播到其余节点，然后其他节点将验证该区块和 PoW。

（7）如果所有验证都通过，则此区块将添加到区块链中，并相应地向矿工支付奖励。

（8）张翼德得到了以太币，并在他的钱包软件中显示出来，如图 10-4 所示。

图 10-3　在刘玄德 Jaxx 钱包中的交易确认界面

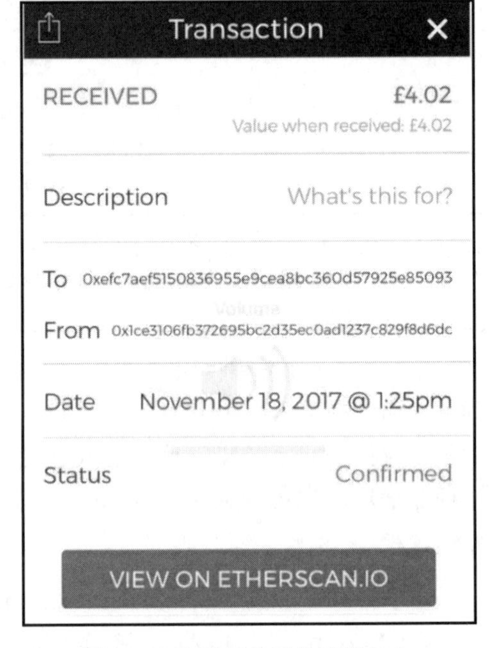

图 10-4　张翼德的区块链钱包中收到的交易

在区块链上，此交易由以下交易哈希标识：

```
0xc63dce6747e1640abd63ee63027c3352aed8cdb92b6a02ae25225666e171009e
```

可以在 https://etherscan.io/的区块浏览器中查看有关该交易的详细信息，如图 10-5 所示。

注意：

请注意顶部的交易哈希（TxHash），第 11 章将使用该哈希来讨论交易的构造、处理和存储方式。该哈希是交易的唯一 ID，可用于在整个区块链网络中跟踪该交易。

TxHash:
0xc63dce6747e1640abd63ee63027c3352aed8cdb92b6a02ae25225666e171009e

TxReceipt Status:
Success

Block Height:
4576084 (20583 block confirmations)

TimeStamp:
3 days 7 hrs ago (Nov-18-2017 01:25:54 PM +UTC)

From:
0x1ce3106fb372695bc2d35ec0ad1237c829f8d6dc

To:
0xefc7aef5150836955e9cea8bc360d57925e85093

Value:
0.015927244142974896 Ether ($5.82)

Gas Limit:
21000

Gas Used By Txn:
21000

Gas Price:
0.000000021 Ether (21 Gwei)

Actual Tx Cost/Fee:
0.000441 Ether ($0.16)

Cumulative Gas Used:
156148

Nonce:
1

图 10-5　Etherscan 以太坊区块链的区块浏览器

在上述示例中，我们完成了最常见的以太坊网络操作，即将以太币从一个用户转账到另一个用户。本示例只是对交易过程的大致介绍，目的是让你形成对以太币交易的粗略概念。在本章的后续部分，我们将讨论以太坊生态系统的各个组成部分，并更加深入地解释一些技术细节。

10.3　以太坊网络

和比特币网络一样，以太坊网络也是一个点对点网络，节点参与其中以维护区块链并促进共识机制。根据需求和使用情况，以太坊网络可以分为 3 种类型：主网、测试网络和私有网络。下面就来逐一进行介绍。

10.3.1　主网

主网（Mainnet）是以太坊当前的实时网络。主网的当前版本为 Byzantium（Metropolis），其链 ID 为 1。链 ID 用于标识网络，可以使用以太坊浏览器探索以太坊区块链。

10.3.2　测试网络

以太坊的测试网络（Testnet）也称为 Ropsten，是以太坊区块链广泛使用的测试网络。该测试区块链用于在部署到生产实时区块链之前测试智能合约和 DApp。此外，作为测试网络，它也可以进行实验和研究。

主测试网络称为 Ropsten，其中包含针对特定版本创建的其他较小和专用测试网络的所有功能。其他的测试网络包括为测试拜占庭版本而开发的 Kovan 和 Rinkeby。在这些较小的测试网络上实现的更改也已在 Ropsten 上实现。现在，Ropsten 测试网络包含 Kovan 和 Rinkeby 的所有属性。

10.3.3　私有网络

私有网，顾名思义就是可以通过生成新的创世区块而创建的私有网络（Private Net）。在私有区块链分布式账本网络中通常就是这种情况，在该类型网络中，一组私有实体启动其区块链并将其用作许可的区块链。

表 10-3 显示了以太坊网络及其网络 ID 的列表，这些网络 ID 被以太坊客户端用来标识网络。

表 10-3　以太坊网络及其网络 ID

网 络 名 称	网络 ID/链 ID
以太坊主网	1
Morden	2

续表

网络名称	网络 ID/链 ID
Ropsten	3
Rinkeby	4
Kovan	42
经典以太坊主网	61

在第 12 章“以太坊开发环境”中将讨论如何连接到测试网络以及如何建立私有网络。

10.4 以太坊生态系统的组成部分

以太坊区块链堆栈包含多个组成部分。

首先，其核心是在对等以太坊网络上运行的以太坊区块链。

其次，有一个运行在节点上的以太坊客户端（通常是 Geth）。客户端连接到点对点以太坊网络，从该网络下载区块链并存储在本地。它提供了各种功能，例如挖矿和账户管理。区块链的本地副本定期与网络同步。

还有一个组件是 web3.js 库，该库允许通过远程过程调用（Remote Procedure Call，RPC）接口与 geth 客户端进行交互。

图 10-6 显示了以太坊堆栈显示的架构。

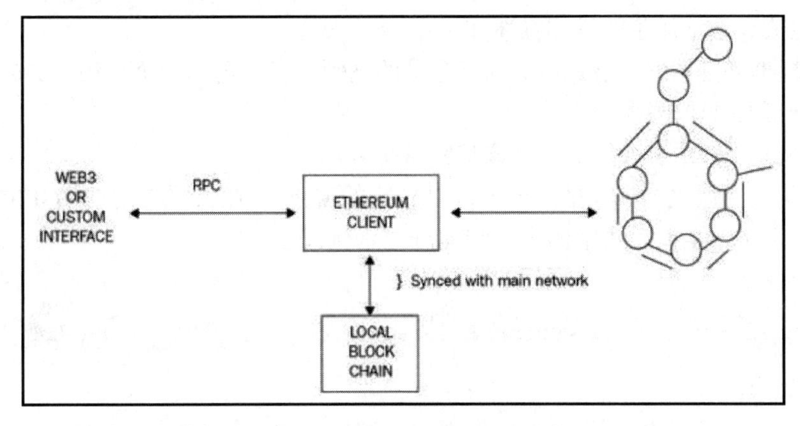

图 10-6 以太坊堆栈显示的各种组件

原文	译文
WEB3 OR CUSTOM INTERFACE	web3 或自定义接口
RPC	远程过程调用（RPC）

续表

原　文	译　文
ETHEREUM CLIENT	以太坊客户端
LOCAL BLOCK CHAIN	本地区块链
Synced with main network	与主网同步

以下是以太坊区块链中所有高级元素的正式列表：

- 密钥和地址。
- 账户。
- 交易和消息。
- 以太坊加密货币/代币。
- 以太坊虚拟机（EVM）。
- 智能合约。

下面将逐一讨论这些高级元素以及与高级元素相关的技术概念。

10.4.1　密钥和地址

在以太坊区块链中使用密钥和地址主要是为了代表以太币的所有权和转让。密钥是按私钥和公钥类型成对使用的。私钥是随机生成的，并且必须秘密保存，而公钥则是从私钥派生的。地址又是从公钥派生而来的，地址是用于标识账户的 20 字节的代码。

密钥生成和地址派生的过程描述如下：

（1）根据椭圆曲线 secp256k1 规范定义的规则，随机选择一个私钥（256 位正整数，在[1, secp256k1n-1]范围内）。

（2）使用 ECDSA 恢复函数从该私钥派生公钥。

（3）从公钥派生一个地址，该地址是公钥的 Keccak 哈希最右边的 160 位。

以下显示了一个以太坊中的密钥和地址的示例。

（1）私钥：

```
b51928c22782e97cca95c490eb958b06fab7a70b9512c38c36974f47b954ffc4
```

（2）公钥：

```
3aa5b8eefd12bdc2d26f1ae348e5f383480877bda6f9e1a47f6a4afb35cf998a
b847f1e3948b1173622dafc6b4ac198c97b18fe1d79f90c9093ab2ff9ad99260
```

（3）地址：

```
0x77b4b5699827c5c49f73bd16fd5ce3d828c36f32
```

10.4.2　账户

账户是以太坊区块链的主要构建模块之一。如前文所述，以太坊是一个交易驱动的状态机（Transaction Driven State Machine），状态是由于账户和交易执行之间的交互作用而创建或更新的。在账户之间和账户上执行的操作代表状态转换。状态转换是通过以太坊状态转换函数实现的，该函数的工作方式如下：

（1）通过检查语法、签名有效性和随机数来确认交易的有效性。

（2）计算交易费用，并使用签名解析发送地址。此外，检查发送者的账户余额并相应地从余额中减去发送额，增加随机数。如果账户余额不足，将返回错误信息。

（3）提供足够的以太币（燃料价格）以支付交易费用。智能合约中的每个操作码（也称为以太坊虚拟机和机器可读的指令）都有一个燃料价格（Gas Price）。下文将会详细介绍燃料和相关概念。收费按每字节计算，因此它与交易的大小是成比例的。

在此步骤中，发生了实际的价值转移。转移流程是从发送者的账户到接收者的账户。如果交易中指定的目标账户尚不存在，则会自动创建该账户。此外，如果目标账户是一个合约，则执行合约代码，这也取决于可用的燃料量。如果有足够的燃料，则合约代码将被完全执行；否则，它将运行到燃料耗尽的地步。

（4）如果由于账户余额不足或燃料不足而导致交易失败，则所有状态更改都将回滚，支付给矿工的费用除外。

（5）剩余的费用（如果有的话）作为零钱发送回发送者，并相应地向矿工支付费用。此时，函数返回结果状态，该状态也将存储在区块链中。

10.4.3　账户类型

以太坊存在以下两种账户：

- 外部账户（Externally Owned Accounts，EOA）。
- 合约账户（Contract Accounts，CA）。

EOA 类似于比特币中由私钥控制的账户，而 CA 则是同样有私钥并且与 EOA 有代码关联的账户。

每种账户类型的不同属性如下：

- 外部账户（EOA）：
  - EOA 有以太币余额。
  - 该类账户能够发送交易。

  - 它们没有关联的代码。
  - 它们由私钥控制。
  - 账户包含键-值存储。
  - 它们与人类用户相关联。
- 合约账户（CA）：
  - CA有以太币余额。
  - 它们有关联的代码，这些代码保存在区块链的内存/存储中。
  - 它们可以被激发并执行代码以响应来自其他合约的交易或消息。值得注意的是，由于以太坊区块链的图灵完备性，合约账户内的代码可以具有任何复杂度。该代码由以太坊网络上每个挖矿节点的以太坊虚拟机（Ethereum Virtual Machine，EVM）执行。本章后面将详细讨论以太坊虚拟机。
  - CA账户可以维持其永久状态，并且可以调用其他合约。在Serenity版本发布之后，可望消除外部账户和合约账户之间的区别。
  - 它们与区块链上的任何用户或参与者都不存在本质上的关联。
  - CA包含键-值存储。

10.5　交易和消息

以太坊中的交易是使用私钥进行数字签名的数据包，其中包含的指令在完成后会导致消息调用或合约创建。

交易可以根据它们产生的输出分为以下两种类型：

- 消息调用交易。此交易仅产生一个消息调用，该消息调用用于将消息从一个合约账户传递到另一个合约账户。
- 合约创建交易。合约创建交易，顾名思义就是交易导致创建新的合约账户。这意味着，成功执行此交易后，它将创建一个具有关联代码的账户。

这两个交易都由一些标准字段组成，具体描述如下：

- Nonce（随机数）。Nonce是一个数字，每次发送方发送交易时，该数字就会增加1。它必须等于发送的交易数，并且用作交易的唯一标识符。随机数值只能使用一次，这将用于网络上的重播保护。
- Gas Price（燃料价格）。Gas Price字段表示执行交易所需的Wei数量。换句话说，这就是你愿意为此交易支付的Wei金额。由于执行此交易而产生的所有计算成本，均按每单位燃料收费。

注意：

Wei 是以太币的最小单位，因此，它被用于以太币的计数。

1 以太币（ETH）= 1018Wei

- Gas Limit（燃料限制）。Gas Limit 字段包含一个值，该值代表执行交易可以使用的最大燃料量。下文将解释有关燃料和燃料限制的概念。目前你只需要知道，这是用户（例如交易的发送者）愿意为计算支付的以太币费用。
- To（发送至）。To 字段是一个代表交易接收者地址的值。这是一个 20 字节的值。
- Value（值）。Value 表示要转移给接收者的 Wei 的总数。对于合约账户来说，这表示合约将持有的余额。
- Signature（签名）。签名由 3 个字段组成，即 v、r 和 s。这些值代表数字签名（R, S）和一些可用于恢复公钥的信息（V）。同样，也可以从这些值确定交易的发送者。该签名基于 ECDSA 方案，使用的是 secp256k1 曲线。在本书第 4 章“公钥密码学”中详细介绍了椭圆曲线密码学的理论。

V 是描述椭圆曲线点的大小和符号的单字节值，可以是 27 或 28。V 在 ECDSA 恢复合约中用作恢复 ID。此值用于从私钥恢复（派生）公钥。在 secp256k1 中，恢复 ID 预期为 0 或 1。这意味着在以太坊中，恢复 ID 偏移 27。有关 ECDSARECOVER 函数的更多详细信息，将在本章稍后提供。

R 是从曲线上的计算点得出的。首先获取一个随机数，将其乘以曲线的生成器（Generator）以计算曲线上的点。此点的 *x* 坐标部分为 R，R 被编码为 32 字节序列。R 必须大于 0 且小于以下 secp256k1n 限制：

```
115792089237316195423570985008687907852837564279074904382605163141518161494337
18161494337
```

S 的计算方法是：将 R 与私钥相乘，然后将结果添加到要签名的消息的哈希中，并最终将其除以为计算 R 而选择的随机数。S 也是 32 字节序列。R 和 S 一起代表签名。

为了签署交易，可使用 ECDSASIGN 函数，该函数将要签署的消息和私钥作为输入，并产生 V（单字节值）；R 是一个 32 字节的值，而 S 则是另一个 32 字节的值。其公式如下：

ECDSASIGN (Message, Private Key) = (V, R, S)

- Init（初始化）。Init 字段仅用于旨在创建合约的交易（即合约创建交易）。这个字段表示一个无限制长度的字节数组，它指定要在账户初始化过程中使用的以太坊虚拟机代码。首次创建该账户时，这个字段中包含的代码仅执行一次，之后将立即被销毁。Init 还会返回另一个称为 Body（主体）的代码节，该代码节将持续存在并运行，以响应合约账户可能接收到的消息调用。这些消息调用可以通过交易或内部代码执行发送。

- Data（数据）。如果该交易是一个消息调用，则使用 Data 字段代替 Init，它代表消息调用的输入数据。它的大小也不受限制，并组织为字节数组。

图 10-7 对此结构进行了可视化处理，其中，交易是上面提到的字段的元组，然后将其包含在由要包含的交易组成的交易字典树（修改的 Merkle-Patricia 树）中。最后，使用 Keccak 256 位算法对交易字典树的根节点进行哈希处理，并将其与区块中的交易列表一起包含在区块标头中。在第 4.15 节“帕特里夏树”中已经介绍过，字典树是用于存储数据集的有序树数据结构。

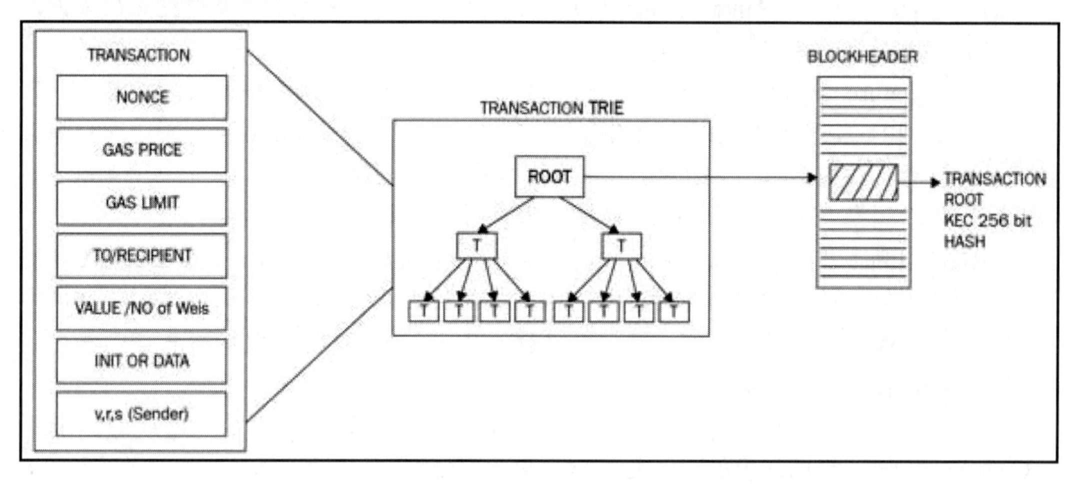

图 10-7　交易、交易字典和区块标头之间的关系示意图

原　　文	译　　文
TRANSACTION	交易
NONCE	随机数
GAS PRICE	燃料价格
GAS LIMIT	燃料限制
TO/RECIPIENT	发送至/接收者
VALUE/NO of Weis	值/Wei 数
INIT OR DATA	Init 或 Data
v,r,s (Sender)	v,r,s（发送者）
TRANSACTION TRIE	交易字典
ROOT	根
BLOCKHEADER	区块标头
TRANSACTION ROOT KEC 256 bit HASH	交易根 Keccak 256 位哈希算法

可以在交易池或区块中找到交易。在交易池中，它们等待节点进行验证，而在区块中，它们在成功验证后被添加。

当挖矿节点开始其验证区块的操作时，将从交易池中手续费最高的交易开始并逐一执行交易。当达到燃料限制或没有其他交易要在交易池中处理时，将开始挖矿。

在此过程中，区块将被重复哈希处理，直至找到有效的随机数为止，这样一旦使用该区块进行哈希处理，其结果值将小于难度目标。

一旦区块被成功开采，那么它将立即被广播到网络，并将被网络验证和接受。此过程类似于本书第 5 章“比特币详解”和第 6 章“比特币网络和支付”中讨论的比特币的挖矿过程。唯一的区别是，以太坊的 PoW 算法（即 Ethash）具有抗 ASIC 的能力，在该算法中，发现随机数需要很大的内存。

10.5.1　合约创建交易

创建账户时，需要一些基本参数。这些参数如下：

- 发送者。
- 原始交易者（交易发起者）。
- 可用燃料。
- 燃料价格。
- 禀赋（Endowment），即要交易的以太币数量。
- 任意长度的字节数组。
- 初始化以太坊虚拟机（EVM）代码。
- 消息调用/合约创建堆栈的当前深度（当前深度表示堆栈中已经存在的项目数）。

合约创建交易产生的地址长度为 160 位。准确地说，如以太坊黄皮书中所定义，它们是仅包含发送者和随机数的结构的 RLP 编码的 Keccak 哈希的最右边的 160 位。最初，账户中的随机数设置为 0。账户余额设置为传递给合约的值。Storage（存储）也设置为空。代码哈希是空字符串的 Keccak 256 位哈希。

当执行 EVM 代码（前面提到的 Initialization EVM 代码）时，将初始化新账户。在代码执行过程中，如果发生任何异常情况，例如没有足够的燃料（Out Of Gas，OOG），则状态不会更改。如果执行成功，则在支付适当的燃料费用后创建账户。

由于以太坊（Homestead 版本）是合约创建交易的结果，因此交易要么是具有余额的新合约，要么就是没有价值转移的新合约。这与 Homestead 之前的版本形成对比，在 Homestead 之前的版本中，无论燃料是否足够或合约代码部署是否成功，都将创建合约。

10.5.2　消息调用交易

消息调用需要执行若干个参数，这些参数如下：

- 发送者。
- 交易发起人。
- 接收者。
- 要执行其代码的账户（通常与接收者相同）。
- 可用燃料。
- 值。
- 燃料价格。
- 任意长度字节数组。
- 调用的输入数据。
- 消息调用/合约创建堆栈的当前深度。

消息调用将导致状态转换。消息调用还会产生输出数据，如果执行交易，则不会使用该数据。在 VM 代码触发消息调用的情况下，将使用交易执行产生的输出，如黄皮书中所定义的那样，消息调用是将消息从一个账户传递到另一个账户的行为。如果目标账户具有关联的 EVM 代码，则虚拟机将在收到消息后启动以执行所需的操作。如果消息发送者是自治对象（外部参与者），则该调用将传回从 EVM 操作返回的所有数据。

状态因交易而改变。这些交易都是由外部因素创建的，并经过签名，然后被广播到以太坊网络。

消息将使用消息调用传递。下面就来介绍一下消息。

10.5.3　消息

如以太坊黄皮书中所定义的，消息（Message）是在两个账户之间传递的数据和值。消息是两个账户之间传递的数据包。该数据包包含数据和值（以太币数量），它既可以通过智能合约（自治对象）发送，也可以从外部参与者（外部拥有的账户）发送。当然，无论谁是发送方，交易都必须由发送方进行数字签名。

合约可以将消息发送到其他合约。消息仅存在于执行环境中，而从不存储。消息和交易有类似的地方，但是，它们之间也有一个很大的区别，那就是消息是由合约产生的，而交易则是由以太坊环境外部实体（外部拥有的账户）产生的。

消息包含的组件如下：

- 消息的发送者。

- 消息的接收者。
- 要转账的 Wei 的金额和要发送给合约地址的消息。
- 可选数据字段（合约的输入数据）。
- 可以消耗的最大燃料量（Startgas）。

当合约执行中的代码执行 CALL 或 DELEGATECALL 操作码时，将生成消息。

在图 10-8 中，显示了两种类型的交易（合约创建和消息调用）之间的区别。

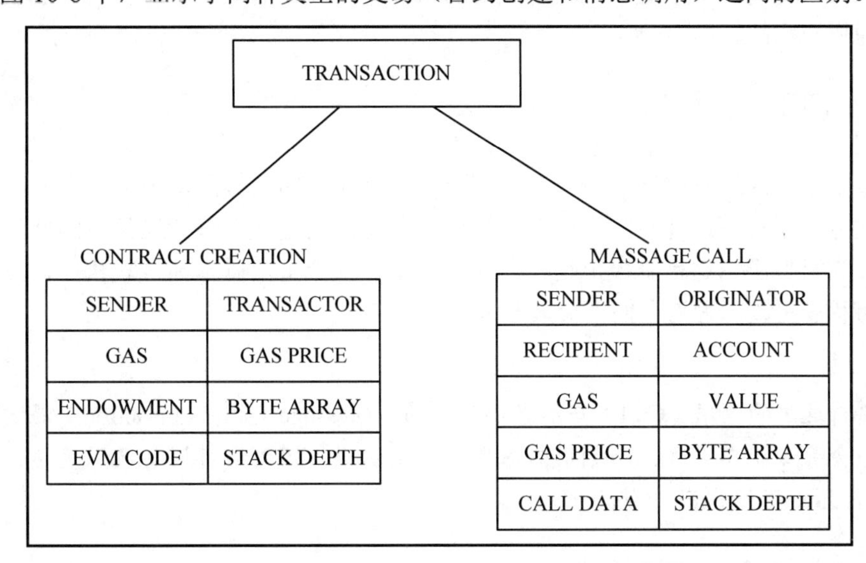

图 10-8　两种交易类型和它们执行所需的参数

原　　文	译　　文
TRANSACTION	交易
CONTRACT CREATION	合约创建
SENDER	发起者
TRANSACTOR	交易参与方
GAS	燃料
GAS PRICE	燃料价格
ENDOWMENT	禀赋
BYTE ARRAY	字节数组
EVM CODE	以太坊虚拟机代码
STACK DEPTH	堆栈深度
MESSAGE CALL	消息调用
ORIGINATOR	消息来源方

续表

原　　文	译　　文
RECIPIENT	接收者
ACCOUNT	账户
VALUE	值

图 10-8 显示了交易类型（分为合约创建和消息调用两种类型），并且显示了各交易类型中的相应字段。

10.5.4 调用

调用不会向区块链广播任何内容，相反，它是对合约函数的本地调用，并且在节点上以本地方式运行，这几乎就像一个本地函数调用。它是一个只读操作，因此不消耗任何燃料。它类似于空运行或模拟运行。调用在节点虚拟机上以本地方式执行，并且不会导致任何状态更改，因为它们不会被开采。

注意：

不要将这里的调用（Call）与消息调用交易（Message Call Transaction）混淆，消息调用交易会导致状态更改，而调用则基本上只是以模拟模式运行消息调用交易，并且可在 web3.js JavaScript API 中使用。

10.5.5 交易验证和执行

在执行交易之前，必须验证交易的有效性。其初始测试如下：

- 交易必须格式正确，并经过 RLP 编码，且没有任何其他尾随字节。
- 用于签署交易的数字签名是有效的。
- 交易随机数必须等于发送者账户当前的随机数。
- 燃料限制不得小于交易使用的燃料。
- 发送者的账户包含足够的余额以支付执行费用。

10.5.6 交易子状态

交易子状态（Transaction Substate）在交易执行期间创建，执行完成后立即处理。此交易子状态是一个由 4 项组成的元组。这 4 项具体描述如下：

- 自毁集（Suicide Set 或 Self-Destruct Set）。此元素包含交易执行后要处置的账户列表（如果有的话）。

- 日志系列（Log Series）。这是一系列索引化的检查点，可用于监视和通知对以太坊环境外部实体（例如应用程序前端）的合约调用。它的工作原理类似于每次调用特定函数或发生特定事件时都会执行的触发机制。创建日志是为了响应智能合约中发生的事件，日志也可以用作更便宜的存储形式。在本书第 14 章“Web3 详解”中将通过实际示例介绍事件。
- 退款余额（Refund Balance）。这是已经启动执行的交易中燃料的总价。退款不会立即执行；相反，它们将用于部分抵销总执行成本。
- 涉及账户（Touched Accounts）。这是一组涉及交易的账户，在交易结束时将从中删除空账户。

10.6　以太坊区块链中的状态存储

从根本上讲，以太坊区块链是一种由交易和共识驱动的状态机。状态需要永久存储在区块链中。为此，世界状态、交易和交易收据都将以区块的形式存储在区块链上。接下来我们将讨论这些组件。

10.6.1　世界状态

世界状态是以太坊地址和账户状态之间的映射（Mapping）。地址长度为 20 个字节（160 位）。此映射是使用递归长度前缀（Recursive Length Prefix，RLP）序列化的数据结构。

RLP 是一种专门开发的编码方案，在以太坊中用于对二进制数据进行序列化，以便通过网络进行存储或传输，并将状态保存在 Patricia 树的存储介质上。RLP 函数将一个项目作为输入，它可以是字符串或项目列表，并生成适合于在网络上存储和传输的原始字节。RLP 不对数据进行编码，相反，其主要目的是对结构进行编码。

10.6.2　账户状态

账户状态由 4 个字段组成：随机数、余额、存储根和代码哈希。详细描述如下：

- Nonce（随机数）。这是一个值，每次从该地址发送交易时都会增加。对于合约账户来说，它代表该账户创建的合约数量。合约账户是以太坊中存在的两种账户之一。在第 10.4.3 节“账户类型”中提供了有关该类型账户的详细说明。

- ❑ Balance（余额）。该值表示该地址持有的以太币 Wei 的数量。Wei 是以太币（ETH）的最小单位。
- ❑ Storage Root（存储根）。该字段表示默克尔-帕特里夏树的根节点，该树可对账户的存储内容进行编码。在本书第 4 章“公钥密码学”中，提供了有关默克尔-帕特里夏树的详细信息。
- ❑ Code Hash（代码哈希）。这是一个不可变字段，其中包含与账户关联的智能合约代码的哈希。对于普通账户来说，此字段包含一个空字符串的 Keccak 256 位哈希。该代码是通过消息调用来调用的。

图 10-9 显示了世界状态以及它与账户字典树、账户和区块标头之间的关系。在图 10-9 的中间显示了账户的数据结构，其中包含一个存储根哈希，该哈希派生自左侧所示的账户字典树的根节点。然后，在世界状态字典树中使用了该账户的数据结构，世界状态字典树正是地址和账户状态之间的映射。

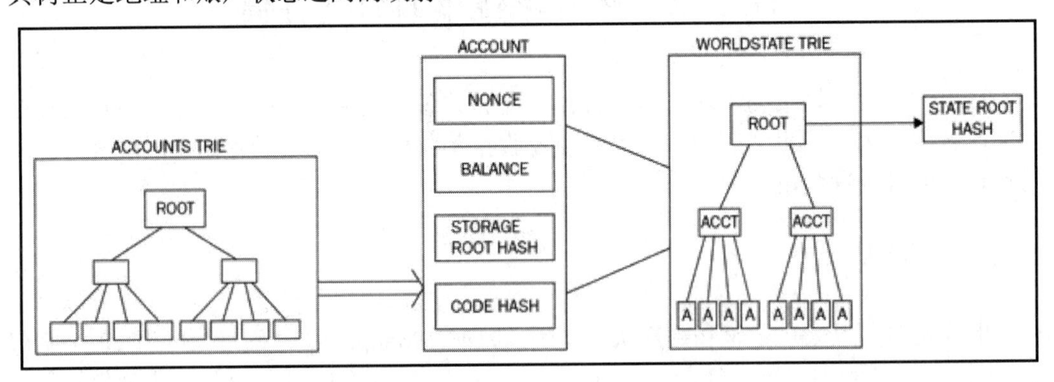

图 10-9　账户字典树（账户的存储内容）、账户元组、世界状态字典树和状态根哈希以及它们之间的关系

原　文	译　文	原　文	译　文
ACCOUNTS TRIE	账户字典树	STORAGE ROOT HASH	存储根哈希
ROOT	根	CODE HASH	代码哈希
ACCOUNT	账户	WORLDSTATE TRIE	世界状态字典树
NONCE	随机数	ACCT	账户
BALANCE	余额	STATE ROOT HASH	状态根哈希

账户字典树是默克尔-帕特里夏树，用于对账户的存储内容进行编码，其内容存储为 256 位整数密钥的 Keccak 256 位哈希与 RLP 编码的 256 位整数值之间的映射。

最后，使用 Keccak 256 位算法对世界状态字典树的根节点进行哈希处理，并将其作为区块标头数据结构的一部分。图 10-9 的右侧显示的状态根哈希就是对世界状态字典树的根节点进行哈希处理的结果。

10.6.3　交易收据

交易收据（Transaction Receipt）可作为一种机制，用于在执行交易后存储交易状态。换句话说，这些结构用于记录交易执行的结果，它是在每笔交易执行后产生的，所有收据都存储在索引键的字典树中。这个字典树的根的哈希值（Keccak 256 位）将作为收据根放置在区块标头中。交易收据由以下 4 个元素组成：

- Post-Transaction State（交易后的状态）。该项是一个字典树结构，用于保存交易执行后的状态。它被编码为字节数组。
- Gas Used（已使用的燃料）。该项代表包含交易收据的区块中使用的燃料总量。交易执行完成后立即获取该值，使用的总燃料应为非负整数。
- Set of Logs（日志集）。此字段显示由于交易执行而创建的日志条目集。日志条目包含日志程序的地址、一系列日志主题和日志数据。
- Bloom Filter（布隆过滤器）。布隆过滤器是根据日志集中包含的信息创建的。日志条目减少为 256 字节的哈希，然后作为日志布隆（Logs Bloom）而嵌入区块标头中。日志条目由记录程序的地址、日志主题和日志数据组成。日志主题将编码为一系列 32 字节的数据结构，日志数据则由若干个字节的数据组成。

在 Byzantium 版本中，还提供了附加字段以返回交易成功（1）或失败（0）的信息。

注意：

有关该项变化的详细信息，请访问以下网址：

https://github.com/ ethereum/EIPs/pull/658

图 10-10 显示了交易收据的生成过程。

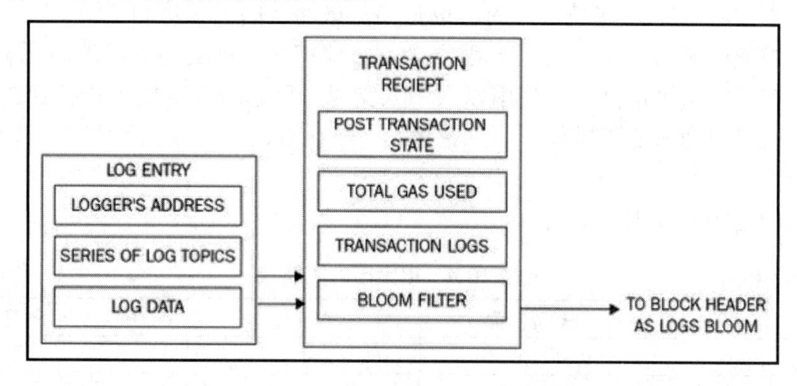

图 10-10　交易收据和日志布隆元素

原　　文	译　　文
LOG ENTRY	日志条目
LOGGER'S ADDRESS	日志程序的地址
SERIES OF LOG TOPICS	日志主题系列
LOG DATA	日志数据
TRANSACTION RECIEPT	交易收据
POST TRANSACTION STATE	交易后的状态
TOTAL GAS USED	已使用的总燃料
TRANSACTION LOGS	交易日志
BLOOM FILTER	布隆过滤器
TO BLOCK HEADER AS LOGS BLOOM	作为日志布隆而嵌入区块标头中

以太坊区块链是一种由交易和共识驱动的状态机。在交易执行之后，将从其初始状态变化为目标状态。状态需要在区块链中存储并在全球范围内可用。接下来，我们将介绍该过程的工作方式。

10.7 以　太　币

作为对矿工的激励，以太坊会发放它自己的货币，也就是以太币。

在 DAO 遭到入侵之后（详见第 9 章“智能合约”），提出了一个硬分叉来解决该问题。现在出现了两个以太坊区块链：一是经典以太坊（Ethereum Classic），其货币以 ETC 表示；二是硬分叉版本的代币 ETH，它将继续增长并且正在积极地进行开发。

当然，ETC 也拥有一个专门的社区，该社区正在进一步开发 ETC，这是以太坊未硬分叉之前的原始版本。

本章重点介绍 ETH，这是官方的，也是当前最活跃的以太坊区块链。

矿工们挖矿时获得的奖励是以太币，这是对他们在验证交易和区块时所花费的计算量的回报。在以太坊区块链中，使用以太币来支付在以太坊虚拟机上执行合约的费用。

以太币也可以用来购买燃料作为加密燃料（Crypto Fuel），后者是在以太坊区块链上执行计算所必需的。

以太币的面额如表 10-4 所示。

表 10-4　以太币的面额

单　　位	替 代 名 称	Wei 值	Wei 的数量
Wei	Wei	1Wei	1
KWei	Babbage	1 ^ 3Wei	1000

续表

单　　位	替 代 名 称	Wei 值	Wei 的数量
Mwei	Lovelace	1 ^ 6 Wei	1000000
Gwei	Shannon	1 ^ 9 Wei	1000000000
Micro Ether	Szabo	1 ^ 12 Wei	1000000000000
Milli Ether	Finney	1 ^ 15 Wei	1000000000000000
Ether	Ether	1 ^ 18 Wei	1000000000000000000

以太坊虚拟机在区块链上执行的每项计算都是需要收费的。详细的费用表请参见本书第 11 章“深入了解以太坊”。

10.8　以太坊虚拟机

以太坊虚拟机是一个简单的基于堆栈的执行机，它运行字节码指令以将系统状态从一种状态转换为另一种状态。虚拟机的字长设置为 256 位。堆栈大小限制为 1024 个元素，并且基于后进先出（Last In，First Out，LIFO）队列。

EVM 是图灵完备的机器，但它受到运行任何指令所需的燃料量的限制。这意味着由于燃料需求，不可能出现会导致拒绝服务攻击的无限循环。如果发生异常（例如没有足够的燃料或出现了无效指令），则 EVM 还支持异常处理，在这种情况下，计算机将立即停止并将错误返回给执行代理。

EVM 是一个完全隔离的沙箱运行时环境。在 EVM 上运行的代码无法访问任何外部资源，例如网络或文件系统。这使得其安全性提高，执行具有确定性，并允许在以太坊区块链上运行不受信任的代码（任何人都可以运行代码）。

EVM 是基于堆栈的架构。EVM 在设计上是大端（Big-Endian）模式的，并且使用 256 位宽的字，该字长（宽）允许 Keccak 256 位哈希和 ECC 计算。

所谓大端模式就是高位字节排放在内存的低地址端，低位字节排放在内存的高地址端的模式。而小端模式则是低位字节排放在内存的低地址端，高位字节排放在内存的高地址端的模式。小端模式的优点是强制转换数据不需要调整字节内容，采用小端方式进行数据存放有利于计算机处理；大端模式的优点是符号位的判定固定为第一个字节，容易判断正负，采用大端模式进行数据存放符合人类的正常思维。PowerPC 系列即采用了大端模式存储数据，而 x86 系列则采用了小端模式存储数据。

合约和 EVM 有两种存储类型：一种称为内存（Memory），它是一个字节数组。合约完成代码执行后，将清除内存，这类似于 RAM 的概念。另一种称为存储（Storage），它永久存储在区块链上。它是键值存储，类似于硬盘存储的概念。

内存方式不受限制，但受到燃料费要求的限制。

存储方式与虚拟机关联，是一个可寻址的字数组（Word Array），它是非易失性的，并作为系统状态的一部分进行维护。键和值的大小和存储空间为 32 个字节。

程序代码存储在虚拟只读存储器(Virtual Read-Only Memory)中，可使用 CODECOPY 指令对其进行访问。CODECOPY 指令用于将程序代码复制到主内存中。最初，以太坊虚拟机中的所有存储和内存均设置为 0。

图 10-11 显示了 EVM 的设计，其中，虚拟 ROM 存储了程序代码，该代码可使用 CODECOPY 复制到主内存中。然后，EVM 通过引用程序计数器读取主内存，并逐步执行指令。每次执行指令时，程序计数器和 EVM 堆栈都会相应更新。

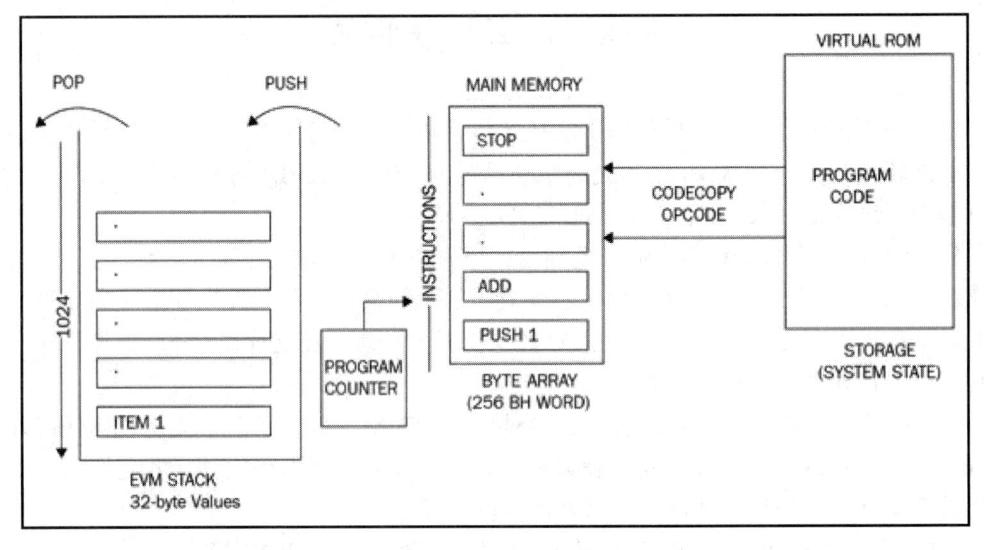

图 10-11 EVM 操作

原 文	译 文
VIRTUAL ROM	虚拟 ROM
PROGRAM CODE	程序代码
STORAGE (SYSTEM STATE)	存储（系统状态）
CODECOPY OPCODE	CODECOPY 操作码
MAIN MEMORY	主内存
BYTE ARRAY (256 BH WORD)	字节数组（256 BH 字）
INSTRUCTIONS	指令
PROGRAM COUNTER	程序计数器

续表

原　　文	译　　文
PUSH	入栈
POP	出栈
EVM STACK 32-byte Values	EVM 堆栈 32 字节值

图 10-11 在左侧显示了一个 EVM 堆栈，其中显示了入栈和出栈的元素。它还显示了一个程序计数器，该计数器随着从主内存中读取的指令而增加。主内存通过 CODECOPY 指令从虚拟 ROM/存储中获取程序代码。

EVM 优化是一个活跃的研究领域。最新的研究表明，EVM 仍然可以进行优化和调整，以实现高性能。关于使用 WebAssembly（WASM）的可能性的研究已经在进行中。WASM 由 Google、Mozilla 和 Microsoft 开发，现在正由 W3C 社区设计为一种开放标准。

WASM 的目标是能够在浏览器中运行机器代码，从而以本机速度执行代码。同样地，EVM 2.1 的目标是能够在 CPU 中以本地方式运行以太坊虚拟机指令集（操作码），从而使其更快、更高效。

有关以太坊和 WebAssembly 的更多信息以及相关的 GitHub 存储库可访问以下网址：

https://github.com/ewasm

还可以使用另一种语言，即（内联）汇编通用语言[Joyfully Universal Language for (Inline) Assembly，JULIA]，该语言可以编译到各种后端，如 EVM 和 eWASM。有关详细信息可访问以下网址：

https://solidity.readthedocs.io/en/develop/julia.html#

10.8.1　执行环境

在执行代码时，执行环境需要一些关键元素。这些关键参数是由执行代理（例如交易）提供的：

- ❑ 系统状态。
- ❑ 余下可用于执行的燃料。
- ❑ 拥有执行代码的账户的地址。
- ❑ 交易发送者的地址。
- ❑ 此执行的始发地址（可以与发送方不同）。
- ❑ 启动执行的交易的燃料价格。

- 输入数据或交易数据，具体取决于执行代理的类型。如果执行代理是消息调用，那么它就是一个字节数组；如果执行代理是交易，则交易数据将包括在输入数据中。
- 发起代码执行的账户或交易发送方的地址。如果代码执行是由交易发起的，那么这就是发送方的地址；否则，它是账户的地址。
- 值或交易值。这是 Wei 的总量。如果执行代理是交易，那么它就是交易值。
- 要执行的代码，以字节数组的形式表示，迭代器函数在每个执行周期中都将提取它。
- 当前区块的标头。
- 当前正在执行的消息调用或合约创建交易的数量。换句话说，这就是当前正在执行的 CALL 或 CREATE 的数量。
- 修改状态的许可。

执行环境可以可视化为包含 10 个元素的元组，如图 10-12 所示。

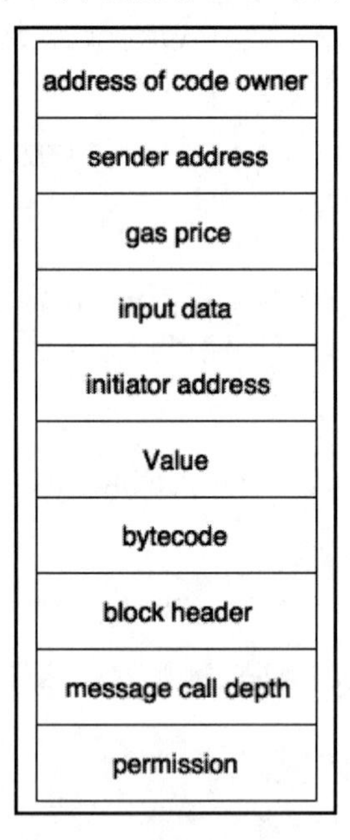

图 10-12　执行环境元组

原　文	译　文	原　文	译　文
address of code owner	代码拥有者的地址	gas price	燃料价格
sender address	发送方地址	input data	输入数据

续表

原　　文	译　　文	原　　文	译　　文
initiator address	发起方地址	block header	区块标头
Value	值	message call depth	消息调用深度
bytecode	字节码	permission	修改状态的许可

执行将产生结果状态、执行后余下的燃料、自毁集、日志系列以及任何燃料退还等。

10.8.2　机器状态

机器状态由以太坊虚拟机内部维护。在 EVM 的每个执行周期之后，机器状态都会更新。迭代器函数将在虚拟机中运行，它将输出状态机单个周期的结果。

机器状态是一个元组，它由以下元素组成：

- 可用燃料。
- 程序计数器，是最多 256 个内存内容的正整数。
- 堆栈的内容。
- 内存中的字的活动数。

EVM 旨在处理异常，并且在发生以下任何异常的情况下将停止（中止执行）：

- 没有足够的燃料来执行无效的指令。
- 堆栈项目不足。
- 跳转操作码的目标无效。
- 堆栈大小无效（大于 1024）。

10.8.3　迭代器函数

迭代器函数（Iterator Function）将执行各种重要功能，它们可用于设置机器的下一个状态，并最终设置世界状态。这些功能包括以下几点：

- 从字节数组中获取下一条指令（字节数组中的机器代码存储在执行环境中）。
- 相应地从堆栈中添加/删除项目（入栈/出栈）。
- 根据指令/操作码的燃料成本减少燃料，这将增加程序计数器（Program Counter，PC）计数。

机器状态可以看作是一个元组，如图 10-13 所示。

如果在执行周期中遇到 STOP、SUICIDE 或 RETURN 操作码，则虚拟机也可以在正常情况下中止。

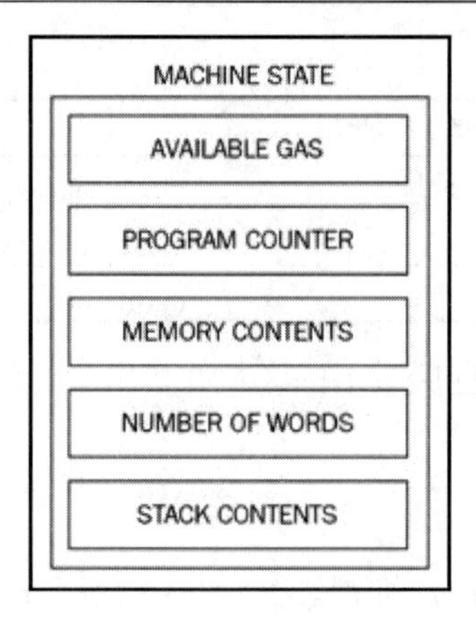

图 10-13　机器状态元组

原　文	译　文	原　文	译　文
MACHINE STATE	机器状态	MEMORY CONTENTS	内存内容
AVAILABLE GAS	可用燃料	NUMBER OF WORDS	字的数量
PROGRAM COUNTER	程序计数器	STACK CONTENTS	堆栈内容

10.9　智能合约

在本书第 9 章“智能合约”中，我们已经详细讨论了智能合约。在比特币网络中，只能使用有限的脚本语言，而该脚本语言不是图灵完备的（不能使用循环语句）。严格来说，比特币网络是不支持智能合约的，而以太坊则完全支持在 EVM 上运行的智能合约的开发。可以使用不同的语言来构建智能合约，在第 13 章“开发工具和框架”和第 14 章“Web3 详解”中将对此展开更深入的讨论。

以太坊区块链中还存在各种预编译格式的合约，以支持不同的功能。下文将详细介绍各种预编译合约（Precompiled Contract）。

从用户编程的 Solidity 智能合约的意义上讲，这些并不是严格的智能合约，实际上是区块链上本机可用的功能，以支持各种计算密集型任务。它们在本地节点上运行，并在以太坊客户端中进行编码，如 Parity 或 Geth。

10.10　本地合约

以太坊拜占庭版本中有 8 个预编译的合约，它们也被称为本地合约（Native Contract）。

其列表和解释如下：

- 椭圆曲线公钥恢复函数：

ECDSARECOVER（Elliptic Curve DAS Recover Function，椭圆曲线 DSA 恢复函数）在地址 0x01 处可用。它被称为 ECREC，执行时需要 3000 燃料的费用。

如果签名无效，则此函数不返回任何输出。公钥恢复是一种标准机制，通过它可以从椭圆曲线密码学中的私钥派生公钥。

ECDSA 恢复函数如下所示：

ECDSARECOVER(H, V, R, S)=公钥

它有 4 个输入：H（是要签名的消息的 32 字节哈希值）、V、R 和 S，它们表示具有恢复 ID 的 ECDSA 签名并产生 64 字节的公共密钥。对于 V、R 和 S 的解释，详见第 10.5 节“交易和消息”。

- SHA-256 位哈希函数：

SHA-256 位哈希函数是一个预编译合约，在地址 0x02 处可用，并可以通过输入数据产生其 SHA256 哈希值。SHA-256（SHA256）的燃料需求取决于输入数据的大小，其输出是一个 32 字节的值。

- RIPEMD-160 位哈希函数：

RIPEMD-160 位哈希函数用于提供 RIPEMD160 位哈希，在地址 0x03 处可用。此函数的输出是 20 字节的值。燃料需求和 SHA-256 类似，取决于输入数据量。

- identity/datacopy 函数：

identity 函数在地址 0x04 处可用，并用 ID 表示。它只是将输出定义为输入。换句话说，无论给 ID 函数提供什么输入，它都会输出相同的值。燃料需求将通过一个简单的公式计算：

燃料需求=15 + 3 [Id/32]

其中，Id 是输入数据。这意味着，在较高的水平上，燃料需求取决于输入数据的大小。

- 大 MOD 指数函数：

该函数将实现本地大整数指数模数（Big Integer Exponential Modular）运算。此功能允许 RSA 签名验证和其他加密操作。该函数在地址 0x05 处可用。

- 椭圆曲线点加法函数：

在第 4 章“公钥密码学”中，在理论层面上详细阐释了椭圆曲线加法。本函数是相同的椭圆曲线点加法函数（Elliptic Curve Point Addition Function）的实现。该合约在地址 0x06 处可用。

- 椭圆曲线标量乘法：

在第 4 章“公钥密码学”中，在理论层面上详细阐释了椭圆曲线乘法（点加倍）。本函数是相同椭圆曲线点乘法函数的实现。椭圆曲线加法和加倍函数均允许 ZK-SNARKS 和其他密码学构造的实现。该合约在地址 0x07 处可用。

- 椭圆曲线配对：

EC 配对函数允许执行 EC 配对（双线性映射）操作，从而启用 ZK-SNARKS 验证。该合约在地址 0x08 处可用。

上述所有预编译合约都可能成为本地扩展，并且将来可能会包含在 EVM 操作码中。

10.11　小　　结

本章首先介绍了以太坊的历史、以太坊发展的动机以及以太坊客户端，然后详细诠释了以太坊区块链的核心概念，例如状态机模型、世界状态和机器状态、账户以及账户类型等。此外，还对 EVM 的核心组件进行了详细介绍。

随着对可伸缩性、优化、吞吐量、容量和安全性等主题的研究的广泛开展，可以预见，以太坊将发展成为一个更健壮、用户友好和稳定的区块链生态系统。

第 11 章将继续深入介绍以太坊，并探讨更多相关概念，例如编程语言、区块链数据结构、挖矿和各种以太坊客户端等。

第 11 章　深入了解以太坊

本章继续对第 10 章的内容进行讨论。我们将研究与以太坊相关的更多概念，例如可用于在以太坊上编写智能合约的编程语言。

我们还将从理论和实践两个方面讨论钱包软件、挖矿和以太坊节点的设置，并介绍以太坊面临的安全性和可伸缩性等各种挑战。

最后，本章还将介绍诸如 Swarm 和 Whisper 之类的高级支持协议。

以太坊内置了多种编程语言来支持智能合约开发。我们将从编程语言开始，然后逐步讨论其他相关主题。

本章将讨论以下主题：

- 以太坊编程语言和操作码。
- 区块和区块链。
- 节点和矿工。
- 钱包和客户端软件。
- API、工具和 DApp。
- 支持协议。
- 可伸缩性、安全性和其他挑战。
- 交易和投资。

11.1　以太坊编程语言和操作码

以太坊中智能合约的代码以高级语言编写，如 Serpent、LLL、Solidity 或 Viper，并可转换为 EVM 可以理解的字节码，以便执行。

Solidity 是为以太坊开发的高级语言之一，它具有类似 JavaScript 的语法，可以为智能合约编写代码。在代码编写完成之后，可使用称为 solc 的 Solidity 编译器将其编译为 EVM 可以理解的字节码。

注意：

Solidity 官方说明文档可从以下网址获得：

http://solidity.readthedocs.io/en/latest/

类似 Lisp 的低级语言（Low-level Lisp-like Language，LLL）是一种用于编写智能合约代码的语言。

Serpent 是一种类似于 Python 的高级语言，也可用于为以太坊编写智能合约。

Vyper 是一种较新的语言，它是从零开始开发的，旨在实现开发一种安全、简单且可审核的语言。

注意：

有关 Vyper 的更多信息，可从以下网址获得：

https://github.com/ethereum/vyper

LLL 和 Serpent 不再受到社区的支持，它们几乎销声匿迹了。最常用的语言是 Solidity，这也是本章将要详细讨论的语言。

Solidity 中的一个简单程序如下所示：

```
pragma solidity ^0.4.0;
contract Test1
{
    uint x=2;
    function addition1(uint x) returns (uint y)
    {
        y=x+2;
    }
}
```

该程序将转换为字节码（下一节有示例）。在第 13 章“开发工具和框架”中将通过示例提供有关 Solidity 代码编译的详细信息。

11.1.1 运行时字节码

原始十六进制代码如下所示：

```
606060405260e060020a6000350463989e17318114601c575b6000565b34600057602
9600435603b565b60408051918252519081900360200190f35b600281015b91905056
```

操作码如下所示：

```
PUSH1 0x60 PUSH1 0x40 MSTORE PUSH1 0x2 PUSH1 0x0 SSTORE CALLVALUE PUSH1
0x0 JUMPI JUMPDEST PUSH1 0x45 DUP1 PUSH1 0x1A PUSH1 0x0 CODECOPY PUSH1
0x0 RETURN PUSH1 0x60 PUSH1 0x40 MSTORE PUSH1 0xE0 PUSH1 0x2 EXP PUSH1
0x0 CALLDATALOAD DIV PUSH4 0x989E1731 DUP2 EQ PUSH1 0x1C JUMPI JUMPDEST PUSH1
```

```
0x0 JUMP JUMPDEST CALLVALUE PUSH1 0x0 JUMPI PUSH1 0x29 PUSH1 0x4 CALLDATALOAD
PUSH1 0x3B JUMP JUMPDEST PUSH1 0x40 DUP1 MLOAD SWAP2 DUP3 MSTORE MLOAD SWAP1
DUP2 SWAP1 SUB PUSH1 0x20 ADD SWAP1 RETURN JUMPDEST PUSH1 0x2 DUP2 ADD
JUMPDEST SWAP2 SWAP1 POP JUMP
```

11.1.2　操作码及其含义

EVM 中引入了不同的操作码。操作码将根据其执行的操作分为多个类别。以下各小节将显示操作码及其含义和用法的列表。这些表格显示了助记符（Mnemonic）、助记符的十六进制值、助记符执行时将从堆栈中删除的项目数（POP，出栈）、助记符执行时添加到堆栈中的项目数（PUSH，入栈）、相关的燃料成本以及助记符作用的说明等。

11.1.3　算术运算

EVM 中的所有算术取模 2 ^ 256，这组操作码用于执行基本的算术运算。这些操作的值在 0x00 到 0x0b 的范围内。表 11-1 显示了算术运算助记符及其含义。

表 11-1　算术运算

助　记　符	值	出　　栈	入　　栈	燃　　料	说　　明
STOP	0x00	0	0	0	停止执行
ADD	0x01	2	1	3	将两个值相加
MUL	0x02	2	1	5	将两个值相乘
SUB	0x03	2	1	3	减法运算
DIV	0x04	2	1	5	整数除法运算
SDIV	0x05	2	1	5	有符号整数除法运算
MOD	0x06	2	1	5	模余数运算
SMOD	0x07	2	1	5	有符号的余数运算
ADDMOD	0x08	3	1	8	模加法运算
MULMOD	0x09	3	1	8	模乘法运算
EXP	0x0a	2	1	10	指数运算（重复乘以底数）
SIGNEXTEND	0x0b	2	1	5	扩展二进制补码有符号整数的长度

请注意，STOP 不是算术运算，但是由于它属于数值范围，因此被归入此算术运算列表。

11.1.4　逻辑运算

逻辑运算包括用于执行比较的运算和按位逻辑运算，这些操作的值在 0x10～0x1a，如表 11-2 所示。

表 11-2　逻辑运算

助　记　符	值	出　栈	入　栈	燃　料	说　明
LT	0x10	2	1	3	小于
GT	0x11	2	1	3	大于
SLT	0x12	2	1	3	有符号的小于比较
SGT	0x13	2	1	3	有符号的大于比较
EQ	0x14	2	1	3	等于比较
ISZERO	0x15	2	1	3	非运算符
AND	0x16	2	1	3	按位 AND 运算
OR	0x17	2	1	3	按位 OR 运算
XOR	0x18	2	1	3	按位异或（XOR）运算
NOT	0x19	2	1	3	按位 NOT 运算
BYTE	0x1a	2	1	3	从字中检索单个字节

11.1.5　加密运算

在此类别中只有一个名为 SHA3 的运算。值得注意的是，这不是 NIST 标准化之后的 SHA-3 标准，而是原始的 Keccak 实现，如表 11-3 所示。

表 11-3　密码运算

助　记　符	值	出　栈	入　栈	燃　料	说　明
SHA3	0x20	2	1	30	用于计算 Keccak 256 位哈希

请注意，30 是运算的成本，还要加上每个字支付 6 燃料。因此，SHA3 燃料成本的公式如下所示：

SHA3 燃料成本=30 + 6×(以字为单位的输入大小)

11.1.6　环境信息

如表 11-4 所示，此类别共有 15 条指令。这些操作码用于提供与地址、运行时环境和数据复制操作有关的信息。

表 11-4　环境信息操作码

助　记　符	值	出　栈	入　栈	燃　料	说　明
ADDRESS	0x30	0	1	2	获取当前执行账户的地址
BALANCE	0x31	1	1	20	获取给定账户的余额
ORIGIN	0x32	0	1	2	获取原始交易的发送者的地址
CALLER	0x33	0	1	2	获取启动执行的账户的地址
CALLVALUE	0x34	0	1	2	检索指令或交易存储的值
CALLDATALOAD	0x35	1	1	3	检索通过消息调用传递给参数的输入数据
CALLDATASIZE	0x36	0	1	2	检索通过消息调用传递的输入数据的大小
CALLDATACOPY	0x37	3	0	3	将通过消息调用传递的输入数据从当前环境复制到内存
CODESIZE	0x38	0	1	2	检索在当前环境中运行代码的大小
CODECOPY	0x39	3	0	3	将正在运行的代码从当前环境复制到内存
GASPRICE	0x3a	0	1	2	检索发起交易指定的燃料价格
EXTCODESIZE	0x3b	1	1	20	获取指定账户代码的大小
EXTCODECOPY	0x3c	4	0	20	将账户代码复制到内存
RETURNDATASIZE	0x3d	0	1	2	上一次调用返回的数据大小
RETURNDATACOPY	0x3e	3	0	3	将上一次调用返回的数据复制到内存

11.1.7　区块信息

如表 11-5 所示，这组指令与检索区块所关联的各种属性有关。这些操作码的可用范围为 0x40～0x45。

表 11-5　区块信息

助　记　符	值	出　栈	入　栈	燃　料	说　明
BLOCKHASH	0x40	1	1	20	获取256个最近完成的区块之一的哈希
COINBASE	0x41	0	1	2	检索区块中设置的收款人的地址

续表

助 记 符	值	出 栈	入 栈	燃 料	说 明
TIMESTAMP	0x42	0	1	2	检索在区块中设置的时间戳
NUMBER	0x43	0	1	2	获取区块的编号
DIFFICULTY	0x44	0	1	2	检索区块的难度
GASLIMIT	0x45	0	1	2	获取区块的燃料限制值

11.1.8　堆栈、内存、存储和流操作

如表 11-6 所示，这组指令包含将项目存储在堆栈和内存中所需的所有助记符。此外，控制程序流程所需的指令也包括在此范围内。

表 11-6　堆栈、内存、存储和流操作

助 记 符	值	出 栈	入 栈	燃 料	说 明
POP	0x50	1	0	2	从堆栈中删除项目
MLOAD	0x51	1	1	3	从内存中加载字
MSTORE	0x52	2	0	3	将字存储到内存
MSTORE8	0x53	2	0	3	将字节保存到内存
SLOAD	0x54	1	1	50	从存储中加载字
SSTORE	0x55	2	0	0	将一个字保存到存储中
JUMP	0x56	1	0	8	更改程序计数器
JUMPI	0x57	2	0	10	根据条件更改程序计数器
PC	0x58	0	1	2	在递增之前在程序计数器中检索值
MSIZE	0x59	0	1	2	检索活动内存的大小（以字节为单位）
GAS	0x5a	0	1	2	检索可用燃料量
JUMPDEST	0x5b	0	0	1	在执行过程中标记有效的跳转目标，而不影响机器状态

11.1.9　入栈操作

如表 11-7 所示，这些操作包括用于将项目放置在堆栈上的 PUSH（入栈）操作。这些指令的范围是从 0x60 到 0x7f。EVM 中总计有 32 个 PUSH 操作可用。PUSH 操作可以从程序代码的字节数组中读取。

表 11-7　入栈操作

助记符	值	出栈	入栈	燃料	说明
PUSH1 … PUSH32	0x60 … 0x7f	0	1	3	用于将N个右对齐的大端字节项放在堆栈上。N是一个值，范围为1～32字节（全字），具体取决于所使用的助记符

11.1.10　复制操作

复制（Duplication）操作可用于复制堆栈项目。如表 11-8 所示，这些操作的值的范围是从 0x80 到 0x8f。EVM 中有 16 个 DUP（复制）指令可用。放置在堆栈上或从堆栈中删除的项目也会随着所使用的助记符而逐渐变化。例如，DUP1 将从堆栈中删除 1 个项目并将 2 个项目放置在堆栈中，而 DUP16 则会从堆栈中删除 16 个项目并将 17 个项目放置在堆栈中。

表 11-8　复制操作

助记符	值	出栈	入栈	燃料	说明
DUP1 … DUP16	0x80 … 0x8f	X	Y	3	用于复制第 N 个堆栈项，其中 N 是与所使用的 DUP 指令相对应的数字。X 和 Y 分别是移除并放置在堆栈上的项目

11.1.11　交换操作

SWAP 操作提供交换堆栈项目的功能。如表 11-9 所示，共有 16 条 SWAP 指令，根据所使用的操作码的类型，每条指令都将删除堆栈项，放置的项目则最多递增到 17 项。

表 11-9　交换操作

助记符	值	出栈	入栈	燃料	说明
SWAP1 … SWAP16	0x90 … 0x9f	X	Y	3	用于交换第 N 个堆栈项，其中 N 是与所使用的 SWAP 指令相对应的数字。X 和 Y 分别是移除并放置在堆栈上的项目

11.1.12　日志操作

日志操作可提供操作码，以将日志条目追加到子状态元组的日志系列字段中。如表 11-10 所示，总共有 4 个日志操作可用，它们的范围是从 0x0a 到 0xa4。

表 11-10　日志操作

助记符	值	出栈	入栈	燃料	说明
LOG0 … LOG4	0x0a … 0xa4	X	Y(0)	375， 750， 1125， 1500， 1875	用于追加带有 N 个主题的日志记录，其中，N 是与所使用的 LOG 操作码相对应的数字。例如，LOG0 表示没有主题的日志记录，而 LOG4 则表示具有 4 个主题的日志记录。X 和 Y 分别代表删除和放置在堆栈上的项目。X 和 Y 根据所使用的 LOG 操作可以从 2, 0 最高递增到 6, 0

11.1.13　系统操作

系统操作可用于执行各种与系统相关的操作，例如账户创建、消息调用和执行控制。如表 11-11 所示，此类别中共有 9 种操作码。

表 11-11　系统操作

助记符	值	出栈	入栈	燃料	说明
CREATE	0xf0	3	1	32000	用于创建具有关联代码的新账户
CALL	0xf1	7	1	40	用于初始化合约账户中的消息调用
CALLCODE	0xf2	7	1	40	用于初始化账户中的消息调用，该账户包含替代的账户代码
RETURN	0xf3	2	0	0	停止执行并返回输出数据
DELEGATECALL	0xf4	6	1	40	与 CALLCODE 相同，但不更改当前发送方属性和值
STATICCALL	0xfa	6	1	40	与 CALL 指令类似，唯一的例外是不允许状态更改操作
CREATE2	0xfb	4	1	sha3(sender+sha3(code))%2**160	创建一个具有关联代码的新账户
REVERT	0xfd	2	0	0	这将停止执行并还原任何状态更改，并且不消耗所有已提供的燃料
SUICIDE	0xff	1	0	0	停止执行，注册账户以便以后删除

至此，以太坊虚拟机操作码已经介绍完毕。以太坊 Byzantium 版本的 EVM 中大约有 129 个操作码可用。

11.2 区块和区块链

区块是区块链的主要组成部分。以太坊区块由各种元素组成，具体如下：

- 区块标头。
- 交易列表。
- 叔区块标头列表。

交易列表是该区块中包含的所有交易的列表。此外，该区块中还包含叔（Ommers 或 Uncles）区块的标头列表。

以太坊区块的生产时间（大概 15 秒）和比特币（大概 10 分钟）相比要快很多，因此，会有更多的竞争区块被矿工发现，这些竞争区块也被称为孤立区块（Orphan Block）或陈旧区块（Stale Block），即被挖出来但是不会被添加到主链上的区块而设立。叔区块就是为了激励矿工纳入这些孤立区块而设立，叔区块会收到比主链区块少一点的奖励。

11.2.1 区块标头

以太坊中区块最重要、最复杂的部分是区块标头，它包含一些有价值的信息。区块标头具体由以下元素组成。

- Parent Hash（父区块哈希）。这是父（前一个）区块标头的 Keccak 256 位哈希。
- Ommers Hash（叔区块哈希）。这是包含在当前区块中的叔（Ommers 或 Uncles）区块列表的 Keccak 256 位哈希。
- Beneficiary（受益人）。Beneficiary 字段包含接收者的 160 位地址，一旦成功开采该区块，该地址将获得挖矿奖励。
- State Root（状态根）。State Root 字段包含状态字典树根节点的 Keccak 256 位哈希，在所有交易都已处理并完成后计算。
- Transaction Root（交易根）。交易根是交易字典树根节点的 Keccak 256 位哈希，交易字典树代表该区块中包含的交易列表。
- Receipt Root（收据根）。收据根是交易收据字典树的根节点的 Keccak 256 位哈希。这个字典树由该区块中包含的所有交易的收据组成。交易收据是在处理每笔交易后生成的，并包含有用的交易后信息。
- Logs Bloom（日志布隆）。Logs Bloom 是一个布隆过滤器，由日志程序地址和该区块中所包含交易列表的每个交易收据的日志条目中的日志主题组成。有关日志布隆的详细信息，参见第 10.6.3 节“交易收据”。

- Difficulty（难度）。当前区块的难度等级。
- Number（编号）。该编号实际上就是所有先前区块的总数，因为创世区块是从 0 开始编号的。
- Gas Limit（燃料限制）。该字段包含每个区块的燃料消耗上限值。
- Gas Used（已使用的燃料）。该字段包含该区块中所有交易消耗的总燃料值。
- Timestamp（时间戳）。该时间戳是区块初始化时间的 UNIX 纪元（Epoch）时间。UNIX 纪元时间定义为从格林尼治时间 1970 年 1 月 1 日 0 时 0 分 0 秒起至现在的总秒数，不考虑闰秒。
- Extra Data（额外数据）。Extra Data 字段可用于存储与区块相关的任意数据，此字段最多允许 32 个字节。
- Mixhash（混合哈希）。Mixhash 字段包含一个 256 位哈希，该哈希可与随机数结合使用，以证明已花费足够的计算工作量来创建此区块。
- Nonce（随机数）。Nonce 是一个 64 位哈希（一个数字），它可以与 Mixhash 字段结合使用，以证明已经花费了足够的计算工作量来创建此区块。

图 11-1 显示了区块和区块标头的详细结构。

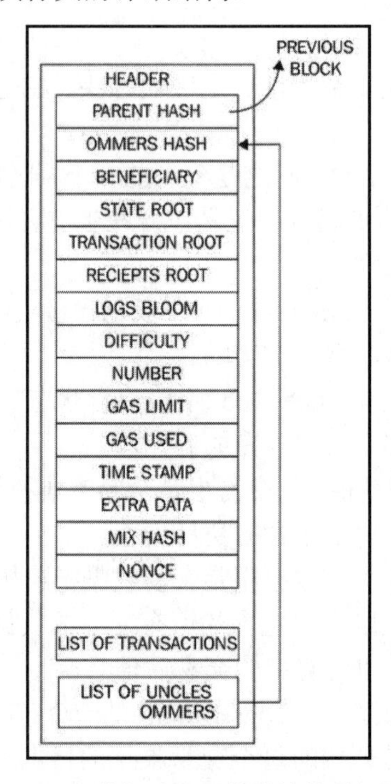

图 11-1　区块标头和区块结构的详细图解

原　　文	译　　文	原　　文	译　　文
PREVIOUS BLOCK	前一个区块	NUMBER	编号
HEADER	区块标头	GAS LIMIT	燃料限制
PARENT HASH	父区块哈希	GAS USED	已使用的燃料
OMMERS HASH	叔区块哈希	TIME STAMP	时间戳
BENEFICIARY	受益人	EXTRA DATA	额外数据
STATE ROOT	状态根	MIX HASH	混合哈希
TRANSACTION ROOT	交易根	NONCE	随机数
RECIEPTS ROOT	收据根	LIST OF TRANSACTIONS	交易列表
LOGS BLOOM	日志布隆	LIST OF UNCLES/OMMERS	叔区块列表
DIFFICULTY	难度		

11.2.2　创世区块

由于包含的数据和创建方式的差异，创世区块与正常区块略有不同。它包含 15 个项目，具体如下所示。

在 https://etherscan.io/中，创世区块的实际版本如表 11-12 所示。

表 11-12　创世区块

元　　素	说　　明
Timestamp（时间戳）	(Jul-30-2015 03:26:13 PM +UTC)
Transactions（交易）	在该区块中包含 8893 个交易和 0 个合约内部交易
Hash（哈希）	0xd4e56740f876aef8c010b86a40d5f56745a118d0906a34e69aec8c0db1cb8fa3
Parent Hash（父哈希）	0x0000000000000000000000000000000000000000000000000000000000000000
SHA3 Uncles（SHA3 叔哈希）	0x1dcc4de8dec75d7aab85b567b6ccd41ad312451b948a7413f0a142fd40d49347
Mined By（挖矿者）	由 0x0000000000000000000000000000000000000000 在 15 秒内挖出
Difficulty（难度）	17179869184
Total Difficulty（总难度）	17179869184
Size（大小）	540 字节
Gas Used（已使用燃料）	0
Nonce（随机数）	0x0000000000000042

续表

元　素	说　明
Block Reward（区块奖励）	5 个以太币
Uncles Reward（叔区块奖励）	0
Extra Data（额外数据）	
Gas Limit（燃料限制）	5000

11.2.3　区块验证机制

如果以太坊区块通过以下检查，则认为该区块有效：

- 检查叔区块和交易是否一致，这意味着要检查验证所有叔区块，并且还要检查叔区块的工作量证明是否有效。
- 检查前一个区块（父区块）是否存在并且有效。
- 检查该区块的时间戳是否有效。这意味着当前区块的时间戳必须高于父区块的时间戳。注意，当前区块的时间戳是区块初始化（打包）的时间而不是开采出来的时间，所以，该时间戳距离未来开采出来的时间应该少于 15 分钟。所有区块时间均以 UNIX 纪元时间计算。
- 如果上述检查中有任何一项失败，则该区块将被拒绝。

11.2.4　区块的最终确定

区块的最终确定是由矿工来完成的，矿工将验证区块的内容并获得奖励。这需要执行 4 个步骤，具体如下所示：

（1）叔区块验证。如果是挖矿，则将确定叔区块。叔区块标头的验证过程将检查该标头是否有效，并且叔区块与当前区块的关系是否满足最大深度为 6 个区块这一要求。一个区块最多可以包含 2 个叔区块。

（2）交易验证。如果是挖矿，则将确定交易。该过程包括检查区块中使用的总燃料是否等于最终的燃料消耗，即最终完成交易时，区块中所有交易累计使用的燃料是否与区块中使用的总燃料相符。

（3）奖励发放。这意味着使用奖励余额更新受益人的账户。在以太坊中，陈旧区块也会给予矿工奖励，不过它的奖励只有正常区块奖励的 1/32。包含在区块中的叔区块也将获得总区块奖励的 7/8。当前的区块奖励是 3 个以太币（拜占庭版本发布之前是 5 个以太币）。一个区块最多可以有 2 个叔区块。

（4）状态和随机数验证。如果是挖矿，则计算有效状态和区块随机数。

11.2.5　区块难度

如果两个区块之间的时间减少，则区块难度会增加；如果两个区块之间的时间增加，则区块难度会降低。这是维持大致一致的区块生成时间所必需的。以太坊 Homestead 版本中的难度调整算法如下所示：

```
block_diff = parent_diff + parent_diff // 2048 *
max(1-(block_timestamp-parent_timestamp)// 10,-99)+
int(2**((block.number // 100000)-2))
```

上述算法意味着，如果父区块的生成与当前区块之间的时间差小于 10 秒，则难度会增加。如果时间差在 10～19 秒，则难度级别保持不变。最后，如果时间差为 20 秒或更多，则难度级别降低。这种减少与时间差成正比。

除了基于时间戳差异的难度调整之外，在上述算法的最后一行还有一部分，该部分表示在每 100000 个区块之后以指数方式增加难度。这就是以太坊网络中引入的所谓的难度定时炸弹（Difficulty Time Bomb）或冰河时代（Ice Age），这将使得在将来的某个时候很难在以太坊区块链上进行挖矿。这将鼓励用户切换到权益证明，因为在 POW 链上进行挖矿最终将变得异常困难。

注意：

通过 EIP-649，此更改被延迟了大约一年半，并且尚未提出明确的时间表。详情可访问以下网址：

https://github.com/ethereum/EIPs/pull/669

根据该算法的原始估算，在 2017 年下半年，区块生成时间将大大增加，而在 2021 年，它将变得非常高，以至于几乎不可能在 POW 链上进行开采，即使是专门的挖矿中心也是如此。这样，矿工将别无选择，只能切换到以太坊提出的称为 Casper 的 PoS 方案。

注意：

有关 Casper 的详细信息，可访问以下网址：

https://github.com/ethereum/research/blob/master/papers/casper-basics/casper_basics.pdf

由于 Byzantium 版本的发布，冰河时代的提议已被推迟。取而代之的是，挖矿奖励从 5 个以太币降低为 3 个以太币，这其实就是为在 Serenity 版本中实施 PoS 做准备。

在 Byzantium 版本中，更改了难度调整公式，将叔区块也加入难度计算的考量中。新公式如下所示：

adj_factor = max((2 if len(parent.uncles) else 1) − ((timestamp − parent.timestamp) // 9), -99)

11.2.6　燃料

在以太坊区块链上执行的每个操作都需要支付燃料费。这是一种确保不会由于 EVM 的图灵完备性而导致无限循环让整个区块链停顿的机制。交易费以一定数量的以太币收取，并从交易发起方的账户余额中收取。

要让矿工将交易打包到区块中以便进行开采，这是要付费的。如果该费用太低，则交易可能永远都不会进行。如果该费用越多，矿工就越有动力将交易纳入区块中。

如果矿工将已支付适当费用的交易打包在区块中，但若该交易执行的复杂操作过多，则在燃料成本不足的情况下，可能会导致燃料被耗光。在这种情况下，该交易将失败，但仍将成为该区块的一部分，并且交易发起人将不会获得任何退款。

可以使用以下公式估算交易成本：

Total cost（交易总成本）= gasUsed（使用燃料量）×gasPrice（燃料价格）

在这里，gasUsed 是执行期间应该由交易使用的总燃料，gasPrice 由交易发起者指定，作为矿工将交易打包到下一个区块中的激励，该价格是按以太币指定的。

每个 EVM 操作码都有一定的费用，这是一个估计值，因为所使用的燃料可能大于或小于交易发起方最初指定的值。例如，如果计算时间太长或智能合约的行为由于某些其他因素而发生相应变化，则交易可能会执行比最初预期更多或更少的操作，并相应地可能导致消耗更多或更少的燃料。如果执行耗光了燃料，那么一切都会立即回滚；如果执行成功并且还有一些剩余燃料，则将其返回到交易发起方。

注意：

访问以下网址可以跟踪最新燃料价格并获得其他有价值的统计信息。该网站还提供了一个计算器。

https://ethgasstation.info/index.php

每次操作都会消耗一些燃料，表 11-13 提供了一些操作的高级费用计划。

表 11-13　操作的燃料成本

操作名称	燃料成本	操作名称	燃料成本
step	1	sload	20
stop	0	txdata	5
suicide	0	transaction	500
sha3	30	contract creation	53000

根据上述费用表和前面讨论的公式，可以按以下方式计算 SHA-3 操作的燃料成本：

- SHA-3 的燃料成本为 30。
- 假设当前燃料价格为 25 GWei，将它转换为以太币，也就是 0.000000025 以太币。将两者相乘，即 0.000000025×30，得到 0.00000075 以太币。
- 由此可知，应该支付的总燃料为 0.00000075 以太币。

11.2.7　费用计划

支付燃料成本还应该提前考虑到操作执行的以下 3 种情况：

- 操作的计算。
- 用于合约创建或消息调用的费用。
- 增加内存使用量。

在第 11.1 节“以太坊编程语言和操作码”中已经提供了各种运算和操作的燃料值列表，故不赘述。

11.2.8　区块链中的分叉

分叉（Fork）就是将区块链一分为二，这可以是有意的或无意的。一般来说，作为主要协议升级的结果，将创建硬分叉，并且由于软件中的错误而可能创建无意的分叉。

随着 Homestead 版本的发布，由于主要协议的升级，导致了一次艰难的分叉。该协议已在区块高度为 1150000 的区块上实施了升级，从而导致以太坊从第一个版本 Frontier 迁移到第二个版本 Homestead。

2017 年 10 月，Byzantium 版本发布，它是 Metropolis 版本的第一阶段。该版本是作为硬分叉发布的，区块高度为 4370000。

2019 年 3 月，以太坊网络在区块高度为 7080000 的区块上实施了 Constantinople 硬分叉，这是 Metropolis 版本的第二阶段。

2016 年 11 月 24 日 14:12:07（UTC 时间），由于 Geth 客户端的日志记录机制中的错误，引发了一次意外的分叉。结果就是，在区块编号 2686351 处发生了网络分叉，此错误导致 Geth 客户端在出现空的燃料耗尽异常事件时无法防止删除空账户。而在 Parity 客户端中（Parity 是另一个流行的以太坊客户端），没有这个问题。这意味着，从区块编号 2686351 开始，以太坊区块链被分为两部分，一个使用 Parity 客户端运行，另一个则使用 Geth 客户端运行。Geth 客户端 1.5.3 版本解决了此问题。

2016 年 6 月，发生了价值近 5300 万美元的以太币被转移的 DAO 攻击事件。为了从攻击中恢复，以太坊区块链选择了硬分叉方案。本书第 9 章“智能合约”对此有更详细的介绍。

11.3　节点和矿工

以太坊网络包含不同的节点。一些节点仅充当钱包，另一些节点是轻客户端，很少有节点是运行完整区块链的全客户端。节点的最重要类型之一是挖矿节点。本节将会详细讨论与挖矿相关的内容。

注意：

挖矿是通过共识机制选举新区块，并将其添加到区块链的过程。

执行挖矿操作的节点将获得代币（以太币）奖励，这些挖矿节点称为矿工（Miner）。矿工可以将交易打包到区块中，然后验证和确认由交易组成的区块，并以此获得奖励。挖矿过程可通过验证计算来帮助保护网络。

理论上，矿工节点将执行以下功能：

（1）侦听以太坊网络上广播的交易，并确定要处理的交易。

（2）确定被称为叔区块的陈旧区块，并将其包含在该区块中。

（3）使用成功开采区块所获得的奖励来更新账户余额。

（4）计算有效状态，并最终确定该区块，定义所有状态转换的结果。

当前的挖矿方法是基于 PoW 的，这和比特币类似。当某个区块被视为有效时，它不仅必须满足一般的一致性要求，而且还必须包含给定难度的 PoW。

随着 Serenity 的发布，PoW 算法将被 PoS 算法取代。当然，目前还没有确定 Serenity 版本的发布日期，因为这是以太坊的最终版本。

目前已经进行了大量的研究工作来构建适合以太坊网络的 PoS 算法。有关 PoS 研究工作的更多信息，可访问以下网址：

https://ethresear.ch/t/initial-explorations-on-full-pos-proposal-mechanisms/925

目前已经开发了一种名为 Casper 的算法，它将取代以太坊中现有的 PoW 算法。有关 Casper 的更多信息，可访问以下网址：

https://github.com/ethereum/research/tree/master/casper4

Casper 的算法采用了基于经济协议的保证金（Security Deposit），它要求节点在产生区块之前要先放置保证金。在 Casper 算法中，节点被称为绑定验证器（Bonded Validators），而放置保证金的行为则称为绑定（Bonding）。

矿工在就区块链规范状态达成共识方面发挥着至关重要的作用。接下来我们将详细阐释共识机制。

11.3.1　共识机制

以太坊的共识机制基于贪婪最重可观测子树（Greedy Heaviest Observed SubTree，GHOST）协议，它最初是由 Zohar 和 Sompolinsky 在 2013 年 12 月提出的。

注意：

感兴趣的读者可以从以下网址获取原始论文：

http://eprint.iacr.org/2013/881.pdf

以太坊使用的是该协议的一个更简单版本，在该版本中，花费了最多计算工作量的链将被标识为确定版本。也可以从另一个角度来看待它，即找到最长的链，因为最长的链必须通过消耗足够的挖矿工作量来构建。

GHOST 协议的推出最初是作为一种机制，以缓解因为区块生成时间较快而导致的陈旧区块或孤立区块的问题。

在 GHOST 协议中，陈旧区块的计算也被添加到计算中，以找出最长和最重的区块链。陈旧区块在以太坊中被称为叔区块。

图 11-2 显示了最长链和最重链之间的简单比较。

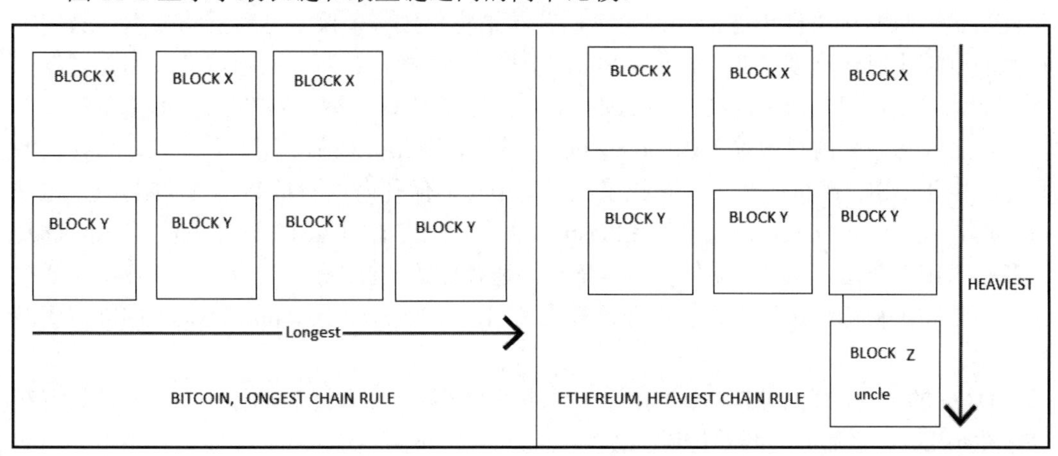

图 11-2　最长链与最重链

原　　文	译　　文
Longest	最长链
BITCOIN, LONGEST CHAIN RULE	比特币，最长链规则
HEAVIEST	最重链
ETHEREUM, HEAVIEST CHAIN RULE	以太坊，最重链规则
uncle	叔区块

图 11-2 显示了两个规则（最长链和最重链），以找出哪个区块链是事实（Truth）的规范版本。在比特币中（如图 11-2 左侧所示）应用最长链规则，这意味着活动链（事实链）是完成 PoW 工作量最大的一条。就以太坊而言（如图 11-2 右侧所示），从最长链的角度来看，这两个链的概念是相似的，但是它还包括叔区块，即孤立区块，这意味着它也将奖励那些在挖矿过程中与其他区块竞争的区块。这些区块其实也执行了重要的工作量证明，甚至是与其他区块同时被开采出来的，只是没有进入主链而已。这使以太坊的主链变得最重而不是最长，因为它还包含孤立区块。

下一节将介绍以太坊的 PoW 算法。

11.3.2　Ethash 算法

在以太坊中使用的工作量证明算法称为 Ethash。最初，这是作为 Dagger-Hashimoto 算法提出的，但是自从首次实现以来，它已经发生了很大的变化，而 PoW 算法现在也已经演变为所谓的 Ethash 算法。

与比特币类似，挖矿背后的核心思想是找到一个随机数（一个随机的任意数字），该随机数一旦与区块标头连接并被哈希，其结果将导致一个低于当前网络难度的数字。以太坊刚推出时，难度很低，甚至 CPU 和单个 GPU 挖矿都可以有所收获，但是现在已不再如此。现在想要盈利的话，要么加入矿池，要么组建大型的 GPU 挖矿设备。

Ethash 是一种内存困难（Memory-Hard）算法，因此很难在专用硬件上实现。在比特币中，由于 ASIC 矿机的开发，导致了挖矿集中化，但是内存困难 PoW 算法是阻止这种威胁的方式之一，以太坊即实现了 Ethash 算法来阻止挖矿的 ASIC 开发。由于 Ethash 是一种内存困难算法，因此开发具有大容量和快速存储的 ASIC 是不可行的。该算法需要根据随机数和区块标头选择称为有向非循环图（Directed Acyclic Graph，DAG）的固定资源的子集。

DAG 的大小约为 2 GB，每 30000 个区块更改一次。在首次启动挖矿节点时，只有在完全生成 DAG 之后才能开始挖矿。

每 30000 个区块生成之间的时间约为 5.2 天，称为一个世代（Epoch）。该 DAG 被

Ethash 算法用作种子。根据当前的规范，世代时间被定义为 30000 个区块。

当前的奖励方案是：成功找到有效随机数奖励 3 个以太币。挖矿成功的矿工除了获得 3 个以太币外，还将获得区块中消耗的燃料成本以及在区块中包含陈旧区块（叔区块）的额外奖励。每个区块最多允许包含两个叔区块，并可以获得正常区块奖励的 7/8。

为了获得 12 秒的区块时间，需要按每个区块调整块难度。奖励与矿工的哈希速率成正比（哈希速率就是矿工可以哈希挖矿的速度）。可以使用以太币挖矿计算器来计算想要产生利润需要多少哈希速率。

注意：

以下网址提供了一个以太币挖矿计算器的示例：

https://etherscan.io/ether-mining-calculator

只需加入以太坊网络并运行适当的客户端即可执行挖矿。关键要求是在开始挖矿之前，该节点应与主网络完全同步。

接下来，我们将介绍各种挖矿方法。

11.3.3　CPU 挖矿

CPU 挖矿在主网上已经完全无利可图，但是，在测试网络甚至是私有网络上仍可进行 CPU 挖矿和合约部署的试验，所以仍然有必要介绍 CPU 挖矿。在第 12 章“以太坊开发环境”中将通过实际示例讨论私有网络和测试网络。

下面就来介绍使用 Geth 客户端启动 CPU 挖矿的方法。可以打开 Geth 客户端的 mine 开关以便开始挖矿：

```
geth --mine --minerthreads <n>
```

也可以使用 Web3 Geth 控制台开始 CPU 挖矿。Geth 控制台的启动命令如下：

```
$ geth attach
```

之后，可以通过发出以下命令来启动矿工。如果成功，则返回 True，否则返回 False。来看以下命令：

```
miner.start(4)
True
```

这里的数字 4 表示将运行以进行挖矿的线程数，它可以是任何数字，具体取决于你拥有的 CPU 数量。

上面的命令将以 4 个线程启动挖矿。再来看以下命令：

```
miner.stop()
True
```

上述命令将停止挖矿。如果成功，该命令将返回 True。

11.3.4　GPU 挖矿

在基本级别上，可以通过运行以下两个命令轻松地执行 GPU 挖矿：

```
geth --rpc
```

一旦 Geth 启动并运行，并且完全下载了区块链，即可运行 Ethminer 以开始挖矿。Ethminer 是一个独立的矿工程序，也可以在农场模式下使用，用于为矿池做贡献。

注意：

可以从以下网址下载 Ethminer：

https://github.com/Genoil/cpp-ethereum/tree/117/releases

```
$ ethminer -G
```

使用 G 开关运行时，假定已正确安装并配置了适当的显卡。如果找不到合适的图形卡，则 ethminer 命令将返回错误，如图 11-3 所示。

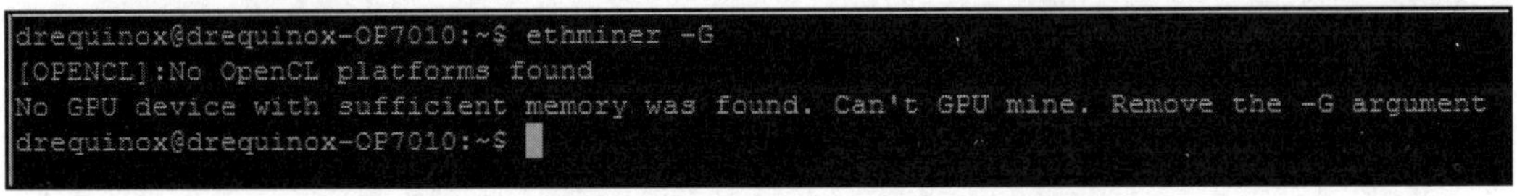

```
drequinox@drequinox-OP7010:~$ ethminer -G
[OPENCL]:No OpenCL platforms found
No GPU device with sufficient memory was found. Can't GPU mine. Remove the -G argument
drequinox@drequinox-OP7010:~$
```

图 11-3　如果找不到合适的 GPU，则会发生错误

GPU 挖矿需要 AMD 或 NVIDIA 显卡以及适用的 OpenCL SDK。

注意：

对于 NVIDIA 显卡，可从以下地址下载 CUDA Toolkit：

https://developer.nvidia.com/cuda-downloads

对于 AMD 显卡，可从以下地址下载 OpenCL SDK：

http://developer.amd.com/tools-and-sdks/opencl-zone/amd-accelerated-parallel-processing-app-sdk

一旦正确安装并配置了显卡，就可以通过使用 ethminer -G 命令来启动该过程。

11.3.5　基准测试

Ethminer 可以用于运行基准测试。可以调用两种模式进行基准测试，即 CPU 基准测试或 GPU 基准测试。具体命令如下所示：

- CPU 基准测试：

```
$ ethminer -M -C
```

- GPU 基准测试：

```
$ ethminer -M -G
```

图 11-4 显示了 CPU 挖矿基准测试。

```
drequinox@drequinox-OP7010:~$ ethminer -M -C
                              #00004000…
Benchmarking on platform: 8-thread CPU
Preparing DAG...
                           Loading full DAG of seedhash: #00000000…
Warming up...
Trial 1... 0
Trial 2... DAG                  Generating DAG file. Progress: 0 %
0
Trial 3... 0
Trial 4... DAG                  Generating DAG file. Progress: 1 %
0
```

图 11-4　CPU 基准测试

也可以在命令行中指定要使用的 GPU 设备：

```
$ ethminer -M -G --opencl-device 1
```

由于使用 OpenCL AMD 实现了 GPU 挖矿，因此与 NVIDIA GPU 相比，基于芯片组的 GPU 的运行速度往往更快。由于对内存的高要求（因为要创建 DAG），FPGA 和 ASIC 将无法提供超过 GPU 的任何主要优势，这样做的目的是阻止开发用于挖矿的专用硬件。

11.3.6　挖矿设备

由于以太币的挖矿难度随着时间的增加而增加，因此矿工开始组装具有多个 GPU 的挖矿设备（Mining Rigs）。挖矿设备通常包含大约 5 张显卡，它们全部并行工作以进行挖矿，从而提高找到有效的随机数进行挖矿的机会。

挖矿设备的组装并不困难，也可以从各种供应商处购买到。典型的挖矿设备配置包括以下组件：

- 主板。需要具有多个 PCI-E x1 或 x16 插槽的专用主板，例如 BIOSTAR Hi-Fi 或 ASRock H81。
- 固态硬盘驱动器。之所以推荐使用固态硬盘，是因为它的性能要比机械硬盘快得多，这将主要用于存储区块链。建议在硬盘上保留大约 250 GB 的可用空间。
- GPU。GPU 是指显卡，它是挖矿设备中最关键的组件，因为它是用于挖矿的主要动力。区块链货币挖矿的火热一度影响到了普通游戏玩家的显卡市场行情。显卡的更新换代较快，性能差异也较大，可通过访问以下网址了解最新的显卡性能指标和挖矿收益情况：

  https://www.miningbenchmark.net

- 操作系统。通常选择 Linux Ubuntu 的最新版本作为挖矿平台的操作系统，因为与 Windows 相比，它更可靠并且性能更好。此外，该操作系统舍弃了那些消耗资源的图形界面，它允许仅运行挖矿所需的最低限度的操作系统以及基本操作。还有一种可用的 Linux 变体，称为 EthOS，该变体是专门为以太坊挖矿而构建的，并原生支持挖矿操作。EthOS 可从以下网址获得：

  http://ethosdistro.com/

- 挖矿软件。需要安装诸如 Ethminer 和 Geth 之类的挖矿软件，以及一些远程监视和管理软件，以便可以根据需要远程监视和管理挖矿设备。安装适当的空调或其他冷却装置也很重要，因为运行多个 GPU 会产生大量热量。这也需要使用适当的监视软件，以便在硬件出现问题（例如 GPU 过热）时立即发出警告。
- 供电单元（Power Supply Units，PSU）。在挖矿设备中，有多个并行运行的 GPU，因此需要持续不断的强大电力供应。需要使用可以承担负载并可以为 GPU 提供足够功率以运行的 PSU。通常，PSU 需要产生 1000 瓦的功率。可以访问以下网址了解各种 PSU 的比较：

  https://www.thegeekpub.com/11488/best-power-supply-mining-cryptocurrency/

图 11-5 显示了市场上可以购买到的挖矿设备。

图 11-5　以太坊的挖矿设备

11.3.7　矿池

许多在线矿池都提供以太坊挖矿，可以使用以下命令将 Ethminer 连接到矿池：

```
ethminer -C -F
```

每个矿池都会发布其操作指导。一般来说，连接到矿池的过程都是相似的。以下显示了一个来自 http://ethereumpool.co 矿池的示例：

http://ethereumpool.co/?miner=0.1@0x024a20cc5feba7f3dc3776075b3e61234eb1459c@DrEquinox

该命令产生的输出大致如下所示：

```
miner 23:50:53.046 ethminer Getting work package . . .
```

Ethminer 的显示如图 11-6 所示。

```
drequinox@drequinox-OP7010:~$  ethminer -C -F http://ethereumpool.co/?miner=0.1@0x024a20cc5feba7f3dc3776075b3e60c20eb1459c@DrEquinox
miner                          Getting work package...
```

图 11-6　Ethminer 的输出

11.4　钱包和客户端软件

由于以太坊正处于加紧开发和演变过程中，因此过去几年已经开发并推出了许多组件、客户端和工具。

下面将分别介绍以太坊可用的主要组件、客户端软件和工具。

11.4.1 Geth

这是以太坊客户端的 Go 语言实现。

注意：

可以从以下网址下载其最新版本：

https://geth.ethereum.org/downloads/

11.4.2 Eth

这是以太坊客户端的 C++语言实现。

11.4.3 Pyethapp

这是以太坊客户端的 Python 语言实现。

11.4.4 Parity

此实现使用 Rust 语言构建，由 EthCore 开发。EthCore 是一家致力于 Parity 客户端开发的公司。

注意：

可以从以下网址下载 Parity：

https://www.parity.io/

11.4.5 轻客户端

简单付款验证（Simple Payment Verification，SPV）客户端仅下载区块链的一小部分，这允许资源不足的设备（例如手机、嵌入式设备或平板电脑）验证交易。

在这种情况下，不需要完整的以太坊区块链和节点，SPV 客户端仍可以验证交易的执行。SPV 客户端也称为轻客户端。这和比特币的 SPV 客户端大致相似。

注意：

Jaxx 提供了一个钱包，可以将其安装在 iOS 和 Android 系统上。这个钱包同时也可以作为 SPV 客户端，其下载地址如下：

https://jaxx.io/

11.4.6 安装

以下安装过程描述了在 Ubuntu 系统上各种以太坊客户端的安装。以太坊 Wiki 上提供了其他操作系统的说明。稍后我们将在示例中使用 Ubuntu 系统，这里仅描述 Ubuntu 系统的安装。

在 Ubuntu 系统上，可使用以下命令来安装 Geth 客户端：

```
> sudo apt-get install -y software-properties-common
> sudo add-apt-repository -y ppa:ethereum/ethereum
> sudo apt-get update
> sudo apt-get install -y ethereum
```

安装完成后，只需在终端上发出 geth 命令即可启动 Geth 客户端，因为它已预先配置了连接到实时以太坊网络（主网络）需要的所有参数：

```
> geth
```

11.4.7 Eth 安装

Eth 是以太坊客户端的 C++语言实现，可以在 Ubuntu 上使用以下命令进行安装：

```
> sudo apt-get install cpp-ethereum
```

11.4.8 Mist 浏览器

Mist 浏览器是一个用户友好程序，它采用了功能丰富的图形用户界面，可用于浏览去中心化应用程序（DApp）以及进行账户管理和合约管理。

如图 11-7 所示，首次启动 Mist 时，它将在后台初始化 Geth 并与网络同步。与网络完全同步所需的时间可能会从几个小时到几天不等，具体取决于网络连接的速度和类型。如果使用 testnet，则同步完成相对较快，因为 testnet（Ropsten）不如主网那么大。在第 12 章“以太坊开发环境”中将提供有关如何连接到 testnet 的更多信息。

注意，Mist 浏览器并不是钱包。实际上，它是 DApp 的浏览器，并提供了功能丰富的用户界面，可用于创建和管理合约、账户以及浏览去中心化的应用程序。以太坊钱包是与 Mist 浏览器一起发布的 DApp。

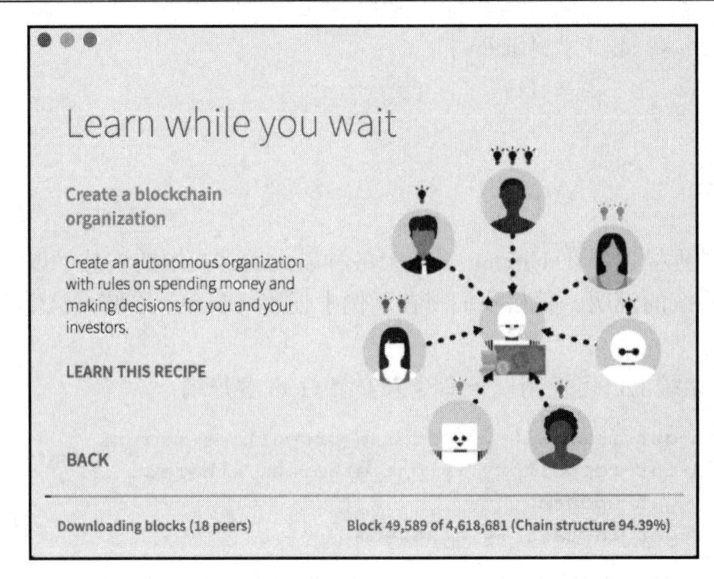

图 11-7　Mist 浏览器启动并与主网络同步

钱包是一种通用程序，它可以存储私钥，并基于其中存储的地址计算与该地址相关联的以太币的现有余额（需要查询区块链）。它还可以用于部署智能合约。

注意：

可以通过以下网址下载 Mist 浏览器的最新版本：

https://github.com/ethereum/mist

其他可用的钱包还包括 MyEtherWallet 等。MyEtherWallet 是用 JavaScript 开发的开源以太币钱包。MyEtherWallet 在客户端浏览器中运行。

注意：

可以通过以下网址下载该软件：

https://www.myetherwallet.com

Icebox 由 ConsenSys 开发，它是一个冷存储浏览器，提供安全的以太币存储，这取决于运行 Icebox 的计算机是否已连接到互联网。

以太坊有多种钱包可用于台式机、手机和网络平台。有一个很流行的以太坊 iOS 钱包名为 Jaxx，本章前面已作为示例介绍过。

在区块链同步之后，Mist 浏览器将启动并显示以下界面。在如图 11-8 所示的界面中，显示了两个没有余额的账户。

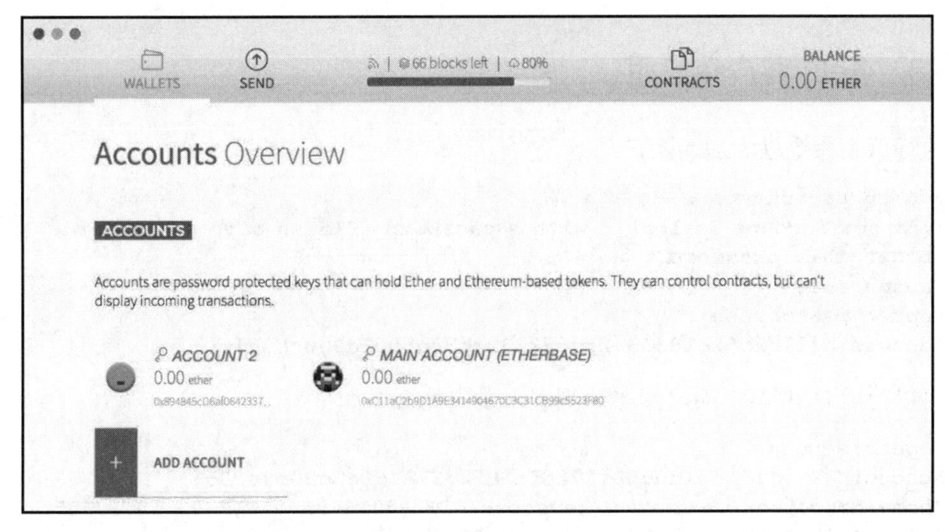

图 11-8　Mist 浏览器

可以通过多种方式创建新账户。例如，可以单击 Mist 浏览器 Accounts Overview（账户概述）屏幕中的 ADD ACCOUNT（添加账户）选项（见图 11-8），或者单击 Accounts（账户）菜单，然后选择 New Account（新建账户）以创建新账户，如图 11-9 所示。

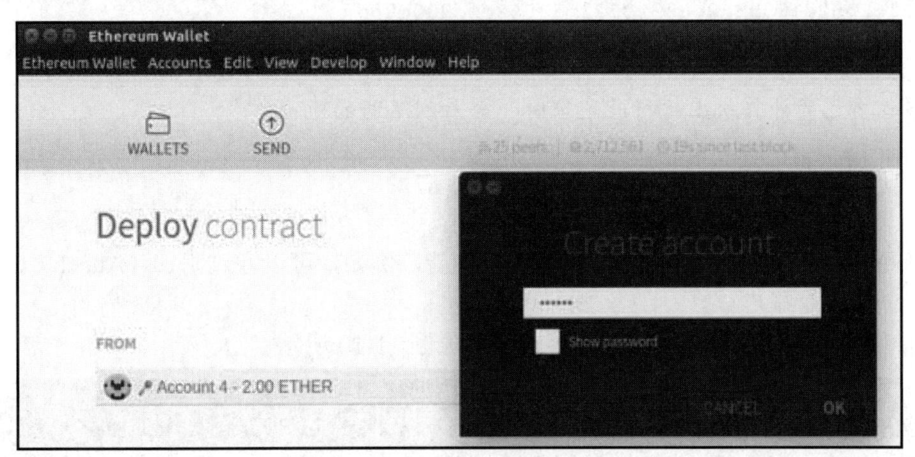

图 11-9　新建账户

该账户将需要设置密码（见图 11-9 右下角）。在设置账户后，它将显示在 Mist 浏览器的 Accounts Overview（账户概述）部分中。

也可以使用 Geth 客户端或 Parity 客户端的命令行界面通过命令行添加账户。接下来我们将介绍此过程。

11.4.9　Geth 客户端应用

执行以下命令以添加新账户：

```
$ geth account new
Your new account is locked with a password. Please give a password. Do not
forget this password.
Passphrase:
Repeat passphrase:
Address: {21c2b52e18353a2cc8223322b33559c1d900c85d}
```

可以使用 Geth 客户端显示账户列表，发出的命令如下：

```
$ geth account list
Account #0: {11bcc1d0b56c57aefc3b52d37e7d6c2c90b8ec35}
/home/drequinox/.ethereum/keystore/UTC--2016-05-07T13-04-15.175558799Z-
-11bcc1d0b56c57aefc3b52d37e7d6c2c90b8ec35
Account #1: {e49668b7ffbf031bbbdab7a222bdb38e7e3e1b63}
/home/drequinox/.ethereum/keystore/UTC--2016-05-10T19-16-11.952722205Z--
e49668b7ffbf031bbbdab7a222bdb38e7e3e1b63
Account #2: {21c2b52e18353a2cc8223322b33559c1d900c85d}
/home/drequinox/.ethereum/keystore/UTC--2016-11-29T22-48-09.825971090Z-
-21c2b52e18353a2cc8223322b33559c1d900c85d
```

注意：

在你自己的计算机上运行此地址时，会看到不同的地址。

11.4.10　Geth 控制台

Geth JavaScript 控制台可用于执行各种功能。例如，可以通过附加（Attach）Geth 的方式来创建一个账户。

Geth 可以与正在运行的守护程序连接，如图 11-10 所示。

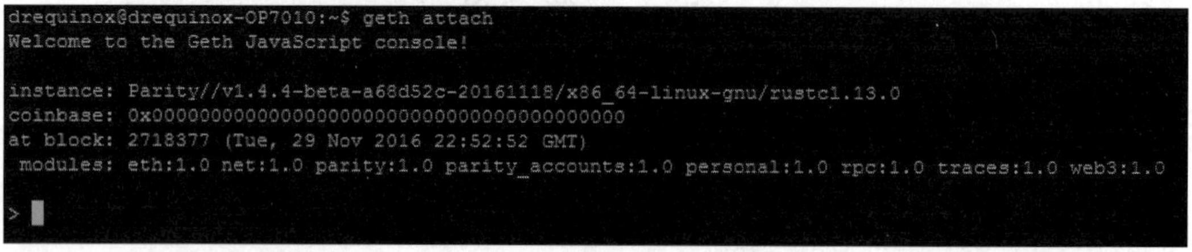

```
drequinox@drequinox-OP7010:~$ geth attach
Welcome to the Geth JavaScript console!

instance: Parity//v1.4.4-beta-a68d52c-20161118/x86_64-linux-gnu/rustc1.13.0
coinbase: 0x0000000000000000000000000000000000000000
at block: 2718377 (Tue, 29 Nov 2016 22:52:52 GMT)
 modules: eth:1.0 net:1.0 parity:1.0 parity_accounts:1.0 personal:1.0 rpc:1.0 traces:1.0 web3:1.0

>
```

图 11-10　Geth 客户端

一旦 Geth 成功与运行中的以太坊客户端实例（在本例中为 Parity）连接，它将显示命令提示符>，该提示符提供了一个交互式命令行界面，可以使用 JavaScript 与以太坊客户端进行交互。

例如，可以在 Geth 控制台中使用以下命令添加新账户：

```
> personal.newAccount()
Passphrase:
Repeat passphrase: "0xc64a728a67ba67048b9c160ec39bacc5626761ce"
>
```

账户列表也可以按类似方式显示：

```
> eth.accounts ["0x024a20cc5feba7f3dc3776075b3e60c20eb1459c",
"0x11bcc1d0b56c57aefc3b52d37e7d6c2c90b8ec35",
"0xdf482f11e3fbb7716e2868786b3afede1c1fb37f",
"0xe49668b7ffbf031bbbdab7a222bdb38e7e3e1b63",
"0xf9834defb35d24c5a61a5fe745149e9470282495"]
```

11.4.11　用比特币为账户注资

在 Mist 浏览器中，可以单击账户，然后选择为账户注资的选项。用于此操作的后端引擎为 https://shapeshift.io/，可从比特币或其他货币（包括法定货币选项）为账户注资。从比特币到以太币的兑换界面如图 11-11 所示。

图 11-11　从比特币到以太币的兑换

代币兑换完成后，已转移的以太币将在账户中可用。

图 11-11 显示了 Mist 浏览器中可用的 Shifty 界面，可通过将比特币兑换为以太币来为以太坊账户注资。

11.4.12　Parity 安装

Parity 是以太坊客户端的一种实现，它是使用 Rust 编程语言编写的。Parity 开发的主要目标是高性能、占用空间小和可靠性。可以使用以下命令在 Ubuntu 或 Mac 操作系统上安装 Parity：

```
bash <(curl https://get.parity.io -Lk)
```

这将启动 Parity 客户端的下载和安装。在完成 Parity 的安装之后，安装程序还将提供 Netstats 客户端的安装。Netstats 客户端是一个后台运行的守护进程，它会收集基本统计信息并将其显示在 https://ethstats.net/上。

在运行上述命令之后，将看到和图 11-12 类似的输出。

```
drequinox@drequinox-OP7010: /opt
drequinox@drequinox-OP7010:/opt$ bash <(curl https://get.parity.io -Lk)
  % Total    % Received % Xferd  Average Speed   Time    Time     Time  Current
                                 Dload  Upload   Total   Spent    Left  Speed
100   154  100   154    0     0    429      0 --:--:-- --:--:-- --:--:--   430
100   154  100   154    0     0    211      0 --:--:-- --:--:-- --:--:--  9625
100 12876  100 12876    0     0  11824      0  0:00:01  0:00:01 --:--:-- 11824
==> Checking OS dependencies
 ✓      Ubuntu, but version not supported
 ✓      curl
 ✓      apt-get
 ✓      sudo

Found all dependencies (3/3)
==> OK, let's install Parity now!
==> Last chance! Sure you want to install this software? [Y/n] Y

==> Installing Parity build dependencies
==> Verifying installation
 ✓      apt-get
==> Installing parity
  % Total    % Received % Xferd  Average Speed   Time    Time     Time  Current
                                 Dload  Upload   Total   Spent    Left  Speed
100 5449k  100 5449k    0     0   648k      0  0:00:08  0:00:08 --:--:--  812k
(Reading database ... 227048 files and directories currently installed.)
Preparing to unpack /tmp/parity.deb ...
Unpacking parity (1.4.4) over (1.4.4) ...
Setting up parity (1.4.4) ...
==> Parity has been installed


==> Netstats Would you like to download, install and configure a Netstats client?
WARNING:                                                                   [Y/n] Y
Installing netstats
Please enter the netstats secret: a38e1e50b1b82fa
Please enter your instance name: Dr.Ξquinox!
Please enter your contact details (optional):

## Installing the NodeSource Node.js v0.12 repo...
```

图 11-12　Parity 安装

成功完成安装后，可以使用 parity -j 命令启动以太坊 Parity 节点。要使用 Parity 的以太坊钱包（Mist 浏览器），需要与 Geth 兼容。在这种情况下，应使用 parity -geth 命令来运行 Parity。这将在与 Geth 客户端兼容的模式下运行 Parity，因此将允许 Mist 在 Parity 之上运行，如图 11-13 所示。

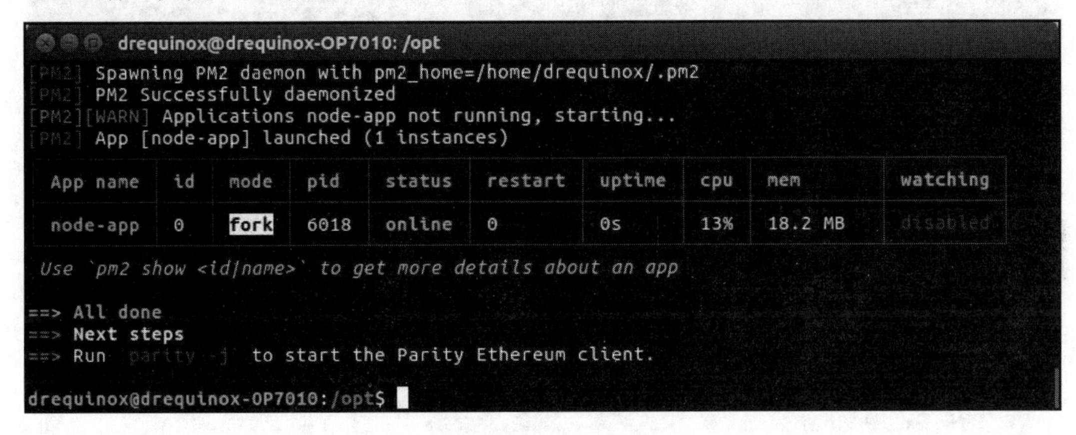

图 11-13　Parity 启动

可以选择列出 https://ethstats.net/上的客户端信息。该站点可提供有关以太坊网络的有价值的统计信息，例如最新的区块信息、区块时间、难度、燃料价格和其他有价值的信息，如图 11-14 所示。

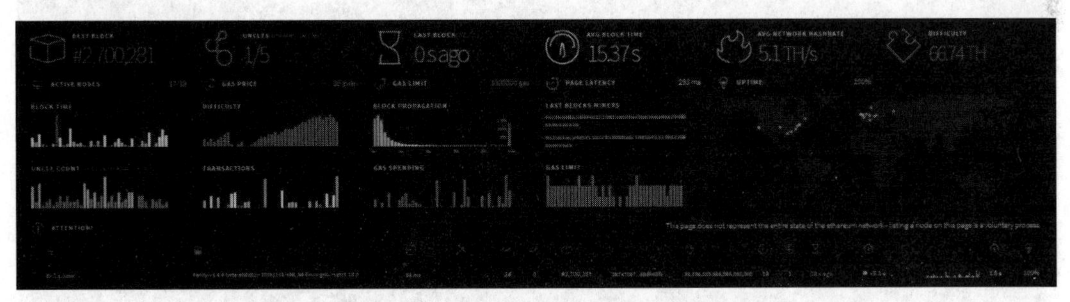

图 11-14　ethstats.net 以太坊网络统计信息

ethstats.net 上列出了所有已连接的客户端，如图 11-15 所示。这些客户端列出了相关的属性，如节点名称、节点类型、延迟、挖矿状态、对等方数量、挂起的交易数、最近一个区块、难度、区块交易和叔区块数量等。

Parity 提供了用户友好的 Web 界面，从中可以管理各种任务，如账户管理、地址簿管理、DApp 管理、合约管理以及状态和签名者操作等。

Bootnode-SG	Geth/v1.8.1-stable/linux-amd64/go1.7	123 ms		510
Bootnode-IE	Geth/v1.8.1-stable/linux-amd64/go1.7	43 ms		499
sphinxRust	Parity//v1.8.11-stable-21522ff86-20180227/x86_64-linux-gnu/rustc1.24.1	46 ms		328
Bootnode-NORCAL	Geth/v1.8.1-stable/linux-amd64/go1.10	36 ms		256
Zetabit2	Parity//v1.8.10-stable-78acefd-20180219/x86_64-linux-gnu/rustc1.24.0	50 ms		239
FunFair-01	Geth/v1.8.2-stable-b8b9f7f4/linux-amd64/go1.9.4	60 ms		239
Bootnode-AU	Geth/v1.8.1-stable/linux-amd64/go1.7	100 ms		232
Bootnode-BR	Geth/v1.8.2-stable/linux-amd64/go1.10	59 ms		229
ethpool.maxhash.org (US)	Parity//v1.8.9-stable-1952d05-20180201/x86_64-linux-gnu/rustc1.23.0	8 ms	0 KH/s	199
CIMS FARM CRYPTO. INVEST.	Geth/v1.8.2-stable-b8b9f7f4/linux-amd64/go1.9.4	4 ms		161

图 11-15　在 https://ethstats.net/上列出的客户端

可以通过使用以下命令来访问它：

```
$ parity ui
```

这将打开如图 11-16 所示的界面。

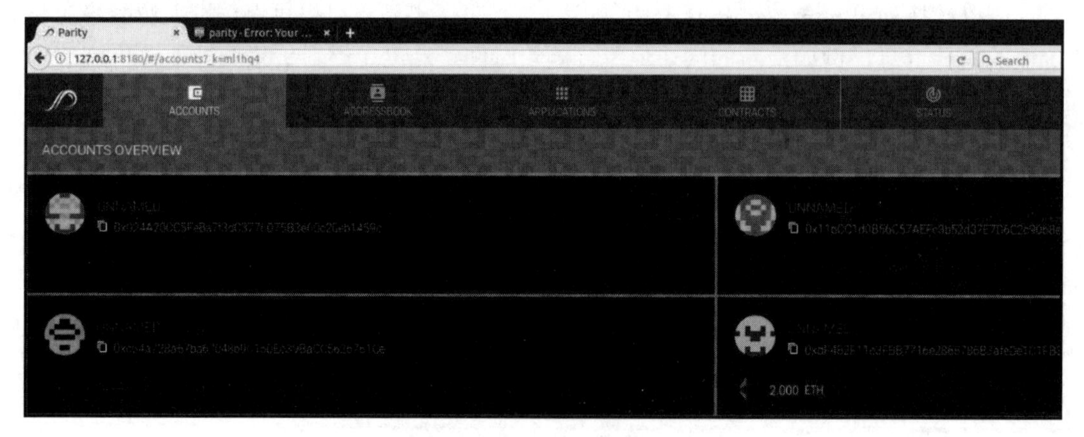

图 11-16　Parity 用户界面

如果 Parity 以 Geth 兼容模式运行，则 ParityUI 会被禁用。要启用兼容 Geth 的用户界面，可以使用以下命令：

```
$ parity --geth --force-ui
```

上述命令将在 Geth 兼容模式下启动 Parity，并启用 Web 用户界面。

11.4.13　使用 Parity 命令行创建账户

以下命令可用于创建 Parity 新账户：

```
$ parity account new
Please note that password is NOT RECOVERABLE. Type password:
Repeat password:
26-11-30    2:18:55 UTC c8c92a910cfbce2e655c88d37a89b6657d1498fb
```

11.5　API、工具和 DApp

Web3 JavaScript API 通过 JavaScript 提供了以太坊区块链的接口，它提供了一个名为 Web3 的对象，在 Web3 中包含的对象公开了支持与区块链交互的不同方法。该 API 涵盖与区块链管理、调试、与账户相关的操作、支持 Whisper 的协议方法、存储以及其他与网络相关的操作有关的方法等。

在第 12 章“以太坊开发环境”中将详细讨论 Web3 JavaScript API，并阐释如何与以太坊区块链进行交互。

11.5.1　在以太坊上开发的应用程序

以太坊中的 DAO 和智能合约有不同的实现方式，最著名的是 The DAO，它由于代码弱点问题而被黑客攻破，最后不得不进行硬分叉来收回被攻击者窃取的以太币。创建 The DAO 的目的是将它作为收集和分配投资的去中心化平台。

Augur 是另一个已经在以太坊上实现的 DApp，它是一个去中心化的预测市场（Decentrailized Prediction Market，DPM）。

注意：

可以从以下网址了解更多的去中心化应用程序：

https://www.stateofthedapps.com/

11.5.2　工具

目前已经开发了各种框架和工具来支持去中心化的应用程序开发，例如 Truffle、MetaMask、Ganache、TestRPC 等。在第 13 章“开发工具和框架”中将详细讨论这些问题。

11.6　支 持 协 议

目前已有多种支持协议可用于协助完整的去中心化生态系统，包括 Whisper 和 Swarm 协议。除了作为核心区块链层的合约层之外，还需要去中心化其他层以实现完整的去中心化生态系统，包括去中心化存储和去中心化消息传递。

为以太坊开发的 Whisper 是一种去中心化的消息传递协议，而 Swarm 则是一种去中心化的存储协议。这两种技术都为完全去中心化的 Web 应用提供了基础。下面将详细介绍这两种技术。

11.6.1　Whisper

Whisper 为以太坊网络提供了去中心化的点对点消息传递功能（Whisper 的英文含义为“耳语”）。本质上，Whisper 是 DApp 用于相互通信的协议。

消息的数据和路由在 Whisper 通信中进行了加密。Whisper 利用 DEVp2p 有线协议在网络上的节点之间交换消息。

此外，Whisper 被设计用于较小的数据传输以及不需要实时通信的场景。Whisper 还提供无法跟踪的通信层，并在各方之间提供黑暗通信（Dark Communication）。

区块链也可以用于通信，但这很昂贵。由于节点之间交换的消息并不需要真正达成共识，因此 Whisper 可以用作允许抗检查器通信的协议。

Whisper 消息是短暂的，并且具有关联的生存时间（Time To Live，TTL）。

Whisper 已经在 Geth 中可用，并且可以在运行 Geth 以太坊客户端时使用（通过--shh 选项启用）。官方的 Whisper 文档链接如下：

https://github.com/ethereum/wiki/wiki/Whisper

11.6.2　Swarm

Swarm 已开发为分布式文件存储平台，它是一个去中心化的、分布式和对等存储网络，该网络中的文件通过其内容的哈希值进行寻址。这与传统的集中式服务相反，传统的集中式存储服务仅在中央位置可用。

Swarm 是作为以太坊 Web 3 堆栈的本机基础层服务开发的。Swarm 与以太坊的多协议网络层 DEVp2p 集成在一起。

Swarm 预计可以为以太坊 Web 3 提供抵抗分布式拒绝服务（Distributed Denial of Service，DDoS）的功能和容错的分布式存储层。

与 Whisper 中的 shh 类似，Swarm 具有一个称为 bzz 的协议，每个 Swarm 节点都可以使用 bzz 执行各种 Swarm 协议操作。

注意：

Swarm 官方说明文档的地址如下：

https://swarm-guide.readthedocs.io/en/latest/

图 11-17 以比较简略的图解形式说明了 Swarm 和 Whisper 如何组合在一起，并与以太坊区块链一起工作。

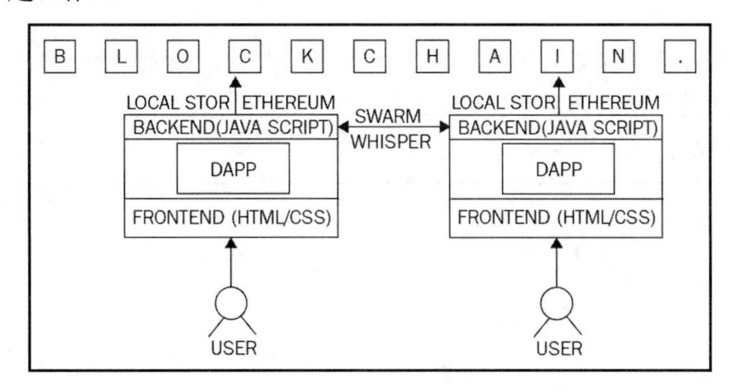

图 11-17　区块链、Whisper 和 Swarm

原　文	译　文	原　文	译　文
BLOCKCHAIN.	区块链	FRONTEND (HTML/CSS)	前端（HTML/CSS）
LOCAL STOR	本地存储	USER	用户
ETHEREUM	以太坊	SWARM	Swarm
BACKEND (JAVA SCRIPT)	后台（Java 脚本）	WHISPER	Whisper
DAPP	DApp		

随着 Whisper 和 Swarm 的不断发展，出现了一个完整的去中心化生态系统，其中以太坊被视为去中心化计算机（状态），Whisper 被视为去中心化通信，而 Swarm 则被视为去中心化存储。

在本书第 2 章“去中心化”中提到了整个生态系统的去中心化前景，这与仅有核心计算元素的去中心化思路是相反的。Whisper 和 Swarm 的发展是整个区块链生态系统朝着去中心化迈出的重要一步。

11.7　可伸缩性、安全性和其他挑战

在任何区块链中，可伸缩性（Scalability）都是一个基本问题。此外，安全性也是至关重要的，诸如隐私和机密性之类的问题已经引起了一些关于区块链适用性方面的讨论，尤其是在金融领域。当然，在这些领域中也正在进行大量的研究。在第 18 章“可伸缩性和其他挑战”中将对这些问题展开更多讨论。

11.8　交易和投资

以太币可以在各种交易所买卖。截至 2020 年 10 月，以太币的市值为 44109114560 美元，而以太币的价格约为 389.68 美元。

图 11-18 显示了以太币的历史行情。

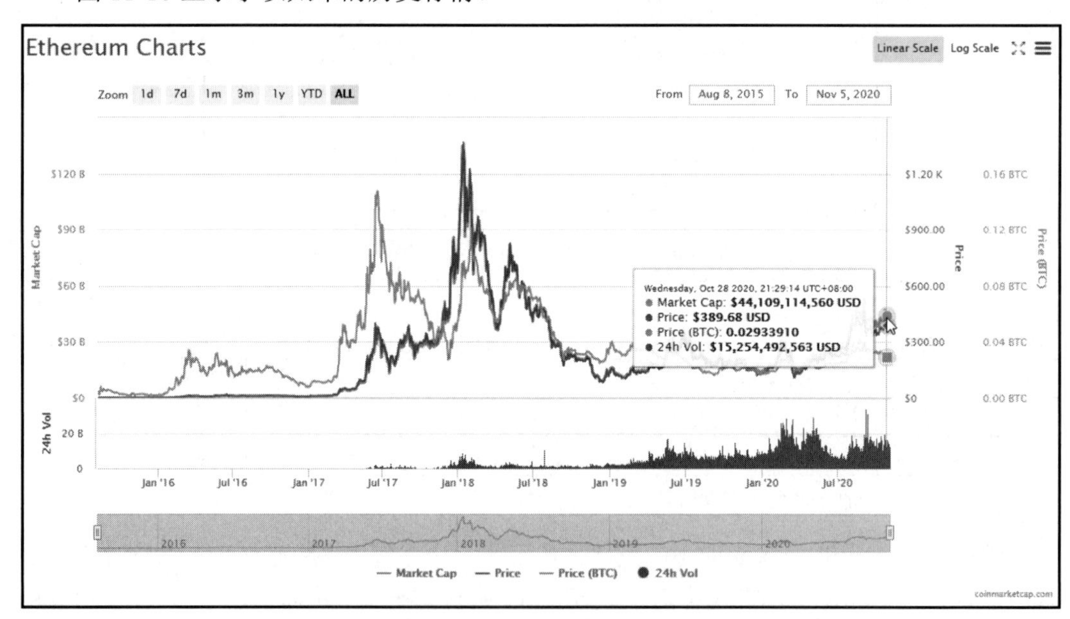

图 11-18　以太币历史行情

资料来源：coinmarketcap.com。

可以在各种在线交易所购买以太币，也可以对以太币进行开采。还有一些网站提供

在线的代币兑换服务，例如：

https://shapeshift.io

11.9　小　　结

本章首先介绍了用于在以太坊中对智能合约进行编程的语言，然后引入并详细讨论了其他概念，如区块、区块结构、燃料和消息等。

本章还介绍了钱包和客户端软件、以太坊客户端的实际安装和管理，并讨论了两个最著名的客户端 Geth 和 Parity。

本章还讨论了与以太坊面临的挑战有关的支持协议和主题。以太坊正在持续开发中，有专门的开发人员社区正在定期进行新的改进。用户可以在 https://github.com/ethereum/EIPs 获得的以太坊改进建议也表明了研究的规模以及社区对该技术的浓厚兴趣。

第 12 章将探讨以太坊智能合约开发、相关工具和框架。

第 12 章　以太坊开发环境

本章将重点介绍以太坊开发环境。我们将提供若干个示例，以补充前面各章中阐述的理论概念。本章将主要介绍开发环境的设置，以及如何使用相关工具通过以太坊区块链创建和部署智能合约。

我们的第一个任务是建立开发环境，所以首先将介绍测试网络和私有网络的以太坊设置。测试网络又称为 Ropsten，被开发人员或用户用作测试平台，以测试智能合约和其他与区块链相关的提案。以太坊中的私有网络（Private Net）选项允许创建一个独立的私有网络，该网络可以参与实体之间的共享分布式账本，以及用于智能合约的开发和测试。

虽然在以太坊中可以使用多种客户端（例如在第 11 章“深入了解以太坊”中介绍过的 Pyethapp、Eth 和 Parity 等），但 Geth 仍是以太坊的主要客户端和最常见的选择，因此本章将使用 Geth 作为示例。

要进行以太坊区块链开发，可以采用多种方式。本章将讨论所有主流选项。

在以太坊上开发智能合约有多种方法。一种常见且明智的方法是在本地私有网络或模拟环境中开发和测试以太坊智能合约，然后将其部署在公共测试网络上。在公共测试网络上所有相关测试成功之后，即可将合约部署到公共主网上。但是，此过程也存在一些变化情况，例如，许多开发人员选择仅在本地模拟环境中开发和测试合约，然后就将其部署在公共主网上或其私有生产区块链网络上。之所以出现这种变化情况，是因为先在模拟环境上进行开发，然后直接部署到公共网络，这样可以显著缩短生产时间。与使用区块链模拟器设置本地开发环境相比，建立私有网络可能需要更长的时间。在第 13 章“开发工具和框架”和第 14 章“Web3 详解”中将探讨所有这些方法。

此外，还有一些新工具和框架，如 Truffle、Ganache 和 MetaMask，使以太坊的开发和测试更加容易。在第 13 章“开发工具和框架”中将更深入地研究这些工具，但是在本章中，我们将学习使用手动方法来开发智能合约，并通过命令行将其手动部署到私有网络，这将使我们看到在后台实际发生的情况。

框架和工具使开发更容易，但隐藏了大多数的细节，而我们认为这些细节对于初学者充分理解并打下坚实的基础至关重要。只有理解了底层细节，以后使用框架才会更加得心应手，因此我们将首先使用以太坊中可用的本机工具学习开发。一旦理解了所有基础知识之后，就可以开始使用 Truffle 之类的开发框架，这将使开发和测试都变得非常容易。

本章将讨论以下主题：

- ❑ 测试网络。
- ❑ 建立以太坊私有网络。
- ❑ 启动私有网络。

12.1 测 试 网 络

可以使用以下命令将以太坊的 Go 语言客户端 Geth 连接到测试网络：

```
$ geth --testnet
```

图 12-1 显示了示例输出，该图显示了所选网络的类型以及有关区块链下载的其他各种信息。

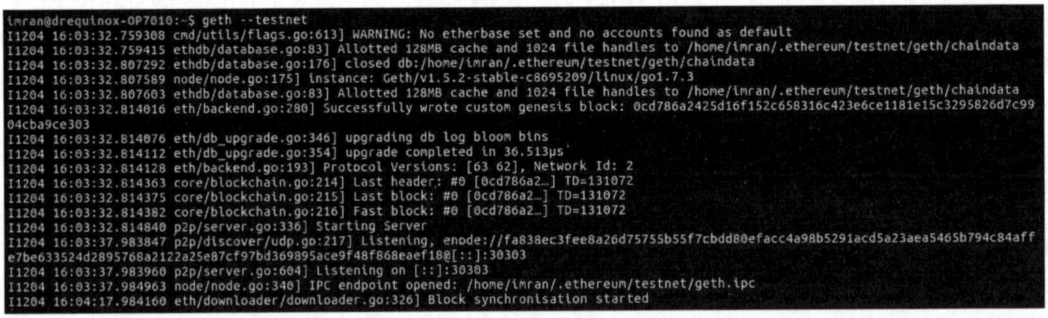

```
imran@drequinox-OP7010:~$ geth --testnet
I1204 16:03:32.759308 cmd/utils/flags.go:613] WARNING: No etherbase set and no accounts found as default
I1204 16:03:32.759415 ethdb/database.go:83] Allotted 128MB cache and 1024 file handles to /home/imran/.ethereum/testnet/geth/chaindata
I1204 16:03:32.807292 ethdb/database.go:176] closed db:/home/imran/.ethereum/testnet/geth/chaindata
I1204 16:03:32.807589 node/node.go:175] instance: Geth/v1.5.2-stable-c8695209/linux/go1.7.3
I1204 16:03:32.807603 ethdb/database.go:83] Allotted 128MB cache and 1024 file handles to /home/imran/.ethereum/testnet/geth/chaindata
I1204 16:03:32.814016 eth/backend.go:280] Successfully wrote custom genesis block: 0cd786a2425d16f152c658316c423e6ce1181e15c3295826d7c99
04cba9ce303
I1204 16:03:32.814076 eth/db_upgrade.go:346] upgrading db log bloom bins
I1204 16:03:32.814112 eth/db_upgrade.go:354] upgrade completed in 36.513µs
I1204 16:03:32.814128 eth/backend.go:193] Protocol Versions: [63 62], Network Id: 2
I1204 16:03:32.814363 core/blockchain.go:214] Last header: #0 [0cd786a2…] TD=131072
I1204 16:03:32.814375 core/blockchain.go:215] Last block: #0 [0cd786a2…] TD=131072
I1204 16:03:32.814382 core/blockchain.go:216] Fast block: #0 [0cd786a2…] TD=131072
I1204 16:03:32.814840 p2p/server.go:336] Starting Server
I1204 16:03:37.983847 p2p/discover/udp.go:217] Listening, enode://fa838ec3fee8a26d75755b55f7cbdd80efacc4a98b5291acd5a23aea5465b794c84aff
e7be633524d2895768a2122a25e87cf97bd369895ace9f48f868eaef18@[::]:30303
I1204 16:03:37.983960 p2p/server.go:604] Listening on [::]:30303
I1204 16:03:37.984963 node/node.go:340] IPC endpoint opened: /home/imran/.ethereum/testnet/geth.ipc
I1204 16:04:17.984160 eth/downloader/downloader.go:326] Block synchronisation started
```

图 12-1　连接到以太坊测试网络的 geth 命令的输出

Geth 客户端的下载地址如下：

https://geth.ethereum.org

用于测试网络的区块链浏览器可从以下网址获得：

https://ropsten.etherscan.io

该浏览器可用于跟踪以太坊测试网络上的交易和区块。

此外，也有其他测试网络可用，如 Frontier、Morden、Ropsten 和 Rinkeby。可以向 Geth 发出命令行标志以连接到所需的网络：

```
--testnet: Ropsten network: pre-configured proof-of-work test network
--rinkeby: Rinkeby network: pre-configured proof-of-authority test network
--networkid value: Network identifier (integer, 1=Frontier, 2=Morden
(disused), 3=Ropsten, 4=Rinkeby) (default: 1)
```

接下来，我们将进行一些构建私有网络的实验，然后看看如何使用 Mist 和命令行工具在该网络上部署合约。

12.2 建立以太坊私有网络

私有网络允许创建一个全新的区块链，这与测试网络或主网都有所不同，因为它使用了自己的创世区块和网络 ID。为了创建私有网络，需要 3 个组件：

- 网络 ID。
- 创世文件。
- 存储区块链数据的数据目录。虽然对数据目录并未做严格的要求，但是如果系统上已经有多个处于活动状态的区块链，则应指定数据目录，以便将单独的目录用于新的区块链。

在主网上，以太坊 Geth 客户端默认情况下能够发现引导节点（Boot Node），因为它们在 Geth 客户端中被硬编码并自动连接；但是在私有网络上，需要通过指定适当的标志和配置来设置 Geth，以便它能够被其他对等方发现或能够发现其他对等方。我们将很快看到这是如何实现的。

除了上面提到的 3 个组件，最好还要禁用节点发现（Node Discovery），以使互联网上的其他节点无法发现你的私有网络，这样它就是安全的。如果其他网络恰好具有相同的创世文件和网络 ID，则它们可能会连接到你的私有网络。具有相同网络 ID 和创世区块的机会非常少，尽管如此，还是建议禁用节点发现功能。

接下来，我们将通过一个实际示例详细讨论所有这些参数。

12.2.1 网络 ID

网络 ID 可以是 1 和 3 以外的任何正数，因为 1 和 3 已经分别被以太坊主网和测试网使用。在下面的示例中，为私有网络选择的网络 ID 是 786。

12.2.2 创世文件

创世文件（Genesis File）包含自定义创世区块所需的必要字段，这是网络中的第一个区块，并且不指向任何先前的区块。以太坊协议将执行检查以确保互联网上没有其他节点可以参与共识机制，除非它们具有相同的创世区块。网络 ID 通常用作网络的标识。

以下显示了一个自定义的创世文件，该文件在后面的示例中会用到：

```
{
    "nonce": "0x0000000000000042",
    "timestamp": "0x00",
    "parentHash":
    "0x0000000000000000000000000000000000000000000000000000000000000000",
    "extraData": "0x00",
    "gasLimit": "0x8000000",
    "difficulty": "0x0400",
    "mixhash":
    "0x0000000000000000000000000000000000000000000000000000000000000000",
    "coinbase": "0x3333333333333333333333333333333333333333",
    "alloc": {
    },
    "config": {
        "chainId": 786,
        "homesteadBlock": 0,
        "eip155Block": 0,
        "eip158Block": 0
    }
}
```

该文件将另存为带有 JSON 扩展名的文本文件，如 privategenesis.json。

另外，可以通过指定收款人的地址和 Wei 数量的方式来预先分配以太币，但是一般来说并不需要这样做，因为在私有网络上可以非常快地开采以太币。

要预先分配以太币，可以将其添加到创世文件中，如下所示：

```
"alloc": {
    "0xcf61d213faa9acadbf0d110e1397caf20445c58f":{"balance":"100000"},
}
```

现在来看看这些参数的含义：

- nonce（随机数）。这是一个 64 位哈希值，用于证明 PoW 已充分完成。该参数可与 mixhash 参数结合使用。
- timestamp（时间戳）。这是该区块的 UNIX 时间戳，用于验证区块的顺序并用于难度调整。例如，如果生成区块的速度太快，则难度会更高。
- parentHash（父哈希）。由于创世区块没有父代，因此对于该区块来说，该参数的值始终为 0。
- extraData（额外数据）。该参数允许将 32 位任意值与区块一起保存。
- gasLimit（燃料限制）。这是每个区块燃料消耗的限制。

- difficulty（难度）。此参数用于确定挖矿目标，它代表证明 PoW 所需的哈希难度级别。
- mixhash（混合哈希）。这是一个 256 位哈希，可与 nonce 结合使用，以证明已花费了足够数量的计算资源来满足 PoW 要求。
- coinbase（币基）。这是成功挖矿后将挖矿奖励发送到的 160 位地址。
- alloc（分配）。此参数包含预分配的钱包列表。它采用长十六进制格式的账户，然后将余额分配到其中。
- config（配置）。此部分包含各种配置信息，这些信息将定义网络 ID 和区块链硬分叉区块编号。在私有网络中不需要使用此参数。

12.2.3　数据目录

这是用于保存以太坊网络的区块链数据的目录。例如，在下面的示例中，该目录是 ~/etherprivate/。

在 Geth 客户端中，还指定了许多参数以启动（或进一步微调配置）私有网络。接下来，我们就来看看这些标志及其含义。

12.2.4　标志及其含义

以下是与 Geth 客户端一起使用的标志（Flags）：

- --nodiscover。此标志禁用了节点发现，可确保如果碰巧有相同的创世文件和网络 ID 时，无法自动发现该节点。
- --maxpeers。此标志用于指定允许连接到私有网络的对等者（Peers）的数量。如果将其设置为 0，则将没有人能够连接，这在某些情况下（例如私有测试）可能是比较理想的。
- --rpc。用于在 Geth 中启用 RPC 接口。
- --rpcapi。此标志采用允许使用的 API 列表作为参数。例如，Eth 和 Web3 将通过 RPC 启用 Eth 和 Web3 接口。
- --rpcport。这将设置 TCP RPC 端口，如 9999。
- --rpccorsdomain。此标志指定允许连接到私有 Geth 节点并执行 RPC 操作的 URL。--rpccorsdomain 中的 cors 表示跨域资源共享（Cross-Origin Resource Sharing）。
- --port。指定将用于侦听其他对等方的传入连接的 TCP 端口。
- --identity。该标志是一个字符串，用于指定私有节点的名称。

12.2.5　静态节点

如果需要连接到一组特定的对等方，则可以将这些节点添加到保存 chaindata 和 keystore 文件的文件夹。

例如，可以将节点保存到~/etherprivate /目录中，其文件名应为 static-nodes.json。这在私有网络中很有价值，因为可以在私有网络上发现节点。该 JSON 文件示例如下：

```
[
"enode://
44352ede5b9e792e437c1c0431c1578ce3676a87e1f588434aff1299d30325c233c8d426
fc57a25380481c8a36fb3be2787375e932fb4885885f6452f6efa77f@xxx.xxx.xxx.x
xx:TCP_PORT"
]
```

在这里，“xxx”是公开的 IP 地址，TCP_PORT 可以是系统上任何有效且可用的 TCP 端口。长十六进制字符串是节点 ID。

12.3　启动私有网络

启动私有网络的初始命令如下所示：

```
$ ./geth init ~/ethpriv/privategenesis.json --datadir ~/ethpriv/
```

假定在主目录中有一个名为 etherprivate 的目录，其中包含 privategenesis.json 文件。

这将产生类似于如图 12-2 所示的输出。

```
WARN [12-13|19:19:11] No etherbase set and no accounts found as default
INFO [12-13|19:19:11] Allocated cache and file handles        database=/Users/drequinox/etherprivate/geth/chaindata cache=16 handles=16
INFO [12-13|19:19:11] Writing custom genesis block
INFO [12-13|19:19:11] Successfully wrote genesis state        database=chaindata                                    hash=6650a0…b5c158
INFO [12-13|19:19:11] Allocated cache and file handles        database=/Users/drequinox/etherprivate/geth/lightchaindata cache=16 handles=16
INFO [12-13|19:19:11] Writing custom genesis block
INFO [12-13|19:19:11] Successfully wrote genesis state        database=lightchaindata                                 hash=6650a0…b5c158
```

图 12-2　私有网初始化

此输出表明已成功创建创世块。要启动 Geth，可以发出以下命令：

```
$ ./geth --datadir ~/etherprivate/ --networkid 786 --rpc --rpcapi
'web3,eth,net,debug,personal'  --rpccorsdomain '*'
```

这将产生如图 12-3 所示的输出。

```
WARN [12-13|19:20:11] No etherbase set and no accounts found as default
INFO [12-13|19:20:11] Starting peer-to-peer node               instance=Geth/v1.7.3-stable-4bb3c89d/darwin-amd64/go1.9.2
INFO [12-13|19:20:11] Allocated cache and file handles         database=/Users/drequinox/etherprivate/geth/chaindata cach
WARN [12-13|19:20:11] Upgrading database to use lookup entries
INFO [12-13|19:20:11] Initialised chain configuration          config="{ChainID: 786 Homestead: 0 DAO: <nil> DAOSupport:
INFO [12-13|19:20:11] Disk storage enabled for ethash caches   dir=/Users/drequinox/etherprivate/geth/ethash count=3
INFO [12-13|19:20:11] Disk storage enabled for ethash DAGs     dir=/Users/drequinox/.ethash                  count=2
INFO [12-13|19:20:11] Initialising Ethereum protocol           versions="[63 62]" network=786
INFO [12-13|19:20:11] Database deduplication successful        deduped=0
INFO [12-13|19:20:11] Loaded most recent local header          number=0 hash=6650a0…b5c158 td=1024
INFO [12-13|19:20:11] Loaded most recent local full block      number=0 hash=6650a0…b5c158 td=1024
INFO [12-13|19:20:11] Loaded most recent local fast block      number=0 hash=6650a0…b5c158 td=1024
INFO [12-13|19:20:11] Regenerated local transaction journal    transactions=0 accounts=0
INFO [12-13|19:20:11] Starting P2P networking
INFO [12-13|19:20:13] UDP listener up                          self=enode://5c53ec0755806bc92432728f22a55f169a8c63df307fc
7a55d635@86.15.44.209:30303
INFO [12-13|19:20:13] RLPx listener up                         self=enode://5c53ec0755806bc92432728f22a55f169a8c63df307fc
7a55d635@86.15.44.209:30303
INFO [12-13|19:20:13] IPC endpoint opened: /Users/drequinox/etherprivate/geth.ipc
INFO [12-13|19:20:14] Mapped network port                      proto=udp extport=30303 intport=30303 interface="UPNP IGDv
INFO [12-13|19:20:14] Mapped network port                      proto=tcp extport=30303 intport=30303 interface="UPNP IGDv
```

图 12-3　启动私有网络的 Geth

现在，可以使用以下命令通过进程间通信（Inter-Process Communications，IPC）将 Geth 附加到私有网络上正在运行的 Geth 客户端。IPC 是一种允许在本地计算机上运行的进程之间进行通信的机制，这将允许你与私有网络上正在运行的 Geth 会话进行交互：

```
$ geth attach ipc:.ethereum/privatenet/geth.ipc
```

如图 12-4 所示，这将为正在运行的私有网络会话打开交互式 JavaScript 控制台。

```
Welcome to the Geth JavaScript console!

instance: Geth/v1.7.3-stable-4bb3c89d/darwin-amd64/go1.9.2
 modules: admin:1.0 debug:1.0 eth:1.0 miner:1.0 net:1.0 personal:1.0 rpc:1.0 txpool:1.0 web3:1.0

>
```

图 12-4　启动 Geth 连接到私有网络 786

你可能已经注意到，Geth 启动时出现了警告消息，这显示在图 12-3 的顶端。

注意：

图 12-3 顶端显示的警告消息是：No etherbase set and no accounts found as default（没有设置 etherbase 账户，也没有找到默认账户）。

出现此消息的原因是，新测试网络中当前没有可用账户，并且没有账户被设置为 etherbase（即币基账户）以接收挖矿奖励。可以通过创建一个新账户并将该账户设置为 etherbase 来解决此问题。在测试网络上进行挖矿时，也需要这样做。

来看以下命令。请注意，这些命令是在 Geth JavaScript 控制台中输入的。以下命令将创建一个新账户，在本示例中，将在私有网络 ID 786 上创建账户：

```
personal.newAccount("Password123")
```

```
"0xcf61d213faa9acadbf0d110e1397caf20445c58f"
```

在创建账户之后，下一步就是将其设置为 etherbase/coinbase 账户，以便将挖矿奖励转移到该账户。可以使用以下命令来实现：

```
> miner.setEtherbase(personal.listAccounts[0])
true
```

目前 etherbase 账户中的余额为 0，这可以使用以下命令验证：

```
> eth.getBalance(eth.coinbase).toNumber();
0
```

最后，只需发出以下命令即可开始挖矿。此命令仅采用一个参数，即线程数。在以下示例中，将 2 指定为 start 函数的参数，意思是为挖矿进程分配两个线程：

```
> miner.start(2)
true
```

挖矿开始后，将首次生成有向非循环图（Directed Acyclic Graph，DAG），并产生类似于图 12-5 所示的输出。

```
I0211 23:58:50.380089 eth/backend.go:479] Automatic pregeneration of ethash DAG ON (ethash dir: /home/imran/.e
thash)
I0211 23:58:50.380097 miner/miner.go:136] Starting mining operation (CPU=2 TOT=3)
I0211 23:58:50.380138 eth/backend.go:486] checking DAG (ethash dir: /home/imran/.ethash)
I0211 23:58:50.380257 miner/worker.go:542] commit new work on block 1 with 0 txs & 0 uncles. Took 139.49µs
I0211 23:58:50.380292 vendor/github.com/ethereum/ethash/ethash.go:259] Generating DAG for epoch 0 (size 107373
9904) (0000000000000000000000000000000000000000000000000000000000000000)
I0211 23:58:51.166755 vendor/github.com/ethereum/ethash/ethash.go:276] Done generating DAG for epoch 0, it too
k 786.458657ms
```

图 12-5　生成 DAG

有关 DAG 的详细说明，可以参见第 11.3.2 节“Ethash 算法”。

一旦 DAG 生成完毕，即可开始挖矿，Geth 将产生类似于图 12-6 所示的输出。在这里可以清楚地看到 Mined 5 blocks back: . . .（已开采 5 个区块）之类的消息。

```
I1204 22:38:02.373804 miner/worker.go:438] ⛏ ⇐  Mined 5 blocks back: block #487
I1204 22:38:02.373908 miner/worker.go:542] commit new work on block 493 with 0 txs & 0 uncles. Took 86.005µs
I1204 22:38:02.637297 miner/worker.go:344] ⛏  Mined block (#493 / 9a95245e). Wait 5 blocks for confirmation
I1204 22:38:02.637415 miner/worker.go:542] commit new work on block 494 with 0 txs & 0 uncles. Took 91.009µs
I1204 22:38:02.637436 miner/worker.go:438] ⛏ ⇐  Mined 5 blocks back: block #488
I1204 22:38:02.639064 miner/worker.go:542] commit new work on block 494 with 0 txs & 0 uncles. Took 1.609044ms
I1204 22:38:03.538525 miner/worker.go:344] ⛏  Mined block (#494 / cb89cccd). Wait 5 blocks for confirmation
I1204 22:38:03.538719 miner/worker.go:542] commit new work on block 495 with 0 txs & 0 uncles. Took 158.751µs
I1204 22:38:03.538745 miner/worker.go:438] ⛏ ⇐  Mined 5 blocks back: block #489
I1204 22:38:03.538860 miner/worker.go:542] commit new work on block 495 with 0 txs & 0 uncles. Took 95.822µs
I1204 22:38:03.548923 miner/worker.go:344] ⛏  Mined block (#495 / 539d8079). Wait 5 blocks for confirmation
I1204 22:38:03.549064 miner/worker.go:542] commit new work on block 496 with 0 txs & 0 uncles. Took 120.447µs
I1204 22:38:03.549082 miner/worker.go:438] ⛏ ⇐  Mined 5 blocks back: block #490
I1204 22:38:03.549159 miner/worker.go:542] commit new work on block 496 with 0 txs & 0 uncles. Took 64.047µs
```

图 12-6　挖矿输出

可以使用以下命令停止挖矿：

```
> miner.stop
true
```

在 JavaScript 控制台中，可以通过以下命令查询当前账户以太币的余额。开始挖矿以后，挖矿的速度是非常快的，因为它是一个私有网络，在解决 PoW 方面没有竞争者，而且在创世文件中，网络难度也被设置得很低。

```
> eth.getBalance(eth.coinbase).toNumber();
85000000000000000000
```

查看可用对象列表有一个通用技巧，那就是依次按下键盘上的空格键两次和 Tab 键两次，这样将显示可用对象的完整列表，如图 12-7 所示。

```
>
Array          Math            TypeError       constructor          hasOwnProperty   parseFloat            toString
BigNumber      NaN             URIError        debug                inspect          parseInt              txpool
Boolean        Number          Web3            decodeURI            isFinite         personal              undefined
Date           Object          _setInterval    decodeURIComponent   isNaN            propertyIsEnumerable  unescape
Error          RangeError      _setTimeout     encodeURI            isPrototypeOf    require               valueOf
EvalError      ReferenceError  admin           encodeURIComponent   jeth             rpc                   web3
Function       RegExp          clearInterval   escape               loadScript       setInterval
Infinity       String          clearTimeout    eth                  miner            setTimeout
JSON           SyntaxError     console         eval                 net              toLocaleString
>
```

图 12-7　可用对象

此外，输入命令后，可以通过按下两次 Tab 键自动完成命令。如果按下两次 Tab 键，则还会显示可用方法的列表，如图 12-8 所示。

```
> personal.
personal._requestManager personal.getListAccounts personal.lockAccount      personal.sign
personal.constructor     personal.importRawKey    personal.newAccount       personal.unlockAccount
personal.ecRecover       personal.listAccounts    personal.sendTransaction
> net.
net._requestManager net.getListening  net.getVersion  net.peerCount
net.constructor     net.getPeerCount  net.listening   net.version
```

图 12-8　可用方法

除了上面提到的命令外，为了获得对象可用方法的列表，在输入命令后，还可以输入分号（;）。图 12-9 就是一个示例，它显示了适用于 net 的所有方法的列表。

```
> net;
{
  listening: true,
  peerCount:  ,
  version: "786",
  getListening: ,
  getPeerCount: ,
  getVersion:
}
>
```

图 12-9　显示对象可用方法的列表

还有一些其他命令可用于查询私有网络。示例如下：

- 获取当前的燃料价格：

```
> eth.gasPrice
18000000000
```

- 获取最新的区块编号：

```
> eth.blockNumber
587
```

在调试问题时，debug 命令就会被派上用场。这里显示了一个示例命令。当然，还有许多其他方法可用，如可以通过输入 debug 来查看这些方法的列表。

以下方法将返回区块 0 的 RLP：

- 使用 RLP 编码：

```
> debug.getBlockRlp(0)
"f901f8f901f3a000000000000000000000000000000000000000000000000000000000
00000000a01dcc4de8dec75d7aab85b567b6ccd41ad312451b948a7413f0a142fd40d49
34794333333333333333333333333333333333333333a056e81f171bcc55a6ff8345e6
92c0f86e5b48e01b996cadc001622fb5e363b421a056e81f171bcc55a6ff8345e692c0f
86e5b48e01b996cadc001622fb5e363b421a056e81f171bcc55a6ff8345e692c0f86e5b
48e01b996cadc001622fb5e363b421b9010000000000000000000000000000000000000
00000000000000000000000000000000000000000000000000000000000000000000000
00000000000000000000000000000000000000000000000000000000000000000000000
00000000000000000000000000000000000000000000000000000000000000000000000
00000000000000000000000000000000000000000000000000000000000000000000000
00000000000000000000000000000000000000000000000000000000000000000000000
00000000000000000000000000000000000000000000000000000000000000000000000
00000000000000000000000000000000000000000000000000082040080840800000080
8000a00000000000000000000000000000000000000000000000000000000000000008
80000000000000042c0c0"
```

- 创建一个新账户。请注意，Password123 是本示例选择的密码，你也可以选择使用任意密码：

```
personal.newAccount("Password123")
"0xcf61d213faa9acadbf0d110e1397caf20445c58f"
```

- 在发送交易之前解锁账户：

```
> personal.unlockAccount
("0xcf61d213faa9acadbf0d110e1397caf20445c58f")
Unlock account 0xcf61d213faa9acadbf0d110e1397caf20445c58f
```

❑ 发送交易：

```
> eth.sendTransaction({from:
"0x76f11b383dbc3becf8c5d9309219878caae265c3", to:
"0xcce6450413ac80f9ee8bd97ca02b92c065d77abc", value: 1000})
```

请注意，1000 是以 Wei 为单位的比特币金额。

另一种方式是使用 listAccounts[]方法，示例如下：

```
> eth.sendTransaction({from: personal.listAccounts[0], to:
personal.listAccounts[1], value: 1000})
```

12.3.1　在私有网络上运行 Mist

通过发出以下命令，可以在私有网络上运行 Mist。在 Linux（Ubuntu）平台上，该二进制文件通常在/opt/Ethereum中可用；而在 Mac OS 系统下，则通常在/Applications/Ethereum 中可用。

```
Wallet.app/Contents/MacOS
```

从 Mist 连接到 Geth 的方法有两种：一种是使用 IPC；另一种是基于 RPC/HTTP。这两种方法的命令如下：

```
$ ./Ethereum Wallet --rpc ~/.ethereum/privatenet/geth.ipc
$./Ethereum Wallet --rpc http://127.0.0.1:8545
```

如果使用带有 HTTP 选项的--rpc 来运行 Mist，那么它将显示一条消息，指出这是一种不太安全的连接方法，这里无须理会，只需单击 OK（确定）按钮即可。因为该网络是本地网络，并且未连接到互联网，也不会公开使用，所以这并不是什么大不了的问题。

该消息如图 12-10 所示。

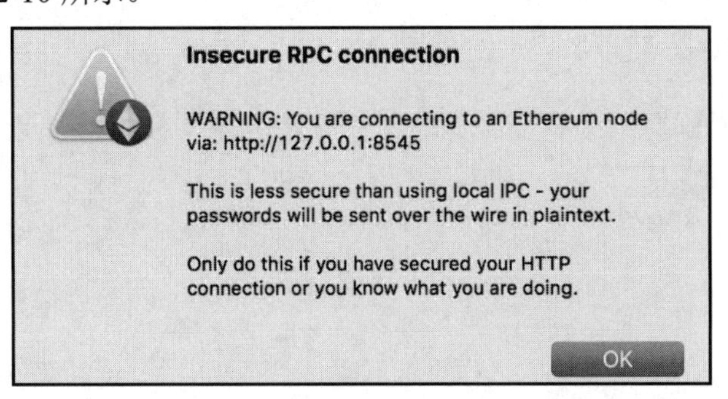

图 12-10　“不安全的 RPC 连接”提示消息

这将允许连接到正在运行的私有网络 Geth 会话，并提供所有功能，例如通过 Mist

在私有网络上进行钱包、账户管理和合约部署等操作，如图 12-11 所示。

```
imran@drequinox-OP7010: /opt/Ethereum Wallet
imran@drequinox-OP7010:/opt/Ethereum Wallet$ ./Ethereum\ Wallet --rpc /home/imran/.ethereum/privatenet/geth.ipc
[2016-12-06 07:58:08.706] [INFO] main - Running in production mode: true
Secp256k1 bindings are not compiled. Pure JS implementation will be used.
[2016-12-06 07:58:08.860] [INFO] main - Starting in Wallet mode
[2016-12-06 07:58:08.932] [INFO] Db - Loading db: /home/imran/.config/Ethereum Wallet/mist.lokidb
[2016-12-06 07:58:08.947] [INFO] Windows - Creating commonly-used windows
[2016-12-06 07:58:08.948] [INFO] Windows - Create secondary window: loading, owner: notset
[2016-12-06 07:58:09.012] [INFO] updateChecker - Check for update...
[2016-12-06 07:58:11.373] [INFO] Windows - Create primary window: main, owner: notset
[2016-12-06 07:58:11.385] [INFO] Windows - Create primary window: splash, owner: notset
[2016-12-06 07:58:11.989] [INFO] ipcCommunicator - Backend language set to:  en-GB
[2016-12-06 07:58:13.199] [INFO] (ui: splash) - Web3 already initialized, re-using provider.
[2016-12-06 07:58:13.362] [INFO] ClientBinaryManager - Initializing...
[2016-12-06 07:58:13.363] [INFO] ClientBinaryManager - Resolving path to Eth client binary ...
[2016-12-06 07:58:13.363] [INFO] ClientBinaryManager - Eth client binary path: /opt/Ethereum Wallet/nodes/eth/linux-x64/eth
[2016-12-06 07:58:13.663] [INFO] ClientBinaryManager - Initializing...
[2016-12-06 07:58:13.664] [INFO] ClientBinaryManager - Resolving platform...
[2016-12-06 07:58:13.664] [INFO] ClientBinaryManager - Calculating possible clients...
[2016-12-06 07:58:13.667] [INFO] ClientBinaryManager - 1 possible clients.
[2016-12-06 07:58:13.667] [INFO] ClientBinaryManager - Verifying status of all 1 possible clients...
[2016-12-06 07:58:13.669] [INFO] ClientBinaryManager - Verify Geth status ...
[2016-12-06 07:58:13.691] [INFO] ClientBinaryManager - Checking for Geth sanity check ...
[2016-12-06 07:58:13.693] [INFO] ClientBinaryManager - Checking sanity for Geth ...
[2016-12-06 07:58:13.764] [INFO] Sockets/node-ipc - Connect to {"path":"/home/imran/.ethereum/privatenet/geth.ipc"}
[2016-12-06 07:58:13.768] [INFO] Sockets/node-ipc - Connected!
[2016-12-06 07:58:13.769] [INFO] NodeSync - Ethereum node connected, re-start sync
[2016-12-06 07:58:13.770] [INFO] NodeSync - Starting sync loop
[2016-12-06 07:58:13.771] [INFO] Sockets/7 - Connect to {"path":"/home/imran/.ethereum/privatenet/geth.ipc"}
[2016-12-06 07:58:13.772] [INFO] main - Connected via IPC to node.
[2016-12-06 07:58:13.801] [INFO] Sockets/7 - Connected!
[2016-12-06 07:58:13.818] [INFO] (ui: splash) - network is privatenet
[2016-12-06 07:58:14.939] [INFO] updateChecker - App is up-to-date.
```

图 12-11　运行以太坊钱包以使用 IPC 连接到私有网络

一旦启动以太坊 Mist 浏览器，它将显示如图 12-12 所示的界面，以红底白字明确表示它正在 PRIVATE-NET（私有网络）模式下运行。

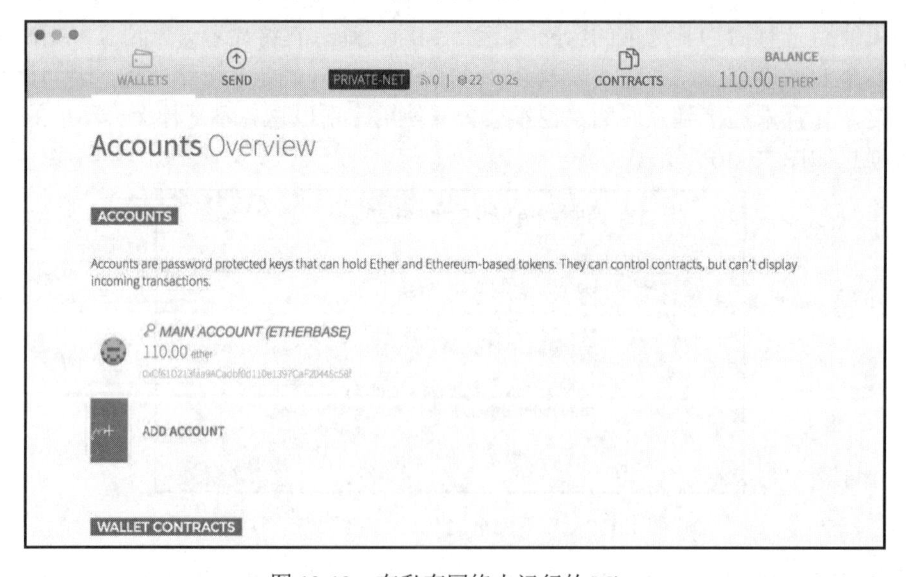

图 12-12　在私有网络上运行的 Mist

图 12-12 显示了多个选项，介绍如下：

- WALLETS（钱包）：这将打开钱包（如果有的话）。
- SEND（发送）：用于将资金转入其他账户。
- CONTRACTS（合约）：用于显示合约界面，从中可以创建和部署新合约。
- BALANCE（余额）：显示当前的以太币余额。

另外，别忘了在顶部显示的网络类型。前面已经介绍，本示例中的网络类型是 PRIVATE-NET（私有网络）。

Mist 也可以使用 RPC 在网络上运行。如果运行 Geth 的节点和运行 Mist 的节点不是同一个，那么这将很有用。可以通过使用以下标志运行 Mist：

```
--rpc http://127.0.0.1:8545
```

12.3.2　使用 Mist 部署合约

使用 Mist 部署新合约非常容易。Mist 提供了一个界面，可以在该界面中以 Solidity 语言编写合约，然后将其部署在网络上。

接下来，我们将进行一项简单合约的练习，该合约可以对输入参数执行各种简单的算术计算。以下显示了使用 Mist 部署此合约的步骤。由于我们尚未详细介绍 Solidity 语言，因此这里的练习目的只是让用户体验合约部署和交互过程。

在第 13 章“开发工具和框架”和第 14 章“Web3 详解”中将提供有关编码和 Solidity 的更多信息。在学习这两章内容之后，你会发现以下代码非常易于理解。当然，对于已经熟悉 JavaScript 或其他类似语言（如 C 语言）的人来说，这些代码也几乎是不言自明的。

本练习的合约源代码如下所示：

```
pragma solidity ^0.4.0; A
contract SimpleContract2
{
    uint z;
    function addition(uint x) public returns (uint y)
    {
        z=x+5;
        y=z;
    }
    function difference(uint x) public returns (uint y)
    {
        z=x-5;
        y=z;
    }
```

```
    function division(uint x) public returns (uint y)
    {
        z=x/5;
        y=z;
    }

    function currValue() public view returns (uint)
    {
        return z;
    }
}
```

在 Mist 浏览器的 CONTRACTS（合约）部分下，将上述源代码复制到其中，如图 12-13 所示。在左侧复制了源代码之后，一旦验证通过，并且未检测到语法错误，则部署合约的选项将显示在右侧的下拉菜单中，它显示的是 SELECT CONTRACT TO DEPLOY（选择要部署的合约）。只需选择合约，然后单击屏幕底部的 Deploy（部署）按钮即可。

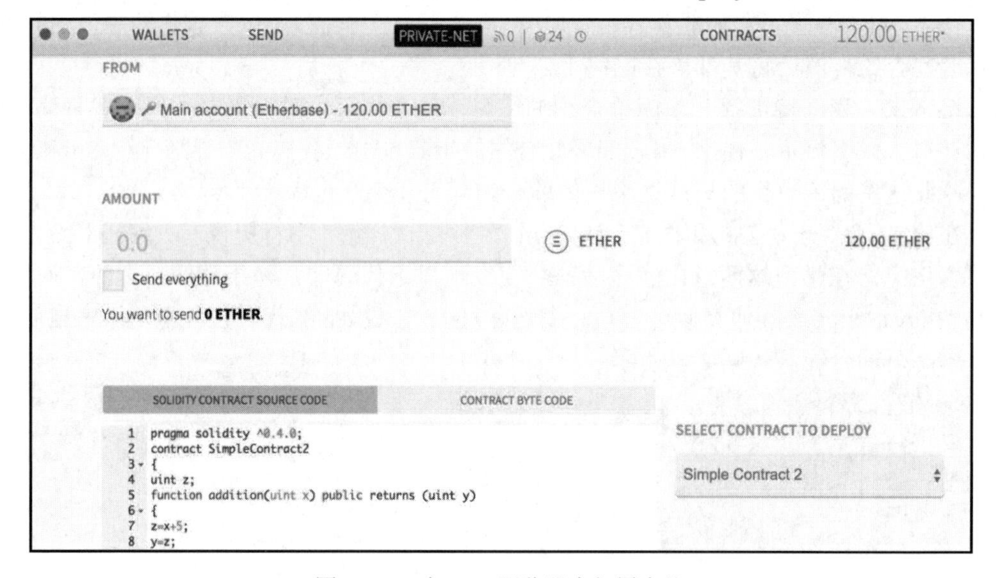

图 12-13　在 Mist 浏览器中部署合约

Mist 将向你询问账户密码，并显示一个如图 12-14 所示的窗口。输入账户密码，然后单击 SEND TRANSACTION（发送交易）以部署合约。

成功部署和挖矿后，合约将出现在 Mist 的交易列表中，如图 12-15 所示。

合约可用后，可以通过 Mist 使用可用的函数进行交互。这些函数显示在右侧下拉列表中，如图 12-16 所示。

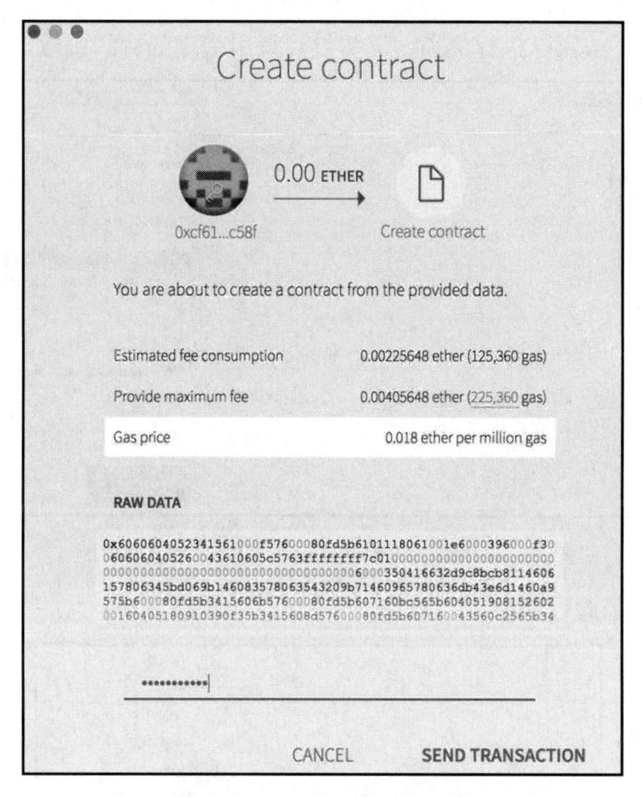

图 12-14　使用 Mist 创建合约

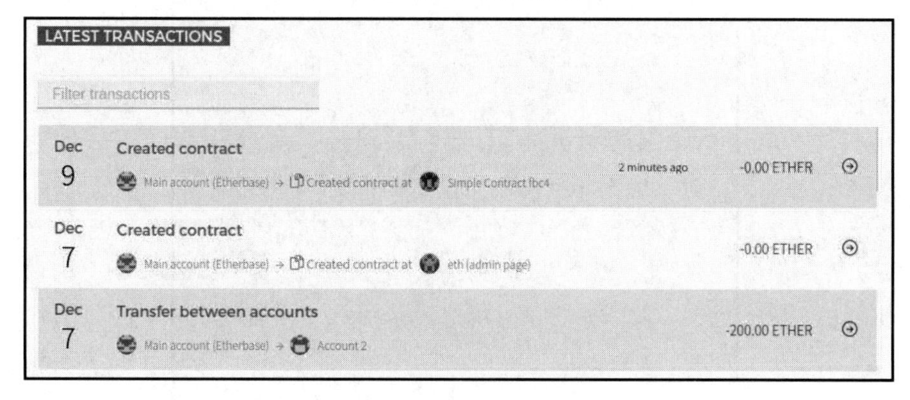

图 12-15　合约出现在 Mist 的交易列表中

在图 12-16 中，可以看到 READ FROM CONTRACT（从合约中读取）和 WRITE TO CONTRACT（写入合约）选项。在右侧可以看到合约公开的函数。选择所需的函数后，即可为该函数输入适当的值，并在 Execute From（执行自）下选择账户，然后单击

EXECUTE（执行）按钮以执行交易，这将导致调用选定的合约函数。

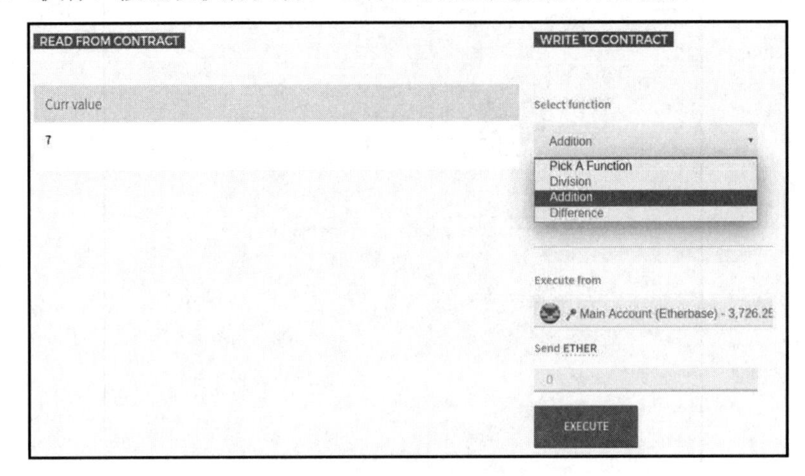

图 12-16　使用 Mist 中的读写选项与合约进行交互

图 12-17 显示了此过程。

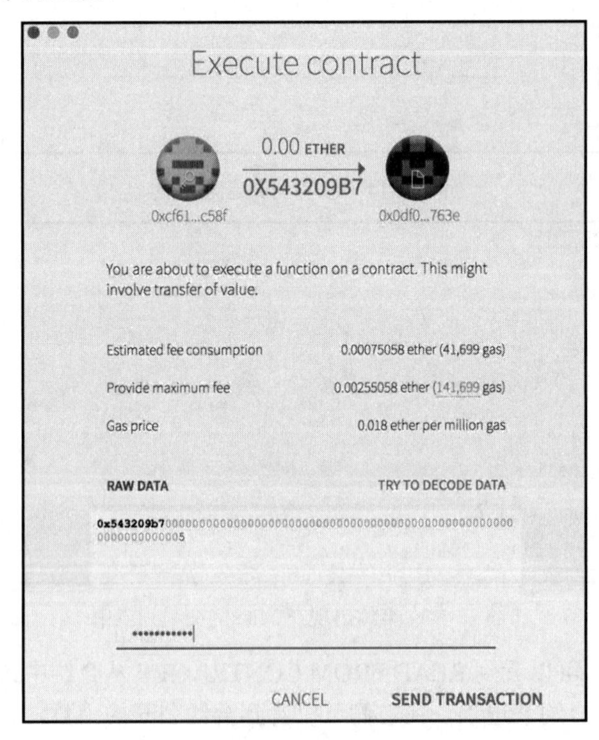

图 12-17　Mist 中的合约执行

如图 12-17 所示，为该账户输入适当的密码，然后单击 SEND TRANSACTION（发送交易）将该交易发送到合约。

12.3.3　私有网络/本地以太坊的区块浏览器

本地以太坊区块浏览器是一个有用的工具，可用于浏览本地私有网络区块链。

注意：

GitHub 上有一个开源的免费区块浏览器，网址如下：

https://github.com/etherparty/explorer

我们将在示例中使用该软件来可视化区块和交易。

该区块浏览器的安装步骤如下：

（1）在 Linux Ubuntu 计算机或 macOS 系统上运行以下命令：

```
$ git clone https://github.com/etherparty/explorer
```

这将显示类似于以下内容的输出：

```
Cloning into 'explorer'...
remote: Counting objects: 269, done.
remote: Total 269 (delta 0), reused 0 (delta 0), pack-reused 269
Receiving objects: 100% (269/269), 59.41 KiB | 134.00 KiB/s, done.
Resolving deltas: 100% (139/139), done.
```

（2）将目录更改为 explorer 并运行以下命令：

```
$ cd explorer/
$ npm start
```

注意：

如果正在使用的计算机上需要安装 Node.js，则可以查看官方网站上的安装说明并下载节点。官方网址如下：

https://nodejs.org/en/

一旦安装完成（可能需要接近 5 分钟），将显示类似于图 12-18 所示的输出，其中，将启动以太坊浏览器的 HTTP 服务器。

（3）Web 服务器启动后，应使用以下命令启动 Geth：

```
geth --datadir .ethereum/privatenet/ --networkid 786 --rpc
--rpccorsdomain 'http://localhost:8000'
```

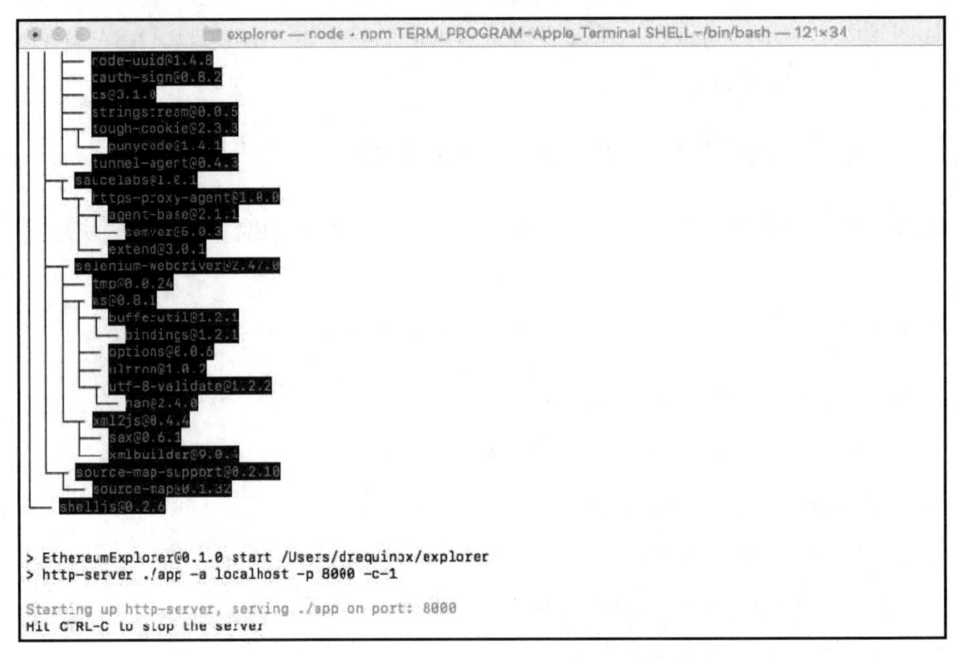

图 12-18　以太坊浏览器的 HTTP 服务器

也可以使用以下命令：

```
geth --datadir .ethereum/privatenet/ --networkid 786 --rpc
--rpccorsdomain '*'
```

（4）成功启动 Geth 之后，导航到 TCP 端口 8000 上的 localhost，如图 12-19 所示，以便访问本地以太坊区块浏览器。

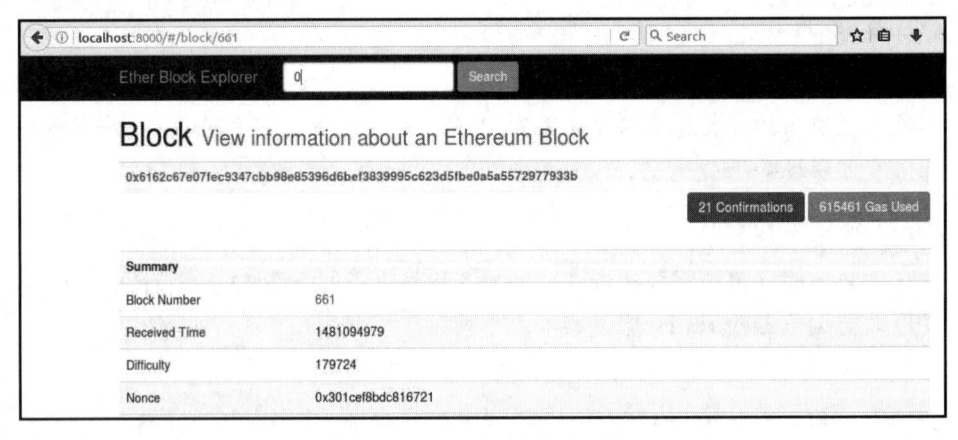

图 12-19　本地以太坊区块浏览器

也可以使用 Python 或任何其他适当的提供程序来启动 Web 服务器。当使用 Python 时，可以启动一个快速的 Web 服务器，如以下代码所示：

```
$ python -m SimpleHTTPServer 7777
Serving HTTP on 0.0.0.0 port 7777 ...
```

Geth 客户端将需要使用适当的参数启动，否则可能会发生错误，如图 12-20 所示。

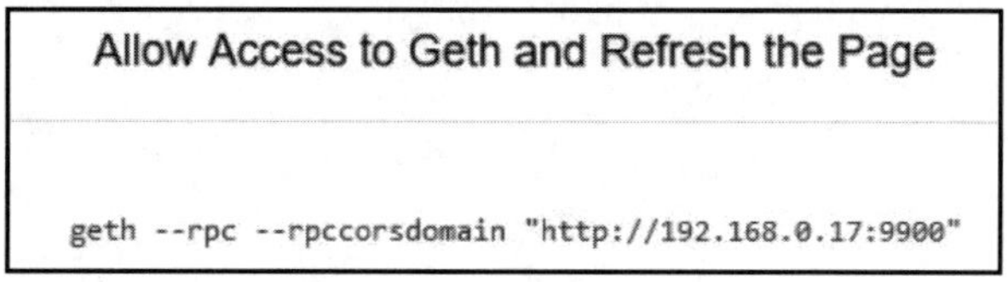

Allow Access to Geth and Refresh the Page

geth --rpc --rpccorsdomain "http://192.168.0.17:9900"

图 12-20　错误消息

重新启动 Geth 以允许 rpccorsdomain：

```
./geth --datadir ~/etherprivate/ --networkid 786 --rpc --rpcapi
'web3,eth,net,debug,personal'
--rpccorsdomain '*'
```

注意：

*表示任何 IP 都可以连接，也可以使用计算机的本地 IP 地址。

12.4　小　　结

本章详细讨论了以太坊测试网络和私有网络。在初步介绍了私有网络设置之后，我们还演示了如何使用 Geth 命令行工具执行各种功能，以及如何与以太坊区块链进行交互。我们还讨论了如何使用 Mist 来部署合约和发送交易。

第 13 章将讨论可用于在以太坊上开发智能合约的工具、编程语言和框架。

第 13 章　开发工具和框架

本章将介绍用于以太坊智能合约开发的开发工具、语言和框架。我们将研究为以太坊区块链开发智能合约的不同方法，并且还将详细讨论 Solidity 语言的不同结构。Solidity 是当前以太坊智能合约开发最流行的开发语言。

本章将讨论以下主题：

- 开发工具、IDE 和客户端。
  - Solidity。
  - Solc。
  - Remix。
  - Ganache。
  - EthereumJS。
  - TestRPC。
  - MetaMask。
  - Truffle。
- 必备软件包。
  - Node。
  - 节点软件包管理器（NPM）。
- 其他工具和实用程序。

13.1　以太坊开发生态系统分类

有许多可用于以太坊开发的工具。图 13-1 显示了以太坊的各种开发工具、客户端、集成开发环境（IDE）和开发框架的分类。

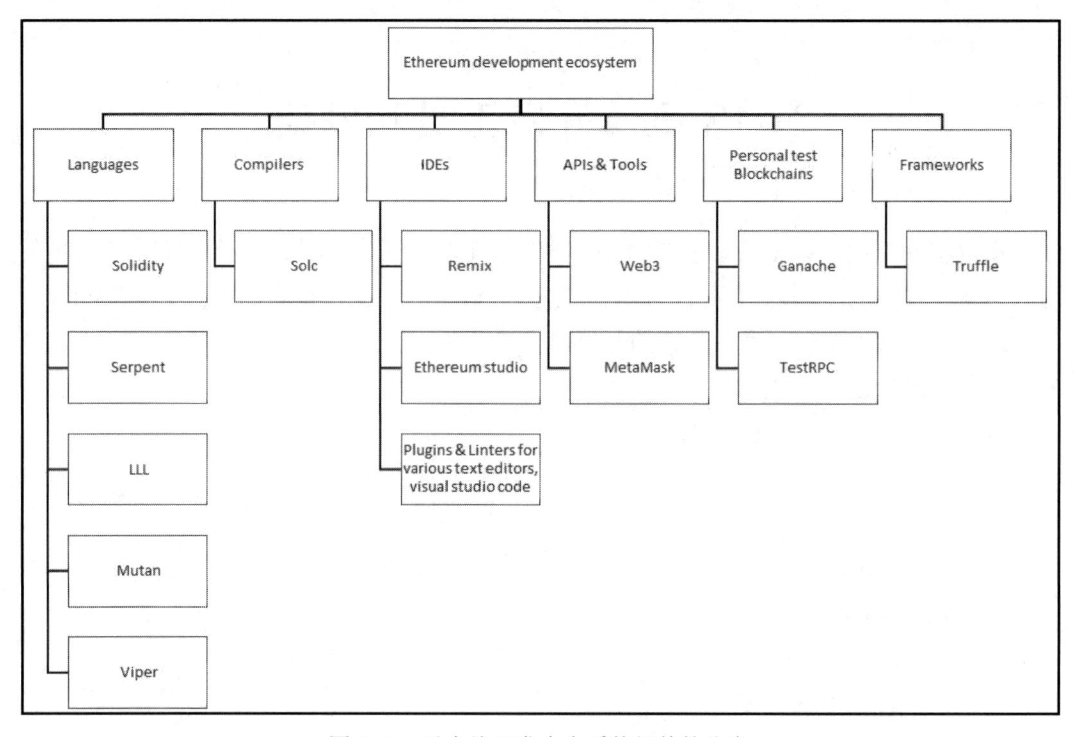

图 13-1　以太坊开发生态系统组件的分类

原　　文	译　　文
Ethereum development ecosystem	以太坊开发生态系统
Languages	语言
Compilers	编译器
IDEs	集成开发环境（IDE）
APIs & Tools	API 和工具
Personal test Blockchains	个人测试区块链
Frameworks	框架
Plugins & Linters for various text editors, visual studio code	不同文本编辑器的插件和 Linter（代码风格/错误检查工具），Visual Studio Code

上面的分类不包括以太坊开发所需的所有工具和框架，它仅显示了最常用的工具和框架，以及在本章示例中将使用的工具和框架。

注意：

以下网址有大量与以太坊开发工具相关的资源：

http://ethdocs.org/en/latest/contracts-and-transactions/developer-tools.html#developer-tools

本章的重点是 Geth、Remix IDE、Solidity、Ganache、MetaMask、solc 和 Truffle，对其他元素（如前置条件中的节点）也将做简要讨论。

13.1.1　语言

可以用多种语言为以太坊区块链编程智能合约。可以使用以下 5 种语言来编写合约：

- Mutan。这是一种 Go 风格的语言，已于 2015 年年初弃用。
- LLL。这是一种类似 Lisp 的低级语言（Low-level Lisp-like Language，LLL），现在已不再使用。
- Serpent。这是一种简单干净的类似于 Python 的语言。它不再用于合约开发，已不再受到社区的支持。
- Solidity。该语言现已成为以太坊合约编写的一种事实上的标准语言。该语言是本章的重点，稍后将详细讨论。
- Vyper。该语言是一种类似于 Python 的实验性语言，正在开发中，旨在为智能合约开发带来安全性、简便性和可审核性。

13.1.2　编译器

编译器用于将高级合约源代码转换为以太坊执行环境可以理解的格式。Solidity 编译器是最常用的编译器，以下将详细介绍该编译器的操作。

13.2　Solidity 编译器

Solidity 编译器（Solidity Compiler，solc）可以将高级的 Solidity 语言转换为 EVM 字节码，以便由 EVM 在区块链上执行。

13.2.1　在 Linux 上安装

可以使用以下命令将 solc 安装在 Linux Ubuntu 操作系统上：

```
$ sudo apt-get install solc
```

如果尚未安装 PPA，则可以通过运行以下命令来安装它们：

```
$ sudo add-apt-repository ppa:ethereum/ethereum
$ sudo apt-get update
```

为了验证 solc 的现有版本并验证它是否已安装，可以使用以下命令：

```
$ solc --version
solc, the solidity compiler commandline interface
Version: 0.4.19+commit.c4cbbb05.Darwin.appleclang
```

13.2.2 在 macOS 上安装

要在 macOS 上安装 solc，可以执行以下命令：

```
$ brew tap ethereum/ethereum
$ brew install solidity
$ brew linkapps solidity
```

solc 支持多种功能。部分功能示例如下：

❑ 以二进制格式显示合约：

```
$ solc --bin Addition.sol
```

该命令将产生类似于如图 13-2 所示的输出，它显示了 Addition.sol 合约代码的二进制（Binary）转换结果。

```
imrans-MacBook-Pro:~ drequinox$ solc --bin Addition.sol

======= Addition.sol:Addition =======
Binary:
6060604052341561000f57600080fd5b61010b8061001e6000396000f30060606040526004361060495760003357c01000000
00000000000000000000000000000000000000000000000000900463ffffffff16806336718d8014604e578063ac04e0a014
607d575b600080fd5b3415605857600080fd5b607b600480803560ff169060200190919080356ff16906020019091905050
60a9565b005b3415608757600080fd5b608d60c9565b604051808260ff1660ff16815260200191505060405180910390f35b
8082016000806101000a81548160ff021916908360ff160217905550505050565b600080600090549061010000a900460ff1690
50905600a165627a7a7230582037bbf1721ae442876d01fa64f7feee6baac85d550db40825cf6dea392487369e0029
imrans-MacBook-Pro:~ drequinox$
```

图 13-2　Solidity 编译器二进制输出

❑ 估算燃料：

```
$ solc --gas Addition.sol
```

这将给出如图 13-3 所示的输出。

❑ 生成应用程序二进制接口（Application Binary Interface，ABI）：

```
$ solc --abi Addition.sol
```

以下是 Addition.abi 的内容：

```
======= Addition.sol:Addition =======
Contract JSON ABI
```

```
[{"constant":false,"inputs":[{"name":"y","type":"uint8"},
{"name":"z","type":"uint8"}],"name":"addx","outputs":
[],"payable":false,"stateMutability":"nonpayable","type":"function"},
{"constant":true,"inputs":
[],"name":"retrievex","outputs":
[{"name":"","type":"uint8"}],"payable":false,"stateMutability":"view",
"type":"function"}]
```

```
imrans-MacBook-Pro:~ drequinox$ solc --gas Addition.sol

======= Addition.sol:Addition =======
Gas estimation:
construction:
   100 + 53400 = 53500
external:
   addx(uint8,uint8):   20475
   retrievex(): 464
imrans-MacBook-Pro:~ drequinox$
```

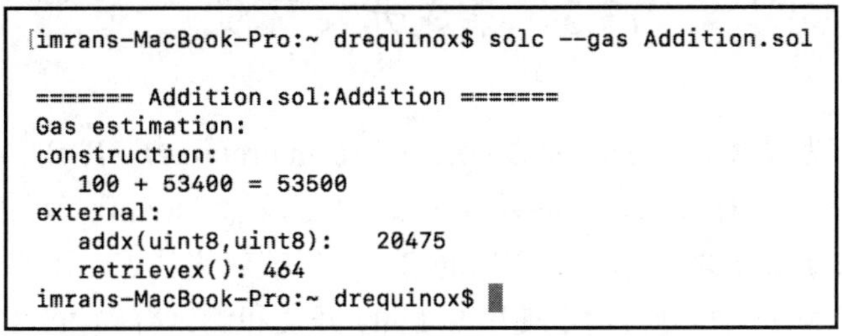

图 13-3　使用 solc 估算燃料

- 编译：

  下面显示了另一个实用的命令来编译和生成二进制编译文件以及 ABI：

```
$ solc --bin --abi --optimize -o bin Addition.sol
```

此命令将在输出目录 bin 中产生两个文件：

- Addition.abi。它包含 JSON 格式的智能合约的应用程序二进制接口。
- Addition.bin。它包含智能合约代码的二进制文件的十六进制表示。

图 13-4 显示了这两个文件的输出。

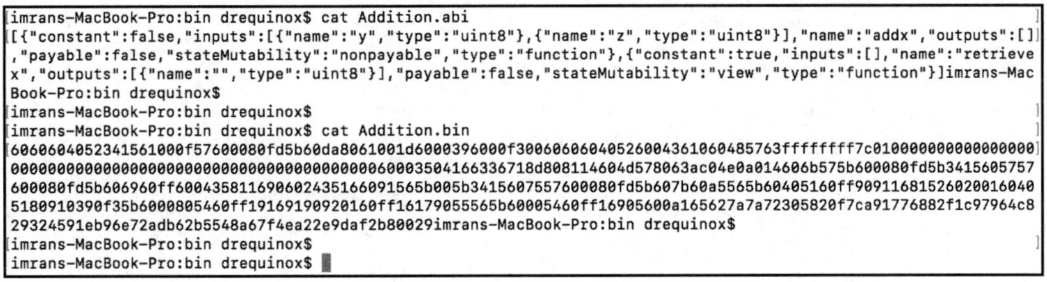

```
imrans-MacBook-Pro:bin drequinox$ cat Addition.abi
[{"constant":false,"inputs":[{"name":"y","type":"uint8"},{"name":"z","type":"uint8"}],"name":"addx","outputs":[]
,"payable":false,"stateMutability":"nonpayable","type":"function"},{"constant":true,"inputs":[],"name":"retrieve
x","outputs":[{"name":"","type":"uint8"}],"payable":false,"stateMutability":"view","type":"function"}]imrans-Mac
Book-Pro:bin drequinox$
imrans-MacBook-Pro:bin drequinox$
imrans-MacBook-Pro:bin drequinox$ cat Addition.bin
6060604052341561000f57600080fd5b60da8061001d6000396000f30060606040526004361060485763ffffffff7c0100000000000000000
000000000000000000000000000000000000000000060003504166336718d808114604d578063ac04e0a014606b575b600080fd5b3415605757
600080fd5b606960ff6004358116906024351660915565b005b3415607557600080fd5b607b60a5565b60405160ff90911681526020016040
5180910390f35b6000805460ff19169190920160ff16179055565b60005460ff16905600a165627a7a72305820f7ca91776882f1c97964c8
29324591eb96e72adb62b5548a67f4ea22e9daf2b80029imrans-MacBook-Pro:bin drequinox$
imrans-MacBook-Pro:bin drequinox$
imrans-MacBook-Pro:bin drequinox$
```

图 13-4　Solidity 编译器的 abi 和 bin 文件输出

ABI 是应用程序二进制接口（Application Binary Interface）的缩写。ABI 将对有关智能合约功能和事件的信息进行编码，它可以充当 EVM 级字节码和高级智能合约程序代码之间的接口。为了与部署在以太坊区块链上的智能合约进行交互，外部程序需要 ABI 和智能合约的地址。

solc 是一个非常强大的命令，可以使用--help 标志来探索更多选项，该标志将显示详细的选项。当然，上面介绍的用于编译、ABI 生成和燃料估算的命令对于大多数开发和部署要求来说已经差不多够用了。

13.3　集成开发环境

有多种集成开发环境（Integrated Development Environment，IDE）可用于 Solidity 开发。大多数 IDE 都可以在线获得，并通过 Web 界面显示。Remix（以前是 Solidity 浏览器）是用于构建和调试智能合约的最常用的 IDE。现在就来认识一下它。

Remix 是基于 Web 的环境，用于使用 Solidity 开发和测试合约。它是功能丰富的 IDE，并不在实时区块链上运行。实际上，这是一个可以在其中部署、测试和调试合约的模拟环境。

注意：

Remix 下载地址如下：

https://remix.ethereum.org

图 13-5 显示了 Remix 的界面。

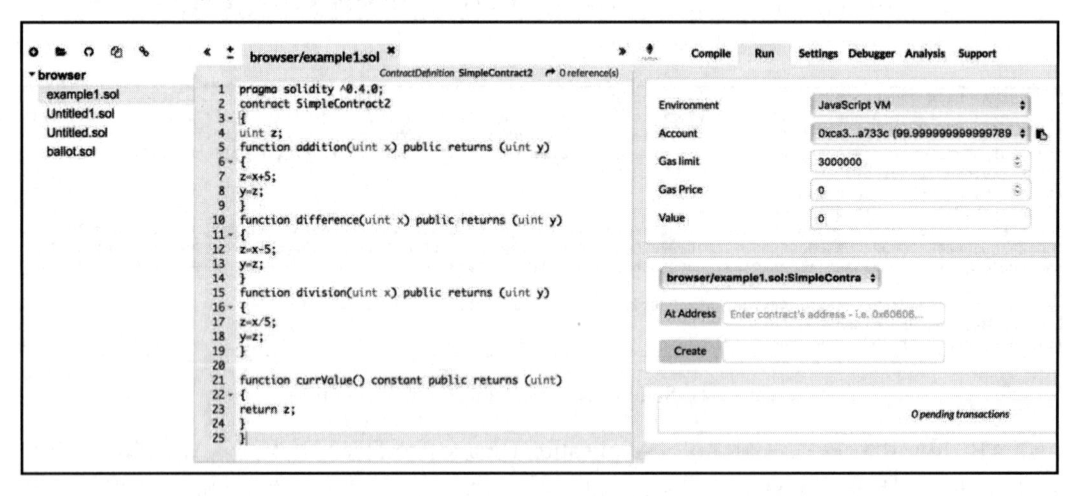

图 13-5　Remix IDE 的界面

可以看到，在 Remix 界面左侧有一个代码编辑器，带有语法突出显示和代码格式设置功能；右侧有许多工具，可用于部署、调试、测试合约以及与合约交互。

Remix 提供了各种功能，例如交易交互、连接到 JavaScript VM 的选项、执行环境的配置、调试器、形式验证和静态分析等。可以将它们配置为连接到执行环境，例如 JavaScript VM、注入的 Web3（其中的 Mist、MetaMask 等可提供执行环境）或 Web3 提供程序，该提供程序允许通过 HTTP（Web3 提供程序端点）上的 IPC 或 RPC 连接到本地运行的以太坊客户端（如 Geth 客户端）。

Remix 还具有用于 EVM 的调试器，该调试器的功能非常强大，可用于执行 EVM 字节码的细节跟踪和分析，如图 13-6 所示。

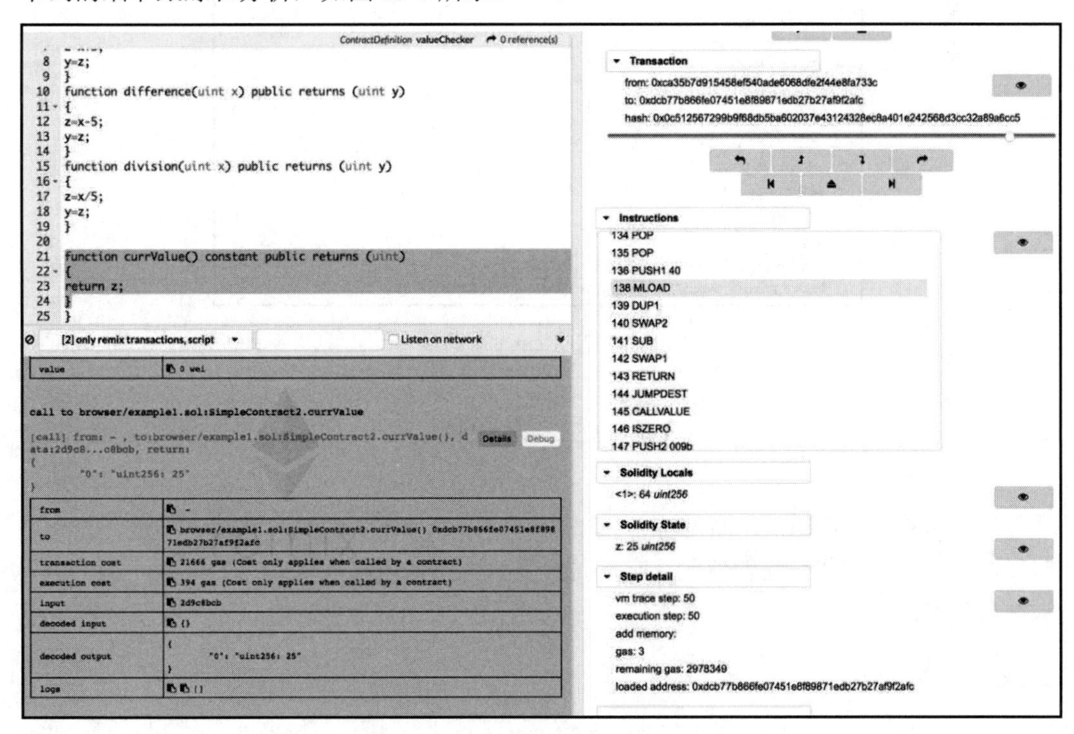

图 13-6　Remix IDE 中的调试功能

图 13-6 显示了 Remix IDE 的不同元素。左上方显示的是源代码，在它下面的则是输出日志，该日志显示与合约的编制和执行有关的提示性消息和数据。

图 13-7 更详细地显示了 Remix 调试器。它可以将源代码解码为 EVM 指令。用户可以逐个逐步执行这些指令，并可以查看源代码在执行指令时的作用。

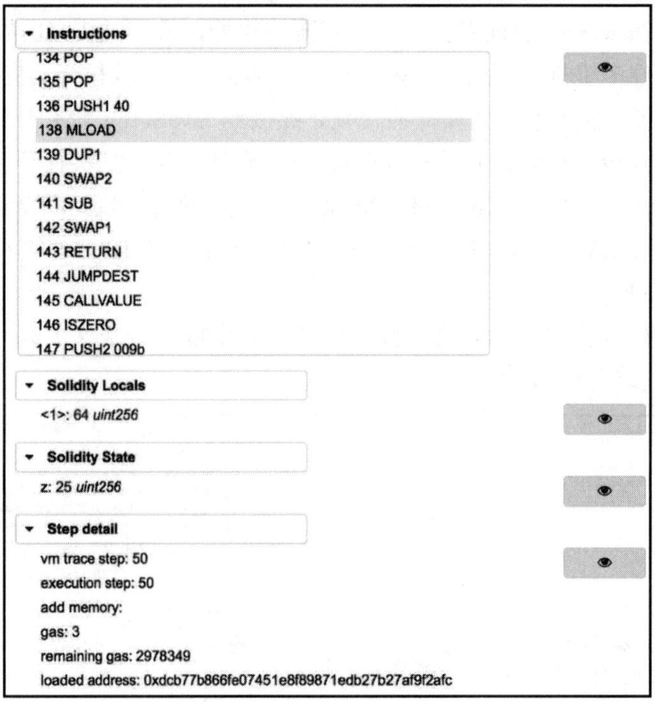

Instructions
134 POP
135 POP
136 PUSH1 40
138 MLOAD
139 DUP1
140 SWAP2
141 SUB
142 SWAP1
143 RETURN
144 JUMPDEST
145 CALLVALUE
146 ISZERO
147 PUSH2 009b
Solidity Locals
<1>: 64 *uint256*
Solidity State
z: 25 *uint256*
Step detail
vm trace step: 50
execution step: 50
add memory:
gas: 3
remaining gas: 2978349
loaded address: 0xdcb77b866fe07451e8f89871edb27b27af9f2afc

图 13-7　Remix 调试器

13.4　工具和库

以太坊有很多可用的工具和库，本节将讨论一些最常见的工具和库。不过，在此之前我们还需要先安装一些软件包，它们是开发以太坊应用程序所必需的工具。第一个要求便是 Node。

13.4.1　Node

由于大多数工具和库都需要 Node，因此可以使用以下命令来安装它：

```
$ curl -sL https://deb.nodesource.com/setup_7.x | sudo -E bash - sudo apt-get install -y nodejs
```

13.4.2　EthereumJS

有时，不可能在测试网络上进行测试，主网又显然不是测试合约的地方，而私有网络有时会很耗时。当需要快速测试且没有合适的测试网络时，EthereumJS 的 TestRPC 便会派上用场。它使用 EthereumJS 模拟以太坊 Geth 客户端行为，并允许更快的开发测试。TestRPC 可通过 npm 作为 Node 包获得。

在安装 TestRPC 之前，应该已经安装了 Node，并且 npm 软件包管理器也应该可用。npm 指的是 Node Package Manager（节点软件包管理器）。

可以使用以下命令安装 TestRPC：

```
$ npm install -g ethereumjs-testrpc
```

要启动 TestRPC，可发出以下命令并使其在后台运行，然后打开另一个终端即可处理合约：

```
$ testrpc
```

当 TestRPC 运行时，它将显示类似于图 13-8 所示的输出。它会自动生成 10 个账户和私钥，以及 HD 钱包。它也将开始侦听 TCP 端口 8545 上的传入连接。

```
EthereumJS TestRPC v6.0.3 (ganache-core: 2.0.2)

Available Accounts
==================
(0) 0x6ca19d903eb53e00bb73622d275c965f2abad3d8
(1) 0x1f192daefa61ae050332e6a965e71fcf4621e887
(2) 0x97c0b2ea19a5b496e314e55d1e5a3a5d41b5ad21
(3) 0x3a04fbc6f8eb34b89918628a5a5fde4267e32e28
(4) 0x43e03d85a8a9328f510732be594993ac7011335c
(5) 0x6dfe1a7059df7a625c1ffaed0e97c42384b68446
(6) 0xb9992f167e68dc4bd4a1ce79c07b6193c4e72f37
(7) 0x46243dfcfb6d2d4ec60aa97ebbceac0f96aa33ab
(8) 0xe5b9c05dcb55ad987a504da7fb3dde4281d73bc4
(9) 0x37f6576fd633d95cbc29db28bbae4a272fe5594c

Private Keys
==================
(0) c82c6a860eeb57c8eedbd2e8bc59dc7c800f99118b7f1ef5540c41cdb10805dc
(1) 144271a65d21c59bd6f321659798b42e3d1a22feeb45c2c44f823db0477f330d
(2) d2a55f4406b23c8c18c55a6d30f4b4982ab17a01a6125f0d091e0d4807346905
(3) 1c16608a159b52ba84a0ae170d7642f31667125146934981096 40dccf4cae8b9
(4) b7dea27d5bd105bb3e4fbf69598b561563557d343d4c89ea2d7d689f5a160554
(5) 10d6467570c50e103ade3694ef85cf9ae0f14cf331ddcd9faaae1f752ed766c5
(6) 7571ece88840db22a09d8e6062292c1e3d106c9e9d8d634f05d4524e75bfa50a
(7) 15e215703ba63d52c870392086f3474b78b5a1b0b6f276fe48c9aae6061f478d
(8) 5dd1fd136b3ba917922b011daaf55ce2b5fd3e332a1f0d39ad5bef664190ebdb
(9) 30e1850a76ee65fcfd565caf81fa7310ff239679816be51f0b04149afe4407e1

HD Wallet
==================
Mnemonic:      prepare flavor identify liquid twice tip bullet blanket vast vivid hunt now
Base HD Path:  m/44'/60'/0'/0/{account_index}

Listening on localhost:8545
█
```

图 13-8　TestRPC 运行输出

13.4.3　Ganache

Ganache 是用于以太坊开发的众多开发工具和库中的新成员。在某种程度上，它是 TestRPC 的替代品，并且可以使用友好的图形用户界面查看交易和区块以及相关详细信息。这是完全支持 Byzantium 版本的个人区块链，可用于为区块链提供本地测试环境。

Ganache 基于以太坊区块链的 JavaScript 实现，具有内置的区块浏览器和挖矿功能，使得在系统上进行本地测试非常容易。

如图 13-9 所示，Ganache 可以在前端详细查看交易、区块和地址。

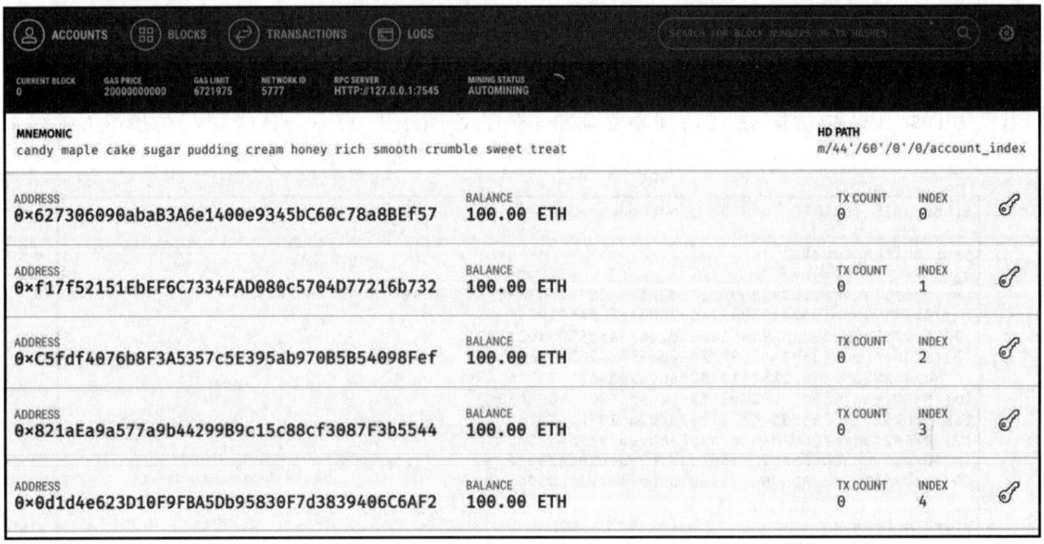

图 13-9　个人以太坊区块链 Ganache

注意：

Ganache 的下载地址如下：

http://truffleframework.com/ganache/

13.4.4　MetaMask

MetaMask 允许通过 Firefox 和 Chrome 浏览器与以太坊区块链进行交互。它将 Web3 对象注入正在运行的网站的 JavaScript 上下文中，从而为 DApp 提供即时接口功能，这种注入（Injection）使 DApp 可以直接与区块链进行交互。

注意：

MetaMask 的下载地址如下：

https://metamask.io/

MetaMask 还允许进行账户管理，这可以作为在区块链上执行任何交易之前的一种验证方法。它为用户显示了一个安全界面，用户可以在交易到达目标区块链之前对其进行审核以批准或拒绝交易。

注意：

MetaMask 扩展插件的下载地址如下：

https://github.com/MetaMask/metamask-plugin

图 13-10 显示了 MetaMask 的启动界面。

MetaMask 允许与各种以太坊网络连接。如图 13-11 所示，MetaMask 允许用户选择要连接的网络。

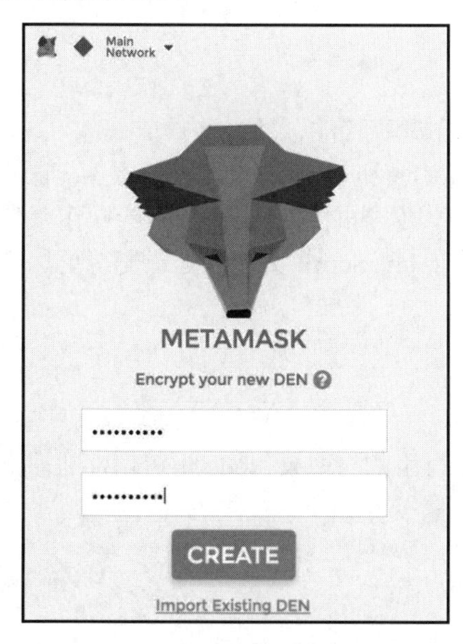

图 13-10　MetaMask 的启动界面

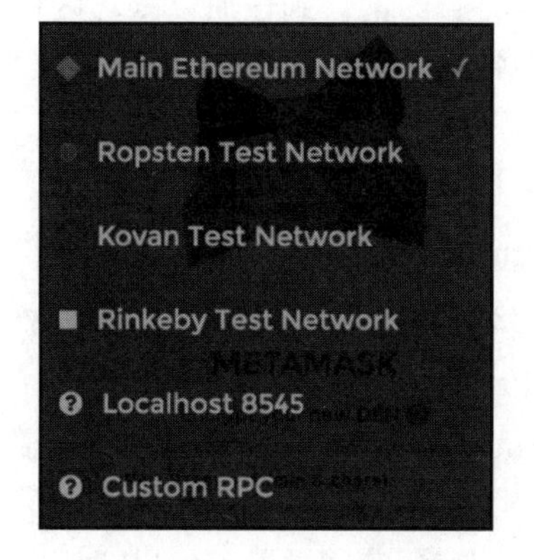

图 13-11　MetaMask 用户界面中所显示的 MetaMask 网络

还有一个有趣的功能是，MetaMask 可以连接到任何自定义的 RPC，这使用户可以在本地甚至远程运行自己的区块链（如私有网络），并允许浏览器连接到它。它也可以用于连接到本地运行的区块链，如 Ganache 和 TestRPC。

MetaMask 允许账户管理，并且记录这些账户的所有交易，如图 13-12 所示。

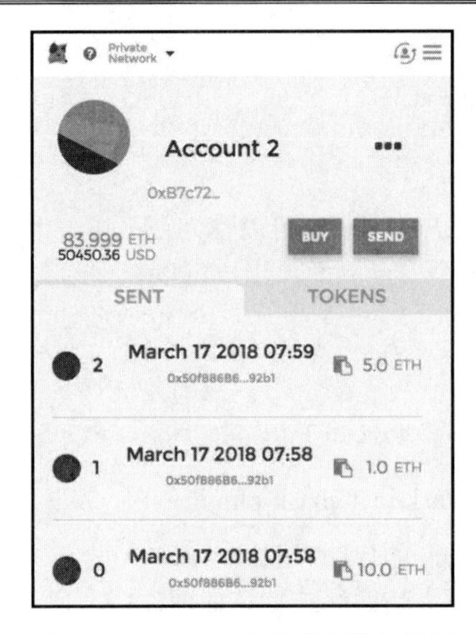

图 13-12　MetaMask 账户和交易视图

13.4.5　Truffle

Truffle 是一种开发环境，可以使用户更轻松地测试和部署以太坊合约。

Truffle 提供合约编译和链接功能，并提供使用 Mocha 和 Chai 的自动测试框架。它还可以简化地将合约部署到任何以太坊区块链私有网络、公共网络或测试网络的操作，使之变得更加容易。此外，它还提供资产管道，使得所有 JavaScript 文件的处理变得更加容易，并使它们可供浏览器使用。

Truffle 的下载地址如下：

http://truffleframework.com/

在安装 Truffle 之前，需按以下方式确定 Node 是可用的。如果 Node 不可用，则需要先安装 Node，然后才能安装 Truffle。

```
$ node -version
v7.2.1
```

Truffle 的安装非常简单，可以通过以下命令来完成：

```
$ sudo npm install -g truffle
```

这可能需要花费几分钟的时间。安装完成后，可以使用 Truffle 命令显示帮助信息，并验证其是否正确安装：

```
$ sudo npm install -g truffle
```

```
Password:
/us/local/bin/truffle ->
/usr/local/lib/node_modules/truffle/build/cli.bundled.js
/usr/local/lib
└── truffle@4.0.1
```

在终端输入 Truffle 命令可以显示帮助信息：

```
$ truffle
```

这将显示如图 13-13 所示的输出。

```
Truffle v4.0.1 - a development framework for Ethereum

Usage: truffle <command> [options]

Commands:
  init      Initialize new Ethereum project with example contracts and tests
  compile   Compile contract source files
  migrate   Run migrations to deploy contracts
  deploy    (alias for migrate)
  build     Execute build pipeline (if configuration present)
  test      Run Mocha and Solidity tests
  debug     Interactively debug any transaction on the blockchain (experimental)
  opcode    Print the compiled opcodes for a given contract
  console   Run a console with contract abstractions and commands available
  develop   Open a console with a local TestRPC
  create    Helper to create new contracts, migrations and tests
  install   Install a package from the Ethereum Package Registry
  publish   Publish a package to the Ethereum Package Registry
  networks  Show addresses for deployed contracts on each network
  watch     Watch filesystem for changes and rebuild the project automatically
  serve     Serve the build directory on localhost and watch for changes
  exec      Execute a JS module within this Truffle environment
  unbox     Unbox Truffle project
  version   Show version number and exit

See more at http://truffleframework.com/docs
```

图 13-13　Truffle 帮助信息

另外，它还有一个 GitHub 存储库，地址如下：

https://github.com/ConsenSys/truffle

可以在本地克隆该存储库以安装 Truffle。可使用以下命令克隆该存储库：

```
$ git clone https://github.com/ConsenSys/truffle.git
```

在第 14 章“Web3 详解”中将具体介绍如何使用 Truffle 在以太坊区块链上测试和部署智能合约。

13.5　合约开发与部署

为了开发和部署合约，需要采取多个步骤。从广义上讲，合约开发与部署可以分为 4 个步骤：编写、测试、验证和部署。在部署之后，即可创建用户界面，并通过 Web 服务器将其呈现给最终用户。这是可选步骤，因为在不需要人工输入或监视的合约中，有时不需要 Web 界面，但是一般来说，还是需要创建 Web 界面以与合约进行交互。

13.5.1 编写

编写步骤涉及在 Solidity 中编写合约源代码，这可以在任何文本编辑器中完成。在 Linux、Atom 和其他编辑器中，有许多可用于 Vim 的插件和附件，可为 Solidity 源代码提供语法突出显示和格式设置功能。

Visual Studio Code 已经变得非常流行，并且是 Solidity 开发的常用工具之一。它有一个 Solidity 插件可用，允许语法突出显示、格式化和智能化。可以通过 Visual Studio Code 中的 Extensions 选项安装该插件。

图 13-14 显示了 Visual Studio Code 的用户界面。

```
pragma solidity ^0.4.0;
contract PatentIdea {
  mapping (bytes32 => bool) private hashes;
  bool alreadyStored;
  event IdeaHashed(bool);

  function saveHash(bytes32 hash) private {
    hashes[hash] = true;
  }
  function SaveIdeahash(string idea)  public returns (bool){
    var hashedIdea = HashtheIdea(idea);
    if (alreadyHashed(HashtheIdea(idea)))  {
        alreadyStored=true;
        Ideah(false);
        retur
    }
      else {
        saveHash(hashedIdea);
        ideahashed(true);
      }
  }

  function alreadyHashed(bytes32 hash) constant private returns(bool) {
    return hashes[hash];
  }

  function isAlreadyHashed(string idea) constant public returns (bool) {
    var hashedIdea = HashtheIdea(idea);
    return alreadyHashed(hashedIdea);
  }

   function HashtheIdea(string idea) pure private returns (bytes32) {
    return keccak256(idea);
  }

}
```

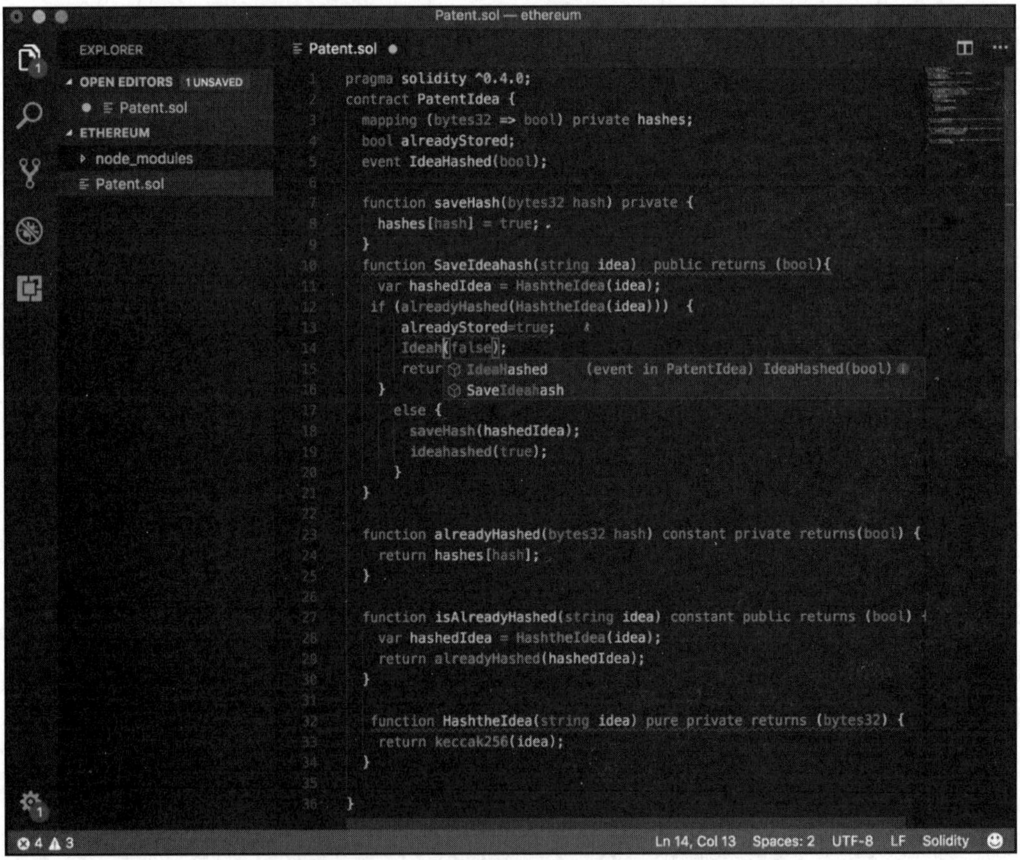

图 13-14 Visual Studio Code 的用户界面

13.5.2　测试

测试一般通过自动化方式执行。前面介绍的 Truffle 就使用了 Mocha 框架来测试合约。但是，也可以通过使用 Remix 来进行手动测试，即手动运行功能并验证结果。一旦在模拟环境（如 EthereumJS TestRPC、Ganache）或私有网络上验证、处理和测试了合约，就可以将其部署到公共测试网络，并最终部署到实时区块链。

接下来，我们将介绍 Solidity 语言。Solidity 的语法与 C 语言和 JavaScript 的语法非常相似。如果你熟悉 G 语言和 JavaScript 的语法，那么使用 Solidity 也将轻车熟路。

13.6　Solidity 语言

Solidity 是在以太坊智能合约编程领域使用的特定语言。当然，还有其他语言可以选择，如 Serpent、Mutan 和 LLL。但就目前而言，Solidity 是最受欢迎的语言，它的语法更接近于 C 语言和 JavaScript。

在过去的几年中，Solidity 已经发展成为一种成熟的语言，并且非常易用，但是要做到像其他广受欢迎的语言（如 Java、C 或 C#）那样高级、标准化和功能丰富，则还有一段很长的路要走。尽管如此，它仍是当前可用于智能合约编程的最广泛使用的语言。

Solidity 是一种静态类型的语言，这意味着 Solidity 中的变量类型检查是在编译时执行的。每个变量，无论是状态变量还是局部变量，在编译时都必须使用类型指定。从某种意义上说，这是有好处的，因为任何验证和检查都是在编译时完成的，并且某些类型的错误（例如数据类型的解释）可以在开发周期的早期就被捕获，而不是到运行时才被发现，后者可能会付出比较大的代价，尤其是在区块链/智能合约编程范式中。

Solidity 语言的其他功能包括继承、库以及定义复合数据类型的功能等。

Solidity 也被称为面向合约的语言（Contract-Oriented Language）。在 Solidity 中，合约等效于其他面向对象编程语言中的类的概念。

13.6.1　类型

Solidity 有两种数据类型：值类型（Value Type）和引用类型（Reference Type）。

13.6.2　值类型

值类型包括：

- 布尔类型（Boolean）。
- 整型（Integer）。
- 地址（Address）。
- 字节数组（Byte Array）。
- 整型常量（Integer Literal）。
- 字符串常量（String Literal）。
- 十六进制常量（Hexadecimal Literal）。
- 枚举（Enum）。
- 函数（Function）。

以下将按分类进行简要介绍。

13.6.3　布尔类型

此数据类型具有两个可能的值：true 或 false。

示例如下：

```
bool v = true;
bool v = false;
```

上述语句分别给变量 v 赋值为 true 和 false。

13.6.4　整型

此数据类型表示整数（Integer）。表 13-1 显示了用于声明整数数据类型的各种关键字。

表 13-1　整型关键字

关 键 字	类 型	说 明
int	有符号整数	从 int8 到 int256，意味着关键字可以从 int8 增长到 int256，以 8 为增量，如 int8、int16、int24
uint	无符号整数	从 uint8，uint16，…，到 uint256，表示从 8 位到 256 位的无符号整数。用法取决于在变量中需要存储多少位的要求

在以下代码中，请注意 uint 是 uint256 的别名：

```
uint256 x;
uint y;
uint256 z;
```

这些类型也可以用 constant 关键字声明，后者意味着编译器不会为这些变量保留任何存储槽。在这种情况下，每次出现的变量都将被替换为实际值：

```
uint constant z = 10 + 10;
```

状态变量（State Variables）是在函数主体外部声明的，并且在整个合约中它们始终可用，这取决于分配给它们的可访问性以及合约的持久性。

13.6.5　地址

地址（Address）数据类型保存一个 160 位长（20 字节）的值。此类型具有若干个成员，可用于与合约进行交互和查询合约。对这些成员的说明如下：

- Balance（余额）。该成员返回该地址以 Wei 为单位的余额。
- Send（发送）。该成员用于将一定数量的以太币发送到一个地址（以太坊的 160 位地址），并根据交易结果返回 true 或 false。例如：

```
address to = 0x6414cc08d148dce9ebf5a2d0b7c220ed2d3203da;
address from = this;
if (to.balance < 10 && from.balance > 50) to.send(20);
```

- 调用函数（Call Function）。提供了 call、callcode 和 delegatecall 调用，以便与不具有 ABI 的函数进行交互。这些函数应谨慎使用，由于对合约类型安全性的影响，它们的使用可能是不安全的。
- 数组值类型（固定大小和动态大小的字节数组）。Solidity 具有固定大小和动态大小的字节数组。固定大小的关键字范围从 bytes1 到 bytes32，而动态大小的关键字包括 bytes 和 string。bytes 关键字用于原始字节数据，而 string 则用于以 UTF-8 编码的字符串。由于这些数组是通过值返回的，因此调用它们会产生燃料成本。length 是数组值类型的成员，并将返回字节数组的长度。

  静态（固定大小）数组的示例如下：

```
bytes32[10] bankAccounts;
```

  动态大小的数组的示例如下：

```
bytes32[] trades;
```

  可通过使用以下代码获取交易的长度：

```
trades.length;
```

13.6.6　常量

常量也称为字面量、常数（Literal），用于表示固定值。它包括整型常量、字符串常量和十六进制常量等。

1．整型常量

整型常量是 0～9 的十进制数字序列。示例如下：

```
uint8 x = 2;
```

2．字符串常量

字符串常量可指定一组字符，它们用双引号或单引号引起来。示例如下：

```
'packt' "packt"
```

3．十六进制常量

十六进制常量以关键字 hex 为前缀，并在双引号或单引号内指定。示例如下：

```
(hex'AABBCC');
```

13.6.7　枚举

枚举（Enum）允许创建用户定义的类型。示例如下：

```
enum Order {Filled, Placed, Expired };
Order private ord;
ord = Order.Filled;
```

枚举值可以和所有整数类型值进行显式转换。

13.6.8　函数类型

函数类型有两种：内部函数和外部函数。

1．内部函数

内部函数只能在当前合约的上下文中使用。

2．外部函数

可以通过外部函数调用来调用外部函数。

Solidity 中的函数可以标记为常量（Constant）。常量函数不能更改合约中的任何内容，它们仅在被调用时返回值，并且不会花费任何燃料。

声明函数的语法如下所示：

```
function <nameofthefunction> (<parameter types> <name of the variable>)
{internal|external} [constant] [payable] [returns (<return types>
<name of the variable>)]
```

13.6.9　引用类型

引用类型，也称为复杂类型（Complex Type），顾名思义就是通过引用传递值。它包括数组、结构、数据位置和映射等。

1. 数组

数组（Array）表示在内存位置存放的大小和类型相同的连续元素集。该概念与任何其他编程语言中的数组相同。数组有两个成员，分别是 length 和 push。示例如下：

```
uint[] OrderIds;
```

2. 结构

结构（Struct）可用于将一组不同的数据类型归为一个逻辑组。结构可用于定义新类型，示例如下：

```
pragma solidity ^0.4.0;
contract TestStruct {
    struct Trade
    {
        uint tradeid;
        uint quantity;
        uint price;
        string trader;
    }

    // 可以按以下方式初始化和使用该结构：

    Trade tStruct = Trade({tradeid:123, quantity:1, price:1,
trader:"equinox"});

}
```

3. 数据位置

数据位置（Data Location）可指定特定复杂数据类型的存储位置。根据指定的默认值或注释，该位置可以是存储位置或内存。

数据位置适用于数组和结构，可以使用 storage 或 memory 关键字指定。

由于在内存和存储之间进行复制可能会非常昂贵，因此指定位置有时会有助于控制燃料消耗。calldata 也是一个用于存储函数参数的内存位置。

外部函数的参数使用 calldata 内存。默认情况下，函数的参数存储在内存中，而所有其他局部变量都使用存储。另外，使用存储需要状态变量。

4．映射

映射（Mapping）用于键到值的映射，这是将值与键关联的一种方法。此映射中的所有值都已经用全 0 初始化，例如：

```
mapping (address => uint) offers;
```

上述示例显示 offers 被声明为一个映射。下面的示例使这一点更加清楚：

```
mapping (string => uint) bids;
bids["packt"] = 10;
```

这基本上就是字典或哈希表，其中字符串值映射为整数值。映射被命名为 bids，它可以将字符串 packt 映射为值 10。

13.6.10　全局变量

Solidity 提供了许多全局变量，这些变量始终在全局名称空间中可用。全局变量将提供有关区块和交易的信息。

此外，还可以提供加密函数和地址相关的变量。

可用函数和变量的子集如下：

```
keccak256(...) returns (bytes32)
```

上述函数用于计算提供给该函数的参数的 Keccak-256 哈希。

```
ecrecover(bytes32 hash, uint8 v, bytes32 r, bytes32 s) returns (address)
```

上述函数将从椭圆曲线签名返回公钥的关联地址。

```
block.number
```

上述操作将返回当前区块编号。

13.6.11　控制结构

Solidity 语言中可用的控制结构包括：

- ❑ if...else
- ❑ do
- ❑ while
- ❑ for, break, continue
- ❑ return

它们的工作方式与其他语言（如 C 语言或 JavaScript）完全相同。现在通过一些示例来具体了解一下：

- ❑ if。如果 x 等于 0，则将值 0 分配给 y，否则将 1 分配给 z：

```
if (x == 0)
    y = 0;
else
    z = 1;
```

- ❑ do。当 z 大于 1 时，递增 x：

```
do{
    x++;
} (while z>1);
```

- ❑ while。当 x 大于 0 时，递增 z：

```
while(x> 0){
    z++;
}
```

- ❑ for, break, continue。执行一些操作，直到 x 小于或等于 10，此 for 循环将运行 10 次。如果 z 为 5，则跳出 for 循环：

```
for(uint8 x=0; x<=10; x++)
{
    // 执行一些操作：
    z++
    if(z == 5) break;
}
```

它将按相同的方式持续执行操作，当条件满足时，循环将再次开始。

- ❑ return。return 语句用于停止函数的执行并返回可选值。例如：

```
return 0;
```

函数将停止执行并返回值 0。

13.6.12　事件

Solidity 中的事件（Events）可用于在 EVM 日志中记录某些事件。当需要向外部接口通知合约中的任何更改或事件时，这些功能非常有用。

这些日志存储在交易日志中的区块链上。不能从合约访问日志，但是日志可用作通知状态更改或合约中事件（满足条件）发生的机制。

以下是一个简单示例，如果传递给函数 Matcher 的 x 参数等于或大于 10，则 valueEvent 事件将返回 true：

```
pragma solidity ^0.4.0;
contract valueChecker
{
    uint8 price=10;
    event valueEvent(bool returnValue);
    function Matcher(uint8 x) public returns (bool)
    {
        if (x>=price)
        {
            valueEvent(true);
            return true;
        }
    }
}
```

13.6.13　继承

Solidity 支持继承。继承就是使用 is 关键字从一个合约派生另一个合约。

在下面示例中，valueChecker2 就是从 valueChecker 合约派生的。派生合约可以访问父合约的所有非私有成员：

```
pragma solidity ^0.4.0;
contract valueChecker
{
    uint8 price = 20;
    event valueEvent(bool returnValue);
    function Matcher(uint8 x) public returns (bool)
    {
        if (x>=price)
        {
            valueEvent(true);
```

```
            return true;
        }
    }
}
contract valueChecker2 is valueChecker
{
    function Matcher2() public view returns (uint)
    {
        return price+10;
    }
}
```

在这个示例中，如果将 uint8 price = 20 更改为 uint8 private price = 20，则 valueChecker2 合约将无法访问它。这是因为该成员被声明为私有成员，任何其他合约都不允许访问该成员。如果访问，在 Remix 中将看到以下错误消息：

```
browser/valuechecker.sol:20:8: DeclarationError: Undeclared identifier.
return price+10;
        ^---^
```

13.6.14 库

库（Library）仅在特定地址部署一次，其代码可通过 EVM 的 CALLCODE 或 DELEGATECALL 操作码调用。

库的关键思想是代码可重用性。它们类似于合约，并且可以充当调用它的合约的基础合约。可以按以下方式声明一个库：

```
library Addition
{
    function Add(uint x,uint y) returns (uint z)
    {
        return x + y;
    }
}
```

可以按以下方式在合约中调用该库。首先，需要将库导入；其次，可以在代码中的任何位置使用它。

```
import "Addition.sol"
function Addtwovalues() returns(uint)
{
    return Addition.Add(100,100);
}
```

库有一些限制。例如，它们不能具有状态变量，并且不能继承或被继承。它们也不能接收以太币，这与可以接收以太币的合约相反。

13.6.15 函数

Solidity 中的函数是与合约关联的代码模块。函数声明需要使用函数名称、可选参数、访问修饰符、可选 constant 关键字和可选的返回类型等。示例如下：

```
function orderMatcher(uint x)
private constant returns(bool return value)
```

在上面的示例中，function 是用于声明函数的关键字；orderMatcher 是函数名称；uint x 是可选参数；private 是访问修饰符（Access Modifier）或可见性说明符（Visibility Specifier），用于控制从外部合约对函数的访问；constant 是可选关键字，用于指定此函数不会更改的任何内容，仅用于从合约中检索值；returns(bool return value) 则是函数可选的返回类型。

1. 定义函数

定义函数的语法如下所示：

```
function <name of the function>(<parameters>) <visibility specifier>
returns
(<return data type> <name of the variable>)
{
    <function body>
}
```

2. 函数签名

Solidity 中的函数由其签名标识，即其完整签名字符串的 Keccak-256 哈希的前 4 个字节组成。这在 Remix IDE 中可见，如图 13-15 所示，f9d55e21 是名为 Matcher 的函数的 32 字节 Keccak-256 哈希的前 4 个字节。

```
FUNCTIONHASHES
{
    "f9d55e21": "Matcher(uint8)"
}
```

图 13-15 在 Remix IDE 中显示的函数哈希

在此示例函数中，Matcher 的签名哈希为 d99c89cb。此信息对于构建接口很有用。

3. 函数的输入参数

函数的输入参数以<data type> <parameter name>的形式声明。在下面示例中，uint x 和 uint y 就是 checkValues 函数的输入参数：

```
contract myContract
{
    function checkValues(uint x, uint y)
    {
    }
}
```

4. 函数的输出参数

函数的输出参数以<data type> <parameter name>的形式声明。以下示例显示了一个返回 uint 值的简单函数：

```
contract myContract
{
    function getValue() returns (uint z)
    {
        z = x + y;
    }
}
```

一个函数可以返回多个值。在上面的示例函数中，getValue 函数仅返回一个值，但是一个函数最多可以返回 14 个不同数据类型的值。未使用的返回参数的名称可以选择省略。

5. 内部函数调用

可以直接在内部调用当前合约上下文中的函数，目的是调用同一合约中存在的函数。这些调用将导致在 EVM 字节码级别进行简单的 JUMP 调用。

6. 外部函数调用

外部函数调用是通过从一个合约到另一个合约的消息调用进行的。在这种情况下，所有函数参数都将复制到内存中。如果使用 this 关键字调用内部函数，则将其视为外部调用。this 变量是引用当前合约的指针，它可以显式转换为地址，并且合约的所有成员均可以从该地址继承。

7. 回退函数

回退函数（Fallback Function）是合约中未命名的函数，它不带参数且不返回数据。

每当接收到以太币时，此函数就会执行。如果合约打算接收以太币，则必须在合约内实现该函数，否则将抛出异常并退回以太币。

如果合约中没有其他函数签名匹配，则此函数也将执行。如果预期合约将收到以太币，则应使用 payable 修饰符声明该回退函数。payable 是必需的，否则此函数将无法接收任何以太币。可以使用 address.call()方法来调用此函数，示例如下：

```
function ()
{
    throw;
}
```

在上面的示例中，如果根据前面所述的状况调用了该回退函数，那么它会调用 throw，将状态回滚到进行调用之前的状态。除了 throw，它还可以是其他构造。例如，它可以记录一个事件，而该事件可以用作警报，以便将调用结果反馈给调用它的应用程序。

8．修饰符函数

修饰符函数（Modifier Function）用于更改函数的行为，可以在其他函数之前调用。一般来说，它们用于在执行函数之前检查某些条件或进行验证。

修饰符函数常使用_（下画线），在调用时它将被函数的实际主体替换。基本上，它表示这是需要被保护的函数。此概念类似于其他语言中的警卫函数（Guard Function）。

9．构造函数

构造函数（Constructor Function）是一个可选函数，它与合约同名，在创建合约时即执行该函数。构造函数不能由用户稍后调用，并且合约中仅允许一个构造函数，这意味着没有重载函数可用。

10．函数可见性说明符（访问修饰符）

可以使用以下 4 个访问修饰符（Access Modifier）来定义函数：

- External。可以从其他合约和交易中访问这些函数。除非使用 this 关键字，否则不能在内部调用它们。
- Public。默认情况下，函数属于该类型。可以在内部或使用消息来调用它们。
- Internal。内部函数对于从父合约派生的其他合约可见。
- Private。私有函数仅对声明它们的同一合约可见。

11．函数修饰符

常见函数修饰符包括：

- ❑ pure。此修饰符禁止访问或修改状态。
- ❑ view。此修饰符禁止对状态的任何修改。
- ❑ payable。此修饰符允许通过调用支付以太币。
- ❑ constant。此修饰符不允许访问或修改状态。

12．其他重要的关键字

throw 关键字用于停止执行，其结果就是，所有状态更改都将还原。注意，在这种情况下，燃料并不会返回给交易发起者，因为所有剩余的燃料都被消耗掉了。

13.6.16　Solidity 源代码文件的组件

现在我们来研究一下 Solidity 源代码文件的组件。

1．版本说明

为了解决由 solc 版本引起的兼容性问题，可以使用编译指示来指定兼容编译器的版本。示例如下：

```
pragma solidity ^0.5.0
```

这将确保源文件不会使用小于 0.5.0 的版本进行编译。

2．导入

通过 Solidity 导入功能，可以将符号从现有的 Solidity 文件导入当前的全局范围，这类似于 JavaScript 中的 import 语句。示例如下：

```
Import "module-name";
```

3．注释

可以按类似于 C 语言的方式将代码注释添加到 Solidity 源代码文件中。多行注释包含在/*和*/中，而单行注释则以//开头。

图 13-16 显示了一个 Solidity 程序示例，其中显示了 pragma 和 import 的用法，并添加了代码注释。

以上是对 Solidity 语言的简要介绍。该语言仍在不断改进，有关详细的说明文档和编码指南，可访问以下地址：

http://solidity.readthedocs.io/en/latest/

```
1  pragma solidity ^0.4.0; //specify the compiler version
2  /*
3  This is a simple value checker contract that checks the value
4  provided and returns boolean value based on the condition
5  expression evaluation.
6  */
7  import "dev.oraclize.it/api.sol";
8  contract valuechecker {
9      uint price=10;
10     //This is price variable declare and initialized with value 10
11     event valueEvent(bool returnValue);
12     function Matcher (uint8 x) returns (bool)
13     {
14         if ( x >= price)
15         {
16             valueEvent(true);
17             return true;
18         }
19     }
20 }
```

图 13-16　Solidity 程序示例

13.7　小　　结

本章从介绍以太坊开发工具（如 Remix IDE）开始，然后讨论了 Truffle 之类的框架以及用于开发和测试的本地区块链解决方案，如 Ganache、EthereumJS 和 TestRPC。

本章还探索了其他工具（如 MetaMask），并且介绍了 Node 的安装，因为大多数工具都是基于 JavaScript 和 Node 的。

第 14 章将讨论 Web3，这是一个 JavaScript API，可使用 JavaScript 与以太坊区块链进行通信。

第 14 章　Web3 详解

本章将详细探讨 Web3 API。我们还将看到有关编写、测试和部署智能合约到以太坊区块链的详细示例。

本章将使用 Remix IDE 和 Ganache 等各种工具来开发和测试智能合约，还将研究将智能合约部署到以太坊测试网络和私有网络的方法。本章还将介绍开发 HTML 和 JavaScript 前端以与部署在区块链上的智能合约进行交互。

我们将首先从 Web3 开始，然后通过使用各种工具和技术来进行智能合约开发以帮助读者加强理解，逐步建立知识和技能基础。

最后，本章还将使用已经学习过的技术来开发一个项目。

本章将讨论以下主题：

- 使用 Web3 库。
- 安装和使用 web3.js。
- 开发框架。
- Truffle 应用示例。
- 关于 Oracle。
- 去中心化存储。

14.1　使用 Web3 库

Web3 是一个 JavaScript 库，可用于通过 RPC 通信与以太坊节点通信。Web3 的工作方式是，公开已通过 RPC 启用的方法，这允许开发利用 Web3 库的用户界面，以便与部署在区块链上的合约进行交互。

为了通过 Geth 公开这些方法，可以使用以下命令：

```
$ geth --datadir .ethereum/privatenet/ --networkid 786 --rpc --rpcapi
'web3,net,eth,debug' --rpcport 8001 --rpccorsdomain 'http://localhost:7777'
```

注意：

--rpcapi 标志允许 web3、eth、net 和 debug 方法。

这是一个功能强大的库，可以通过附加一个 Geth 示例来进一步探索。下文将介绍通过 JavaScript/HTML 前端使用 Web3 的概念和技术。

可以使用以下命令附加 geth 示例：

```
$ geth attach ipc: ~/etherprivate/geth.ipc
```

一旦 Geth JavaScript 控制台运行，就可以查询 Web3，如图 14-1 所示。

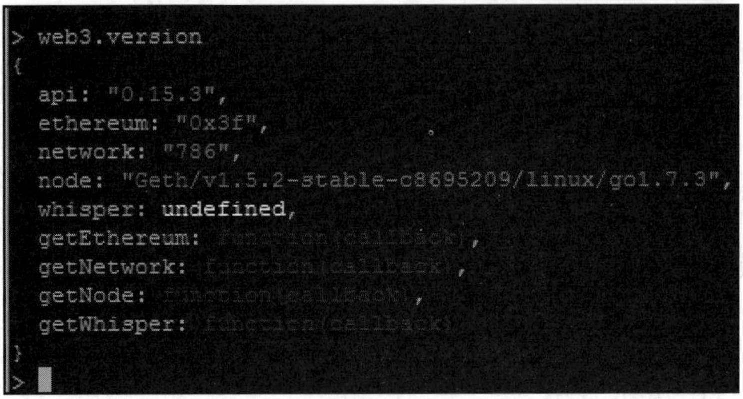

```
> web3.version
{
  api: "0.15.3",
  ethereum: "0x3f",
  network: "786",
  node: "Geth/v1.5.2-stable-c8695209/linux/go1.7.3",
  whisper: undefined,
  getEthereum: function(callback),
  getNetwork: function(callback),
  getNode: function(callback),
  getWhisper: function(callback)
}
>
```

图 14-1　通过 Geth 查询 Web3

14.1.1　合约部署

可以使用 Geth 部署简单的合约，并通过 Geth 提供的命令行界面（控制台或附加）与 Web3 进行交互。先来看以下源代码示例，后面将会用到它：

```
pragma solidity ^0.4.0;
contract valueChecker
{
    uint price=10;
    event valueEvent(bool returnValue);
    function Matcher (uint8 x) public returns (bool)
    {
        if (x>=price)
        {
            valueEvent(true);
            return true;
        }
    }
}
```

合约部署的步骤如下：

（1）使用以下命令运行 Geth 客户端：

```
$ ./geth --datadir ~/etherprivate/ --networkid 786 --rpc -rpcapi
'web3,eth,debug,personal'  --rpccorsdomain '*'
```

（2）打开另一个终端并运行以下命令。如果 Geth 控制台没有运行，则在使用以下命令之后，它应该已经在运行：

```
$ ./geth attach ipc:/Users/drequinox/etherprivate/geth.ipc
```

（3）此步骤将需要合约的 Web3 部署，这可以从 Remix 浏览器中获得。要了解如何下载和使用 Remix 浏览器，请参阅第 13 章“开发工具和框架”。

首先，将以下源代码粘贴到 Remix IDE。

```
pragma solidity ^0.4.0;
contract valueChecker
{
    uint price=10;
    event valueEvent(bool returnValue);
    function Matcher (uint8 x) public returns (bool)
    {
        if (x>=price)
        {
            valueEvent(true);
            return true;
        }
    }
}
```

其次，将代码粘贴到 Remix IDE 后，它将如图 14-2 所示。

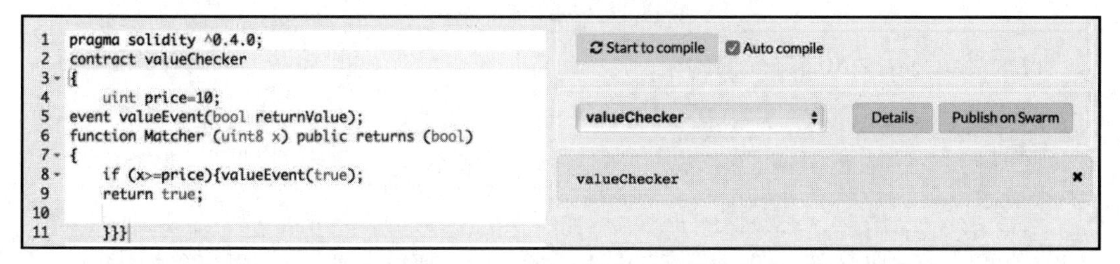

图 14-2　在 Remix 中显示的代码

（4）通过单击 Details（详细信息）按钮复制 Web3 部署脚本，然后将该函数复制到剪贴板。这可以通过在 IDE 中单击 WEB3DEPLOY 标题旁边的 Copy value to clipboard（复制值到剪贴板）图标来实现。图 14-3 显示了 Web3 部署脚本。

```
WEB3DEPLOY
Copy value to clipboard
var valuecheckerContract = web3.eth.contract([{"constant":false,"inpu
ts":[{"name":"x","type":"uint8"}],"name":"Matcher","outputs":[{"name"
:"","type":"bool"}],"payable":false,"stateMutability":"nonpayable","t
ype":"function"},{"anonymous":false,"inputs":[{"indexed":false,"name"
:"returnValue","type":"bool"}],"name":"valueEvent","type":"event"}]);
var valuechecker = valuecheckerContract.new(
   {
     from: web3.eth.accounts[0],
     data: '0x6060604052600a600055341561001457600080fd5b6101038061002
36000396000f300606060405260043610603f576000357c0100000000000000000000
0000000000000000000000000000000000900463ffffffff168063f9d55e2114604
4575b600080fd5b3415604e57600080fd5b6065600480803560ff1690602001909190
5050607f565b604051808215151515815260200191505060405180910390f35b60008
0548260ff1610151560d1577f3eb1a229ff7995457774a4bd31ef7b13b6f4491ad1eb
b8961af120b8b4b6239c6001604051808215151515815260200191505060405180910
390a16001905060d2565b5b9190505600a165627a7a723058205b1d9d0f31b39806b7
782fdb9360af93d5b5f66a36f6f4023ee1aa9ca12782b70029',
     gas: '4700000'
   }, function (e, contract){
    console.log(e, contract);
    if (typeof contract.address !== 'undefined') {
         console.log('Contract mined! address: ' + contract.address +
 ' transactionHash: ' + contract.transactionHash);
    }
 })
```

图 14-3　Web3 部署脚本

以下代码显示了 Web3 部署脚本：

```
var valuecheckerContract =
web3.eth.contract([{"constant":false,"inputs":[{"name":"x","type":"
uint8"}],"name":"Matcher","outputs":[{"name":"","type":"bool"}],
"payable":false,"stateMutability":"nonpayable","type":"function"},
{"anonymous":false,"inputs":[{"indexed":false,"name":"returnValue",
"type":"bool"}],"name":"valueEvent","type":"event"}]);
var valuechecker = valuecheckerContract.new(

   {
```

```
        from: web3.eth.accounts[0],
        data:
'0x6060604052600a600055341561001457600080fd5b61010380610023600039600
00f3006060604052600436106603f576000357c0100000000000000000000000000
00000000000000000000000000000900463ffffffff168063f9d55e21146044575b
600080fd5b3415604e57600080fd5b606560048080356Off1690602001909190505
0607f565b6040518082151515158152602001915050604051809l0390f35b600080
548260ff1610151560d1577f3eb1a229ff7995457774a4bd31ef7b13b6f4491ad1e
bb8961af120b8b4b6239c600160405180821515151581526020019150506040518O
910390a16001905060d2565b5b9190505600a165627a7a723058205b1d9d0f31b39
806b7782fdb9360af93d5b5f66a36f6f4023ee1aa9ca12782b70029',
        gas: '4700000'
    }, function (e, contract){
        console.log(e, contract);
        if (typeof contract.address !== 'undefined') {
            console.log('Contract mined! address: ' + contract.address
+ ' transactionHash: ' + contract.transactionHash);
        }
})
```

（5）确保账户已解锁且币基设置正确。

首先，使用以下命令查看账户，该命令输出账户 0，如下所示：

```
> personal.listAccounts[0]
"0xcf61d213faa9acadbf0d110e1397caf20445c58f"
```

其次，使用以下命令解锁账户，它将需要你在创建此账户时最初使用的密码短语（密码）。输入该密码以解锁账户：

```
> personal.unlockAccount(personal.listAccounts[0])
Unlock account 0xcf61d213faa9acadbf0d110e1397caf20445c58f
Passphrase:
True
```

（6）现在打开之前的 Geth 控制台，并部署合约。

但是，在部署合约之前，请确保在 Geth 节点上正在进行挖矿。下面的命令可用于在 Geth 控制台下开始挖矿。

```
> Miner.start(1)
```

（7）将此 Web3 部署脚本粘贴到 Geth 控制台中，如图 14-4 所示。

图 14-4 显示了将 Web3 部署脚本粘贴到 Geth 控制台进行部署时的输出。

还可以通过 Geth 日志进行验证，你将看到类似于以下内容的消息：

```
INFO [12-16|13:28:49] Submitted contract creation
fullhash=0x9f7c81a5942b01f2e2446cad6f0acbaa00514326fcf0abf7b7a076d1
72db05d6 contract=0xBD663C5136155cb6d7ED55446888271DCd5092Bc
```

```
> personal.unlockAccount(personal.listAccounts[0])
Unlock account 0xcf61d213faa9acadbf0d110e1397caf20445c58f
Passphrase:
true
> var valuecheckerContract = web3.eth.contract([{"constant":false,"inputs":[{"name":"x","type":"uint8"}],"name":"Matcher","ou
tputs":[{"name":"","type":"bool"}],"payable":false,"stateMutability":"nonpayable","type":"function"},{"anonymous":false,"inpu
ts":[{"indexed":false,"name":"returnValue","type":"bool"}],"name":"valueEvent","type":"event"}]);
undefined
> var valuechecker = valuecheckerContract.new(
...     {
......       from: web3.eth.accounts[0],
......       data: '0x6060604052600a6000553415610014576000080fd5b6101038061002360003960000f3006060604052600436106003f576000357c01
00000000000000000000000000000000000000000000000000000000900463ffffffff168063f9d55e21146044575b600080fd5b3415604e57600080fd5b6
065600480803560ff16906020019091905050607f565b60405180821515151581526020019150506040518091039 0f35b600080548260ff1610151560d157
7f3eb1a229ff7995457774a4bd31ef7b13b6f4491ad1ebb8961af120b8b4b6239c600160405180821515151581526020019150506040518091039 0a160019
05060d2565b5b9190505600a165627a7a723058205b1d9d0f31b39806b7782fdb9360af93d5b5f66a36f6f4023ee1aa9ca12782b70029',
......       gas: '4700000'
......     }, function (e, contract){
......      console.log(e, contract);
......      if (typeof contract.address !== 'undefined') {
.........           console.log('Contract mined! address: ' + contract.address + ' transactionHash: ' + contract.transactionHa
sh);
.........       }
......  })
null [object Object]
undefined
```

图 14-4　使用 Geth 的 Web3 部署脚本部署

（8）成功部署合约后，可以查询与此合约相关的各种属性。如图 14-5 所示，这包括合约地址和 ABI 定义等。

```
> valuechecker.
valuechecker.Matcher          valuechecker.abi          valuechecker.allEvents      valuechecker.transactionHash
valuechecker._eth             valuechecker.address      valuechecker.constructor    valuechecker.valueEvent
> valuechecker.abi
[{
    constant: false,
    inputs: [{
        name: "x",
        type: "uint8"
    }],
    name: "Matcher",
    outputs: [{
        name: "",
        type: "bool"
    }],
    payable: false,
    stateMutability: "nonpayable",
    type: "function"
}, {
    anonymous: false,
    inputs: [{
        indexed: false,
        name: "returnValue",
        type: "bool"
    }],
    name: "valueEvent",
    type: "event"
}]
> valuechecker.address
"0xbd663c5136155cb6d7ed55446888271dcd5092bc"
>
```

图 14-5　值检查器属性

请记住，所有这些命令都是通过 Geth 控制台发出的，我们已经打开 Geth 控制台并将其用于合约部署。

为了简化与合约的交互，可以将账户的地址分配给变量。现在已经公开了许多方法，可以进一步查询合约，例如：

```
> eth.getBalance(valuechecker.address)
0
```

现在可以在合约中调用实际方法了。

目前已经公开了多种方法，列表如下：

```
> valuechecker.transactionHash
"0x9f7c81a5942b01f2e2446cad6f0acbaa00514326fcf0abf7b7a076d172db05d6"

> valuechecker.abi
[{
    constant: false,
    inputs: [{
        name: "x",
        type: "uint8"
    }],
    name: "Matcher",
    outputs: [{
        name: "",
        type: "bool"
    }],
    payable: false,
    stateMutability: "nonpayable",
    type: "function"
}, {
    anonymous: false,
    inputs: [{
        indexed: false,
        name: "returnValue",
        type: "bool"
    }],
    name: "valueEvent",
    type: "event"
}]
```

合约还可以进一步被查询。在以下示例中，我们将使用参数调用 Matcher 函数。在这些代码中，有一个条件检查该值是否等于或大于 10。如果该值等于或大于 10，函数返回

true；否则，它将返回 false。

在已打开的 Geth 控制台中输入以下命令。

传递 12 作为参数，因为它大于 10，所以返回 true。

```
> valuechecker.Matcher.call(12)
true
```

传递 10 作为参数，因为它等于 10，所以返回 true。

```
> valuechecker.Matcher.call(10)
true
```

传递 9 作为参数，因为它小于 10，所以返回 false。

```
> valuechecker.Matcher.call(9)
false
```

14.1.2　POST 请求

可以通过 HTTP 上的 JSONRPC 与 Geth 进行交互。为此，可以使用 curl 工具。

注意：

curl 的下载地址如下：

https://curl.haxx.se/

以下显示了一些示例，以使你熟悉 POST 请求，以及如何使用 curl 发出 POST 请求。

注意：

POST 是 HTTP 支持的请求方法。有关 POST 的更多信息，请访问：

https://en.wikipedia.org/wiki/POST_(HTTP)

在通过 HTTP 使用 JSONRPC 接口之前，应使用适当的开关启动 Geth 客户端，如下所示：

```
--rpcapi web3
```

此开关将通过 HTTP 启用 Web3 接口。

Linux 命令 curl 可用于通过 HTTP 进行通信，示例如下。

要使用 personal_listAccounts 方法检索账户列表，可使用以下命令：

```
$ curl --request POST --data
```

```
'{"jsonrpc":"2.0","method":"personal_listAccounts","params":[],"id":4}'
localhost:8545 -H "Content-Type: application/json"
```

这将返回输出，即带有账户列表的 JSON 对象：

```
{"jsonrpc":"2.0","id":4,"result":["0xcf61d213faa9acadbf0d110e1397caf20
445c58f","0x3681e23a71ae8add5b88f01cbda153f1d805dde8"]}
```

在上面的 curl 命令中，--request 用于指定请求命令，POST 是请求，而--data 用于指定参数和值。最后，使用 localhost:8545，这是已打开的 Geth 的 HTTP 端点。

14.1.3　HTML 和 JavaScript 前端

网页可以提供更友好的与合约进行交互的方式，因此可以考虑使用 HTML/JS/CSS 的网页中的 Web3.js 库与合约进行交互。

可以使用任何 HTTP Web 服务器来提供 HTML 内容，而 Web3.js 则可以通过本地 RPC 连接到正在运行的以太坊客户端（Geth），并为区块链上的合约提供接口。图 14-6 以图解方式显示了该架构。

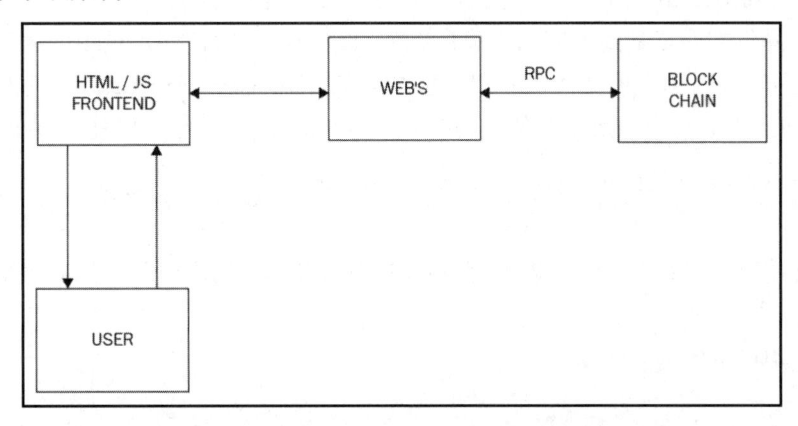

图 14-6　Web3.js、前端和区块链交互架构

原　　文	译　　文
HTML/JS FRONTEND	HTML/JS 前端
WEB'S	Web 接口
BLOCK CHAIN	区块链
USER	用户

接下来，我们将介绍 Web3.js 的安装。如果你已经安装，则可以直接跳过此内容。

14.2　安装和使用 Web3.js

只需发出以下命令，即可通过 npm 安装 Web3：

```
$ npm install web3
```

注意：

也可以直接从以下地址下载：

https://github.com/ethereum/web3.js

通过 npm 下载的 Web3.min.js 可以在 HTML 文件中引用。可以在 node_modules 下找到该文件，例如：

```
/home/drequinox/netstats/node_modules/web3/dist/web3.js
```

请注意，drequinox 是和开发这些示例的特定用户相关的。

可以选择将文件复制到主应用程序所在的目录中，然后在该目录中使用它。一旦成功用 HTML 或 JS 引用了该文件，就可以通过 HTTP 提供程序（Provider）来初始化 Web3，这通常是运行 Geth 客户端所公开的 localhost HTTP 端点的链接。可以使用以下代码实现：

```
web3.setProvider(new web3.providers.HttpProvider('http://localhost:
8545'));
```

在设置完提供程序之后，可以使用 Web3 对象及其可用方法与合约和区块链进行进一步的交互。

可以使用以下代码创建 Web3 对象：

```
if (typeof web3 !== 'undefined')
{
    web3 = new Web3(web3.currentProvider);
}
else
{
    web3 = new Web3(new
    Web3.providers.HttpProvider("http://localhost:8545"));
}
```

14.2.1 示例

我们将提供一个示例，该示例将使用 Web3.js 允许通过在简单 HTTP Web 服务器上提供服务的网页与合约进行交互。这可以通过执行以下步骤来实现：

（1）创建一个名为/simplecontract/app 的目录，即主目录，这是 Linux 系统上用户的目录。该目录实际上可以是任何目录，只是本示例使用了主目录。

（2）创建一个名为 app.js 的文件，示例如下：

```
var Web3 = require('web3');

if (typeof web3 !== 'undefined')
{
    web3 = new Web3(web3.currentProvider);
} else {
    // 设置来自 Web3.providers 的提供程序
    web3 = new Web3(new
Web3.providers.HttpProvider("http://localhost:8545"));
}
web3.eth.defaultAccount = web3.eth.accounts[0];
// 提供 ABI
var SimpleContract = web3.eth.contract([
    {
        "constant": false,
        "inputs": [
            {
                "name": "x",
                "type": "uint8"
            }
        ],
        "name": "Matcher",
        "outputs": [
            {
                "name": "",
                "type": "bool"
            }
        ],
        "payable": false,
        "stateMutability": "nonpayable",
        "type": "function"
    },
    {
        "anonymous": false,
```

```
        "inputs": [
            {
                "indexed": false,
                "name": "returnValue",
                "type": "bool"
            }
        ],
        "name": "valueEvent",
        "type": "event"
    }
]);

var simplecontract =
SimpleContract.at("0xd9d02a4974cbeb10406639ec9378a782bf7f4dd2");
    console.log(simplecontract);


function callMatchertrue()
{
    var txn = simplecontract.Matcher.call(12);
    {
    };

    console.log("return value: " + txn);
}

function callMatcherfalse()
{
    var txn = simplecontract.Matcher.call(1);{
};
console.log("return value: " + txn);
}
```

该文件包含各种元素，最重要的是应用程序二进制接口（Application Binary Interface，ABI），可以使用 geth 命令来查询它。通过 Solidity 编译器可生成该文件，也可以直接从 Remix IDE 合约详细信息中复制它。

（3）创建一个名为 index.html 的文件，如下所示：

```
<html>
<head>
<title>SimpleContract Interactor</title>
<script src="./web3.js"></script>
<script src="./app.js"></script>
</head>
```

```
<body>
<button onclick="callMatchertrue()">callTrue</button>
<button onclick="callMatcherfalse()">callFalse</button>
</body>
</html>
```

我们有意将文件保持得非常简单，无须使用 jQuery、React 或 Angular。它们是单独的主题，通常与以太坊或区块链无关。

但是，这些前端框架通常用于与区块链相关的 JavaScript 前端开发。为简单起见，这里将不使用任何 JavaScript 前端框架，因为我们的主要目的是专注于区块链技术，而不是 HTML、CSS 和 JavaScript 前端框架。

这个 app.js 文件是主要的 JavaScript 文件，其中包含创建 Web3 对象的代码，它还提供用于与区块链上的合约进行交互的方法。

接下来，我们将详细解释上面给出的代码。

14.2.2 创建一个 Web3 对象

先来看以下 if 语句：

```
if (typeof web3 !== 'undefined')
{
    web3 = new Web3(web3.currentProvider);
} else {
    // 设置来自 Web3.providers 的提供程序
    web3 = new Web3(new
Web3.providers.HttpProvider("http://localhost:8545"));
}
```

此代码将检查是否已有可用的提供程序。如果已有可用的提供程序，则它将该提供程序设置为当前提供程序；否则，它将 Web3 提供程序设置为 localhost:8001，这是 Geth 的本地示例运行的地方。

14.2.3 通过调用任何 Web3 方法检查可用性

再来看以下语句：

```
var simplecontract =
SimpleContract.at("0xd9d02a4974cbeb10406639ec9378a782bf7f4dd2");
    console.log(simplecontract);
```

此代码仅使用 console.log 输出简单的合约属性。一旦此代码被调用成功，则意味着已正确创建了 Web3 对象，并且 HttpProvider 可用。当然也可以使用任何其他调用来验证可用性，但是作为一个简单示例，在上面的示例中仅使用了输出简单的合约属性。

14.2.4　合约函数

正确创建 Web3 对象和 simplecontractinstance 之后，就可以轻松地调用合约函数。该示例代码如下：

```
function callMatchertrue()
{
    var txn = simplecontractinstance.Matcher.call(12);
    {
    };

    console.log("return value: " + txn);
}

function callMatcherfalse()
{
    var txn = simplecontractinstance.Matcher.call(1);{
};
console.log("return value: " + txn);
}
```

这里的函数可以使用 simplecontractinstance.Matcher.call 进行调用，并且可以传递参数的值。在 Solidity 代码中，Matcher 函数如下所示：

```
function Matcher (uint8 x) returns (bool)
```

它接受一个 uint8 类型的参数 x，并返回一个布尔值（可以为 true 或 false）。使用合约示例调用该函数的代码如下所示：

```
var txn = simplecontractinstance.Matcher.call(12);
```

在上面的示例中，console.log 用于输出函数调用返回的值。一旦调用结果在 txn 变量中可用，就可以在程序中的任何地方使用它。例如，将其用作另一个 JavaScript 函数的参数。

最后，使用以下代码创建名为 index.html 的 HTML 文件：

```
<html>
<head>
```

```
<title>SimpleContract Interactor</title>
<script src="./web3.js"></script>
<script src="./app.js"></script>
</head>
<body>
<button onclick="callMatchertrue()">callTrue</button>
<button onclick="callMatcherfalse()">callFalse</button>
</body>
</html>
```

建议运行 Web 服务器以提供 HTML 内容（以 index.html 为例）。或者，也可以从文件系统浏览文件，但这可能导致一些问题，这些问题与在较大的项目中正确提供内容有关。作为一种好习惯，请始终使用 Web 服务器。

在 Python 中，可以使用以下命令快速启动 Web 服务器。该服务器将从其运行所在的目录中提供 HTML 内容。这里不需要 Python Web 服务器，因为它可以是 Apache 服务器或任何其他 Web 容器：

```
$ python -m SimpleHTTPServer 7777
Serving HTTP on 0.0.0.0 port 7777 ...
```

现在，可以使用任何浏览器来通过 TCP 端口 7777 查看服务的网页，如图 14-7 所示。应该注意的是，此处显示的输出在浏览器的控制台窗口中。

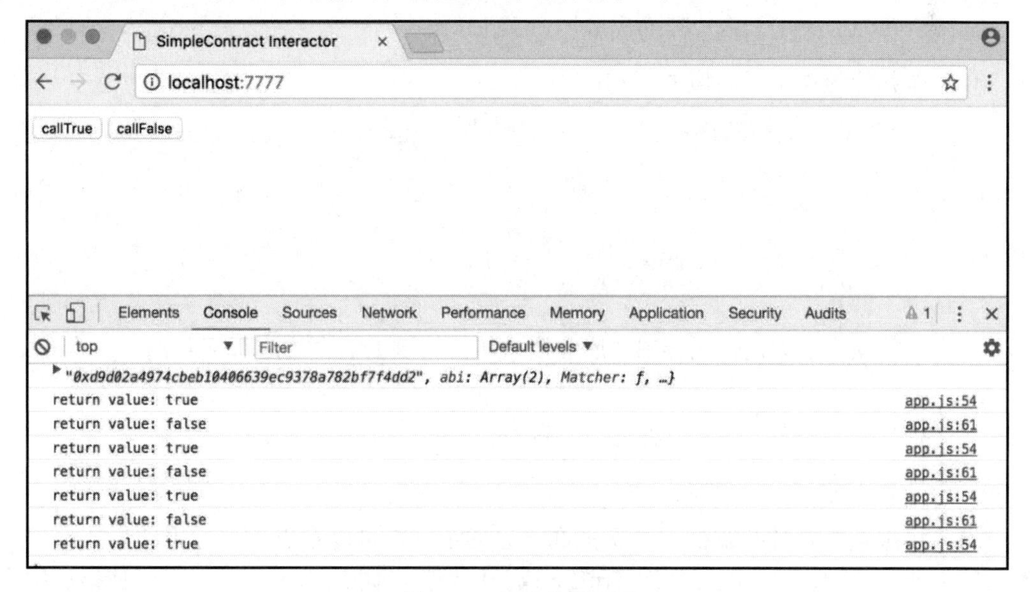

图 14-7　与合约的交互

必须启用浏览器的控制台才能查看输出。例如，在 Chrome 浏览器中，可以使用快捷键打开控制台。在 Windows 和 Linux 系统上，该快捷键是 Ctrl + Shift + J；而在 Mac 系统上，该快捷键是 Cmd + Option + J。

为简单起见，对这些值都在代码中进行了硬编码，因此在 index.html 中创建了两个按钮 callTrue 和 callFalse，这两个按钮都将使用硬编码值调用函数。这只是为了证明参数已通过 Web3 传递给合约，并且相应地返回了值。

这些按钮的背后其实是两个被调用的函数。callMatchertrue()方法有一个硬编码值 12，它使用以下代码发送到合约：

```
simplecontractinstance.Matcher.call(12)
```

在控制台中，可使用以下代码输出返回值。该代码首先调用 Matcher 函数，然后将该值分配给 txn 变量，以便稍后在控制台中输出：

```
simplecontractinstance.Matcher.call(1) function callMatchertrue()
{
    var txn = simplecontractinstance.Matcher.call(12);{
};
console.log("return value: " + txn);
}
```

类似地，callMatcherfalse()函数可通过以下方式将硬编码值 1 传递给合约来工作：

```
simplecontractinstance.Matcher.call(1)
```

以下是相应地输出返回值的语句：

```
console.log("return value: " + txn); function callMatcherfalse()
{
    var txn = simplecontractinstance.Matcher.call(1);{
};
console.log("return value: " + txn);
}
```

以上示例演示了如何使用 Web3 库与以太坊区块链上的合约进行交互。

14.3　开发框架

以太坊现在有各种开发框架。从上面讨论的示例中可以看出，通过手动方式部署合约可能会非常耗时，如果能够使用 Truffle 或类似框架（如 Embark），则可以使该过程更简单、更快捷。我们选择 Truffle 是因为它拥有更活跃的开发者社区，并且是目前使用最广泛的以太坊开发框架。请注意，现在还没有“最佳”框架，因为所有框架都旨在提供简化开发、测试和部署的方法。如果你想了解更多有关 Embark 的信息，可以访问以下网址：

https://github.com/embark-framework/embark

接下来，我们将通过一个示例项目演示 Truffle 框架的用法。

14.4　Truffle 应用示例

前文简要介绍过 Truffle，本节将讨论 Truffle 的示例项目，该项目将演示如何使用 Truffle 来开发完整的去中心化应用程序。我们将研究此过程涉及的所有步骤，例如初始化、测试、迁移和部署。

下面，来看一下初始化过程。

14.4.1　初始化 Truffle

Truffle 可以通过运行以下命令来初始化。首先，为项目创建一个目录，例如：

```
$ mkdir testdapp
```

其次，进入 testdapp 目录并运行以下命令：

```
$ truffle init
Downloading...
Unpacking...
Setting up...
Unbox successful. Sweet!
Commands:

    Compile:        truffle compile
    Migrate:        truffle migrate
    Test contracts: truffle test
```

命令成功执行后，将创建以下目录结构。可以在 Linux 中使用 tree 命令查看该结构：

```
$ tree
.
├── contracts
│   └── Migrations.sol
├── migrations
```

```
|   └── 1_initial_migration.js
├── test
├── truffle-config.js
└── truffle.js

3 directories, 4 files
```

该命令创建了 3 个主要目录，分别命名为 contracts、migrations 和 test。如上例所示，总共创建了 3 个目录和 4 个文件。以下将详细介绍这些目录和文件。

- contracts。该目录包含 Solidity 合约源代码文件。这是 Truffle 在迁移过程中寻找 Solidity 合约文件的地方。
- migration。该目录包含所有部署脚本。
- test。该目录包含有关应用程序和合约的相关测试文件。

最后，Truffle 配置存储在 truffle.js 文件中。该文件是在运行 truffle init 命令的项目的根文件夹中创建的。

运行 truffle init 命令时，它将创建包含目录和文件的框架树。在早期版本的 Truffle 中，这用于产生一个名为 MetaCoin 的项目，该项目现在可以作为 Truffle Box 使用，Truffle Box 是 Truffle 提供的预定义项目模板。

在本示例中，首先将介绍如何使用 Truffle 中的各种命令，以测试和部署包含 MetaCoin 项目的 webpack Truffle Box。然后，将显示有关将 Truffle 用于自定义项目的更多示例。

我们将使用 Ganache 作为本地区块链来提供 Web3 接口。因此，你需要确保 Ganache 在后台运行并进行挖矿。在以下示例中，它有 5 个账户，并在端口 7545 上运行。可以在 Ganache 的 SERVER（服务器）选项中修改这些选项，如图 14-8 所示。

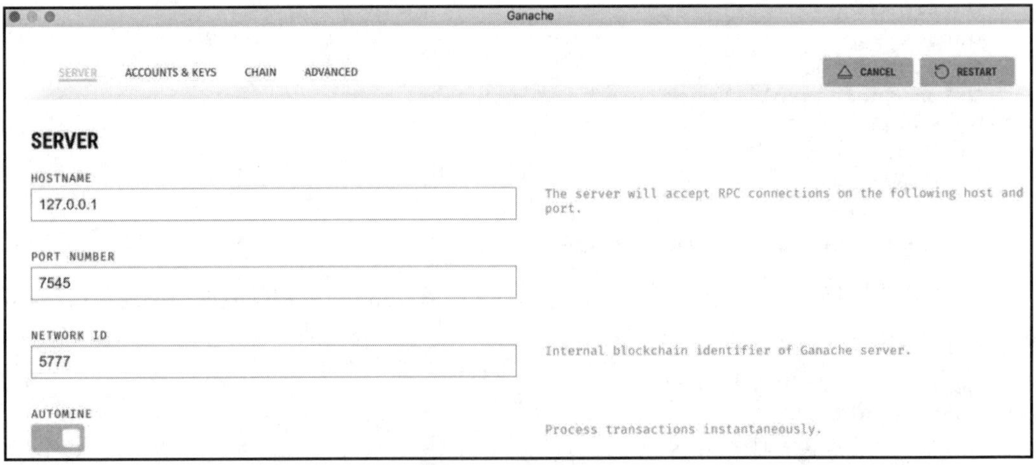

图 14-8　Ganache 设置

在成功设置 Ganache 之后，需要执行以下步骤才能解包（Unpack）webpack Truffle Box 并运行 MetaCoin 项目：

（1）解开 webpack Truffle Box 示例包：

```
$ truffle unbox webpack
Downloading...
Unpacking...
Setting up...
Unbox successful. Sweet!

Commands:

    Compile:                    truffle compile
    Migrate:                    truffle migrate
    Test contracts:             truffle test
    Run linter:                 npm run lint
    Run dev server:             npm run dev
    Build for production:       npm run build
```

（2）如果有必要，可以编辑 truffle.js 文件，将端口更改为运行 Ganache 的端口。请注意对照图 14-8 中的 Ganache 设置：

```
$ cat truffle.js
// 允许在迁移和测试中使用 ES6
require('babel-register')

module.exports = {
    networks: {
        development: {
            host: 'localhost',
            port: 7545,          // 这是 Ganache 运行所在的端口
            network_id: '*'      // 匹配任何网络 ID
        }
    }
}
```

（3）运行以下命令来编译所有合约：

```
$ truffle compile
```

这将显示以下输出：

```
Compiling ./contracts/ConvertLib.sol...
Compiling ./contracts/MetaCoin.sol...
Compiling ./contracts/Migrations.sol...
Writing artifacts to ./build/contracts
```

（4）由于我们将 Ganache 用作 Web3 提供程序，因此需要编辑 app/javascripts/下一个名为 app.js 的文件以修改连接设置，以便该应用程序可以连接到本地 Ganache 区块链。打开此文件并编辑以下代码：

```
// fallback - 使用你的回退策略（本地节点/托管节点 + Dapp 内 ID 管理/失败）
window.web3 = new Web3(new
Web3.providers.HttpProvider("http://127.0.0.1:9545"));
```

将其更改为以下内容：

```
// fallback - 使用你的回退策略（本地节点/托管节点 + Dapp 内 ID 管理/失败）
window.web3 = new Web3(new
Web3.providers.HttpProvider("http://127.0.0.1:7545"));
```

（5）可以使用 truffle test 命令进行测试，示例如下：

```
$ truffle test
Using network 'development'.

Compiling ./contracts/ConvertLib.sol...
Compiling ./contracts/MetaCoin.sol...
Compiling ./test/TestMetacoin.sol...
Compiling truffle/Assert.sol...
Compiling truffle/DeployedAddresses.sol...
TestMetacoin
      ✓ testInitialBalanceUsingDeployedContract (164ms)
      ✓ testInitialBalanceWithNewMetaCoin (73ms)

    Contract: MetaCoin
      ✓ should put 10000 MetaCoin in the first account
      ✓ should call a function that depends on a linked library (248ms)
      ✓ should send coin correctly (185ms)
    5 passing (1s)
```

（6）测试完成后，可以使用以下命令迁移到区块链。迁移将使用步骤（2）中编辑的 truffle.js 中可用的设置，以指向运行 Ganache 的端口。迁移命令如下：

```
$ truffle migrate
```

其输出如图 14-9 所示。请注意，在运行 Truffle 迁移时，它将反映在 Ganache 上。例如，账户余额将减少，你还可以查看已执行的交易。另请注意，图 14-9 显示的账户与 Ganache 中显示的账户是相对应的。

另外要注意的是，图 14-9 中显示的 Truffle 迁移也会通过账户反映在 Ganache 中。

为了验证这一点，可以在 Ganache 中显示交易的账户列表，如图 14-10 所示。

```
Using network 'development'.

Running migration: 1_initial_migration.js
  Deploying Migrations...
  ... 0x54ac3fff035594cb4f3244ca0115fd206e9bce0a6e19b4964e67fb792e4c4991
  Migrations: 0x2c2b9c9a4a25e24b174f26114e8926a9f2128fe4
Saving successful migration to network...
  ... 0x9b51540f5a7d75a8fc920e3e5e4ec66792ba31fd006bd176901f0e6347af2dba
Saving artifacts...
Running migration: 2_deploy_contracts.js
  Deploying ConvertLib...
  ... 0x4d1f4c386d0b213c154ce5587aa6f625b1c70ff374f4ca0053a82db1074e8765
  ConvertLib: 0xfb88de099e13c3ed21f80a7a1e49f8caecf10df6
  Linking ConvertLib to MetaCoin
  Deploying MetaCoin...
  ... 0xc9f8e7eb12b2cd3d33d73c8ed5858157ebeb7181ea262b19677a081e5e014ce1
  MetaCoin: 0xaa588d3737b611bafd7bd713445b314bd453a5c8
Saving successful migration to network...
  ... 0xd5050afb739a27fba97e027707af14e6e07077227a11a1035d352647a3f644aa
Saving artifacts...
```

图 14-9　Truffle 迁移

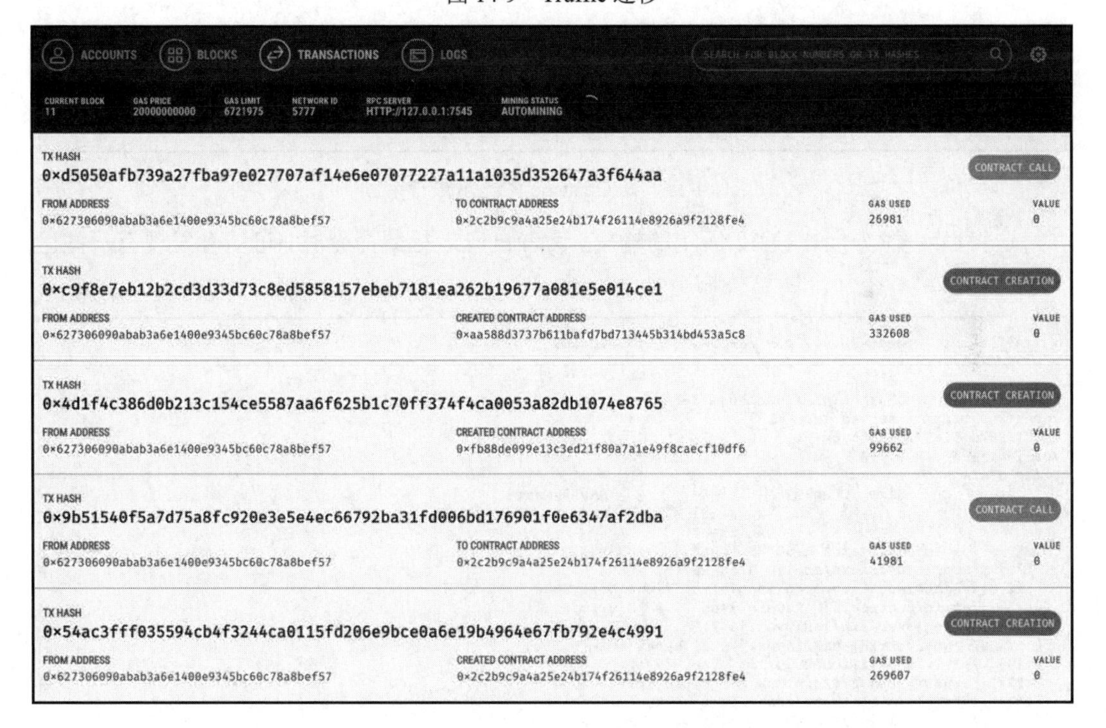

图 14-10　在 Ganache 中显示交易

还要注意的是，如图 14-11 所示，以太币已从账户中被消耗掉。随着交易的运行，可以在 Ganache 中看到 BALANCE（余额）更新。

（7）可以启动前端并使用 MetaCoin 应用程序。

使用以下命令启动开发（dev）服务器：

```
$ npm run dev
```

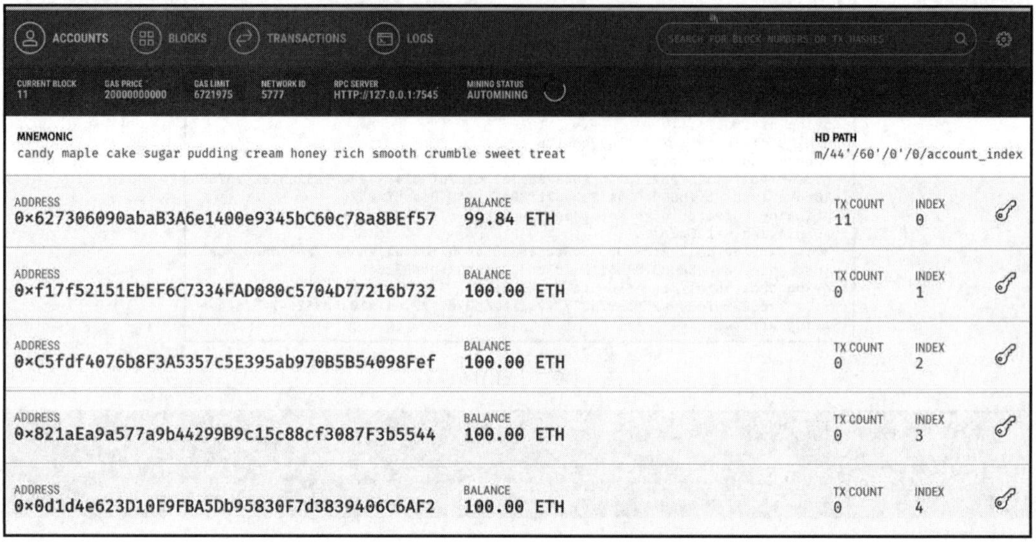

图 14-11　在 Ganache 中显示账户余额

这将显示类似于图 14-12 所示的输出。读者自己运行此命令时，可能会发现有一些区别，例如用户名不同，但总体输出是一样的。

```
> truffle-init-webpack@0.0.2 dev /Users/drequinox/dapp1
> webpack-dev-server

Project is running at http://localhost:8080/
webpack output is served from /
Hash: 157d6514272a12586aba
Version: webpack 2.7.0
Time: 6702ms
     Asset       Size  Chunks                    Chunk Names
    app.js    1.65 MB       0  [emitted]  [big]  main
index.html  925 bytes          [emitted]
chunk    {0} app.js (main) 1.63 MB [entry] [rendered]
   [71] ./app/javascripts/app.js 3.64 kB {0} [built]
   [72] (webpack)-dev-server/client?http://localhost:8080 7.95 kB {0} [built]
   [73] ./build/contracts/MetaCoin.json 23.8 kB {0} [built]
  [111] ./~/loglevel/lib/loglevel.js 7.86 kB {0} [built]
  [117] ./~/querystring-es3/index.js 127 bytes {0} [built]
  [119] ./~/strip-ansi/index.js 161 bytes {0} [built]
  [122] ./app/stylesheets/app.css 905 bytes {0} [built]
  [163] ./~/truffle-contract/index.js 2.64 kB {0} [built]
  [197] ./~/url/url.js 23.3 kB {0} [built]
  [199] ./~/web3/index.js 193 bytes {0} [built]
  [233] (webpack)-dev-server/client/overlay.js 3.73 kB {0} [built]
  [234] (webpack)-dev-server/client/socket.js 1.05 kB {0} [built]
  [235] (webpack)/hot nonrecursive ^\.\/log$ 160 bytes {0} [built]
  [236] (webpack)/hot/emitter.js 77 bytes {0} [built]
  [237] multi (webpack)-dev-server/client?http://localhost:8080 ./app/javascripts/app.js 40 bytes {0} [built]
    + 223 hidden modules
webpack: Compiled successfully.
```

图 14-12　运行 Webpack

（8）打开 Web 浏览器并转到 http://localhost:8080，这将显示如图 14-13 所示的输出。

图 14-13　MetaCoin 示例前端

在如图 14-13 所示的前端中，可以使用 MetaCoin 前端应用程序将 MetaCoin 转移到任何其他账户。

这些交易将显示在 Ganache 上，如图 14-14 所示。

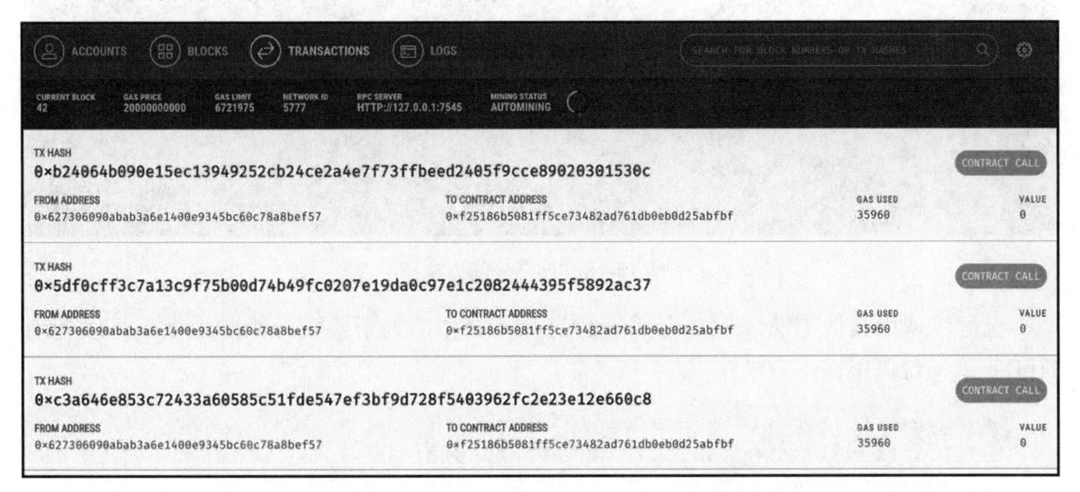

图 14-14　在 Ganache 中显示交易明细

使用 Truffle 控制台还可以与合约进行交互，下面我们就来探讨该操作。

14.4.2　与合约的交互

Truffle 提供了一个控制台（命令行界面），允许与合约进行交互。所有部署的合约已经实例化，可以在控制台中使用。这是一个基于 REPL 的接口，REPL 表示读取（Read）、评估（Evaluate）和打印循环（Print Loop）。类似地，也可以在 Geth 客户端中（通过附加或控制台），通过公开 JavaScript 运行时环境（JavaScript Runtime Environment，JSRE）来使用 REPL。可以通过使用以下命令来访问控制台：

```
$ truffle console
```

此后，将打开一个命令行界面，如图 14-15 所示。

```
drequinox@drequinox-OP7010:~/testdapp$ truffle console
truffle(default)>
```

图 14-15　Truffle 控制台

在控制台可用后，可以运行各种方法来查询合约。可以通过输入以下命令并使用 Tab 键补全来显示方法列表，如图 14-16 所示。

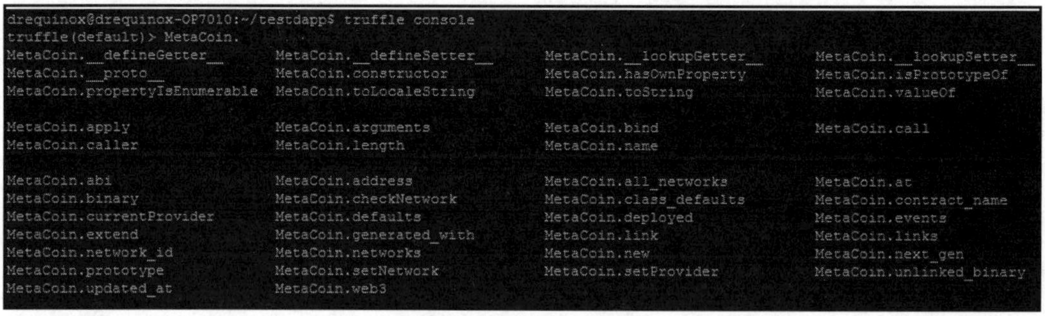

```
drequinox@drequinox-OP7010:~/testdapp$ truffle console
truffle(default)> MetaCoin.
MetaCoin.__defineGetter__       MetaCoin.__defineSetter__     MetaCoin.__lookupGetter__     MetaCoin.__lookupSetter__
MetaCoin.__proto__              MetaCoin.constructor          MetaCoin.hasOwnProperty       MetaCoin.isPrototypeOf
MetaCoin.propertyIsEnumerable   MetaCoin.toLocaleString       MetaCoin.toString             MetaCoin.valueOf

MetaCoin.apply                  MetaCoin.arguments            MetaCoin.bind                 MetaCoin.call
MetaCoin.caller                 MetaCoin.length               MetaCoin.name

MetaCoin.abi                    MetaCoin.address              MetaCoin.all_networks         MetaCoin.at
MetaCoin.binary                 MetaCoin.checkNetwork         MetaCoin.class_defaults       MetaCoin.contract_name
MetaCoin.currentProvider        MetaCoin.defaults             MetaCoin.deployed             MetaCoin.events
MetaCoin.extend                 MetaCoin.generated_with       MetaCoin.link                 MetaCoin.links
MetaCoin.network_id             MetaCoin.networks             MetaCoin.new                  MetaCoin.next_gen
MetaCoin.prototype              MetaCoin.setNetwork           MetaCoin.setProvider          MetaCoin.unlinked_binary
MetaCoin.updated_at             MetaCoin.web3
```

图 14-16　已公开的方法

也可以调用其他方法以便与合约进行交互。例如，为了检索合约的地址，可以使用 Truffle 控制台调用以下方法：

```
truffle(development)> MetaCoin.address
'0xf25186b5081ff5ce73482ad761db0eb0d25abfbf'
truffle(development)>
```

该地址也会显示在 Ganache 的合约创建交易中，如图 14-17 所示。

在 Truffle 控制台中，可以调用的其他方法示例如下：

- 查询可用的账户：

```
truffle(development)> web3.eth.accounts[0]
'0x627306090abab3a6e1400e9345bc60c78a8bef57'
truffle(development)>
```

图 14-17　在 Ganache 中显示的合约创建交易

- 查询合约的余额：

```
truffle(development)>
MetaCoin.web3.eth.getBalance(web3.eth.accounts[0])
{ [String: '99922916099998726400'] s: 1,e: 19,c: [999229,16099998726400] }
truffle(development)>
```

以下是图 14-17 在 Ganache 中显示的第一个账户：

```
0x627306090abaB3A6e1400e9345bC60c78a8BEf57
```

其输出将返回一个值为 992299 的字符串。

要退出 Truffle 控制台，可使用 .exit 命令。

以上我们就完成了对 webpack Truffle Box 和使用 Truffle 的 MetaCoin 应用程序的介绍。在下一节中，我们将讨论如何从头开始开发合约，以及如何使用 Truffle、Ganache 和 PrivateNet 进行测试和部署。

14.4.3　另一个示例

本节将演示一个简单合约的示例。这是使用 Solidity 语言开发的一个简单的合约，只执行加法。现在来看一下如何为该合约创建迁移和测试。

请按以下步骤操作：

（1）创建一个名为 simplecontract 的目录：

```
$ mkdir simplecontract
```

（2）进入 simplecontract 目录：

```
$ cd simplecontract
```

（3）初始化 Truffle 来创建智能合约开发的基础结构：

```
$ truffle init
truffle init
Downloading...
Unpacking...
Setting up...
Unbox successful. Sweet!

Commands:

    Compile:        truffle compile
    Migrate:        truffle migrate
    Test contracts: truffle test
```

init 命令生成的树结构如下所示：

```
├── contracts
│   └── Migrations.sol
├── migrations
│   └── 1_initial_migration.js
├── test
├── truffle-config.js
└── truffle.js
```

（4）将 Addition.sol 和 Migrations.sol 文件放置在 contracts 目录中：

```
    Addition.sol:

pragma solidity ^0.4.2;
contract Addition
{
    uint8 x;          // 声明变量 x
                      // 定义函数 addx，包括参数 y 和 z，使用修饰符 public
    function addx(uint8 y, uint8 z ) public
    {
        x = y + z;  // 执行加法
```

```
    }
                    // 定义函数 retrievex 以检索变量 x 存储的值
    function retrievex() constant public returns (uint8)
    {
        return x;
    }
}

    Migrations.sol:

pragma solidity ^0.4.17;
contract Migrations
{
    address public owner;
    uint public last_completed_migration;
    modifier restricted()
    {
        if (msg.sender == owner) _;
    }
    function Migrations() public
    {
        owner = msg.sender;
    }
    function setCompleted(uint completed) public restricted
    {
        last_completed_migration = completed;
    }
    function upgrade(address new_address) public restricted
    {
        Migrations upgraded = Migrations(new_address);
        upgraded.setCompleted(last_completed_migration);
    }
}
```

（5）在 migration 文件夹下，放置两个扩展名为.js 的文件，如下所示：

```
1_initial_migration.js:

    var Migrations = artifacts.require("./Migrations.sol");

    module.exports = function(deployer) {
        deployer.deploy(Migrations);
    };
```

```
2_deploy_contracts.js:

    var SimpleStorage = artifacts.require("Addition");

    module.exports = function(deployer) {
        deployer.deploy(SimpleStorage);
    };
```

（6）在 test 文件夹下放置以下文件，它将用于单元测试：

```
TestAddition.sol
pragma solidity ^0.4.2;

import "truffle/Assert.sol";
import "truffle/DeployedAddresses.sol";
import "../contracts/Addition.sol";

contract TestAddition {

    function testAddition() public
    {
        Addition adder = Addition(DeployedAddresses.Addition());
        adder.addx(100,100);
        uint returnedResult = adder.retrievex();
        uint expected = 200;

        Assert.equal(returnedResult, expected, "should result 200");
    }
```

由于 Addition 合约已被实例化，并在 Truffle 控制台中可用，因此使用各种方法与合约进行交互变得非常容易。

为了与合约进行交互，可以使用以下方法。

运行以下命令：

```
$ truffle console
```

这将打开 Truffle 控制台，允许与合约进行交互。

例如，为了检索已部署合约的地址，可以调用以下方法：

```
truffle(development)> Addition.address
'0x345ca3e014aaf5dca488057592ee47305d9b3e10'
```

要从合约中调用函数，可将已部署的方法与合约功能一起使用。图 14-18 显示了一个示例，其中调用了 addx 函数并传递了两个参数。

```
truffle(development)> Addition.at(Addition.address).addx(100,100)
{ tx: '0xd58f346b76c1d878b67e7318bd4f2f4acb53418d4632efafa35bf939f0181cac',
  receipt:
   { transactionHash: '0xd58f346b76c1d878b67e7318bd4f2f4acb53418d4632efafa35bf939f0181cac',
     transactionIndex: 0,
     blockHash: '0x9215c0d4f7e5f2861b68bc8d097e017c65751dbaf4fe73c1a5729f97ac4315de',
     blockNumber: 41,
     gasUsed: 27131,
     cumulativeGasUsed: 27131,
     contractAddress: null,
     logs: [],
     status: 1 },
  logs: [] }
truffle(development)> Addition.at(Addition.address).retrievex()
{ [String: '200'] s: 1, e: 2, c: [ 200 ] }
truffle(development)>
```

图 14-18　Truffle 控制台——与合约交互

14.4.4　示例项目——思想证明

本示例将为你提供一个了解如何将合约项目从最初的构想发展为 Solidity 的合约源代码并最终进行部署的机会。

本项目程序背后的思想是提供公证某个文档的服务。这在日后可以用作证明，证明在过去的某个时间，声明人曾经提出过某些信息，这对于专利文件可能非常有用。

例如，如果有人提出了一种思想，那么他或她可以创建该文档的哈希并将其保存在区块链上。由于区块链的不可篡改性，它可以作为永久性证明，证明某个思想（文档）在某个时间的存在。有许多方法都可以实现这一点，本项目的基本工作原理是：由哈希函数提供文本或文档的摘要，并且它是唯一的。

这可以通过使用不同的哈希函数以多种方式实现。关键思想是创建文档或文本字符串的哈希并将其保存在区块链上。一旦文本经过哈希处理并保存，后续如果想要保存该相同文本，则会被拒绝，因为通过将该文档的哈希值与已存储的哈希值进行比较可发现不同。

此示例将使用 Solidity、Truffle 和测试网（已经运行并且网络 ID 为 786，这是我们之前已创建的网络）。

首先，需要编写合约代码。这可以使用任何适当的文本编辑器或集成开发环境（例如 Remix IDE 或 Visual Studio Code）来完成，还可以使用 Remix IDE，因为它也为测试提供了模拟环境。

现在来仔细研究一下本示例的代码：

```
pragma solidity ^0.4.0;
```

上述语句确保最低编译器版本为 0.4.0，最高版本不能超过 0.4.9，这样可以确保程序之间的兼容性。

```
contract PatentIdea {
```

上述语句是名称为 PatentIdea 的合约的开始。

```
mapping (bytes32 => bool) private hashes;
```

在上面的代码行中，定义了一个映射，将 bytes32 映射为 Boolean，这基本上是将 bytes32 的哈希（字典）映射为 Boolean 值。

```
bool alreadyStored;
```

上述语句声明了一个 alreadyStored 变量，该变量是布尔类型的，其值可以为 true 或 false，此变量用于保存 SaveIdeaHash 函数的返回值。

```
event ideahashed(bool);
```

上述语句声明了一个事件，该事件将用于捕获哈希函数（SaveIdeaHash）的失败或成功。触发事件时，它将返回一个 true 或 false 布尔值。

以下语句将声明一个名为 saveHash 的函数，该函数将 bytes32 类型的 hash 变量作为参数并将其保存在 hash 映射中，这将导致合约状态的改变。请注意，该函数的可访问性（Accessibility）已更改为 private，因为它仅在合约内部使用，并不需要被公开：

```
function saveHash(bytes32 hash) private
{
    hashes[hash] = true;
}
```

以下语句声明了另一个函数 SaveIdeaHash，它采用字符串类型的 idea 变量作为参数，并根据函数的结果返回布尔值（true 或 false）：

```
function SaveIdeaHash(string idea) returns (bool)
{
    var hashedIdea = HashtheIdea(idea);
    if (alreadyHashed(HashtheIdea(idea)))
    {
        alreadyStored=true;
        ideahashed(false);
        return alreadyStored;
    }
    saveHash(hashedIdea);
```

```
    ideahashed(true);
}
```

该函数声明了一个名为 hashedIdea 的变量，该变量的赋值语句调用了 HashtheIdea 函数（下文马上就会介绍到）。请注意，在保存后该函数也可以返回一个值，但为简单起见，此处未显示。

下一个要定义的函数是 alreadyHashed 函数，该函数将采用类型为 bytes32 的名为 hash 的变量作为参数，并在检查哈希映射中的哈希后返回布尔值（true 或 false）。该函数将被声明为 constant，并且其可访问性设置为 private：

```
function alreadyHashed(bytes32 hash) constant private returns(bool)
{
    return hashes[hash];
}
```

下一个函数是 isAlreadyHashed，它检查 idea 是否已被哈希处理。该函数采用字符串类型的输入作为参数，并且声明为 constant，这意味着它无法更改合约的状态，并且将根据 alreadyHashed 函数的执行结果返回 true 或 false 值。然后，该函数将调用前面介绍过的 alreadyHashed 函数，以从哈希映射检查该哈希是否已存储。如果已经存储，则意味着相同的字符串（idea）已经被哈希并存储（已获得专利）：

```
function isAlreadyHashed(string idea) constant returns (bool)
{
    var hashedIdea = HashtheIdea(idea);
    return alreadyHashed(hashedIdea);
}
```

最后要介绍的是 HashtheIdea 函数，该函数采用字符串类型的 idea 变量作为参数，并且也声明为 constant，这意味着它无法更改合约的状态，它也被声明为 private，因为它仅在合约内部使用，并不需要被公开。此函数返回 bytes32 类型值：

```
function HashtheIdea(string idea) constant private returns (bytes32)
{
    return sha3(idea);
}
```

该函数将调用 Solidity 的内置函数 sha3，并在变量 idea 中传递一个字符串给它。该函数将返回字符串的 SHA3 哈希。sha3 函数是 Solidity 中可用的 keccak256()函数的别名，该函数可计算传递给它的字符串的 Keccak-256 哈希。

请注意，Solidity 语言中使用的 sha3 函数并不是 NIST 标准的 SHA-3。相反，它是

Keccak-256，这是参加 NIST 的 SHA-3 标准竞赛的原始版本，后来它被 NIST 稍作修改，标准化为 SHA-3 标准（详见第 4.11 节“安全哈希算法的设计”）。与 Keccak-256（以太坊的 sha3 函数）相比，实际的 SHA-3 标准哈希函数将返回不同的哈希。

完整的合约源代码如下所示：

```
pragma solidity ^0.4.0;
contract PatentIdea
{
    mapping (bytes32 => bool) private hashes;
    bool alreadyStored;
    event ideahashed(bool);
    function saveHash(bytes32 hash) private
    {
        hashes[hash] = true;
    }
    function SaveIdeaHash(string idea) returns (bool)
    {
        var hashedIdea = HashtheIdea(idea);
        if (alreadyHashed(HashtheIdea(idea)))
        {
            alreadyStored=true;
            ideahashed(false);
            return alreadyStored;
        }
        saveHash(hashedIdea);
        ideahashed(true);
    }
    function alreadyHashed(bytes32 hash) constant private returns(bool)
    {
        return hashes[hash];
    }
    function isAlreadyHashed(string idea) constant returns (bool)
    {
        var hashedIdea = HashtheIdea(idea);
        return alreadyHashed(hashedIdea);
    }
    function HashtheIdea(string idea) constant private returns (bytes32)
    {
        return sha3(idea);
    }
}
```

可以在浏览器的 Solidity 编辑环境中模拟此源代码，以验证其运行状态。图 14-19 即显示了该示例。

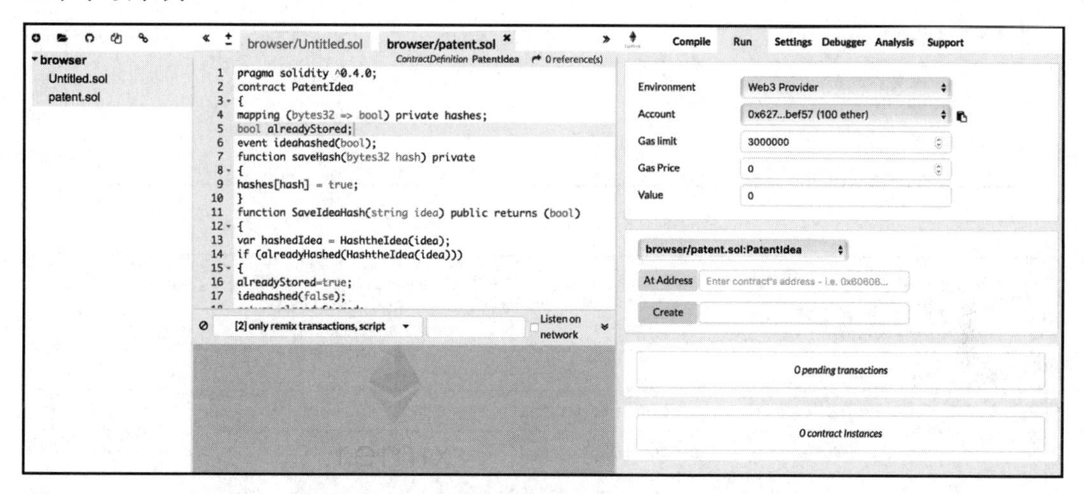

图 14-19　利用浏览器的 Solidity 编辑环境创建合约

该代码可以通过多种方式进行改进。例如，日期还可以与文档哈希一起存储在映射中，并且可以在查询时被返回；可以通过添加结构和与该专利有关的更多信息来扩展它。以上代码提供了如何实现“思想证明”合约的完整示例，读者可以在完成练习之后尝试自行改进它。

单击 Create（创建）后，将显示合约中的两个函数，如图 14-20 所示。

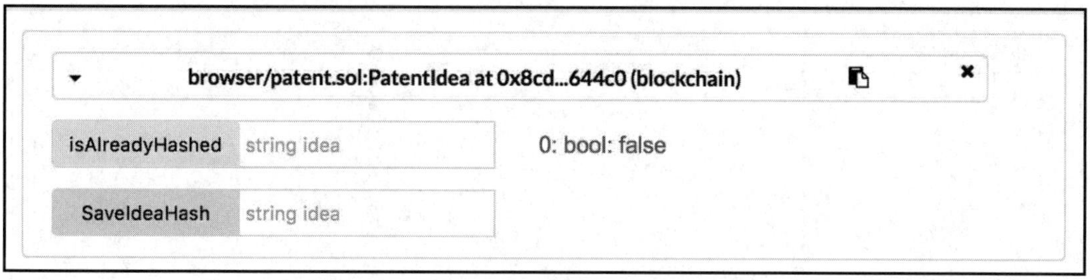

browser/patent.sol:PatentIdea at 0x8cd...644c0 (blockchain)

isAlreadyHashed　string idea　0: bool: false

SaveIdeaHash　string idea

图 14-20　相关成本和显示的两个函数

现在可以调用函数 isAlreadyHased（检查 idea 是否已被哈希）和 SaveIdeaHash（保存新的 idea 字符串），如图 14-21 所示。

现在，如果查看在 IDE 底部显示的 Remix IDE 中生成的日志，将看到一些有用的详细信息，如图 14-22 所示。

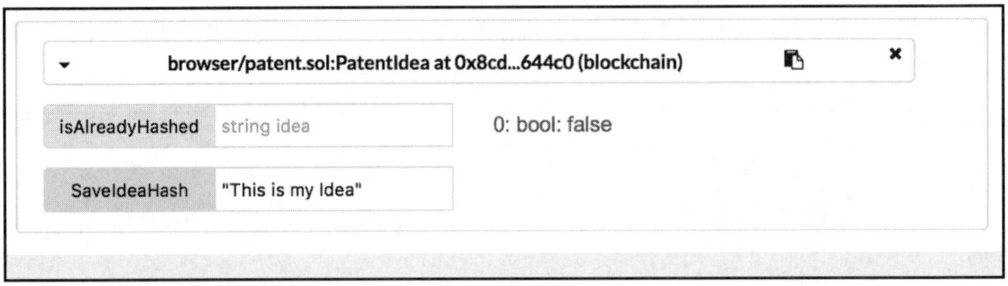

browser/patent.sol:PatentIdea at 0x8cd...644c0 (blockchain)

isAlreadyHashed　string idea　　0: bool: false

SaveIdeaHash　"This is my Idea"

图 14-21　调用 SaveIdeaHash 函数

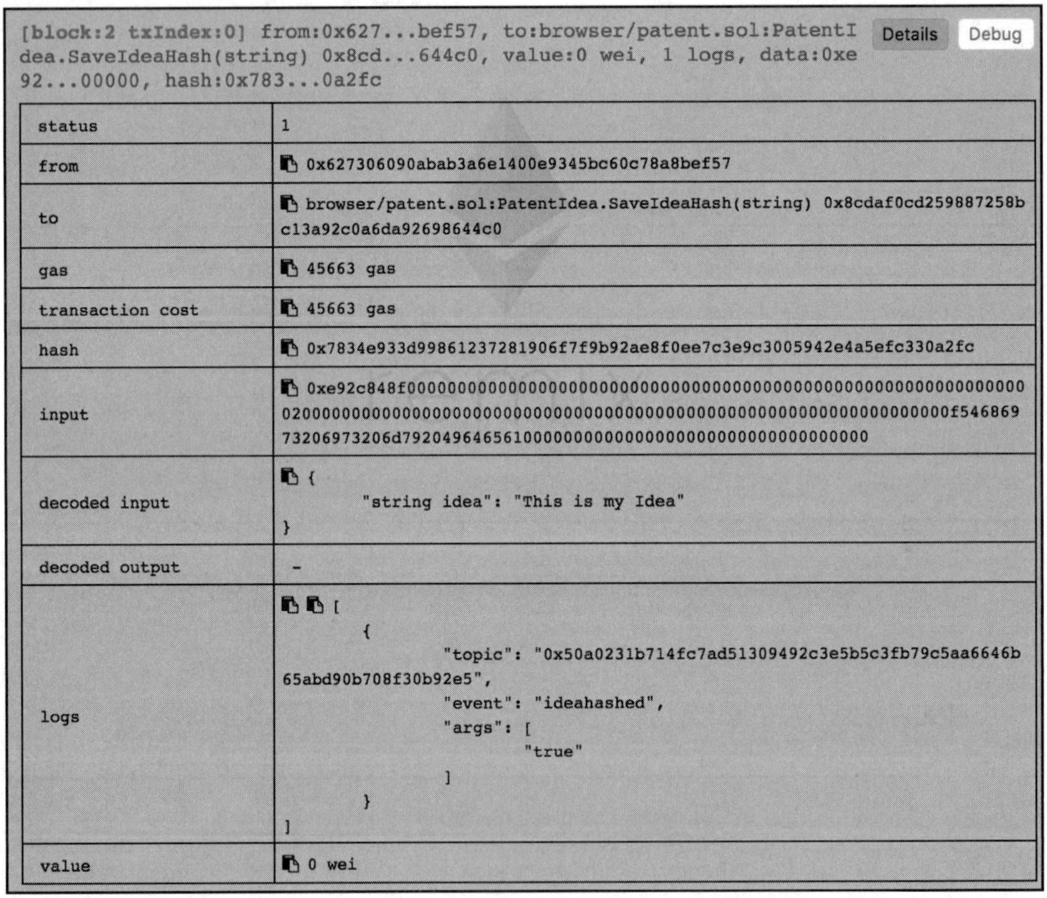

[block:2 txIndex:0] from:0x627...bef57, to:browser/patent.sol:PatentIdea.SaveIdeaHash(string) 0x8cd...644c0, value:0 wei, 1 logs, data:0xe92...00000, hash:0x783...0a2fc　Details　Debug

status	1
from	0x627306090abab3a6e1400e9345bc60c78a8bef57
to	browser/patent.sol:PatentIdea.SaveIdeaHash(string) 0x8cdaf0cd259887258bc13a92c0a6da92698644c0
gas	45663 gas
transaction cost	45663 gas
hash	0x7834e933d99861237281906f7f9b92ae8f0ee7c3e9c3005942e4a5efc330a2fc
input	0xe92c848f0000000000000000000000000000000000000000000000000000000000000 0200000000000000000000000000000000000000000000000000000000000000f546869 73206973206d7920496465610000000000000000000000000000000000

decoded input	{
	"string idea": "This is my Idea"
	}

decoded output	-

logs	[
	{
	"topic": "0x50a0231b714fc7ad51309492c3e5b5c3fb79c5aa6646b65abd90b708f30b92e5",
	"event": "ideahashed",
	"args": [
	"true"
	]
	}
	]

value	0 wei

图 14-22　日志

该日志显示了一些有价值的信息，例如：

- status：在示例中为 1，表示交易已被成功挖掘并执行。

- from：这是发起合约的账户的地址。
- to：这是区块链上合约的地址。
- gas：显示发送了多少燃料。
- transaction cost：显示消耗了多少燃料。
- hash：这是合约的哈希。
- input：以十六进制显示的输入。
- decoded input：显示解码的输入。
- logs：显示交易日志。
- value：显示合约中以 Wei 为单位的价值。

同样，isAlreadyHashed 也是可以被调用的，并且可以浏览日志以查找有关其执行的更多详细信息，如图 14-23 所示。

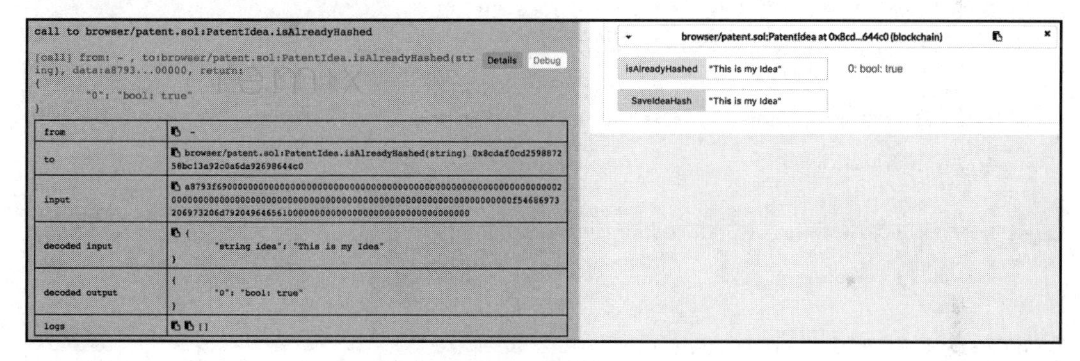

图 14-23　执行函数 isAlreadyHashed

如果将相同的字符串再次传递给该函数，则该字符串将不会被保存，如图 14-24 所示。

status	1
from	0x627306090abab3a6e1400e9345bc60c78a8bef57
to	browser/patent.sol:PatentIdea.SaveIdeaHash(string) 0x8cdaf0cd259887258bc13a92c0a6da92698644c0
gas	30792 gas
transaction cost	30792 gas
hash	0x136e0b206d6a0e03a3908fca001059df1821db14fa0493f5cfb87a861c1244cf
decoded input	{ "string idea": "This is my Idea" }
decoded output	-
logs	[{ "topic": "0x50a0231b714fc7ad51309492c3e5b5c3fb79c5aa6646b65abd90b708f30b92e5", "event": "ideahashed", "args": ["false"] }]
value	0 wei

图 14-24　执行函数 SaveIdeaHash

可以看到，该事件已返回 false，表示无法保存该哈希；而该函数则返回 true，表明相同的哈希已被保存。

由于我们一直使用 Ganache 作为提供 Web3 的本地区块链，因此可以在 Ganache 前端中看到所有相关交易，如图 14-25 所示。

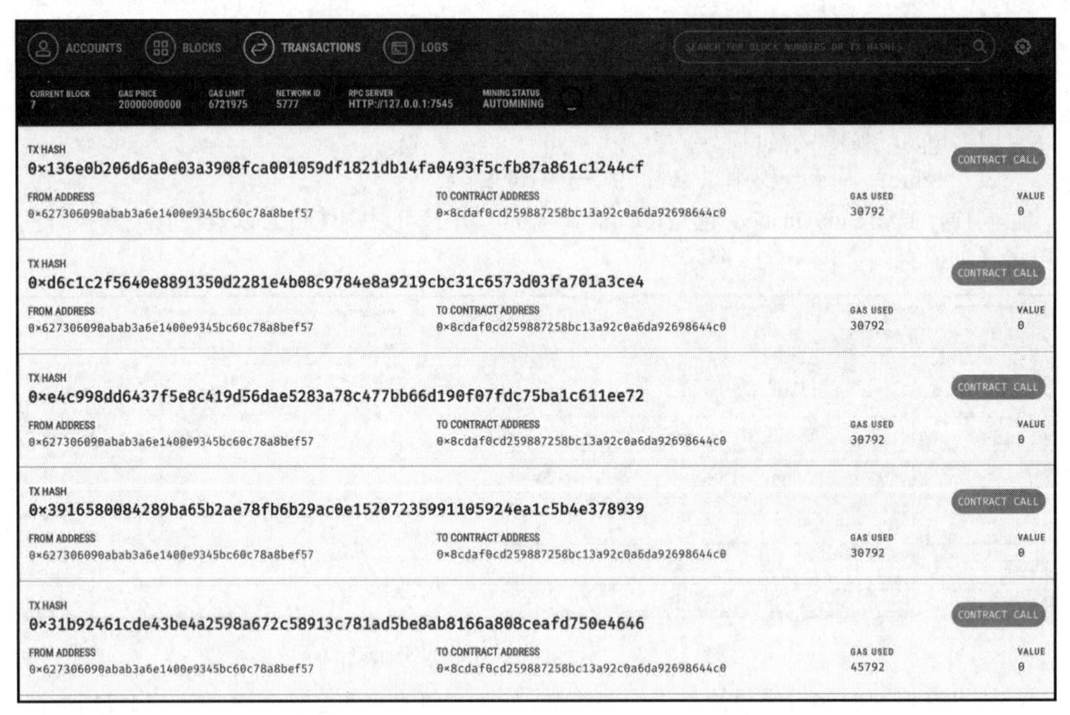

图 14-25　在 Ganache 中显示通过 Remix IDE 发出的所有交易

一旦使用 Ganache 在 Remix IDE 中编写合约并对其进行模拟，下一步就是使用 Truffle 初始化一个新项目，并在私有网络上进行部署和测试。这里我们仍然使用前面已经创建的私有网络（网络 ID 为 786）。

（1）首先为项目创建一个单独的目录：

```
~$ mkdir ideapatent
~$ cd ideapatent/
```

（2）使用 Truffle 初始化并创建一个新项目：

```
~/ideapatent$ truffle init
truffle init
Downloading...
```

```
Unpacking...
Setting up...
Unbox successful. Sweet!

Commands:
    Compile:    truffle compile
    Migrate:    truffle migrate
    Test contracts: truffle test
```

这将创建一个如下所示的结构：

```
.
├── contracts
│   └── Migrations.sol
├── migrations
│   └── 1_initial_migration.js
├── test
├── truffle-config.js
└── truffle.js
```

（3）在 contracts 文件夹下，创建一个名为 PatentIdea.sol 的文件，并将源代码放入前面显示的文件中。

（4）编辑 Truffle.js 以指向 localhost HTTP 端点，这正是我们先前创建的私有网络（网络 ID 为 786）：

```
module.exports = {
    networks: {
        development: {
            host: 'localhost',
            port: 8545,
            network_id: 786
        }
    }
}
```

（5）在~/ideapatent/migrations 文件夹下，创建 2_deploy_contracts.js 文件，如下所示：

```
2_deploy_contracts.js

var PatentContract = artifacts.require("PatentIdea");

module.exports = function(deployer) {
    deployer.deploy(PatentContract);
};
```

（6）使用 Truffle 运行编译，如下所示：

```
truffle compile
Compiling ./contracts/PatentIdea.sol...
Writing artifacts to ./build/contracts
```

（7）确保挖矿在后台运行并部署到网络，如下所示：

```
$ truffle migrate
Using network 'development'.

Running migration: 1_initial_migration.js
    Deploying Migrations...
    ...
0x1813f90a123ee23443d10ebec1cf6c58919e10fc36d7de6b063f0cd596c92f97
    Migrations: 0x8cdaf0cd259887258bc13a92c0a6da92698644c0
Saving successful migration to network...
    ...
0xd7bc86d31bee32fa3988f1c1eabce403a1b5d570340a3a9cdba53a472ee8c956
Saving artifacts...
Running migration: 2_deploy_contracts.js
    Deploying PatentIdea...
    ...
0x816dc5e6de1d76152e3680199e71f51b48b79bbe6e0c4e6592633b471ecdea69
    PatentIdea: 0x345ca3e014aaf5dca488057592ee47305d9b3e10
Saving artifacts...
```

（8）合约一旦部署，就可以使用 Truffle 控制台进行交互。可以通过使用以下命令来启动 Truffle 控制台：

```
$ truffle console
```

（9）控制台启动并运行后，即可调用已部署合约中的函数。

例如，要注册一个新的 idea，可以在 Geth 控制台上输入以下命令：

```
>PatentIdea.deployed().then(function(instance){app = instance})
truffle(development)>
PatentIdea.deployed().then(function(instance){app = instance})
undefined

>truffle(development)> app.SaveIdeaHash("hello1")
```

这将显示类似于图 14-26 所示的输出。

如果该账户已锁定，则可以使用以下命令将其解锁：

```
> personal.unlockAccount(web3.eth.coinbase, "Password123", 15000)
```

```
truffle(development)> PatentIdea.deployed().then(function(instance){app = instance})
undefined
truffle(development)> app.SaveIdeaHash("hello1")
{ tx: '0x597fffed0f859877676b158077c402b09a0ba1cd213c1ba28298e72a1f48af80',
  receipt:
   { blockHash: '0xaf21334ea79cc7f507eca9e6c93f043253fd371d987f0d3593ef3e270e4c77d6',
     blockNumber: 4046,
     contractAddress: null,
     cumulativeGasUsed: 45634,
     from: '0xcf61d213faa9acadbf0d110e1397caf20445c58f',
     gasUsed: 45634,
     logs: [ [Object] ],
     logsBloom: '0x00000000000000000000000000000000000000000000000000000000000000000000000000000
000000000000000000000000000000000004000000000000000000000000000000000000000000000000000000000000
000000000000000000000000000000000000000000000000000000000000000040000020000000000000000000000000
     root: '0xc9b84ede2a53eefa6e933d697068230565e16570bffeb3ad21fe71c6ee62454b',
     to: '0x0694d9db791803c83e10175163d8a58df76a2a84',
     transactionHash: '0x597fffed0f859877676b158077c402b09a0ba1cd213c1ba28298e72a1f48af80',
     transactionIndex: 0 },
  logs:
   [ { address: '0x0694d9db791803c83e10175163d8a58df76a2a84',
       blockNumber: 4046,
       transactionHash: '0x597fffed0f859877676b158077c402b09a0ba1cd213c1ba28298e72a1f48af80',
       transactionIndex: 0,
       blockHash: '0xaf21334ea79cc7f507eca9e6c93f043253fd371d987f0d3593ef3e270e4c77d6',
       logIndex: 0,
       removed: false,
       event: 'ideahashed',
       args: [Object] } ] }
```

图 14-26　在 Truffle 控制台中调用已部署的合约方法

请注意，我们在此处使用了另一个参数：15000。这是账户将保持解锁状态的持续时间，以秒为单位。

检查“hello1”是否被哈希：

```
truffle(development)> app.isAlreadyHashed("hello1");
true
```

检查是否对另一个 idea 字符串进行了哈希处理。在此示例中，我们使用了字符串“hello3”：

```
truffle(development)> app.isAlreadyHashed("hello3");
false
```

本示例演示了如何从头开始创建合约、模拟合约并将其部署在私有网络上。为了将其部署在测试网络或实时区块链上，可以执行类似的练习。只需指向适当的 RPC 并使用 Truffle 迁移即可将其部署在你选择的区块链上。

接下来，我们将讨论与以太坊和区块链相关的一些高级概念。

14.5　关于 Oracle

在本书第 9 章已经讨论过 Oracle，Oracle 是智能合约中的真实数据馈送接口。有多种服务可用于为智能合约提供 Oracle。一个比较突出的例子是 Oraclize，它可从以下网址获得：

http://www.oraclize.it/

如果智能合约需要来自第三方的实时价格或任何其他实际数据（例如特定城市的天气状况），则此功能特别有用。

在许多用例中，Oracle 可以为智能合约提供可信的数据馈送，以使它们能够根据实际事件做出决策。Oraclize 使智能合约更易于访问互联网以获得所需数据。

为了在以太坊上使用 Oraclize，需要将交易以及正确的支付和查询发送到 Oraclize 合约。Oraclize 将基于请求交易中提供的查询检索结果，并将其发送回合约地址。一旦交易被发送回合约，则将调用回调方法（Callback Method）或回退函数（Fallback Function）。

在 Solidity 中，首先需要导入 Oraclize 库，然后可以使用从该库继承的所有方法。目前，Oraclize 仅可用于私有网络（如 Ropsten）和 Live Main Net 以太坊区块链。

图 14-27 显示了 Oraclize 处理流程。

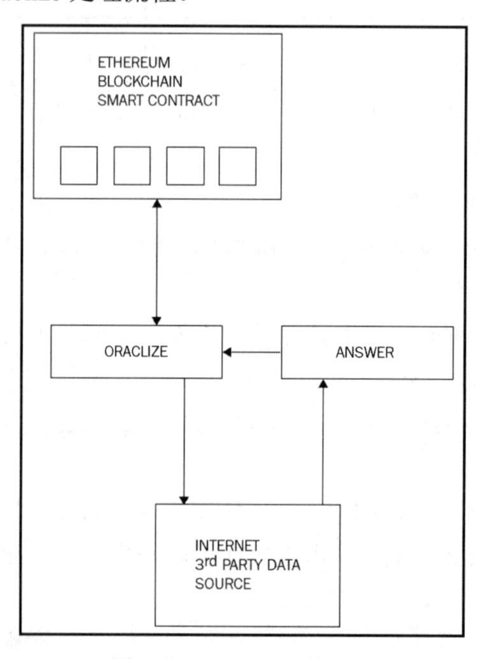

图 14-27　Oraclize 数据流

原　　文	译　　文
ETHEREUM BLOCKCHAIN SMART CONTRACT	以太坊区块链智能合约
ORACLIZE	Oraclize 功能
ANSWER	检索结果
INTERNET 3rd PARTY DATA SOURCE	Internet 第三方数据源

在该流程图中，最上面的是以太坊区块链和智能合约，Oraclize 通过安全机制与之对话。Oraclize 可以从外部数据源请求数据，这些数据可以馈送到 Oraclize 中，然后发送回以太坊区块链。检索结果带有 TLSNotary 证明，可确保消息的完整性和真实性。TLSNotary 证明用于提供两方之间通信的加密证明。

有关 TLSNotary 的原始研究论文可从以下网址获得：

https://tlsnotary.org/TLSNotary.pdf

使用 Oraclize 的 Solidity 合约的基础架构如下所示：

```
import "dev.oraclize.it/api.sol";
contract MyOracleContract is usingOraclize
{
    function MyOracleContract(){
}
```

请注意，导入（Import）操作仅在 Oraclize 在 Web 上提供的开发环境中有效。一般来说，此文件需要手动导入。

Oraclize API 可从以下网址获得：

https://github.com/oraclize/ethereum-api

以下是一个简单的示例请求：

```
oraclize_query("URL", "api.somewebsite.net/price?stock=XYZ");
```

Oraclize 还可以使用 TLSNotary 来确保其馈送的数据是安全的并且可被证明是诚实的。

14.6　去中心化存储

如第 2 章“去中心化”中讨论的那样，为了充分利用去中心化机制，除去中心化状态/计算（区块链）之外，还可以对存储和通信层也去中心化。

传统上，Web 内容是通过集中式服务器提供服务，但也可以使用分布式文件系统来进行去中心化。

可以将先前示例中显示的 HTML 内容存储在分布式和去中心化的 IPFS 网络上，以进一步增强去中心化。IPFS 是指 Juan Benet 的星际文件系统（InterPlanetary File System，IPFS），有关其详细信息，参见第 2.4.1 节“存储”。

注意：

IPFS 的下载地址如下：

https://ipfs.io/

14.6.1　安装和使用 IPFS

可以通过以下步骤安装 IPFS：

（1）使用以下命令下载 IPFS 软件包：

```
$ curl https://dist.ipfs.io/go-ipfs/v0.4.4/go- ipfs_v0.4.4_linux-
amd64.tar.gz -O
```

（2）解压缩.gz 文件：

```
$ tar xvfz go-ipfs_v0.4.4_linux-amd64.tar.gz
```

（3）将 IPFS 文件移动到适当的文件夹中，以使其在路径中可用：

```
$ mv go-ipfs/ipfs /usr/local/bin/ipfs
```

（4）初始化 IPFS 节点：

```
$ ipfs init initializing ipfs node at /home/imran/.ipfs generating
2048-bit RSA keypair...done
peer identity: Qmbc726pLS9nUQjUbeJUxcCfXAGaXPD41jAszXniChJz62 to
get started, enter:
ipfs cat
/ipfs/QmYwAPJzv5CZsnA625s3Xf2nemtYgPpHdWEz79ojWnPbdG/readme
```

（5）出现如图 14-28 所示界面表示已成功安装 IPFS。

（6）启动 IPFS 守护程序：

```
$ ipfs daemon

Initializing daemon...
Swarm listening on /ip4/127.0.0.1/tcp/4001 Swarm listening on
/ip4/192.168.0.17/tcp/4001 Swarm listening on
```

```
/ip4/86.15.44.209/tcp/4001 Swarm listening on
/ip4/86.15.44.209/tcp/41608 Swarm listening on /ip6/::1/tcp/4001
API server listening on /ip4/127.0.0.1/tcp/5001
Gateway (readonly) server listening on /ip4/127.0.0.1/tcp/8080
Daemon is ready
```

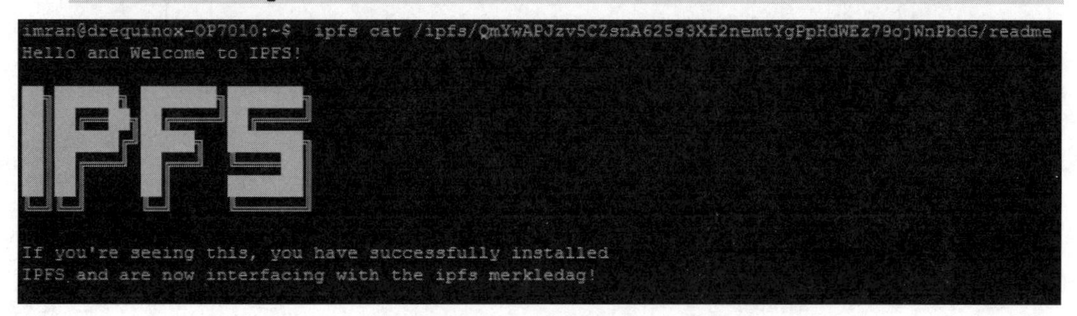

图 14-28　成功安装 IPFS

（7）使用以下命令将文件复制到 IPFS：

```
~/sampleproject/build$ ipfs add --recursive --progress.
added QmVdYdY1uycf32e8NhMVEWSufMyvcj17w3DkUt6BgeAtx7
build/app.css
added QmSypieNFeiUx6Sq7moAVCsgQhSY3Bh9ziwXJAxqSG5Pcp
build/app.js
added QmaJWMjD767GvuwuaLpt5tck9dTVCZPJa9sDcr8vdcJ8pY
build/contracts/ConvertLib.sol.js
added QmQdz9eG2Qd5kwaU86kWebDGPqXBWj1Dmv9MN4BRzt2srf
build/contracts/MetaCoin.sol.js
added QmWpvBjXTP4HutEsYUh3JLDi8VYp73SKNJi4aX1T6jwcmG
build/contracts/Migrations.sol.js
added QmQs7j6NpA1NMueTXKyswLaHKq3XDUCRay3VrC392Q4JDK
build/index.html
added QmPvWzyTEfLQnozDTfgdAAF4W9BUb2cDq5KUUrpHrukseA
build/contracts
added QmUNLLsPACCz1vLxQVkXqqLX5R1X345qqfHbsf67hvA3Nn
build/images
added QmSxpucr6J9rX3XQ3MBG8cVzLCrQFFKmMkTmpcNpjbtf3j
build
```

（8）可以在浏览器中对其进行访问，如图 14-29 所示。

注意：

现在该 URL 将指向 IPFS 文件系统。

localhost:8080/ipfs/QmQs7j6NpA1NMueTXKyswLaHKq3XDUCRay3VrC392Q4JDK/

Example Truffle Dapp

You have META

图 14-29　在 IPFS 上运行并通过 Web 主机提供服务的 Truffle DApp 示例

（9）为了使更改永久生效，可以使用以下命令：

```
$ ipfs pin add QmSxpucr6J9rX3XQ3MBG8cVzLCrQFFKmMkTmpcNpjbtf3j
```

这将显示以下输出：

```
pinned QmSxpucr6J9rX3XQ3MBG8cVzLCrQFFKmMkTmpcNpjbtf3j recursively
```

上述示例演示了如何使用 IPFS 为智能合约的 Web 部分（用户界面）提供去中心化存储。

IPFS 还可以按另一种方式与区块链一起使用。由于存储是区块链的大问题，因此最好能够在其他地方保存大量数据，并将指向该数据的链接放置在区块链交易中。这样，就无须在区块链上存储大量数据并因此而使其膨胀。可以使用 IPFS 来实现此目的，具体方法是将数据放在 IPFS 上，然后将 IPFS 链接存储在区块链交易中。

14.6.2　关于 Swarm 协议

以太坊的 Swarm 协议与 IPFS 的工作原理相似。Swarm 允许用户运行轻客户端，而所有的区块链数据则存储在 Swarm 上。

注意：

当前版本的 Geth 可以使用此工具，在以下网址有详细的操作指南。

https://swarm-guide.readthedocs.io/en/latest/introduction.html

Swarm 可通过提供的 HTTP API 使用。为了使用 Swarm，需要运行 Swarm 节点，这需要在节点上安装 Geth 客户端和 Swarm。Swarm 由 Swarm 节点组成，每个节点都运行 Geth 客户端和 Swarm 客户端。Swarm 使用的协议称为 bzz。每个 Swarm 节点有一个 bzzkey 的地址标识，这是从 Geth 节点的币基地址的 Keccak 256 位哈希中派生出来的。

Swarm 由称为块（Chunk）、哈希和清单（Manifest）的各种元素组成。

块是限制为每个块 4K 的简单数据块。这些数据是使用由数据本身生成的哈希在

Swarm 上标识的。

清单用于描述数据的访问和存储机制。它指定哈希、索引和相关的文件系统目录，以允许基于 URL 的数据检索。

对于以太坊的去中心化通信，Whisper 协议提供了去中心化通信层。这将用作以太坊的基于身份的消息传递层。Swarm 和 Whisper 都可望成为 Web 3.0 启用的技术。

14.6.3　分布式账本

许可分布式账本的概念与公共区块链根本不同。分布式账本（Distributed Ledger）的关键思想是，与开放式公共区块链相反，它们是需要有许可的。分布式账本技术（DLT）不执行任何挖矿，因为所有参与者都已经通过网络审查并为网络所知，因此无须挖矿就可以保护网络。在私有的许可分布式账本上也没有数字货币的概念，因为许可区块链的目的和公共区块链是不一样的。

在公共区块链中，访问向所有人开放，并且需要某种形式的激励和网络效应才能发展；相反，在许可的分布式账本中，没有这样的要求。可以在私有联盟环境中使用以太坊建立许可的分布式账本，尤其是在现有金融系统中。分布式账本系统的主要优点是它们更快、更易于管理，并且可能与现有金融系统实现互操作。

14.7　小　　结

本章首先介绍了 Web3，探索了开发智能合约的各种方法，然后讨论了如何使用本地测试区块链来测试和验证合约。

我们使用了诸如 Ganache、Geth 客户端控制台和 Remix IDE 等各种工具来开发、测试和部署智能合约，并使用了 Truffle 框架测试和迁移合约代码。此外还探讨了一些高级主题，例如 Oracle 和使用 IPFS 等。

第 15 章将讨论 Hyperledger（超级账本），这是 Linux 基金会发起的一个项目，旨在提高区块链技术。

第 15 章 超级账本

Hyperledger（超级账本）不是区块链，而是一个由 Linux 基金会于 2015 年 12 月发起的旨在推进区块链技术的项目。该项目由其成员共同努力实施，目的是建立一个开源分布式账本框架，该框架可用于开发和实现跨行业的区块链应用程序和系统。其重点是开发和运行支持全球业务交易的平台。该项目还专注于提高区块链系统的可靠性和性能。

Hyperledger 下的很多项目都经历了开发的各个阶段，从提案到孵化，再到活跃状态，也有些项目被放弃，或不再被积极开发。为了使项目能够进入孵化阶段，它必须具有完整的代码库以及活跃的开发人员社区。

本章将讨论以下主题：

- Hyperledger 项目。
- Hyperledger 即协议。
- 参考架构。
- Hyperledger Fabric 的要求和设计目标。
- 关于 Fabric。
- 分布式账本。
- Fabric 组件。
- 区块链上的应用。
- Sawtooth Lake。
- Corda。
- Corda 组件。

15.1 Hyperledger 项目

Hyperledger 下有两类项目：第一类是区块链框架项目；第二类是支持这些区块链的相关工具或模块。

在 Hyperledger 框架下，目前有 5 个区块链框架项目：Fabric、Sawtooth Lake、Iroha、Burrow 和 Indy。

在模块类下，则有 Hyperledger Cello、Hyperledger Composer、Hyperledger Explorer

和 Hyperledger Quilt。

Hyperledger 项目目前有 200 多个成员组织，并且有许多非常活跃的贡献者，在全球范围内定期组织聚会和演讲。

接下来，我们将逐一介绍这些项目。

15.1.1 Fabric

Fabric 是 IBM 和区块链创业公司 DAH（Digital Asset Holdings）提出的一个区块链项目。该区块链框架旨在为开发具有模块化架构的区块链解决方案提供基础。它基于可插拔的架构，可以根据需要将各种组件（例如共识引擎和成员资格服务）插入系统。它还利用容器技术，该技术用于在隔离的封闭环境中运行智能合约。目前，它的状态是活跃的，这是第一个经历从孵化到活跃状态的项目。

注意：

Fabric 的源代码可从以下网址获得：

https://github.com/hyperledger/fabric

15.1.2 Sawtooth Lake

Sawtooth Lake（锯齿湖）是 Intel 公司于 2016 年 4 月提出的一个区块链项目，其一些关键创新着眼于账本与交易的脱钩、跨多个业务领域的灵活使用，以及可插入的共识。

对于这里所谓的脱钩（Decoupling，也称为解耦），更精确的解释是，通过使用称为交易族（Transaction Families）的新概念将交易与共识层脱钩。

交易族不是使用单独的账本来耦合交易，它提供了更大的灵活性、更丰富的语义以及业务逻辑的开放式设计。交易遵循交易族中定义的模式和结构。

Intel 公司推出的一些创新元素包括缩写为 PoET 的新颖共识算法，即消逝时间量证明（Proof of Elapsed Time），该算法利用英特尔软件保护扩展（Intel Software Guard Extensions，Intel SGX）提供的可信执行环境（Trusted Execution Environment，TEE）来提供安全而随机的领导者选举处理。它还支持许可和无许可设置。

注意：

该项目的源代码可从以下网址获得：

https://github.com/hyperledger/sawtooth-core

15.1.3　Iroha

Iroha 由 Soramitsu、Hitachi、NTT Data 和 Colu 于 2016 年 9 月贡献。Iroha 的目标是建立可重用组件的库，用户可以选择在基于 Hyperledger 的分布式账本上运行它们。

Iroha 的主要目标是通过提供用 C++编写的可重用组件（重点是移动开发）来补充其他 Hyperledger 项目。该项目还提出了一种称为 Sumeragi 的新型共识算法，该算法是基于链的拜占庭容错共识算法。

注意：

该项目的源代码可从以下网址获得：

https://github.com/hyperledger/iroha

Iroha 已提出和使用各种库，其中包括但不限于数字签名库（ed25519）、SHA-3 哈希库、交易序列化库、P2P 库、API 服务器库、iOS 库、Android 库和 JavaScript 库。

15.1.4　Burrow

Burrow 项目当前处于孵化状态。Hyperledger Burrow 由 Monax 公司贡献，Monax 公司开发了一个业务的区块链开发和部署平台。

Hyperledger Burrow 引入了模块化区块链平台和基于以太坊虚拟机的智能合约执行环境。Burrow 使用权益证明、拜占庭容错 Tendermint 共识机制，其结果就是，Burrow 提供了高吞吐量和交易的不可改变性。

注意：

该项目的源代码可从以下网址获得：

https://github.com/hyperledger/burrow

15.1.5　Indy

该项目正在 Hyperledger 下进行孵化。Indy 是为建立去中心化身份而开发的分布式账本，它提供了可用于构建基于区块链的数字身份的工具、实用程序库和模块。这些身份可以跨多个区块链、域和应用程序使用。

Indy 拥有自己的分布式账本，并使用冗余拜占庭容错（Redundant Byzantine Fault Tolerance，RBFT）达成共识。

注意：

该项目的源代码可从以下网址获得：

https://github.com/hyperledger/indy-node

15.1.6　Explorer

该项目旨在为 Hyperledger Fabric 构建一个区块链浏览器，可用于查看和查询来自区块链的交易、区块和关联数据，它还提供网络信息以及与链代码进行交互的能力。

注意：

该项目的源代码可从以下网址获得：

https://github.com/hyperledger/blockchain-explorer

当前还有若干正在 Hyperledger 下孵化的其他项目，这些项目旨在提供工具和实用程序来支持区块链网络。接下来将介绍这些项目。

15.1.7　Cello

Cello 的目的是允许轻松部署区块链，这将提供一种允许“作为一种服务”部署区块链服务的能力。目前，该项目处于孵化阶段。

注意：

该项目的源代码可从以下网址获得：

https://github.com/hyperledger/cello

15.1.8　Composer

该实用程序允许以一种业务语言描述业务流程，同时抽象出低级智能合约开发的细节，从而使区块链解决方案的开发更加容易。

注意：

该项目的源代码可从以下网址获得：

https://hyperledger.github.io/composer/

15.1.9　Quilt

该实用程序实现了 Interledger 协议，Interledger 协议促进了不同分布式和非分布式账本网络之间的互操作性。

注意：

该项目的源代码可从以下网址获得：

https://github.com/hyperledger/quilt

上述项目目前处于不同的开发阶段。

随着越来越多的成员加入 Hyperledger 项目并为区块链技术的发展做出贡献，该列表预计将不断更新。

接下来，我们将讨论 Hyperledger 的参考架构，该架构提供了通用原理和设计理念，可以遵循这些原则和设计原理来构建新的 Hyperledger 项目。

15.2　Hyperledger 即协议

Hyperledger 旨在构建由行业用例驱动的新区块链平台。由于社区对 Hyperledger 项目做出许多贡献，因此 Hyperledger 区块链平台正在演变为业务交易协议，这也是本节标题“Hyperledger 即协议”的准确含义，即 Hyperledger 不是协议，但是可以将它视为一个协议（Hyperledger as a Protocol）。

与仅解决特定类型的行业或要求的早期区块链解决方案相比，Hyperledger 也正在发展成为可以用作构建区块链平台的参考规范。

在下一节中，我们将介绍 Hyperledger 项目已发布的参考架构。由于这项工作是在持续和严格的发展中，因此可能今后会有所变化，但是核心服务预计将保持不变。

15.3　参 考 架 构

Hyperledger 发布了一份白皮书，可从以下网址获得该白皮书：

https://docs.google.com/document/d/1Z4M_qwILLRehPbVRUsJ3OF8Iir-gqS-ZYe7W-LE9gnE/edit#heading=h.m6iml6hqrnm2

该文档提供了一种参考架构，可以用作构建许可分布式账本的指南。参考架构由形成业务区块链的各种组件组成，图 15-1 显示了这些高级组件。

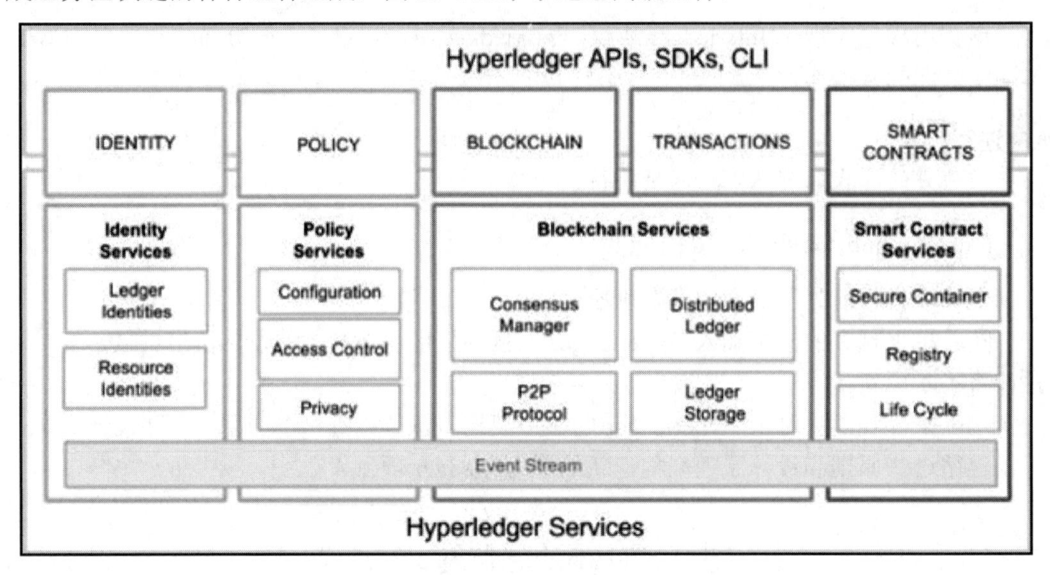

图 15-1　参考架构

资料来源：Hyperledger 白皮书。

原　　文	译　　文
Hyperledger APIs, SDKs, CLI	Hyperledger 应用程序编程接口（API）、软件开发工具包（SDK）、命令行接口（CLI）
IDENTITY	身份
POLICY	策略
BLOCKCHAIN	区块链
TRANSACTIONS	交易
SMART CONTRACTS	智能合约
Identity Services	身份服务
Ledger Identities	账本身份
Resource Identities	资源身份
Policy Services	策略服务
Configuration	配置
Access Control	访问控制
Privacy	策略
Blockchain Services	区块链服务

续表

原　　文	译　　文
Consensus Manager	共识管理器
Distributed Ledger	分布式账本
P2P Protocol	P2P 协议
Ledger Storage	账本存储
Smart Contract Services	智能合约服务
Secure Container	安全容器
Registry	注册
Life Cycle	生命周期
Event Stream	事件流
Hyperledger Services	Hyperledger 服务

在图 15-1 中，可以看到有 5 个提供各种服务的顶级组件。现在我们就来探讨一下这些组件。

首先是 Identity（身份），它将在成员资格服务下提供授权、标识和身份验证服务。

其次是 Policy（策略）组件，它将提供策略服务。

再次是 Blockchain（区块链）和 Transaction（交易），其中包括分布式账本、排序服务、网络协议以及背书（Endorsement）和验证服务。该账本只能通过区块链网络参与者之间的共识来更新。

最后是 Smart Contract（智能合约）。该层可以在 Hyperledger 中提供链码（Chaincode）服务，并利用安全容器技术托管智能合约。

在本章后面将更详细地介绍这些内容。

一般来说，从组件的角度来看，Hyperledger 包含以下元素：

- 共识层。这些服务负责促进区块链网络上参与者之间的协议流程。需要达成共识以确保交易的顺序和状态在区块链网络中得到验证和同意。
- 智能合约层。这些服务负责根据用户要求实现业务逻辑。根据驻留在区块链上的智能合约中定义的逻辑来处理交易。
- 通信层。该层负责区块链网络上节点之间的消息传输和交换。
- 安全和加密层。这些服务负责提供一种功能，以允许各种加密算法或模块提供隐私、机密性和不可否认性服务。
- 数据存储。该层提供使用不同的数据存储来存储账本状态的功能。这意味着数据存储也是可插入的，并允许使用任何数据库后端。
- 策略服务。这组服务提供了管理区块链网络所需的不同策略的能力，它包括背书政策和共识政策。

- API 和 SDK。该层允许客户端和应用程序与区块链进行交互。SDK 用于提供在链上部署和执行链码、查询区块和监视事件的机制。

区块链服务有某些要求。接下来，我们将讨论 Hyperledger Fabric 的设计目标。

15.4　Hyperledger Fabric 的要求和设计目标

区块链服务有一定的要求。上述参考架构将由 Hyperledger 项目参与者提出的需求和要求驱动，并且是在研究了行业用例之后的结果。从工业用例的研究中，可以得出若干需求分类，在以下各节中将分别进行讨论。

15.4.1　模块化方法

Hyperledger 的主要需求是模块化结构。作为跨行业结构（区块链），它将在许多业务场景中使用。因此，与存储、策略、链码、访问控制、共识和许多其他区块链服务相关的功能应模块化且可插入。该规范建议模块应即插即用，并且用户应该能够轻松地删除和添加满足业务要求的其他模块。

15.4.2　隐私性和机密性

隐私性和机密性要求是最关键的因素之一。由于传统的区块链是无须许可的，因此，在像 Hyperledger Fabric 这样的许可模型中，最重要的一点是：网络上的交易仅对那些被允许查看的人可见。

交易和合约的隐私性和机密性在商业区块链中至关重要。因此，Hyperledger 的愿景是为各种加密协议和算法提供支持。在本书第 3 章“对称密码学”和第 4 章“公钥密码学”中已详细讨论了密码学。

用户预计能够根据其业务需求选择适当的模块。例如，如果业务区块链仅需要在已经受信任的各方之间运行并执行非常基本的业务操作，那么也许就不需要针对机密性和隐私性的高级加密支持。因此，用户应该能够删除该功能（模块）或将其替换为更适合其需求的模块。

如果用户需要运行跨行业的区块链，那么隐私性和机密性可能是至关重要的。在这种情况下，用户应该能够将高级加密和访问控制机制（模块）插入区块链（结构）中，甚至可以允许使用安全模块硬件（Hardware of Security Modules，HSM）。

同样，区块链应该能够处理复杂的密码算法而不会影响其性能。除了前面提到的方案之外，由于业务中的合规性要求，因此还应该有一条规定：允许根据监管和合规性要求实施隐私性和机密性策略。

15.4.3　可伸缩性

可伸缩性（Scalability，也称为可扩展性）是 Hyperledger 的一个要求，满足该要求意味着允许合理的交易吞吐量，这将满足所有业务需求以及大量用户的需求。

15.4.4　确定性交易

确定性交易（Deterministic Transaction）是任何区块链都必须满足的核心要求。如果不能做到无论执行交易的人是谁、执行交易的地点在哪里，每次执行交易的结果都相同，那么就不可能达成共识。因此，确定性交易成为任何区块链网络中的关键要求。在第 9 章“智能合约”中已经阐释过该概念。

15.4.5　身份识别

为了提供隐私性和机密性服务，还需要可用于处理访问控制功能的灵活 PKI 模型。密码机制的强度和类型应该能够根据用户的需求而变化。在某些情况下，可能需要用户隐藏其身份，因此 Hyperledger 也应该提供此功能。

15.4.6　可审核性

可审核性（Auditability）是 Hyperledger Fabric 的一个要求，应该保留所有身份、相关操作和任何更改的不可变记录，以便跟踪审核。

15.4.7　互通性

互通性（Interoperability）也称为互操作性。目前有许多可用的区块链平台，但是它们之间无法相互通信，这可能是基于区块链的全球商业生态系统增长的一种限制因素。可以预见，许多区块链网络将根据特定需求在商业环境中运行，但重要的是它们之间应该能够相互通信。所有区块链都应该遵循一套通用的标准，以允许不同账本之间的通信。因此，有必要开发出一种协议，以允许在诸多结构之间交换信息。

15.4.8　可移植性

可移植性（Portability）指的是能够跨多个平台和环境运行而无须在代码级别进行任何更改。Hyperledger Fabric 应该不仅在基础架构级别，而且在代码、库和 API 级别都是可移植的，因此它可以支持在 Hyperledger 各种实现之间的统一开发。

15.4.9　丰富的数据查询

区块链网络应允许在网络上运行丰富的查询，可以使用传统查询语言来查询账本的当前状态，满足这一易用性要求将有助于区块链网络的广泛推展。

上述 9 项就是 Hyperledger Fabric 的要求，开发符合 Hyperledger 设计理念的区块链解决方案应满足这些要求。

接下来，我们将介绍 Hyperledger Fabric，这也是 Hyperledger 下第一个升级为活动状态的项目。

15.5　关于 Fabric

要了解 Hyperledger 中正在开发的各种项目，必须先了解 Hyperledger 的基础知识。但是在介绍更多知识之前，还需要先澄清一些有关 Hyperledger 的专用术语。

首先是 Fabric（区块链网络）的概念。Fabric 的本义是“结构”。在区块链网络中，可以将 Fabric 定义为提供基础层的组件的集合，这些基础层可用于交付区块链网络。Fabric 网络的类型和功能多种多样，但是所有 Fabric 都具有共同的属性（如不变性），并且是共识驱动的。一些 Fabric 结构可以为构建区块链网络提供模块化的方法。在这种情况下，区块链网络可以具有多个可插拔模块，以在网络上执行各种功能。

例如，共识算法就可以是区块链网络中的可插入模块，根据网络的要求，可以选择适当的共识算法并将其插入网络。模块可以基于 Fabric 结构的某些特定规范，并且可以包括 API、访问控制和其他各种组件。

Fabric 还可以是私有或公共的，并可以创建多个业务网络。例如，比特币就是在其 Fabric 之上运行的应用程序，而 Hyperledger Fabric 的目的则是开发许可的分布式账本。

Fabric 也可以理解为一个专有名词，因为它是 IBM 公司对 Hyperledger 基金会所做出的代码贡献的名称，其正式称谓为 Hyperledger Fabric。IBM 还通过其 IBM 云服务（IBM Cloud Senice）提供区块链服务，即 IBM Blockchain。

注意：

IBM 云服务的地址如下：

https://www.ibm.com/cloud/

现在可以详细了解一下 Hyperledger Fabric。

15.5.1 Hyperledger Fabric

Fabric 是 IBM 公司和 Digital Assets 公司最初对 Hyperledger 项目的贡献，该贡献旨在实现一种模块化、开放、灵活的方法来构建区块链网络。

Fabric 中的各种功能都是可插入的，并且允许使用任何语言来开发智能合约。之所以可以使用此功能，是因为它可以承载任何语言的容器技术（Docker）。

Fabric 的智能合约称为链码（Chaincode）。链码一般是指由开发人员编写的应用程序代码，提供分布式账本的状态处理逻辑。链码被部署在 Fabric 的网络节点中，能够独立运行在具有安全特性的受保护的 Docker 容器中，以 gRPC 协议与相应的对等节点进行通信，以操作分布式账本中的数据。可以根据不同的需求开发出不同的应用。

在链码容器中，包括一个安全的操作系统、链码语言、运行时环境以及 Go、Java 和 Node.js 的 SDK。如果有需求，该容器将来也可以支持其他语言，但是需要一些开发工作。

与以太坊中的领域特定语言或比特币中的受限脚本语言相比，Fabric 中的链码（智能合约）是一项引人注目的功能。它是一个许可网络，旨在解决可伸缩性、隐私和机密性等问题。其背后的基本思想是模块化，这使得业务区块链的设计和实现更具灵活性，并且可以根据要求对其进行适当的调整。

Fabric 中的交易对一般用户而言是私有的、保密的和匿名的，但是授权审计师仍可以跟踪并链接到用户。作为许可网络，所有参与者都必须在成员资格服务中注册才能访问区块链网络。该账本还提供了可审核功能，以满足用户的监管和合规性需求。

15.5.2 成员资格服务

成员资格服务（Membership Service，也称为会员服务）用于为 Fabric 网络的用户提供访问控制功能。以下是成员资格服务执行的功能：

- 用户身份验证。
- 用户注册。
- 根据用户角色分配适当的权限给用户。

成员资格服务利用证书颁发机构（Certificate Authority，CA）来支持身份管理和授权操作。该 CA 可以是内部的（Fabric CA），这是 Hyperledger Fabric 中的默认接口，也可以选择使用外部证书颁发机构。

Fabric CA 颁发由注册证书颁发机构（Enrollment Certificate Authority，E-CA）生成的注册证书（Enrollment Certificates，E-Certs）。一旦对等方获得了身份，他们就可以加入区块链网络。另外还有一些临时证书（Temporary Certificates），称为 T-Certs，用于一次性交易。

所有对等方和应用程序都将使用证书颁发机构的标识。认证服务由证书颁发机构提供。MSP 还可以与 LDAP 之类的现有身份服务对接。

15.5.3　区块链服务

区块链服务是 Hyperledger Fabric 的核心。下文将详细介绍此分类的组件。

15.5.4　共识服务

共识服务负责为共识机制提供接口。它充当可插入模块，并从其他 Hyperledger 实体接收交易，然后根据所选共识机制的类型在标准下执行它们。

我们知道，区块链系统是一个分布式架构，交易账本信息由各个节点管理，组成一个庞大的分布式账本。在分布式系统中，各个节点接收到的交易信息的顺序可能存在差异（这可能是网络延迟或主机处理性能等原因产生的），而这会导致账本信息的状态不一致。例如，A 账户只有 10 元，但是 A 同时转账给 B 和 C 各 10 元，并且将这两条交易信息分别发送到两个分布式节点上，如果不对这两条交易信息进行排序校验，那么，A 就支付了 20 元（这就是所谓的双重支付问题）。所以，在区块链系统中需要一套机制，来保证交易的先后顺序，这套机制就是“共识算法”。

Hyperledger V1 中的共识被实现为一个对等节点，该对等节点称为排序者（也称为排序节点，Orderer），负责给区块中的交易排序，即按顺序将交易放入区块中。排序者不持有智能合约或账本。共识是可插入的。

Hyperledger Fabric 的共识算法和比特币有很大不同。首先，Hyperledger Fabric 是由许可节点组成的分布式系统，所有记账节点都是可信的（指不会恶意伪造交易信息），所以不需要 PoW 之类的算力证明。其次，Hyperledger Fabric 的各个节点的交易信息统一由排序服务节点（Orderer Service Node，OSN）也就是排序者处理，以保证每个节点上的交易顺序一致，这样就天然地避免了分叉问题。

目前，Hyperledger Fabric 中提供了两种排序服务：

- SOLO。这是一项基本排序服务，SOLO 的意思是指它只有一个排序服务节点负责接收交易信息并排序，因此这是非常简单的一种排序算法，不适合大规模的实际生产环境，一般仅用于开发和测试目的。
- Kafka。这是 Apache Kafka 的实现，它提供排序服务。应该注意的是，目前，Kafka 仅提供崩溃容错能力，但不提供拜占庭容错能力。由于在许可网络中，几乎没有恶意行为者的机会，因此这是可以接受的。

  Kafka 是一个分布式的流式信息处理平台，其目标是为实时数据提供高吞吐、低延迟的性能。Kafka 由以下几类角色构成：

  - 代理（Broker）。消息处理节点，主要任务是接收生产者（Producers）发送的消息，然后写入对应的主题（Topic）的分区（Partition）中，并将排序后的消息发送给订阅该主题的消费者（Consumers）。大量的 Broker 代理节点提高了数据吞吐量，并可互相对分区数据做冗余备份（类似 RAID 技术）。
  - Zookeeper。为 Broker 代理提供集群管理服务和共识算法服务。例如，选举领导（Leader）节点处理消息并将结果同步给其他跟随者（Follower）节点，移除故障节点以及加入新节点并将最新的网络拓扑图同步发送给所有代理。
  - 生产者（Producer）。这是消息的生产者，应用程序通过调用 Producer API 将消息发送给 Broker 代理。
  - 消费者（Consumer）。这是消息的消费者，应用程序通过 Consumer API 订阅主题并接收处理后的消息。

除了上述机制，基于简单拜占庭容错（Simple Byzantine Fault Tolerance，SBFT）的机制也在开发中，它将在 Hyperledger Fabric 的更高版本中可用。

15.6 分布式账本

区块链和世界状态是分布式账本的两个主要元素。区块链只是一个加密的区块链列表（详见第 1 章“区块链入门”），而世界状态则是一个键值数据库。智能合约使用此数据库来存储交易执行期间的相关状态。

区块链由包含交易的区块组成，这些交易包含链码，链码运行交易，而交易可导致世界状态的更新。每个节点会将世界状态保存在 LevelDB 或 CouchDB 中的磁盘上（具体取决于实现）。由于 Fabric 允许可插拔数据存储，因此可以选择任何数据存储进行存储。

区块由 3 个主要组件组成，分别是区块标头、交易（数据）和区块元数据。

图 15-2 显示了 Hyperledger Fabric 1.0 中包含相关字段的典型区块。

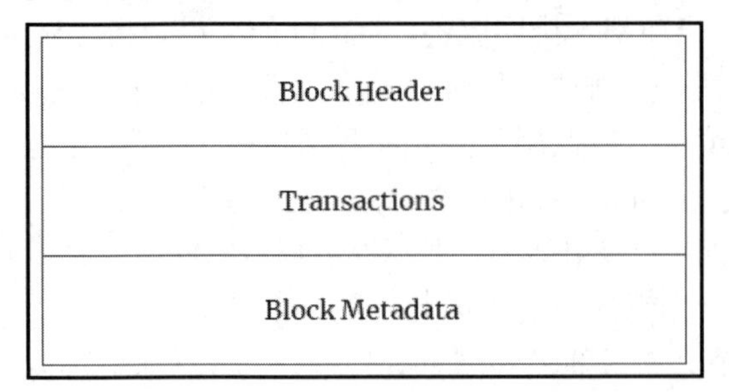

图 15-2　区块结构

原　文	译　文	原　文	译　文
Block Header	区块标头	Block Metadata	区块元数据
Transactions	交易		

- 区块标头（Block Header）由 3 个字段组成，即 Number（编号）、Previous Hash（前一个区块的哈希）和 Data Hash（数据哈希）。
- 交易（Transaction）由多个字段组成，如 Transaction Type（交易类型）、Version（版本）、Timestamp（时间戳）、Channel ID（通道 ID）、Transaction ID（交易 ID）、Epoch（世代）、Payload Visibility（有效载荷可见性）、Chaincode Path（链码路径）、Chaincode Name（链码名称）、Chaincode Version（链码版本）、Creator Identity（创建者身份）、Signature（签名）、Chaincode Type（链码类型）、Input（输入）、Timeout（超时）、Endorsement Identities（背书者身份）、Endorsement Signature（背书者签名）、Proposal Hash（提议哈希）、Chaincode Event（链码事件）、Response Status（响应状态）、Namespace（名称空间）、Read Set（读取集）、Write Set（写入集）、Start Key（开始键）、End Key（结束键）、List of Read（读取列表）和 Merkle Tree Query Summary（默克尔树查询摘要）。
- 区块元数据（Block Metadata）包括创建者身份、相关签名、最后配置区块编号、该区块中包含的每个交易的标志以及持久保留的偏移量（Kafka）。

15.6.1　点对点协议

Hyperledger Fabric 中的点对点（Peer to Peer，P2P）协议是使用 Google RPC（gRPC）构建的，它使用协议缓冲区来定义消息的结构。

消息在节点之间传递，以执行各种功能。Hyperledger Fabric 中有 4 种主要类型的消息：发现（Discovery）、交易（Transaction）、同步（Synchronization）和共识（Consensus）。

网络启动时，发现消息在节点之间交换，以便发现网络上的其他对等方；交易消息用于部署、调用和查询交易；共识消息将在共识期间交换；同步消息在节点之间传递，以同步并更新所有节点上的区块链。

15.6.2　账本存储

为了保存账本的状态，在默认情况下，使用每个对等方都可用的 LevelDB。也可以选择使用 CouchDB，它提供了运行丰富查询的功能。

15.6.3　链码服务

链码服务允许创建用于执行链码的安全容器。此类别中的组件如图 15-3 所示。

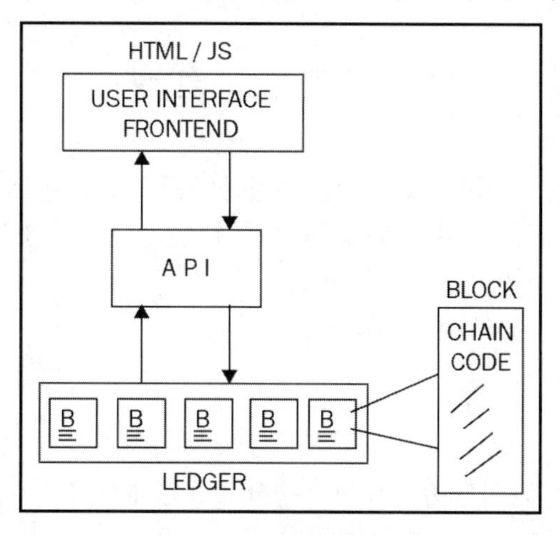

图 15-3　链码服务组件

原　文	译　文	原　文	译　文
HTML/JS	HTML/JavaScript	BLOCK	区块
USER INTERFACE FRONTEND	用户界面前端	CHAINCODE	链码
LEDGER	账本		

- 安全容器。链码部署在 Docker 容器中，该容器提供了锁定的沙箱环境以执行智能合约。当前，支持将 Golang 作为主要的智能合约语言，但可以根据需要添加和启用任何其他主流语言。

- 安全注册表。这提供了包含智能合约的所有镜像的记录。

15.6.4　事件

背书者和智能合约可以触发区块链上的事件。外部应用程序可以侦听这些事件，并在需要时通过事件适配器（Event Adapter）对其做出反应。它们类似于第 14 章“Web3 详解”中介绍的 Solidity 事件的概念。

15.6.5　API 和 CLI

应用程序编程接口（Application Programming Interface，API），是指通过公开各种 REST API，提供到 Fabric 的接口。此外，命令行界面（Command-Line Interface，CLI）还提供 REST API 的子集，允许快速测试和与区块链的有限交互。

15.7　Fabric 组件

Hyperledger Fabric 区块链可以包含各种组件，这些组件包括但不限于账本、链码、共识机制、访问控制、事件、系统监视和管理、钱包，以及系统集成组件。

这些组件有些已经介绍过了，故不赘述。

接下来，我们将介绍其他组件和概念。

15.7.1　对等者

对等者（Peer，也称为对等方）参与维护分布式账本的状态。他们还持有分布式账本的本地副本。对等者通过 Gossip 协议进行通信。

Hyperledger Fabric 网络中有以下 3 种对等者：

- 背书对等者（Endorsing Peer）也称为背书者（Endorser），他们模拟交易执行并生成读写集（Read-Write Set）。读取是交易从账本中读取数据的模拟，而写入则是在执行交易并将交易提交到账本时对账本进行的一组更新。

  背书执行就是为交易提供背书。应该注意的是，背书者也是提交者。背书策略通过链码实现，并指定交易背书的规则。
- 提交对等者（Committing Peers）也称为提交者（Committer），他们将接收由背书者认可的交易，对其进行验证，然后使用读写集更新账本。提交者将验证背书者生成的读写集以及交易验证。

- 提交人（Submitter）是尚未实现的第三类对等者，他正在开发路线图上。

15.7.2　排序者节点

排序者节点从背书者那里接收交易以及读写集，按顺序排列它们，然后将其发送给提交对等者，再由提交对等者执行验证并提交到账本。

所有对等方都使用成员资格服务颁发的证书。

15.7.3　客户端

客户端是利用 API 与 Hyperledger Fabric 交互，并提出交易建议的软件。

15.7.4　通道

通道（Channel）允许网络上各方之间的机密交易流。它们允许使用相同的区块链网络，但可以使用单独的区块链。通道仅允许该通道的成员查看与其相关的交易，而网络的所有其他成员都将无法查看该交易。

15.7.5　世界状态数据库

世界状态反映了区块链上所有已提交的交易状态。这基本上是一个键值存储，它是交易和链码执行更新的结果。世界状态数据库可以使用 LevelDB 或 CouchDB。LevelDB 是键值存储，而 CouchDB 则将数据存储为 JSON 对象，从而可以对数据库运行丰富的查询。

15.7.6　交易

交易可以分为两种类型：部署交易（Deployment Transaction）和调用交易（Invocation Transaction）。前者用于将新的链码部署到账本，后者则用于从智能合约调用函数。

交易可以是公开的，也可以是保密的。公开交易对所有参与者开放，而保密交易则仅在向参与者开放的渠道中可见。

15.7.7　成员资格服务提供商

成员资格服务提供商（Membership Service Provider，MSP）是一个模块化组件，用于管理区块链网络上的身份。该提供程序用于对要加入区块链网络的客户端进行身份验证。

在第 15.5.2 节“成员资格服务”中已经讨论了 CA 的一些细节。在 MSP 中，就是使用 CA 提供身份验证和绑定服务。

15.7.8　智能合约

在本书第 9 章“智能合约”中已经详细讨论了智能合约。在 Hyperledger Fabric 中，实现了相同的智能合约概念，但它们被称为链码而不是智能合约，它们包含执行交易和更新账本的条件和参数。链码通常用 Golang 语言或 Java 语言编写。

15.7.9　加密服务提供商

加密服务提供商，提供加密算法和标准的服务，可用于区块链网络。此服务提供密钥管理、签名和验证操作以及加密解密机制。此服务可与成员资格服务一起使用，以支持对区块链元素（例如背书者、客户端以及其他节点和对等方）的加密操作。

在介绍完 Hyperledger Fabric 组件之后，接下来，不妨看一下应用程序在 Hyperledger 网络上的外观。

15.8　区块链上的应用

Fabric 上的典型应用程序仅由通常由 JavaScript/HTML 编写的用户界面组成，该用户界面通过 API 层与存储在账本中的后端链码（智能合约）进行交互（参见图 15-3）。

Hyperledger 提供各种 API 和命令行界面来实现与账本的交互。这些 API 包括用于身份、交易、链码、账本、网络、存储和事件的接口。

15.8.1　链码实现

链码通常用 Golang 语言或 Java 语言编写。链码可以是公共的（对网络上的所有人可见）、机密的或访问权限受控的。这些代码文件充当智能合约，用户可以通过 API 与之交互。用户可以在链码中调用导致状态更改的函数，从而更新账本。

还有一些函数仅用于查询账本，而不会导致任何状态更改。要实现链码，可以先在代码中创建链码的 Shim 接口。Shim 接口可提供用于访问状态变量和链码的交易上下文的 API。它可以是 Java 代码或 Golang 代码。

为了实现链码，需要以下 4 个函数：

- Init()。将链码部署到账本时，将调用此函数。这将初始化链码并导致状态更改，从而相应地更新账本。
- Invoke()。执行合约时使用此函数。它采用函数名称作为参数，且有一组参数。此功能导致状态更改并写入账本。
- Query()。该函数用于查询已部署链码的当前状态。该函数不会导致对账本的任何状态更改。
- 4()。当对等方部署自己的链码副本时，将执行此函数。链码将使用该函数注册到对等方。

图 15-4 以图解方式说明了 Hyperledger Fabric。请注意，顶部的对等者群组包括所有类型的节点，如背书者、提交者、排序者等。

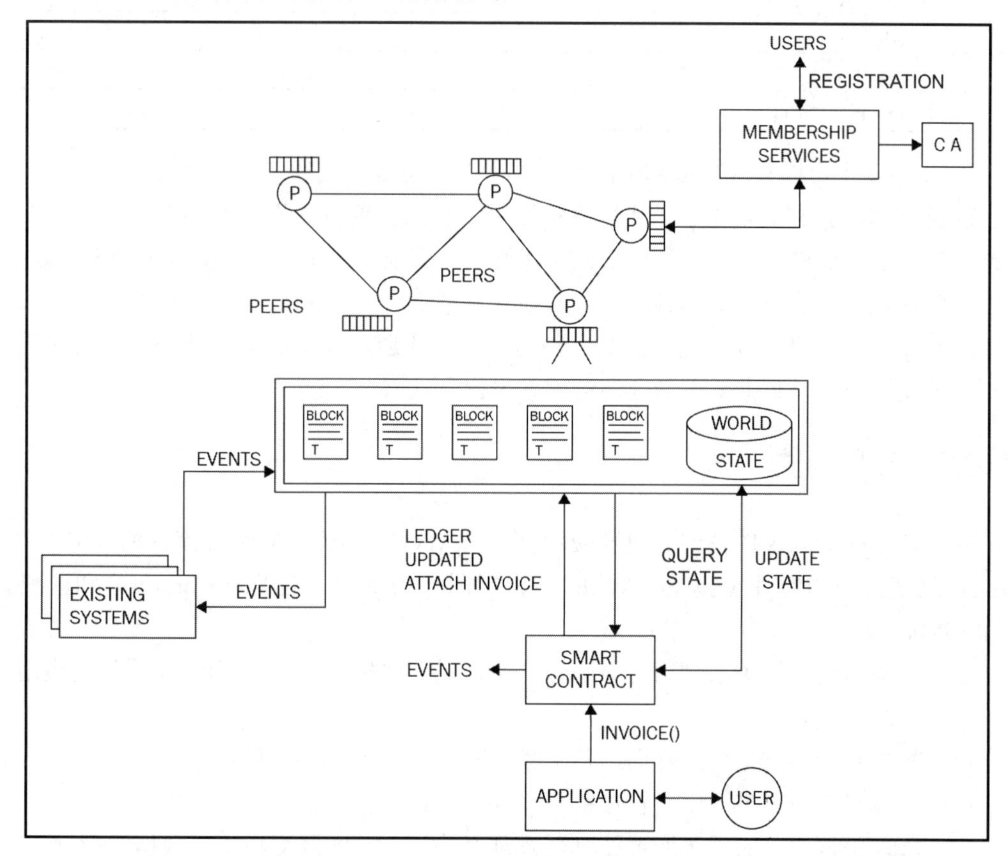

图 15-4　Hyperledger Fabric 的高级概述

原　　文	译　　文
USERS	用户
REGISTRATION	注册
MEMBERSHIP SERVICES	成员资格服务
PEERS	对等者
EVENTS	事件
WORLD STATE	世界状态
EXISTING SYSTEMS	现有系统
LEDGER UPDATED ATTACH INVOICE	账本更新附加清单
SMART CONTRACT	智能合约
INVOICE()	invoice()方法
APPLICATION	应用程序
USER	用户
QUERY STATE	查询状态
UPDATE STATE	更新状态

在图 15-4 中可以看到，顶部中间的对等者节点可以相互通信，并且每个节点都有一个区块链副本。在右上角显示了成员资格服务，该服务通过使用证书颁发机构的证书对网络上的对等节点进行验证和身份认证。在该图的底部显示了区块链的放大视图，其中，现有系统可以为区块链生成事件，还可以侦听区块链事件，然后可以选择触发动作。在右下角则显示了用户与应用程序的交互，该应用程序通过 invoice()方法与智能合约进行对话，智能合约可以查询或更新区块链的状态。

15.8.2　应用模式

Hyperledger Fabric 的任何区块链应用都遵循 MVC-B 架构，它基于流行的 MVC 设计模式。此模型中的组件是模型（Model）、视图（View）、控件（Control）和区块链（Blockchain）：

- 视图逻辑。这关系到用户界面。它可以是台式机、Web 应用程序或移动应用的前端界面。
- 控制逻辑。这是用户界面、数据模型和 API 之间的协调器。
- 数据模型。该模型用于管理链下（Off-Chain）的数据。
- 区块链逻辑。它用于通过控制器管理区块链，并通过交易管理数据模型。

注意：

IBM 云服务在其区块链即服务（Blockchain as a Service）产品下提供一些区块链示例应用程序。感兴趣的读者可访问以下网址以了解详情：

https://www.ibm.com/blockchain/platform

区块链即服务可以帮助用户轻松地创建自己的区块链网络。

15.8.3 Hyperledger Fabric 中的共识

Hyperledger Fabric 中的共识机制包括 3 个步骤：

（1）交易背书。该过程通过模拟交易执行过程来背书交易。

（2）排序。这是由排序者群组提供的一项服务，它将接受已背书的交易并决定交易写入账本的顺序。

（3）验证和提交。此过程由提交对等者执行，首先验证从排序者处收到的交易，然后将该交易提交到账本。

图 15-5 显示了上述步骤。

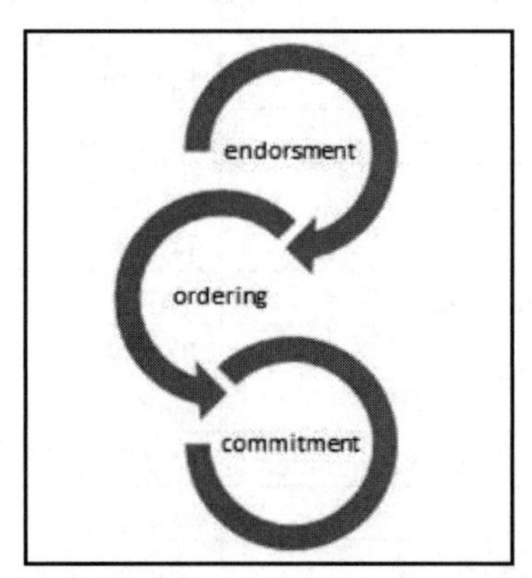

图 15-5　共识流程

原　文	译　文	原　文	译　文
endorsement	背书	commitment	提交
ordering	排序		

15.8.4 Hyperledger Fabric 中的交易生命周期

Hyperledger Fabric 中的交易流涉及若干个步骤，如图 15-6 所示。

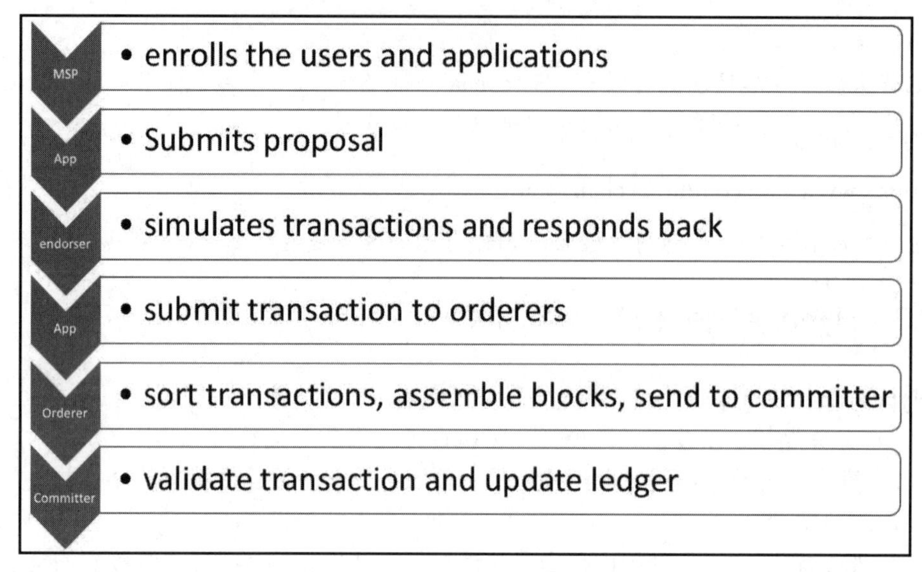

图 15-6　交易生命周期

原　文	译　文
MSP	成员资格服务提供商
enrolls the users and applications	用户和应用程序注册
App	应用程序
Submits proposal	提交建议
endorser	背书者
simulates transactions and responds back	模拟交易并将背书之后的交易发送回应用程序
submit transaction to orderers	将交易提交给排序者
Orderer	排序者
sort transactions, assemble blocks, send to committer	对交易进行排序，打包区块，发送给提交者
Committer	提交者
validate transaction and update ledger	验证交易并更新账本

这些步骤的详细解释如下：

（1）客户端提出交易建议。由客户端提出交易并将其发送到分布式账本网络上的背书对等方，所有客户端都必须通过成员资格服务注册才能提出交易。

（2）背书者对交易进行模拟，背书者会生成一个读写（RW）集。这是通过执行链码而不是更新账本来实现的，它仅创建描述账本的任何读取或更新的读写集。

（3）背书之后的交易被发送回应用程序。

（4）应用程序将已背书的交易和读写集提交给排序者。

（5）排序者将所有已背书的交易和读写集按顺序打包到一个区块中，并按通道 ID 对它们进行排序。

（6）排序服务将组装好的区块广播到所有提交者。

（7）提交者验证交易。

（8）提交者更新账本。

（9）由提交者将交易成功或失败的通知发送回客户端/应用程序。

图 15-7 从交易流的角度演示了上述步骤和 Fabric 架构。

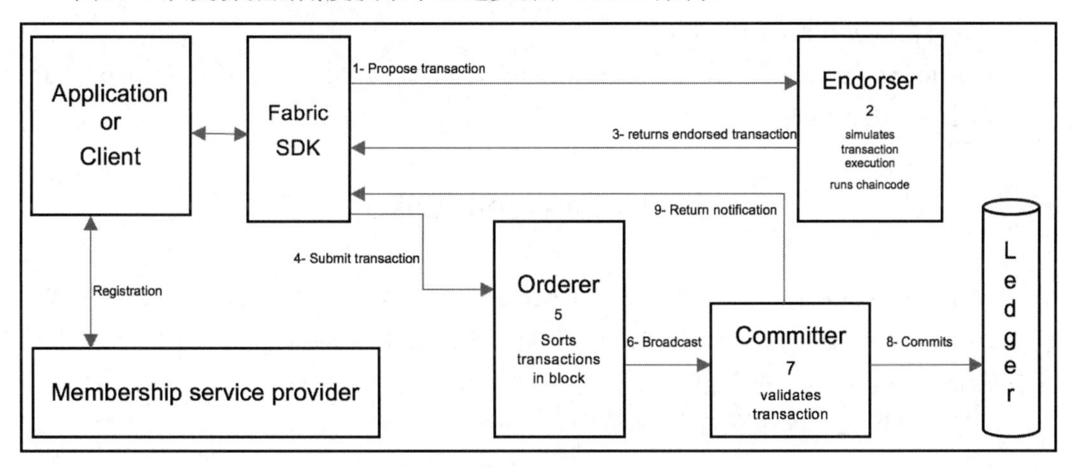

图 15-7　交易流架构

原　　文	译　　文
Application or Client	应用程序或客户端
Registration	注册
Membership service provider	成员资格服务提供商
Fabric SDK	Fabric 软件开发工具包
1. Propose transaction	1．提议交易
Endorser	背书者
2. simulates transaction execution runs chaincode	2．模拟交易执行 运行链码
3. returns endorsed transaction	3．返回已背书的交易
4. Submit transaction	4．提交交易
Orderer	排序者
5 Sorts transactions in block	5．对区块中的交易进行排序
6. Broadcast	6．广播
Committer	提交者

续表

原　　文	译　　文
7. validates transaction	7．验证交易
8. Commits	8．提交
Ledger	账本
9. Return notification	9．返回交易成功或失败的通知

如图 15-7 所示，第一步是由客户端提出交易。在此之前，假定所有客户端和对等方均已向成员资格服务提供商注册。

Hyperledger Fabric 的介绍至此结束。接下来，我们将介绍另一个名为 Sawtooth Lake（锯齿湖）的 Hyperledger 项目。

15.9　Sawtooth Lake

Sawtooth Lake 在许可和非许可模式下均可运行。它是一个分布式账本，提出了两个新概念：新的共识算法，称为消逝时间量证明（Proof of Elapsed Time，PoET）；交易族（Transaction Families）的概念。

现在我们就来认识一下这两个新概念。

15.9.1　消逝时间量证明

消逝时间量证明是一种新的共识算法，它根据节点在提议一个区块之前等待的时间来随机选择一个节点。这个概念与其他领导者选举和基于随机机制的工作量证明算法（例如在比特币中使用的 PoW 使用了大量的电力和计算机资源，以被选择为区块提议者）相反。

PoET 是工作量证明算法的一种，但是它不耗费计算机资源，而是使用受信任的计算模型来提供一种满足工作量证明要求的机制。

PoET 利用了英特尔的软件保护扩展（Software Guard Extensions，SGX）架构来提供可信执行环境（Trusted Execution Environment，TEE），以确保流程的随机性和加密安全性。

应当指出的是，Sawtooth Lake 的当前实现不需要真正的基于 SGX 的硬件 TEE，因为它仅出于实验目的对其进行仿真，因此不应在实际生产环境中使用。

PoET 的基本思想是：提供一种随机等待的领导者选举机制，然后由领导者提议新交易。

但是，PoET 也是有局限性的，Ittay Eyal 强调了这一局限性，该局限性称为陈旧芯片（Stale Chip）问题。

注意：

该研究论文可通过以下网址获得：

https://eprint.iacr.org/2017/179.pdf

该局限性将导致硬件和资源的浪费，还可能入侵芯片的硬件，这可能使系统受损并给矿工带来不适当的激励。

15.9.2　交易族

传统的智能合约范式提供了一种基于通用指令集的解决方案（通用指令集是面向所有领域的指令集）。例如，在以太坊中，已经为以太坊虚拟机开发了一组操作码，可用于构建智能合约来满足任何行业的任何类型的需求。

尽管此模型有优点，但很明显，这种方法不是很安全，因为它使用功能强大且具有表现力的语言为账本提供了一个接口，这为恶意代码提供了更大的攻击面。这种复杂性和通用虚拟机范式导致黑客最近发现并利用了多个漏洞。最近的一个例子是 DAO 黑客攻击和进一步的拒绝服务（Denial of Services，DoS）攻击，它们就是利用某些 EVM 操作码中的局限性。在第 9 章“智能合约”中讨论了 DAO 攻击。

如图 15-8 所示的模型描述了传统的智能合约模型，其中使用通用虚拟机为所有领域提供到区块链的接口。

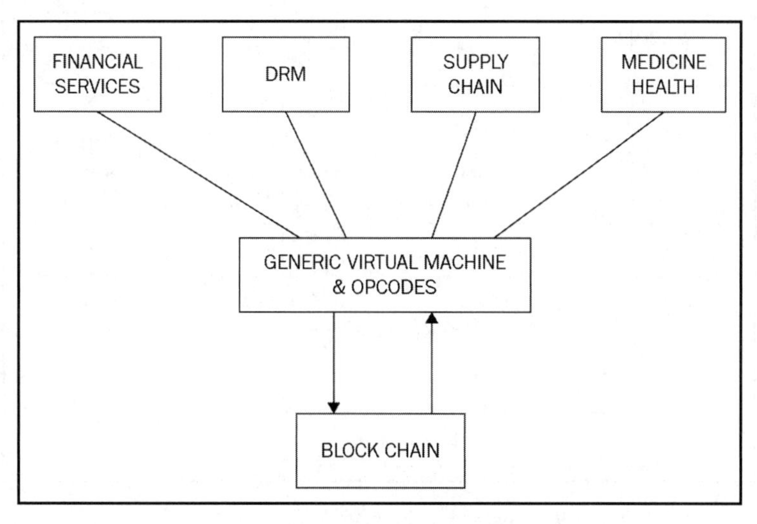

图 15-8　传统的智能合约范式

原　　文	译　　文
FINANCIAL SERVICES	金融服务
DRM	数字版权管理
SUPPLY CHAIN	供应链
MEDICINE HEALTH	医疗卫生
GENERIC VIRTUAL MACHINE & OPCODES	通用虚拟机和操作码
BLOCK CHAIN	区块链

为了解决这个问题，Sawtooth Lake 提出了交易族的想法，即通过将逻辑层分解为一组规则和特定领域的组合层来创建交易族。其关键思想是业务逻辑由交易族组成，它提供了一种更安全、更强大的构建智能合约的方式。

交易族包含特定于域的规则和另一层（该层允许为该特定域创建交易）。

如果从另一个角度看，交易族也可以视为数据模型和交易语言的组合，它为特定域实现了逻辑层。数据模型表示区块链（账本）的当前状态，而交易语言则可以修改账本的状态。用户可以根据其业务需求建立自己的交易族。

图 15-9 显示了此模型，其中每个特定领域（如金融服务、数字版权管理、供应链和医疗卫生行业）都有自己的逻辑层，该逻辑层包含特定于该领域的操作和服务。这使得逻辑层具有一定的局限性，但又不失其强大。交易族确保在控制逻辑中仅存在与所需领域相关的操作，从而消除了执行不必要的、任意而潜在的有害操作的可能性。

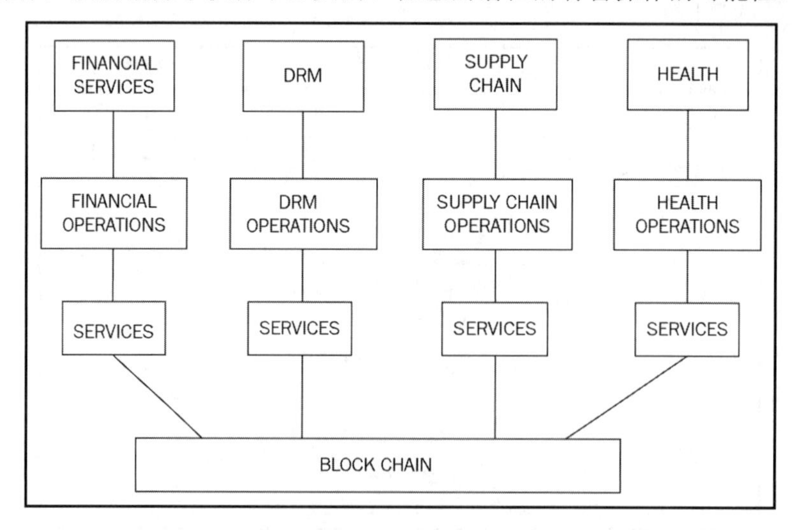

图 15-9　Sawtooth Lake（交易族）智能合约范式

原 文	译 文	原 文	译 文
FINANCIAL SERVICES	金融服务	SUPPLY CHAIN	供应链
FINANCIAL OPERATIONS	金融操作	SUPPLY CHAIN OPERATIONS	供应链操作
SERVICES	服务	HEALTH	医疗卫生
DRM	数字版权管理	HEALTH OPERATIONS	医疗卫生操作
DRM OPERATIONS	数字版权管理操作	BLOCK CHAIN	区块链

英特尔已为 Sawtooth 提供了 3 个交易族：Endpoint registry、Integerkey 和 MarketPlace。

- Endpoint registry。用于注册账本服务。
- Integerkey。用于测试已部署的账本。
- MarketPlace。用于销售、购买和交易操作与服务。

目前已经开发了 Sawtooth_bond 作为概念证明，以演示债券交易平台。

注意：

Sawtooth_bond 可通过以下网址获得：

https://github.com/hyperledger/sawtooth-core/tree/master/extensions/bond

15.9.3 Sawtooth Lake 中的共识

Sawtooth Lake 基于网络的选择有两种类型的共识机制。如前文所述，消逝时间量证明是一种可信的、基于环境的、执行随机函数的共识机制，可根据节点等待区块提议的时间随机选举领导者。

另一种共识类型称为法定投票（Quorum Voting），是 Ripple 和 Stellar 建立的共识协议的改编版本。这种共识算法允许即时确定交易，这在许可网络中通常是比较理想的。

15.9.4 设置 Sawtooth Lake 开发环境

本节将简要介绍如何为 Sawtooth Lake 设置开发环境。要设置开发环境，需要满足一些先决条件。

本节中的示例假定正在运行 Ubuntu 系统，并满足以下条件：

- Vagrant（至少为 1.9.0 版本），可从以下位置获得：

  https://www.vagrantup.com/downloads.html

- VirtualBox（至少为 5.0.10 r104061 版本），可从以下位置获得：

https://www.virtualbox.org/wiki/Downloads

成功下载并安装了两个必备组件后，下一步就是克隆存储库。

```
$ git clone https://github.com/IntelLedger/sawtooth-core.git
```

这将产生类似于如图 15-10 所示的输出。

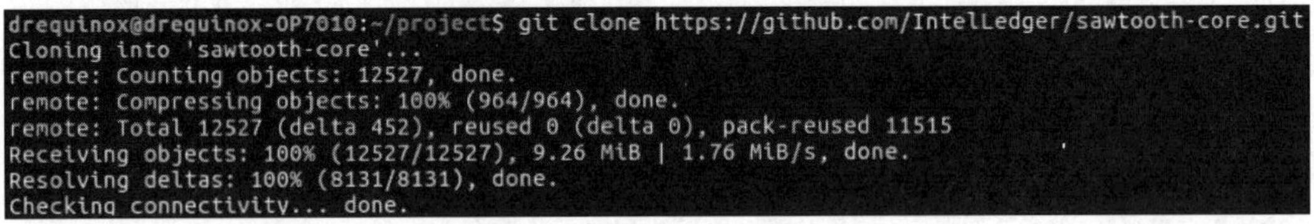

```
drequinox@drequinox-OP7010:~/project$ git clone https://github.com/IntelLedger/sawtooth-core.git
Cloning into 'sawtooth-core'...
remote: Counting objects: 12527, done.
remote: Compressing objects: 100% (964/964), done.
remote: Total 12527 (delta 452), reused 0 (delta 0), pack-reused 11515
Receiving objects: 100% (12527/12527), 9.26 MiB | 1.76 MiB/s, done.
Resolving deltas: 100% (8131/8131), done.
Checking connectivity... done.
```

图 15-10　GitHub Sawtooth 克隆

正确克隆 Sawtooth 之后，下一步就是启动环境。首先，运行以下命令将目录更改为正确的位置；其次启动 vagrant：

```
$ cd sawtooth-core/tools
$ vagrant up
```

这将产生类似于如图 15-11 所示的输出。

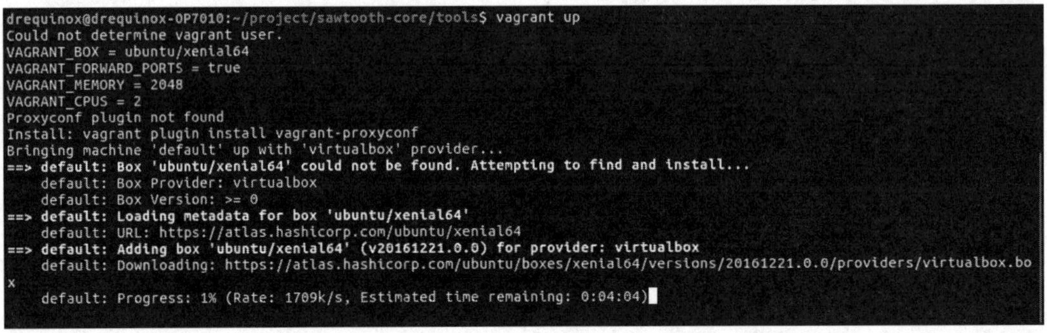

```
drequinox@drequinox-OP7010:~/project/sawtooth-core/tools$ vagrant up
Could not determine vagrant user.
VAGRANT_BOX = ubuntu/xenial64
VAGRANT_FORWARD_PORTS = true
VAGRANT_MEMORY = 2048
VAGRANT_CPUS = 2
Proxyconf plugin not found
Install: vagrant plugin install vagrant-proxyconf
Bringing machine 'default' up with 'virtualbox' provider...
==> default: Box 'ubuntu/xenial64' could not be found. Attempting to find and install...
    default: Box Provider: virtualbox
    default: Box Version: >= 0
==> default: Loading metadata for box 'ubuntu/xenial64'
    default: URL: https://atlas.hashicorp.com/ubuntu/xenial64
==> default: Adding box 'ubuntu/xenial64' (v20161221.0.0) for provider: virtualbox
    default: Downloading: https://atlas.hashicorp.com/ubuntu/boxes/xenial64/versions/20161221.0.0/providers/virtualbox.bo
x
    default: Progress: 1% (Rate: 1709k/s, Estimated time remaining: 0:04:04)
```

图 15-11　vagrant up 命令

在任何时候，如果需要停止 vagrant，则可以使用以下命令：

```
$ vagrant halt
```

或者使用以下命令：

```
$ vagrant destroy
```

halt 命令将中止 vagrant 机器，而 destroy 命令将停止并删除 vagrant 机器。

最后，可以使用以下命令启动交易验证器。将 ssh 插入 vagrant 的 Sawtooth 沙箱：

```
$ vagrant ssh
```

当出现 vagrant 提示时，可运行以下命令。

首先，使用以下命令构建 Sawtooth Lake 核心：

```
$ /project/sawtooth-core/bin/build_all
```

构建成功后，为了运行交易验证器，可发出以下命令：

```
$ /project/sawtooth-core/docs/source/tutorial/genesis.sh
```

这将创建创世区块并清除所有的现有数据文件和密钥。此命令应显示类似于如图 15-12 所示的输出。

```
ubuntu@ubuntu-xenial:/project/sawtooth-core$ /project/sawtooth-core/docs/source/tutorial/genesis.sh
writing file: /home/ubuntu/sawtooth/keys/base000.wif
writing file: /home/ubuntu/sawtooth/keys/base000.addr
```

图 15-12　创世区块和密钥生成

其次，是运行交易验证器，并更改为以下目录：

```
$ cd /project/saw-toothcore
```

最后，运行交易验证器：

```
$ ./bin/txnvalidator -v -F ledger.transaction.integer_key --config
/home/ubuntu/sawtooth/v0.json
```

结果将如图 15-13 所示。

```
ubuntu@ubuntu-xenial:/project/sawtooth-core$ ./bin/txnvalidator -v -F ledger.transaction.integer_key --config /home/ubuntu/sawto
oth/v0.json
[22:08:22 INFO    validator_cli] validator started with arguments: ['./bin/txnvalidator', '-v', '-F', 'ledger.transaction.intege
r_key', '--config', '/home/ubuntu/sawtooth/v0.json']
[22:08:22 INFO    validator_cli] read signing key from /home/ubuntu/sawtooth/keys/base000.wif
[22:08:24 WARNING validator_cli] validator pid is 10937
[22:08:24 INFO    gossip_core] listening on IPv4Address(UDP, '0.0.0.0', 33713)
[22:08:24 INFO    global_store_manager] create blockstore from file /home/ubuntu/sawtooth/data/base000_state.dbm with flag c
[22:08:24 INFO    validator] set administration node to None
[22:08:24 INFO    validator] starting ledger base000 with id 1K5RNedZ at network address ('127.0.0.1', 33713)
[22:08:24 INFO    web_api] listen for HTTP requests on (ip='localhost', port=8800)
[22:08:24 INFO    validator_cli] adding transaction family: ledger.transaction.integer_key
[22:08:24 INFO    journal_core] restore ledger state from persistence
[22:08:24 INFO    global_store_manager] add block 60af3ec894fa1cb0 to the queue for loading
[22:08:24 INFO    global_store_manager] load block 60af3ec894fa1cb0 from storage
[22:08:24 INFO    journal_core] commit head: 60af3ec894fa1cb0
[22:08:26 INFO    validator] ledger connections using RandomWalk topology
[22:08:26 INFO    random_walk] initiate random walk topology update
[22:08:29 INFO    validator] ledger initialization complete
[22:08:29 INFO    journal_core] process initial transactions and blocks
[22:08:29 INFO    validator] register endpoint 1K5RNedZ with name base000
[22:08:29 INFO    journal_core] build transaction block to extend 60af3ec8 with 1 transactions
[22:08:29 INFO    wait_timer] wait timer created; TIMER, 5.00, 33.69, HE2DQNJWGI2DCNJQ
```

图 15-13　正在运行的交易验证器

可以按 Ctrl + C 快捷键停止验证器节点。验证器启动并运行后，可以在另一个终端窗口中启动各种客户端，以与交易验证器进行通信并提交交易。

例如，在图 15-14 中，market 客户端被启动以与交易验证器进行通信。请注意，/keys/mkt.wif 下的键是使用以下命令创建的：

```
./bin/sawtooth keygen --key-dir validator/keys mkt
```

```
ubuntu@ubuntu-xenial:/project/sawtooth-core$ ./bin/mktclient --name market --keyfile validator/keys/mkt.wif
//UNKNOWN> help

Documented commands (type help <topic>):
========================================
EOF        dump           exit      liability    selloffer  tokenstore
account    echo           help      map          session    waitforcommit
asset      exchange       holding   offers       sleep
assettype  exchangeoffer  holdings  participant  state

Miscellaneous help topics:
==========================
symbols  names

//UNKNOWN> participant reg --name market --description "the market"
transaction ff652e63dadeaf32 submitted
//market> █
```

图 15-14　market 客户端交易族

对 Sawtooth Lake 的基本介绍至此结束。上面显示的示例也很简单，只是演示了 Sawtooth Lake 的工作原理。

Sawtooth Lake 仍在不断开发中，感兴趣的读者不妨多注意以下网址的可用文档，以跟上最新的发展：

http://intelledger.github.io/

注意：

有一个很出色的在线页面，其中提供了官方的 Sawtooth Lake 示例。该页面网址如下：

https://sawtooth.hyperledger.org/examples/

推荐读者访问此页面并浏览这些样本项目。

接下来，我们将介绍 Corda。需要指出的是，Corda 尚未成为 Hyperledger 的官方项目；但是，它可能很快就会成为其中的一员。因此，我们在 Hyperledger 主题下讨论它，不过，未来它也可能不会成为 Hyperledger 的一部分。

15.10　Corda

从定义上来说，Corda 并不是区块链，因为它不包含捆绑交易的区块，但它属于分布式账本的类别，提供了区块链可以提供的所有好处。

如前文所述，传统的区块链解决方案使用的是在一个区块中打包交易的概念，并且每个区块以密码方式链接回其父区块，从而提供了一个不可篡改的交易记录，而 Corda 并非如此。

Corda 完全是从零开始设计的，它具有可提供所有区块链优势的新模型，但没有传统的区块链。它纯粹是为金融行业而开发的，可以解决每个组织都管理自己的账本而引起的问题。每个组织都拥有自己的事实（Truth）版本，这会导致矛盾和操作方面的风险。此外，每个组织都复制数据，这也将导致管理单个基础结构的成本增加，并且增加其复杂性。这些都是 Corda 想要通过构建去中心化数据库平台解决的金融行业中的问题。

注意：

可在以下网址找到 Corda 源代码。它以 Kotlin 语言编写，是一种针对 Java 虚拟机（Java Virtual Machine，JVM）的静态类型语言。

https://github.com/corda/corda

Corda 平台的主要组件包括状态对象、合约代码、法律文书、交易、共识和流程等。

接下来，我们将介绍 Corda 中一些比较重要的概念。

15.10.1　状态对象

状态（State）对象表示金融协议的最小数据单位。换句话说，它们代表的是账本上的事实。它们是由于交易的执行结果而创建或删除的。

一个状态对象是不可改变的，它代表一个事实，并且这个事实在一个确切的时间点被一个或者多个 Corda 节点所知道。状态可以包含任意数据，代表不同种类的事实（现实生活中的一些实体），例如股票、证券、贷款以及身份信息等。

状态引用了合约代码（Contract Code）和法律文书（Legal Prose）。法律文书是可选的，提供对合约的法律约束力。但是，合约代码则是强制性的（以便管理对象的状态），必须以合约代码中定义的业务逻辑为节点提供状态转换机制。状态对象包含一个表示对象当前状态的数据结构。状态对象可以是当前的（活动的），也可以是历史的（不再有效）。

例如，在图 15-15 中，有一个状态对象表示该对象的当前状态。在该示例中，这是甲方（Party A）与乙方（Party B）之间的简单模拟协议，其中，乙方（ABC）已向甲方（XYZ）支付了 1000 英镑（GBP）。这表示对象的当前状态。当然，引用的合约代码可以通过交易更改该状态。可以将状态对象视为状态机，交易会使用这些状态机来创建更新的状态对象。

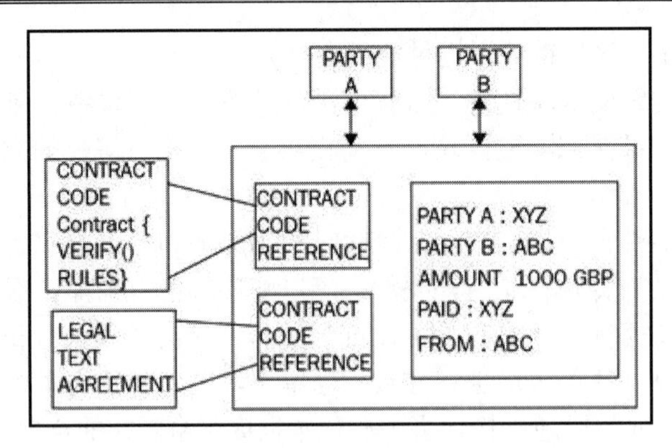

图 15-15　一个示例状态对象

原　　文	译　　文	原　　文	译　　文
PARTY A	甲方	PARTY A: XYZ	甲方：XYZ
PARTY B	乙方	PARTY B: ABC	乙方：ABC
CONTRACT CODE	合约代码	AMOUNT 1000 GBP	金额：1000 英镑（GBP）
LEGAL TEXT AGREEMENT	法律文本协议	PAID: XYZ	收款方：XYZ
CONTRACT CODE REFERENCE	合约代码引用	FROM: ABC	付款方：ABC

15.10.2　交易

Corda 中的交易用于执行不同状态之间的转换。例如，图 15-15 中的状态对象就是作为交易结果而创建的。Corda 使用比特币式的基于未花费的交易输出（UTXO）的模型进行交易处理。通过交易进行状态转换的概念与比特币中的概念相同。

与比特币类似，交易可以没有任何输入，也可以有一个或多个输入，并且可以有一个或多个输出。所有交易均经过数字签名。

此外，Corda 没有挖矿的概念，因为它不使用区块来排列区块链中的交易。相反，它使用公证服务来提供交易的时间排序。在 Corda 中，可以使用 JVM 字节码开发新的交易类型，这使其非常灵活且功能强大。

15.10.3　共识

Corda 中的共识模型非常简单，它基于公证服务（稍后将会详细讨论）。一般的思路是，公证服务会评估交易的唯一性，如果该交易是唯一的（即唯一的交易输入），则由共识服务对其签名，签名后的交易视为有效交易。

Corda 网络上可以运行单个或多个公证服务。公证可以使用诸如 PBFT 或 Raft 之类的各种共识算法来达成共识。

关于 Corda 中的共识，有两个主要概念：关于状态有效性的共识（Consensus Over State Validity）和关于状态唯一性的共识（Consensus Over State Uniqueness）。第一个概念与交易的验证有关，它确保交易获得所有必需的签名且状态正确；第二个概念是一种检测双重支付攻击的方法，它可以确保交易尚未花费并且是唯一的。

15.10.4 流

Corda 中的流（Flow）体现了一个很新颖的思路，它允许开发去中心化工作流。Corda 网络上的所有通信都可以这些流处理。它们是交易建立协议，可用于使用代码定义的任何复杂程度的金融流。流作为异步状态机运行，它们与其他节点和用户交互。在执行期间，可以根据需要将其挂起或恢复。

15.11 Corda 组件

Corda 网络具有多个组件。接下来我们就来看一下这些组件。

15.11.1 节点

Corda 网络中的节点在无信任模式下运行，并由不同的组织运行。节点作为经过身份验证的对等网络的一部分运行。节点之间使用高级消息队列协议（Advanced Message Queuing Protocol，AMQP）直接通信。

AMQP 协议是已批准的国际标准（ISO/IEC 19464），可确保跨不同节点的消息被安全可靠地传输。AMQP 通过 Corda 中的传输层安全协议（Transport Layer Security，TLS）通道进行工作，从而确保节点之间通信数据的隐私性和完整性。

节点可以利用本地关系数据库进行存储。网络上的消息以紧凑的二进制格式编码。通过使用 Apache Artemis 消息代理（Apache Artemis Message Broker，Active MQ）交付和管理它们。节点可以充当网络地图服务、公证人、Oracle 或常规节点。图 15-16 显示了两个相互通信的节点的高级视图。

在图 15-16 中，节点 1 正在使用 AMQP 协议通过 TLS 通信通道与节点 2 进行通信，并且这些节点使用本地关系数据库存储数据。

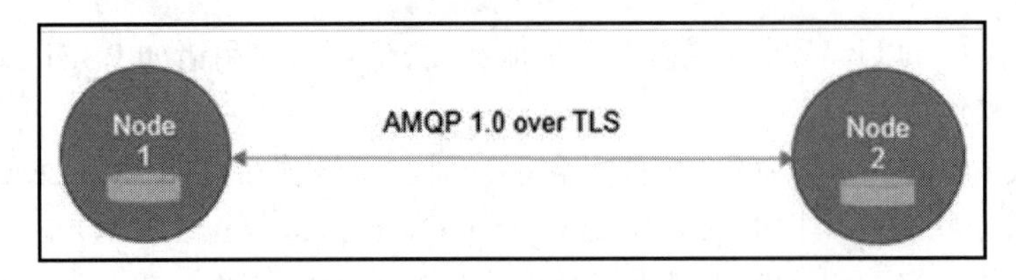

图 15-16　两个节点在 Corda 网络中进行通信

原　　文	译　　文
Node 1	节点 1
Node 2	节点 2
AMQP 1.0 over TLS	通过传输层安全协议（TLS）通道的 AMQP 1.0

15.11.2　许可服务

许可服务（Permissioning Service）用于提供传输层安全协议（TLS）证书，以确保安全。要参与网络，参与者必须具有由根证书颁发机构颁发的签名身份。身份在网络上必须是唯一的，许可服务将用于对这些身份进行签名。用于识别参与者的命名约定基于 X.500 标准，这样可以确保名称的唯一性。

15.11.3　网络映射服务

该服务用于以网络上所有节点的文档形式提供网络映射（Map）。该服务将发布 IP 地址、身份证书以及节点提供的服务列表。所有节点在首次启动时都会通过注册该服务来宣布其存在，并且当节点接收到连接请求时，将首先在网络映射上检查发出请求的节点是否存在。换句话说，此服务可将参与者的身份解析为物理节点。

15.11.4　公证人服务

在传统的区块链中，通过挖矿来确定包含交易的区块的顺序。而在 Corda 中，则是使用公证人（Notary）服务来提供交易排序和时间戳服务。

Corda 网络中可以有多个公证人，它们由复合公钥标识。公证人可以根据应用程序的需求使用不同的共识算法，如 BFT 或 Raft。公证人服务对交易进行签名以指示交易的有效性和最终性，然后将其持久地保存到数据库中。

出于性能方面的考虑，公证人可以在负载平衡的配置中运行，以便将负载分散到各个节点上。为了减少等待时间，建议节点在运行时选择物理上更接近的交易参与者。

15.11.5　Oracle 服务

Oracle 服务可以对包含事实的交易进行签名（如果该事实是真实的），或者自己提供事实数据。它们允许将现实世界中的信息输入分布式账本。在第 9 章“智能合约”中已经详细解释过 Oracle。

15.11.6　交易

如前文所述，Corda 节点之间的通信是直接的。通信的内容由 TLS 加密，并通过 AMQP 1.0 发送，这意味着数据只发送给需要知道的节点。因此，Corda 网络中的交易永远不会全局广播，而是在一个半私有（Semi- Private）网络中传输。

Corda 中的交易仅在与交易相关的参与者子集之间共享，这与以太坊和比特币等传统的区块链解决方案形成了鲜明对比。在传统的区块链解决方案中，所有交易都会全局广播以使得整个网络可见。

Corda 交易是经过数字签名的，无论是使用状态还是创建新状态都需要数字签名。

Corda 网络上的交易由以下元素组成：

- 输入引用（Input References）。这是对状态的引用，交易将要使用它并用作输入。如前文所述，Corda 使用比特币式的基于未花费的交易输出（UTXO）的模型进行交易处理，也就是说，进行交易的状态也应该是未使用过的。已经使用过的状态就变成了历史状态，是无效的。
- 输出状态（Output States）。这是交易创建的新状态。
- 附件（Attachments）。这是附加的 ZIP 文件的哈希列表。ZIP 文件可以包含与交易相关的代码和其他相关文档。文件本身不是交易的一部分，相反，它们的传输和存储都是分开进行的。
- 命令（Commands）。命令将有关交易的预期操作的信息表示为合约的参数。每个命令都有一个公钥列表，它们代表签署交易所需的所有各方。
- 签名（Signatures）。这代表 Corda 交易所需的签名。需要的签名总数与命令的公钥数量成正比。
- 类型（Type）。交易有两种类型，即正常交易和公证人更改交易。公证人更改交易用于为状态重新分配公证人。
- 时间戳（Timestamp）。此字段表示交易发生的时间段。这些由公证人服务进行验证和执行。可以预期的是，如果需要严格的时间安排（这在许多金融服务场景中是最理想的），则公证人应与原子钟同步。

- 摘要（Summary）。这是描述交易操作的文本。

15.11.7　保管库

保管库（Vault）在节点上运行，类似于比特币中钱包的概念。由于交易未在全局范围内广播，因此每个节点在其保管库中仅拥有与之相关的那部分数据。保管库将其数据存储在标准关系数据库中，因此可以使用标准 SQL 查询。

保管库既可以包含账本上的数据，也可以包含账本外的数据，这意味着它可以包含不在账本上的部分数据。

15.11.8　CorDapp

Corda 的核心模型由状态对象、交易和交易协议组成，当与合约代码、API、钱包插件和用户界面组件结合使用时，即可构建一个 Corda 分布式应用程序（Corda Distributed Application，CorDapp）。

Corda 中的智能合约使用 Kotlin 或 Java 语言编写，该代码的目标运行平台是 Java 虚拟机。

为了获得确定性的 JVM 字节码的执行结果，JVM 已经进行了一些修改。Corda 智能合约包含以下 3 个主要组成部分：

- 可执行代码。定义验证逻辑以验证对状态对象的更改。
- 状态对象。代表合约的当前状态，可以由交易使用，也可以由交易产生（创建）。
- 命令。用于描述验证交易的操作。

15.11.9　设置 Corda 开发环境

使用以下步骤可以轻松地设置 Corda 的开发环境。

首先获取以下软件：

- JDK 8（8u131），其下载地址如下：

  http://www.oracle.com/technetwork/java/javase/downloads/index.html

- IntelliJ IDEA 社区版，可从以下网址免费获得：

  https://www.jetbrains.com/idea/download

- H2 数据库平台独立的压缩包，可从以下网址获得：

  http://www.h2database.com/html/download.html

- Git，可从以下网址获得：

  https://git-scm.com/downloads

- Kotlin 语言，在 IntelliJ 中可用，有关详细信息可访问以下网址：

  https://kotlinlang.org/

Gradle 是用于构建 Corda 的另一个组件，可从以下网址获得：

https://gradle.org

一旦安装了这些工具，就可以开始智能合约开发。可以通过使用以下网址提供的示例模板来开发 CorDapps。

https://github.com/corda/cordapp-template

注意：

有关如何开发智能合约代码的详细说明文档，请访问以下网址：

https://docs.corda.net/

可以使用以下命令从 GitHub 克隆 Corda 到本地：

```
$ git clone https://github.com/corda/corda.git
```

克隆成功后，应该会看到和以下结果类似的输出：

```
Cloning into 'corda'...
remote: Counting objects: 74695, done.
remote: Compressing objects: 100% (67/67), done.
remote: Total 74695 (delta 17), reused 0 (delta 0), pack-reused 74591
Receiving objects: 100% (74695/74695), 51.27 MiB | 1.72 MiB/s, done.
Resolving deltas: 100% (42863/42863), done.
Checking connectivity... done.
```

克隆存储库后，可以在 IntelliJ 中将其打开并进行下一步开发。该存储库中有多个示例，例如 Corda 银行演示（bank-of-corda-demo）、利率掉期（Interest Rate Swap，IRS）演示（irs-demo）和交易程序演示（trader-demo）等。可以在 corda 下的/samples 目录下找到它们，并可以使用 IntelliJ IDEA IDE 对其进行探索。

15.12 小　　结

本章详细介绍了 Hyperledger 项目。首先，我们讨论了 Hyperledger 项目的核心思想，并简要介绍了 Hyperledger 下的所有项目。其次，详细讨论了 Hyperledger 的 3 个主要项目，即 Hyperledger Fabric、Sawtooth Lake 和 Corda。所有这些项目都在不断改进，并且有望在下一版本中进行更改。但是，上述所有项目的核心概念预计都将保持不变或仅略有变化。我们鼓励读者访问本章中提供的相关链接，以查看最新内容。

显然，这个领域正在发生很多事情，Linux 基金会的 Hyperledger 等项目在区块链技术的发展中起着举足轻重的作用。本章讨论的每个项目都采用了新颖的方法来解决各个行业面临的问题，并且当前区块链技术中的限制也正在解决中，如可伸缩性和隐私性。可以预见，Hyperledger 将提出更多项目，通过这种协作和开放的努力，区块链技术将取得巨大的进步，并将使整个社区受益。

第 16 章将介绍其他替代性区块链的解决方案和平台。随着区块链技术的迅速发展，最近出现了许多新项目。我们将在第 16 章讨论这些项目。

第 16 章　替代区块链

本章将介绍其他可供选择的区块链解决方案。

随着比特币的成功，人们逐渐意识到区块链技术的潜力，并随之出现了迅速的发展，各种区块链协议、应用程序和平台相应产生。

需要指出的是，在这种多元的局面下，很多项目迅速失去了它们的吸引力。事实上，有不少项目只是打着创新的幌子，在玩“击鼓传花”的古老把戏或者干脆就是“骗局”。根据 Dead Coins 网站的统计，超过 70%的数字货币都已经没有什么成交量或市值彻底归零，大量区块链项目都已经死亡或者名存实亡。当然，也有一些项目已经成功地在自己的领域创造了稳固的地位。

本章将向读者介绍一些替代性的区块链和平台，如 Kadena、Ripple 和 Stellar。我们讨论的这些项目，要么它们本身就是新的区块链，要么它们可以通过提供 SDK、框架和工具来简化开发和部署区块链解决方案的过程，从而为其他现有区块链提供支持。

以太坊和比特币的成功直接催生了各种项目，它们引入了比特币和以太坊的底层技术和概念，着眼于解决当前区块链的局限性（如可伸缩性），或通过在现有区块链之上提供附加的用户友好工具层来增强现有解决方案，从而提高自身存在的价值。

在第 8 章“山寨币”中已经介绍过，比特币的替代方法有两类，如果主要目标是构建去中心化的区块链平台，则称为替代区块链。如果替代项目的唯一目的是引入一种新的虚拟货币，则称为山寨币。本章介绍的是替代区块链。

本章将讨论以下主题：

- Kadena。
- Ripple。
- Stellar。
- Rootstock。
- Quorum。
- Tezos。
- Storj。
- MaidSafe。
- BigchainDB。
- MultiChain。

- Tendermint。
- 平台和框架。

16.1 Kadena

Kadena 是一个私有区块链，它已成功地解决了区块链系统中的可伸缩性和隐私问题。Kadena 还引入了一种新的图灵不完备语言，称为 Pact，可以开发智能合约。Kadena 的一项关键创新是其可伸缩 BFT 共识算法，它有潜力扩展到数千个节点而不会降低性能。

16.1.1 可伸缩性和机密性

可伸缩 BFT 算法基于原始的 Raft 算法，是 Tangaroa 和 Juno 的后继产品。Tangaroa 因具有容错功能的 Raft（BFT Raft）的实现而得名，其开发目的是解决由于 Raft 算法中拜占庭节点的行为而引起的可用性和安全性问题，Juno 是 Tangaroa 的分支，由 JPMorgan 开发。第 1 章“区块链入门”中详细讨论了共识算法。

这两个算法都有一个基本的局限性——它们无法在保持高水平、高性能的同时进行扩展。因此，Juno 无法获得太大的吸引力。私有区块链具有随着节点数量增加而保持高性能的更理想的属性，但是上述算法缺乏此功能。Kadena 则通过专有的可伸缩 BFT 算法解决了这一问题，它可以扩展到数千个节点，而不会降低性能。

此外，Kadena 还解决了机密性问题，它使在区块链上保持交易的隐私性成为可能。通过结合使用密钥轮换（Key Rotation）、对称链上加密（Symmetric On-Chain Encryption）、增量哈希（Incremental Hashing）和 Double Ratchet 协议即可实现此安全服务。

密钥轮换可用作确保私有区块链安全的标准机制。最好的做法是，通过定期更改加密密钥来阻止试图破坏密钥的任何攻击。Pact 智能合约语言可对密钥轮换提供本地支持。

对称链上加密允许对区块链上的交易数据进行加密。特定私人交易的参与者可以自动解密这些交易。

Double Ratchet 协议可用于提供密钥管理和加密功能。

16.1.2 Kadena 的共识机制

可伸缩 BFT 共识协议可确保在智能合约执行之前已实现足够的复制和共识。通过遵循以下过程即可达成共识。

交易在网络中发起和流动的方式如下：

（1）新交易由用户签名并在区块链网络上广播，由领导者节点接管，并将其添加到其不可变日志中。

在这个阶段，还将为日志计算增量哈希。增量哈希是一种哈希函数，它允许在这样场景中计算哈希消息：如果已被哈希的先前的原始消息略有更改，则根据已经存在的哈希计算新的哈希消息。与传统的哈希函数相比，该方案更快，资源占用更少。在传统的哈希函数中，即使原始消息仅发生了很小的变化，也需要生成一个新的哈希消息。

（2）领导者（Leader）节点将交易写入日志后，它将签署复制和增量哈希，并将其广播到其他节点。

（3）其他节点在收到交易后，验证领导者节点的签名，将交易添加到自己的日志中，并向其他节点广播自己计算出的增量哈希（法定证明）。最后，在从其他节点收到足够数量的证明后，交易将永久被提交到账本。

图 16-1 显示了此过程的简化版本，其中领导者节点将记录新交易，然后将它们复制到跟随者（Follower）节点。

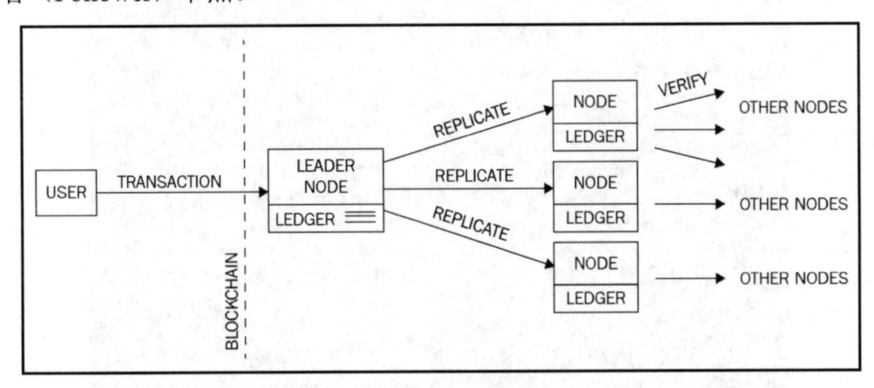

图 16-1　Kadena 的共识机制

原　　文	译　　文	原　　文	译　　文
USER	用户	REPLICATE	复制
TRANSACTION	交易	NODE	节点
BLOCKCHAIN	区块链	VERIFY	验证
LEADER NODE	领导者节点	OTHER NODES	其他节点
LEDGER	账本		

16.1.3　Pact 语言

一旦达成共识，就可以开始执行智能合约并采取许多步骤，如下所示：

（1）验证消息的签名。

（2）Pact 智能合约层接管。

（3）Pact 代码已编译。

（4）交易初始化并执行智能合约中嵌入的任何业务逻辑。如果发生任何故障，将立即回滚，将状态恢复到执行开始之前的状态。

（5）交易完成并更新相关日志。

注意：

Pact 已由 Kadena 开源，其下载地址如下：

http://kadena.io/pact/downloads.html

可以下载提供 Pact 语言的 REPL 的独立二进制文件。图 16-2 显示了一个示例，通过在 Linux 控制台中发出./pact 命令来运行 Pact。

```
drequinox@drequinox-OP7010:~/Downloads$ ./pact
pact> 1234
1234
pact> (+ 1 2)
3
pact> (if (= (+ 1 2) 3 "OK" "ERROR")
(interactive):1:31: error: unexpected
    EOF, expected: ")", ";", "{",
    Boolean false, Boolean true,
    Decimal literal, Integer literal,
    String literal, Symbol literal,
    list literal, pact, sexp, space
(if (= (+ 1 2) 3 "OK" "ERROR")<EOF>
                               ^
pact> (if (= (+ 1 2) 3) "OK" "ERROR")
"OK"
pact> 
```

图 16-2　Pact REPL，显示示例命令和错误输出

用 Pact 语言编写的智能合约通常由 3 个部分组成：键集、模块和表。对这些组成部分的描述如下：

- 键集（Keyset）。本部分定义了表和模块的相关授权方案。
- 模块（Module）。本部分以函数和 Pact 的形式定义了包含业务逻辑的智能合约代码。模块内的 Pact 由多个步骤组成，并按顺序执行。
- 表（Table）。本部分是模块内定义的访问控制的构造。只有在管理员键集中定义的管理员才能直接访问此表。默认情况下，模块中的代码被授予对表的完全访问权限。

Pact 允许若干种执行模式。这些模式包括合约定义、交易执行和查询。对这些执行模式的描述如下：

- 合约定义（Contract Definition）。此模式允许通过单个交易消息在区块链上创建合约。
- 交易执行（Transaction Execution）。此模式需要执行代表业务逻辑的智能合约代码模块。
- 查询（Querying）。此模式仅涉及探测数据合约，并且由于性能原因在节点上以本地方式执行。Pact 使用类似于 LISP 的语法，并在代码中准确地表示将在区块链上执行的内容，因为它以人类可读的格式存储在区块链上。这与以太坊的 EVM 相反，后者被编译为字节码以供执行，这使得区块链上正在执行的代码很难验证。Pact 是图灵不完备的，支持不可变变量，并且不允许空值，从而提高了交易代码执行的整体安全性。

限于篇幅，本章无法介绍 Pact 的完整语法和功能。不过，这里我们将提供一个小示例，通过它能看到用 Pact 编写的智能合约的一般结构。

以下示例显示了一个简单的加法模块，该模块定义了一个名为 addition 的函数，该函数带有 3 个参数。执行代码后，它将 3 个值相加并显示结果，如图 16-3 所示。

```
1  ;Begin transaction with optinal NAME.
2  (begin-tx) 'testTransaction
3  ;Set transaction data in JSON format or pact types
4  (env-data { "keyset": {"keys": ["admin"], "pred": "keys-any"}})
5  ;Define keyset as NAME with KEYSET
6  (define-keyset 'admin-keyset (read-keyset "keyset"))
7  ;Set transaction signature KEYS
8  (env-keys ["admin"])
9  ;define module using syntax (module NAME KEYSET [DOCSTING] DEFS . . .)
10 (module additionModule 'admin-keyset
11 ;define function that takes three arguments x y z
12 (defun addition (x y z) (+ x (+ y z))))
13 ;Commit transaction.
14 (commit-tx)
15 ;use the function addition
16 (use 'additionModule)
17 ;run the function addition and format result
18 (format "Result : {} " [(addition 100 200 300)])
```

图 16-3 简单的 Pact 代码示例

注意：

以下示例是使用在线 Pact 编译器开发的，该编译器的网址如下：

http://kadena.io/try-pact/

运行代码时，它将产生如图 16-4 所示的输出。

```
Begin Tx Just 1
testTransaction
Setting transaction data
Keyset defined
Setting transaction keys
Loaded module "additionModule"
  , hash "eaf647f843b2e88b5009253fe4eeca6f8890a646da76b4
Commit Tx Just 1
Using "additionModule"
Result : 600
```

图 16-4　代码的输出

可以看到，代码执行输出的结果与代码的布局和结构完全匹配，这可以提高透明度并限制恶意代码执行的可能性。

16.1.4　Kadena 区块链

Kadena 是一类新型的区块链，它引入了普遍确定性（Pervasive Determinism）的新概念，除了标准的基于公钥/私钥的数据源安全性之外，还提供了完全确定性共识，它可在区块链的所有层（包括交易和共识层）提供加密安全性。

注意：

通过以下网址可以找到 Pact 相关说明文档和源代码：

https://github.com/kadena-io/pact

Kadena 在 2018 年 1 月推出了公共区块链，这是构建具有高吞吐量的区块链的又一次飞跃。该提案中的新颖思想是构建 PoW 并行链架构。其具体工作原理是：将对等节点上单独挖矿的链合并到单个网络中，这样可以产生巨大的吞吐量，使得每秒能够处理的交易数超过 10000 笔。

注意：

原始研究论文的网址如下：

http://kadena.io/docs/chainweb-v15.pdf

16.2　Ripple

Ripple（瑞波）网络于 2012 年推出，是一种货币兑换和实时总结算系统。例如，甲方可以利用 Ripple 以美元支付，而乙方则可以通过 Ripple 直接收取欧元。在 Ripple 网络中，付款无须任何等待即可进行结算，这与传统的结算网络不同，在传统的结算网络中，结算（特别是跨国汇兑）可能需要几天的时间。

Ripple 网络具有一种称为瑞波币（XRP）的基础货币，它还支持非 XRP 付款。该系统被认为类似于所谓的哈瓦拉（Hawala）的旧传统汇款机制。哈瓦拉是在阿拉伯世界普遍存在的一种非正式的金融系统，境外阿拉伯人通常习惯于通过这种地下交易网络向国内汇款。其具体交易过程是，境外汇款人将钱款和密码交给当地银行家（代理），该银行家通过信件将汇款的详情告知国内的联系人（代理），再由该联系人负责将所汇款项送至目的地，而国内的收款人则凭借密码接收汇款。这种交易方式几乎不留任何可查记录。由此可见，哈瓦拉系统开放、便捷、不需账单凭证或文字记录，顾客也可以是匿名的。但是它的缺点也非常明显：它必须是完全可信的网络。

Ripple 系统的工作原理与此类似，只不过代理换成了 Ripple 中的网关。当然，这只是一个非常简单的类比，实际协议相当复杂，但原则上是相同的。

16.2.1　节点

Ripple 网络由各种节点组成，这些节点可以根据其类型执行不同的功能：

- 用户节点。这些节点用于支付交易，可以付款也可以收款。
- 验证者（Validator）节点。这些节点参与共识机制。每个服务器都将维护一组唯一的节点，在达成共识的同时需要对其进行查询。参与共识机制的服务器将仅信任唯一节点列表（Unique Node List，UNL）中的节点，并且仅接受来自唯一节点列表中节点的投票。

由于网络运营商和监管机构的参与，Ripple 有时不被视为真正的去中心化网络。但是，由于任何人都可以通过运行验证者节点而成为网络的一部分，因此可以认为它是去中心化的。此外，共识程序也去中心化了，因为提议对账本进行的任何更改都必须遵循超级多数投票的方案来决定。当然，这是各派研究人员和爱好者中的热门话题，每一派都存在反对和赞成的观点。读者可以参考网络上的这些讨论做进一步的思考。

注意：

有关 Ripple 系统的在线讨论的网址如下：

- https://www.quora.com/Why-is-Ripple-centralized
- https://thenextweb.com/hardfork/2018/02/06/ripple-report-bitmex-centralized/
- https://www.reddit.com/r/Ripple/comments/6c8j7b/is_ripple_centralized_and_other_related_questions/?st=jewkor7bamp;sh=e39bc635

16.2.2　共识

Ripple 维护所有交易的全局分布式账本，这些账本由一种称为 Ripple 协议共识算法（Ripple Protocol Consensus Algorithm，RPCA）的新型低延迟共识算法控制。其共识过程通过以下方式达成共识：

要对包含交易的公开账本的状态达成一致，需要以迭代方式从验证服务器寻求验证和接受，直到获得足够的票数为止。一旦收到足够的票数（绝大多数票，最初是 50%，随着每次迭代的逐渐增加，至少增加到 80%），更改将被确认并关闭账本。此时，将向整个网络发送警报，指示账本已关闭。

注意：

RPCA 的原始研究论文网址如下：

https://ripple.com/files/ripple_consensus_whitepaper.pdf

简而言之，该共识协议是一个三阶段过程：

- 收集阶段。在此阶段，验证节点将收集账户所有者在网络上广播的所有交易并进行验证。交易一旦被接受，就称为候选交易（Candidate Transaction），可以根据验证标准接受或拒绝。
- 共识阶段。在收集阶段之后，共识过程开始，在完成之后将关闭账本。
- 账本关闭阶段。此过程每隔几秒钟异步运行一次，结果就是，账本将相应地打开和关闭（更新）。

图 16-5 显示了该过程的 3 个阶段。

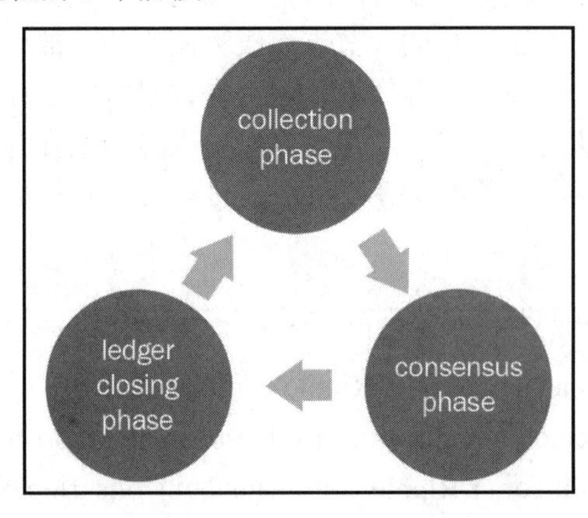

图 16-5　Ripple 共识协议阶段

原　　文	译　　文	原　　文	译　　文
collection phase	收集阶段	ledger closing phase	账本关闭阶段
consensus phase	共识阶段		

16.2.3　组件

在 Ripple 网络中，有许多组件可以协同工作以达成共识并形成支付网络。这些组件分述如下：

- 服务器。此组件将充当共识协议的参与者。必须安装 Ripple 服务器软件才能参与共识协议。
- 账本。这是 Ripple 网络上所有账户余额的主要记录。账本包含各种元素，例如账本编号、账户设置、交易、时间戳和指示账本有效性的标志等。
- 最近关闭的账本。通过验证节点达成共识后，将关闭账本。
- 打开的账本。这是尚未验证的账本，尚未就其状态达成共识。每个节点都有自己的打开的账本，其中包含建议的交易。
- 唯一节点列表（UNL）。这是验证服务器用来寻求投票和后续共识的唯一受信任节点的列表。
- 提议者（Proposer）。此组件可提议将新交易包含在共识过程中。它通常是上一个阶段定义的 UNL 节点的子集，可以向验证服务器提议交易。

16.2.4　交易

Ripple 交易由网络用户创建，以更新账本。交易需要进行数字签名才能有效，才能在共识过程中将其视为候选。每笔交易都需要花费少量的 XRP，这是一种针对垃圾邮件的拒绝服务攻击的保护机制。

Ripple 网络中有不同类型的交易。Ripple 交易数据结构中称为 TransactionType 的单个字段用于表示交易的类型。交易通过以下四步过程执行：

（1）准备交易，按照标准创建未签名的交易。

（2）签名，对交易进行数字签名以授权它。

（3）通过连接的服务器将交易实际提交到网络。

（4）执行验证以确保成功验证交易。

交易大致上可以分为 3 种类型，即支付相关（Payments Related）、订单相关（Order Related）以及账户和安全相关（Account and Security Related）。

1．支付相关

此类别中有若干个字段会导致某些操作。所有这些字段的描述如下：

- Payment。此交易是最常用的交易，它允许一个用户向另一个用户汇款。
- PaymentChannelClaim。此交易用于从支付渠道索取瑞波币（XRP）。支付渠道是一种机制，允许双方之间进行经常性和单向支付。它也可以用于设置支付渠道的截止时间。
- PaymentChannelCreate，此交易将创建一个新的支付渠道并向其中添加 XRP。添加的瑞波币以滴（Drop）为单位。1 滴相当于 0.000001 瑞波币。Ripple 本身的含义为“波纹”，以滴为单位可能正是源于此含义。
- PaymentChannelFund。此交易用于向现有渠道添加更多资金。

与 PaymentChannelClaim 交易类似，这也可以用于修改支付渠道的截止时间。

2．订单相关

这种类型的交易包括以下两个字段：

- OfferCreate。此交易代表一个限价单，代表一种货币兑换的意图。如果无法完全兑现，则会导致在共识账本中创建出价（Offer）节点。
- OfferCancel。此交易用于从共识账本中删除先前创建的出价节点，指示撤回订单。

3．账户和安全相关

这种类型的交易包括以下字段。每个字段负责执行的功能如下：

- AccountSet。此交易用于修改 Ripple 共识账本中账户的属性。
- SetRegularKey。此交易用于更改或设置账户的交易签名密钥。使用从该账户的主公钥派生的基数为 58 的 Ripple 地址来标识一个账户。
- SignerListSet。此交易可用于创建一组签名者，以便在多重签名交易中使用。
- TrustSet。此交易用于创建或修改账户之间的信任线。

Ripple 中的交易由所有交易类型共有的各个字段组成。具体描述如下：

- Account。这是交易发起人的地址。
- AccountTxnID。这是一个可选字段，其中包含另一个交易的哈希。它用于将交易链接在一起。
- Fee。这是 XRP 的金额。
- Flags。这是一个可选字段，用于指定交易的标志。
- LastLedgerSequence。这是可显示交易记录的账本的最高顺序编号。
- Memos。这表示可选的任意信息。

- SigningPubKey。这表示公钥。
- Signers。这代表多重签名交易中的签名人。
- SourceTag。这代表交易的发送者或原因。
- TxnSignature。这是交易的验证数字签名。

16.2.5　Interledger

Interledger 是一个简单的协议，由四层组成：应用层、传输层、Interledger 层和账本层。每一层负责在某些协议下执行各种功能。

现在我们就来分别认识一下这些层。

注意：

该协议的规范可通过以下网址获得：

https://interledger.org/rfcs/0003-interledger-protocol/draft-9.html

1．应用层

在此层上运行的协议将控制支付交易的关键属性。应用层协议的示例包括简单支付设置协议（Simple Payment Setup Protocol，SPSP）和开放式网络支付方案（Open Web Payment Scheme，OWPS）。

简单支付设置协议是一种 Interledger 协议，通过在账本之间建立连接器，可以在不同账本之间进行安全支付。

开放式网络支付方案则是一个允许跨网络的消费者支付方案。

一旦该层上的协议成功运行后，将调用传输层中的协议以启动支付过程。

2．传输层

该层负责管理支付交易。该层当前可使用诸如乐观传输协议（Optimistic Transport Protocol，OTP）、通用传输协议（Universal Transport Protocol，UTP）和原子传输协议（Atomic Transport Protocol，ATP）之类的协议。

乐观传输协议是最简单的协议，它可以在没有任何托管保护的情况下管理支付转账。

通用传输协议则提供托管保护。

原子传输协议是最高级的协议，它不仅提供托管转账机制，而且还可利用受信任的公证人进一步保护支付交易。

3．Interledger 层

Interledger 层提供互操作性和路由服务。该层包含诸如 Interledger 协议（Interledger

Protocol，ILP）、Interledger 引用协议（Interledger Quoting Protocol，ILQP）和 Interledger 控制协议（Interledger Control Protocol，ILCP）之类的协议。

ILP 数据包提供转账中交易的最终目标（目的地）。

ILQP 用于在实际转账之前由发送方提出报价请求。

ILCP 用于在支付网络上的连接器之间交换与路由信息和支付错误有关的数据。

4．账本层

该层包含使连接器之间能够进行通信和执行支付交易的协议。连接器（Connector）基本上是实现用于在不同账本之间转发支付的协议的对象。它可以支持各种协议，例如简单的账本协议、各种区块链协议、遗留协议和不同的专有协议等。

Ripple 连接由各种即插即用模块组成，这些模块允许使用 ILP 在账本之间进行连接。它可以在交易、可见性、费用管理、交付确认以及使用传输层安全协议（Transport Layer Security，TLS）进行安全通信之前，在各方之间交换所需的数据。第三方应用程序可以通过在不同账本之间转发支付的各种连接器连接到 Ripple 网络。

上述所有层构成了 Interledger 协议的架构。总体而言，Ripple 是针对金融行业的解决方案，可实现实时付款而无任何结算风险。这是一个功能较为丰富的平台，本节仅讨论了其与区块链相关的内容。

注意：

有关 Ripple 平台的说明文档，可通过以下网址获得：

https://ripple.com/

16.3　Stellar

Stellar（恒星）网络是一个基于区块链技术和名为联邦拜占庭协议（Federated Byzantine Agreement，FBA）的新型共识模型的支付网络。

FBA 通过创建一定数量的受信任方来工作。恒星共识协议（Stellar Consensus Protocol，SCP）是 FBA 的实现。

Stellar 白皮书中指出的关键问题是当前金融基础设施的成本和复杂性。这种限制保证了需要一个全球金融网络来解决这些问题，同时又不损害金融交易的完整性和安全性。这项要求促进了 SCP 的发明，这是一种可被证明是安全的共识机制。

注意：

有关 SCP 的原始研究论文，可通过以下网址获得：

https://www.stellar.org/papers/stellar-consensus-protocol.pdf

它具有以下 4 个主要特点：

- 去中心化控制（Decentralized Control）。它允许任何人参与而不必有中心控制方。这就好比人人都可以进入剧场进行表演或欣赏他人表演，没有检票的看门人。
- 低延迟。这满足了快速交易处理的迫切需求。
- 灵活的信任。它允许用户为特定目的选择他们信任的各方。
- 渐进式安全性（Asymptotic Security）。它利用数字签名和哈希函数在网络上提供所需的安全级别。

Stellar 网络允许通过其基础数字货币 Lumens（XLM）表示资产的价值或进行转账。在网络上广播交易时会消耗 Lumens，这可以阻止拒绝服务攻击。

Stellar 网络是 Ripple 网络的升级版本，其核心是维护一个分布式账本，该账本记录每笔交易，并在每个 Stellar 服务器（节点）上进行复制。通过验证服务器之间的交易并使用新修改来更新账本以达成共识。通过允许用户存储其购买或出售货币的报价，Stellar 账本还可以充当分布式汇兑订单簿。

Stellar 网络提供多种工具、SDK 和软件。

注意：

可通过以下网址获得 Stellar 核心软件：

https://github.com/stellar/stellar-core

16.4　Rootstock

在详细讨论 Rootstock（根链）之前，有必要定义和介绍一些对于 Rootstock 设计来说至关重要的概念。这些概念包括侧链（Sidechain）、驱动链（Drivechain）和双向锚定也称为双向挂钩（Two-Way Pegging）。侧链的概念最初是由 Blockstream 提出的。

注意：

Blockstream 的在线演示网址如下：

https://blockstream.com

双向锚定是一种机制，通过这种机制，价值（代币）可以在一个区块链与另一个区块链之间转移，反之亦然。区块链之间没有真正的代币转移。这个想法围绕在比特币区块链（主链）中锁定相同数量和价值的代币并在次级链中解锁相等数量的代币的概念。

接下来，我们看一下侧链的定义。

16.4.1　侧链

侧链（Sidechain）是一个与主区块链并行运行的区块链，并允许它们之间进行价值转移。这意味着可以在侧链中使用来自一个区块链的代币，反之亦然。这也称为锚定侧链，因为它支持双向锚定资产。

16.4.2　驱动链

驱动链是一个相对较新的概念。在驱动链中，解锁比特币的控制权被授予矿工，矿工可以投票在何时解锁主链中被锁定的比特币。这与侧链相反，因为侧链将通过简单的支付验证机制来验证共识，以便将代币转移回主链。

Rootstock 是一个智能合约平台，对比特币区块链有双向锚定。其核心思想是提高比特币系统的可伸缩性和性能，并使其能够与智能合约一起使用。

Rootstock 运行图灵完备的确定性虚拟机，称为 Rootstock 虚拟机（Rootstock Virtual Machine，RVM）。它也与 EVM 兼容，并允许以 Solidity 语言为基础的合约在 Rootstock 上运行。智能合约也可以在比特币区块链的安全机制下运行。

Rootstock 区块链通过将挖矿与比特币合并来工作，这使 Rootstock 区块链可以达到与比特币相同的安全级别。在防止双重支付和结算的最终确定方面也是如此。由于更快的区块开采时间和其他设计因素，它实现了可伸缩性，每秒最多可处理 400 笔交易。

注意：

原始研究论文可从以下网址获得：

https://uploads.strikinglycdn.com/files/ec5278f8-218c-407a-af3c-ab71a910246d/RSK%20White%20Paper%20-%20Overview.pdf

RSK 发布了名为 Bamboo 的主网络，即 RSK MainNet（目前是一个测试版）。

注意：

RSK MainNet 的网址如下：

http://www.rsk.co/

16.5　Quorum

Quorum 是通过增强现有的以太坊区块链而构建的区块链解决方案。在 Quorum 中引入了一些增强功能，例如交易隐私和新的共识机制。

Quorum 是一个联盟链，它引入了一种称为 QuorumChain 的新共识模型，该模型基于多数投票和时间机制。

Quorum 还引入了 Constellation（星座）的功能，这是一种用于提交信息的通用机制，并允许对等方之间进行加密通信。此外，节点级别的许可权限由智能合约控制。与公共以太坊区块链相比，它还提供了更高水平的性能。

Quorum 区块链生态系统由多个组件组成。现在，我们就来认识一下这些组件。

16.5.1　Transaction Manager

Transaction Manager（交易管理器）组件允许访问加密的交易数据，它还管理节点上的本地存储以及与网络上其他交易管理器的通信。

16.5.2　Crypto Enclave

Crypto Enclave（加密飞地）组件负责提供加密服务，以确保交易的私密性。它还负责执行密钥管理功能。

16.5.3　QuorumChain

QuorumChain 是 Quorum 中的关键创新。这是一个拜占庭容错（BFT）共识机制，即它是一个基于投票的共识算法。

QuorumChain 使用智能合约来管理共识过程，并且可以为节点赋予投票权，以投票表决应接受哪个新区块。一旦选民收到适当数目的选票，则该区块即被视为有效。

节点可以具有两个角色，即投票者（Voter）或创建者（Maker）。投票者节点允许投票，而创建者节点则创建新区块的节点。

根据设计，节点可以拥有这两项权利、无权利或只能拥有一项权利。

16.5.4　Network Manager

Network Manager（网络管理器）组件将为许可网络提供访问控制层。

Quorum 网络中的节点可以担任多个角色，例如，它允许创建新区块的创建者节点。

为提供交易隐私，Quorum 网络使用了加密方法。另外，某些交易只能由其相关参与者查看，这个思路类似于本书第 15 章“超级账本”中讨论的 Corda 的私人交易的概念。

由于允许在区块链上进行公开交易和私有交易，因此状态数据库将划分为代表私有交易和公开交易的两个数据库。在 Quorum 网络中，有两个单独的帕特里夏-默克尔树（Patricia-Merkle Tree）分别代表网络的私有和公共状态。私有合约状态哈希用于在交易方之间的私有交易中提供共识证据。

Quorum 网络中的交易由各种元素组成，例如接收者、发送者的数字签名（用于识别交易发起者）、可选的以太币金额、允许查看交易的可选参与者列表，以及在私有交易的情况下包含哈希值的字段等。

交易在到达目的地之前要经过若干个步骤。这些步骤的详细说明如下：

（1）用户应用程序通过由区块链网络公开的 API 将交易发送到 Quorum 节点。它还包含接收者的地址和交易数据。

（2）API 对有效载荷进行加密并应用任何其他必要的加密算法，以确保交易的私密性，然后将其发送到交易管理器组件。加密有效载荷的哈希值也在此步骤中计算。

（3）在接收到交易后，交易管理器组件会验证交易发送方的签名并存储消息。

（4）先前加密的有效载荷的哈希将发送到 Quorum 节点。

（5）一旦 Quorum 节点开始验证包含私有交易的数据块，它就会向交易管理器请求更多相关数据。

（6）交易管理器接收到此请求后，会将加密的有效载荷和相关的对称密钥发送到请求者的 Quorum 节点。

（7）一旦 Quorum 节点拥有了所有数据，它将解密有效载荷并将其发送到 EVM 以执行。这就是 Quorum 通过区块链上的对称加密实现隐私的方式，同时它能够分别使用本机以太坊协议和 EVM 进行消息传输和执行。

注意：

Quorum 的下载网址如下：

https://github.com/jpmorganchase/quorum

16.6 Tezos

Tezos 是一种通用的自我修正加密账本，这意味着它不仅允许就区块链状态进行去中心化共识，而且还可以就协议和节点随时间的演变方式达成共识。

Tezos 的开发旨在解决比特币协议中的局限性，例如硬分叉、成本以及由于 PoW 导致的挖矿能力集中化、有限的脚本编写能力和安全性等问题。它是用所谓的 OCaml 纯函数式编程语言开发的。

注意：

Tezos 原始研究论文的网址如下：

https://www.tezos.com/static/papers/white_paper.pdf

Tezos 分布式账本的架构分为三层：网络层、共识层和交易层。这种分解方法允许协议以去中心化方式发展。为此，在 Tezos 中实现了一个通用网络外壳，该外壳负责维护区块链，这由共识层和交易层的组合来表示。该外壳程序提供了网络和协议之间的接口层。

Tezos 还引入了种子协议（Seed Protocol）的概念，它是一种机制，允许网络上的参与方批准协议的任何更改。

注意：

Tezos 区块链从种子协议开始，就好像传统区块链从创世区块开始一样。

该种子协议负责定义区块链中的修订程序，甚至修订协议本身。Tezos 中的奖励机制基于 PoS 算法，因此没有挖矿需求。

在 Tezos 中已经开发了用于编写智能合约的合约脚本语言，这是一种基于堆栈的图灵完备语言。Tezos 中的智能合约是可以从形式上进行验证的，这也使得该代码可以通过数学方式证明其正确性。

Tezos 公共网络于 2018 年第一季度发布。

注意：

Tezos 代码的下载网址如下：

https://github.com/tezos/tezos

16.7　Storj

现有的基于云的存储模型都是集中式解决方案，它们可能会，也可能不会像用户期望的那样安全。因此，人们更需要一种安全、高度可用并且全面去中心化的云存储系统。

Storj 旨在提供基于区块链的、去中心化的和分布式存储，它是由社区共享而不是由中心组织的云，它允许在充当自治代理的节点之间执行存储合约。这些代理（节点）执行各种功能，例如数据传输、验证和执行数据完整性检查。

Storj 的核心概念称为 Kademlia 的分布式哈希表（Distributed Hash Table，DHT），但是通过在 Storj 中添加新的消息类型和功能来增强此协议。它还实现了称为 Quasar 的点对点的发布/订阅（Publish/Subscribe）机制，该机制可确保消息成功到达对存储合约感兴趣的节点。这是通过称为主题（Topic）的布隆过滤器的存储合约参数选择机制来实现的。

Storj 以加密格式存储文件，并分布在网络上。在将文件存储在网络之前，将使用 AES-256-CTR 对称加密对其进行加密，然后将其以分布式方式逐段存储在网络上。

Storj 分解文件的过程称为分片（Sharding），可提高网络的可用性、安全性、性能和隐私。此外，如果节点发生故障，该分片仍然可用，因为默认情况下，单个分片将存储在网络上的 3 个不同位置。

Storj 维护着一个区块链，该区块链用作共享账本，并实现了类似于其他任何区块链的标准安全功能，例如公钥/私钥加密和哈希函数。由于该系统基于对等方之间的硬盘共享，因此任何人都可以通过共享驱动器上的额外空间来做出贡献，并获得相应的奖励。奖励使用 Storjcoin X（SJCX）代币来支付。SJCX 被开发为交易对手方资产，并可用于交易（基于比特币区块链）。现在其交易已经迁移到以太坊。

注意：

有关详细讨论，请访问以下网址：

https://blog.storj.io/post/158740607128/migration-from-counterparty-to-ethereum

Storj 代码可从以下网址获得：

https://github.com/Storj/

16.8　MaidSafe

这是另一个类似于 Storj 的分布式存储系统。用户对网络的存储空间做出贡献时，将以 Safecoin 代币的形式获得奖励。这种付款机制由资源证明（Proof of Resource）来控制，该资源证明可确保用户提供给网络的磁盘空间可用，否则，Safecoin 的付款将相应减少。文件在传输到网络上进行存储之前，将被加密并被划分成很小的部分。

MaidSafe 引入了机会缓存（Opportunistic Caching）的另一个概念，这是一种在物理上更靠近访问请求来源的位置创建频繁访问的数据的副本机制，从而提高了网络的性能。

SAFE 网络的另一个新颖功能是，它会自动删除网络上的所有重复数据，从而减少存储的需求。

此外，它还引入了搅动（Churning）的概念，这基本上意味着数据在网络上不断移动，因此恶意攻击者无法将数据作为目标。它还可以在网络上保留多个数据副本，以在节点离线或发生故障时提供冗余。

16.9　BigchainDB

BigchainDB 是一个可扩展的区块链数据库。从严格意义上讲，它本身并不是区块链，而是通过提供去中心化数据库来补充区块链技术。它的核心是分布式数据库，但具有区块链的附加属性，例如去中心化、不变性和数字资产处理。

BigchainDB 还允许使用 NoSQL 查询数据库。

BigchainDB 将在一个去中心化的生态系统中提供一个数据库，不仅其处理过程是去中心化的（区块链），或文件系统是去中心化的（如 IPFS），而且数据库也是去中心化的。这使得整个应用程序的生态系统都是去中心化的。

注意：

BigchainDB 的网址如下：

https://www.bigchaindb.com/

16.10　MultiChain

MultiChain 已开发为开发和部署私有区块链的平台，它基于比特币代码，解决了安全性、可伸缩性和隐私问题。这是一个高度可配置的区块链平台，允许用户设置不同的区块链参数。它通过细粒度的许可层支持控制和隐私。MultiChain 的安装非常快速。

注意：

MultiChain 安装文件的链接如下：

http://www.multichain.com/download-install/

16.11　Tendermint

Tendermint 是一款为应用程序提供拜占庭容错共识机制和状态机复制功能的软件，

其主要作用是开发通用、安全和高性能的复制状态机。

Tendermint 有两个组件，分别介绍如下。

16.11.1　Tendermint Core

这是一个共识引擎，可以在网络中的每个节点上安全地复制交易。

16.11.2　Tendermint 套接字协议

Tendermint 套接字协议（Tendermint Socket Protocol，TMSP）是一个应用程序接口协议，允许与任何编程语言进行连接以处理交易。

Tendermint 允许将应用程序过程与共识过程脱钩（解耦），从而使任何应用程序都可以从共识机制中受益。

Tendermint 共识算法是一种基于轮（Round）的机制，其中的参与者称为验证者（Validator），验证者节点在每一轮中都会提出新的区块并对其进行投票。在链中提交的每一个区块都有一个高度。当一个区块提交失败时，协议将进入下一轮，新的验证者将为该高度提出一个新的区块。成功提交一个区块需要两个阶段的投票，分别是预投票（Pre-Vote）和预提交（Pre-Commit）。当超过 2/3 的验证者在同一轮中预提交同一个区块时，区块就会被提交到区块链中。

Tendermint 提出了一种名为锁定机制（Locking Mechanism）的容错机制，用来确保不会有验证者在区块链的同一高度提交两个不同的区块。

每个验证者节点都维护一个包含交易的区块的完整本地复制账本。每个区块都包含一个标头，该标头由上一个区块的哈希、该区块提议的时间戳、当前区块高度以及该区块中存在的所有交易的默克尔根哈希组成。

Tendermint 最近已在 Cosmos 中使用，Cosmos 是一个区块链网络，其网址如下：

https://cosmos.network

Cosmos 网络允许在运行 BFT 共识算法的不同链之间实现互操作性。该网络上的区块链称为区域（Zone）。Cosmos 中的第一个区域称为 Cosmos Hub，它实际上是一个公共区块链，负责为其他区块链提供连接服务。为此，Cosmos Hub 利用区块链间通信（Inter Blockchain Communication，IBC）协议。IBC 协议支持两种类型的交易，包括 IBCBlockCimmitTx 和 IBCPacketTx。第一种用于向任何一方提供区块链中最新区块哈希的证明，而第二种则用于提供数据源认证。要从一个区块链发布数据包到另一个区块链，首先需要向目标链发布证明。接收到的目标链将检查此证明，以验证发送链确实已发布了数据包。

Cosmos 网络有自己的基础代币，称为 Atom。

总之，Cosmos 网络就是一种跨链技术，它试图允许多个区块链连接到 Cosmos Hub 来解决可伸缩性和互操作性问题。

注意：

Tendermint 可从以下网址获得：

https://tendermint.com/

16.12 平台和框架

前面介绍的都是替代区块链项目，现在我们来看一个已经开发的可增强现有区块链解决方案体验的平台——Eris。

16.12.1 Eris 平台

Eris 不是单一的区块链，它是 Monax 公司为开发基于区块链的生态系统应用程序而开发的开放式模块化平台。它提供各种框架、SDK 和工具，可加快区块链应用程序的开发和部署。

Eris 应用程序平台背后的核心思想是通过区块链后端实现生态系统应用程序的开发和管理。它允许与多个区块链集成，并允许各种第三方系统与各种其他系统进行交互。

该平台可利用以 Solidity 语言编写的智能合约，它可以与以太坊或比特币等区块链进行交互。这些交互操作可以包括连接命令、启动，停止、断开连接以及创建新的区块链等。与安装和与区块链交互相关的复杂性已在 Eris 中被抽象出来。所有命令都针对不同的区块链进行标准化，并且无论目标对象是哪种区块链，都可以在平台上使用相同的命令。

Eris 平台可以包含在生态系统的应用程序中，从而使 API 网关能够允许旧版应用程序连接到关键管理系统、共识引擎和应用程序引擎。Eris 平台提供了可向开发人员提供各种服务的工具包。这些模块的描述如下：

- Chains（链）。允许创建区块链并与之互动。
- Packages（软件包）。允许开发智能合约。
- Keys（密钥）。用于密钥管理和签名操作。

- ❑ Files（文件）。允许使用分布式数据管理系统。它可用于与 IPFS 和数据湖之类的文件系统进行交互。
- ❑ Services（服务）。提供一组服务，可以管理和集成生态系统应用程序。

Eris 平台提供了一些软件开发工具包（SDK），方便用户开发和管理生态系统的应用程序。这些 SDK 包含经过全面测试的智能合约，可以满足特定的业务需求，如财务 SDK、保险 SDK 和物流 SDK 等。它还有一个基本的 SDK，可作为管理生态系统应用程序生命周期的基本开发工具包。

16.12.2　eris:db 许可区块链客户端

Monax 公司开发了 eris:db 的许可区块链客户端，这是一个基于 PoS 的区块链系统，允许与许多不同的区块链网络集成。

eris:db 客户端包含以下 4 个组件：

- ❑ Consensus（共识）。该组件基于之前讨论过的 Tendermint 共识机制。
- ❑ Virtual Machine（虚拟机）。Eris 使用 EVM，因此它支持 Solidity 编译合约。
- ❑ Permissions Layer（许可层）。作为需要有许可权限的账本，Eris 提供了一种访问控制机制，可用于将特定角色分配给网络上的不同实体。
- ❑ Interface（接口）。该组件提供了各种命令行工具和 RPC 接口，以实现与后端区块链网络的交互。

以太坊区块链和 eris:db 之间的主要区别在于：首先，eris:db 使用了实用拜占庭容错（Practical Byzantine Fault-Tolerance，PBFT）算法，该算法被实现为基于存款的权益证明（Deposit-based Proof of Stake，DPOS）系统（注意，这里的存款其实就是权益。有关权益证明的解释，详见第 8.2.2 节“权益证明”），而以太坊则使用的是 PoW。

其次，eris:db 使用的是 ECDSA ed22519 曲线方案，而以太坊则使用 secp256k1 算法。

最后，eris:db 是许可链，在顶部具有访问控制层，而以太坊则是公共区块链。

总之，Eris 是一个功能丰富的应用程序平台，提供了大量工具包和服务来开发基于区块链的应用程序。

注意：

Monax 的官网网址如下：

https://monax.io/

16.13　小　　结

本章详细介绍了多种替代区块链，并介绍了一个区块链应用程序开发和部署平台。区块链技术正在蓬勃发展，因此，各种现有解决方案变化得非常快，并且几乎每天都会引入新的相关技术或工具。本章选择了一些可能比较有前景的项目进行介绍，并补充了前几章中缺乏的材料，如支持区块链开发的 Eris 平台。

本章讨论的内容旨在为读者提供对各种替代区块链在技术方面的解读，还有许多其他区块链项目，例如 Tau-Chain、HydraChain、Elements 和 CREDITS 等，它们在技术上也有一定的可取之处，感兴趣的读者可以自行探索。我们鼓励读者注意该领域的发展，以跟上这个快速增长领域的最新发展节奏。

第 17 章将探讨如何从区块链的原始用途（即加密货币）中跳脱出来，在其他领域使用区块链技术。我们将介绍各种用例，尤其是物联网中区块链的应用。

第 17 章　区块链——代币之外的应用

数字货币是区块链技术的首次应用，但这可以说并没有真正发挥其潜力。比特币的发明首次引入了区块链的概念，但是直到 2013 年，区块链技术的真正潜力才得以展现，并在除加密货币之外的许多不同行业中得到应用。从那时起，人们已经提出了不同行业中区块链技术的许多用例，包括但不限于金融、物联网、数字版权管理、政府治理和法律等。

本章将选择讨论 4 个主要行业的区块链应用，即物联网、政府治理、医疗卫生和金融。

注意：

2010 年开启了一场有关 BitDNS 的讨论，BitDNS 是一种用于 Internet 域名的去中心化命名系统。此后，域名币（Namecoin）于 2011 年 4 月开始运营。详情可访问以下网址：

https://wiki.namecoin.org/index.php?title=History

与旨在提供代币的比特币项目相比，域名币可以被认为是区块链技术在纯粹代币之外的应用的第一个示例。

在 2013 年之后，对于区块链在代币之外的应用出现了许多思路，并且这一发展正呈指数增长趋势。

本章将讨论以下主题：

- 物联网。
- 物联网区块链实验。
- 政府治理。
- 医疗卫生。
- 金融。
- 数字媒体。

17.1　物　联　网

物联网（Internet of Things，IoT）近年来因其具有改变业务应用和日常生活的潜力而获得了广泛的关注。物联网可以定义为具有计算智能的物理对象（如汽车、冰箱、工业传感器等任何对象）的网络，这些物理对象能够连接到互联网，感知现实事件或环境、对这些事件做出反应、收集相关数据，并通过互联网进行通信。

这个简单的定义产生了巨大的影响，并催生了很多令人兴奋的产品和概念，例如可穿戴设备、智能家居、智能电网、智能互联汽车和智能城市等，这些都基于物联网设备这一基本定义。在对物联网的定义进行仔细剖析之后，可以发现由物联网设备执行的 4 个功能：感测、反应、收集和通信。所有这些功能都是通过使用物联网设备上的各种组件来执行的。

感测由传感器执行。反应或控制由执行器执行，收集是各种传感器的功能，通信则由提供网络连接性的芯片执行。需要注意的是，所有这些组件都可以通过物联网中的互联网进行访问和控制。物联网设备本身在某种程度上可能很有用，但如果它是更广泛的物联网生态系统的一部分，则将具有更大的价值。

典型的物联网可以由许多相互连接并连接到集中式云服务器的各种物理对象组成，如图 17-1 所示。

图 17-1　典型的物联网网络

资料来源：IBM 公司。

物联网的元素分布在多个层次上，并且存在各种可用于开发物联网系统的参考架构。可以使用五层模型来描述物联网，这五层分别是物理对象层、设备层、网络层、管理层和应用层。每个层有各自的功能，并包含多个组件，如图 17-2 所示。

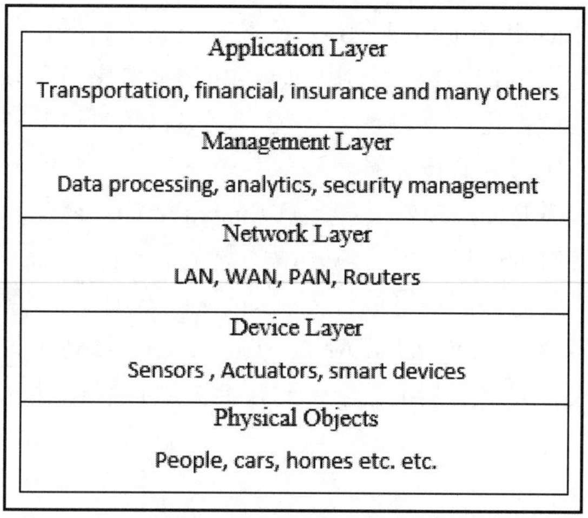

Application Layer
Transportation, financial, insurance and many others
Management Layer
Data processing, analytics, security management
Network Layer
LAN, WAN, PAN, Routers
Device Layer
Sensors , Actuators, smart devices
Physical Objects
People, cars, homes etc. etc.

图 17-2　物联网五层模型

原　　文	译　　文
Application Layer	应用层
Transportation, financial, insurance and many others	交通运输、金融、保险和其他行业应用
Management Layer	管理层
Data processing, analytics, security management	数据处理、分析、安全管理
Network Layer	网络层
LAN, WAN, PAN, Routers	局域网、广域网、个域网、路由器
Device Layer	设备层
Sensors, Actuators, smart devices	传感器、执行器、智能设备
Physical Objects	物理对象
People, cars, homes etc. etc.	人员、车辆、家居设备等

现在，我们就来详细看一下每一层的意义。

17.1.1　物理对象层

物理对象层包含任何在现实世界中的物理对象，包括人、动物、汽车、树木、冰柜、火车、工厂、家居设备等。实际上，任何需要监视和控制的东西都可以连接到物联网。

17.1.2　设备层

设备层包含组成物联网的物体，如传感器、执行器、智能手机、智能设备和射频识别（Radio-Frequency Identification，RFID）标签。根据传感器执行的工作类型，可以有许多类别的传感器，如人体传感器、家用传感器和环境传感器。该层是物联网生态系统的核心，其中有各种传感器用于感测现实环境。该层包括可以监视温度、湿度、液体流量、化学物质、空气、压力等的传感器。

一般来说，设备上需要使用模数转换器（Analog to Digital Converter，ADC），以将现实世界的模拟信号转换为微处理器可以理解的数字信号。

该层中的执行器提供对外部环境进行控制的手段，例如，启动电动机或打开一扇门。这些组件还需要数模转换器（Digital to Analog Converter，DAC），以将数字信号转换为模拟信号。当物联网设备需要控制机械组件时，此方法特别有用。

17.1.3 网络层

网络层由各种网络设备组成，这些网络设备用于提供设备之间的连接，以及与作为物联网生态系统一部分的云或服务器之间的互联网连接。这些设备可以包括网关、路由器、集线器和交换机。该层可以包括两种类型的通信。

第一种是水平通信方式，包括无线电、蓝牙、Wi-Fi、以太网、LAN、Zigbee 和个域网（Personal Area Network，PAN），可用于提供物联网设备之间的通信。

第二种是不同层之间的通信，一般来说，这是通过互联网进行的通信，可提供机器与人或其他上层之间的通信。

从通信的角度来看，第一层（物理对象层）其实也可以包括在设备层中，因为它在物理上和设备层处于同一层，可以在同一层彼此通信。

17.1.4 管理层

物联网生态系统的管理层包括能够处理从物联网设备收集的数据，并将其转化为有意义的见解（Insight）的平台。设备管理、安全性管理和数据流管理也包括在此层中。它还管理设备和应用程序层之间的通信。

17.1.5 应用层

应用层包括在物联网网络最上层运行的应用程序。该层可以由许多应用程序组成，具体取决于运输、医疗卫生、金融、保险或供应链管理等需求。当然，这份清单并不详尽，有许多物联网应用程序都可以归属于这一层。

随着传感器的价格越来越低廉、硬件选择越来越丰富、网络宽带越来越普及，物联网在近几年变得越来越流行。目前，物联网在医疗保健、保险、供应链管理、家庭自动化、工业自动化和基础设施管理等许多不同领域都有应用。此外，IPv6 的可用性和体积更小、功能却更强大的处理器以及更好的互联网接入等技术进步也对物联网的普及起着至关重要的作用。

物联网的好处有很多，例如节省生产和管理成本、使企业能够做出重要而明智的决策、基于物联网设备提供的数据来提高性能等。即使在家庭使用中，配备物联网的家用电器也可以提供有价值的数据，以节省成本。例如，用于能源监控的智能电表可以提供有关合理使用能源的有价值的信息。对于服务提供商来说，可以对来自数百万个物联网设备的原始数据进行分析，以获得有意义的见解，这有助于做出及时有效的业务决策。

常见的物联网模型是基于集中型范式。在该范式中，物联网设备通常连接到云基础架构或中央服务器以报告和处理相关数据。这种集中化虽然便利，但是也带来了黑客入侵和数据盗窃的某些风险和可能性。

由于单个集中式服务提供商需要收集个人数据，也增加了安全和隐私问题的风险。虽然有一些方法和技术可以基于普通的物联网模型构建高度安全的物联网生态系统，但是区块链可以为物联网带来特定的更理想的解决方案。基于区块链的物联网模型和传统的物联网网络范式是不一样的。

IBM 公司称，物联网的区块链可以帮助建立信任，降低成本并加速交易。此外，去中心化是区块链技术的核心，它可以消除物联网网络中的单点故障。例如，中央服务器可能无法处理数十亿个物联网设备以相当高的频率产生的数据量（即使可以处理，成本也将高得惊人，从经济上来讲不现实）。此外，区块链提供的点对点通信模型可以帮助降低成本，因为它无须建立高成本的集中式数据中心或实现复杂的安全性公钥基础设施。设备可以直接相互通信，也可以通过路由器相互通信。

根据各种研究人员和公司的估计，2022 年大约有 320 亿个设备连接到互联网。随着数十亿设备连接到互联网的爆炸式增长，很难想象集中式基础架构将能够应对带宽、服务和可用性的高要求，而不会产生过多的支出。基于区块链的物联网将能够解决当前物联网模型中的可伸缩性、隐私性和可靠性问题。

区块链使设备可以直接相互通信和交易，并且智能合约、谈判和金融交易的可用性也可以直接在设备之间发生，而不需要中介、权限或人工干预。例如，如果旅馆中的某个房间空着，它可以将自己出租、协商租金，并可以为已支付租金的人打开门锁。

再如，如果洗衣机用完了洗涤剂，则可以根据其智能合约中编程的逻辑找到最佳性价比的洗涤剂，然后自行在线订购。

通过在网络层的上面添加一个区块链层，可以将上述五层物联网模型改编为基于区块链的模型。该层将运行智能合约，并为物联网生态系统提供安全性、隐私性、完整性、自治性、可伸缩性和去中心化服务。在这种情况下，管理层可以仅由与数据分析和处理相关的软件组成，而安全性和控制权则可以移至区块链层，图 17-3 显示了该模型。

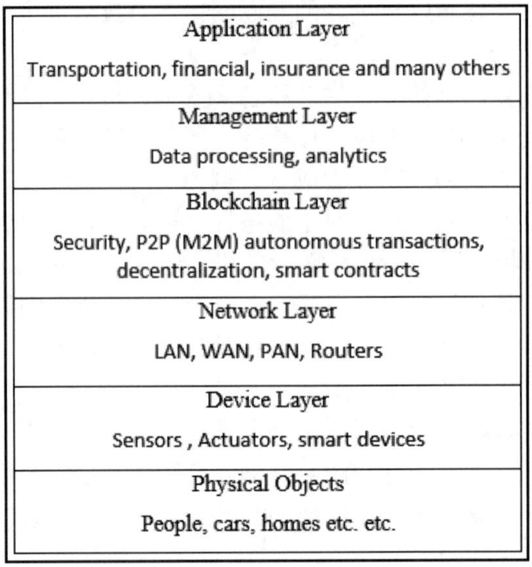

Application Layer

Transportation, financial, insurance and many others

Management Layer

Data processing, analytics

Blockchain Layer

Security, P2P (M2M) autonomous transactions, decentralization, smart contracts

Network Layer

LAN, WAN, PAN, Routers

Device Layer

Sensors , Actuators, smart devices

Physical Objects

People, cars, homes etc. etc.

图 17-3　基于区块链的物联网模型

原　　文	译　　文
Application Layer	应用层
Transportation, financial, insurance and many others	交通运输、金融、保险和其他行业应用
Management Layer	管理层
Data processing, analytics	数据处理、分析
Blockchain Layer	区块链层
Security, P2P (M2M) autonomous transactions, decentralization, smart contracts	安全管理，点对点（P2P）或机器对机器（M2M）交易，去中心化服务，智能合约
Network Layer	网络层
LAN, WAN, PAN, Routers	局域网、广域网、个域网、路由器
Device Layer	设备层
Sensors, Actuators, smart devices	传感器、执行器、智能设备
Physical Objects	物理对象
People, cars, homes etc. etc.	人员、车辆、家居设备等

在此模型中，其他层可能保持不变，但是在物联网网络所有参与者之间将引入一个额外的区块链层作为中间件。

在抽象掉前面提到的所有层之后，也可以将其可视化为对等物联网网络。图 17-4 显示了此模型，其中所有设备都在没有中央命令和控制实体的情况下相互通信和协商。

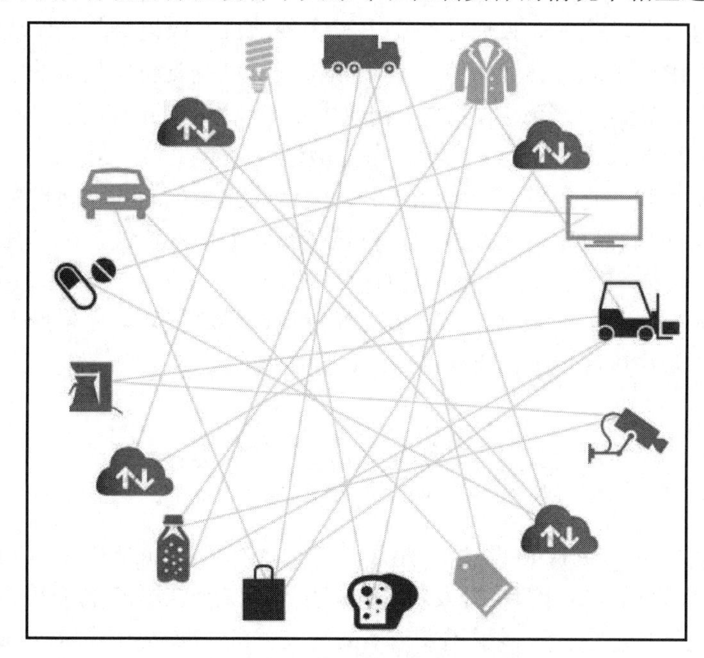

图 17-4　基于区块链的直接通信模型

资料来源：IBM 公司。

物联网和区块链的结合，可以带来以下优势：

（1）由于使用区块链的去中心化方法更容易进行设备管理，因此这种结合模式可以显著节省成本。

（2）物联网网络可以通过使用区块链来优化性能。在该结合模式下，无须为数百万个设备集中存储物联网数据，可以将存储和处理需求分配到区块链上的所有物联网设备，这可以消除通过大型数据中心进行处理和存储物联网数据的需求。

（3）区块链的物联网可以防止拒绝服务攻击。在拒绝服务攻击中，黑客只有针对中央服务器或数据中心进行攻击才有效，而区块链由于具有分布式和去中心化的特性，因此这种攻击将变得无计可施。

（4）考虑到很快将有数百亿个设备连接到互联网，因此，通过传统的中央服务器来管理所有设备的安全性和更新会变得极其困难。区块链可以通过允许设备以安全的方式直接相互通信，甚至可以相互请求固件和安全更新，从而为该问题提供解决方案。在区块链网络上，这些通信可以被安全记录并且不可篡改，这将为系统提供可审核性、完整性和透明性。传统的点对点系统无法使用此机制。

总而言之，物联网和区块链的深度融合可以带来明显的好处，并且学术界和行业企业也正在对此进行各项研究。目前已经提出了多种项目，以提供基于区块链的物联网解决方案。例如，IBM Blue Horizon 和 IBM Bluemix 就是支持区块链的物联网平台。像 Filament 这样的初创公司已经提出了关于构建去中心化网络的新颖想法，该网络可以使物联网上的设备在智能合约的驱动下直接、自主地进行交易。

在下一节中，我们将提供一个实际示例，演示构建简单的物联网设备并将其连接到以太坊区块链。在该示例中，物联网设备将连接到以太坊区块链，用户在区块链上发送适当数量的资金（模拟付租金）之后，将打开一扇门（在本示例中，门锁由 LED 表示）。当然，这只是一个很简单的示例，并且需要经过更严格测试才能在生产中实现它。本示例的意义就是演示连接和控制物联网设备，以使其响应以太坊区块链上的某些事件。

17.2　物联网区块链实验

本示例将使用 Raspberry Pi 设备，它是一种单板计算机（Single Board Computer，SBC）。Raspberry Pi 是作为低成本计算机开发的 SBC，用于促进计算机教育发展，但作为构建物联网平台的首选工具，它也获得了越来越多的普及。图 17-5 显示了 Raspberry Pi 3 Model B。你也可以使用其他型号，但是需要你去进行测试。

图 17-5　Raspberry Pi 3 Model B 设备

接下来，我们会将 Raspberry Pi 用作连接到以太坊区块链的物联网设备，并将通过它响应智能合约的调用，执行某些操作。

17.2.1　下载和安装 Raspbian 操作系统

首先，需要设置 Raspberry Pi。这可以通过使用 NOOBS 来完成，它提供了安装 Raspbian 或任何其他操作系统的简便方法。

注意：

可以从以下网址下载和安装 NOOBS。

https://www.raspberrypi.org/downloads/noobs/

如果只想安装 Raspbian，则可以访问以下链接：

https://www.raspberrypi.org/downloads/raspbian/

通过以下网址可以安装 Raspbian OS 的最小无图形用户界面版本：

https://github.com/debian-pi/raspbian-ua-netinst

在此示例中，我们已经使用 NOOBS 来安装 Raspbian，因此，练习的余下部分假定 Raspbian 已安装在 Raspberry Pi 的 SD 存储卡上。

可以通过在 Raspberry Pi Raspbian 操作系统的终端窗口中运行 uname -a 命令来确认平台。图 17-6 中的命令输出显示了操作系统在哪个架构上运行。在本示例中，可以看到它是 armv71，因此将需要下载 Geth 客户端与 ARM 兼容的二进制文件。

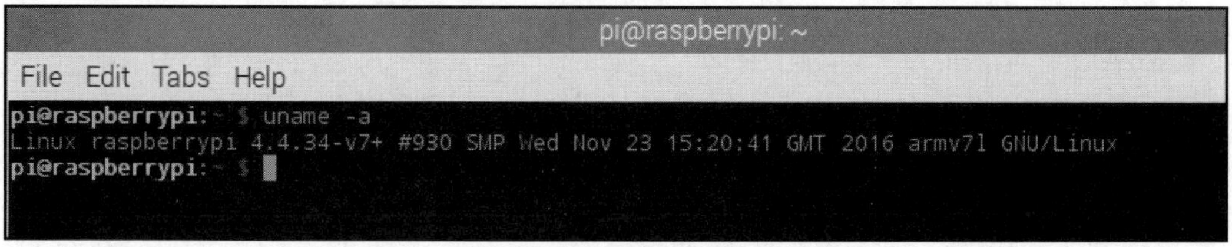

```
pi@raspberrypi: ~
File  Edit  Tabs  Help
pi@raspberrypi:~ $ uname -a
Linux raspberrypi 4.4.34-v7+ #930 SMP Wed Nov 23 15:20:41 GMT 2016 armv7l GNU/Linux
pi@raspberrypi:~ $
```

图 17-6　Raspberry Pi 架构

17.2.2　下载和安装 Geth 客户端

成功安装 Raspbian 操作系统之后，下一步就是为 Raspberry Pi ARM 平台下载适当的 Geth 客户端二进制文件。具体的下载和安装步骤如下：

（1）下载 Geth 客户端文件。请注意，在本示例中，需要下载特定版本，如果你的设备与本示例不同，也可以从以下网址下载其他版本：

https://geth.ethereum.org/downloads/

可以使用 wget 命令下载 Geth 客户端镜像：

```
$ wget https://gethstore.blob.core.windows.net/builds/geth-linux-arm7-
1.5.6-2a609af5.tar.gz
```

注意：

也可以使用其他版本，但是建议你下载此版本，因为这是本章示例中使用的版本。

（2）将文件解压缩并释放到名为 geth-linux-arm7-1.5.6-2a609af5 的目录中。使用下面显示的 tar 命令将自动创建该目录：

```
$ tar -zxvf geth-linux-arm7-1.5.6-2a609af5.tar
```

此命令将创建一个名为 geth-linux-arm7-1.5.6-2a609af5 的目录，并将 Geth 二进制文件和相关文件释放到该目录中。可以将 Geth 二进制文件复制到/usr/bin 或 Raspbian 上的相应路径，以使其可在操作系统中的任何位置使用。

17.2.3　创建创世区块

下载完成后，下一步是创建创世区块。

（1）本示例要使用的创世区块与本书第 12 章“以太坊开发环境”中创建的创世区块相同。可以从网络上的另一个节点复制该创世文件，或者通过以下代码生成全新的创世区块。

```
{
    "nonce": "0x0000000000000042",
    "timestamp": "0x00",
    "parentHash":
    "0x00000000000000000000000000000000000000000000000000000000000000",
    "extraData": "0x00",
    "gasLimit": "0x8000000",
    "difficulty": "0x0400",
    "mixhash":
    "0x00000000000000000000000000000000000000000000000000000000000000",
    "coinbase": "0x3333333333333333333333333333333333333333",
    "alloc": {
    },
    "config": {
```

```
        "chainId": 786,
        "homesteadBlock": 0,
        "eip155Block": 0,
        "eip158Block": 0
    }
}
```

（2）将 genesis.json 文件复制到 Raspberry Pi 后，可以运行以下命令来生成创世区块。需要强调的是，必须使用相同的创世区块，否则节点将在单独的网络上运行：

```
$ ./geth initgenesis.json
```

这将显示与图 17-7 类似的输出。

```
pi@raspberrypi:~/geth-linux-arm7-1.5.6-2a609af5 $ ./geth init genesis.json
I0110 23:37:15.714795 cmd/utils/flags.go:612] WARNING: No etherbase set and no accounts found as default
I0110 23:37:15.715283 ethdb/database.go:83] Allotted 128MB cache and 1024 file handles to /home/pi/.ethereum/geth/chaindata
I0110 23:37:15.794383 ethdb/database.go:176] closed db:/home/pi/.ethereum/geth/chaindata
I0110 23:37:15.794723 ethdb/database.go:83] Allotted 128MB cache and 1024 file handles to /home/pi/.ethereum/geth/chaindata
I0110 23:37:15.923300 core/genesis.go:93] Genesis block already in chain. Writing canonical number
I0110 23:37:15.923895 cmd/geth/chaincmd.go:131] successfully wrote genesis block and/or chain rule set: f2b2ffed01907a845a01d1dea21e5a
ec021e8e68b5ec9ffccb82df
```

图 17-7　初始化创世文件

（3）创建创世区块之后，需要将对等方添加到网络。这可以通过创建一个名为 static-nodes.json 的文件来实现，该文件包含对等方的 enode ID，Raspberry Pi 上的 Geth 将连接它以进行同步，如图 17-8 所示 。

```
pi@raspberrypi:~/.ethereum $ cat static-nodes.json
[
"enode://44352ede5b9e792e437c1c0431c1578ce3676a87e1f588434aff1299d30325c233c8d426fc
57a25380481c8a36fb3be2787375e932fb4885885f6452f6efa77f@192.168.0.19:30301"
]
```

图 17-8　静态节点配置

如果不知道 enode ID 应该怎么办呢？可通过运行以下命令从 Geth JavaScript 控制台获取此信息，并且该命令应在 Raspberry Pi 要连接的对等方上运行：

```
> admin.nodeInfo
```

这将显示与图 17-9 类似的输出。

```
> admin.nodeInfo
{
  enode: "enode://44352ede5b9e792e437c1c0431c1578ce3676a87e1f588434aff1299d30325c233c8d426fc57a25380481c8a36fb3
87375e932fb4885885f6452f6efa77f@[::]:30301",
  id: "44352ede5b9e792e437c1c0431c1578ce3676a87e1f588434aff1299d30325c233c8d426fc57a25380481c8a36fb3be2787375e9
4885885f6452f6efa77f",
```

图 17-9　使用 nodeInfo 命令

完成此步骤后，可以将 Raspberry Pi 连接到专用网络上的另一个节点。

17.2.4 第一个节点的设置

在本示例中，Raspberry Pi 将连接到在第 12 章“以太坊开发环境”中创建的网络（网络 ID 为 786）。关键是要使用先前创建的相同的创世文件和不同的端口号。相同的创世文件将确保客户端连接到创世文件所在的同一网络。

不同的端口有不同的要求，但是，如果两个节点都在私有网络下运行，并且需要从网络外部环境进行访问，则将使用 DMZ、路由器和端口转发的组合。因此，建议使用不同的 TCP 端口，这样端口转发才能正常工作。

以下命令中显示的--identity 开关可用于第一个节点设置，它将允许为该节点指定一个标识名称。

需要使用以下命令在第一个节点上启动 Geth 客户端：

```
$ geth --datadir .ethereum/privatenet/--networkid 786 --maxpeers 5 --rpc -
-rpcapi web3,eth,debug,personal,net --rpcport 9001 --rpccorsdomain "*" --
port 30301 --identity "drequinox"
```

这将产生类似于如图 17-10 所示的输出。

```
imran@drequinox-OP7010:~$ geth --datadir .ethereum/privatenet/ --networkid 786 --maxpeers 5 --rpc --rp
capi web3,eth,debug,personal,net --rpcport 9001 --rpccorsdomain "*" --port 30301 --identity "drequinox
"
I0110 23:26:46.032878 ethdb/database.go:83] Allotted 128MB cache and 1024 file handles to /home/imran/
.ethereum/privatenet/geth/chaindata
I0110 23:26:46.072986 ethdb/database.go:176] closed db:/home/imran/.ethereum/privatenet/geth/chaindata
I0110 23:26:46.073243 node/node.go:175] instance: Geth/drequinox/v1.5.2-stable-c8695209/linux/go1.7.3
I0110 23:26:46.073258 ethdb/database.go:83] Allotted 128MB cache and 1024 file handles to /home/imran/
.ethereum/privatenet/geth/chaindata
I0110 23:26:46.082654 eth/backend.go:193] Protocol Versions: [63 62], Network Id: 786
I0110 23:26:46.083188 core/blockchain.go:214] Last header: #7991 [999c534f…] TD=11652654509
I0110 23:26:46.083203 core/blockchain.go:215] Last block: #7991 [999c534f…] TD=11652654509
I0110 23:26:46.083210 core/blockchain.go:216] Fast block: #7991 [999c534f…] TD=11652654509
I0110 23:26:46.083929 p2p/server.go:336] Starting Server
I0110 23:26:48.239776 p2p/discover/udp.go:217] Listening, enode://44352ede5b9e792e437c1c0431c1578ce367
6a87e1f588434aff1299d30325c233c8d426fc57a25380481c8a36fb3be2787375e932fb4885885f6452f6efa77f@[::]:3030
1
I0110 23:26:48.239893 p2p/server.go:604] Listening on [::]:30301
I0110 23:26:48.240913 node/node.go:340] IPC endpoint opened: /home/imran/.ethereum/privatenet/geth.ipc
I0110 23:26:48.241212 node/node.go:410] HTTP endpoint opened: http://localhost:9001
I0110 23:42:58.206205 eth/backend.go:479] Automatic pregeneration of ethash DAG ON (ethash dir: /home/
imran/.ethash)
I0110 23:42:58.206217 miner/miner.go:136] Starting mining operation (CPU=8 TOT=9)
```

图 17-10 在第一个节点上启动 Geth

一旦启动，它应该保持运行，并且应该从 Raspberry Pi 节点启动另一个 Geth 实例。

17.2.5 Raspberry Pi 节点设置

在 Raspberry Pi 上，需要运行以下命令来启动 Geth 并将其与其他节点（在这种情况下只有一个节点）同步。命令如下：

```
$ ./geth --networkid 786 --maxpeers 5 --rpc --rpcapi
web3,eth,debug,personal,net --rpccorsdomain "*" --port 30302 --identity
"raspberry"
```

这将产生类似于如图 17-11 所示的输出。当输出的信息中显示 Block synchronisation started（区块同步开始）时，表示该节点已成功连接到对等方。

```
pi@raspberrypi:~/geth-linux-arm7-1.5.6-2a609af5 $ ./geth  --networkid 786 --maxpeers 5 --rpc --rpcapi web3,eth,debug,personal,net --
 --rpccorsdomain "*" --port 30302 --identity "raspberry"
I0110 23:38:04.654374 cmd/utils/flags.go:612] WARNING: No etherbase set and no accounts found as default
I0110 23:38:04.654776 ethdb/database.go:83] Allotted 128MB cache and 1024 file handles to /home/pi/.ethereum/geth/chaindata
I0110 23:38:04.693111 ethdb/database.go:176] closed db:/home/pi/.ethereum/geth/chaindata
I0110 23:38:04.696937 node/node.go:176] instance: Geth/raspberry/v1.5.6-stable-2a609af5/linux/go1.7.4
I0110 23:38:04.697042 ethdb/database.go:83] Allotted 128MB cache and 1024 file handles to /home/pi/.ethereum/geth/chaindata
I0110 23:38:04.847835 eth/backend.go:191] Protocol Versions: [63 62], Network Id: 786
I0110 23:38:04.849753 eth/backend.go:219] Chain config: {ChainID: 0 Homestead: <nil> DAO: <nil> DAOSupport: false EIP150: <nil> EIP1
P158: <nil>}
I0110 23:38:04.857847 core/blockchain.go:216] Last header: #2668 [6776ef24…] TD=708187563
I0110 23:38:04.858174 core/blockchain.go:217] Last block: #2668 [6776ef24…] TD=708187563
I0110 23:38:04.858349 core/blockchain.go:218] Fast block: #2668 [6776ef24…] TD=708187563
I0110 23:38:04.866705 p2p/server.go:340] Starting Server
I0110 23:38:10.223170 p2p/discover/udp.go:227] Listening, enode://98ba36ecea7ff011803d634da45752abd25101f20a62f23427afc3f280017bc134
b195ac6ed59c3b01ca2a3f14638a52697a1bb1bf967fc84274@86.15.44.209:30302
I0110 23:38:10.224031 p2p/server.go:608] Listening on [::]:30302
I0110 23:38:10.233788 node/node.go:341] IPC endpoint opened: /home/pi/.ethereum/geth.ipc
I0110 23:38:10.237027 node/node.go:411] HTTP endpoint opened: http://localhost:9002
I0110 23:38:20.225637 eth/downloader/downloader.go:326] Block synchronisation started
I0110 23:38:49.583631 core/blockchain.go:1067] imported 1 blocks,     0 txs (  0.000 Mg) in   14.018s ( 0.000 Mg/s). #2669 [76077955
I0110 23:38:49.622191 core/blockchain.go:1067] imported 5 blocks,     0 txs (  0.000 Mg) in   38.520ms ( 0.000 Mg/s). #2674 [76077955
```

图 17-11　在 Raspberry Pi 上启动 Geth

可以通过在两个节点的 Geth 控制台中运行命令来进一步验证这一点，如图 17-12 所示。只需在 Raspberry Pi 上运行以下命令即可连接 Geth 客户端：

```
$ geth attach
```

这将打开用于与 Geth 节点进行交互的 JavaScript Geth 控制台。可以使用 admin.peers 命令来查看连接的对等方，如图 17-12 所示。

```
> admin.peers
[{
    caps: ["eth/62", "eth/63"],
    id: "44352ede5b9e792e437c1c0431c1578ce3670a87e1f588434aff1299d3e325c233c8d426fc57a25380481c8a36fb3be2787375e932f
b4885885f6452f6e1a77f",
    name: "Geth/drequinox/v1.5.2-stable-c8695209/linux/go1.7.3",
    network: {
      localAddress: "192.168.0.21:56550",
      remoteAddress: "192.168.0.19:30301"
    },
    protocols: {
      eth: {
        difficulty:             ,
        head: "0x2d32c90b4c9dacea9a109b0ae52c1ebf511915bb618a2d3c55a80a63852c89f6",
        version:
      }
    }
}]
```

图 17-12　在 Raspberry Pi 的 Geth 控制台上运行 admin peers 命令

也可以通过在第一个节点上运行以下命令来附加到 Geth 实例：

```
$ geth attach ipc:.ethereum/privatenet/geth.ipc
```

控制台可用后，可以运行 admin.peers 来显示其他已连接节点的详细信息，如图 17-13 所示。

```
> admin.peers
[{
    caps: ["eth/62", "eth/63"],
    id: "98ba36ecea7ff011803d634da45752abd25101f20a62f23427afc3f280017bc134833dd5ba400bb195ac6ed59c3b01
ca2a3f14638a52697a1bb1bf967fc84274",
    name: "Geth/raspberry/v1.5.6-stable-2a609af5/linux/go1.7.4",
    network: {
      localAddress: "192.168.0.19:30301",
      remoteAddress: "192.168.0.21:56512"
    },
    protocols: {
      eth: {
        difficulty: ,
        head: "0x1188f58b4900a1d771d333141ea9400d78400bb8e561494ab436519ae64e1e34",
        version:
      }
    }
}]
```

图 17-13　在另一个对等节点的 Geth 控制台上运行 admin peers 命令

在两个节点都启动并运行之后，就可以安装其他库和依赖项来设置实验。本示例需要安装 Node.js 和相关的 JavaScript 库。

17.2.6　安装库和依赖项

本节将介绍安装所需的库和依赖项。首先需要在 Raspberry Pi Raspbian 操作系统上更新 Node.js 和 npm。具体操作步骤如下：

（1）使用以下命令在 Raspberry Pi 上安装最新的 Node.js：

```
$ curl -sL https://deb.nodesource.com/setup_7.x | sudo -E bash -
```

这将显示类似于图 17-14 的输出。这里的输出内容较多，该图仅显示了输出最上面的一小部分。

```
pi@raspberrypi: $ curl -sL https://deb.nodesource.com/setup_7.x | sudo -E bash -

## Installing the NodeSource Node.js v7.x repo...


## Populating apt-get cache...

+ apt-get update
Get:1 http://archive.raspberrypi.org jessie InRelease [22.9 kB]
```

图 17-14　安装 Node.js

（2）通过 apt-get 运行更新：

```
$ sudo apt-get install nodejs
```

这可以通过运行以下命令来执行验证，以确保安装了正确版本的 Node.js 和 npm，如

图 17-15 所示。

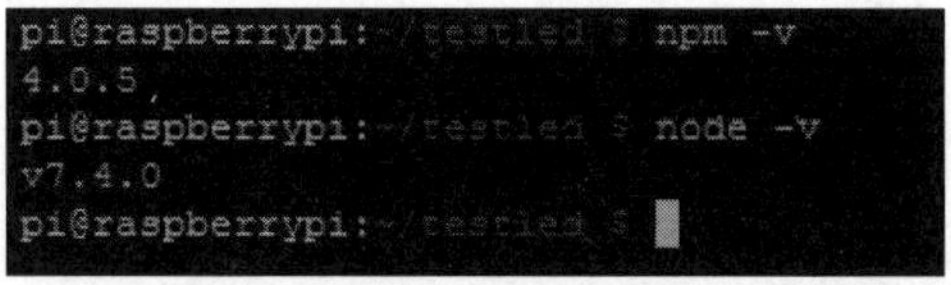

```
pi@raspberrypi:~/testled $ npm -v
4.0.5
pi@raspberrypi:~/testled $ node -v
v7.4.0
pi@raspberrypi:~/testled $
```

图 17-15　验证 npm 和 Node.js 安装

应该指出的是，这些版本不是必需的。npm 和 Node.js 的任何最新版本都可以使用。当然，本章示例使用的是 npm 4.0.5 版本和 Node.js 7.4.0 版本，因此建议读者使用相同版本，以避免出现兼容性问题。

（3）安装以太坊 Web3 npm，这是启用 JavaScript 代码访问以太坊区块链所必需的，如图 17-16 所示。

```
pi@raspberrypi:~/testled $ npm install web3
testled@1.0.0 /home/pi/testled
└─┬ web3@0.18.0
  └── bignumber.js@2.0.7  (git+https://github.com/debris/bignumber.js.git#94d7146671b9719e00a09c29b01a691bc85048c2)

npm WARN testled@1.0.0 No repository field.
pi@raspberrypi:~/testled $
```

图 17-16　安装 Web3

注意：

请确保已安装图 17-16 中显示的特定版本的 Web3 或与此版本接近的版本，例如 Web3 0.20.2。这很重要。默认情况下将安装 Web3 1.0.0-beta.26 版本，该版本为 beta 版本且正在开发中。因此，本示例应使用 Web3 0.20.2 或 Web3 0.18.0 稳定版本。要安装 Web3 0.20.2 版本，可以使用以下命令：

```
$ npm install web3@0.20.2
```

（4）需要安装 npm onoff，这是与 Raspberry Pi 进行通信并控制通用输入输出（General-Purpose Input/Output，GPIO）所必需的：

```
$ npm install onoff
```

此时的屏幕输出如图 17-17 所示。

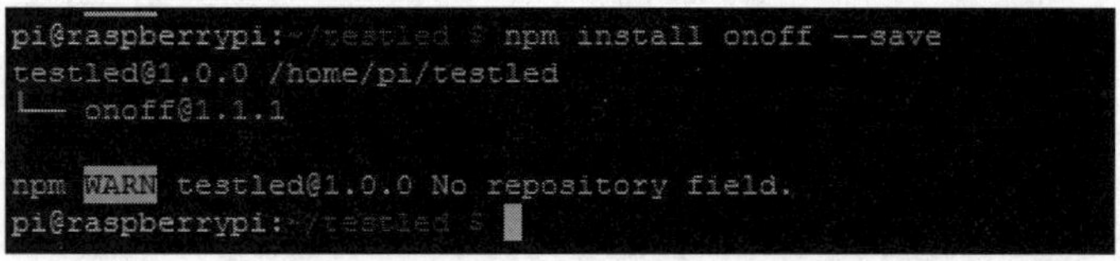

```
pi@raspberrypi:~/testled $ npm install onoff --save
testled@1.0.0 /home/pi/testled
└── onoff@1.1.1

npm WARN testled@1.0.0 No repository field.
pi@raspberrypi:~/testled $
```

图 17-17　安装 npm onoff

17.2.7　硬件组件介绍

在安装完所有必备软件组件后，即可执行硬件设置。为此，可使用面包板和一些电子元件构建一个简单的电路。

需要的硬件组件如下所示：

- LED。这指的是发光二极管（Light Emitting Diode，LED）。在本示例中，使用它来作为事件的视觉指示。
- 电阻器。需要一个 330 欧姆的电阻器组件，该电阻器组件可根据其额定值为通过的电流提供电阻。制作本实验时，你无须了解其背后的理论。当然，如果你感兴趣的话，那么任何标准的电子工程方面的图书都会详细介绍这些主题。
- 面包板。它提供了一种无须焊接即可构建电子电路的简易方法。
- T 形套件。如图 17-18 所示，它已被插入面包板上，并为 Raspberry Pi 的所有通用输入输出（GPIO）引脚提供了带标签的视图。
- 带状电缆连接线。仅用于通过 GPIO 在 Raspberry Pi 和面包板之间提供连接。

所有这些组件如图 17-18 所示。

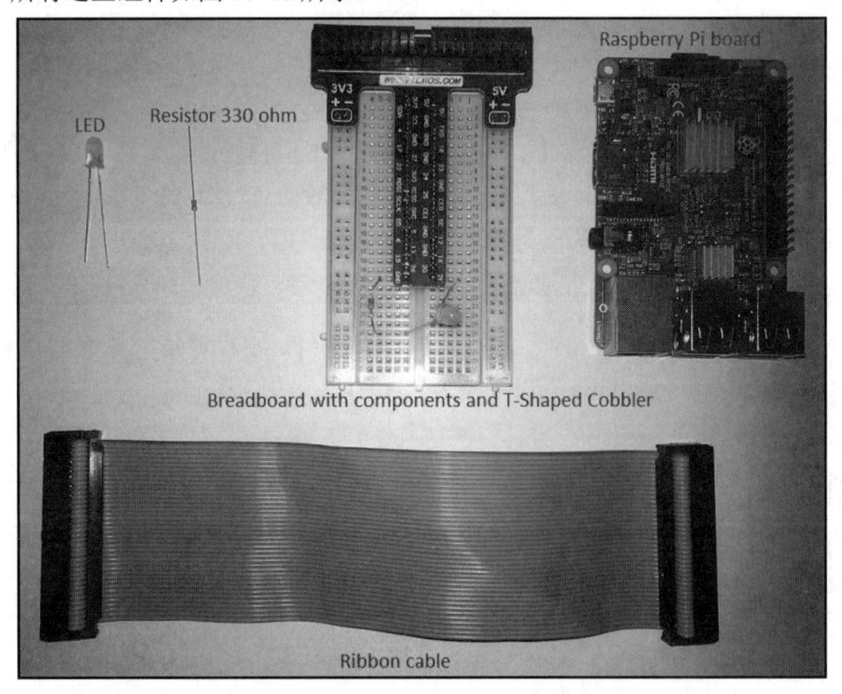

图 17-18　本示例所需硬件组件

原　　文	译　　文
LED	发光二极管
Resistor 330 ohm	330 欧姆电阻器
Raspberry Pi board	Raspberry Pi 板
Breadboard with components and T-Shaped Cobbler	面包板和 T 形套件
Ribbon cable	带状电缆连接线

17.2.8　电路

如图 17-19 所示，LED 的正极（长脚）连接到 GPIO 的引脚 21，负极（短脚）连接到电阻器，电阻器的另一端连接到 GPIO 的接地（GND）引脚。在完成上述连接之后，再使用带状电缆连接到 Raspberry Pi 上的 GPIO 接头。

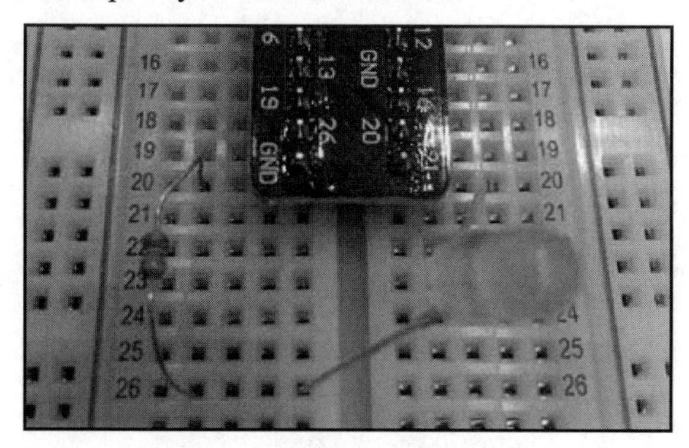

图 17-19　面包板上组件的连接

17.2.9　开发智能合约

现在，软件方面，已经使用适当的库和 Geth 更新了 Raspberry Pi；硬件方面，已经正确设置了连接。下一步就是开发一个简单的智能合约，然后等待一个值。如果提供给它的值不是预期的值，则不会触发事件；如果传递的值与正确的值匹配，则事件被触发，可以通过 Node.js 运行的客户端 JavaScript 程序读取该事件。

Solidity 合约可能非常复杂，并且还可以处理发送给它的以太币，如果以太币的数量等于所需的数量，则触发事件。当然，在此示例中，我们的目的只是演示使用智能合约触发事件，因此不必设计得太复杂。在触发事件后，将由运行在 Node.js 上的 JavaScript 程序读取事件，然后使用各种库触发物联网设备上的相应操作。

智能合约的源代码如图 17-20 所示。

```
pragma solidity ^0.4.0;
contract simpleIOT {
    uint roomrent = 10;
    event roomRented(bool returnValue);
    function getRent (uint8 x) public returns (bool) {
        if (x==roomrent) {
            roomRented(true);
            return true;
        }
    }
}
```

图 17-20　简单物联网示例的 Solidity 源代码

在线 Solidity 编译器（Remix IDE）可用于运行和测试此合约。与合约进行交互所需的应用程序二进制接口（Application Binary Interface，ABI）也可在 Details（详细信息）部分中获得，如图 17-21 所示。

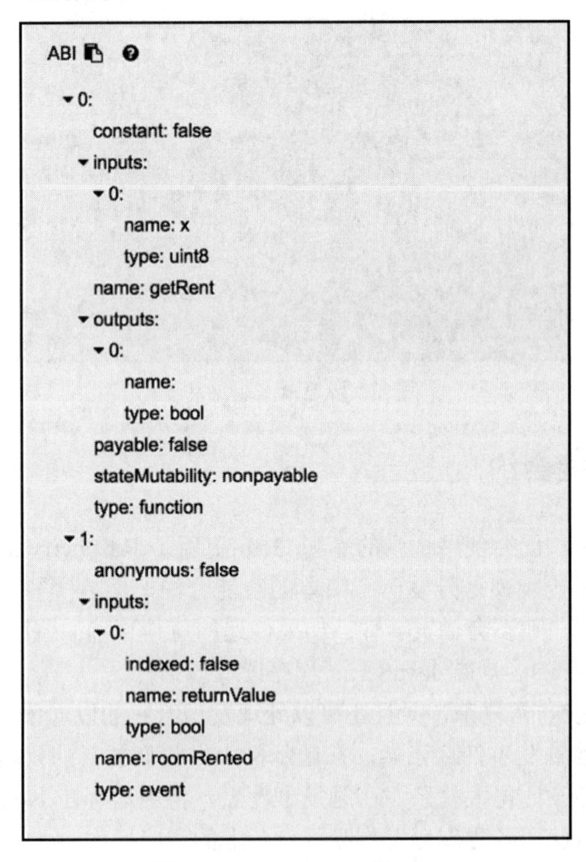

图 17-21　Remix IDE 的 ABI

以下是该合约的 ABI：

```
[
    {
        "constant": false,
        "inputs": [
            {
                "name": "x",
                "type": "uint8"
            }
        ],
        "name": "getRent",
        "outputs": [
            {
                "name": "",
                "type": "bool"
            }
        ],
        "payable": false,
        "stateMutability": "nonpayable",
        "type": "function"
    },
    {
        "anonymous": false,
        "inputs": [
            {
                "indexed": false,
                "name": "returnValue",
                "type": "bool"
            }
        ],
        "name": "roomRented",
        "type": "event"
    }
]
```

Raspberry Pi 节点可以通过以下两种方法通过 Web3 接口连接到私有区块链。

第一种方法是 Raspberry Pi 设备在本地运行自己的 Geth 客户端并维护其账本。但是，对于资源有限的设备来说，在很多情况下可能根本无法运行完整的 Geth 节点，甚至连轻量节点也不行，在这种情况下，只能使用第二种方法，那就是使用 Web3 提供程序连接到适当的 RPC 通道。在后面的客户端 JavaScript Node.js 程序中将看到这种方法。

图 17-22 显示了这两种方法的比较。

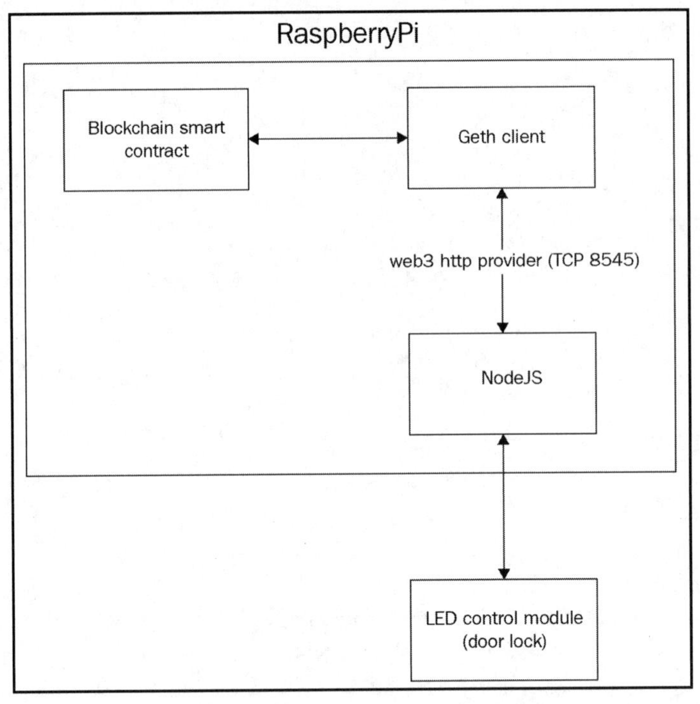

（a）物联网应用的应用架构（在物联网设备上维护有本地账本）

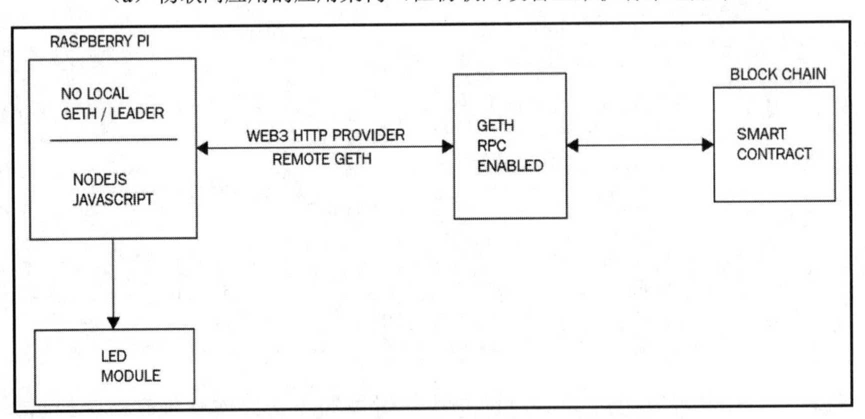

（b）物联网应用的应用架构（在物联网设备上无本地账本）

图 17-22　Raspberry Pi 节点连接到私有区块链的两种方式

原　文	译　文
Blockchain smart contract	区块链智能合约
Geth client	Geth 客户端

续表

原　文	译　文
web3 http provider (TCP 8545)	Web3 HTTP 提供程序（TCP 8545）
LED control module (door lock)	LED 控制模块（门锁）
NO LOCAL GETH/LEADER	无本地 Geth/领导者节点
WEB3 HTTP PROVIDER	Web3 HTTP 提供程序
REMOTE GETH	远程 Geth
GETH RPC ENABLED	启用 RPC 的 Geth 客户端
BLOCK CHAIN	区块链
SMART CONTRACT	智能合约
LED MODULE	LED 模块

公开 RPC 接口会带来明显的安全隐患。因此，建议仅在私有网络上使用此选项，如果需要在公共网络上使用，则应采取适当的安全措施，例如，仅允许将已知 IP 地址连接到 Geth RPC 接口。这可以通过禁用对等设备发现机制和 HTTP-RPC 服务器侦听接口相结合来实现。

使用 Geth Help 命令可以找到关于此安全设置的更多信息，也可以使用传统的网络安全措施，例如防火墙、传输层安全协议（TLS）和证书。但在本示例中不就此进行讨论。

17.2.10　部署智能合约

现在可以使用 Truffle 将合约部署到 Raspberry Pi 已连接的私有网络上（网络 ID 为 786）。Truffle 部署只需使用以下命令即可执行。值得一提的是，这里假设你已经执行了本书第 12 章“以太坊开发环境”中讨论过的 Truffle 初始化和其他预备工作：

```
$ truffle migrate
```

它应产生类似于如图 17-23 所示的输出。

```
imran@drequinox-OP7010:~/iotcontract$ truffle migrate --reset
Running migration: 1_initial_migration.js
  Deploying Migrations...
  Migrations: 0xdd8a88072aa4ff49b62c25d6f6f2207b731aee76
Saving successful migration to network...
Saving artifacts...
Running migration: 2_deploy_contracts.js
  Deploying simpleIOT...
  simpleIOT: 0x151ce17c28b20ce554e0d944deb30e0447fbf78d
Saving successful migration to network...
Saving artifacts...
```

图 17-23　Truffle 部署

17.2.11　使用 JavaScript 代码交互

一旦正确部署了合约，就可以开发 JavaScript 代码，该代码将通过 Web3 连接到区块链，侦听来自区块链中智能合约的事件，并通过 Raspberry Pi 点亮 LED。

index.js 文件的 JavaScript 代码如下所示：

```
var Web3 = require('web3');
if (typeof web3 !== 'undefined')
{
    web3 = new Web3(web3.currentProvider);
    } else
    {
    web3 = new Web3(new
Web3.providers.HttpProvider("http://localhost:9002"));
    // http-rpc-port
}
var Gpio = require('onoff').Gpio;
var led = new Gpio(21,'out');
var coinbase = web3.eth.coinbase;
var ABIString =
'[{"constant":false,"inputs":[{"name":"x","type":"uint8"}],
"name":"getRent","outputs":[{"name":"","type":"bool"}],
"payable":false,"stateMutability":"nonpayable","type":"function"},
{"anonymous":false,"inputs":[{"indexed":false,"name":"returnValue",
"type":"bool"}],"name":"roomRented","type":"event"}]';
var ABI = JSON.parse(ABIString);
var ContractAddress = '0x975881c44fbef4573fef33cccec1777a8f76669c';
web3.eth.defaultAccount = web3.eth.accounts[0];
var simpleiot = web3.eth.contract(ABI).at(ContractAddress);
var event = simpleiot.roomRented( {}, function(error, result) {
if (!error)
    {
        console.log("LED On");
        led.writeSync(1);
    }
});
```

需要注意的是，在上面的示例中，变量 ContractAddress 的合约地址是：

```
0x975881c44fbef4573fef33cccec1777a8f76669c
```

该地址是本示例所特有的，当你运行自己的示例时，合约地址将有所不同。你只需将文件中的地址更改为部署合约后看到的地址即可。

还要注意的是，Raspberry Pi 上已启动 Geth 的 HTTP-RPC 服务器侦听端口。默认情况下，它是 TCP 端口 8545。所以，切忌根据自己的 Raspberry Pi 设置和 Gcth 配置进行更改。在上面的示例代码中已将其设置为 9002，因为在本示例中，Raspberry Pi 上运行的 Geth 正在侦听 9002。如果它正在监听 Raspberry Pi 上的其他端口，则应对其做相应的更改：

```
web3 = new Web3(new Web3.providers.HttpProvider("http://localhost:9002"));
```

当 Geth 启动时，它会显示监听的端口。通过将端口号值指定为标志的参数，也可以使用 Geth 中的 --rpcport 进行配置。

可以将此 JavaScript 代码放置在 Raspberry Pi 的文件中，如 index.js。可以使用以下命令来运行它：

```
$ node index.js
```

这将启动程序，该程序将在 Node.js 上运行并侦听智能合约中的事件。

程序正常运行后，可以使用 Truffle 控制台调用智能合约，如图 17-24 所示。

```
truffle(development)> simpleiot.getRent(10)
'0x71f550949a4c5168af7b9f7f84fada99bccc20a123779642e5e8c0c0127266ee'
```

图 17-24　与合约的交互

在本示例中，使用参数 10 调用 getRent 函数，该参数就是前面介绍的期望值（房租）。

合约被开采之后，将触发 roomRented 事件，这将点亮 LED。

在本示例中，它是一个简单的 LED，但它也可以是通过执行器控制的任何物理设备，例如房间锁。如果一切正常，则智能合约函数的调用将导致 LED 亮起，如图 17-25 所示。

同样，在节点一侧，它将显示以下输出：

```
$ node index.js
LED On
```

上述示例证明，我们可以构建一个物联网设备的私有网络，在每个节点上运行一个 Geth 客户端，然后就可以侦听来自智能合约的事件，并相应地触发操作。

这个示例虽然简单，但它演示了物联网和区块链网络的融合，证明了使用物联网设备和智能合约驱动物理设备的可行性。

接下来，我们将讨论区块链技术在政府治理、医疗卫生、金融和数字媒体等领域的其他应用。

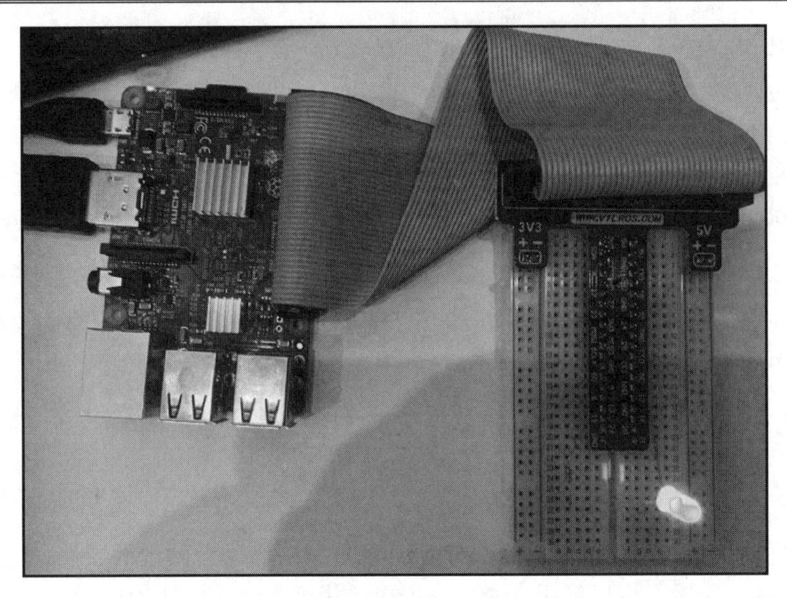

图 17-25　带 LED 控制的 Raspberry Pi

17.3　政 府 治 理

对区块链在政府治理方面的应用研究正在火热进行中，这些应用可以支持政府职能，并将当前的电子政务模式提升到一个新的水平。本节将提供一些电子政务的背景，然后讨论一些用例，例如电子投票、国土安全（边境管制）和电子 ID（公民 ID 卡）。

电子政务是使用信息和通信技术为公民提供公共服务的范例。这个概念并不是新事物，它已经在世界各地实施，但是有了区块链，新的探索就开始了。许多国家的政府正在研究使用区块链技术管理和提供公共服务的可能性，包括但不限于身份证、驾驶执照、各个政府部门之间安全的数据共享以及合约管理。由于区块链具有透明度、可审计性和完整性等属性，因此天然地在有效施行各种政府管理职能方面具有优势。

17.3.1　边境管制

自动化边境管制系统已经有数十年的历史，它可以有效地阻止非法偷渡入境并防止恐怖主义和人口贩运。

机器可读的旅行证件，特别是生物特征护照，为自动化的边境管制铺平了道路。但是，当前的系统在一定程度上仍受到限制，而区块链技术可以提供解决方案。

国际民航组织（International Civil Aviation Organization，ICAO）在 ICAO 9303 文档中定义了机读旅行证件（Machine Readable Travel Document，MRTD）标准，已经由世界上许多国家/地区实施。有关详细信息，可访问以下网址：

https://www.icao.int/publications/pages/publication.aspx?docnum=9303

每本护照都包含各种安全属性和身份属性，可用于识别护照的所有者，也可以规避篡改护照的企图。这些属性包括生物特征，例如视网膜扫描、指纹、面部识别，以及国际民航组织指定的标准特征，包括机读区（Machine Readable Zone，MRZ）和护照第一页上可见的其他文本属性。

当前的边境管制系统的一个关键问题是数据共享，这是因为该系统由单个实体控制并且数据不容易在执法机构之间共享。由于缺乏共享数据的能力，因此很难追踪可疑的旅行证件或个人。另一个问题与立即将旅行证件列入黑名单有关，例如，当立即需要跟踪和控制可疑旅行证件时，当前并没有可用的机制立即将可疑护照列入黑名单，或将其吊销并广播到世界各地的边境管制港口。

区块链可以通过在智能合约中维护一个黑名单来解决该问题，该黑名单可以根据需要进行更新，所有机构和边境管制点都可以立即看到任何更改，从而可以立即控制可疑旅行证件的移动。有些人可能会说，传统的机制（例如 PKI 和对等网络）也可以用于此目的，但是它们没有区块链可以提供的优势。使用区块链可以简化整个系统，而无须复杂的网络和公钥基础设施（Public Key Infrastructure，PKI）设置，这可以降低成本。此外，基于区块链的系统将提供通过密码保证的不可篡改性，这有助于审核并阻止任何欺诈性活动。

目前，由于可伸缩性问题，可能无法将所有旅行证件的完整数据库存储在区块链上，但是可以将后端分布式数据库（如 BigchainDB、IPFS 或 Swarm）用于此目的。在这种情况下，可以将具有个人生物识别码的旅行证件的哈希存储在简单的智能合约中，然后就可以使用证件的哈希来引用分布式文件系统（如 IPFS）上可用的详细数据。这样，当旅行证件在网络上的任何地方被列入黑名单时，该信息将立即可用，并且在整个分布式账本中都具有真实性和完整性的加密保证。该功能可以为反恐活动提供足够的支持，从而在政府的国土安全职能中发挥至关重要的作用。

Solidity 中的简单合约可以定义为用于存储身份和关联的生物特征记录的数组。该数组可用于存储有关护照的标识信息。身份可以是护照或旅行证件的机读区（MRZ）的哈希值，并与来自射频识别（RFID）芯片的生物特征记录连接在一起。在这种情况下，一个简单的布尔字段即可识别列入黑名单的护照。一旦通过初始检查，就可以通过传统系统进行进一步的详细生物特征验证，并在最终做出允许护照持有人入境的决定时，可以将该决定传播回区块链，从而使网络上的所有参与者都可以立即共享决定的结果。

图 17-26 以可视化形式描述了构建基于区块链的边境管制系统的高级方法。首先，被检人员将提供护照以扫描到 RFID 和页面扫描仪，后者读取数据页并提取机器可读信息以及存储在 RFID 芯片中的生物特征数据的哈希值。在此阶段，还将对护照持有人进行实时照片拍摄和视网膜扫描。然后，此信息将被传递到区块链，在区块链中，智能合约将首先检查该护照是否在黑名单内，然后从后端 IPFS 数据库请求更多数据进行比对，以验证旅行证件的合法性。请注意，诸如照片或视网膜扫描之类的生物识别数据未存储在区块链中，而是存储在后端（IPFS 或 BigchainDB）中，区块链仅保存对此数据的引用。

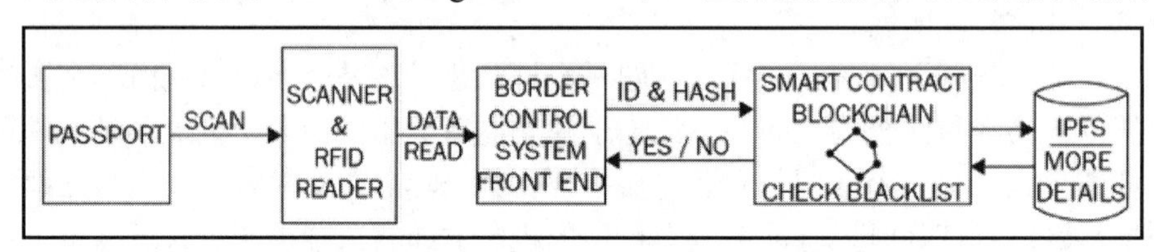

图 17-26　使用区块链执行的自动边境管制

原　　文	译　　文
PASSPORT	护照
SCAN	扫描
SCANNER & RFID READER	扫描仪和 RFID 读取器
DATA READ	数据读取
BORDER CONTROL SYSTEM FRONT END	边境管制系统前端
ID & HASH	ID 和哈希
YES/NO	是/否
SMART CONTRACT BLOCKCHAIN	智能合约区块链
CHECK BLACKLIST	黑名单检查
IPFS/MORE DETAILS	IPFS/更多数据

如果提供的护照中的数据与 IPFS 中的文件或 BigchainDB 中保存的数据相匹配，并且通过了智能合约的逻辑检查，则可以自动打开入境之门。

验证后，此信息将在整个区块链中传播，并立即提供给边境管制区块链上的所有参与者，这些参与者可以是各个国家的国土安全部门的全球联盟。

17.3.2　投票

主办投票选举对于任何政府来说都是一项关键职能，它使公民能够参与民主选举程序。尽管投票选举已经发展成为一个更加成熟和安全的过程，但它仍然存在一些局限性，需要达到更高的成熟度。一般来说，当前投票系统的局限性与欺诈、操作流程中的弱点以及尤其是透明度有关。多年以来，人们已经建立了安全的投票机制（机器），这些机制使用了承诺安全性和隐私性的专用投票机器，但是它们仍然存在漏洞，可以用来破坏机器的安全机制。这些漏洞可能对整个投票过程造成严重影响，并可能导致公众对政府的不信任。

区块链的投票系统可以通过引入端到端的安全性和透明度来解决这些问题。通过使用公钥加密学（以区块链的标准配置），以投票的完整性和真实性的形式提供安全性。此外，区块链保证的不变性确保了一次投下的选票无法再次投下，这可以通过将生物特征与智能合约相结合来实现，智能合约将维护已经投下的选票列表。

例如，智能合约可以维护具有生物识别 ID（如指纹）的已经投下的选票列表，并可以使用该列表来检测和防止重复投票。此外，也可以在区块链上使用零知识证明（ZKP），以保护选民在区块链上的隐私。

注意：

有些公司已经在提供此类服务，例如：

https://polys.me/blockchain/online-voting-system

最近，非洲国家塞拉利昂使用区块链技术举行了总统选举，这使其成为第一个使用区块链技术进行选举的国家。

https://www.coindesk.com/sierra-leone-secretly-holds-first-blockchain-powered-presidential-vote/

17.3.3　公民身份证明（身份证）

目前，世界上大多数国家均发行了电子 ID 或身份证。这些卡证是安全的，并具有许多阻止复制或防篡改的安全功能。但是，随着区块链技术的出现，它们也可以进行一些改进。

数字身份并不仅限于公安机关颁发的身份证，这可以是一个适用于在线社交网络和论坛的概念。很多人都有多个用于不同目的的 ID，区块链的在线数字身份允许控制个人信息共享。用户可以查看谁使用了他们的数据以及出于什么目的，并且可以控制对数据的访问。对于目前集中控制的基础架构来说，想要实现上述功能是不可能的。

区块链数字身份的主要好处是，可以通过单个政府区块链轻松、透明地使用由政府机关颁发的单一身份，并适用于多种服务。在这种情况下，区块链充当平台，政府可以在其中提供各种服务，例如退休金、税收或福利，并且可以使用单个 ID 来访问所有服务。在此条件下，区块链提供了由数字 ID 进行的更改和交易的永久记录，从而确保系统的完整性和透明性。此外，公民可以进行出生、婚姻、个人先进事迹以及在区块链上与他们的数字身份证相关联的许多其他文件的公证，以证明其存在。

目前，世界各个国家/地区都有成功的身份证方案在实施，并且运作良好。所以，也有一种声音认为，身份管理系统中不需要区块链或不能使用区块链，尽管区块链技术会带来一些好处，例如隐私保护和对身份信息使用的控制，但它并不成熟，还无法在现实世界的身份系统中使用。虽然这些争议尚无明确的结论，但是仍有很多人正在进行研究，以探索将区块链用于身份管理。

当然，其不可改变的性质，诸如遗忘权之类的法律可能很难纳入区块链。

17.3.4 其他事项

还有一些政府治理事项也可以实施区块链技术，以提高政府职能的效率，降低管理成本。例如财税管理和支出、土地所有权记录管理、民政登记（婚姻、出生）、机动车登记和许可证发放等。这里列出的事项显然并不全面，随着时间的流逝，政府的许多职能和流程其实都可以适用基于区块链的模型。我们相信，区块链的关键优势（如不变性、透明度和去中心化）可以帮助改进大多数传统政府治理系统。

17.4 医 疗 卫 生

医疗卫生和健康产业被认为是可以通过使用区块链技术而受益的另一个主要产业。区块链提供一个不变的、可审计的、透明的系统，而传统的网络则无法做到这一点。此外，与传统的、复杂的 PKI 网络相比，区块链提供了一种更加简单而经济高效的基础架构。

在传统的医疗保健系统中，由于缺乏互操作性、流程过于复杂以及透明度、可审计性和可控制性不足等弊端，容易引起诸如隐私威胁、数据泄露、高成本和欺诈等重大问题。

另外一个迫在眉睫的问题是假药，特别是在发展中国家，这是医疗卫生系统中一个令人忧心的痼疾。

借助区块链在卫生保健领域的适应性，可以实现多种好处，包括节省医疗成本、增加医患之间的信任度、更快地处理医疗理赔、提高诊断资料的可用性、不会因操作程序复杂而导致操作错误，以及防止假冒伪劣药品的流通和分发等。

从另一个角度来看，区块链还可以提供数字货币以刺激挖矿，从而提高处理能力以解决可以帮助找到某些疾病的治愈方法的科学问题。例如 FoldingCoin 就是以 FLDC 代币奖励其矿工，因为他们需要矿工共享其计算机的处理能力来求解需要大量计算的科学问题。

注意：

有关 FoldingCoin 的详细信息，可访问以下网址：

http://foldingcoin.net/

另一个类似的项目称为 CureCoin，其网址如下：

https://www.curecoin.net/

虽然对于这些项目在实现其目标方面能够取得多大的成功尚待观察，但是这个思路是值得肯定的。

17.5 金　　融

区块链在金融行业中有许多应用。金融领域的区块链技术应用是当前最热门的话题之一，很多大银行和其他金融组织都正在积极研究并寻找方法来适用区块链技术，这主要是由于它非常有希望大幅节省经营成本。

17.5.1 保险

在保险行业中，区块链技术可以帮助阻止欺诈性索赔，加快索赔处理速度并提高透明度。想象一下，所有保险公司之间共享账本，这样可以提供一种快速有效的机制来处理公司间的理赔。此外，随着物联网和区块链的融合，还可以设想一个智能设备生态系统，所有这些设备都可以协商并管理由区块链上智能合约控制的保险政策。

区块链可以减少处理索赔所需的总成本和工作量，可以通过智能合约和保单持有人的相关身份自动验证和支付理赔。例如，借助 Oracle 和可能的物联网的智能合约，可以确保在事故发生时记录相关的遥测数据，并基于此信息自动理赔和支付。如果智能合约在评估付款条件后得出结论认为不应理赔支付，则它可以扣留付款，例如在授权车间没有维修车辆或在指定区域之外使用车辆等情况下，以此类推。智能合约可以评估多种条件来处理索赔，并且这些规则的选择取决于保险公司，但总体思路是，智能合约与物联网和 Oracle 的结合可以使整个车辆保险行业实现自动化。

Dynamis 等多家初创公司提出了基于智能合约的点对点的保险平台，该平台运行在以太坊区块链上。其最初建议是用于失业保险，并且在模型中不需要核保人，它使用社交网络的个人资料来核实被保险人的身份与就业状况，智能合约对保单实现自动承保以及索赔，并结合其他投保人的认可和验证。

注意：

有关 Dynamis 的详细信息，可访问以下网址：

http://dynamisapp.com/

17.5.2　交易后结算

交易后结算（Post-Trade Settlement）是区块链技术最受欢迎的应用。目前，许多金融机构都在探索使用区块链技术来简化交易后结算流程的可能性，力争实现自动化，以加快处理速度并降低处理成本。

为了更好地理解该问题，这里不妨简要解释一下交易的生命周期。

交易生命周期（Trade Life Cycle）包含 3 个步骤：执行、清算和结算。执行步骤与两方之间的交易承诺有关，可以通过前台订单管理终端或交易所输入系统中。清算，交易是根据价格和数量等属性在买卖双方之间进行匹配。在此阶段，还将确定涉及付款的账户。结算是最终在买方和卖方之间交换证券以进行支付的阶段。

在传统的交易生命周期模型中，需要一个中央票据交换所来促进双方之间的交易，这承担了双方的信用风险。当前的方案有些复杂，买卖双方必须采取复杂的途径进行相互交易。它由各种公司、经纪人、票据交换所和保管人组成，如果有了区块链，则具有适当智能合约的单个分布式账本就可以简化整个过程，并使买卖双方可以直接对话。

值得注意的是，交易后的结算过程通常需要两到三天的时间，并且依赖于中央票据交换所和对账系统。如果使用共享账本，则区块链上的所有参与者都可以立即看到有关交易状态的单一版本的事实。

此外，区块链还使点对点结算成为可能，这会降低流程复杂性、交易成本、交易风险以及结算交易所需的时间。

最后，还可以通过在区块链上使用适当的智能合约来消除中介，而监管机构也可以查看区块链以进行审计并了解合规状况。

注意：

这对于实现欧盟新金融法规 MiFID-II 的监管非常有用。MiFID 是欧盟金融工具市场指导（Markets in Financial Instruments Directive）的缩写。MiFID 是由欧盟区创立的用以规范金融性质的公司行为的法律框架文件。2018 年 1 月 3 日，欧盟新金融法规 MiFID II 正式生效，其核心是为投资者提供更大的保障。有关详细信息，可访问以下网址：

https://www.fca.org.uk/markets/mifid-ii

17.5.3　预防金融犯罪

了解你的客户（Know Your Customer，KYC）和反洗钱（Anti Money Laundering，AML）是预防金融犯罪的主要推动力。

就 KYC 而言，目前，每个机构都维护自己的客户数据副本，并通过集中数据提供者执行验证。这可能是一个耗时的过程，并且可能导致新客户注册的延迟。

区块链可以通过在所有金融机构之间安全地共享分布式账本来解决该问题，这些账本已经包含经过验证的客户的真实身份，因此能够为该问题提供解决方案。参与者只能通过共识来更新此分布式账本，从而提高透明度和可审核性。这不仅可以降低成本，而且可以更好、更一致地满足法规和合规性要求。

就 AML 而言，由于区块链的不变性、共享性和透明度，监管机构可以轻松地获得对私有区块链的访问权限，这样他们就可以获取数据以执行相关的监管。区块链可以提供系统中所有金融交易的单一共享视图，这些交易从密码学方面来说是安全和可靠的，也是可审计的，从而降低了与监管相关的成本和复杂性。

17.6　数字媒体

数字媒体行业非常关注数字版权的管理问题。例如，数字音乐可以无限制地被多次复制，任何尝试保护应用复制的努力都会以某种方式被破解，音乐家或词曲作者根本无法控制内容的分发，因此会对使用费产生影响。此外，版权费的支付也并不总是有保证的。

要解决这些与版权保护和版权费有关的问题，可以将消费者、艺术家和行业内所有参与者联系起来，从而实现透明性和对流程的控制。

区块链可以提供这样一个网络，以加密方式保证仅由购买音乐的消费者拥有数字音乐。该付款机制由智能合约控制，而不是由媒体代理机构或授权机构控制。版权付款将基于智能合约中嵌入的逻辑和下载次数自动进行。

注意：

该类应用有一个示例是 Musicoin。有关详细信息，可访问以下网址：

https://musicoin.org

借助于区块链技术，数字音乐文件的非法复制也可以被遏制，因为所有内容都被记录在区块链上，并且是透明和不可变的。例如，音乐文件可以与所有者的信息和时间戳一起存储，并且可以在整个区块链网络中被追踪。拥有某些内容的合法副本的消费者将与他们拥有的内容绑定在一起并进行加密处理，除非获得所有者的许可，否则不能将其转让给其他人。一旦所有数字内容被一成不变地记录在区块链上，就可以通过区块链轻松管理版权和转让，然后智能合约就可以控制向所有相关方的分配和付款。

17.7 小　　结

区块链技术有许多应用，正如本章中所讨论的，它们可以在各个行业中实施，从而为现有解决方案带来多种好处。

本章讨论了可以从区块链中受益的 5 个主要行业。首先讨论的是物联网与区块链的结合，这种结合可以解决若干基本局限性问题，从而为物联网行业带来巨大的好处。由于物联网是适用区块链技术的最杰出、最方便的候选者，因此人们对物联网和区块链的融合给予了更多关注。在这方面已经有一些实用案例和平台，只不过它们采用的是平台即服务（Platform as a Service，PaaS）的形式，如 IBM Watson 物联网区块链。IBM Blue Horizon 现在也可用于试验，它是一个去中心化区块链的物联网网络。

本章还讨论了政府治理中的区块链应用，它们的结合可以使各种政府职能（例如国土安全、身份证和民政事业等）变得透明、安全且更可靠。

此外，本章还讨论了金融部门的问题以及区块链技术可能提供的解决方案。当然，尽管全球金融业都在积极探索使用区块链的可能性，但它距离可用于生产的区块链系统仍然有很长的一段路要走。

最后，本章还讨论了医疗卫生部门和数字媒体行业（数字版权保护）在区块链技术方面的一些可能应用。

总之，所有这些用例以及更多行业特定用例其实都是基于区块链技术的核心属性（如去中心化、透明度、可靠性和安全性等）。但是，在完全适用区块链技术之前，还需要解决某些挑战，这正是第 18 章要讨论的主题。

第 18 章　可伸缩性和其他挑战

在成为主流技术之前，区块链仍然有不少问题需要解决，本章将详细介绍这些需要面对的挑战。即使已经开发了各种用例和概念验证系统，并且该技术在许多情况下都运行良好，但区块链仍需要解决其固有的一些基本限制，这样才能使该技术更具适应性。

在这些问题中，关注度最高的是可伸缩性，其次是隐私问题。这两个都是要解决的重要限制，尤其是在设想将区块链用于要求保护隐私的行业中时。在金融、法律和卫生健康等领域，对交易/事务的机密性有特定要求；而当区块链不能满足用户期望的性能水平时，往往问题就出在可伸缩性上。例如，比特币网络每秒只能处理 3～7 笔交易，以太坊平均每秒也只不过可以处理 20 笔交易。只要交易吞吐量一放大，那么网络很快就将壅塞。这两个问题已经成为阻碍区块链技术被更广泛接受的因素。

本章将介绍这两个领域中当前提议和正在进行的研究。除了隐私和可伸缩性外，其他挑战还包括法规监管、集成、适应性和安全性等。尽管在比特币网络中，区块链安全性是可靠的并且经受了时间的考验，但也并不是无懈可击。此外，在其他区块链（如以太坊）中也存在一些安全问题，这涉及智能合约、拒绝服务攻击和大型攻击面等。

本章将讨论以下主题：

- 可伸缩性。
- 侧链。
- 隐私保护。
- 安全性。

18.1　可 伸 缩 性

在过去的几年中，可伸缩性（Scalability，也称为可扩展性）问题一直是激烈辩论、严格研究和媒体关注的焦点。

这是一个至关重要的问题，因为它可能意味着区块链不适于广泛应用，而仅限于联盟许可的私有网络。在经过对该领域的大量研究之后，人们提出了许多解决方案，下文将详细介绍这些解决方案。

从理论上讲，解决可伸缩性问题的一般方法通常围绕协议级别的强化。例如，通常提到的比特币可伸缩性解决方案是增加其区块大小。其他建议包括链下解决方案，这些解决方案将某些处理任务转移到链下网络，例如链下状态网络。

一般来说，基于上述解决方案，建议可以分为两类：改变区块链运行的基本协议这一思路的链上解决方案（On-Chain Solution）和利用网络和处理资源以增强区块链的链下解决方案（Off-Chain Solution）。

Miller 等人在其论文 *On Scaling Decentralized Blockchains*（《去中心化区块链的规模化思考》）中提出了另一种解决区块链局限性的方法。该论文的详细网址如下：

https://doi.org/10.1007/978-3-662-53357-4_8

该论文提出，区块链可以划分为被称为平面（Plane）的许多抽象层。每个平面负责执行特定功能。这些包括网络平面、共识平面、存储平面、视图平面和侧平面。这种抽象允许在每个平面上以结构化的方式分别解决瓶颈和限制。下文将简要介绍每一个平面层，并相应地引用比特币系统。

18.1.1　网络平面

第一层称为网络平面（Network Plane）。网络平面的关键功能是交易传播。在上述论文中已经确定，在比特币网络中，节点在传播和复制交易之前，首先要进入交易广播阶段，然后是开采区块（挖矿），最后由节点执行交易验证，这种方式导致网络平面未能充分利用网络带宽。

应当指出的是，BIP 152 已经解决了该问题，有关详细信息，可访问以下网址：

https://github.com/bitcoin/bips/blob/master/bip-0152.mediawiki

18.1.2　共识平面

第二层称为共识平面（Consensus Plane）。该层负责挖矿并达成共识。该层的瓶颈围绕着 PoW 算法的局限性，因为该算法在共识速度和带宽上的增加会损害网络的安全性。

18.1.3　存储平面

第三层是存储平面（Storage Plane），用于存储账本。该层围绕每个节点需要保留整个账本副本的问题，这导致某些效率低下的情况，例如带宽和存储需求的增加。

比特币有一种称为修剪（Pruning）的方法，该方法允许节点运行而无须将整个区块链保留在其存储中。修剪意味着当比特币节点下载了区块链并对其进行验证后，将删除已经验证的旧数据，这样可以节省存储空间。从存储角度来看，此功能已有重大改进。

18.1.4 视图平面

第四层是视图平面（View Plane）。由于比特币矿工不需要完整的区块链即可进行操作，因此，研究人员基于这一事实提出了一种优化，并且可以从完整的账本中构造视图来表示该系统的整个状态，这足以使比特币矿工正常工作。也就是说，视图的实现将消除挖矿节点存储完整区块链的需求。

最后，上述研究论文的作者还提出了侧平面（Side Plane）的概念。该平面代表脱链交易的概念，其中将使用支付或交易渠道的概念来减轻参与者之间的交易处理，但仍得到主要的比特币区块链的支持。

上述模型可用于以结构化方式描述当前区块链设计中的限制和改进。另外，最近几年研究人员还提出了若干种通用策略，可以解决当前以太坊和比特币等区块链设计的局限性。下文将详细讨论这些方法。

18.1.5 区块大小增加

这是关于提高区块链性能（扩大交易处理吞吐量）的一项争议最大的提议。就目前而言，比特币每秒只能处理 3～7 笔交易，这是使比特币区块链适应处理微交易的主要抑制因素。比特币中的数据块大小被硬编码为 1 MB，如果增加数据区块大小，那么它可以容纳更多的交易，并且可以缩短确认时间。

有若干个比特币改进提案（Bitcoin Improvement Proposal，BIP）都支持增加区块大小，例如 BIP 100、BIP 101、BIP 102、BIP 103 和 BIP 109。

注意：

以下网址提供了有关该讨论的详细说明：

https://en.bitcoin.it/wiki/Block_size_limit_controversy

在以太坊中，区块大小不受硬编码的限制，而是由燃料限制来控制。从理论上讲，以太坊中的区块大小没有限制，因为它仅取决于燃料量，燃料量会随着时间的推移而增加。这是可能的，如果在上一个区块中已达到限制，则允许矿工提高后续区块的燃料限制。

比特币 SegWit 通过将见证人数据与交易数据分开来解决这个问题，从而为交易提供更多空间。

比特币的其他改进提案还包括 Bitcoin Unlimited、Bitcoin XT 和比特币现金（Bitcoin Cash）。读者可以参考第 6 章“比特币网络和支付”以了解更多详细信息。

注意：

以下网址提供了有关上述改进提案的详细信息：

- https://www.bitcoinunlimited.info
- https://bitcoinxt.software
- https://www.bitcoincash.org

18.1.6　减少区块间隔

另一个建议是减少每个区块生成之间的时间。减少区块之间的时间间隔可以更快地生成区块，但由于分叉数的增加，也可能导致安全性降低。

以太坊实现了大约 14 秒的区块生成时间，这是对比特币区块链的重大改进，因为比特币需要每 10 分钟才能生成一个新区块。

在以太坊中，通过使用贪婪最重观察子树（Greedy Heaviest Observed Subtree，GHOST）协议，缓解了由于区块生成之间的时间较短而导致的高孤立区块的问题，从而在确定有效链时还包括了孤立区块（叔区块）。一旦以太坊转移到权益证明，这将变得无关紧要，因为将不需要挖矿并且几乎可以立即完成交易。

18.1.7　可逆布隆查找表

这是已提出的另一种方法，用于减少在比特币节点之间传输所需的数据量。可逆布隆查找表（Invertible Bloom Lookup Table，IBLT）最初是由 Gavin Andresen 提出的，这种方法的主要吸引力在于，它不会导致比特币的硬分叉。

可逆布隆查找表的关键思想是基于一个事实：无须在节点之间转移所有交易。相反，该方法仅传输在同步节点的交易池中尚不可用的资源。这允许节点之间更快的交易池同步，从而提高比特币网络的整体可伸缩性和运行速度。

18.1.8　分片

分片（Sharding）不是一项新技术，它已在分布式数据库中使用，以实现可伸缩性，如 MongoDB 和 MySQL。

分片的关键思想是将任务分成多个区块，然后由多个节点处理，这样可以提高吞吐量并减少存储需求。

在区块链中，采用类似的方案，可以将网络状态划分为多个分片。状态通常包括余额、代码、随机数和存储。

分片是在同一网络上运行的区块链的松散耦合分区。因此，需要解决分片间的通信问题，以及对每个分片的历史达成共识的问题。目前这仍是一个开放的研究领域。

18.1.9　状态通道

这是为加快区块链网络上的交易速度而提出的另一种方法。其基本思想是使用侧通道（Side Channel）脱离主链进行状态更新和处理交易。一旦状态最终确定，它将被写回到主链，从而使得主区块链不必执行耗时的操作。

状态通道将执行以下 3 个步骤：

（1）区块链状态的一部分被智能合约锁定，确保参与者之间的一致性和业务逻辑的执行。

（2）参与者之间开始链外交易处理和交互，而参与者之间暂时仅更新他们之间的状态。在此步骤中，几乎不需要区块链就可以执行任何数量的交易，这使得交易流程变快，并且是解决区块链可伸缩性问题的最佳方案。当然，也有人对此持有异议，他们认为这不像分片那样是真正的区块链解决方案，但无论如何，其最终结果是产生了一个更快、更轻型化且更健壮的网络，在小额支付网络、IoT 网络和许多其他应用方面都很实用。

（3）一旦达到最终状态，就关闭状态通道，并将最终状态写回到主区块链。在这一阶段，区块链的锁定部分也被解锁。

图 18-1 显示了此过程。

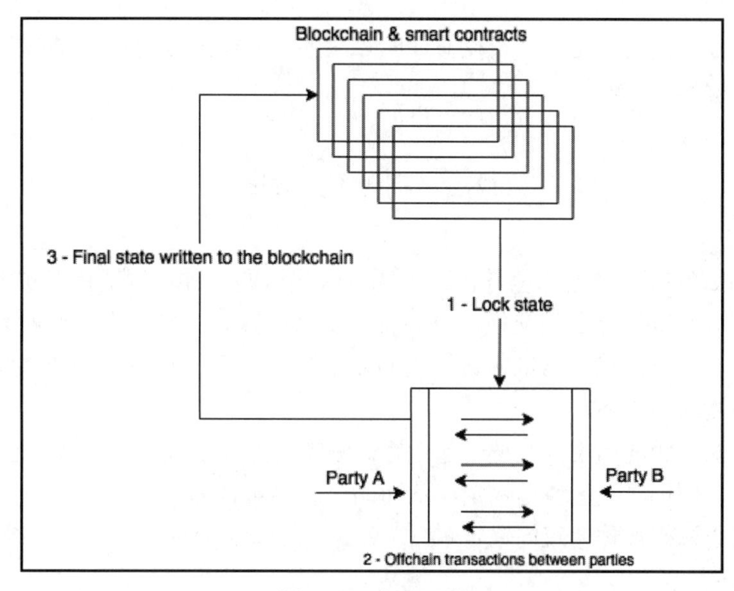

图 18-1　状态通道

原　　文	译　　文
Blockchain & smart contracts	区块链和智能合约
1- Lock state	1-锁定状态
Party A	甲方
Party B	乙方
2- Offchain transactions between parties	2-双方在链下交易
3- Final state written to the blockchain	3-最终状态写入区块链

该技术已在比特币闪电网络和以太坊的 Raiden 中使用。

18.1.10　私有区块链

私有区块链本身会更快，因为它不需要真正的去中心化，并且网络的参与者也不需要挖矿，相反，他们只能验证交易。这可以被认为是解决公共区块链中可伸缩性问题的一种方法。但是，坚持“去中心化”理念的人士并不认可它是可伸缩性问题的解决方案。此外，应注意的是，私有区块链仅适用于特定区域和设置，例如所有参与者都相互了解的企业环境。

18.1.11　权益证明

与使用工作量证明相比，基于权益证明算法的区块链速度更快。在本书第 8 章“山寨币”中详细解释了 PoS。

18.2　侧　　链

侧链（Sidechain）是遵守侧链协议的所有区块链的统称。侧链旨在实现双向锚定，让某种代币可以在链和链之间交换信息和实现价值的互相“转移”。一般来说，侧链泛指跨链技术，它一方面可以帮助主链扩展新功能，另一方面也可以围绕主链搭建起一个涵盖各种业务需求的生态。

侧链允许多个侧链与主区块链一起运行。侧链虽然安全性相对较低，但是速度更快。侧链执行交易，但仍与主区块链锚定，从而间接改善可伸缩性。

侧链的核心思想被称为双向锚定（Two-Way Peg），它允许将代币从主链转移到侧链，反之亦然。

18.2.1　子链

子链（Subchain）是 Peter R. Rizun 最近提出的一种相对较新的技术，它主要基于弱区块（Weak Block）的思想，弱区块在层中创建，直至找到强区块（Strong Block）为止。

弱区块可以定义为无法通过满足标准网络难度条件来进行开采的区块，但是其已经完成的工作量完全满足另一个较弱的难度目标。除非发现满足标准难度目标的区块，否则矿工可以通过将弱区块彼此叠加来构建子链。

在发现满足标准难度目标的区块之后，子链关闭并成为强区块。这种方法的优点是减少了首次验证交易的等待时间。此技术还可以减少孤立区块的产生机会，并加快交易处理的速度，这也是解决可伸缩性问题的间接方法。

子链不需要任何软分叉或硬分叉来实现，但需要得到社区的认可。

注意：

子链研究论文网址如下：

https://www.ledgerjournal.org/ojs/index.php/ledger/article/view/40

18.2.2　树链

还有其他提高比特币网络可伸缩性的提议，例如将区块链布局从线性顺序模型更改为树链（Tree Chain）。这棵树基本上是一棵二叉树（Binary Tree），从比特币主链中衍生出来。这种方法类似于侧链实现，无须进行重大协议更改或增加区块大小，它可以提高交易吞吐量。在这种方案中，区块链本身是去中心化的，并分布在网络中，以实现可伸缩性。

此外，不需要挖矿就可以验证树链上的区块。用户可以独立验证区块标头。但是，这种想法还没有进入生产阶段，因此需要进一步研究才能使其真正实用。

注意：

树链的原始研究论文网址如下：

https://eprint.iacr.org/2016/545.pdf

18.2.3　加快传播时间

除常规技术外，Christian Decker 在 *On the Scalability and Security of Bitcoin*（《比特

币网络可伸缩性和安全性思考》）一书中还提出了一些针对比特币的改进。有关详细信息，可访问以下网址：

https://scholar.google.ch/citations?user=ZaeGlZIAAAAJ&hl=en

他提议的改进基于加快传播时间的想法，因为当前的信息传播机制导致了区块链分叉。这些技术包括验证的最小化、区块传播的流水线化和连接性的增加。这些更改不需要基本协议级的更改，相反，这些更改可以在比特币节点软件中独立实现。

关于验证最小化的问题，研究人员已经注意到，区块验证过程会导致传播延迟，其背后的原因是节点需要很长时间来验证区块的唯一性以及该区块内的交易。因此，该建议提出，一旦完成初始 PoW 和区块验证检查，节点就可以发送清单消息，这样就可以通过仅执行第一次难度检查，而不等待交易验证完成来改善传播速度。

除了验证最小化之外，他还建议对区块传播进行流水线处理，这是基于预期区块可用性的思想。在该方案中，如果已经宣布了一个区块的可用性，则无须等待实际的区块可用，因此减少了节点之间的往返时间。

最后，交易发起方与节点之间物理距离过长的问题也导致区块传播的放缓。Christian Decker 进行的研究表明，连接性的增加可以减少区块和交易的传播延迟。这是可能的，如果在任何时候都能够将比特币节点连接到许多其他节点，则将缩短节点之间的物理距离并可以加快网络上的信息传播。

要解决可伸缩性问题，比较合适的解决方案很可能是将某些方法或上述所有通用方法组合在一起。为了解决区块链中的可伸缩性和安全性问题而采取的许多举措现在都几乎已经准备好或已经付诸实践。

例如，比特币隔离见证（Segregated Witness，SegWit）就是一项可以极大地帮助实现可伸缩性的建议，并且只需要一个软分叉就可以实现它。所谓隔离见证的关键思想就是将签名数据与交易分开，这解决了交易延展性的问题，并允许增加区块大小，从而提高吞吐量。

18.2.4 Bitcoin-NG

最近还有一个提案 Bitcoin-NG 引起了一些关注，它基于微区块和领导者选举的思路，其核心思想是将区块分为两种类型，即领导者区块（也称为关键区块）和微型区块。

- 领导者区块（Leader Block）。这些区块负责工作量证明，而微型区块则包含实际交易。
- 微型区块（Micro Block）。这些区块不需要任何工作量证明，并且由经选举产生的领导者在每个区块生成周期（Block-Generation Cycle）生成。该区块生成周期由领导者区块启动。唯一的要求是用当选领导者的私钥对微型区块进行签名。当选的领导者（矿工）可以按非常高的速度生成微型区块，从而提高性能和交易速度。

另外，由 Vitalik Buterin 撰写的以太坊紫皮书于 2016 年在上海的 Ethereum Devcon 2 上发表，它描述了可伸缩的以太坊的愿景。紫皮书的提议是基于分片和权益证明算法实现的结合，它确定了某些目标，例如通过权益证明算法来提高效率，最大限度地加快区块生成时间、实现简洁的交易最终确定、提高可伸缩性、允许跨分片通信等。

该紫皮书可通过以下网址查看：

https://docs.google.com/document/d/1maFT3cpHvwn29gLvtY4WcQiI6kRbN_nbCf3JlgR3m_8/edit#

18.2.5　Plasma

另一个有关可伸缩性的建议是 Plasma，它由 Joseph Poon 和 Vitalik Buterin 提出。它的思想是在根区块链（以太坊主网）上运行智能合约，并让子区块链执行交易，然后将提交的结果反馈给父链。在这种方案中，区块链以树形层次结构排列，仅在根（主）区块链上进行挖矿，从而将安全证明向下馈送到子链。这也称为两层系统（Layer-2 System），有点像状态通道，因为状态通道也是在第 2 层而不是在主链上运行。

注意：

Plasma 的研究论文网址如下：

http://plasma.io

18.3　隐 私 保 护

交易的隐私性是区块链非常需要的属性。由于区块链的本质问题，尤其是在公共区块链中，所有事物都是透明的，从而阻碍了它在将隐私保护视为关键价值的行业（如金融服务、医疗健康等）的使用。针对区块链的隐私保护问题，研究人员也提出了不同的建议，并且已经取得了一些进展。目前有若干种技术，例如不可区分混淆（Indistinguishability Obfuscation，IO）、同态加密、ZKP 和环签名等都在使用。

这些技术各有优缺点，下面将分别进行讨论。

18.3.1　不可区分混淆

不可区分混淆被称为密码学“皇冠上的明珠”，这种加密技术可以用作解决区块链中所有隐私性和机密性问题的灵丹妙药，但是该技术尚未准备好用于生产部署。该技术允许代码混淆，这是密码学中一个非常有吸引力的研究主题。如果将该技术应用于区块链，则可以作为不可破坏的混淆机制，将智能合约变成一个黑匣子。

不可区分混淆的关键思想是研究人员所说的多线性拼图（Multilinear Jigsaw Puzzle），它基本上是通过将程序代码与随机元素混合在一起来混淆程序代码，如果程序按预期运行，它将产生预期的输出，但是任何其他执行方式都将使程序看起来是随机的，而且变成了乱码。这个想法最初是由 Shai 和其他人在他们的研究论文 *Candidate Indistinguishability Obfuscation and Functional Encryption for all circuits*（《所有电路的候选不可区分混淆和功能性加密》）中提出的。

注意：

不可区分混淆的研究论文网址如下：

https://doi.org/10.1109/FOCS.2013.13

18.3.2　同态加密

同态加密（Homomorphic Encryption）允许对加密数据执行操作。想象一下将数据发送到云服务器进行处理的场景。服务器处理它并返回输出，却不知道有关它已处理的数据的任何信息。第 4 章“公钥密码学”对此也有介绍。

同态加密是一个非常有吸引力的研究主题。全同态加密允许对加密数据执行操作，但目前仍无法在生产中完全部署。该领域已经取得了重大进展，一旦在区块链上实现，便可以对密文进行处理，从而保护交易的隐私性和机密性。

例如，可以使用同态加密对存储在区块链上的数据进行加密，并且无须解密即可对该数据执行计算，从而在区块链上提供隐私服务。麻省理工学院媒体实验室在一个名为 Enigma 的项目中实现了这一概念。该项目的网址如下：

https://www.media.mit.edu/projects/enigma/overview/

Enigma 是一个点对点（P2P）网络，它允许多方在不泄露有关数据的情况下对加密数据执行计算。

注意：

有关同态加密的原始研究论文网址如下：

https://crypto.stanford.edu/craig/

18.3.3　零知识证明

在第 8 章“山寨币”中已经介绍过，在 Zcash 中已经成功实现零知识证明（ZKP）。更具体地说，为了确保区块链的私密性，Zcash 已经实现了零知识简洁非交互式知识证明（Zero-Knowledge Succinct Non-interactive Arguments of Knowledge，ZK-SNARK）。

同样的思想也可以在以太坊和其他区块链中实现。将 Zcash 集成到以太坊中已经是一个非常活跃的研究项目，由以太坊研发团队和 Zcash Company 进行。

注意：

有关 ZK-SNARK 的原始研究论文网址如下：

https://eprint.iacr.org/2013/879.pdf

在以下网址中还有一篇非常优秀的论文：

http://chriseth.github.io/notes/articles/zksnarks/zksnarks.pdf

零知识证明系列中最近增加了一个称为零知识简洁透明知识证明（Zero-Knowledge Succinct Transparent Argument of Knowledge，ZK-STARK）的变体，它是对 ZK-SNARK 的改进，因为 ZK-STARK 与 ZK-SNARK 相比，前者消耗的带宽和存储更少。此外，它还不需要 ZK-SNARK 所需的初始可信设置（ZK-SNARK 正是因为这一点而颇受争议）。最后，ZK-STARK 比 ZK-SNARK 快得多，因为它不使用椭圆曲线加密算法，而是依靠哈希。

注意：

有关 ZK-STARK 的原始研究论文网址如下：

https://eprint.iacr.org/2018/046.pdf

18.3.4　状态频道

使用状态通道保护隐私也是可能的，这仅是出于一个事实：所有交易均在链下运行，并且主区块链除最终状态输出外根本看不到交易，从而确保了交易的隐私性和机密性。

18.3.5　安全多方计算

安全多方计算并不是新概念，它基于一个思想：在秘密共享机制下，将数据分成多个部分，然后分发给参与方，由参与方秘密地对数据进行实际处理，而无须在单台机器上重建数据。处理后产生的输出也将在各方之间共享。在第 8 章“山寨币”中已详细讨论过多方计算机制。

18.3.6　使用硬件提供机密性

可信计算平台可用于提供一种机制，通过该机制可在区块链上实现交易的机密性。例如，通过使用英特尔软件防护扩展（Software Guard eXtension，SGX），该程序允许在称为飞地（Enclave）的硬件保护环境中运行代码。一旦代码在隔离的区域中成功运行，它就可以产生引用（Quote）证明，英特尔的云服务器可以证明该操作的可行性。但是，令人担忧的是，信任英特尔会导致某种程度的集中化，并且与区块链技术的去中心化的真正精神不符。尽管如此，该解决方案还是有优点的。实际上，许多平台都已经在使用英特尔芯片，因此在某些情况下相信英特尔是可以接受的。

如果将此技术应用于智能合约，则一旦某个节点执行了智能合约，它就可以产生 Quote 作为正确和成功执行的证明，而其他节点仅需对其进行验证。

可以通过使用任何可提供与飞地相同功能的可信执行环境（Trusted Execution Environment，TEE）来进一步扩展思路，甚至在具有近场通信（Near Field Communication，NFC）功能和安全元素的移动设备上也可以考虑使用这种方式。

18.3.7　CoinJoin

CoinJoin 是一种通过交互混合将比特币交易匿名化的技术。其基本思路是：由多个实体组成单个交易，但是不引起输入和输出的任何变化。它消除了发送方和接收方之间的直接链接，这意味着单个地址不再与交易相关联（关联可能导致对用户的标识）。

CoinJoin 需要多方之间的合作，多方愿意通过混合支付创建单个交易。应该注意的是，如果在 CoinJoin 方案中，有任何单个参与者没有按照创建单个交易的合作承诺行事，不签署交易，则可能导致拒绝服务攻击。

在此协议中，不需要单个受信任的第三方。这个概念和混合服务是不同的，混合服务可充当比特币用户之间的受信任的第三方或中介，并允许交易混洗（Shuffle）。交易混洗可防止跟踪以及将付款链接到特定用户。

18.3.8 保密交易

保密交易利用 Pedersen 承诺（Pedersen Commitment）来提供机密性。该承诺方案允许用户承诺某个值，同时将其保密，并使用稍后显示的功能。设计承诺方案需要满足的两个属性是绑定性（Binding）和隐藏性（Hiding）。

密码学承诺方案是一个涉及两方的二阶段交互协议，双方分别为承诺方（Committer）和接收方（Receiver）。第一阶段为承诺阶段，承诺方选择一个消息 m，以密文的形式发送给接收方，这意味着自己不会更改 m。第二阶段为打开阶段，承诺方公开消息 m 与盲化因子（相当于秘钥），接收方以此来验证其与承诺阶段所接收的消息是否一致。

绑定性确保承诺方一旦提交就无法更改所选的值，而隐藏性则确保任何对手方（Adversary）都无法找到承诺方做出承诺的原始值。Pedersen 承诺还允许进行附加操作并保留承诺的可交换属性，这对于在比特币交易中提供机密性特别有用。换句话说，它支持值的同态加密。使用承诺方案可以隐藏比特币交易中的付款值。这个概念已经在 Elements Project 中实现。详情可访问以下网址：

https://elementsproject.org/

18.3.9 MimbleWimble

MimbleWimble 这个名字有点奇怪。事实上，它来源于《哈利·波特》，是所谓“结舌咒”的一种，该咒语能够阻止被施咒者谈论某一话题，这实际上是对保密方案的作用的一种隐喻。

MimbleWimble 方案于 2016 年 8 月 1 日在比特币聊天室频道上被提出（有趣的是，提出者使用了伏地魔的真名作为昵称），自那时以来已广受欢迎。MimbleWimble 扩展了机密交易和 CoinJoin 的概念，它允许交易聚合而无须任何交互。但是，它不支持使用比特币脚本语言以及标准比特币协议的各种其他功能，这使其与现有的比特币协议不兼容。因此，它只能实现为比特币的侧链，或者也可以单独实现为另一种加密货币。

MimbleWimble 方案可以同时解决隐私性和可伸缩性问题。使用 MimbleWimble 技术创建的区块不包含传统比特币区块链中的交易。取而代之的是，这些区块由 3 个列表组成，即输入列表、输出列表以及被称为多余（Excesses）的内容，它们是签名列表以及输出和输入之间的差异。输入列表基本上引用了旧的输出，而输出列表则包含机密交易输出。节点可以使用签名、输入和输出来验证区块，以确保该区块的合法性。

与比特币相比，MimbleWimble 交易输出仅包含公钥、新旧输出之间的差异由参与交易的所有参与者签名。

18.4 安　全　性

尽管区块链通常是安全的，并可根据整个区块链网络的要求使用非对称密码学和对称密码学，但仍然有一些事项可能会损害区块链的安全性。

如前文所述，目前已经有一些交易延展性（Transaction Malleability）问题、日蚀攻击（Eclipse Attack）以及比特币双重支付可能性等的例子，这些问题已被不同研究人员证明在某些情况下是有可能发生的威胁。

交易延展性问题允许黑客在比特币网络确认交易之前更改交易的唯一 ID，从而打开双重提款或存款的可能性。BIP 62 与 SegWit 一起提出了解决此问题的方案。应该指出的是，这仅在未确认交易的情况下才是问题，在已确认交易的普通应用中，这并不是问题。

比特币网络中的信息日蚀攻击可能导致双重支付。日蚀攻击的思路是，比特币节点被欺骗为仅与攻击者节点 IP 连接，这使得攻击者有发起 51%攻击的可能性。比特币客户端 0.10.1 版本已在某种程度上解决了此问题。

18.4.1　智能合约安全性

研究人员在智能合约安全性方面已经开展了许多工作，尤其是讨论和研究了智能合约的形式验证。促进这一研究的是 DAO 黑客攻击事件（详见本书第 9 章）。

形式验证是验证计算机程序以确保其满足某些形式声明的过程。这是一个新概念，并且有许多其他语言的工具可以实现此目的。例如，Frama-C 即可用于分析 C 程序，有关其详细信息，可访问以下网址：

https://frama-c.com

形式验证背后的关键思想是将源程序转换为自动化证明者可以理解的一组语句。为实现这一目的，常使用 Why3，有关详细信息，可访问以下网址：

http://why3.lri.fr

Solidity 语言也可以使用形式验证程序。在 Solidity 浏览器中就提供了一个虽然是实验性的但可实际操作的验证程序。

现在，智能合约的安全性至关重要。为了设计可以分析 Solidity 程序并查找错误的方法，研究人员还采取了许多其他措施，如 Oyente，这是由研究人员构建的工具，在他们的论文 *Making Smart Contracts Smarter*（《使智能合约更智能》）中对该工具有详细介绍。

注意：

有关 Oyente 的详细信息，可访问以下网址：

https://github.com/melonproject/oyente

在上面提到的论文中，发现并分析了智能合约中的一些安全性问题。这些问题包括交易排序依赖性、时间戳依赖性、处理不当的异常（例如调用堆栈深度限制）和可重入（Reentrance）错误等。

1．交易排序依赖性

交易排序依赖性问题基本上是利用了一个情形：合约理解的状态可能并不是合约在执行后所改变的状态。

该弱点是一种竞争条件（Race Condition）漏洞。竞争条件是系统中的一种反常现象，由于 Linux 系统中大量使用并发编程，对资源进行共享，如果产生错误的访问模式，便可能产生内存泄露、系统崩溃、数据破坏，甚至安全问题。竞争条件漏洞就是多个进程访问同一资源时产生的时间或者序列的冲突，并利用这个冲突来对系统进行攻击。一个看起来无害的程序如果被恶意攻击者利用，将发生竞争条件漏洞。

竞争条件也被称为靠前加载（Frontloading），靠前加载之所以可能实现，是因为同一个区块内交易的顺序是可以操纵的。由于所有交易首先出现在内存池中，因此可以在交易被打包到区块之前对它们进行监视。这允许一笔交易在另一笔交易之前提交，从而控制智能合约的行为。

2．时间戳依赖性

当智能合约使用区块的时间戳作为某些决策的根据时，即有可能出现时间戳依赖性错误，因为矿工可以操纵时间戳。

3．调用堆栈深度限制

调用堆栈深度限制是另一个可被利用的漏洞，因为以太坊虚拟机的最大调用堆栈深度为 1024 帧。如果在执行合约时达到堆栈深度，则在某些情况下，发送或调用指令可能会失败，从而导致无法支付资金。调用堆栈深度错误已在 EIP 50 硬分叉中解决。有关详细信息，可访问以下网址：

https://github.com/ethereum/EIPs/blob/master/EIPS/eip-150.md

4. 可重入错误

DAO 攻击即利用了可重入错误，将价值数千万美元的以太币提取到一个子 DAO 中。可重入错误基本上意味着可以在先前（第一次）调用该函数之前重复调用一个函数。这在 Solidity 智能合约的以太币提取功能中尤其不安全。

除了上述错误外，在编写合约时还应牢记以下几点：

- 如果将资金发送到另一个合约，则应谨慎处理，因为发送可能会失败，即使使用 throw 和 catch-all 异常处理机制，这个处理机制本身也可能无法正常工作。
- 其他标准软件错误（例如整数上溢和下溢）也很重要。在 Solidity 中，任何对整数变量的使用都应小心翼翼。例如，使用 uint8 解析包含超过 255 个元素的数组时，可能会导致无限循环，发生这种情况是因为 uint8 限制为 256 个数字。

在以下各节中，将分别使用 Remix IDE、Why3 和 Oyente 演示两个合约验证示例。

18.4.2 形式验证和分析

在被称为 Remix 的 Solidity 在线集成开发环境（IDE）中已经提供了 Solidity 代码安全性分析的功能。在 Remix 集成开发环境的 Analysis（分析）选项卡中可以分析和报告代码中存在的漏洞，如图 18-2 所示。

该工具分析了若干类漏洞，包括安全、燃料和经济漏洞。如图 18-2 所示，分析工具已成功检测到可重入错误，其详细信息显示在屏幕底部。

Why3 也可用于形式化分析 Solidity 代码。

注意：

Why3 可从以下网址获得：

http://why3.lri.fr/try/

在图 18-3 示例中，显示了一个简单的 Solidity 代码，该代码将 z 变量定义为 uint 的最大限制。此代码运行时，将导致返回 0，因为 uint z 将会溢出并从 0 重新开始。这也可以使用 Why3 进行验证。

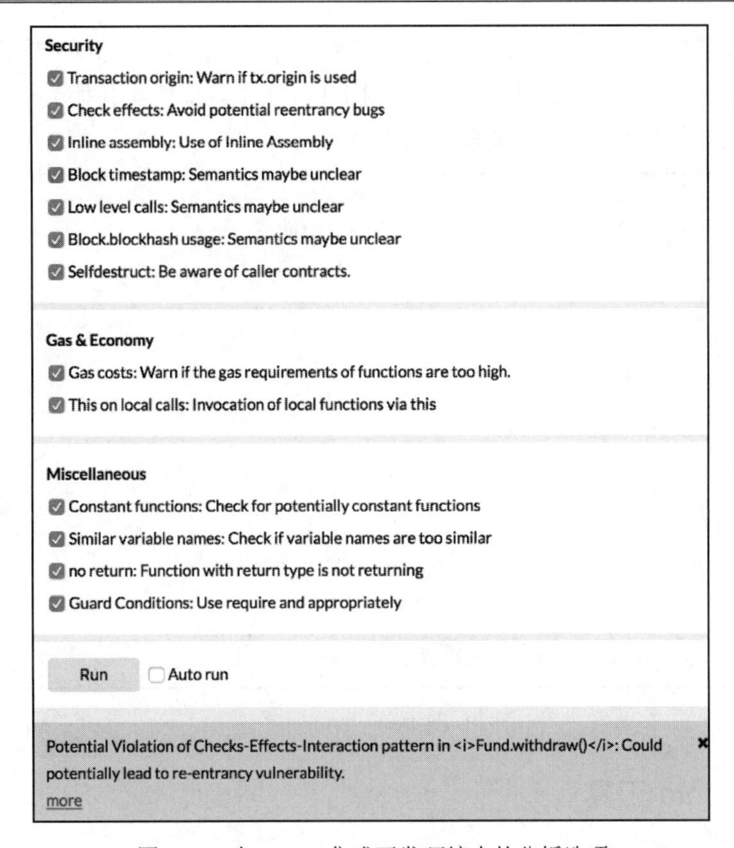

图 18-2　在 Remix 集成开发环境中的分析选项

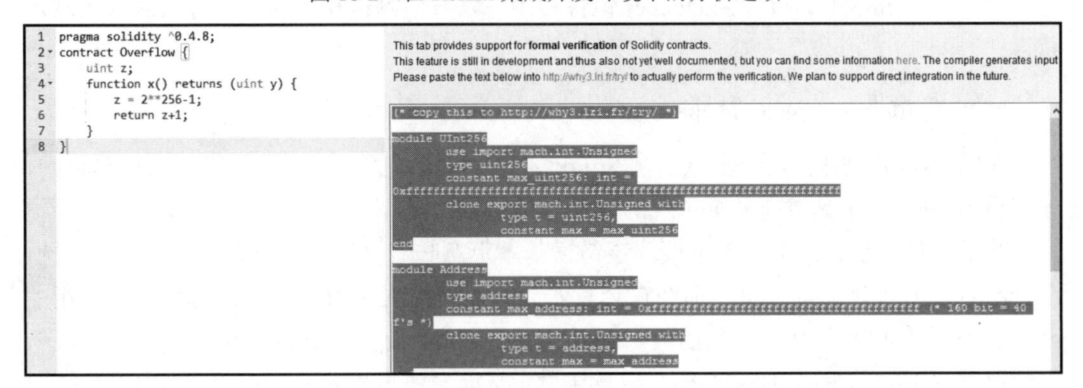

图 18-3　包含形式验证功能的 Solidity 在线编译器

以前在 Solidity 在线编译器中还提供了从 Solidity 到 Why3 兼容代码的转换功能，但现在该功能已不再可用。

在图 18-4 示例中，显示 Why3 成功检查并报告了 Integer Overflow（整数溢出）错误。该工具正在密集开发中，但仍然非常有用。同样，该工具或任何其他类似工具都不是万能的，即使形式验证本身也不应被视为灵丹妙药。

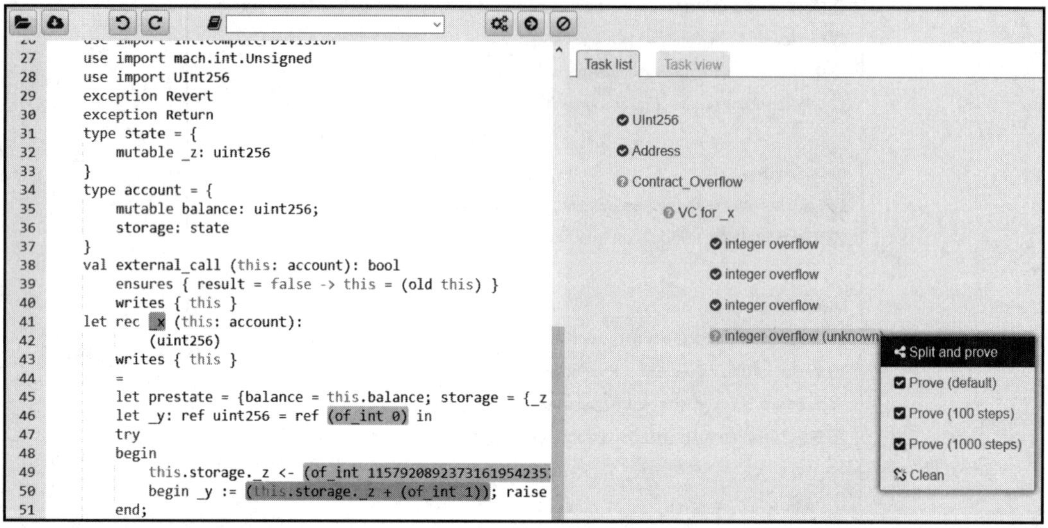

图 18-4　Why3

18.4.3　Oyente 工具

目前，Oyente 工具可作为 Docker 镜像使用，以方便测试和安装。它可以从以下网址获得：

https://github.com/melonproject/oyente

在图 18-5 示例中，已经测试了从 Solidity 文档中提取的包含可重入错误的简单合约，该图显示 Oyente 工具成功分析了代码并找到了错误。

此示例代码包含一个重入错误，该错误基本上意味着，如果一个合约 A 正在与另一个合约 B 交互或转移以太币，那么它会有效地将控制权从 A 移交给 B，这允许被调用的合约 B 反过来调用合约 A 中的函数，而无须等待完成。例如，此错误可能允许一次又一次地调用图 18-5 示例中的 withdraw 取款函数，从而导致多次获取以太币。出现这种情况是完全有可能的，因为在取款函数结束之前，shares 值不会被设置为 0，这意味着以后的任何调用都将成功，从而导致一次又一次的取款。

```
1  pragma solidity ^0.4.0;
2  contract Fund {
3      mapping(address => uint) shares;
4      function withdraw() public {
5          if (msg.sender.call.value(shares[msg.sender])())
6              shares[msg.sender] = 0;
7      }
8  }
```

图 18-5　包含可重入漏洞的合约

资料来源：Solidity 说明文档。

图 18-6 显示了 Oyente 运行分析合约的示例。如其输出所示，该分析已经成功找到了 Reentrancy_bug（重入错误）。

```
root@fa9ef6ac8455: /home/oyente/oyente
(venv)root@fa9ef6ac8455:/home/oyente/oyente# python oyente.py a1.sol
Contract Fund:
Running, please wait...
        ============ Results ===========
          CallStack Attack:       False
THIS IS A CALLLLLLLLLL
{'path_condition': [Iv >= 0, init_Is >= Iv, init_Ia >= 0, If(Id_0/
   26959946667150639794667015087019630673637144422540572481103610249216 ==
   1020253707,
   1,
   0) !=
0, Not(Iv != 0)], 'Is': Is, 'Iv': Iv, 'some_var_1': some_var_1, 'Id_0': Id
_0, 'Ia_store_some_var_1': Ia_store_some_var_1, 'Ia': Ia}

 This is the global state
{'Ia': {'some_var_1': 0}, 'miu_i': 3L, 'balance': {'Ia': init_Ia + Iv, 'Is
': init_Is - Iv}}
{64: 96, 0: Is & 1461501637330902918203684832716283019655932542975, 32: 0}

CALL params

Is & 1461501637330902918203684832716283019655932542975

Ia_store_some_var_1


 =>>>>>> New PC: []

Reentrancy_bug? True

Added True
          Concurrency Bug:        False
          Time Dependency:        False
          Reentrancy bug exists: True
        ====== Analysis Completed ======
(venv)root@fa9ef6ac8455:/home/oyente/oyente#
```

图 18-6　使用 Oyente 工具检测缺陷

建议将该错误通过 Solidity 说明文档中描述的 Checks-Effects-Interactions 模式的组合进行处理。

开发人员可通过以下网站上的智能合约分析工具使用 Oyente：

https://oyente.melon.fund

图 18-7 显示了它的一个示例输出。

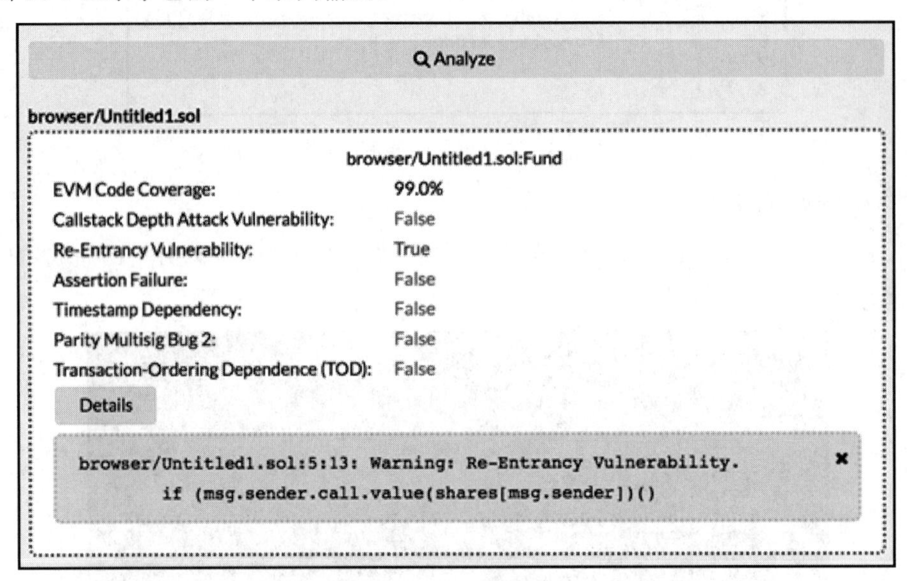

图 18-7　Oyente 分析示例

以下网址已经提供了一个在线工具，可以分析智能合约代码以查找安全漏洞：

https://securify.ch

对 Solidity 合约安全性的分析是一个非常丰富的研究领域，并且随着时间的推移，将会有越来越多的工具可用。

18.5　小　　结

本章详细讨论了区块链技术的可伸缩性、隐私保护和安全性。可伸缩性和隐私保护是使公共区块链广泛适用于各种行业的主要抑制因素。我们还讨论了智能合约的安全性，这是当前非常热门的话题。

本章涉及的主题颇为广泛，对可伸缩性问题解决思路、侧链、隐私保护理论等各个方面均做了简要介绍，为读者对该领域的进一步研究打开了视野。

在安全性部分，本章介绍了形式验证和分析。形式验证本身就是一个广阔的研究领域。本章提供了形式验证的示例，以使读者对目前可以使用的工具有所了解。应当指出的是，这些工具仍在密集开发中，效果不甚理想，而且说明文档非常少。因此，我们鼓励读者关注最新技术进展，特别是与以太坊紫皮书有关的形式验证，因为它的发展速度很快。

现在，区块链安全（尤其是智能合约安全）领域的研究非常火热，学术界和商业领域有许多专家和研究人员都在探索这一领域，预计在不久的将来就会有许多自动化工具可用于验证智能合约。

第 19 章将探讨区块链的当前发展和未来趋势。

第 19 章　当前发展和未来展望

区块链技术正在发生变化，并将继续改变我们开展日常业务的方式。它挑战了现有的业务模型，并有望在节省成本、提高效率和透明度方面带来巨大优势。本章将探讨有关该技术的最新发展、新兴趋势、存在问题以及未来预测。

本章还将介绍与当前正在研究中的问题和区块链技术改进相关的一些主题，以让读者在思考中结束对本书的学习。

本章将讨论以下主题：

- 区块链技术发展的新兴趋势。
- 区块链技术发展面临的其他挑战。
- 区块链研究主题。
- 区块链项目简介。
- 区块链开发工具简介。
- 与其他行业的融合发展。
- 对区块链技术未来发展的预测。

19.1　区块链技术发展的新兴趋势

由于学术界和商业界对区块链技术的浓厚兴趣，该技术正处于快速变化和蓬勃发展状态中。随着区块链技术的日益成熟，出现了一些新兴趋势。例如，在金融领域出现了区块链的特定用例，引起了人们的较大关注。此外，企业区块链也演变成一个新趋势，旨在开发满足企业级效率、安全性和集成要求的区块链解决方案。

以下将列出一些区块链技术发展的新兴趋势并进行讨论。

19.1.1　专用区块链

目前出现了一种专用区块链（Application-Specific Blockchain，ASBC）的倾向，即仅针对一项应用专门开发区块链或分布式账本，并且侧重于特定行业。例如 Everledger，其官方网址如下：

https://www.everledger.io

Everledger 已开发一种区块链，用于为钻石和其他高价值物品提供不变的追踪历史和审计追踪。这种方法可以阻止任何欺诈尝试，因为与物品的所有权、真实性和价值相关的所有内容均已被验证并记录在区块链上。这个结果对于保险和执法机构来说是宝贵的。

19.1.2　企业级区块链

原始形式的区块链由于隐私保护和可扩展性问题而无法达到企业级使用，因此出现了开发企业级区块链的最新趋势，很多公司都开始提供企业级区块链的解决方案，在企业级部署和集成。此类解决方案已经解决了诸如测试、文档、集成和安全性之类的要求，并且在企业级别上只要进行少量更改或无须更改即可实现。

该概念与不受监管且不符合特定企业级安全要求的公共区块链相反，这意味着通常应该仅在私有配置中实现企业级区块链。但是，公共企业级区块链的实施也是可能的。近年来，许多技术初创企业已开始提供企业级区块链的解决方案，如 Bloq、Tymlez、Chain、Colu、ChainThat、ChromaWay 等。这种趋势将持续增长，并且在未来的几年中将会出现更多类似的技术计划。

19.1.3　私有区块链

出于对隐私保护和机密性的需求，有人开始专注于开发可在一组可信参与者中使用的私有分布式账本。公共区块链由于其开放性和相对不安全的性质而不适用于金融、医药和法律等行业，而私有区块链则有望解决这一局限性，并使最终用户在获取区块链好处的同时满足所有安全性和隐私性要求。

公共区块链的安全性较差，因为它们通常不提供隐私保护和保密服务。私有区块链则不一样，因为它允许参与者或参与者的子集完全控制系统，因此私有区块链可用于需要隐私保护和控制的金融行业或其他行业。

以太坊网络可以在私有和公共两种模式下使用，而有一些项目则仅作为私有区块链开发，如 Hyperledger 和 Corda。在本书第 15 章“超级账本”中已经讨论了这两个项目。

19.1.4　初创企业

近年来，涌现了许多从事区块链项目并提供区块链解决方案的技术初创企业。提供区块链咨询和解决方案的初创企业的数量显著增加。

注意：

以下链接显示了 5229 个区块链初创企业的列表。随着时间的推移，此类企业还会不断增多。

https://angel.co/blockchains

19.1.5　浓厚的研究兴趣

区块链技术激发了学术界和商业界的浓厚研究兴趣。现在世界各地的主要机构和研究人员都在探索这种技术。研究兴趣的增长主要是因为区块链技术可以帮助提高业务效率、降低成本并使事情透明化。学术方面的研究兴趣则围绕着解决密码学中的难题、共识机制、性能提升以及区块链中的其他限制。

由于区块链技术在广义上也可以归类于分布式系统，因此来自分布式计算研究的许多研究人员将他们的研究重点放在了区块链技术上。例如，伦敦大学学院（UCL）就拥有专门的部门，即 UCL 区块链技术研究中心，其重点则是关注区块链技术研究。

另一个例子是苏黎世联邦理工学院分布式计算小组，其官网地址如下：

https://disco.ethz.ch

该小组专注于区块链技术的开创性研究，并创办了一本名为 *Ledger Journal* 的杂志。

注意：

该杂志的网址如下：

http://www.ledgerjournal.org/ojs/index.php/ledger

很多学术和商业机构中都有致力于区块链研究和开发的团队和部门，预计今后还会有更多的研究和开发团队和部门。

还有一个名为加密货币与合约倡议（Initiative for Cryptocurrencies & Contract，IC3）组织也正在研究智能合约和区块链技术，它旨在解决区块链和智能合约中的性能、机密性和安全性问题，并运行多个项目来解决这些问题。

注意：

有关 IC3 中项目的详细信息，可访问以下网址：

http://www.initc3.org/

19.1.6　标准化

目前区块链技术还不够成熟，无法与现有系统轻松集成。按照目前的技术水平，即使是两个区块链网络之间也无法轻松地相互通信。标准化将有助于改善区块链技术的互操作性（Interoperability）、适应性（Adaptability）和集成性（Integration）。

为了解决标准化问题，还进行了一些尝试，其中最值得注意的是建立了 ISO/TC 307，这是一个技术委员会，其职能范围是对区块链和分布式账本技术进行标准化，目标则是围绕增加用户、应用程序和系统之间的互操作性和数据交换。

另外，新的联盟和开源协作组织也不断出现，如 R3 和 Hyperledger 等。它们通过与其他参与者共享想法、工具和代码，帮助实现了该技术的标准化。

R3 与具有相似目标的 80 多家银行合作，这在某种程度上导致了标准化。Hyperledger 具有可用于构建区块链系统的参考架构，并得到 Linux 基金会和该行业的许多参与者的支持。

开放链标准是为金融网络开发的协议。OS1（开放）链标准已经可用，它是与全球主要金融机构合作建立的。该标准允许更快地结算交易并直接进行点对点的交易路由，它旨在解决区块链技术中的法规监管、安全性和隐私性要求。OS1 还提供了用于智能合约开发的框架，并允许参与者轻松满足反洗钱（AML）和了解你的客户（KYC）的要求。

Lee 等人的开创性论文也开始了智能合约的标准化工作，该论文正式定义了智能合约模板，并提出了对未来研究的展望以及与智能合约相关的研究和开发的必要性。

注意：

该论文的网址如下：

https://arxiv.org/abs/1608.00771v2

本书第 9 章“智能合约”和第 18 章“可伸缩性和其他挑战”中，对智能合约标准化的主题也展开了一些讨论。

上述努力都清楚地表明，区块链行业很快就会出现标准，这将进一步使区块链技术的采用变得更加轻松快捷。标准的产生也将导致区块链行业的指数增长，因为标准将消除互操作性等障碍。

19.1.7　增强功能

在过去的几年中，研究人员为现有的区块链提出了各种改进建议。这些改进建议大多数是针对安全漏洞并解决区块链技术固有的局限性而提出的。如本书第 18 章“可伸缩性和其他挑战”所述，区块链在成为主流技术之前，必须解决诸如可伸缩性、隐私保护和互操作性之类的局限性。

在解决区块链技术的可伸缩性问题方面，研究人员已经做出了巨大的努力，这在本书第 18 章“可伸缩性和其他挑战”中已进行了详细的讨论。

此外，开发人员还定期地提出了与区块链相关的改进建议，例如比特币改进提案（Bitcoin Improvement Proposal，BIP）和以太坊改进提案（Ethereum Improvement Proposal，EIP），以解决系统中的各种问题。

诸如状态通道之类的最新发展就是区块链技术正在迅速改进的实例，它将很快发展成为一种成熟且更实用的技术。

稍后本章将讨论这两个区块链的一些值得注意的改进建议。

19.1.8　现实世界中的实现

区块链技术开发出了许多概念证明，并出现了一些与特定应用相关的实现方式，例如用于钻石跟踪的 Everledger 和用于物联网的智能灯。总体而言，它在各个领域的现实应用仍然是较为缺乏的。

区块链技术应用于现实世界的距离似乎还不算太远，目前已经开发出许多概念证明并证明它们可行，下一步就是在现实生活中实施这些方案。例如，由 7 家银行组成的小组同意建立数字贸易链（Digital Trade Chain，DTC），以简化贸易融资流程。

注意：

有关数字贸易链的详细信息，可访问以下网址：

http://www.bankingtech.com/2017/10/ibm-and-eight-banks-unleash-we-trade-platform-for-blockchain-powered-commerce/

具体的、现实的、端到端的实现其实已经有了，例如澳大利亚证券交易所（ASX）就用区块链代替了原有的后期交易系统。

注意：

有关 ASX 类项目的详细信息，可访问以下网址：

https://www.asx.com.au/services/chess-replacement.htm

19.1.9　联盟

近年来，已经出现了各种各样的联盟，并且开始了开源的努力。预计这种趋势在未来几年仍将持续增长，并且很快就会出现越来越多的联盟和委员会，开放更多的源代码。例如 R3，它与世界上最大的金融组织组成的联盟共同开发了 Corda。

19.1.10　应对技术挑战

如前文所述，可伸缩性和隐私保护问题是区块链技术普及应用的最大挑战，在进行了大量的研究工作之后，现在对这些技术挑战的答案也已经开始浮现。

例如，目前已经开发了状态通道（State Channel）的概念来解决区块链上的可伸缩性和隐私问题。比特币的 Lighting（闪电）网络和以太坊的 Raiden（雷电）网络都使用了状态通道，并且都已经实现了。

注意：

有关 Raiden 项目工作进度的详细信息，可访问以下网址：

https://github.com/raiden-network/raiden/milestones

还出现了其他各种区块链解决方案，如 Kadena，它直接解决了区块链中的机密性问题。另外，还开发了其他概念，如 Zcash、CoinJoin 和机密交易等，它们在本书第 8 章“山寨币”中已进行了讨论。

这种趋势在未来几年还将继续增长，即使区块链技术几乎解决了所有的基本挑战，进一步的增强工作和优化工作也将永无止境。

19.1.11　融合发展

其他技术与区块链的融合发展将带来非常大的好处。区块链的核心是提供弹性、安全性和透明度，当与其他技术结合使用时，区块链将提供一种非常强大的互补技术。

当通过区块链实施和部署物联网时，物联网可以获取许多好处，例如完整性、去中心化和可伸缩性。人工智能（Artificial Intelligence，AI）也有望从区块链技术中受益。实际上，在区块链技术中，人工智能可以按自治代理（Autonomous Agent，AA）的形式实现。本章后面将介绍更多的融合发展示例。

19.1.12　区块链技术教育

尽管区块链技术引起了全世界几乎每个行业的技术人员、开发人员和科学家的极大兴趣，但仍缺乏较为权威的学习资源和教育材料。由于这是一项新技术，因此普林斯顿大学等各种知名机构现在都提供各种课程，向想要学习该技术的任何人介绍该技术。

例如，普林斯顿大学已经启动了在线开设的加密货币和数字货币课程，其网址如下：

https://online.princeton.edu/course/bitcoin-and-cryptocurrency-technologies

许多私人组织也提供类似的在线和课堂培训课程。由于区块链技术逐渐为人们所接受，因此这样的普及教育机会可能会越来越多。

19.1.13　就业机会

就业市场上出现了一种新趋势，即招聘人员正在寻找可以为区块链编程的区块链专家和开发人员。这在金融行业尤其常见，最近许多初创企业和大型组织都已开始聘请区块链专家。随着该技术越来越成熟并越来越被人们所接受，这种趋势还会发展。

随着技术的发展，区块链开发专家将会越来越多，因为会有开发人员尝试自学以获得经验，或者参加一些培训机构的正式培训。

19.1.14　加密经济学

新的研究领域正在与区块链一起涌现，其中最引人注目的是加密经济学（Cryptoeconomics），它主要是对去中心化数字经济的协议的研究。随着区块链和加密货币（代币）的出现，该领域的研究范围也在不断扩大。

以太坊区块链发明者 Vitalik Buterin 将加密经济学定义为数学、密码学、经济学和博弈论的组合。

注意：

Vitalik Buterin 关于该主题有一场精彩的演讲，其 PowerPoint 演示文稿的网址如下：

http://upyun-assets.ethfans.org/uploads/doc/file/6f43ca678bf44d998fc7f7c4497a6f07.pdf?_upd=intro_cryptoeconomics.pdf

19.1.15　密码学研究

尽管在比特币发明之前的数十年，密码学一直是人们关注和研究的热点，但区块链技术也引起了人们对该领域的新兴趣。随着区块链和相关技术的出现，人们对密码学的兴趣也大大增加，特别是在金融密码学领域，不断有新的研究成果发表。

诸如 ZKP、完全同态加密和功能加密之类的技术正在研究中，它们都是可用于区块链的加密技术。Zcash 已经首次实现了 ZKP。可以预见，区块链和加密货币对密码学特别是金融密码学的发展起到了很大的促进作用。

19.1.16　新的编程语言

在以太坊智能合约出现之后，对用于智能合约编程语言的研究和开发也越来越多，这些工作更多地集中在特定领域的语言上，例如以太坊的 Solidity 和 Kadena 的 Pact。这仅仅是一个开始，随着技术的发展，很可能会开发出许多新的语言。

19.1.17　硬件研发

2010 年，当矿工们意识到使用当前的方法无法有效地开采比特币时，他们便开始转向优化采矿硬件。最初这些工作包括使用 GPU（显卡），在 GPU 达到极限后又出现了现场可编程门阵列（Field-Programmable Gate Array，FPGA）。此后，很快出现了专用集成电路（Application- Specific Integrated Circuit，ASIC），也就是所谓的矿机，这大大提高了挖矿能力。随着越来越多的研究通过并行化和减小芯片尺寸来进一步优化 ASIC，这种趋势有望进一步发展。

此外，GPU 编程计划也有望得到发展，因为新的加密货币仍在不断出现，并且其中许多加密货币都利用了可从 GPU 处理能力中受益的 PoW 算法。例如，Zcash 就激发了矿工们对使用 NVIDIA CUDA 和 OpenCL 的 GPU 采矿设备及相关编程的兴趣，目的是并行使用多个 GPU 来优化挖矿操作。

在使用可信计算硬件，例如英特尔的软件保护扩展（Software Guard Extensions，SGX）来解决区块链的安全性问题方面，也已经有一些研究。英特尔的 SGX 已被用于消逝时间量证明（Proof of Elapsed Time，PoET）的新颖共识算法，该算法在本书第 15 章“超级账本”中有详细讨论。

预计对硬件的研究和开发趋势将继续，不久将会出现更多的硬件方案。

19.1.18　形式验证方法和安全性研究

在意识到智能合约编程语言中出现的安全性问题和漏洞之后，人们对在生产部署之前对智能合约进行形式验证和测试产生了浓厚的兴趣。在这方面已经有一些成果，例如面向以太坊 Solidity 语言的 Why3 工具（详见本书第 18.4.2 节“形式验证和分析”）。

在智能合约编程安全性研究方面，还有一个示例是 Hawk。Hawk 是一个去中心化的智能合约系统，它可以使用编译器自动将私有智能合约编译生成一个有效的密码协议，从而保护交易隐私。

19.1.19　区块链的替代品

近年来，随着区块链技术的发展，研究人员开始考虑创建一种类似于平台的可能性，该平台可以提供区块链特色的保证和服务等，却不需要区块链。这导致了 R3 的 Corda 的开发，实际上它并不是真正的区块链，因为它不是基于包含交易的区块的概念。相反，它是基于状态对象的概念，即一个状态是一个不可改变的对象，状态对象代表着一个事实，并且这个事实在一个确切的时间点被一个或者多个 Corda 节点所知道。状态可以包含任意数据，代表着不同种类的事实，例如股票、证券、贷款以及身份信息等。

另一个示例是 IOTA，它是一个物联网区块链，利用有向非循环图（Directed Acyclic Graph，DAG）作为分布式账本，该账本被命名为缠结（Tangle），它没有使用传统的带有区块的区块链。据称，该账本已解决了可伸缩性问题，实现了高水平的安全性，甚至可以防御量子计算的攻击。

应当指出的是，比特币在某种程度上也可以防范量子攻击，因为量子攻击只能对已公开的公钥起作用，只有在发送和接收交易时，这些公钥才会在区块链上被公开。如果未公开公钥（在未使用的地址或可能仅用于接收比特币的地址中就是这种情况），则在受到量子攻击时仍可以保证安全。换句话说，只要为每笔交易使用不同的地址就可以防止量子攻击。此外，在比特币中，如果需要，可以很容易地更改为另一个量子签名协议。

19.1.20　互操作性的实现

在认识到区块链互操作性方面的局限性之后，研究人员已经开始了跨多个区块链工作的系统的开发。

例如，Qtum 就是一个可以与比特币和以太坊区块链兼容的区块链。它可以利用比特币的 UTXO 机制进行价值转移，并利用以太坊虚拟机（EVM）执行智能合约，这意味着以太坊项目无须任何更改即可移植到 Qtum 上。

19.1.21 区块链即服务

目前的云计算平台发展已经相当成熟，在此背景下，许多公司已开始提供区块链即服务（Blockchain as a Service，BaaS），最突出的是 Microsoft 的 Azure 平台（将以太坊区块链作为一项服务提供）和 IBM 的 Bluemix 平台（提供 IBM BaaS）。预计这种趋势在未来几年内还将继续发展，并且会出现更多提供 BaaS 的公司。

还有一个示例是电子政务即服务（electronic Government as a Service，eGaaS），它实际上仍然是 BaaS，但为政府治理功能提供了特定的应用区块链。有关详细信息，可访问以下网址：

http://egaas.org

该项目旨在组织和控制任何治理事务，不需要发送文件，甚至可以根治效率低下的弊端。

19.1.22 减少耗电的努力

从比特币的区块链可以看出，工作量证明（PoW）机制的效率非常低。这种计算的唯一作用就是保护比特币网络的安全，但是这种计算本身没有其他好处，并且浪费了大量电能（详见本书第 8.2 节“工作量证明方案的替代方法”）。为了减少这种浪费，现在更加关注绿色选项，如 PoS 算法，它不需要像比特币的 PoW 算法那样消耗大量资源。预计这种减少耗电的努力仍将持续，尤其是在以太坊计划使用 PoS 算法的情况下。

19.2 区块链技术发展面临的其他挑战

在本书第 18 章“可伸缩性和其他挑战”中讨论了可伸缩性、安全性和隐私保护问题，它们是区块链技术在现实中普遍应用的拦路虎。除了这些问题，其他挑战还包括法规监管、政府管控、技术上的不成熟、与现有系统的集成以及实施成本等。

19.2.1 法规监管

法规监管被认为是区块链需要解决的最重大挑战之一。其核心问题是，大多数政府都不承认区块链加密货币为法定货币。有些国家/地区可能对比特币比较友好，但距离它被接受为法定货币仍很遥远，并且看起来此路不通。

此外，当前状态下的区块链未被公认为金融机构可以使用的平台，尚无金融监管机构将其视为可以授权使用的平台。

目前，全球监管机构对比特币尚无统一的认识和监管政策，人们普遍担心，区块链技术尚未准备好进行生产部署。即使比特币区块链已经发展成为一个坚实的区块链平台并用于生产，它也不适合所有情况。在金融服务和医疗健康服务等敏感环境中尤其如此。

当然，这种情况也有所改变，本章前面介绍了一些在现实生活中已实现的新区块链项目的各种示例，例如澳大利亚证券交易所（ASX）采用区块链技术实现的交易后解决方案。

安全性也是一个普遍关注的问题。欧盟网络和信息安全局（European Union Agency for Network and Information Security，ENISA）的一份报告即强调了分布式账本应该解决的特定问题。

注意：

该报告的网址如下：

https://www.enisa.europa.eu/news/enisa-news/enisa-report-on-blockchain-technology-and-security

该报告中强调的一些问题包括智能合约管理、密钥管理、反洗钱（Anti Money Laundering，AML）和反欺诈工具。此外，该报告还强调了对监管（Regulation）、审计（Audit）、控制（Control）和治理（Governance）的需求。

区块链与现有系统的集成也是一个主要问题。对于如何将区块链与现有金融系统集成，目前尚无明确的路线图或方案。事实上，比特币被各国政府认定为法定货币的前景暗淡。因此，区块链与现有系统集成基本上是一个伪命题。

19.2.2　负面影响

凭借抵制审查和去中心化的关键属性，区块链技术可以帮助提高各行各业的透明度和效率，但是这种技术不受监管的性质意味着犯罪分子可以将其用于非法活动。例如，假设有某些非法内容通过互联网发布，那么通过与有关当局和网站服务提供商联系就可以立即将其关闭，但在区块链中这是不可能的。

一旦区块链上有内容，就几乎不可能撤销它。这意味着任何不可接受的内容一旦在区块链上发布，就无法删除。如果区块链被用于分发不道德的内容，那么任何人都无法关闭它。这提出了一个严峻的挑战，在这种情况下有些监管是有益的。但是，如何监管区块链呢？这是一个关键问题。一般认为，首先创建监管法律，然后检查区块链技术是否遵守了该法律，这可能是不明智的，因为这有点“削足适履”的感觉，可能会破坏该技术的创新和进步。反过来，像互联网一样，让区块链技术先发展是明智的选择，当区块链达到临界规模时，管理机构可以对区块链技术的实施和使用应用一些法律法规。

提到比特币的负面影响，就有必要介绍一下暗网（Dark Web）。通常我们浏览公开网站或通过搜索引擎检索到的信息可被定义为表层网（Surface Web），而在表层网之下，不能被公开访问或使用主流搜索引擎无法搜索到的内容，可以定义为深网（Deep Web）。暗网是深网的一部分，它需要特定访问权限、代理配置、专用软件或特殊网络协议（如 Tor、I2P）才能访问。由于高度匿名、虚拟等特性，在没有法律和舆论监视的情况下，暗网成了网络上的“无主之地”，充斥着没有限制的信息泄露，以及大量欺诈的、非法的交易。

毫无例外，比特币网络由于其去中心化特性也被用来与暗网结合以进行各种非法活动。例如，Silk Road 就是一个利用 Tor 协议的隐密服务来运作的黑市购物网站，它曾经在互联网上销售非法药物（包括毒品）和武器，由于使用比特币进行支付，并使用洋葱 URL（仅在 Tor 中可见），使得其交易无从追踪。尽管经过执法机构数月的努力，Silk Road 已被关闭，但新的类似网站开始出现。现在仍可以找到提供其他类似服务的替代方案，而使用比特币交易就是这些暗网交易的绝佳平台。例如，国内就曾经有人在暗网上销售银行开户和手机注册等数据，其中标价同样是比特币。另外，一度闹得沸沸扬扬的比特币勒索病毒和电子邮件同样是利用了比特币支付渠道。像这样被暗网“绑架”进行非法交易的情况俨然使比特币成为掩护犯罪分子，使其逃脱法律追捕的利器，这种现象已经成为比特币网络中的一个大问题。

想象一下，非法网站位于 IPFS 和区块链上，没有关闭它的简便方法。显然，缺乏控制和监管会鼓励犯罪活动，类似的问题将继续出现。诸如 Zcash 之类的完全匿名交易功能的进一步开发还可以为犯罪分子提供另一层保护，但同时在各种合法情况下它也可能非常有用，这取决于谁在使用技术。在许多情况下，匿名性可能非常有用，例如在医疗行业中，患者记录就应该保密和匿名，但反过来，如果犯罪分子使用它来隐匿犯罪证据，则匿名记录就可能成为助纣为虐的帮凶。

一种解决方案是在智能合约中引入智能机器人或自治代理（AA），甚至使用嵌入其中的监管逻辑进行编程。智能合约最有可能由监管机构和执法机构进行编程，并存在于区块链中，作为提供治理和控制的手段。

例如，可以按这种方式设计区块链：每个智能合约都必须通过一个控制器合约的检查，该合约将仔细检查代码逻辑并提供一种控制机制来控制智能合约的行为。

也可以考虑让每个智能合约的代码由监管机构进行检查，并且一旦智能合约代码以监管机构颁发的证书的形式附加了一定程度的真实性，就可以将其部署在区块链网络上。

二进制文件签名的概念类似于已经建立的代码签名的概念。在该概念中，将对可执行文件进行数字签名，以确认代码是真实的并且不是恶意的。这种思路更适用于半私有或受监管的区块链的情况，在这种情况下，监管机构要求一定程度的控制（例如在金融领域）。这意味着需要对第三方（监管机构）保持某种程度的信任，这可能与完全去中心化的概念背道而驰。为了解决上述问题，这是有必要的，而且区块链本身也可以提供去中心化、透明和安全的证书颁发和数字签名机制。

19.3　区块链研究主题

尽管近年来区块链技术已经取得了重大创新，但对该领域仍需进一步研究。以下列出了一些选定的研究主题，并提供了有关现有挑战和最新技术的一些信息。

19.3.1　智能合约

在定义智能合约和模板开发的关键要求方面，已取得重大进展。但是，在使智能合约更加安全的领域则需要进一步的研究。

19.3.2　集中化问题

由于矿池和矿机的泛滥，比特币采矿有日益集中化的趋势，因此人们越来越关注比特币如何再次去中心化。

19.3.3　加密功能的局限性

比特币区块链中使用的密码学技术非常安全，并且经受了时间的考验。在其他区块链中，使用了类似的安全技术，因此也非常安全。

但是，特定的安全问题，例如在椭圆曲线数字签名方案中生成和使用重复的签名随机数的可能性（导致私钥还原攻击）、哈希函数的冲突以及可能破坏基础密码算法的量子攻击的可能性仍然是令人兴奋的研究领域。

19.3.4　共识算法

PoS 算法或 PoW 替代方案也是重要的研究领域。由于目前比特币矿工的年度总电力消耗已经超过了委内瑞拉全国的能耗，达到 75.72 兆瓦哈希（TWh），因此有人建议，可以使用比特币网络的算力来解决一些实际的数学或科学问题，而不是像 PoW 那样进行低效而单一用途的工作。此外，诸如 PoS 算法之类的替代方案已经获得了广泛的关注，并将在主要的区块链中实现。

当然，目前为止，PoW 仍然是保护公共区块链的主要共识算法。

19.3.5　可伸缩性

在本书第 18 章“可伸缩性和其他挑战”中，已经对可伸缩性问题进行了详细讨论。简而言之，尽管该问题已经取得了一些进展，但是仍然需要进行更多的研究以实现区块链的可伸缩性，并进一步改善诸如状态通道之类的区块链外解决方案。

目前已经提出了一些措施，例如增加区块大小和只有交易没有区块的区块链，以解决可伸缩性问题。增加区块大小的措施是增加区块链本身的容量，而不使用侧通道；无区块实现的示例包括 IOTA。与使用区块存储交易的传统区块链解决方案相比，它使用有向非循环图（DAG）来存储交易。与基于区块的区块链（如比特币）相比，它显然速度更快，因为比特币在区块世代之间的等待时间至少需要 10 分钟。

19.3.6　代码混淆

通过使用不可区分混淆（IO）来进行代码混淆可以用作在区块链中提供机密性和隐私性的手段（详见本书第 18.3.1 节“不可区分混淆”）。但是，该项技术仍然未付诸实践，并且需要大量的研究工作来实现这一目标。

19.4　区块链项目简介

以下是当前正在进行的区块链领域的重要项目列表。在这些项目之外，还有许多初创公司在区块链领域工作并提供与区块链相关产品。

19.4.1　以太坊上的 Zcash

以太坊研发团队最近的一个项目是在以太坊上实现 Zcash。这是一个令人兴奋的项目，开发人员正在尝试使用 Zcash 项目中已使用的 ZK-SNARK 为以太坊创建一个隐私保护层。在以太坊上实现 Zcash，其目标是要创建一个平台，该平台允许诸如投票之类的应用程序将隐私放在首位。

它还将允许在以太坊上创建匿名代币，这些代币可以在许多应用程序中使用。

19.4.2　CollCo

这是由 Deutsche Borse 开发的项目，该项目基于 Hyperledger 代码库，用于管理商业银行的现金转账。CollCoizedized Coin（CollCo）提供了一个基于区块链的平台，该平台允许实时转移商业银行资金，同时仍依赖 Eurex Clearing CCP 提供的传统功能。这是一个重大项目，可用于解决交易后结算过程中的低效率问题。

19.4.3　Cello

Cello 是 Hyperledger 项目的最新补充，该项目旨在按需提供区块链即服务（BaaS），它将使用户轻松便捷地部署和管理多个区块链。可以预见，Cello 将支持所有未来和当前的 Hyperledger 区块链，如 Fabric 和 Sawtooth Lake。

19.4.4　Qtum

该项目基于将比特币和以太坊区块链的功能结合在一起的想法。Qtum 使用比特币代码库，但使用以太坊的 EVM 来执行智能合约。以太坊智能合约可以使用比特币的 UTXO（未花费的交易输出）模型运行。

注意：

Qtum 的官方网址如下：

https://qtum.org/

19.4.5　Bitcoin-NG

Bitcoin-NG 是解决比特币区块链中的可伸缩性、吞吐量和速度问题的一项建议。Bitcoin-NG 中的 NG 是下一代（Next Generation）的意思，该协议基于领导者选举机制，会在交易发生后立即对其进行验证。

19.4.6 Solidus

Solidus 是一种新的加密货币，可为私自采矿提供解决方案，同时解决可伸缩性和性能问题以及机密性问题。

Solidus 基于无须许可的拜占庭共识。当前的协议比较复杂，是一个开放的研究领域。

注意：

Solidus 原始研究论文的网址如下：

https://eprint.iacr.org/2017/317.pdf

19.4.7 Hawk

Hawk 是一个旨在解决区块链中智能合约隐私问题的项目。这是一个智能合约系统，允许对区块链上的交易进行加密。Hawk 可以自动生成用于与区块链交互的安全协议，而无须手动编写加密协议。

19.4.8 Town-Crier

该项目旨在为智能合约提供现实世界的真实数据。该系统基于英特尔的 SGX 可信硬件技术。这是 Oracle 的进一步设计，智能合约可以在保持机密性的同时通过在线资源请求数据。在本书第 9 章“智能合约”中已经介绍过有关 Oracle 的内容。Oracle 是区块链网络与真实世界的接口，它可以向智能合约提供外部数据。

19.4.9 SETLCoin

这是由高盛（Goldman Sachs）建立的系统，已经申请了用于证券结算的加密货币（Cryptographic Currency For Securities Settlement）专利，这种加密货币可用于快速有效的结算。该技术利用虚拟钱包在节点之间通过网络交换资产，并允许通过 SETLCoin 的所有权立即进行结算。

19.4.10 TEEChan

这是使用可信执行环境（Trusted Execution Environment，TEE）提供可扩展且高效的解决方案来扩展比特币区块链的新颖想法。这类似于支付渠道的概念，在支付渠道中，链下渠道可用于更快地进行交易转移。这种想法的主要吸引力在于，它可在比特币区块链上实现，而无须在比特币网络中进行任何更改，因为它是一种脱链解决方案。

需要说明的是，此解决方案确实需要信任英特尔进行远程认证（验证），因为英特尔的 SGX CPU 用于提供 TEE，这在去中心化区块链中是不可取的特性。应该注意的是，虽然它使用的是远程证明（Attestation），但是远程证明者（这里指的是英特尔）无法查看用户之间的通信内容，因此交易的机密性仍然得以保留。这种对远程证明者的限制使得人们仍对它是不是一个完全去中心化和无信任的解决方案争议不休。

19.4.11　Falcon

Falcon 是一个旨在帮助比特币扩展的项目，其方式是为比特币区块在网络上广播提供快速中继网络。Falcon 的核心思想是围绕着减少孤立区块的技术，从而帮助提高比特币网络的整体可伸缩性。用于此目的的技术称为应用程序级直通路由（Application-Level Cut-Through Routing）。

19.4.12　Bletchley

该项目已由微软引入，这表明微软对区块链技术的承诺。Bletchley 允许使用 Azure 云服务以用户友好的方式构建区块链。Bletchley 引入的一个主要概念称为 Cryptlet，可以认为它是驻留在区块链外部的 Oracle 的高级版本，可以通过使用安全通道的智能合约来调用。这些可以用任何语言编写并在安全的容器中执行。

Cryptlet 有两种类型：实用 Cryptlet 和合约 Cryptlet。前者用于提供基本服务，例如加密和从外部源获取基本数据，而后者则是一种更智能的版本，当在区块链上创建智能合约并驻留在区块链外但仍链接到区块链上的智能合约时，会自动创建该版本。

由于 Cryptlet 存在于区块链外，因此无须在区块链网络的所有节点上执行合约 Cryptlet。因此，这种方法可提高区块链的性能。

注意：

Bletchley 白皮书的网址如下：

https://github.com/Azure/azure-blockchain-projects/blob/master/bletchley/bletchley-whitepaper.md

19.4.13　Casper

这是开发中的以太坊的权益证明算法。基于 Casper 的以太坊网络中的节点变成了绑定验证者，并且需要支付保证金才能提出新的区块。

注意：

Casper 研究论文的网址如下：

https://github.com/ethereum/research/blob/master/papers/casper-basics/casper_basics.pdf

19.5　区块链开发工具简介

本节列出了一些以前未讨论的工具，并对其进行了简要介绍，以使读者了解可用于区块链的众多开发工具选项，包括可用于区块链开发的平台、实用程序和工具。

19.5.1　Microsoft Visual Studio 的 Solidity 扩展

该扩展为DApp开发提供了IntelliSense、自动代码完成功能和模板，并在熟悉的Visual Studio 集成开发环境中运行，使开发人员更容易熟悉以太坊开发。

注意：

该扩展的下载地址如下：

https://marketplace.visualstudio.com/items?itemName=ConsenSys.Solidity

19.5.2　MetaMask

从 DApp 浏览的角度来看，MetaMask 是一个与 Mist 类似的 DApp 浏览器，但允许用户在浏览器中运行以太坊 DApp，而无须运行完整的以太坊节点。

注意：

MetaMask 可以作为 Google Chrome 浏览器的扩展进行安装，其下载地址如下：

https://metamask.io/

19.5.3　Stratis

这是一个区块链开发平台，允许创建自定义私有区块链，并可以出于安全原因与主要 Stratis 区块链（简称“Stratis 链”）配合使用。它允许轻松配置主要的区块链，例如比特币、以太坊和 Lisk。此外，它还允许使用 C# .NET 技术进行开发。

也可以通过 Microsoft Azure 作为区块链即服务（BaaS）使用。

注意：

Stratis 的官方网址如下：

https://stratisplatform.com/

19.5.4　Embark

Embark 是一个用于以太坊的开发框架，它具有与 Truffle 相似的功能（详见本书第 14 章“Web3 详解”）。

Embark 允许自动部署智能合约，可以更轻松地与 JavaScript 集成，尤其是更轻松地与 IPFS 集成。这是一个功能非常丰富的框架，并且还有更多功能可用。

Embark 可以通过 npm 安装。

注意：

Embark 框架在以下 GitHub 网址可用：

https://github.com/iurimatias/embark-framework

19.5.5　DAPPLE

这是以太坊的另一个框架，它可以通过处理更复杂的任务来更轻松地开发和部署智能合约。它可用于程序包管理、合约建立和部署脚本。

DAPPLE 可以通过 npm 安装。

注意：

DAPPLE 框架在以下 GitHub 网址可用：

https://github.com/nexusdev/dapple

19.5.6　Meteor

Meteor 是用于单页应用程序的全栈开发框架。它可以用于以太坊 DApp 开发。Meteor 可采用纯 JavaScript 开发，其开发环境使复杂 DApp 的开发变得更加轻松。

注意：

Meteor 的官网地址如下：

https://www.meteor.com/

Meteor 和以太坊相关的 DApp 构建信息可从以下网址获得：

https://github.com/ethereum/wiki/wiki/Dapp-using-Meteor

19.5.7　uPort

uPort 平台建立在以太坊之上，并提供了一个去中心化的身份管理系统，这使用户可以完全控制其身份和个人信息。

uPort 基于信誉系统的思想，使用户能够相互证明并建立信任。

注意：

uPort 的官网地址如下：

https://www.uport.me/

19.5.8　INFURA

该项目旨在提供企业级以太坊和 IPFS 节点。INFURA 由以太坊节点、IPFS 节点和 Ferryman（摆渡人）的服务层组成，该服务层提供路由和负载平衡服务。

19.6　与其他行业的融合发展

本书第 17 章“区块链——代币之外的应用”已详细讨论了区块链与物联网的融合。简而言之，区块链具有真实性、完整性、隐私性和共享性等特性，IoT 网络将从与区块链技术的融合中受益。

这种融合可以通过在区块链上运行的 IoT 网络的形式来实现，并利用去中心化的网格网络进行通信，以促进实时的机器对机器（Machine-to-Machine，M2M）通信。通过 M2M 通信生成的这些数据都可以在机器学习过程中使用，以增强人工智能 DAO 或简单自治代理（AA）的功能。AA 可以在由区块链提供的分布式人工智能（Distributed Artificial Intelligence，DAI）环境中充当代理，并且可以随着时间的推移使用机器学习过程进行学习。

人工智能（AI）属于计算机科学技术的前沿科技领域，它致力于构建智能代理，这些智能代理可以根据它们在周围观察到的场景和环境做出合理的决策。

机器学习通过将原始数据用作学习资源，在 AI 中起着至关重要的作用。基于 AI 的系统有一项关键要求，即它们必须获得可用于机器学习和模型构建的真实数据。物联网设备、智能手机和其他数据采集器产生的数据正在呈现爆炸式增长趋势，这也意味着 AI 和机器学习的功能正变得越来越强大。

但是，这里面有一个关键因素，那就是需要保证数据的真实性。一旦消费者、生产者和其他实体位于区块链上，由于这些实体之间的交互而生成的数据就可以很轻松地用作机器学习引擎的输入，并保证其真实性，这就是 AI 与区块链融合的好处。

有些人可能会说，如果物联网设备被黑客入侵，那么它可能会将错误的数据发送到区块链，这不就破坏了数据的真实性吗？事实上，因为物联网设备是区块链的一部分（作为节点），并且它作为区块链网络中的标准节点，已经应用了所有安全性属性，所以此问题将得到有效缓解。这些安全性属性包括激励良好行为、拒绝畸形交易、对交易进行严格验证以及执行作为区块链协议一部分的各种其他检查。因此，即使物联网设备遭到某种方式的黑客攻击，区块链网络也会将其视为拜占庭节点，并不会对整个网络造成任何不利影响。

将智能 Oracle、AI、智能合约和自治代理（AA）结合在一起的可能性将产生人工智能去中心化自治组织（Artificial Intelligence Decentralized Autonomous Organization，AIDAO），它们可以代表人类采取行动，自行管理整个组织。这是 AI 的另一面，将来可能会成为常态。但是，仍需要更多的研究来实现这一愿景。

此外，还可以设想将区块链技术与 3D 打印、虚拟现实、增强现实和游戏行业等其他领域进行融合。例如，在多人在线游戏中，区块链的去中心化方法可以提供更多的透明度，并可以确保没有中心机构通过操纵游戏规则获得不公平的优势。所有这些主题都是当前研究的活跃领域，并且有望很快在这些领域中产生更多的兴趣和发展。

19.7　对区块链技术未来发展的预测

2017 年，比特币的火爆也带动了区块链相关产业的发展，区块链技术从概念验证

（Proof of Concept，PoC）的理论阶段走向了现实。有些公司已经在一定程度上实施了一些试点项目，但尚未实现大规模生产。

2018 年，随着各国政府释放对比特币加强监管的信号，比特币价格暴跌（1 比特币的价格从高峰时期的约 2 万美元跌落至不到 4000 美元），大多数区块链项目也随之走向沉寂。

2019 年，受中美贸易摩擦的影响，国际政治经济形势发生比较剧烈的变化，经济不确定性因素增加，由于比特币可以在多国通用，具有一定的“避险资产”特征（虽然这可能只是一种宣传或幻觉），因此比特币价格逐渐上扬。

2020 年，新型冠状病毒肺炎疫情席卷全球，特朗普政府的不作为导致美国深陷疫情危机，只能以“直升机撒钱”的方式开启无限 QE（量化宽松）之路，其他各国也纷纷仿效，包括欧元区和日元区在内，都开启了饮鸩止渴的印钞模式，这直接导致美元指数的疲软和国际金融形势的动荡，也使得比特币的“避险资产”特征再次凸显，价格一路攀升。截至 2020 年年底，1 比特币的价格又到达 17000 美元左右的高点。

比特币的价格和区块链技术的发展有一定的相关性，因此比特币价格的这种探底回升也从某个层面反应了区块链技术和项目仍在不断推进和发展的事实。

从经济层面预测比特币的价格趋势是比较困难的，因为它受到国际政治和经济形势的影响，具有很大的不确定性；但是从技术层面预测区块链的发展则是有可能的，因为技术的实现和推进有其内在逻辑。

以下预测都可能在 2020 年至 2050 年实现：

- 物联网将在多个区块链上运行，并产生机器对机器（M2M）的经济增长。这样的网络可能将新能源设备、自动驾驶汽车和家用设备等都包含在内。
- 医疗记录将在确保患者隐私的情况下安全共享。医疗服务提供商联盟将负责运营这种私有区块链并共享数据，它很可能是由所有服务提供商（包括药房、医院和诊所）共享的单个私有区块链。
- 各种层级的选举将通过去中心化的 Web 应用程序进行，这种应用程序采用区块链后端，完全可以保证选举透明度和安全性。
- 金融机构将运行许多私有区块链，以在参与者之间共享数据并用于内部流程。
- 金融机构将使用半私有区块链，这些区块链将提供反洗钱（AML）和了解你的客户（KYC）功能的身份信息，并将在全球许多甚至是所有金融机构之间共享。
- 移民和边境管制相关活动将记录在区块链上，护照管制将通过全球所有入境口岸和边境机构之间共享的区块链进行。
- 各国政府将运行跨部门的区块链，以提供政府服务，例如养老金支出、福利支

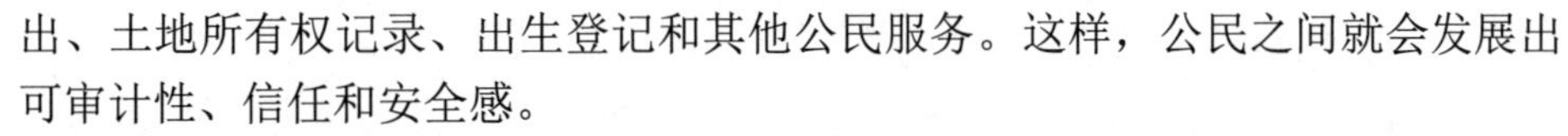

出、土地所有权记录、出生登记和其他公民服务。这样，公民之间就会发展出可审计性、信任和安全感。

- 密码学和分布式系统的研究将达到新的高度，大学或其他教育机构将提供有关加密经济学、加密货币和区块链的专门课程。
- 人工智能 DAO 将流行于代表人类做出合理决策的区块链上。
- 由政府管理的公开可用的受监管区块链将由市民用来进行其日常活动，例如纳税、注册各种许可证和登记结婚等。
- 区块链即服务（BaaS）将作为标准服务提供给任何希望在区块链上开展业务或日常交易的人。实际上，区块链就像互联网一样，将无缝集成到我们的日常生活中，人们将在不了解底层技术和基础架构的情况下使用它们。
- 区块链将用于为艺术和媒体提供数字版权管理（DRM）服务，并可用于向消费者交付内容，从而实现消费者与生产者之间的直接通信，这样就不需要由任何第三方中心机构管理商品许可。
- 加密数字货币将以某种可有效监管的形式出现。
- 数字身份将在区块链上进行例行管理，而不同的政府职能（如投票、税收和资金支付）将通过支持区块链的平台执行。
- 金融机构将为其客户引入基于区块链的解决方案。

19.8　小　　结

区块链将促进世界的改变，本章探讨了各种区块链项目以及区块链技术的发展现状。

首先，我们讨论了一些新兴趋势，随着区块链技术的不断进步，这些趋势将逐渐深入发展。世界各地的许多研究人员和组织都对区块链技术有着浓厚的研究兴趣，本章介绍了一些比较热门的研究主题。此外，还讨论了区块链与物联网和人工智能等其他领域的融合。

其次，我们对区块链技术的发展做出了一些预测。这些预测中的大多数可能会在未来十年左右的时间内实现，而有些发展则可能需要更长的时间。区块链技术具有改变世界的潜力，很快，它就会像现在的互联网一样，与我们的生活交织在一起。

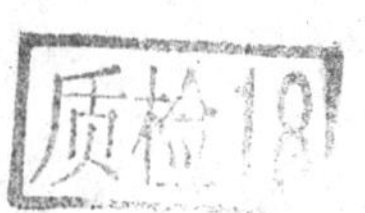
质检18